Amos 27 구조방정식모델링

배병렬

도서출판 청람

머리말

저자가 『Amos 24 구조방정식모델링』 책(2017)에서 개념타당도를 평가하기 위해 쓰이는 CR 및 AVE를 계산할 때 Amos에서 보고되는 오차분산을 이용해서는 안 된다는 점을 힘주어 강조했었습니다.

그런데 국내에서 발행된 Amos 책이나 Amos를 이용한 논문이나 Amos와 관련된 유튜브 동영상 등을 보면 아직도 그러한 오류가 있는 것을 볼 수 있습니다. 심지어 국내 우수 등재지에 실린 논문에서도 아직도 그러한 오류가 발견되고 있습니다. 이러한 오류를 보면 저자의 외침이 메아리에 불과한 것 같아 참으로 안타까운 마음을 금할 길이 없습니다. 제발 그러한 오류를 범하지 말기를 연구자들에게 다시 한번 간곡히 당부하고자 합니다. 이 책 이후에는 저자의 이러한 안타까운 마음이 사라지기를 간절히 소망합니다.

이 책은 『Amos 24』 책에 다음과 같은 사항이 추가 및 보완되었습니다.

1. 제3장에 효과분해(effect decomposition)에 대해 기술하였습니다.
2. 제10장에 판별타당도 평가를 HTMT 기준으로 하는 것에 대해서도 기술하였습니다. 판별타당도 평가를 위해 기존에 많이 이용된 AVE 기준보다 더 엄격한 것으로 나타나 최근에 이를 이용한 평가가 늘고 있습니다.
3. 제14장에 팬텀변수(phantom variable)에 의해 다중매개모델을 분석하는 방법 외에 사용자 정의 추정(user-defined estimand)에 의해 분석하는 것에 대해서도 기술하였습니다. 또한 팬텀변수를 만드는 다른 방법에 대해서도 기술하였습니다.
4. 제14장에 다중집단매개모델(multiple group mediation model)을 분석하는 것에 대해 기술하였습니다. 다중집단매개모델은 두 집단 이상 간에 매개효과가 차이가 있는가를 검정하는 것입니다.
5. 제16장에 단일지표를 이용하는 또 다른 방법에 대해 기술하였습니다.
6. 제17장에 공통방법분산(common method variance: CMV)을 진단하는 것에 대해 추가하였습니다. CMV를 진단하는 것이 최근 연구의 대세입니다. 그러한 면

에서 'top journal'에서는 CMV를 진단하지 않으면 'desk reject'이 될 정도로 강조되고 있습니다.

7 참고문헌을 각 장별로 APA 스타일(7판)에 맞게 기술하여 독자들에게 실질적인 도움이 되도록 정리하였습니다.

원고를 꼼꼼히 읽고 좋은 지적을 해준 한동희 박사에게 깊은 감사의 뜻을 전합니다. 일반적인 SEM을 Amos로 분석할 때 연구자가 갖게 되는 모든 궁금증에 대한 답을 이 책을 통해 해결하는 희열을 느끼길 바라며 머리말을 맺고자 합니다.

2021년 6월
배병렬

Data 및 Input File은 http://www.esem.co.kr에서 다운로드 받으실 수 있습니다.

차례

CHAPTER 1 SEM의 개요

CHAPTER 2 Amos의 이해

CHAPTER 3

SEM의 기초

CHAPTER 4

모델구축 및 경로도 작성

CHAPTER 5 자료수집 및 자료점검

CHAPTER 6 모델설정, 모델식별, 모델추정

CHAPTER 7

분석 결과의 평가 및 해석

CHAPTER 8

모델수정

CHAPTER 14

매개효과분석(Ⅱ): 다중매개모델

CHAPTER 15

경로계수의 집단 간 비교, 경로계수의 상대적 효과분석, 통제변수의 도입

CHAPTER 16 동치모델, 단일지표설정

CHAPTER 17 공통방법분산

CHAPTER 1

SEM의 개요

1. SEM의 의의
2. SEM의 특성
3. SEM이 선호되는 이유

CHAPTER 1

SEM의 개요

구조방정식모델링(structural equation modeling: SEM)은 사회학 및 심리학에서 개발된 측정이론에 기초한 **확인적 요인분석(confirmatory factor analysis)**과 계량경제학에서 개발된 연립방정식모델에 기초한 **경로분석(path analysis)**이 결합된 방법론이다.

구조방정식모델(structural equation model)은 **측정모델(measurement model)**과 **구조모델(structural model)**로 구성되어 있다. 측정모델은 확인적 요인분석의 성격이 반영된 것이고, 구조모델은 경로분석의 성격이 반영된 것이다. 이하에서 SEM에 대해 자세히 살펴보기로 한다.

1. SEM의 의의

1.1 확인적 성격과 탐색적 성격이 혼합된 분석법

SEM은 사전적(*a priori*)인 성격을 갖는다. 이는 연구자가 사전에 이론적 배경을 토대로 연구모델을 만든 다음 분석한다는 뜻이다. SEM 분석을 위해 연구자는 이론적 배경을 토대로 사전에 연구모델을 수립해야 한다. **SEM을 이용한 연구의 주된 관심사항은 연구자가 사전에 수립한 연구모델이 자료에 의해 어느 정도나 적합(fit)한지를 알아보는 것이다.**

이에 대해 좀 더 자세히 살펴보기로 한다. 예를 들어, 학생의 '학업성적'에 영향을 미치는 변수는 무엇이 있고, 그들 간에 어떠한 관계가 있는가에 대해 관심이 있는 교육학자가 있다고 가정한다. 그는 학생의 학업성적은 '학업능력', '학업열망' 및 '가정환경' 등에 의해 영향을 받는 것으로 가설화하였다고 가정한다.

가정환경, 학업능력, 학업열망, 학업성적 등과 같은 개념을 SEM에서는 **잠재변수(latent**

variable) 또는 **비관측변수(unobserved variable)**라 한다. 잠재변수에 대해, Amos는 'unobserved variable'이라는 용어를 사용한다. Amos에서 잠재변수는 원이나 타원으로 표현된다.

SEM으로 연구하고자 할 때, 연구자가 가장 먼저 하는 일은 동그라미를 그리는 것이다. 동그라미를 그린다는 것은 잠재변수를 만든다는 뜻이다. 앞의 예에서, 교육학자는 [그림 1-1]과 같이 네 개의 동그라미를 그리며, 그에 해당하는 잠재변수의 명칭을 부여한다.

그림 1-1 잠재변수

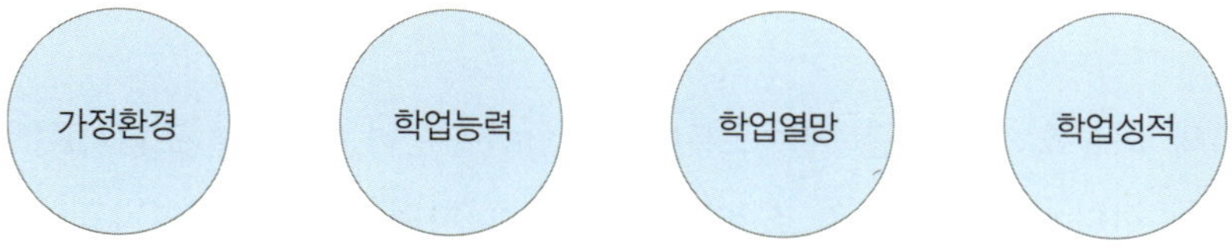

동그라미를 그린 다음, 연구자는 이들 동그라미를 측정하기 위해 어떤 변수를 사용할 것인가에 대해 고민한다. 예를 들어, 가정환경을 측정하기 위해 '가족소득', '아버지 교육수준' 및 '어머니 교육수준' 등을 이용하였다고 가정한다. 마찬가지로, 학업능력은 '언어능력'과 '수학능력', 학업열망은 '교육적 열망'과 '직업적 열망', 학업성적은 '언어성적'과 '수학성적'으로 측정한 것으로 가정한다. 이처럼 동그라미를 측정하기 위해 사용된 변수를 SEM에서는 **관측변수(observed variable)**, **측정변수(measured variable)** 또는 **지표(indicator)**라 한다. 관측변수에 대해, Amos는 'observed variable'이라는 용어를 사용한다. Amos에서 관측변수는 사각형으로 나타내진다.

SEM으로 연구하고자 할 때, 연구자는 동그라미를 그린 다음 사각형을 그리고 이들 동그라미와 사각형을 연결하는 화살표를 그린다. 예를 들어, 가정환경이라는 동그라미와 이를 측정하는 가족소득, 아버지 교육수준 및 어머니 교육수준 등의 사각형을 화살표로 연결한다.

[그림 1-2]를 보면, 잠재변수와 관측변수 간의 화살표 방향이 잠재변수로부터 관측변수로 향하고 있다. 이러한 지표를 **반영지표(reflective indicator)**라 한다. Amos는 지표의 방향이 반영지표로 되어 있다고 가정한다.

그림 1-2 반영지표의 예

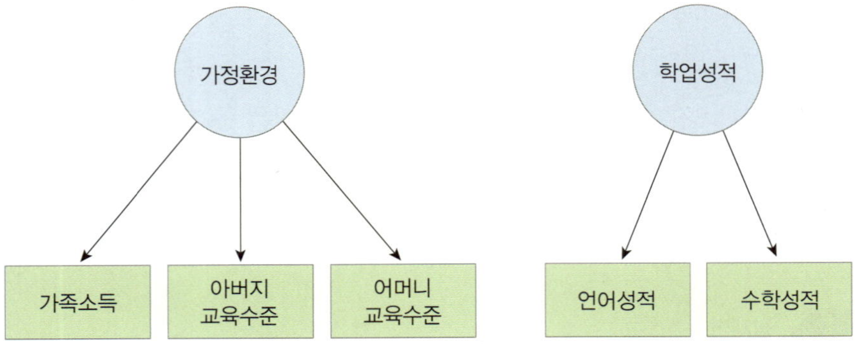

이에 비해, 화살표 방향이 관측변수로부터 잠재변수로 향하는 지표를 **조형지표(formative indicator)**라 한다. [그림 1-3]은 조형지표의 예를 나타낸 것이다. 반영지표와 조형지표에 대해서는 제10장에서 자세히 살펴보기로 한다.

그림 1-3 조형지표의 예

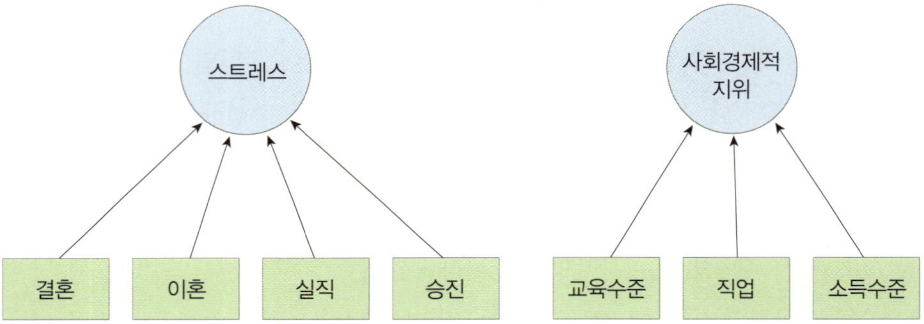

잠재변수를 측정하기 위한 관측변수를 개발하고, 그 다음 잠재변수 간의 관계를 이론적 배경을 토대로 가설화한다. SEM으로 연구하는 경우, 연구자는 잠재변수 간의 관계를 화살표로 연결한다. 예컨대, 가정환경과 학업성적 사이에 [그림 1-4]와 같은 화살표를 연결하였다고 가정한다.

[그림 1-4]는 가정환경이 좋으면 학업성적이 좋을 것으로 가설화하였다. 즉 가설의 방향이 정적(+)인 것으로 가정하였다. 이 경우, 가정환경은 **원인(cause)**이 되고 학업성적은 **결과(effect)**가 되는 **인과관계(causal relationship, causality)**를 가정한다.

그림 1-4 잠재변수 간 관계

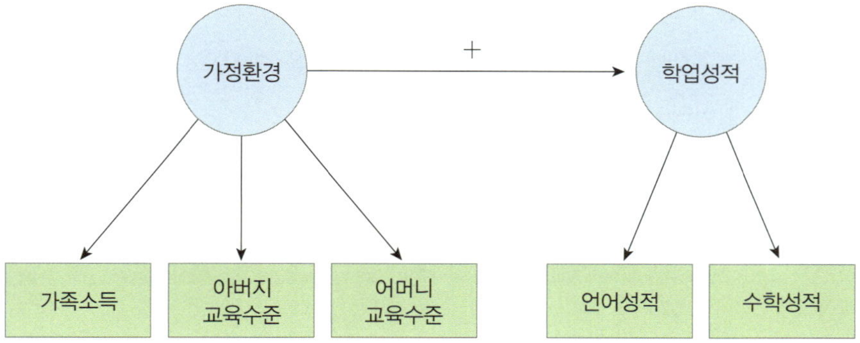

인과관계를 검정하기 위해 회귀분석, 경로분석 등이 사용된다. 그러나 이들 분석법을 이용하여 인과관계를 분석하는 데에는 한계가 있다. 이러한 한계를 극복하기 위해 개발된 방법론이 SEM이다.

나머지 잠재변수들도 이론을 토대로 그들 간의 관계를 가설화할 수 있다. SEM으로 연구하고자 할 때, 연구자는 어떤 잠재변수 간에 화살표가 연결되도록 할 것인가에 대해 고민한다. **그 이유는 잠재변수 간의 관계는 아무렇게나 연결해서는 안 되고 이론적 근거(theoretical background)를 토대로 연결해야 하는 가설(hypothesis)이기 때문이다.**

그림 1-5 학업성적모델

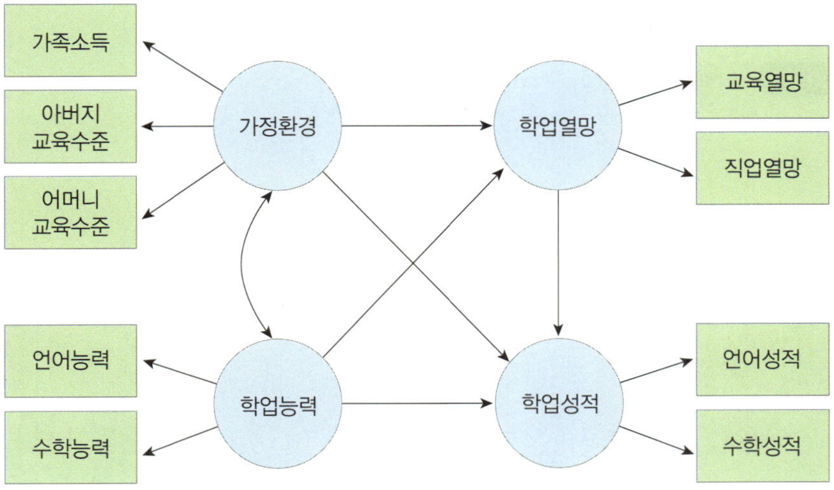

결론적으로, 교육학자가 이론적 근거를 토대로 [그림 1-5]와 같은 모델을 만들었다고 가정한다. 지금까지 설명한 일련의 과정을 **모델개발(model development)** 또는 **모델구축**

(model building)이라 한다. 모델구축을 통해 연구자가 수립한 모델을 **연구모델(research model)** 또는 **개념적 틀(conceptual framework)**이라 한다.

[그림 1-5]의 연구모델을 검정하기 위해, 학생 200명을 대상으로 수집한 자료의 공분산행렬이 [표 1-1]이라고 가정한다.

표 1-1 학업성적의 공분산행렬

변 수	y1	y2	y3	y4	x1	x2	x3	x4	x5
y1. 교육열망	1.024								
y2. 직업열망	.792	1.077							
y3. 언어성적	1.027	.919	1.844						
y4. 수학성적	.756	.697	1.244	1.286					
x1. 가족소득	.567	.537	.876	.632	.852				
x2. 부 교육수준	.445	.424	.677	.526	.518	.670			
x3. 모 교육수준	.434	.389	.635	.498	.475	.545	.716		
x4. 언어능력	.580	.564	.893	.716	.546	.422	.373	.851	
x5. 수학능력	.491	.499	.888	.646	.508	.389	.339	.629	.871

[표 1-1]의 자료와 [그림 1-5]의 모델이 어느 정도 적합한지 검정할 수 있다. 이를 **모델검정(model testing)**이라 한다. 모델검정을 위해 Amos로 [Input 1-1]과 같은 경로도를 만들었다고 가정한다.

Input 1-1 학업성적모델

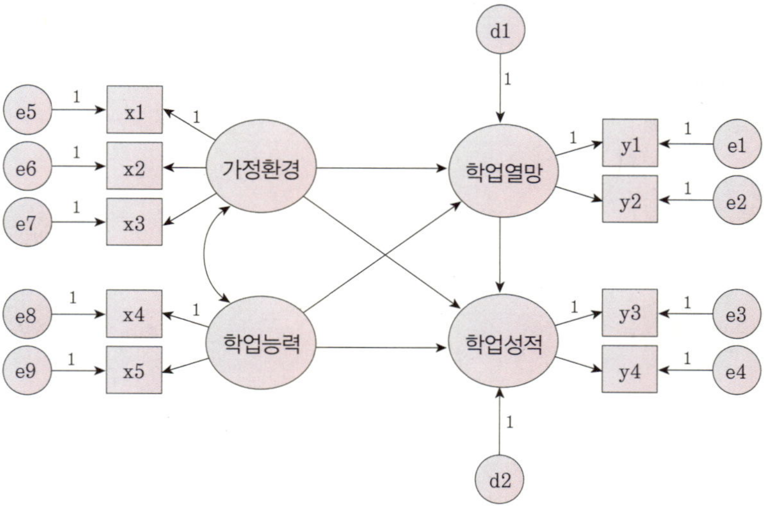

[Input 1-1] 모델을 토대로 SEM에 대해 자세히 살펴보기로 한다. 구조방정식모델은 측정모델과 구조모델로 구성되어 있다. 위 모델의 측정모델은 [그림 1-6]과 같다.

그림 1-6 측정모델

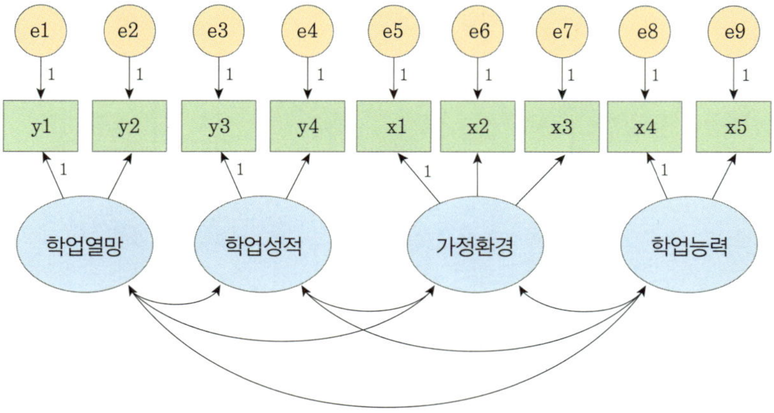

측정모델에 대해 살펴보기로 한다. **측정모델(measurement model)**은 잠재변수가 관측변수에 어떻게 연결되어 있는가를 나타낸 것이다. 예를 들면, 학업열망은 'y1'과 'y2'에 의해 측정되었고, 학업능력은 'x4'와 'x5'에 의해 측정되었다. 이처럼 어떤 관측변수가 어떤 잠재변수에 연결되어 있는가를 사전에 설정하고 이를 확인하고자 하는 접근법을 **확인적 요인분석(confirmatory factor analysis)**이라 한다. 이러한 점에서, 측정모델은 확인적 요인분석의 성격이 반영된 것이다.

이제 구조모델에 대해 살펴보기로 한다. **구조모델(structural model)**은 잠재변수 간의 인과관계를 나타낸 것이다. [Input 1-1] 모델의 구조모델은 [그림 1-7]과 같다.

[그림 1-7]의 구조모델은 학업열망은 가정환경과 학업능력이 원인이 되고, 학업성적은 가정환경, 학업능력 및 학업열망이 원인이 되는 것으로 가정한다. 이처럼 변수들 간의 원인과 결과를 이론적 근거를 토대로 설정하고 이를 분석하는 것이 **경로분석(path analysis)**이다. 이러한 점에서, 구조모델은 경로분석의 성격이 반영된 것이다.

그림 1-7 구조모델

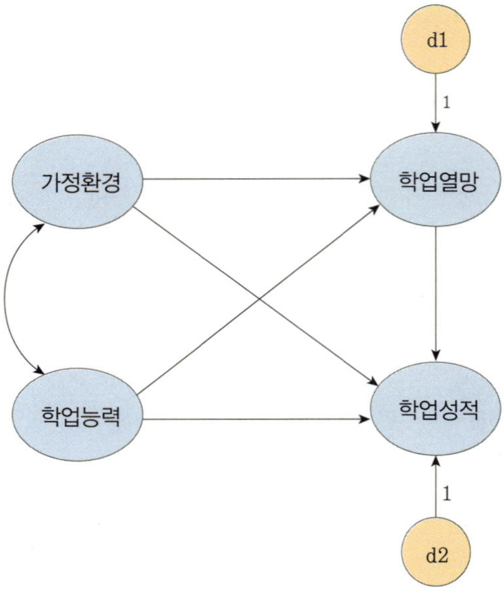

SEM(structural equation modeling)은 방정식(equation)으로 이루어진 모델(model)의 구조(structure)를 분석한다는 뜻을 갖는다. 이에 대해 자세히 살펴보기로 한다. 구조모델은 [그림 1-8]과 같다.

그림 1-8 구조모델

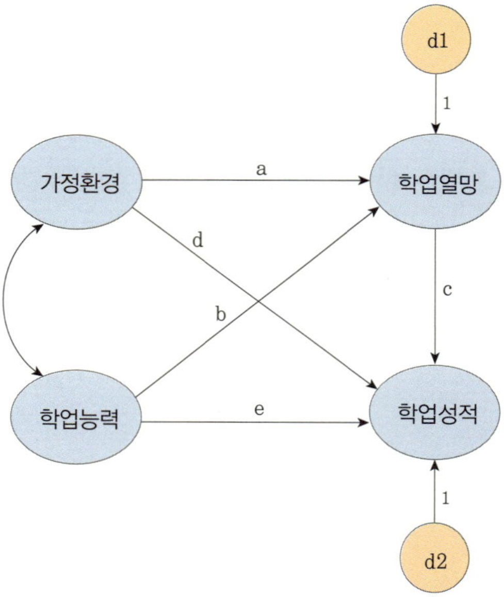

구조모델은 다음의 **구조방정식(structural equation)**으로 나타낼 수 있다.

학업열망=a×가정환경+b×학업능력+d1
학업성적=c×학업열망+d×가정환경+e×학업능력+d2

측정모델은 [그림 1-9]와 같다.

그림 1-9 측정모델

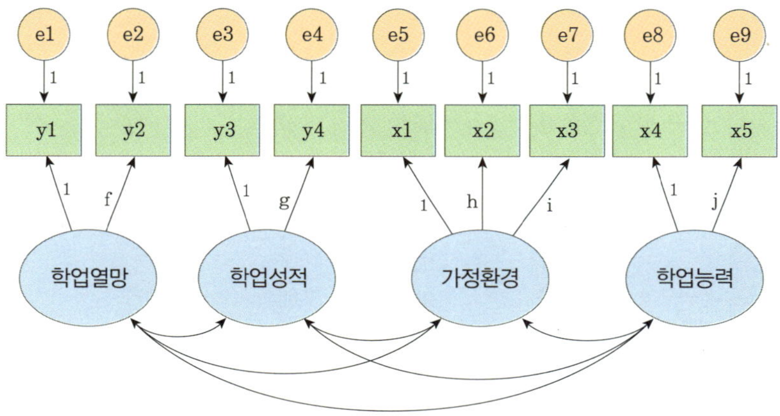

측정모델은 다음의 **측정방정식(measurement equation)**으로 나타낼 수 있다.

y1 = 1 ×학업열망 + e1
y2 = f ×학업열망 + e2

y3= 1 × 학업성적 + e3
y4= g × 학업성적 + e4

x1= 1 × 가정환경 + e5
x2= h × 가정환경 + e6
x3= i × 가정환경 + e7

x4= 1 ×학업능력 + e8
x5= j ×학업능력 + e9

위의 구조방정식 및 측정방정식에서 a, b, c, …, j, e1, …, e9, d1, d2 등은 Amos에 의해 얻고자 하는 추정치(estimate)이다. Amos를 실행하여 얻는 출력(Output) 가운데

χ^2 통계량(CMIN)과 추정치의 일부를 제시하면 [Output 1-1]과 같다.

Output 1-1 ••• **학업성적모델의 적합도 및 추정치**

CMIN

Model	NPAR	CMIN	DF	P	CMIN/DF
Default model	24	57.167	21	.000	2.722

Regression Weights: (Group number 1 - Default model)

			Estimate	S.E.	C.R.	P
학업열망	<---	가정환경	.410	.125	3.274	.001
학업열망	<---	학업능력	.590	.116	5.068	***
학업성적	<---	학업능력	.751	.142	5.285	***
학업성적	<---	가정환경	.242	.128	1.896	.058
학업성적	<---	학업열망	.548	.113	4.846	***
x3	<---	가정환경	.964	.076	12.676	***
x2	<---	가정환경	1.007	.074	13.690	***
x1	<---	가정환경	1.000			
x5	<---	학업능력	.949	.068	13.981	***
x4	<---	학업능력	1.000			
y1	<---	학업열망	1.000			
y2	<---	학업열망	.917	.064	14.306	***
y3	<---	학업성적	1.000			
y4	<---	학업성적	.759	.042	18.160	***

Variances: (Group number 1 - Default model)

	Estimate	S.E.	C.R.	P
가정환경	.530	.082	6.453	***
학업능력	.660	.088	7.499	***
d1	.333	.058	5.766	***
d2	.224	.057	3.901	***
e7	.221	.030	7.375	***
e6	.129	.024	5.290	***
e5	.318	.039	8.086	***
e9	.273	.038	7.128	***
e8	.187	.035	5.315	***
e1	.159	.041	3.844	***
e2	.349	.048	7.351	***
e3	.204	.051	4.016	***
e4	.340	.043	7.846	***

Squared Multiple Correlations: (Group number 1 - Default model)

	Estimate
학업열망	.612
학업성적	.863
y4	.734
y3	.889

y2	.674
y1	.844
x4	.779
x5	.685
x1	.625
x2	.806
x3	.690

지금까지 살펴본 것처럼, SEM은 연구모델을 수립한 다음, 연구모델이 자료에 어느 정도나 적합(fit)한지를 알고자 하기 때문에 확인적(confirmatory) 성격을 갖는다.

연구자가 수립한 연구모델이 자료에 의해 어느 정도 적합한지를 알아보는 것을 **모델적합(model fitting)** 또는 **모델검정(model testing)**이라 한다. 자료를 대상으로 모델검정을 실시한 후, 적합도가 좋지 않게 나타나면 연구자는 연구모델을 포기하거나 수정한다. 이 경우, 연구모델을 포기하기보다는 수정하는 경우가 많다. 만약 모델을 수정한다면 이는 탐색적 성격을 갖는다.

연구자가 제안한 모델이 자료에 의해 잘 적합한 것으로 나타나 분석을 끝냈다면 확인적 성격을 갖지만, 모델을 수정한다면 탐색적 성격을 갖는다. 그런 점에서, SEM은 확인적 성격과 탐색적 성격이 혼합된 분석법이라는 표현이 보다 적절하다.

1.2 잠재변수와 관측변수의 구분

SEM은 관측변수와 잠재변수를 구분한다. 이에 비해, 일반적인 통계분석에서는 관측변수와 잠재변수를 구분하지 않는다. 예컨대, ANOVA 및 다중회귀분석은 각각 관측변수의 평균 및 내적 상관에 관심을 두는 분석법이다.

[그림 1-5]에서, 가정환경이라는 잠재변수는 추상적이고 직접적으로 관찰할 수 없는 **가설적 개념(hypothetical construct)**인데, 이를 측정하기 위해 가족소득, 아버지 교육수준, 어머니 교육수준 등의 관측변수를 이용하여 가정환경을 간접적으로 측정하고 있다. 이와 같이, SEM에서는 잠재변수와 관측변수를 구분한다.

SEM에서 관측변수와 잠재변수를 구분하는 이유는 관측변수는 측정오차에 의해 오염되어 있지만, 잠재변수는 측정오차에 의해 오염되어 있지 않아 이들 잠재변수들 간의 관계를 분석하는 것이 올바른 계수를 추정할 수 있기 때문이다.

사회과학 및 행동과학 연구에서 개념을 완벽하게 측정하기는 쉽지 않다. 따라서 측정오차가 있을 수밖에 없다. SEM은 측정오차를 제거한 순수한 계수를 얻을 수 있으므로 이를 이용한 분석이 증가하고 있다.

1.3 공분산행렬이 분석의 대상

SEM은 공분산행렬(또는 상관행렬)이 분석의 대상이 된다. 즉, 변수 간의 공분산행렬(또는 상관행렬)을 토대로 연구자가 수립한 모델이 가능한 한 많은 분산을 설명해 줄 수 있는가를 확인하고자 한다.

사회과학에서 많이 쓰이고 있는 회귀분석은 개별 사례가 갖는 실제 관찰치와 회귀선에 의해 예측되는 예측치와의 차이를 최대한 작게 하고자 하는 회귀선을 찾는 분석법이다. 이에 비해, **SEM은 개별 사례에 초점을 두는 것이 아니라, 개별 사례로부터 얻어진 공분산행렬에 초점을 두는 분석법이다. 이러한 점에서 SEM을 공분산구조분석(covariance structure analysis)이라고도 한다.**

SEM은 자료에서 얻은 표본행렬(S)과 모델에 의해 예측된 **모델예측행렬(model-implied matrix: $\hat{\Sigma}$)** 간의 차이를 가능한 한 작게 하고자 하는 분석법이다. 모델예측행렬은 **예측행렬(implied matrix)** 또는 **적합행렬(fitted matrix)**이라고도 한다. 표본행렬과 예측행렬 간의 차이($S - \hat{\Sigma}$)를 **잔차행렬(residual matrix)**이라 한다. 자료가 모델에 잘 적합할수록 잔차행렬의 원소는 작은 값을 갖는다. 이러한 점에서 SEM을 다음과 같이 표현할 수 있다.

$$\text{SEM} = \min F(S, \hat{\Sigma})$$

이 식의 의미를 살펴보기로 한다. 이론을 기초로 모델을 수립한 다음, 자료를 수집하여 표본행렬(S)을 얻는다. 다음, 모델적합을 위해 SEM 프로그램을 이용하여 적합시켜 예측행렬($\hat{\Sigma}$)을 얻는다. 이때, 표본행렬(S)과 예측행렬($\hat{\Sigma}$) 간에 완벽한 적합이 이루어질 가능성은 거의 없으며 이들 간에 차이가 있게 된다. 이러한 차이를 **잔차행렬(residual matrix)**이라 하며 잔차를 최소화하는 모수치를 구하는 것이 SEM이다($\min F(S, \hat{\Sigma})$).

[Output 1-1]은 [Input 1-1]을 Amos로 실행하여 얻는 표본행렬, 예측행렬 및 잔차행렬을 나타낸 것이다. Amos에서 이들 값을 얻기 위해서는 [View] 메뉴 → [Analysis

Properties] → [Output] 탭에서 [Implied moments], [Sample moments], [Residual moments]를 체크하면 된다.1)

Output 1-1 ••• **학업성적모델의 표본행렬, 예측행렬 및 잔차행렬**

Sample Covariances (Group number 1)

	y4	y3	y2	y1	x4	x5	x1	x2	x3
y4	1.280								
y3	1.238	1.835							
y2	.694	.914	1.072						
y1	.752	1.022	.788	1.019					
x4	.712	.889	.561	.577	.847				
x5	.643	.884	.497	.489	.626	.867			
x1	.629	.872	.534	.564	.543	.505	.848		
x2	.523	.674	.422	.443	.420	.387	.515	.667	
x3	.496	.632	.387	.432	.371	.337	.473	.542	.712

Implied Covariances (Group number 1 - Default model)

	y4	y3	y2	y1	x5	x4	x3	x2	x1
y4	1.280								
y3	1.238	1.832							
y2	.702	.925	1.072						
y1	.766	1.010	.788	1.019					
x5	.655	.863	.492	.536	.867				
x4	.690	.909	.518	.565	.626	.847			
x3	.518	.683	.416	.453	.393	.414	.712		
x2	.542	.714	.434	.474	.410	.432	.514	.667	
x1	.538	.709	.431	.471	.407	.429	.510	.534	.848

Residual Covariances (Group number 1 - Default model)

	y4	y3	y2	y1	x5	x4	x3	x2	x1
y4	.000								
y3	.000	.000							
y2	-.009	-.011	.000						
y1	-.014	.012	.000	.000					
x5	-.012	.021	.005	-.048	.000				
x4	.023	-.020	.043	.012	.000	.000			
x3	-.023	-.051	-.028	-.022	-.055	-.043	.000		
x2	-.018	-.040	-.012	-.031	-.023	-.013	.028	.000	
x1	.091	.163	.103	.094	.098	.114	-.038	-.018	.000

1) Output에서 y4의 분산이 1.280으로, [표 1-1]에 있는 1.286과 다른데, 이는 [Analysis Properties] → [Bias] 탭의 [Covariances supplied as input]에서 [Maximum likelihood]를 체크하면 1.286을 얻게 됨.

2. SEM의 특성

2.1 다중 및 상호종속적 관계의 동시 추정

SEM은 개별적이지만 상호종속적 관계를 동시에(한 번에) 추정할 수 있다. Fishbein & Ajzen(1975)의 합리적 행동이론(theory of reasoned action)을 통해 이에 대해 살펴보기로 한다. [그림 1-10]은 합리적 행동이론을 나타낸 것이다.

그림 1-10 합리적 행동이론

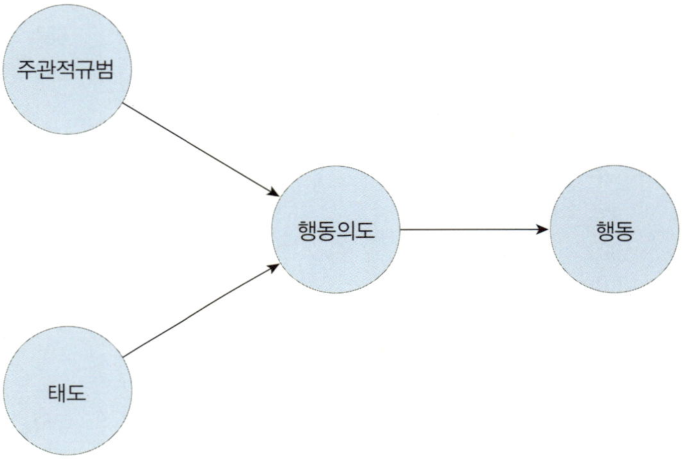

합리적 행동이론에서는 인간의 행동을 예측하기 위한 가장 좋은 변수로 특정 행동을 수행하고자 하는 '행동의도'를 들고 있다. Fishbein & Ajzen(1975)은 행동의도는 ① 행동에 대한 개인의 '주관적규범'과 ② 행동을 수행하는 것에 대한 '태도'에 의해 결정된다고 주장한다.

합리적 행동이론에서 행동의도는 주관적규범이나 태도와의 관계에서는 종속변수가 되지만, 행동에 대해서는 독립변수가 되는 상호종속관계를 갖는다. SEM은 이처럼 개별적이지만 상호종속적인 관계를 동시에 추정할 수 있다.

이에 비해, 합리적 행동이론을 회귀분석으로 분석하는 경우에는 다음과 같은 회귀식을 두 번에 걸쳐 분석해야 한다. 이때, 독립변수와 종속변수는 단일지표에 의해 분석이 이루어지나, SEM은 다중지표를 이용할 수 있으며 또한 지표의 측정오차를 추정할 수 있는 장점이 있다.

$$행동 = \beta_0 + \beta_1 행동의도 + \epsilon$$

$$행동의도 = \beta_0 + \beta_1 주관적규범 + \beta_2 태도 + \epsilon$$

2.2 잠재변수의 포함

SEM에서 잠재변수가 갖는 의의에 대해 살펴보기로 한다.

❶ SEM에서 잠재변수가 반드시 모델에 포함되어야 하는 것은 아니다. 즉, 관측변수만으로 이루어진 모델의 분석도 가능하다. **경로분석(path analysis)은 잠재변수가 하나의 관측변수만으로 설정된 SEM이다.**

❷ SEM에서 잠재변수는 가설적 개념(예: 불안감, 태도, 만족 등)이 될 수 있고, 또는 분석단위(예: 지역)나 방법효과(method effect)와 같은 측정방법(예: 자기보고, 면접) 등이 될 수도 있다.

관측변수는 다양한 자료수집방법(예: 서베이, 실험, 관찰 등)에 의해 얻을 수 있다. 그렇다면, 왜 관측변수를 사용하지 않고 직접 측정할 수 없는 잠재변수를 이용하는 것일까? 그 이유는 다음과 같은 이론적이고 실제적인 이점이 있기 때문이다.

1) 통계적 추정의 개선

신뢰도(reliability)는 관측변수가 오차가 없는 정도를 의미한다. SEM을 제외한 모든 다변량분석법들은 관측변수에 오차가 없다고 가정한다. 하지만, 이론적이고 실제적인 관점에서 볼 때 개념을 완벽하게 측정할 수는 없으며 어느 정도 측정오차가 있다고 볼 수 있다.

예를 들면, 가계소득을 측정하기 위해 응답자에게 질문했을 때 응답자들이 가계소득을 정확히 알고 있지 못하거나, 알고 있다 하더라도 이를 확대하거나 축소하여 응답할 가능성이 있다. 따라서 제공된 응답은 어느 정도 측정오차가 있다고 할 수 있으며, 이로 인해 진실한 **구조계수(structural coefficient)**의 추정이 영향을 받을 수 있다.

2) 가설적 개념의 표현

측정오차는 부정확한 응답에 의해서만 야기되는 것은 아니다. 직무만족 또는 동기부여와 같이 **가설적 개념(hypothetical construct)**을 측정할 때에도 발생한다. 이와 같은 가설적 개념을 측정하고자 할 때 이를 제대로 측정할 수 있는 최적의 문항을 설계해야 한다. 왜냐하면, 응답자들이 어떻게 응답해야 할지 잘 모르거나 또는 연구자의 의도와는 다르게 문항을 해석해서 응답할 수도 있기 때문이다. SEM은 잠재변수를 통해 측정오차를 제거한 순수한 가설적 개념을 표현할 수 있다.

2.3 측정오차의 추정

SEM은 관측변수의 측정오차를 고려한다. 이에 비해, 다른 다변량분석법들은 측정오차를 고려하지 않는다. 예컨대, 회귀분석은 변수의 측정오차가 없다고 가정한다. 따라서 회귀분석에 의한 결과는 정확하지 않을 수 있고, 이로 인해 잘못된 결론을 내릴 수 있다.

[그림 1-11]을 보면, 학업성적을 측정하기 위해 사용된 언어성적 및 수학성적 등의 관측변수는 측정오차가 있는 것으로 가설화되었고, 또한 학업성적은 가정환경에 의해 완전하게 설명되지 않아 오차가 있는 것으로 가설화되었음을 알 수 있다. 이처럼, 학업성적을 가정환경이 완전하게 설명하지 못해서 생기는 오차를 **구조오차(structural error)**, **잔차(residual)** 또는 **교란(disturbance)**이라 하고, 언어성적 및 수학성적 등의 관측변수가 해당 잠재변수를 완벽하게 측정하지 못해 생기는 오차를 **측정오차(measurement error)**라 한다.

그림 1-11 오차의 종류

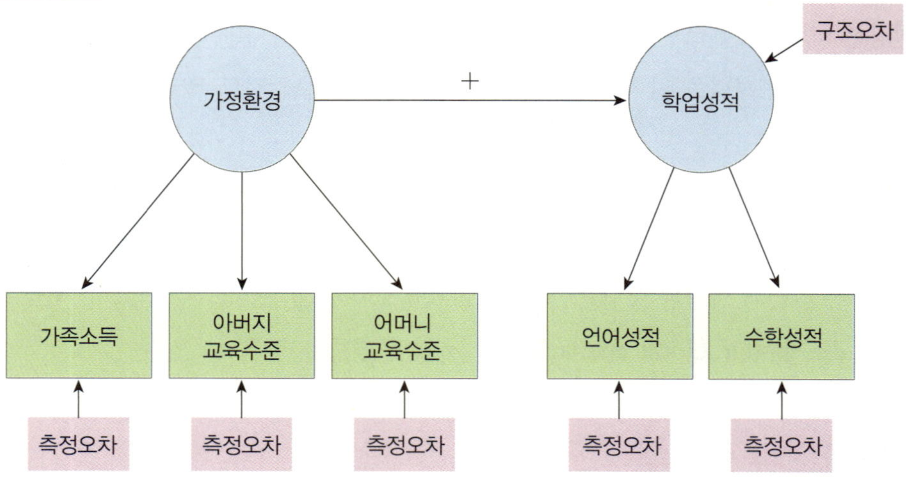

아버지의 교육수준을 예로 들어 측정오차에 대해 살펴보기로 한다. 앞에서, 아버지의 교육수준(x2)은 다음과 같은 측정방정식으로 구성되었다고 하였다.

$$x2 = h \times 가정환경 + e6$$

[Output 1-1]의 모수치를 보면, h에 해당하는 모수치는 1.007, 가정환경의 분산에 해당하는 모수치는 .530이다. 그리고 측정오차에 해당하는 e6의 분산은 .129이다. 아버지의 교육수준 분산(.667) $= 1.007^2 \times .530 + .129$에 의해 얻어진다.

측정오차는 다음과 같은 관점에서 구할 수 있다. 먼저 관측변수의 신뢰도가 완벽한 상태를 의미하는 1에서 관측변수의 신뢰도값을 뺀다. 관측변수의 신뢰도값은 Amos에서 보고되는 SMC(squared multiple correlations)값이다([Output 1-1] 참조). 1에서 SMC값을 뺀 값은 신뢰롭지 못한 부분이 된다. 이 신뢰롭지 못한 부분에 관측변수의 분산을 곱하면 측정오차의 분산을 구할 수 있다. 아버지의 교육수준(x2)의 예에서 SMC값은 .806으로 나온다. $(1 - .806) = .194$, $.194 \times .667 = .129$가 얻어진다. e6의 오차분산 .129는 이렇게 해서 얻어진다.

사회과학에서 사용되고 있는 측정도구(예: 설문지)는 측정하고자 의도한 개념을 완벽하게 측정하기가 어렵기 때문에 측정오차가 있기 마련이다. 그러므로, 측정오차를 제외한 나머지 부분에 의해 변수들 간의 관계를 파악하는 것이 보다 정확한 계수를 얻을 수 있다.

3. SEM이 선호되는 이유

사회과학 및 행동과학의 연구에서 SEM에 의한 분석이 많이 이루어지고 있다. SEM의 출현은 사회과학 및 행동과학 연구방법론에 획기적인 변화를 가져다주었다. 그런 점에서, Cliff(1983)는 SEM을 '통계적 혁명'이라고 주장하였으며, Fornell(1987)은 '제2세대 다변량분석법'이라고 주장하였다. 이하에서 SEM이 선호되고 있는 이유에 대해 살펴보기로 한다.

3.1 순수한 구조계수의 파악

SEM은 관측변수의 측정오차를 고려한다. 이와는 달리, 전통적인 회귀분석에서는 모든 관측변수의 측정오차를 무시한다. 따라서 회귀분석에 의한 추정치는 잘못 유도될 수 있으며 이로 인해 잘못된 결론을 내릴 수도 있다.

예를 들어, 합리적 행동이론에서 각각의 잠재변수를 측정하기 위해 각각 세 개의 관측변수를 이용하였다고 가정한다. 회귀분석을 이용하여 분석하는 경우, 세 개의 관측변수의 합에 의한 단일지표를 이용하여 두 번의 분석을 해야 하며, 또한 그들 단일지표는 측정오차가 없는 것으로 가정한다. 이에 비해 SEM은 세 개의 관측변수를 모두 이용할 수 있으며, 가정된 경로 간의 관계를 동시에 분석할 수 있고, 또한 관측변수는 측정오차가 있는 것으로 가정되며, 측정오차를 고려한 순수한 잠재변수 간의 구조계수를 얻을 수 있다. 사회과학 및 행동과학 분야에서 얻어진 측정치는 측정오차가 있다고 볼 수 있으므로 회귀분석을 이용한 분석보다는 측정오차를 고려한 SEM이 선호되고 있다.

3.2 효과분해

SEM 분석에 의해 특정 잠재변수가 다른 잠재변수에 미치는 직접효과와 간접효과의 크기를 알 수 있다. **직접효과(direct effect)**란 한 변수가 다른 변수에 대해 직접적인 영향을 미치는 것을 의미하며, **간접효과(indirect effect)**란 두 변수들 간의 효과가 다른 변수에 의해 매개되는 것을 의미한다. 직접효과와 간접효과의 합을 한 변수가 다른 변수에 미치는 **총효과(total effect)**라 한다. 총효과를 간접효과와 직접효과로 분해하는 것을 **효과분해(effect decomposition)**라 한다.

간접효과가 고려되지 않는다면, 두 잠재변수 간의 관계를 완전하게 파악할 수 없다. 비록 회귀분석이나 경로분석에 의해 간접효과를 추정할 수는 있으나(예: 독립변수에 대해 매개변수를 회귀하고, 매개변수에 대해 종속변수를 회귀한 다음, 두 회귀계수를 곱함), 이는 변수에 측정오차가 없다는 조건에서만 의미가 있다.

[그림 1-12]의 계획적 행동이론(theory of planned behavior)을 통해 직접효과와 간접효과에 대해 살펴보기로 한다. 태도 및 주관적규범은 행동에 대해 직접적으로 영향을 미치는 것이 아니라, 행동의도를 매개(경유)하여 간접적으로 영향을 미치는 것으로 가설화되었다. 이에 비해, 지각된 행동통제는 행동에 직접적으로 영향을 미칠 뿐만 아니라, 행동의도를 경유하여 간접적으로도 영향을 미치는 것으로 가설화되었다. 따라서 지각된 행

동통제가 행동에 미치는 효과는 행동의도를 통한 간접효과와 행동에 직접 영향을 미치는 직접효과를 합한 총효과에 의해 그 영향력이 완전히 파악된다고 볼 수 있다.

그림 1-12 계획적 행동이론

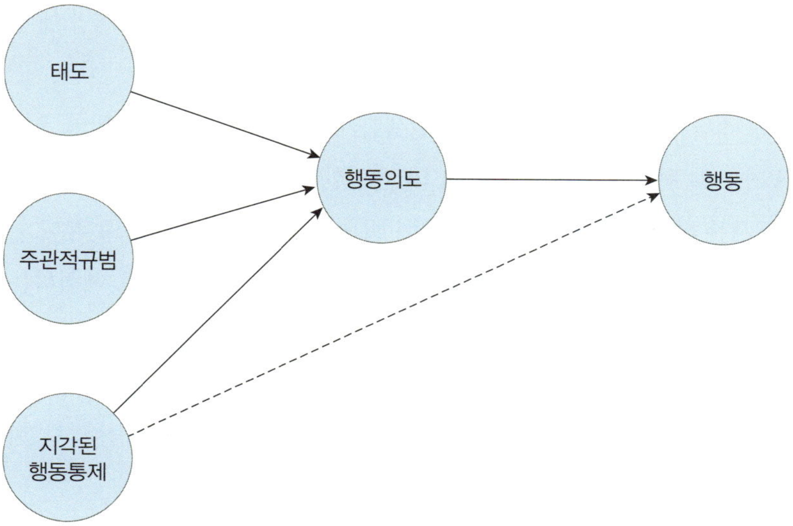

3.3 측정도구의 신뢰도 및 타당도 평가

사회과학 및 행동과학 분야의 연구자는 측정 및 측정기법에 대해 많은 관심을 갖는다. SEM의 한 형태인 확인적 요인분석을 통해 측정하고자 의도한 개념이 어느 정도 잘 측정되었는가를 평가할 수 있다. 확인적 요인분석은 측정에서 전통적으로 쓰이고 있는 탐색적 요인분석에 비해 더욱 정교한 분석법이다. 사후적인 성격을 갖는 탐색적 요인분석과는 달리, 확인적 요인분석은 모델을 구성하는 특정 모수치(요인적재량)를 얻을 수 있을 뿐만 아니라 모델의 전반적인 적합도를 평가할 수 있다. 즉, 확인적 요인분석을 통해 척도의 신뢰도 및 타당도를 평가할 수 있을 뿐만 아니라 측정모델의 적합도를 평가할 수 있다.

3.4 인과관계의 추론

과학적 연구의 목적은 현상을 설명하고 있는 변수들 간의 관계를 밝히려는 데 있다. 이러한 관계는 인과관계를 근거로 했을 때 그 가치가 더 크다. 그런데 인과관계를 상관분석을 토대로 추론하는 데에는 한계가 있다. 즉 어떤 두 변수 간에 상관이 있다고 해서 인과관계가 있는 것은 아니다. 'correlation does not imply causation.' 그러므로 상관관계는 인과관계의 필요조건이지 충분조건은 아니다.

인과관계(causal relationship, causality)란 변수들 간에 원인(cause)과 결과(effect)의 관계가 성립하는 것을 의미한다. 인과관계는 '과학적 개념'과 '상식적 개념'에 따라 그 의미가 다르다.

1. 상식적 개념에서는 하나의 사건이 발생하게 된 원인은 한 가지밖에 없다고 본다. 즉 X가 Y의 원인이라면, X가 곧 Y의 유일한 원인이라고 본다. 이에 비해, 과학적 개념에서는 X는 인과조건을 결정하는 요인 중의 하나일 것으로 본다.
2. 상식적 개념에서는 X와 Y의 관계를 '확정적'(deterministic)으로 해석하는 데 비해, 과학적 개념에서는 '확률적'(probabilistic)으로 해석한다. 즉, 상식적 개념에서는 X가 Y의 유일한 원인이라면 X가 발생하면 반드시 Y 결과가 초래된다고 본다. 이와는 달리, 과학적 개념에서는 X의 발생이 Y의 결과를 초래할 것으로 가정된다면 X가 Y를 초래한 원인 중의 하나일 것으로 본다.
3. 과학적 개념에서는 X가 Y의 원인이라는 것을 결코 증명할 수 없으며, 다만 그러한 관계가 있을 것으로 추론할 수밖에 없다고 본다. 그러한 추론은 관찰을 하거나 엄격히 통제된 실험을 통해 얻은 자료를 토대로 이루어진다. 이처럼, 과학적 개념에서는 인과관계를 추론할 수는 있으나 증명할 수는 없는 것으로 본다.

3.5 측정과 이론구축의 동시성

SEM은 측정과 이론구축을 동시에 할 수 있는 분석법이다. 이 점이 SEM의 가장 중요한 장점일 것이다. 사회과학 연구방법론의 두 가지 중심 주제는 측정(measurement)과 이론구축(theory building)이라 할 수 있는데, 측정을 위해서는 탐색적 요인분석이 주로 쓰이고 이론구축을 위해서는 회귀분석이 주로 쓰인다. 그런데 이들 분석법들은 개별적으로 이용되는 데 비해, SEM은 이를 동시에 분석할 수 있다.

SEM은 측정의 질과 개념들 간의 인과관계를 동시에 분석할 수 있는 유연하고 강력한 도구이다. 확인적 요인분석과 경로분석을 동시에 수행함으로써 SEM은 연구자들에게 그들이 관심을 갖고 있는 현상을 보다 정확하게 파악할 수 있는 틀을 제공한다.

CHAPTER 2

Amos의 이해

1. Amos 소개
2. Amos로 경로도 그리기
3. Amos에 의한 SEM 분석 절차

CHAPTER 2

Amos의 이해

1. Amos 소개

Amos(Analysis of Moment Structure: '에이모스'라고 발음함)는 미국 Temple대학 심리학과의 James L. Arbuckle 교수에 의해 개발되었다. Amos는 GUI(graphic user interface)에 기초한 프로그램이어서 기능 아이콘을 클릭하여 경로도를 그린 다음 분석할 수 있게 되어 있어 SEM 프로그램들 가운데 사용하기가 가장 편리하다. Amos는 통계 패키지로 가장 많이 이용되고 있는 SPSS와 연계할 수 있게 되어 있는 것도 장점이다.

Amos는 경로도 방식과 신텍스 방식이 있다. 경로도 방식은 아이콘을 클릭하여 경로도를 그려서 분석하는 방식이고, 신텍스 방식은 신텍스를 작성하여 분석하는 방식이다. 본서는 경로도 방식으로 기술된다.

2. Amos로 경로도 그리기

2.1 Amos 초기화면

Amos를 실행하면 다음과 같은 초기화면이 나타난다. 초기화면은 크게 ① 메뉴바, ② 도구상자, ③ 관리창, ④ 작업시트로 구성되어 있다.

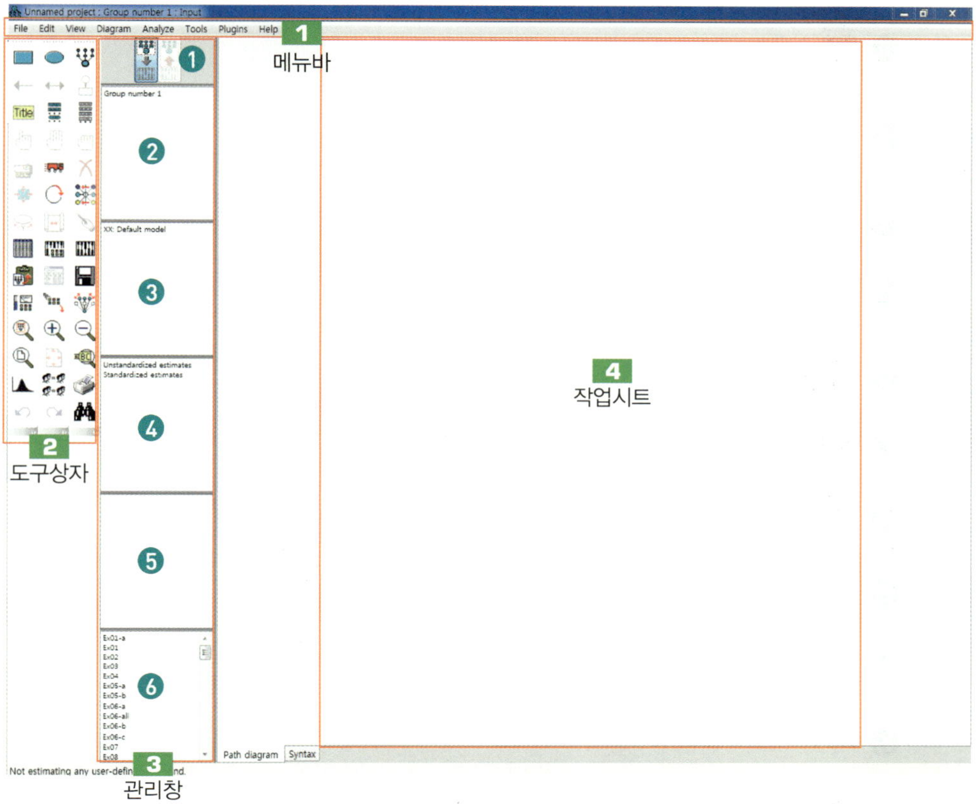

1 메뉴바

2 도구상자: 자주 사용하는 기능 아이콘을 모아 놓은 곳. 주로 쓰는 아이콘과 그 기능에 대해 살펴보기로 한다.

❶ : 관측변수 그리기

❷ : 잠재변수 그리기

❸ : 잠재변수, 관측변수 및 오차 동시에 그리기

❹ ← : 경로 그리기

❺ ↔ : 상관관계(또는 공분산) 그리기

❻ : 잔차(또는 측정오차) 그리기

❼ Title : 제목과 적합도 통계량을 경로도에 표시하기

❽ : 자료세트 내 변수목록 보기

❾ : 객체(object) 하나씩 선택

❿ : 전체 객체 선택

⓫ : 전체 객체 선택 해제

⓬ : 객체 복사

⓭ : 객체 이동

⓮ : 객체 삭제

⓯ 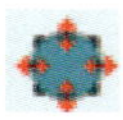: 객체 모양 변경

⓰ : 지표 회전

⓱ : 모수 위치 이동

⓲ : 경로 및 공분산 정렬

⓳ : 데이터 파일 선택

⓴ : 분석속성(analysis properties) 지정

㉑ : 분석 실행

㉒ : 경로도 복사

㉓ : 분석 결과 보기

㉔ : 객체속성(object properties)의 지정

㉕ : 잠재변수, 관측변수, 오차의 일괄이동

㉖ : 다중집단분석 실행

㉗ : 설정탐색 실행

3 관리창: 모수치를 경로도에 표시, 그룹관리, 모델관리, 모수치 선택, 실행결과 보고, 파일관리 등을 위한 곳.

❶ 모수치를 경로도에 표시

❷ 그룹관리(그룹이름 부여): 다중집단분석에서 사용

❸ 모델관리(모델이름 부여 및 모수제약)

❹ 비표준화추정치, 표준화추정치 선택

❺ 실행결과 보고

❻ 분석파일목록(최근에 분석한 입력파일 표시)

4 작업시트: 경로도를 그리는 곳. 경로도를 그릴 때 작업시트 안에 그려야 한다. 작업시트를 벗어나게 그리면 분석에는 문제가 없으나 경로도를 혼글(HWP)과 같은 워드 프로그램에 붙일 때 문제가 된다. 즉 **작업시트를 벗어난 부분은 혼글에 붙일 때 따라오지 않고 빠진다. 따라서 작업시트 내에 경로도를 그리는 것이 좋다.**

2.2 Amos 메뉴

메뉴 가운데 주로 쓰는 [File], [Edit], [View], [Analyze], [Plugins]에 대해 살펴보기로 한다.

1) File 메뉴

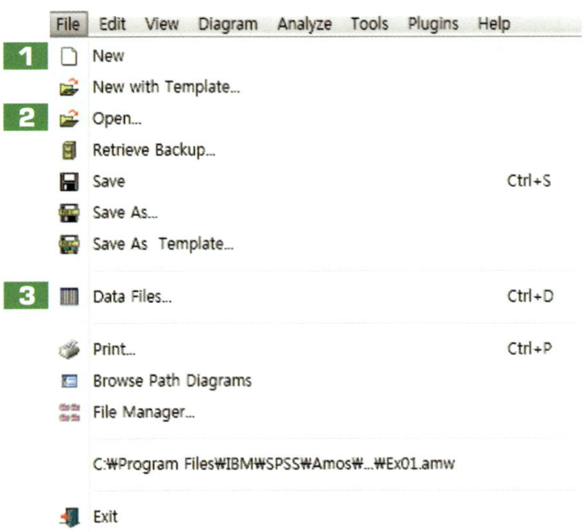

1 [New]: 새로운 Amos 경로도를 그리기 위한 메뉴

2 [Open]: 기존의 Amos 파일을 불러들이기 위한 메뉴

3 [Data Files]: 분석할 자료를 연결해 주는 메뉴

[Data Files]에 대해 보다 자세히 살펴보기로 한다. [Data Files]를 클릭하면 다음과 같은 창이 나타난다.

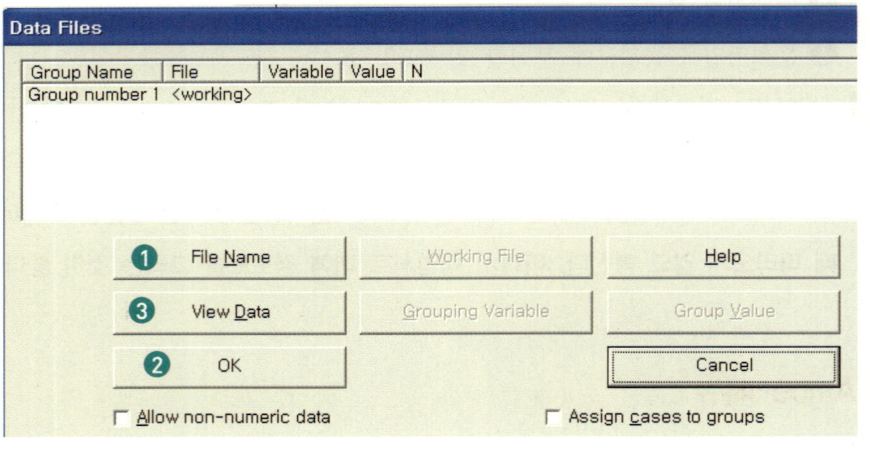

자료를 연결하기 위해 ❶ [File Name] 버튼을 클릭하여 경로와 파일이름을 지정하고, ❷ [OK] 버튼을 클릭한다. 다음은 연결된 자료를 예시한 것이다. 자료가 연결되면 파일이름(4-1.sav)과 표본크기(N=306) 정보가 보인다.

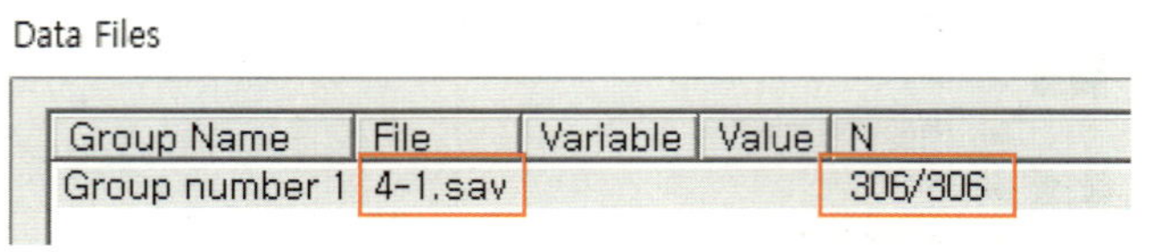

❸ [View Data] 버튼을 클릭하면 SPSS에 저장된 자료를 볼 수 있다.

2) Edit 메뉴

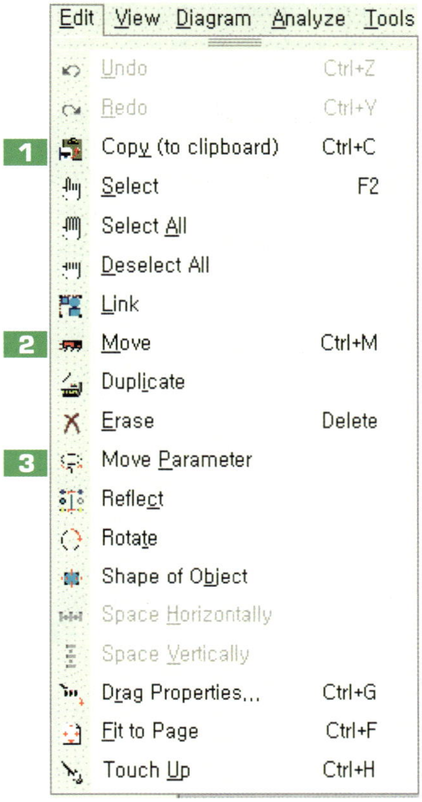

이들 메뉴들은 경로도를 그리는 데 필요한 메뉴들이다. 도구상자에 있는 기능 아이콘은 대부분 [Edit] 메뉴와 [Diagram] 메뉴에 있다.

1 [Copy(to clipboard)]: 경로도를 흔글과 같은 워드프로그램에 붙일 때

2 [Move]: 대상을 이동할 때

3 [Move Parameter]: 경로도에 제시된 모수치를 이동할 때

3) View 메뉴

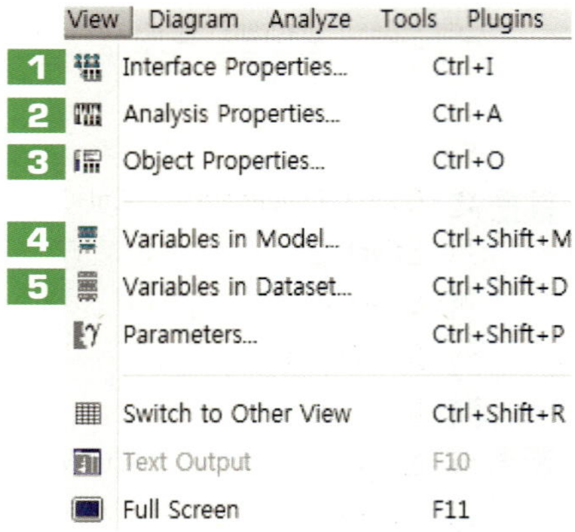

1 [Interface Properties]에는 다음과 같은 탭이 있다.

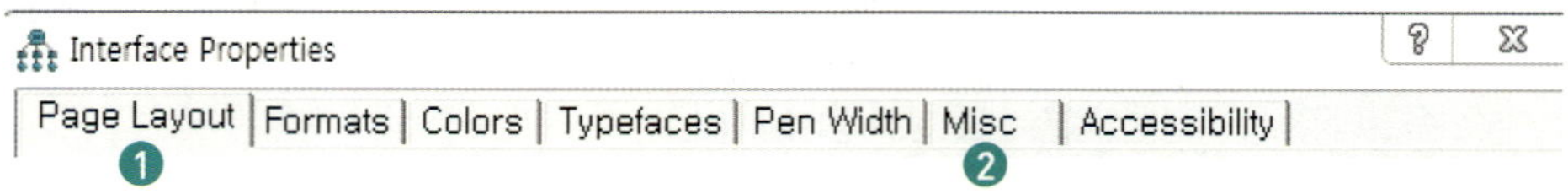

❶ [Page Layout] 탭에는 작업시트의 크기를 조정하기 위한 옵션이 제공된다. [Paper Size]에는 여러 가지 옵션이 있는데 그 가운데 [Landscape-Legal]이 가장 폭이 넓기 때문에(14인치) 이것으로 지정하는 것이 경로도를 그릴 때 좋다.

❷ [Misc] 탭은 모수치를 경로도에 제시할 때 소수점 자리(decimal place)를 바꾸고자 할 때 이용된다. 현재 디폴트가 2자리인데 이를 3자리로 바꿀 수 있다.

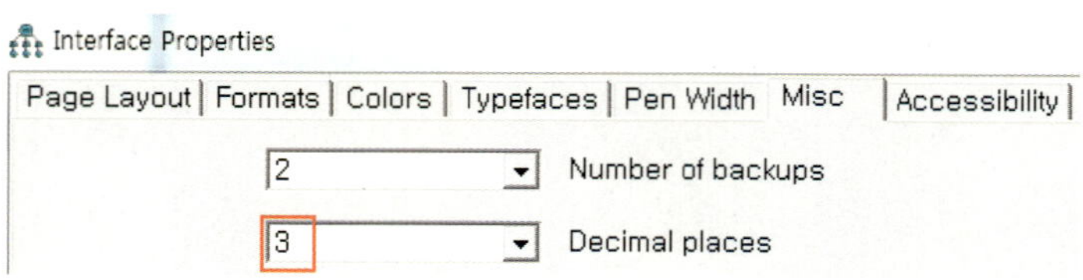

2 [Analysis Properties]에는 다음과 같은 탭이 있다.

❶ [Estimation] 탭에서는 추정법을 지정할 수 있다. Amos는 최대우도법 (maximum likelihood: ML)이 디폴트이다. [Estimate means and intercepts]를 체크하면 결측치를 FIML 방식으로 처리하고, 평균과 절편을 추정한다.

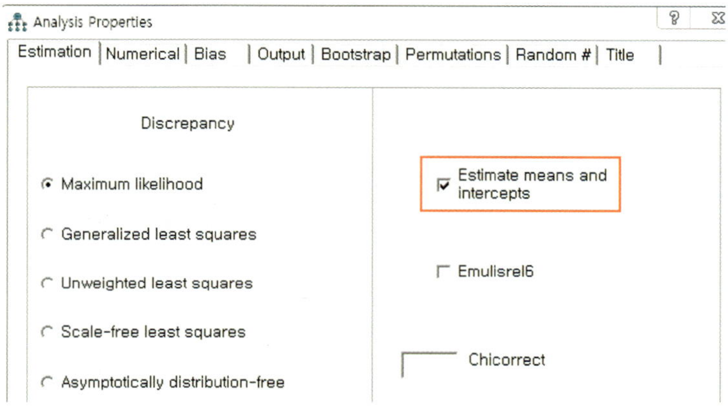

❷ [Output] 탭에서 연구자가 원하는 여러 가지 정보를 지정한다.

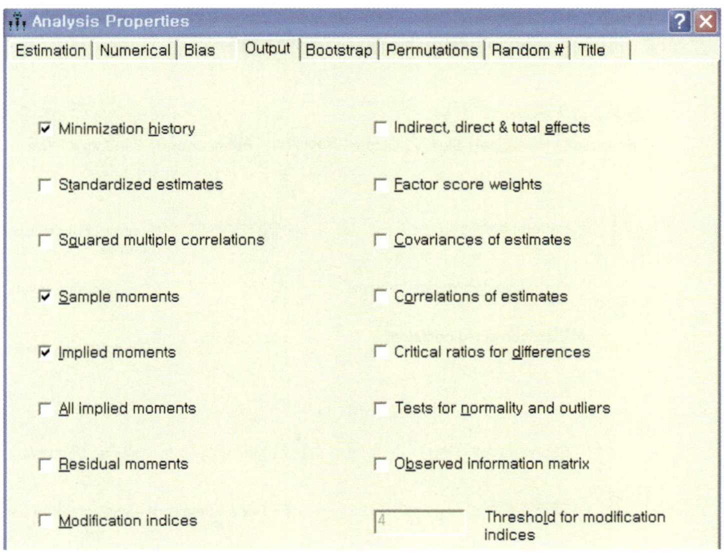

[Output] 탭에서 얻을 수 있는 정보에 대해 살펴보기로 한다.

1 Minimization history: 모수치를 얻기 위한 최소화 과정을 보고한다.

2 Indirect, direct & total effects: 간접효과, 직접효과 및 총효과를 보고한다.

3 Standardized estimates: 표준화추정치를 보고한다.

4 Factor score weights: 요인점수가중치를 보고한다.

5 Squared multiple correlations: 다중상관자승(SMC, R^2)을 보고한다.

6 Covariances of estimates: 모수치의 공분산행렬을 보고한다.

7 Sample moments: 표본행렬을 보고한다.

8 Correlations of estimates: 모수치의 상관행렬을 보고한다.

9 Implied moments: 예측행렬을 보고한다.

10 Critical ratios for differences: 모수치의 차이 검정을 보고한다.

11 All implied moments: 모델에 의해 예측된 모든 행렬(잠재변수까지 포함)을 보고한다.

12 Tests for normality and outliers: 정규성 및 이상치 점검을 보고한다.

13 Residual moments: 잔차행렬을 보고한다.

14 Observed information matrix: 관측된 정보행렬을 보고한다. 정보행렬은 모델 식별의 점검을 위해 필요하다.

15 Modification indices: 수정지수값을 보고한다. 디폴트는 4이다.

❸ [Bootstrap] 탭에는 붓스트래핑(bootstrapping)과 관련된 옵션이 제공된다.

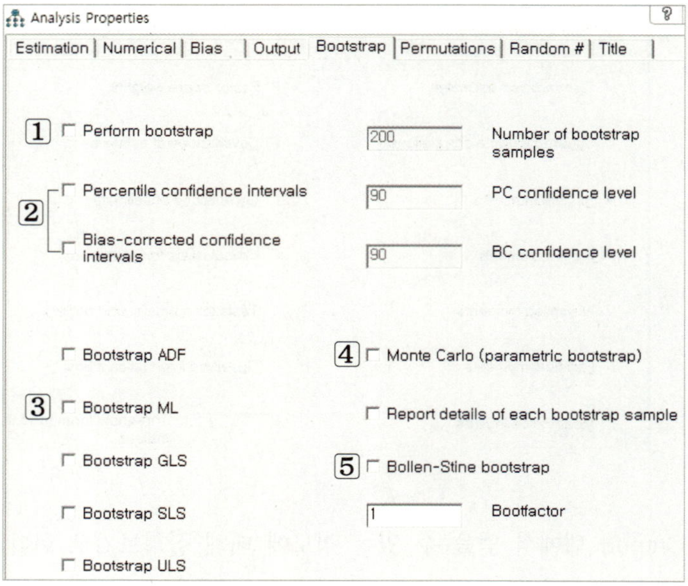

① [Perform bootstrap]를 체크하고, [Number of bootstrap sample] 디폴트가 200인데 이를 1000 이상으로 바꾼다. 이 숫자가 클수록 정확도 높은 모수치를 얻는다.

② 신뢰구간 추정법에는 [Percentile confidence interval: PC 신뢰구간]과 [Bias-corrected confidence interval: BC 신뢰구간] 방법이 있는데 이 가운데 [Bias-corrected confidence interval: BC 신뢰구간] 방법이 보다 많이 쓰인다.

③ [Bootstrap ML]이 디폴트이다. 따라서 추정법을 지정하지 않으면 이 방법으로 추정된다.

④ [Monte Carlo(parametric bootstrap)]은 **모수 붓스트래핑(parametric bootstrapping)**을 한다. 행렬요약 자료인 경우에 이용된다. 원자료인 경우에 이를 체크하지 않으면 **비모수 붓스트래핑(non-parametric bootstrapping)**에 의해 한다.

⑤ [Bollen-Stine bootstrap]은 모델검정통계량 χ^2의 유의확률 p값을 보고한다.

3 [Object Properties]에서는 [Text]와 [Parameters] 탭이 많이 사용된다.

❶ [Text] 탭은 변수명(variable name)과 변수라벨(variable label)을 기술하기 위해 이용된다. 변수명과 변수라벨은 한글과 영문 모두 가능하다.

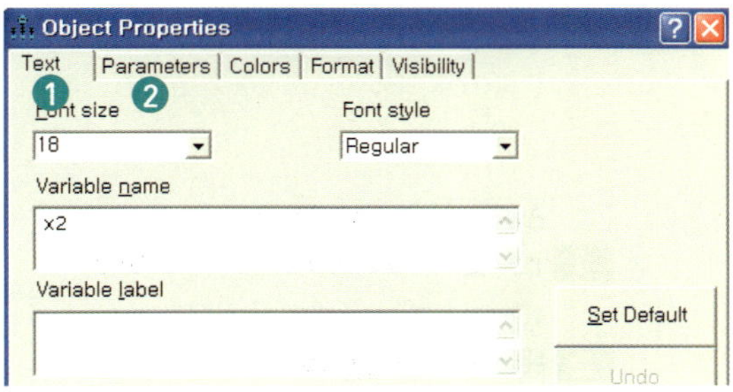

❷ [Parameters] 탭에서는 회귀계수(regression weight)나 잠재변수의 분산(variance)을 지정할 수 있다.

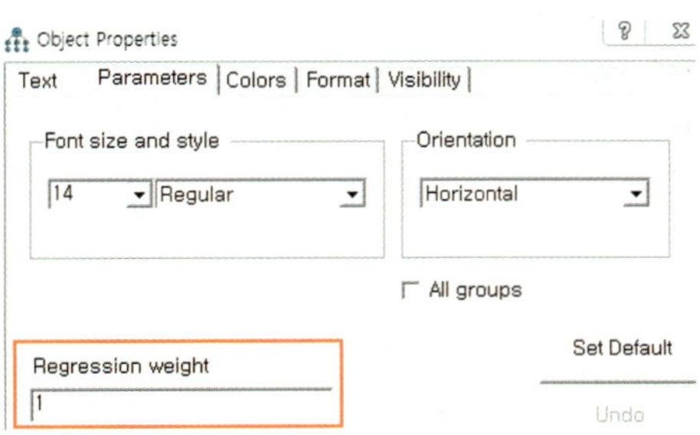

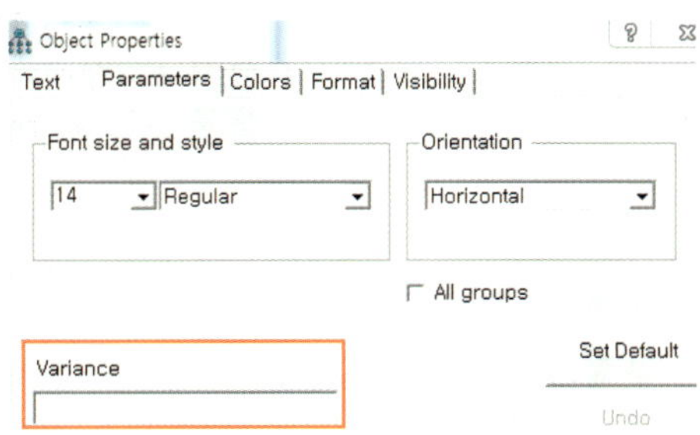

4 [Variables in Model]는 자료가 연결된 상태에서 '모델 내의 변수이름'을 보여준다.

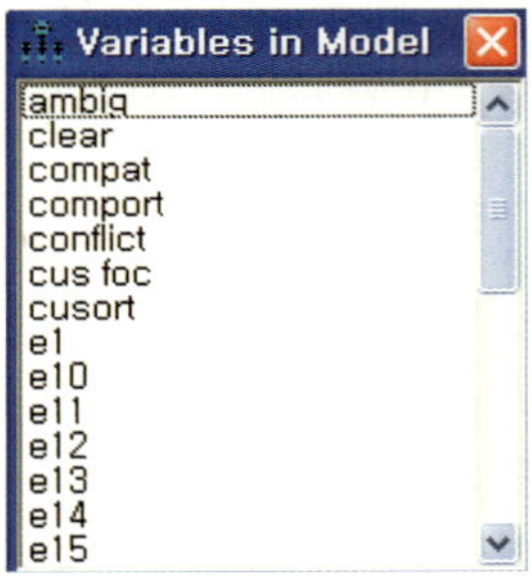

5 [Variables in Dataset]는 '자료세트 내의 변수이름'을 보여준다.

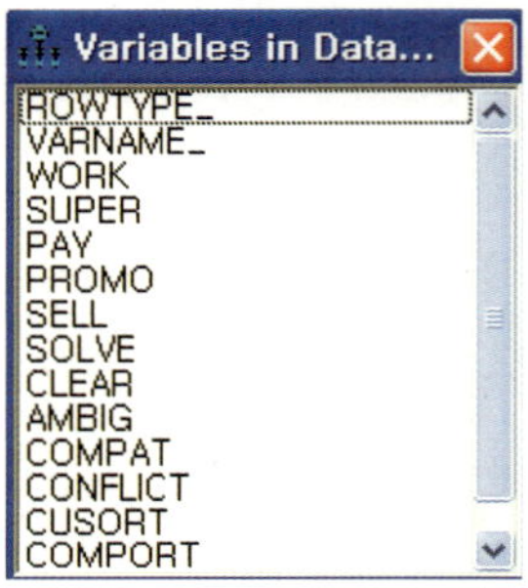

4) Analyze 메뉴

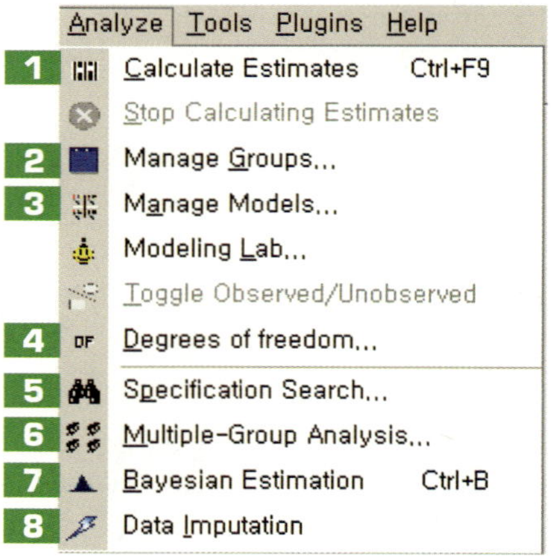

1 [Calculate Estimates]: 분석실행을 위한 메뉴

2 [Manage Groups]: 그룹관리를 위한 메뉴

3 [Manage Models]: 모델관리를 위한 메뉴

4 [Degrees of freedom]: 자유도를 보기 위한 메뉴

5 [Specification Search]: 설정탐색을 위한 메뉴

6 [Multiple-Group Analysis]: 다중집단분석을 위한 메뉴

7 [Bayesian Estimation]: 베이지언 추정을 위한 메뉴

8 [Data Imputation]: 결측자료의 대체(imputation)를 위한 메뉴

5) Plugins 메뉴

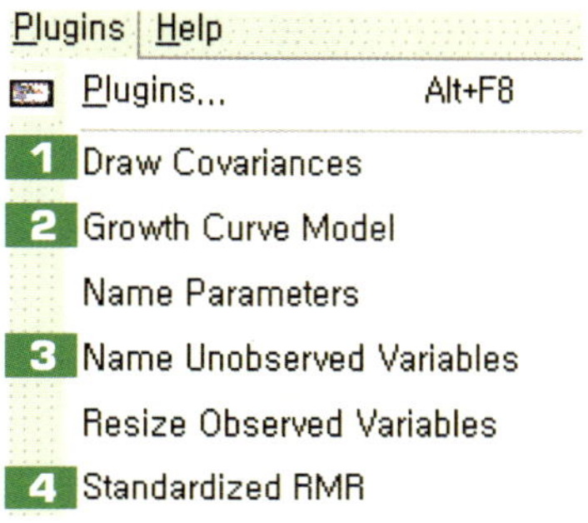

1 [Draw Covariances]: 공분산을 그리는 메뉴

[그림 2-1]과 같은 모델을 만들었다고 가정한다. 3개 잠재변수 간의 공분산을 그려보기로 한다.

그림 2-1 공분산그리기의 예

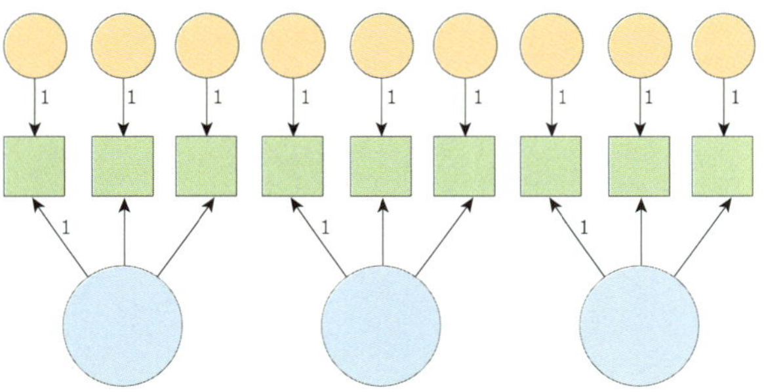

잠재변수들 간의 공분산을 그리는 방법에는 ❶ 도구상자에 있는 공분산그리기 아이콘(↔)을 이용하는 방법, ❷ [Plugins]에 있는 [Draw Covariances]를 이용하는 방법이 있다.

❶ 공분산그리기 아이콘(↔)을 이용하는 방법

공분산그리기 아이콘(↔)을 클릭한다. 이 아이콘을 이용하여 잠재변수와 잠재변수를 연결하면 된다. [그림 2-2]는 왼쪽에 있는 잠재변수를 시점으로 오른쪽에 있는 잠재변수를 종점으로 연결한 경우이다. 즉 F1에서 시작해서 F2로 연결한 경우의 화살표 모습이다.

그림 2-2 공분산 연결하기: 왼쪽에서 오른쪽으로 연결

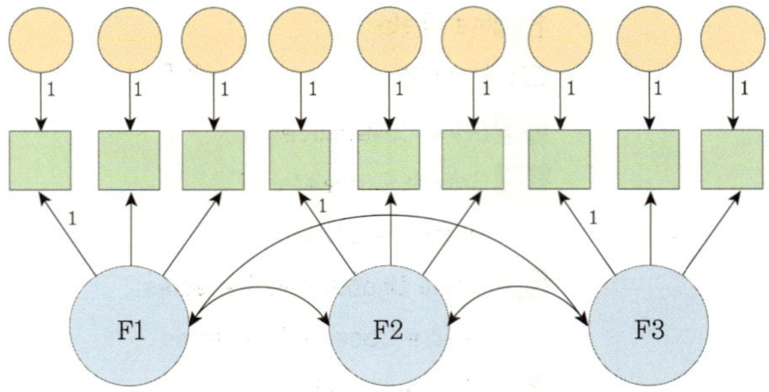

[그림 2-3]은 오른쪽에 있는 잠재변수를 시점으로 왼쪽에 있는 잠재변수를 종점으로 연결한 경우이다. 즉 F2에서 시작해서 F1으로 연결한 경우의 화살표 모습이다.

그림 2-3 공분산 연결하기: 오른쪽에서 왼쪽으로 연결

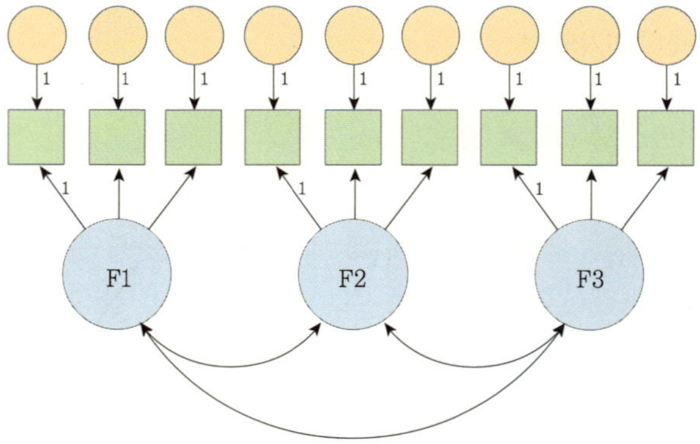

❷ [Plugins]에 있는 [Draw Covariances]를 이용하는 방법

객체 하나씩 선택 아이콘(☝)을 클릭한다. 개별 잠재변수를 하나씩 지정하거나, 또는 객체 하나씩 선택 아이콘(☝)을 클릭한 상태에서 해당 잠재변수 위를 스치고 지나간다. 그러면 잠재변수 색상이 빨간색에서 파란색으로 변한다. 이때 잠재

변수가 모두 빠지지 않도록 지정해야 한다. 그 다음 [Plugins] 메뉴에 있는 [Draw Covariances]를 클릭하면 자동으로 공분산이 그려진다.

그림 2-4 공분산그리기

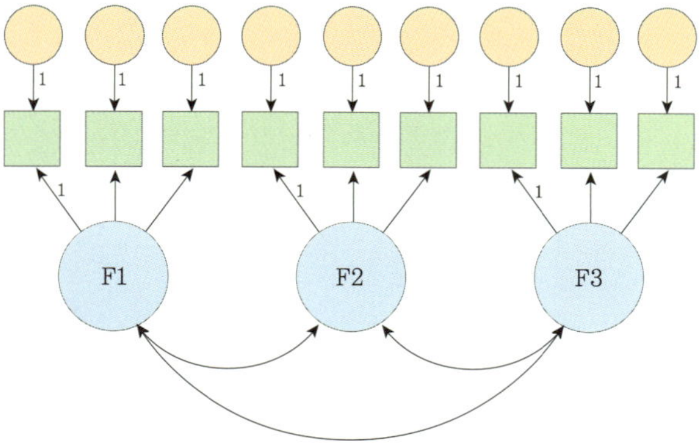

2 [Growth Curve Model]: 잠재성장모델을 추정하기 위한 메뉴

3 [Name Unobserved Variables]: 잠재변수, 오차, 잔차의 이름 부여하는 기능

[Plugins] 메뉴에 있는 [Name Unobserved Variables]를 클릭하면 자동으로 잠재변수의 이름이 생성된다. 오차변수는 'e1', 'e2' … 'e9' 등으로, 잠재변수는 'F1' … 'F3' 등으로 이름이 부여된다. **오차변수 및 잠재변수의 이름은 중요하지 않고 이름이 부여되어 있느냐의 여부가 중요하다. 이름이 부여되어 있지 않거나 동일한 이름이 부여된 경우 에러가 보고되고 실행되지 않는다.**

그림 2-5 잠재변수 및 오차변수 이름 부여하기

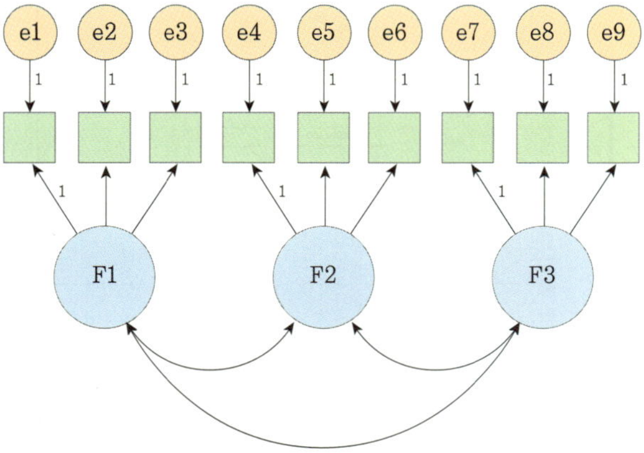

4 [Standardized RMR]: 표준화 RMR(SRMR)을 계산하는 기능. 이에 대해서는 제7장에서 살펴보도록 한다.

2.3 경로도 그리기

1) 방법 1

경로도를 쉽고, 빠르고, 예쁘게 그리는 방법에 대해 [Input 1-1] 모델을 토대로 살펴보기로 한다.

1 경로도를 그리기 전에 먼저 작업시트의 크기를 조정한다. 이를 위해 [View] → [Interface Properties] → [Page Layout] 탭에서 [Paper Size]를 [Landscape- Legal]로 바꾼 다음, [⌧] 버튼을 클릭한다. **경로도를 그린 다음에 작업시트 크기를 조정하기보다는 경로도를 그리기 전에 작업시트 크기를 조정하기 바란다.** 왜냐하면 경로도를 그린 다음에 작업시트 크기를 조정하면 경로도가 작업시트 범위에서 벗어나 있기 때문이다.

그림 2-6 작업시트의 크기조정

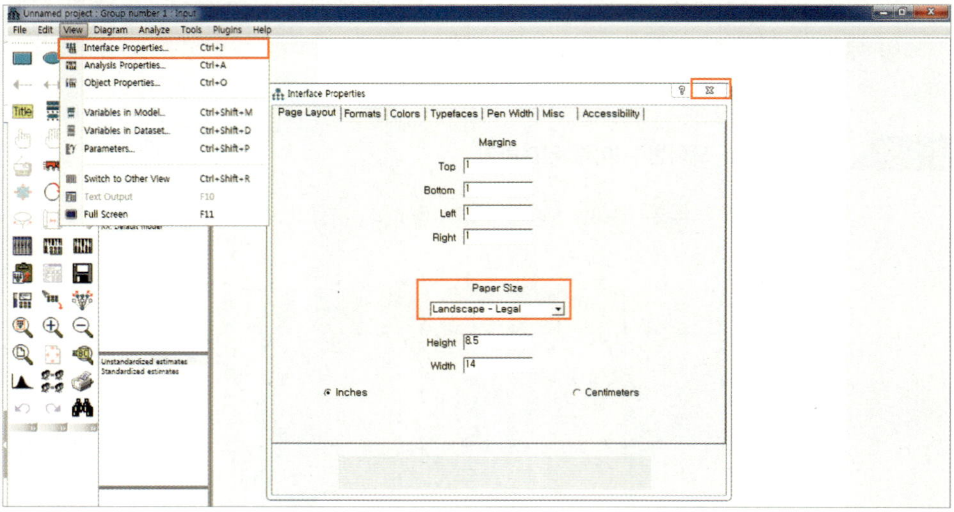

2 잠재변수에 지표추가 아이콘( )을 클릭한다. 마우스 포인터를 작업시트 내로 이동한 다음, 적당한 크기의 원을 그린다. **원의 크기에 따라 사각형 및 오차의 원**

의 크기가 달라지기 때문에 원의 크기를 잘 그리는 것이 중요하다. 이는 오랜 경험을 통해 체득할 수 있다. 각각의 잠재변수에 해당하는 관측변수 수만큼 마우스 왼쪽 버튼을 클릭한다.

그림 2-7 잠재변수에 지표 추가하기

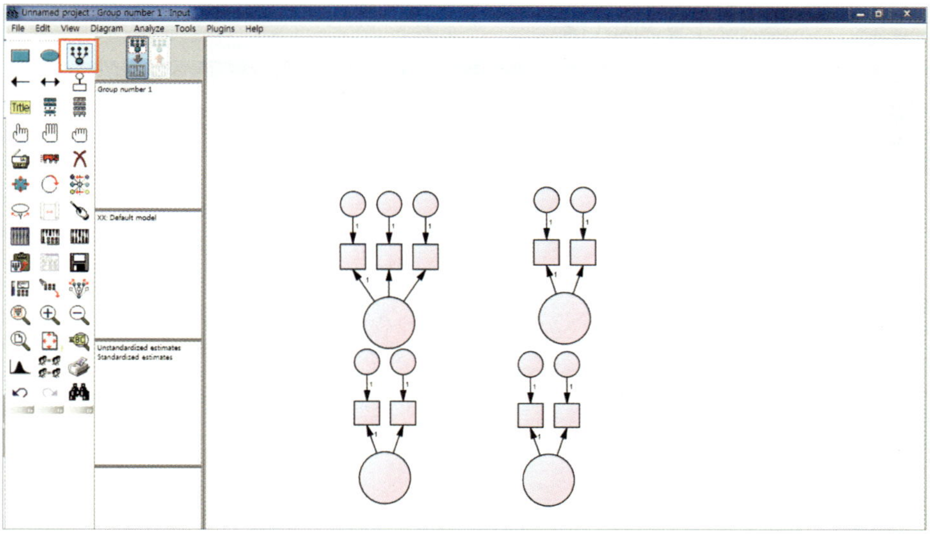

3 :· 지표를 회전하기 위해 회전 아이콘(↻)을 클릭한다. 회전하고자 하는 잠재변수를 클릭하면 관측변수가 회전한다.

그림 2-8 지표 회전하기

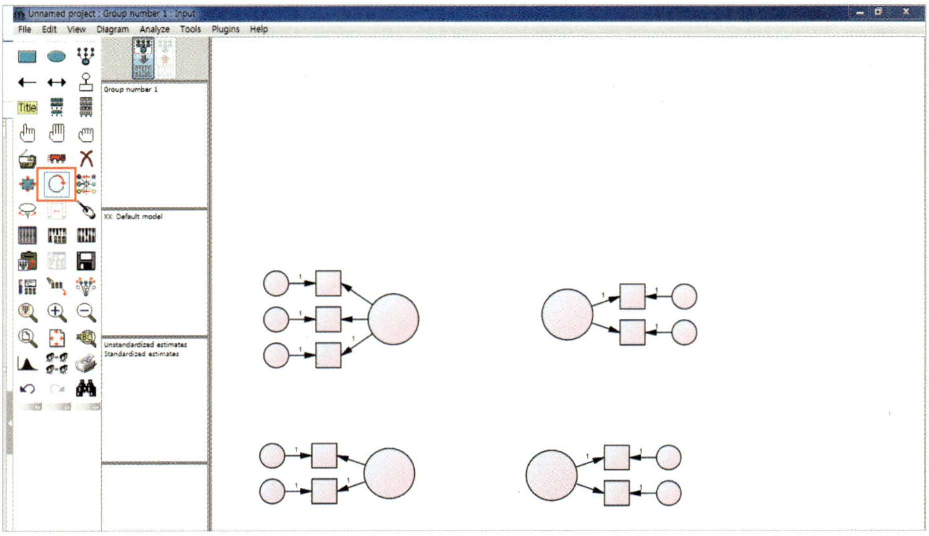

4 ∴ **내생변수에 잔차를 그리는 것을 잊어서는 안 된다.** 내생변수의 잔차를 그리기 위해 잔차 아이콘(옥)을 클릭하고 해당 내생변수를 클릭한다. 잔차의 위치를 조정하고 싶으면 마우스 왼쪽 버튼을 계속 클릭한다. 적당하다고 생각되는 곳에서 멈춘다.

그림 2-9 잔차 추가하기 및 위치 이동

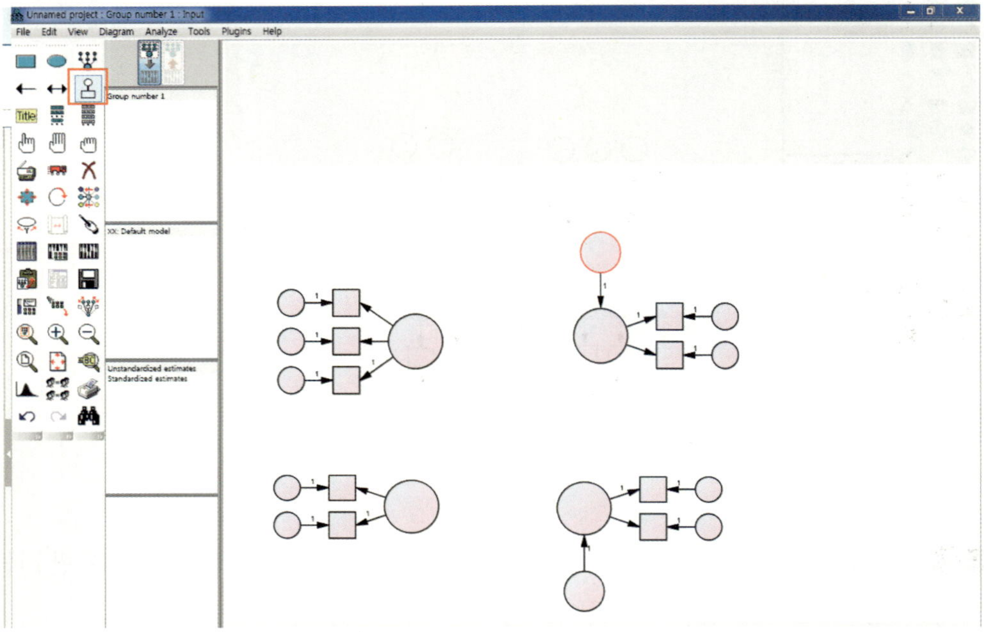

5 ∴ 원으로 표현된 측정오차, 잔차, 잠재변수에 대해 이름을 부여한다. **Amos에서 이들은 이름이 있느냐 없느냐가 중요하지 어떤 이름으로 되어 있느냐는 중요하지 않다. 단, 관측변수 또는 잠재변수 이름과 같아서는 안 된다.** 이를 위해 [Plugins] 메뉴에서 [Name Unobserved Variables]를 클릭하면 자동으로 이름이 부여된다. [그림 2-10]을 보면 알 수 있듯, 측정오차 및 잔차는 'e1'부터 'e11'까지 이름이 부여되고, 잠재변수는 'F1'부터 'F4'까지 이름이 부여된다.

그림 2-10 오차, 잔차, 잠재변수에 이름 부여하기

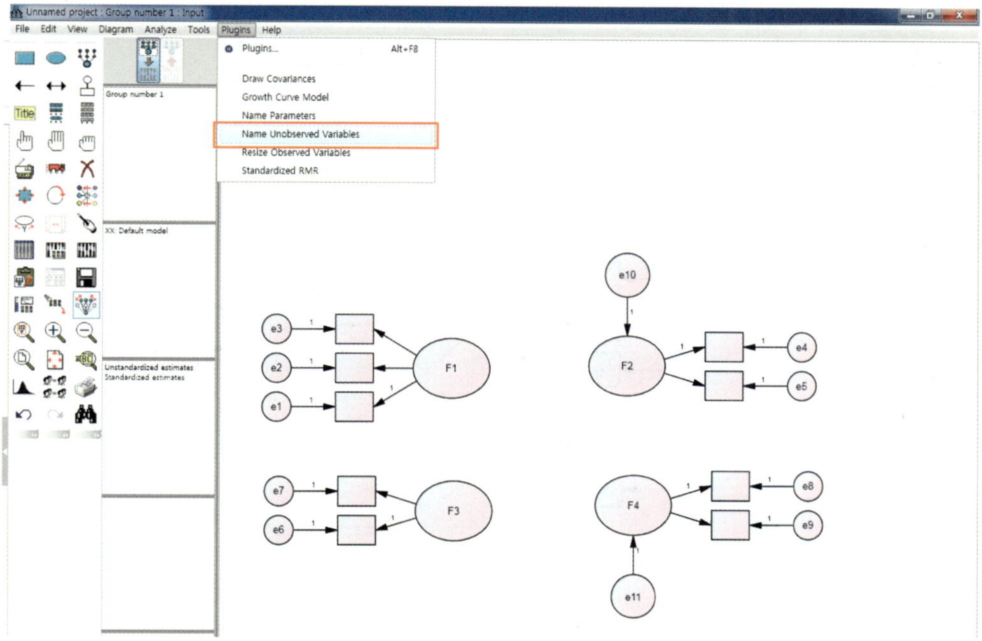

6 ∴ 잠재변수 이름이 현재 'F1' … 'F4'로 되어 있다. 이 이름을 안 바꾸어도 분석에는 문제가 없으나 분석을 실행한 후에 Output을 볼 때 불편하므로 바꾸는 게 좋다.

7 ∴ 먼저 'F1'부터 이름을 바꾸기로 한다. 이를 위해 'F1'을 더블클릭하면 나타나는 [Object Properties]의 [Variable name]에 있는 'F1'을 지우고 '가정환경'으로 입력한다.

8 ∴ 'F2' 잠재변수의 이름을 부여하기 위해 [Object Properties] 창을 닫지 말고, 'F2' 잠재변수를 클릭하고 [Variable name]에 있는 'F2'를 지우고 '학업능력'으로 입력한다. 이런 식으로 나머지 잠재변수도 이름을 바꾸어 준다.

그림 2-11 잠재변수 이름 부여하기(가정 환경을 띄워서 입력하는 경우)

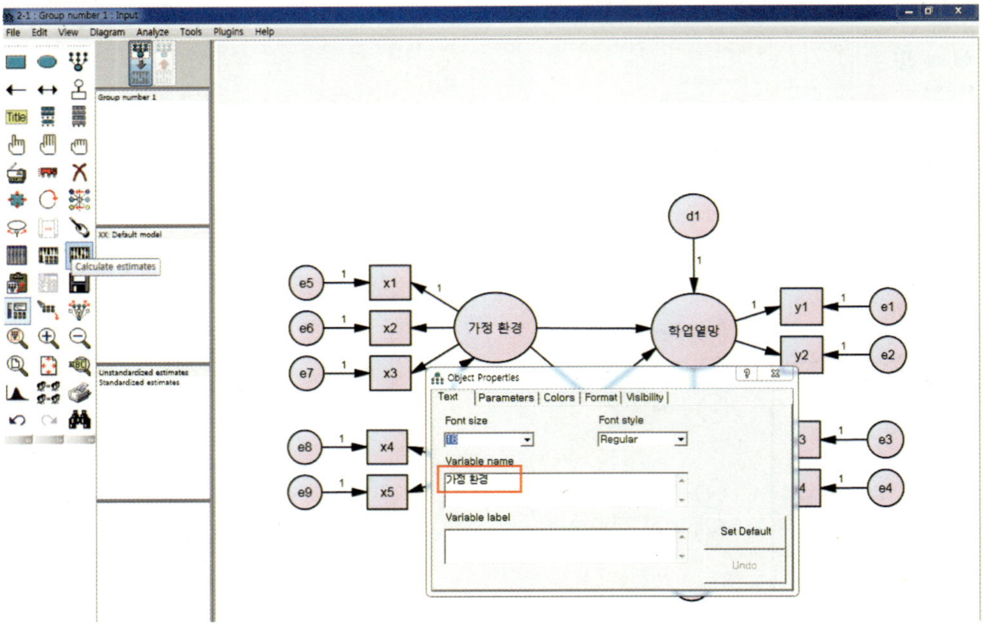

9 ∴ 변수이름을 입력할 때 '가정 환경'처럼 띄어서 입력하면 에러가 생기기 때문에 붙여서 입력해야 한다. 다음은 '가정환경'을 띄어서 입력하는 경우 생기는 에러 메시지이다.

The variable name '가정 환경' is invalid because it contains an invalid character.

10 ∴ '가정환경'에서 '환경'을 밑으로 입력하면 분석에 문제가 되지 않는다.

그림 2-12 잠재변수 이름 부여하기(가정환경에서 환경을 밑에 입력하는 경우)

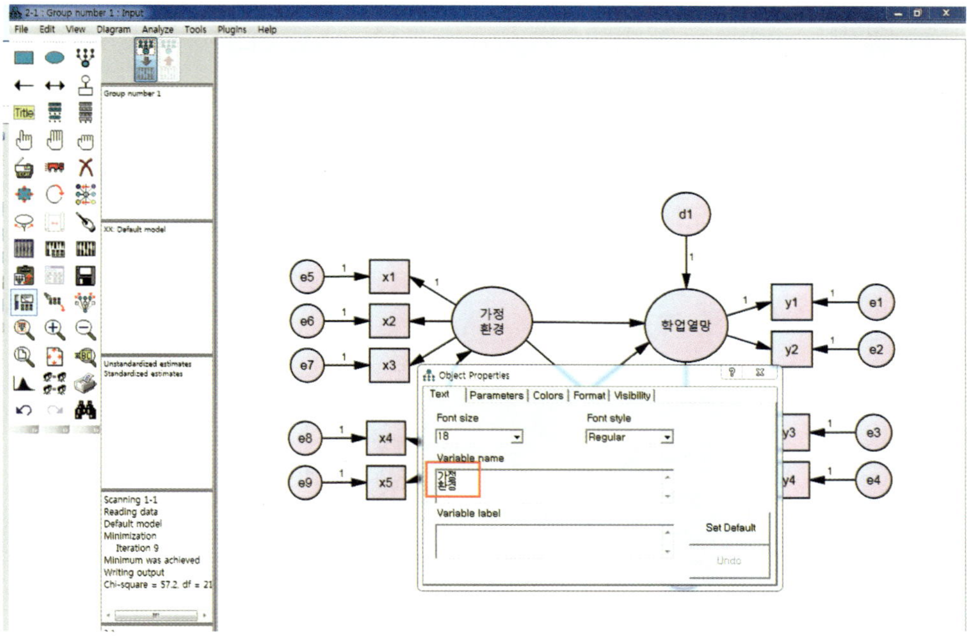

11 ∴ 잠재변수 간 경로를 연결하기 위해 경로그리기 아이콘(←)을 클릭하고, 해당 잠재변수 간 경로를 그린다.

그림 2-13 경로 연결하기

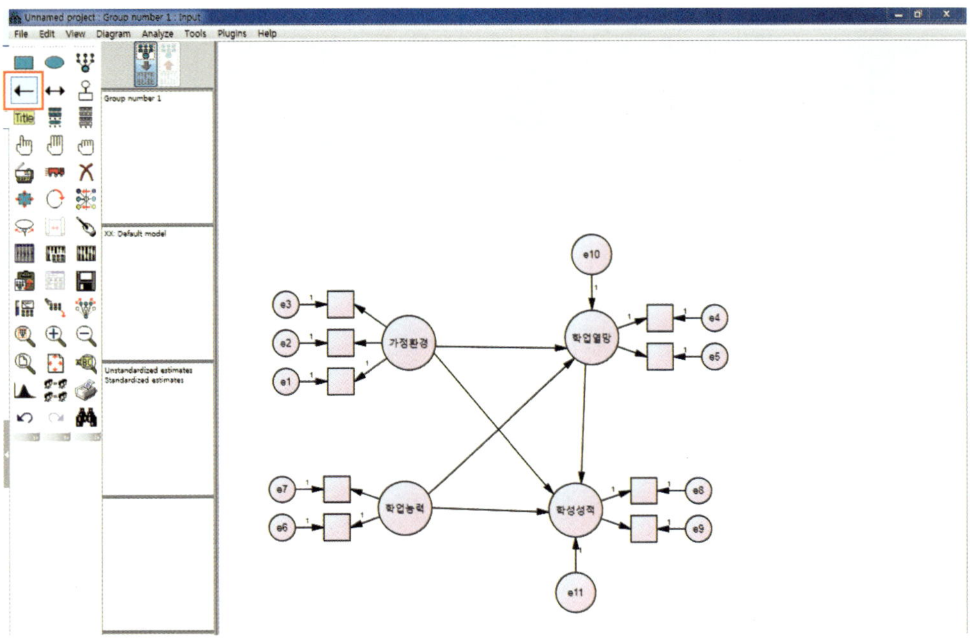

12 공분산그리기 아이콘(↔)을 클릭하여 '가정환경'과 '학업능력' 간의 관계를 연결한다.

그림 2-14 공분산 연결하기

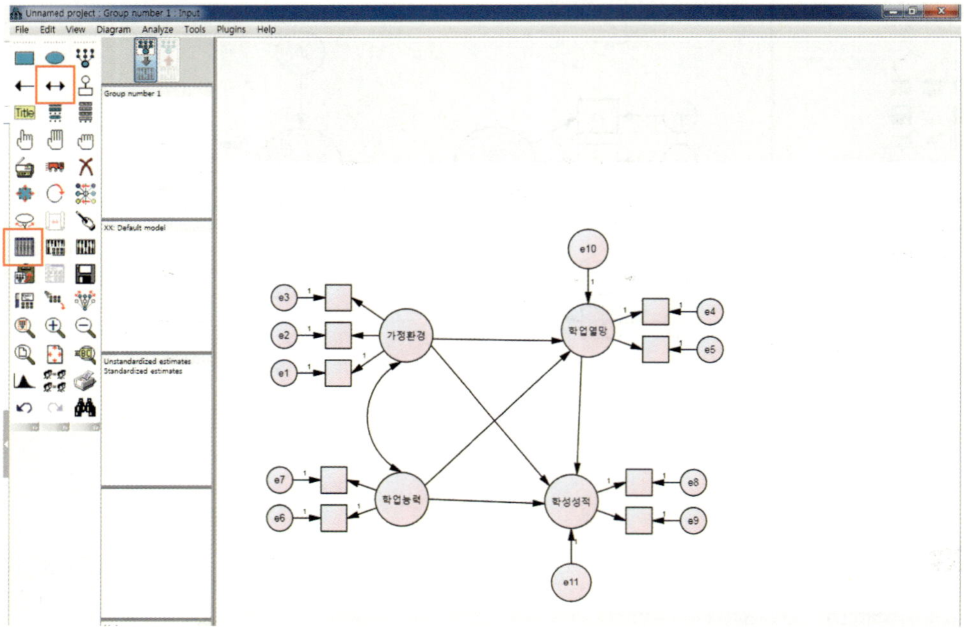

13 자료파일선정 아이콘(▦)을 클릭하여 자료를 연결한다. 이를 위해 [File Name] 버튼을 클릭하여 자료의 경로와 파일이름을 찾아 지정해 주고 [OK] 버튼을 클릭한다.

Data Files

Group Name	File	Variable	Value	N
Group number 1	1-1.sav			200/200

14 자료세트 내 변수목록 아이콘(▤)을 클릭하여 변수를 해당 사각형에 드래그 앤 드롭(drag & drop)으로 갖다 놓는다. 아래는 모든 작업을 마친 경로도이다.

그림 2-15 관측변수 갖다놓기

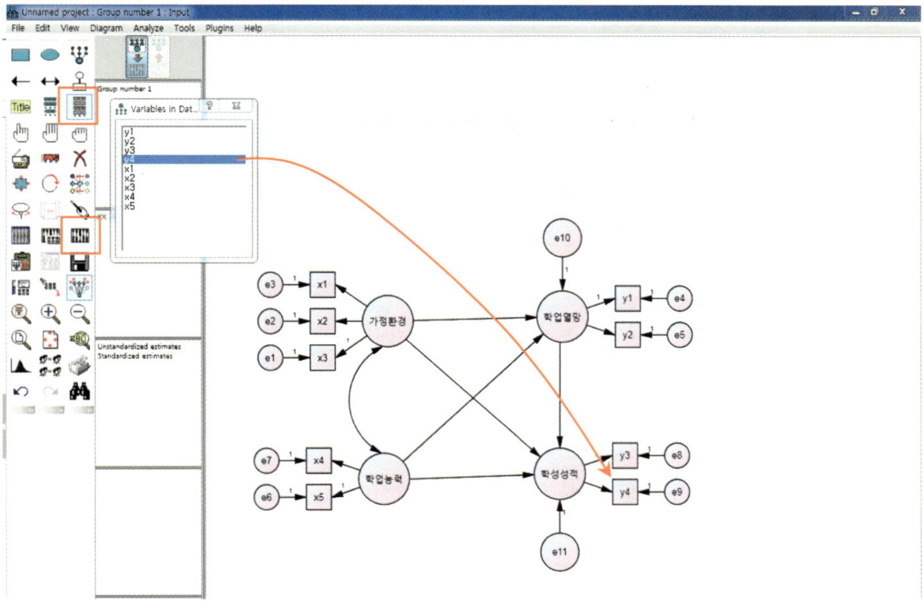

15 ∴ 자료에 라벨이 입력되어 있는 경우 관측변수를 갖다 놓으면 변수이름(variable name)이 아닌 변수라벨(variable label)이 따라온다.

	Name	Type	Width	Decimals	Label
1	Q2	Numeric	8	0	contact1
2	Q3	Numeric	8	0	contact2
3	Q4	Numeric	8	0	contamination1
4	Q5	Numeric	8	0	contamination2
5	Q6	Numeric	8	0	disgust1
6	Q7	Numeric	8	0	disgust2
7	Q8	Numeric	8	0	disgust3

라벨이 길게 입력되어 있는 경우 Amos 입력파일이 보기가 안 좋다.

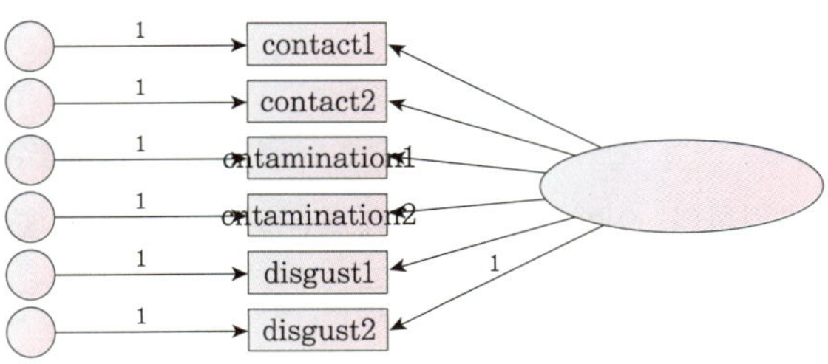

이를 해결하기 위해 관측변수 위에 마우스 포인터를 놓고 더블클릭한다. [Variable label]에 있는 것을 지운다.

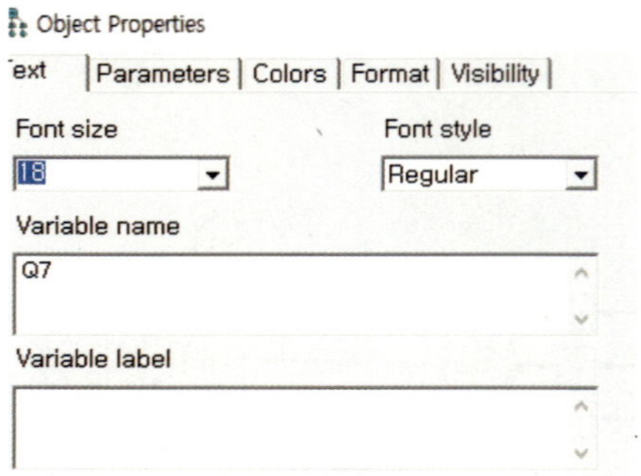

그러면 다음과 같이 [Variable name]만 남는다.

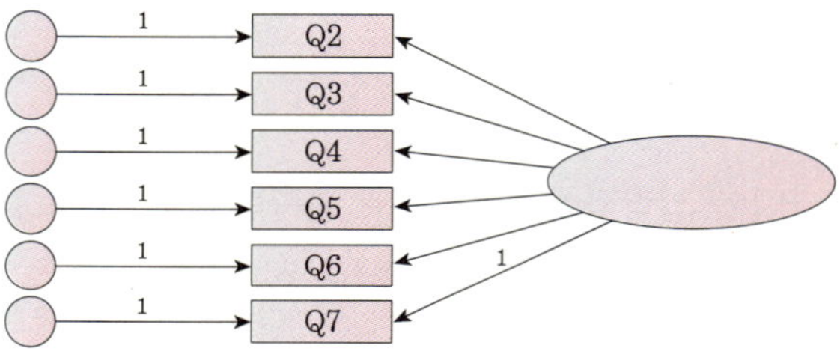

16 추정치계산 아이콘(IIII)을 클릭하면 저장할 경로와 파일이름을 지정할 것을 요구한다. 경로와 파일이름을 지정해 주면 실행이 된다.

2) 방법 2

방법 1에 비해 보다 빠르고 쉽게 경로도를 그리는 방법을 소개한다.

1 작업시트를 크게 하기 위해 [View] → [Interface Properties] → [Page Layout] 탭에서 [Paper Size]를 [Landscape-Legal]로 바꾼다.

2 잠재변수에 지표추가 아이콘( )을 클릭한 후, 작업시트에 적당한 크기의 잠재변수를 그린 다음, 해당 관측변수의 수만큼 클릭한다. '가정환경'은 관측변수가 3개이므로 3번 클릭한다. **이때, 새로운 잠재변수를 그려서는 안 되고, 마우스 포인터를 이동하여 적절한 곳에 놓고 클릭하면 된다.** 그러면 처음에 만들어진 잠재변수와

같은 크기의 잠재변수와 관측변수가 만들어진다. 적당한 위치에 이런 방법으로 잠재변수와 관측변수를 만든다.

그림 2-16 잠재변수와 관측변수 동시에 만들기

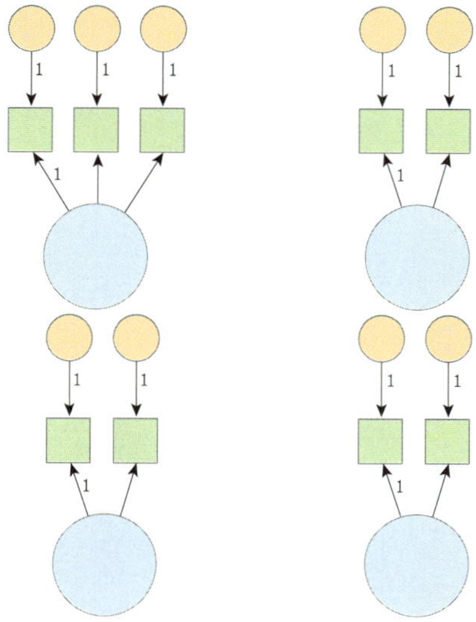

3 방법 1에서 설명한 방식대로 회전시킨다.

그림 2-17 회전하기

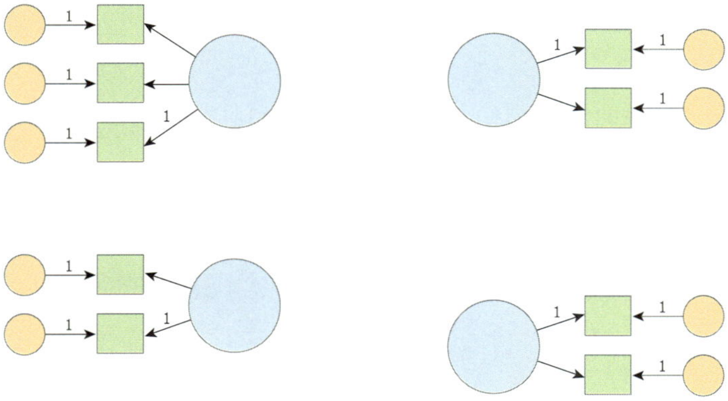

4 **잠재변수를 이동하기 위해 이동 아이콘( )과 대칭보존 아이콘( )을 모두 클릭한다.** 이때 도구상자에 있는 이 둘의 아이콘이 사각형으로 선택되어 있는가를 확인한다. 이 둘이 모두 사각형으로 선택되어 있어야 한다. 원하는 곳으로 이동한다.

그림 2-18 이동하기

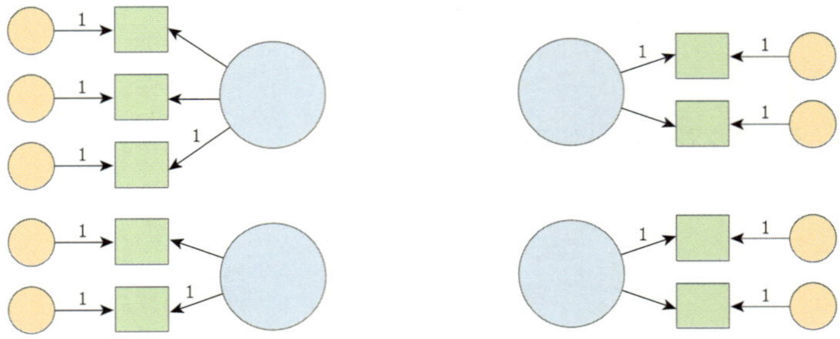

5 :· 나머지는 방법 1과 동일하다.

2.4 Amos에 의한 경로도 표현 규칙

Amos에서 경로도를 나타내는 데에는 다음과 같은 규칙들이 적용된다.

① 관측변수는 사각형으로 표현된다.

② 잠재변수(오차변수 포함)는 원이나 타원으로 표현된다.

③ 일방향 화살표는 경로계수(인과관계) 또는 회귀계수(요인적재량)를 의미하고, 양방향 화살표는 공분산(상관관계)을 의미한다.

④ 외생변수로 향하는 일방향 화살표는 있을 수 없고, 외생변수 및 내생변수로부터 다른 내생변수로 향하는 모든 화살표는 일방향이어야 한다.

[표 2-1]은 Amos에 사용되는 기호 및 의미를 나타낸 것이다.

표 2-1 Amos에 사용되는 기호 및 의미

기호	의미
학업성적	잠재변수
수학성적	관측변수
수학성적 ← 학업성적	잠재변수에 대한 관측변수의 회귀계수(요인적재량)

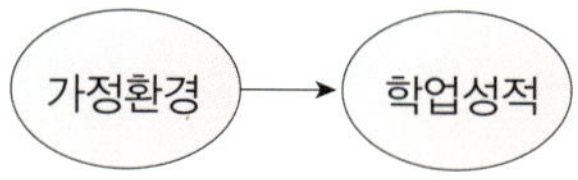	인과관계(구조계수)
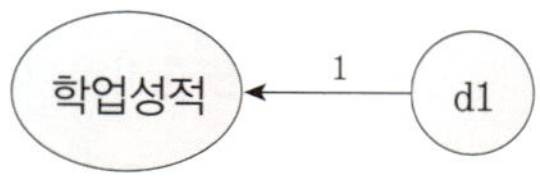	내생변수의 잔차(d1)
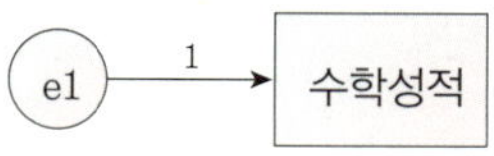	관측변수의 측정오차(e1)
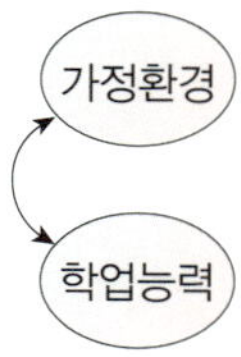	외생변수 간 상관(또는 공분산)
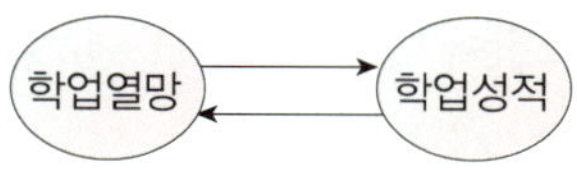	비재귀관계(non-recursive), 상호인과관계(reciprocal causation)

3. Amos에 의한 SEM 분석 절차

저자는 Amos에 의한 SEM 분석 절차를 [그림 2-19]와 같이 나타내고자 한다. 여기에서 ②와 ③은 서로 바꾸어 해도 된다. 즉 ② 경로도 그리기를 먼저 하고, ③ 분석 데이터를 연결해도 되고, ③ 분석 데이터를 연결한 다음, ② 경로도를 그려도 된다. ④ 분석을 실행한 다음, ⑤ 실행결과보기를 통해 실행에 문제가 없는지 확인하고, ⑥ 출력보기를 한다.

그림 2-19 Amos에 의한 SEM 분석 절차

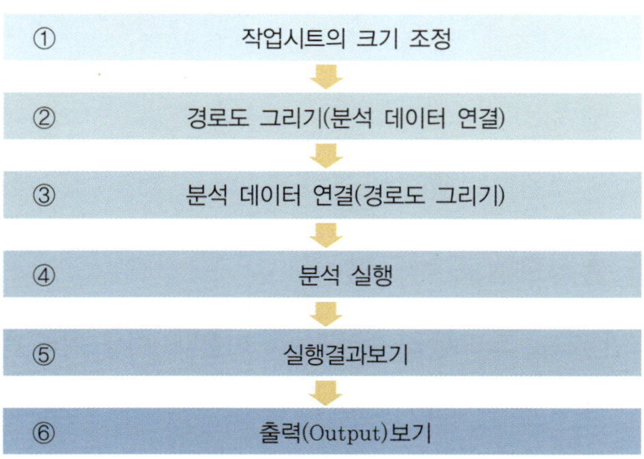

3.1 작업시트의 크기 조정

경로도를 그리기 전에 먼저 작업시트의 크기를 조정한다. 이를 위해 [View] → [Interface Properties] → [Page Layout] 탭에서 [Paper Size]를 [Landscape-Legal]로 바꾼다. **저자의 경험에 의하면, 경로도를 그리고 난 다음 작업시트 크기를 조정하기보다는 작업시트 크기를 먼저 조정하고 경로도를 그리는 게 좋다.**

3.2 경로도 그리기

1) 연구모델 그리기

앞서 2.3에서 설명한 내용을 참고하여 경로도를 그린다. 제1장에 있는 [그림 1-4]의 모델을 분석하기 위해 Amos로 다음과 같은 경로도를 그렸다고 가정한다.

Input 2-1 ••• 학업성적모델

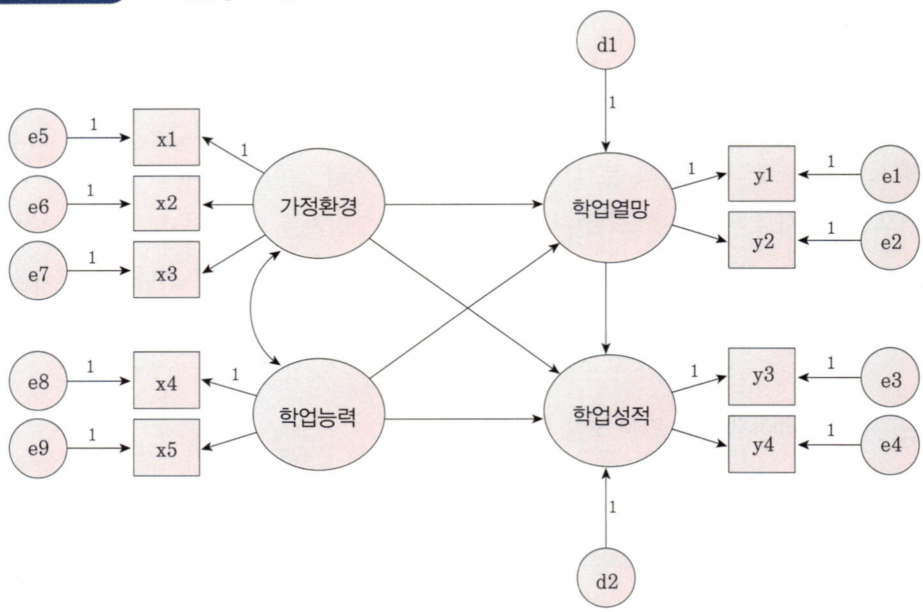

2) 연구모델을 측정모델로 바꾸기

연구모델을 그린 다음, 그 모델을 측정모델로 바꾼다. 이를 위해 측정모델을 따로 그릴 필요는 없고 연구모델을 토대로 바꾸면 된다. 연구모델은 나중에 흔글과 같은 워드프로그램에 붙여 이용할 수 있으므로 예쁘게 그릴 필요가 있지만, 측정모델은 개념타당도를 평가하는 데 필요하므로 때문에 예쁘게 그릴 필요가 없고, 측정모델을 새로 그릴 필요가 없다.

SEM 분석에서 측정모델을 통해 개념타당도를 평가하고 연구모델을 통해 가설을 검정하는 2단계분석(two-step analysis)이 대세이다. 2단계분석의 의의에 대해서는 제7장에 기술되어 있으니 참고하기 바란다. 이를 위해 다음과 같은 절차에 따라 연구모델을 측정모델로 바꾼다.

1 도구상자에서 객체 삭제(X) 아이콘을 클릭한다.

2 [Input 2-1] 모델에서 잠재변수 간에 연결된 일방향 화살표와 양방향 화살표를 객체 삭제 아이콘을 이용하여 제거한다.

3 객체 삭제 아이콘을 이용하여 내생변수에 설정된 구조오차를 지운다.

4 객체 하나씩 선택(☝) 아이콘을 클릭한다. 4개의 잠재변수를 지정한다. 그러면 잠재변수의 색상이 파란색으로 변한다.

5 [Plugins] 메뉴에서 [Draw covariance] 메뉴를 클릭한다. 그러면 잠재변수 간에 공분산이 자동으로 그려진다. 이 모델이 측정모델이 된다.

6 이를 [Input 2-1-1]로 저장하였다.

Input 2-1-1 학생성적의 측정모델

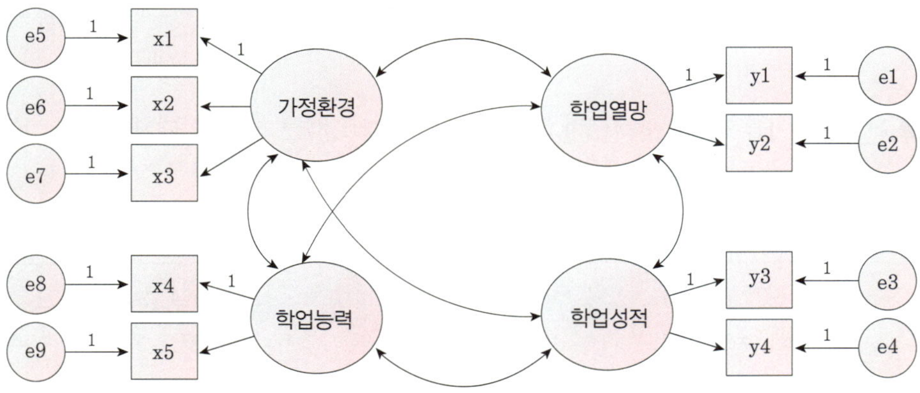

3.3 자료입력

SEM 분석을 위해 **원자료(raw data)**나 **행렬요약(matrix summary)** 가운데 하나의 **입력자료(input data)**가 있어야 한다. Amos는 입력자료로 원자료를 꼭 요구하지는 않는다.

상관행렬이나 공분산행렬과 같은 행렬요약도 입력자료로 이용할 수 있다. 단, 상관행렬을 입력자료로 이용하는 경우에는 표준편차에 관한 정보가 꼭 있어야 한다. 표준편차를 입력하지 않으면 Amos는 다음과 같은 에러메시지를 보인다.

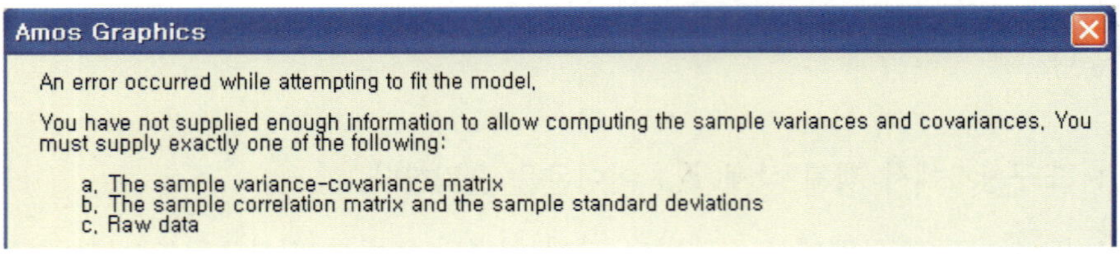

1) 행렬요약 입력

연구자가 수집한 원자료가 있는 경우에는 행렬요약을 입력할 필요가 없고, 원자료를 이용하여 분석하면 된다. 행렬요약의 입력은 다른 연구자가 분석에 이용한 것을 토대로 분석을 재현해 보고 싶을 때 필요하다. SPSS에서 행렬요약을 입력하는 것에 대해 살펴보기로 한다.

1 ∴ SPSS 초기화면에서, 밑에 있는 [데이터보기/변수보기]에서 [변수보기]를 클릭한다.

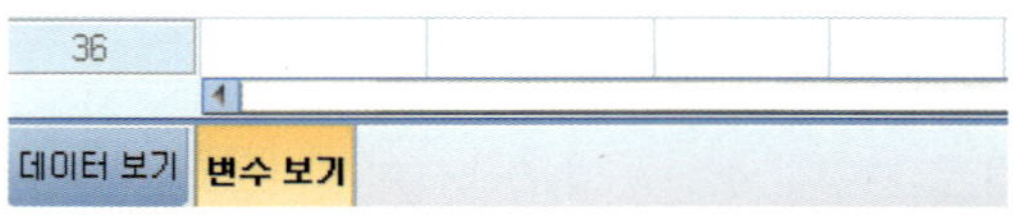

2 ∴ '1'의 '이름'에 [rowtype_]라고 입력하고, [Enter] 키를 친다. 이때, [rowtype_]에서 '_'은 하이픈(–)이 아니고 언더바(_)임에 주의한다.

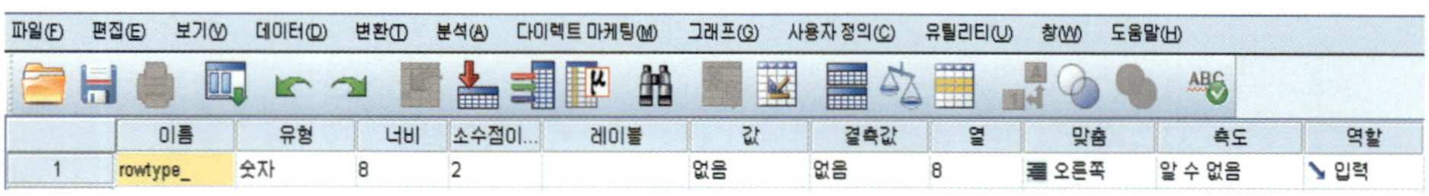

3 ∴ '2'의 '이름'에 [varname_]라고 입력하고 [Enter] 키를 친다. 이때, 다음과 같은 경고문이 뜨면 [확인] 버튼을 클릭한다.

4 [유형]이 [숫자]로 되어 있는데, 오른쪽 콤보 () 버튼을 클릭하면 [변수유형] 창이 나타난다.

5 이 창에서 [rowtype_]과 [varname_]에 대해 [변수유형]을 [숫자]에서 [문자]로 바꾼 후 [확인] 버튼을 클릭한다.

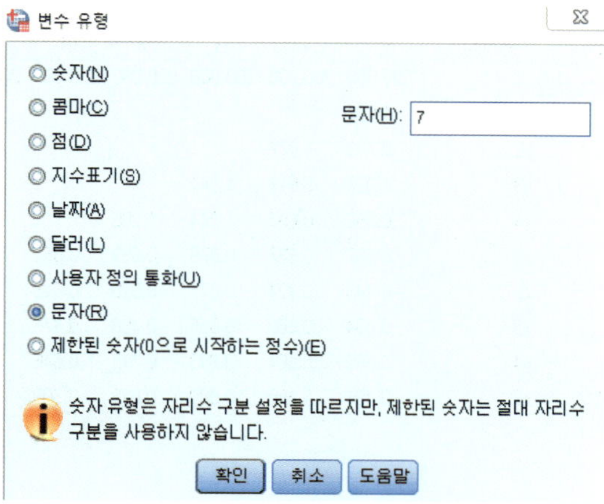

	이름	유형	너비
1	rowtype_	문자	8
2	varname_	문자	8

6 다음, [이름]에 필요한 수만큼의 변수와 변수명을 입력한다. 변수에 해당하는 [유형]은 [숫자]로 그대로 둔다.

이름	유형	너비	소수점이...	레이블	값	결측값	열	맞춤	측도	역할
rowtype_	문자	7	0		없음	없음	8	왼쪽	명목형	입력
varname_	문자	8	0		없음	없음	8	왼쪽	명목형	입력
v1	숫자	8	2		없음	없음	8	오른쪽	알 수 없음	입력
v2	숫자	8	2		없음	없음	8	오른쪽	알 수 없음	입력
v3	숫자	8	2		없음	없음	8	오른쪽	알 수 없음	입력
v4	숫자	8	2		없음	없음	8	오른쪽	알 수 없음	입력
v5	숫자	8	2		없음	없음	8	오른쪽	알 수 없음	입력

7 이제, 밑에 있는 [데이터보기/변수보기]에서 [데이터보기]를 클릭한다. [rowtype_] 열에 [n]을 입력하고 표본크기(예: 200)를 입력한다.

8 [rowtype_] 열에 상관행렬이면 [corr], 공분산행렬이면 [cov]라고 입력한다. **Amos는 상관행렬을 입력하는 경우 표준편차에 관한 정보가 반드시 요구된다.** 표준편차를 입력하기 위해 [rowtype_] 열의 제일 밑에 [stddev]라고 입력한다.

9 ∴ [varname_] 열에 변수이름을 입력한다. 다음은 SPSS로 저장된 공분산행렬을 보인 것이다.

1-1.sav [DataSet1] - SPSS Data Editor

File Edit View Data Transform Analyze Graphs Utilities Add-ons Window Help

1 : rowtype_ n

	rowtype_	varname_	y1	y2	y3	y4	x1	x2	x3	x4	x5
1	n		200.000	200.000	200.000	200.000	200.000	200.000	200.000	200.000	200.000
2	cov	y1	1.024	.	.	.	.	.	.	.	.
3	cov	y2	0.792	1.077	.	.	.	.	.	.	.
4	cov	y3	1.027	0.919	1.844	.	.	.	.	.	.
5	cov	y4	0.756	0.697	1.244	1.286	.	.	.	.	.
6	cov	x1	0.567	0.537	0.876	0.632	0.852	.	.	.	.
7	cov	x2	0.445	0.424	0.677	0.526	0.518	0.670	.	.	.
8	cov	x3	0.434	0.389	0.635	0.498	0.475	0.545	0.716	.	.
9	cov	x4	0.580	0.564	0.893	0.716	0.546	0.422	0.373	0.851	.
10	cov	x5	0.491	0.499	0.888	0.646	0.508	0.389	0.339	0.629	0.871

3) 행렬요약의 유형 결정

공분산행렬과 상관행렬의 가장 큰 차이는 공분산행렬은 변수의 척도에 관한 정보를 그대로 갖고 있지만, 상관행렬은 그러한 정보를 갖고 있지 않다는 점이다.

상관행렬과 공분산행렬 가운데 어떤 행렬을 이용하느냐에 따라 결과의 해석에서 제약을 받는다. 즉, 공분산행렬이 입력되면 비표준화추정치뿐만 아니라 표준화추정치를 얻을 수 있으나, 평균과 표준편차가 제공되지 않은 상관행렬이 입력되면 표준화추정치만을 얻는다. 공분산행렬은 다른 모집단이나 표본들 간의 비교가 가능하지만, 상관행렬은 이러한 비교가 불가능하다.

비표준화추정치는 다른 표본에서 산출된 결과와 비교할 수 있으나, 표준화추정치는 원래의 측정 척도에 관한 정보가 상실되기 때문에 다른 표본에서 산출된 결과와 비교할 수 없다. 이러한 점에서, **공분산행렬을 사용해야만 되는 상황은 ① 다중표본분석(multi-sample analysis)을 하는 경우, ② 잠재변수에 대해 단일척도를 이용하여 오차분산을 0이 아닌 값으로 설정하는 경우, ③ 상호작용효과(조절효과)모델을 분석하는 경우 등이 있다.** 공분산행렬은 결과의 해석에 있어 다소 어려운 면이 있는데, 이는 계수가 개념에 대한 측정 단위의 관점에서 해석되기 때문이다.

상관행렬로부터 얻어진 계수는 회귀분석의 베타(β)처럼 항상 표준화된 값을 가지며, 그 범위는 -1.0과 $+1.0$ 사이의 값을 갖는다. 또한 상관행렬은 계수의 유의도에 대해 보수적인 추정치를 제공하며, 상향편향을 일으키지 않는다.

결론적으로, 공분산행렬은 SEM의 가정을 만족시켜주며, 인과관계를 확보하기 위해 적합한 자료의 형태를 갖고 있기 때문에 이론검정(theory testing)이 연구목적이라면 공분산행렬을 이용해야 한다. 그러나 이론검정에 필요한 전반적 설명 없이 단지 인과관계의 유형에만 관심이 있다면 상관행렬이 더 적합하다.

SEM에서 사용되는 대부분의 추정법은 공분산행렬의 분석을 가정한다. 상관행렬을 분석하는 경우에는 유의도 검정 결과가 정확하지 않을 가능성이 있다. 즉 잘못된 χ^2 및 적합도지수를 산출할 수 있고, 잘못된 표준오차를 산출할 수 있다. 그러므로 일반적으로 공분산행렬로 분석하는 것이 안전하다. 이러한 면에서, SEM은 본래 공분산행렬을 이용하도록 설계되었기 때문에 **공분산구조분석(covariance structure analysis)**으로도 불린다.

4) 원자료 입력

SPSS에 다음과 같이 자료가 입력되어 저장되었다고 가정한다([nomiss.sav]).

	v1	v2	v3	v4	v5	v6	v7	v8	v9	v10	v11	v12
1	3	4	4	4	5	4	4	4	4	3	3	3
2	4	5	4	5	5	5	6	7	6	6	5	5
3	3	3	3	3	4	4	3	3	2	2	3	2
4	4	5	4	5	5	5	3	3	4	4	4	5
5	4	5	6	5	5	5	4	4	4	5	4	4
6	5	6	5	5	5	5	5	4	4	6	5	6
7	3	4	4	3	3	3	4	4	4	5	5	4
8	4	5	4	3	3	3	4	4	4	5	5	5
9	4	5	4	2	3	3	3	3	2	4	4	4
10	5	4	4	3	3	2	4	4	4	4	5	5
11	4	6	4	3	2	2	3	3	2	4	4	4
12	5	5	5	4	3	3	3	3	4	5	4	4
13	4	5	4	3	3	4	3	3	4	4	5	5
14	4	4	4	3	3	3	3	4	4	6	5	5
15	3	3	4	4	4	4	4	5	6	6	5	5
16	6	5	6	5	5	5	5	6	6	6	5	5

연구모델은 다음과 같다고 가정한다.

Input 2-2 ••• **합리적 행동모델**

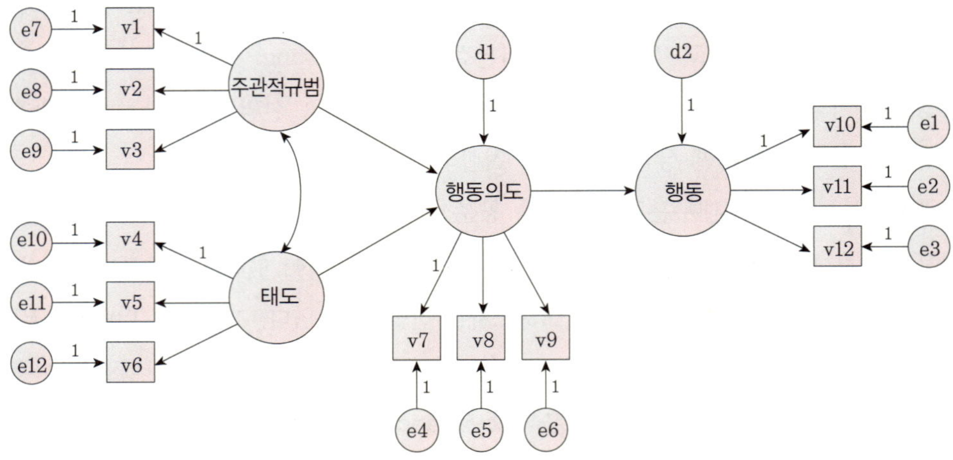

3.4 자료연결

1) [Input 2-1] 모델의 자료연결: 행렬요약 자료

[Input 2-1] 모델의 분석자료는 SPSS에 의해 [1-1.sav]로 저장되었다. 자료를 연결해주기 위해 [File] → [Data Files] 메뉴를 클릭하거나, 자료파일선택 아이콘(▦)을 클릭한다. [File Name] 버튼을 클릭하여 자료가 저장된 경로와 파일명을 지정해 주고, [OK] 버튼을 클릭한다. 자료가 연결되면 [File 이름]과 [표본크기(N)]의 정보가 나타난다. 이 예에서 파일이름은 [1-1.sav], 표본크기는 [200]임을 알려준다.

Data Files

Group Name	File	Variable	Value	N
Group number 1	1-1.sav			200/200

2) [Input 2-2] 모델의 자료연결: 원자료

Amos는 Excel, SPSS, 기타 다양한 형태의 원자료를 읽을 수 있다. [Input 2-2] 모델의 분석자료는 SPSS에 의해 [nomiss.sav]로 저장되었다. 앞서 설명한 방식대로 자료를 연결한다. 파일이름은 [nomiss.sav] 표본크기는 [691]임을 알려준다.

Data Files

Group Name	File	Variable	Value	N
Group number 1	nomiss.sav			691/691

3.5 실행

[Analyze] 메뉴에서 [Calculate Estimate] 메뉴를 클릭하거나, 도구상자에 있는 추정치계산 아이콘( )을 클릭하면 실행이 된다.

3.6 실행결과보기

실행을 한 다음, 실행에 문제가 없는가를 확인한다. 모델에 식별문제가 없으면 [모델관리] 창이 XX: Default model 로부터 OK: Default model 로 바뀌게 된다. 즉 [OK] 싸인이 뜨면 모델설정에 문제가 없이 추정되었음을 의미한다. [OK] 싸인이 안 뜨면 모델추정에 실패했다는 뜻이다. [OK] 싸인이 뜨면 [결과보고] 창에 χ^2값과 자유도(df)가 보고된다.

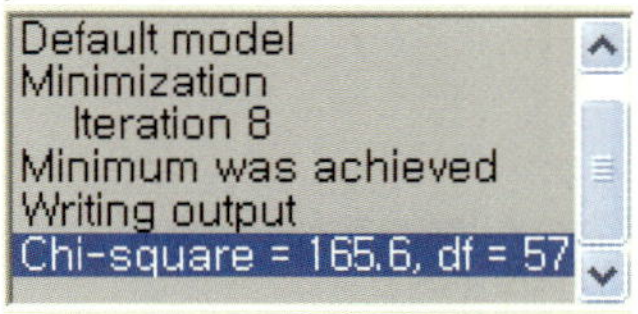

3.7 출력보기

[Input 2-1]을 실행해서 얻게 되는 Output 가운데 주요 사항에 대해 살펴보기로 한다. 출력을 보기 위해 [View] 메뉴에서 [Text output]을 클릭하거나, 도구상자에 있는 텍스트보기 아이콘( )을 클릭한다.

1) 집단에 대한 노트

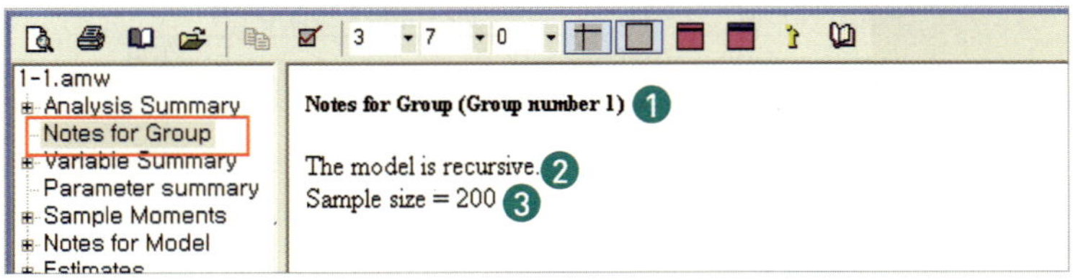

집단에 대한 노트(Notes for Group)에는 ❶ 분석에 이용된 집단의 수, ❷ 모델이 재귀모델(recursive model)인지, 비재귀모델(non-recursive model)인지, ❸ 분석에 사용된 표본크기의 정보가 제공된다.

2) 변수요약

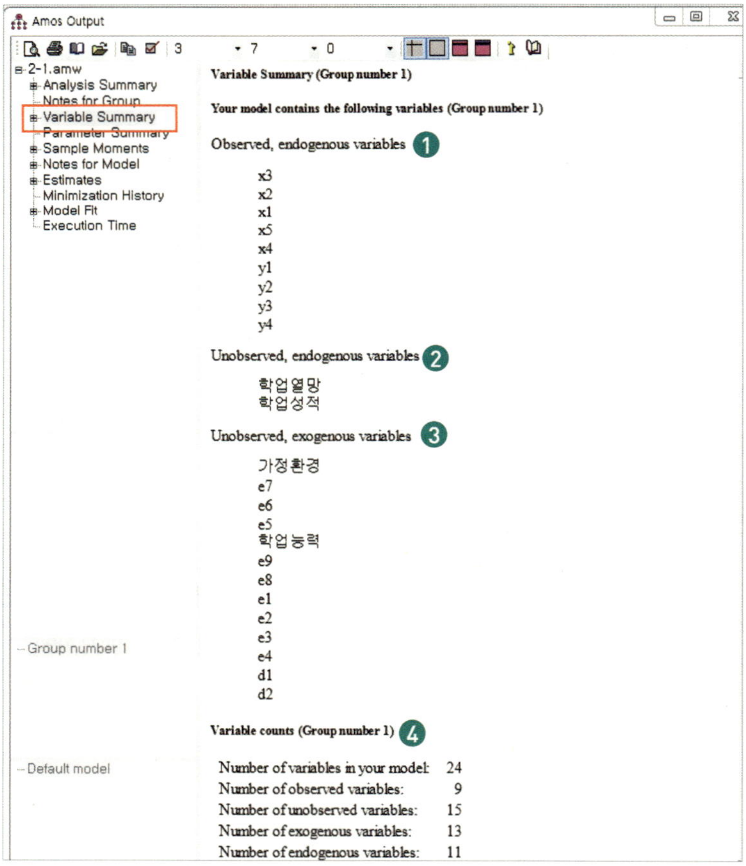

변수요약(Variable Summary)에는 모델에 포함된 변수에 대해 ❶ 관측내생변수, ❷ 비관측내생변수, ❸ 비관측외생변수 및 ❹ 변수의 수 등의 정보가 제공된다.

3) 모수요약

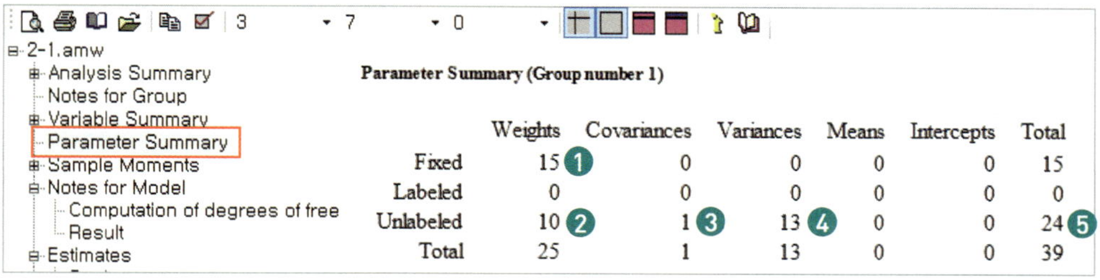

Parameter Summary (Group number 1)

	Weights	Covariances	Variances	Means	Intercepts	Total
Fixed	15 ❶	0	0	0	0	15
Labeled	0	0	0	0	0	0
Unlabeled	10 ❷	1 ❸	13 ❹	0	0	24 ❺
Total	25	1	13	0	0	39

모수요약(Parameter Summary)에는 모델설정에 관한 정보가 제공된다. ‘Weights’, ‘Covariances’, ‘Variances’, ‘Means’ 및 ‘Intercepts’ 등에 대해 각각 ‘Fixed’, ‘Labeled’, ‘Unlabeled’ 및 ‘Total’ 등의 정보가 제공된다. ‘Fixed’는 고정모수, ‘Unlabeled’는 자유모수를 의미한다.

❶ ‘Fixed−Weights 15’는 [Input 2−1] 모델에서 1로 고정된 경로가 총 15개 있음을 의미하고, ❷ ‘Unlabeled−Weights 10’은 일방향 화살표로 연결된 추정해야 할 자유모수가 10개가 있음을 의미하고, ❸ ‘Unlabeled-Covariances 1’은 ‘가정환경’과 ‘학업능력’ 사이의 공분산 1개를 추정해야 함을 의미하고, ❹ ‘Unlabeled−Variances 13’은 오차분산 9개, 잔차 2개, 그리고 잠재외생변수(가정환경과 학업능력)의 분산 2개 등 총 13개의 모수를 추정해야 함을 의미한다. 따라서 추정해야 할 자유모수의 총수는 ❺ ‘Unlabeled−Total’ 24(10+1+13)개이다.

4) 모델에 대한 노트

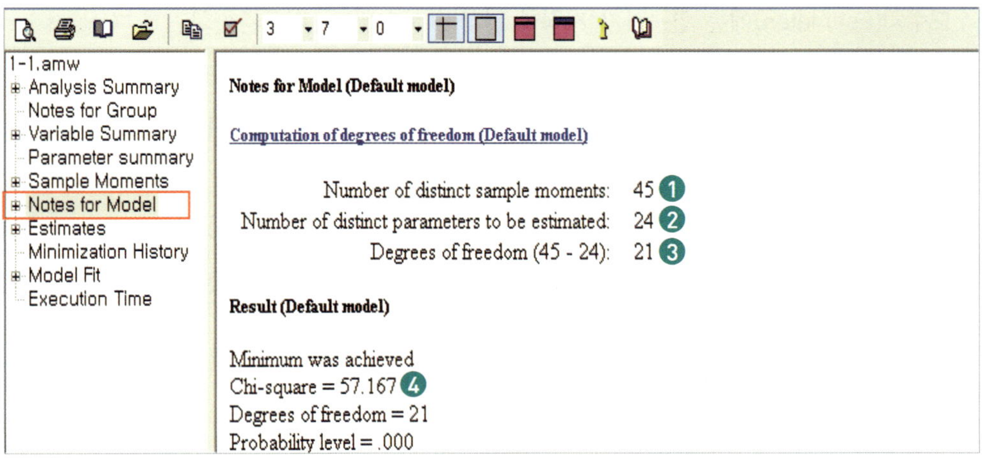

Amos를 실행한 다음, [View Text] 아이콘을 클릭하면 가장 먼저 보이는 것이 **모델에 대한 노트(Notes for Model)**이다. 모델식별이 문제가 있으면 여기에 그와 관련된 정보가 제시된다. 모델에 대한 노트에는 자유도를 계산하기 위해 모델에 포함된 ❶ 정보의 수(45), ❷ 자유모수의 수(24), ❸ 자유도(21), ❹ $\chi^2 = 57.167$ 등의 정보가 제시된다.

5) 모수치

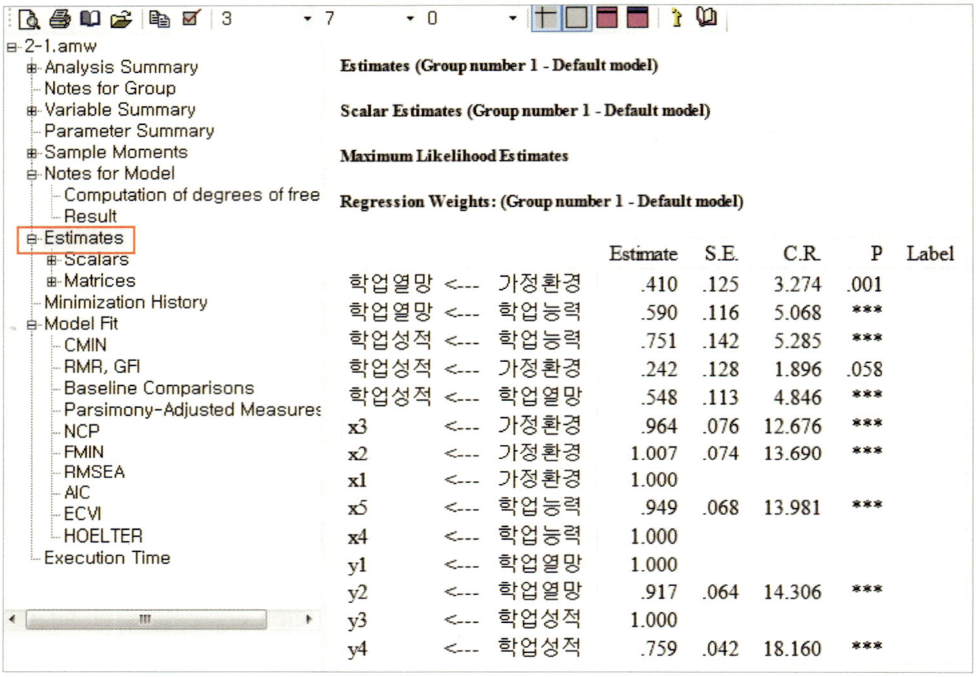

			Estimate	S.E.	C.R.	P	Label
학업열망	<---	가정환경	.410	.125	3.274	.001	
학업열망	<---	학업능력	.590	.116	5.068	***	
학업성적	<---	학업능력	.751	.142	5.285	***	
학업성적	<---	가정환경	.242	.128	1.896	.058	
학업성적	<---	학업열망	.548	.113	4.846	***	
x3	<---	가정환경	.964	.076	12.676	***	
x2	<---	가정환경	1.007	.074	13.690	***	
x1	<---	가정환경	1.000				
x5	<---	학업능력	.949	.068	13.981	***	
x4	<---	학업능력	1.000				
y1	<---	학업열망	1.000				
y2	<---	학업열망	.917	.064	14.306	***	
y3	<---	학업성적	1.000				
y4	<---	학업성적	.759	.042	18.160	***	

모수치(Estimates)에는 연구자가 지정한 결과가 보고된다. 비표준화회귀계수(regression weights), 표준화회귀계수(standardized regression weights), 분산(variances), 표준오차(standard error: S.E.), 임계비(critical ratio: C.R.) 및 확률(p) 등에 관한 정보가 제시된다. 확률(p)이 ***으로 표기된 것은 $p < 0.001$임을 의미한다.

Amos 분석을 한 다음, Estimates에 있는 정보 가운데 가장 먼저 보아야 할 부분이 오차분산이다. 오차분산에 음(−)의 값이 있으면 안 되기 때문이다. 만약 오차분산에 음(−)의 값이 있으면 모델을 다시 설정하고 추정해야 한다.

Variances: (Group number 1 - Default model)

	Estimate	S.E.	C.R.	P	Label
가정환경	.530	.082	6.453	***	
학업능력	.660	.088	7.499	***	
d1	.333	.058	5.766	***	
d2	.224	.057	3.901	***	
e7	.221	.030	7.375	***	
e6	.129	.024	5.290	***	
e5	.318	.039	8.086	***	
e9	.273	.038	7.128	***	
e8	.187	.035	5.315	***	
e1	.159	.041	3.844	***	
e2	.349	.048	7.351	***	
e3	.204	.051	4.016	***	
e4	.340	.043	7.846	***	

6) 모델적합

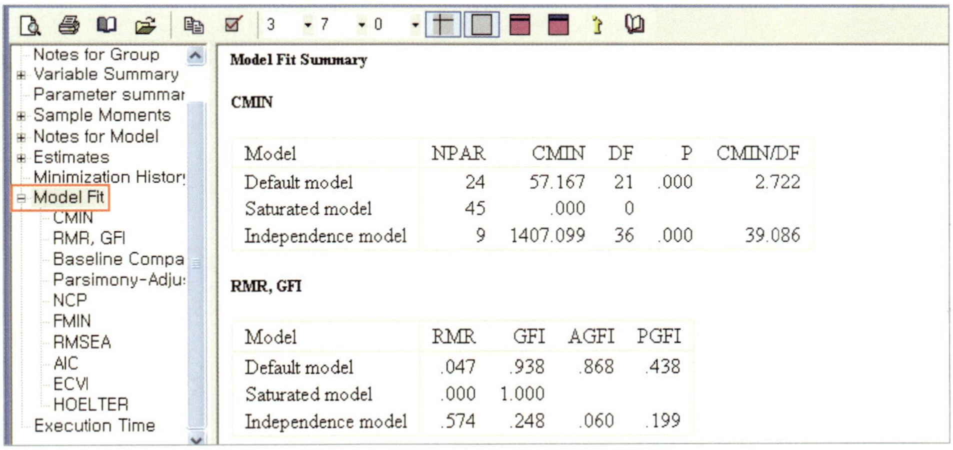

CMIN

Model	NPAR	CMIN	DF	P	CMIN/DF
Default model	24	57.167	21	.000	2.722
Saturated model	45	.000	0		
Independence model	9	1407.099	36	.000	39.086

RMR, GFI

Model	RMR	GFI	AGFI	PGFI
Default model	.047	.938	.868	.438
Saturated model	.000	1.000		
Independence model	.574	.248	.060	.199

모델적합(Model Fit)에는 각종의 모델적합도 통계량이 제시된다. 이들 적합도를 토대로 모델을 평가한다. 이에 대해서는 제7장에서 자세히 살펴보기로 한다.

3.8 경로도 상에서 Output 보기

경로도 상에서 Output을 보기 위해 표준화추정치와 비표준화추정치 가운데 보고 싶은 것을 선택한 후(Unstandardized esti Standardized estima), 출력경로도보기 아이콘( )을 클릭하면 경로도 상에서 출력을 볼 수 있다. [그림 2-20]은 [Input 2-1]을 실행한 결과의 표준화추정치를 경로도 상에 보인 것이다.

그림 2-20 학업성적모델의 표준화추정치

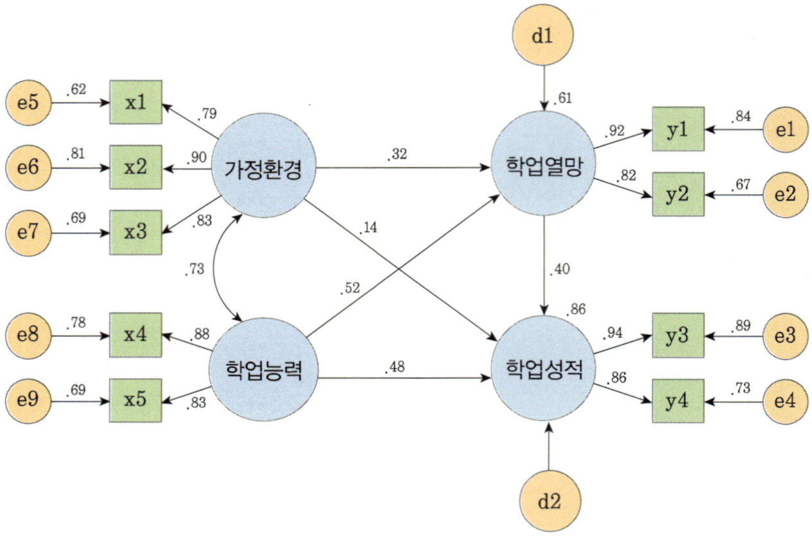

경로도 상에 적합도 통계량 및 자유도 등의 제목을 달기 위해서는 다음과 같은 절차에 따라 한다.

1 입력경로도보기 아이콘( )을 클릭한다.

2 표제(figure caption) 아이콘(Title)을 클릭하고 작업시트 상의 적당한 위치에서 마우스 왼쪽 버튼을 클릭한다. 그러면 다음과 같은 [Figure Caption] 창이 나타난다.

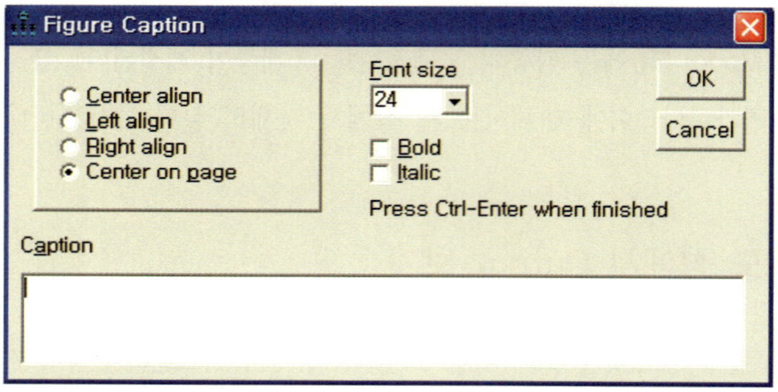

3 ∴ 이 창에서 [Caption]에 다음과 같이 입력한다.

```
chi-square=₩cmin(df=₩df, p=\p) TLI=₩TLI CFI=₩CFI RMSEA=₩RMSEA
```

4 ∴ 입력을 했다면 [OK] 버튼을 클릭한다. 그러면 [그림 2-21]과 같은 화면이 나타난다.

그림 2-21 경로도 상에 적합도 표기하기

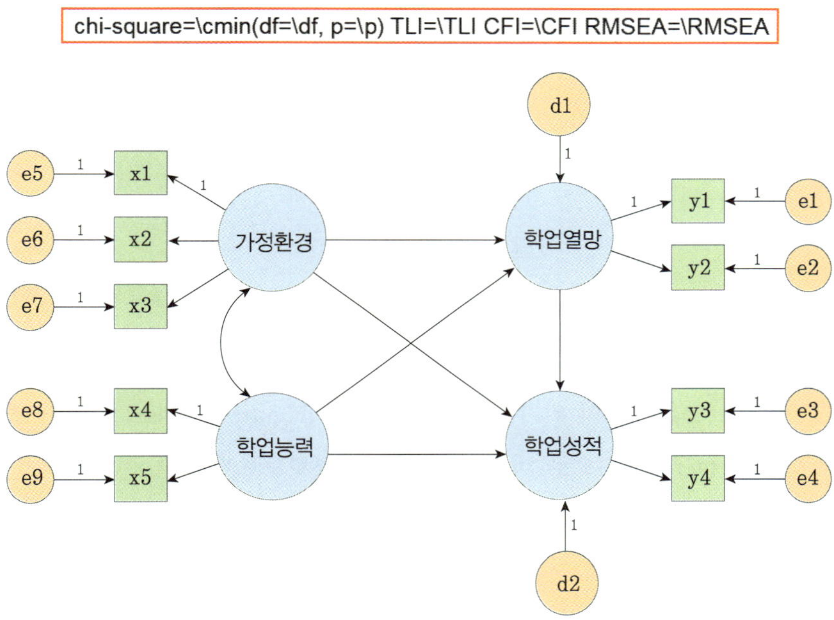

5 ∴ 이 상태에서 추정치계산 아이콘( )을 눌러 실행을 한 다음, 출력경로도보기 아이콘( )을 누르면, 해당 정보가 경로도 상에 나타난다. **이때 모델추정에 문제가 없어 성공적인 추정을 한 경우에만 출력경로도보기 아이콘( )이 활성화된다는 점에 유의한다.**

그림 2-22 경로도 상에 적합도 및 경로계수 보이기

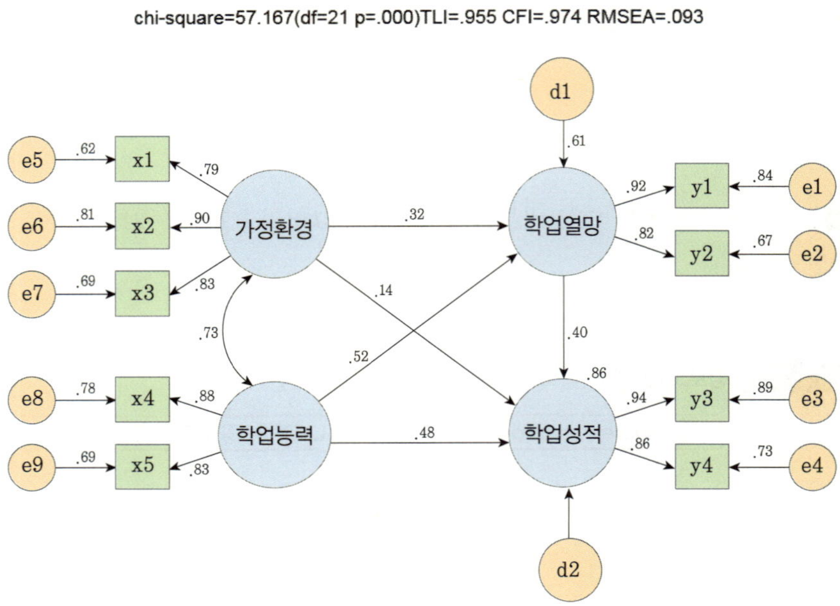

6 [captions] 크기를 조정하기 위해 [Figure captions]를 더블클릭하면 [Object Properties] 창이 나타나는데, 여기에서 [Font size]를 조정하면 된다.

7 [Figure captions]의 위치를 바꾸고 싶으면 [Figure captions] 창에서 [Alignment]를 [Center align]으로 바꾸어주고, 입력경로도보기 아이콘을 클릭한다. 다음, 객체이동 아이콘()을 클릭한 후, [Figure captions]를 드래그하여 원하는 곳으로 이동시키면 된다. [그림 2-23]은 소수점 3자리로 표준화계수를 제시한 것이다.

그림 2-23 경로도 상에 경로계수 보이기(소수점 3자리)

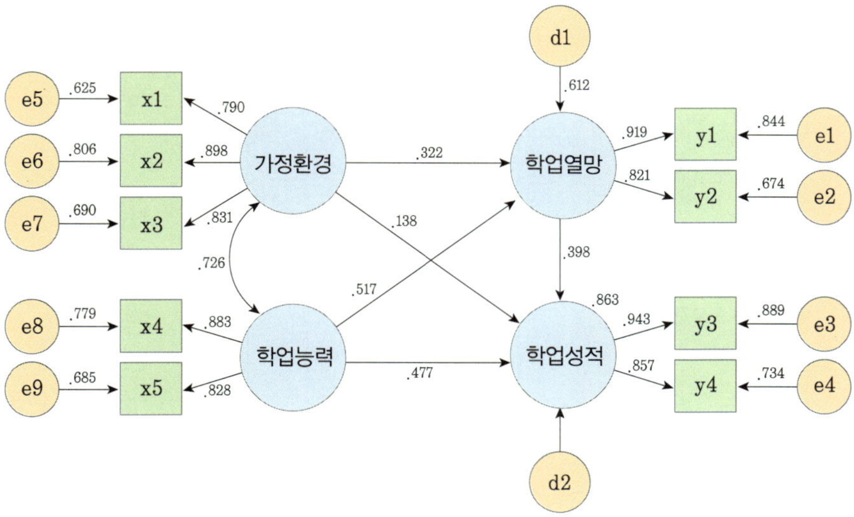

8 ∴ 연구자가 SRMR도 표제(figure caption)에 넣고 싶으면 SRMR값을 구한 다음 (SRMR값을 구하는 것에 대해서는 제7장을 참고하기 바람), 직접 표제에 값을 입력하면 된다. 다음은 SRMR값을 입력한 것을 보인 것이다.

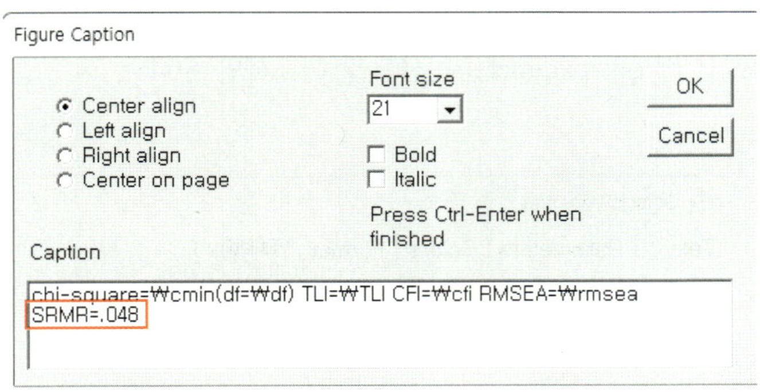

9 ∴ [그림 2-24]는 연구모델의 이름과 적합도를 모두 제시한 것이다.

그림 2-24 경로도 상에 연구모델 이름과 적합도 보이기(SRMR 포함)

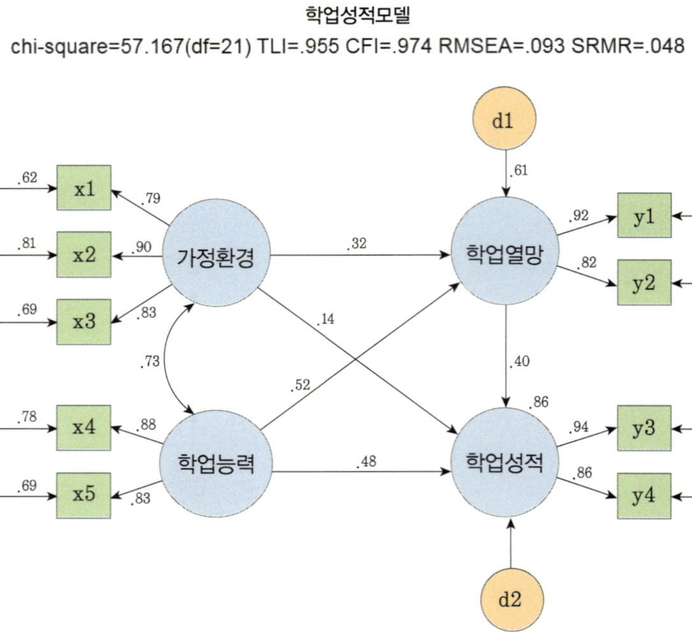

10 ∴ [그림 2-24]에서 오차분산을 제시하고 싶지 않으면 다음과 같이 한다. 제거하고자 하는 오차분산을 더블클릭하면 나타나는 [Object Properties] 창의 [Visibility] 탭에서 [Show parameters] 선택을 해제하면 된다.

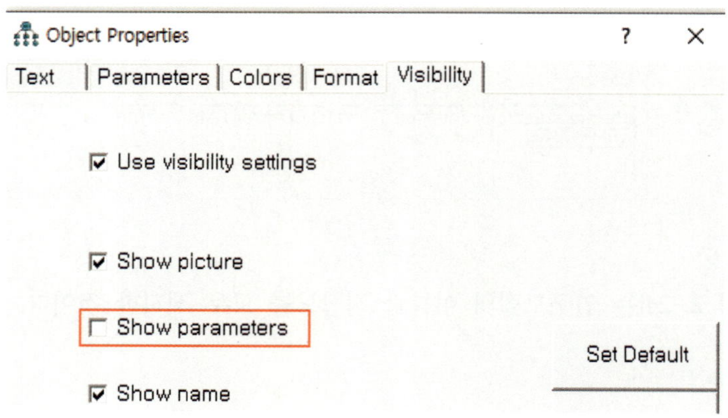

11 ∴ [그림 2-25]는 오차분산, 잠재변수 분산을 표시하지 않고, 소수점 3자리로 경로도를 제시한 것이다.

그림 2-25 오차분산, 잠재변수 분산 표시하지 않기

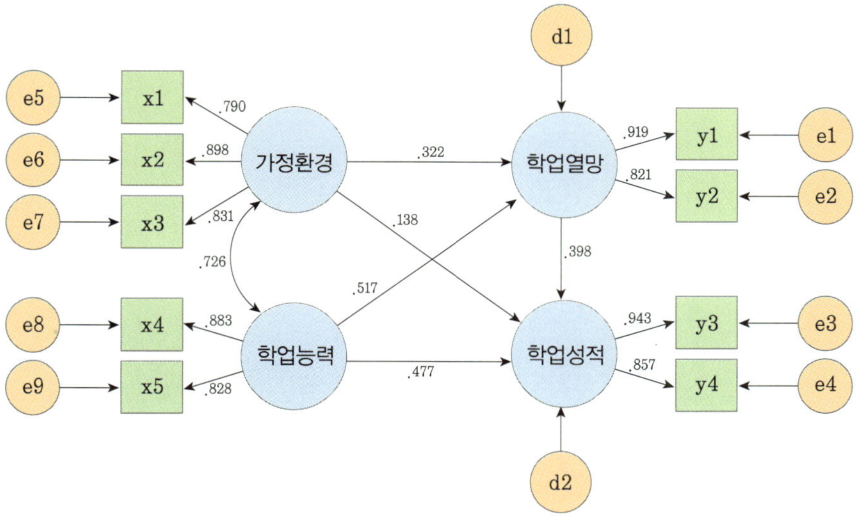

CHAPTER 3

SEM의 기초

CHAPTER

3 SEM의 기초

1. SEM의 변수

SEM 분석에 사용되는 변수에는 잠재변수, 관측변수, 오차변수, 외생변수, 내생변수 등이 있다. [Input 3-1] 모델을 통해 이에 대해 살펴보기로 한다.

Input 3-1 ••• 가상모델

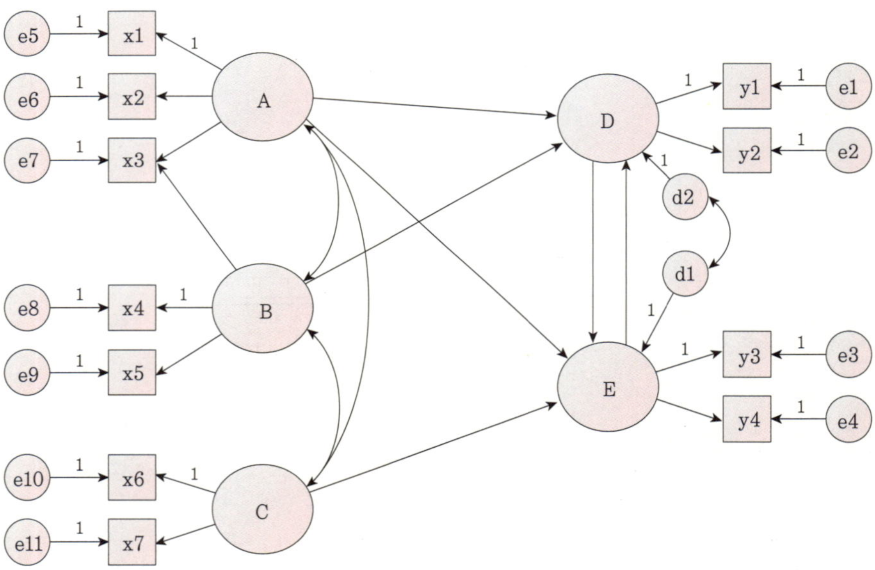

1.1 잠재변수

사회과학 및 행동과학 분야의 연구자는 직접적으로 관찰되지 않는 **이론적 개념(theoretical construct)**에 관심을 갖는다. 이러한 이론적 개념을 **잠재변수(latent variable)**, **가설적 개념(hypothetical construct)** 또는 **개념(construct)**이라고도 한다. 본서에서는 이 가운데 주로 잠재변수라는 용어를 사용한다. 잠재변수에 대해, Amos는 'unobserved variable'이라는 용어를 사용한다.

Amos에서 잠재변수는 원이나 타원으로 표현된다. 따라서 [Input 3-1] 모델은 A, B, C, D, E 등 5개의 잠재변수가 있는 모델이다. 여기에서, e1, …, e11 그리고 d1, d2 등도 원으로 표현되어 있으나 이들은 잠재변수로는 불리지 않는다. 이들은 오차에 해당되는데 오차는 직접 측정이 안 되기 때문에 잠재변수의 성격을 가지므로 Amos에서 원으로 표현된다.

1) 잠재변수의 조건

잠재변수는 다음과 같은 조건을 갖추어야 한다. ① 잠재변수에 대한 **조작적 정의(operational definition)**가 구체적으로 이루어져야 한다. ② 구체적인 조작적 정의를 통해 잠재변수를 위한 지표(관측변수)가 개발되어야 한다. ③ 잠재변수는 **단일지표(single indicator)**가 아닌 **다중지표(multiple indicator)**를 이용하여 측정하는 것이 바람직하다. ④ 일련의 지표들이 잠재변수를 적절히 대표하기 위해서는 동일한 잠재변수를 측정하는 것으로 가정된 지표들 간에 **집중타당도(convergent validity)**가 있어야 하고, 다른 잠재변수를 측정하는 것으로 가정된 지표들 간에 **판별타당도(discriminant validity)**가 있어야 한다.

2) 잠재변수의 종류

잠재변수는 외생잠재변수와 내생잠재변수로 나눌 수 있다. **외생잠재변수(exogenous latent variable)** 또는 **외생변수(exogenous variable)**는 모델 내에서 다른 잠재변수들의 값에 변동을 주는 것으로서, 모델 외부의 다른 요인들에 의해 영향을 받는 것으로 간주된다. 즉, 외생변수의 원인은 모델 밖에 있다고 본다. '외생'이라는 이름은 이 잠재변수를 있게 한 원인이 모델 밖에 있다고 해서 붙여진 것이다. 외생변수는 모델 내에서 절대 종속변수가 될 수 없으며, 독립변수만의 성격을 갖는다. [Input 3-1]에서 A, B, C 등이 외생잠재변수이다.

내생잠재변수(endogenous latent variable) 또는 **내생변수(endogenous variable)**는 모델 내의 잠재변수에 의해 직접적 또는 간접적으로 영향을 받는 것으로 가설화된다. [Input 3-1]에서 D, E 등이 내생변수이다. 내생변수값의 변화는 그들에게 영향을 미치는 모든 잠재변수들(외생변수 및 내생변수)에 의해 설명되는 것으로 간주된다. '내생'이라는 이름은 이 잠재변수의 원인이 모델 내에 있다고 해서 붙여진 것이다.

내생변수는 모델 내에서 종속변수의 역할을 하지만, 독립변수의 역할을 하기도 한다. 예컨대, [Input 3-1]에서 D는 A, B, E의 종속변수이지만, E에 대해서는 독립변수의 역할을 한다.

[Output 3-1]은 Amos에 의해 [Input 3-1]을 추정하여 얻는 **변수요약(variable summary)** 가운데 잠재변수와 관련된 것이다. D, E는 잠재내생변수이고, A, B, C는 잠재외생변수임을 알려준다.

Output 3-1 ••• **변수요약**

Unobserved, endogenous variables

D
E

Unobserved, exogenous variables

A
B
C

그림 3-1 **잠재변수**

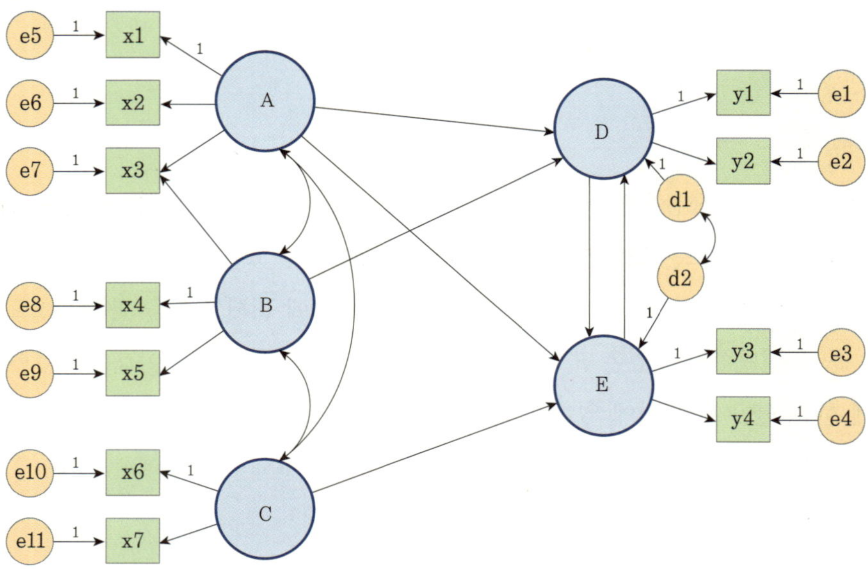

1.2 관측변수

1) 관측변수의 의의

잠재변수는 직접적으로 측정할 수 없다. 따라서 잠재변수를 측정하기 위해서는 잠재변수를 대표할 수 있는 행동이 무엇인가를 고려하여 잠재변수에 대한 **조작적 정의(operational definition)**를 해야 한다. 그럼으로써 잠재변수가 관측변수와 연결되고, 비로소 잠재변수의 측정이 가능해진다.

예를 들어, '상표애호도'라는 잠재변수는 '특정 상표를 지속적이고 반복적으로 구매하려는 경향'으로 **개념적 정의(conceptual definition)**를 할 수 있다. 이러한 개념적 정의를 토대로, 상표애호도를 제대로 표현(측정)해 줄 수 있는 조작적 정의를 통해 잠재변수를 측정할 수 있다. 그러므로 조작적 정의는 잠재변수를 측정하는 데 있어 안내자의 역할을 한다고 볼 수 있다.

태도척도에 관한 응답자의 자기보고, 성취도 검사에서의 점수, 인터뷰로부터 얻은 응답 등이 모두 행동에 대한 관찰에 해당된다. 행동의 관찰을 통해 측정된 점수들을 SEM에서는 **관측변수(observed variable)**, **지표(indicator)**, **측정변수(measured variable)**라고 한다. 본서에서는 이 가운데 주로 '관측변수'와 '지표'라는 용어를 사용한다. 관측변수에 대해, Amos는 '**observed variable**'이라는 용어를 사용한다.

SEM에서 잠재변수와 관측변수는 기본적으로 연속변수를 가정한다. SEM에서 관측변수는 사각형으로 나타내진다. 따라서 [Input 3-1]은 모두 11개의 관측변수가 있는 모델이다.

2) 관측변수의 종류

관측변수는 외생관측변수와 내생관측변수로 나뉜다. **외생관측변수(exogenous observed variable)**는 외생잠재변수를 측정하기 위해 사용된 관측변수이며, **내생관측변수(endogenous observed variable)**는 내생잠재변수를 측정하기 위해 사용된 관측변수이다. [Input 3-1]에서 x1부터 x7까지가 외생관측변수에 해당되고, y1부터 y4까지가 내생관측변수에 해당된다.

[Output 3-1]은 Amos에 의해 [Input 3-1]을 추정하여 얻는 **변수요약(variable summary)** 가운데 관측변수와 관련된 것이다. Amos에서 관측변수는 모두 내생변수로 취급함을 알 수 있다.

Output 3-1 ••• **변수요약**

Variable Summary (Group number 1)
Your model contains the following variables (Group number 1)

Observed, endogenous variables

x3
x2
x1
x5
x4
x7
x6
y1
y2
y3
y4

그림 3-2 **관측변수**

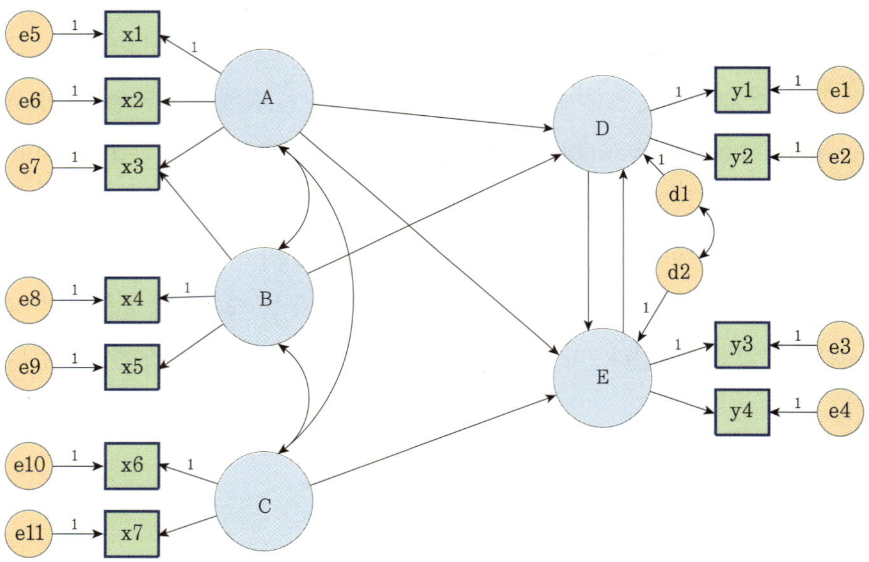

1.3 오차변수

SEM의 **오차변수(error variable)**에는 교란과 측정오차가 있다. **교란(disturbance)**은 특정 내생변수가 다른 잠재변수들의 선형결합으로 설명될 때 외생 및 내생변수에 의해 설명이 안 된 변량(unexplained variation)을 말한다. 즉, 어떤 내생변수를 설명하기 위해 외생 및 내생변수의 선형결합에 의해 설명되지 못하는 오차를 의미한다. 교란은 **구조오**

차(structural error), **잔차**(residual) 또는 **방정식오차**(equation error)라고도 한다.

[Input 3-1]에서 D는 A, B, E에 의해 설명되는 것으로 가정하고 있는데, D는 이들에 의해 완전히 설명되지 않고 오차인 d1이 영향을 주는 것으로 가설화되었다. 마찬가지로, E는 A, C, D에 의해 설명되는 것으로 가정하고 있으며, 이들에 의해 완전히 설명되지 않고 오차인 d2가 영향을 주는 것으로 가설화되었다. Amos에서는 잠재변수뿐만 아니라 교란 및 측정오차도 원이나 타원으로 표현된다.

측정오차(measurement error)는 관측변수가 잠재변수를 완전하게 설명하지 못하는 정도를 의미한다. 측정오차는 자료의 입력을 잘못해서 생길 수도 있고, 관측변수가 적절하지 못해서도 생길 수 있으며, 측정 당시의 통제할 수 없는 여러 가지 요인에 의해 생기기도 한다. [Input 3-1]에서 측정오차는 e1부터 e11까지에 해당된다.

[Output 3-1]은 Amos에 의해 [Input 3-1]을 추정하여 얻는 변수요약 가운데 오차변수와 관련된 부분을 제시한 것이다. Amos에서 오차변수는 외생잠재변수임을 알려준다.

Output 3-1 ••• **변수요약**

Unobserved, exogenous variables
e7
e6
e5
e9
e8
e11
e10
e1
e2
e3
e4
d1
d2

그림 3-3 오차변수

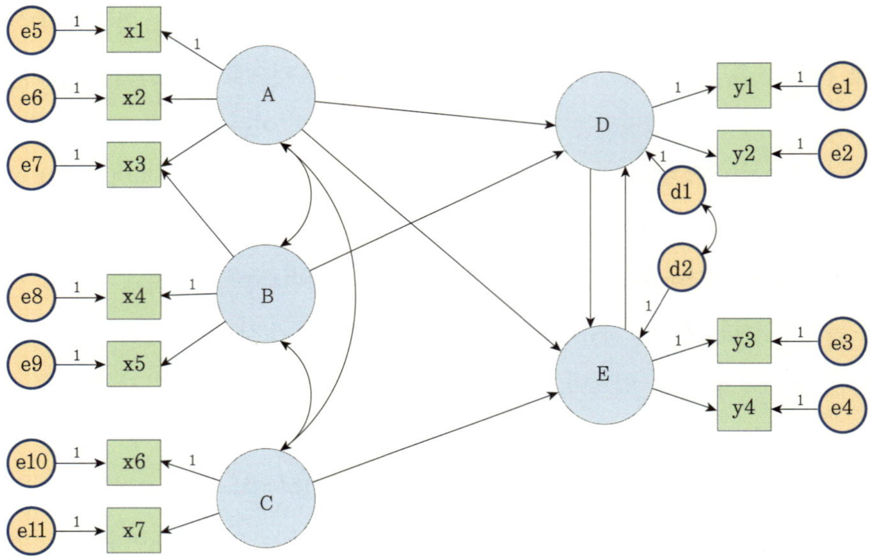

1.4 외생변수

모델 내에서 다른 변수에 대해 영향을 주는 변수가 외생변수이다. **Amos에서 외생변수는 화살표가 시작되는 모든 변수이다.**

그림 3-4 외생변수

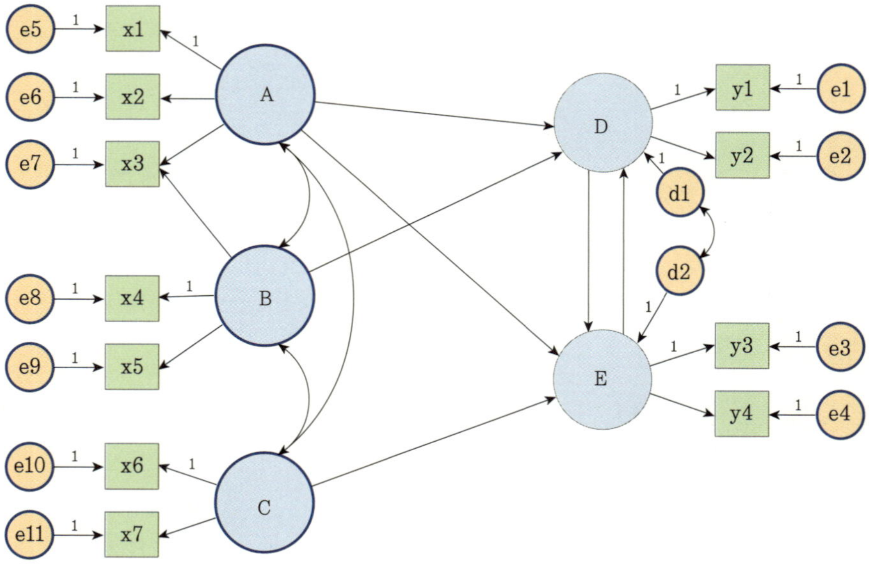

1.5 내생변수

모델 내에서 다른 변수로부터 영향을 받는 변수가 내생변수이다. **Amos에서 내생변수는 화살표를 받는 모든 변수이다.**

그림 3-5 내생변수

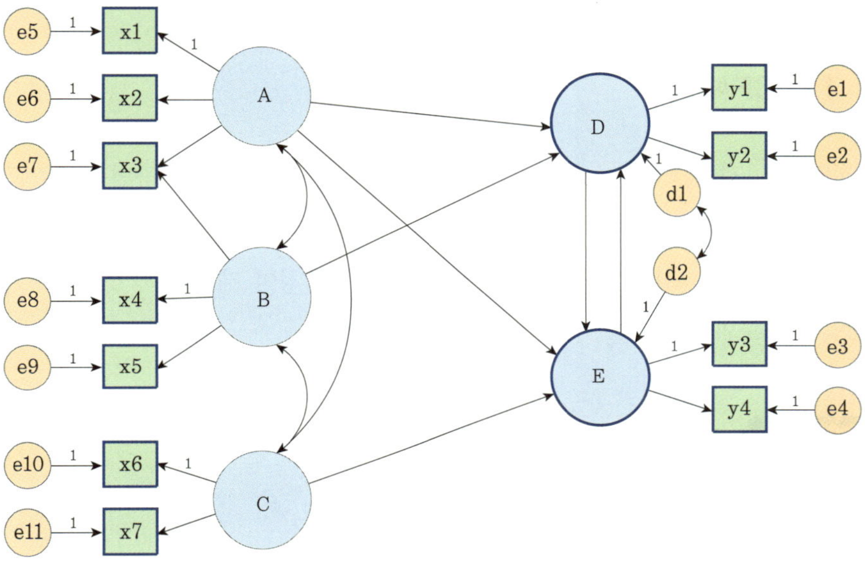

[Input 3-1]을 실행하여 얻는 Output 가운데 **변수계산(variable count)**을 제시하면 [Output 3-1]과 같다. 모델에는 총 변수가 29개, 관측변수는 11개, 비관측변수(잠재변수)는 18개, 외생변수는 16개, 내생변수는 13개가 있다고 알려준다.

Output 3-1 변수계산

Variable counts (Group number 1)

Number of variables in your model:	29
Number of observed variables:	11
Number of unobserved variables:	18
Number of exogenous variables:	16
Number of endogenous variables:	13

2. 확인적 요인분석

확인적 요인분석(confirmatory factor analysis: CFA)은 관측변수가 특정 잠재변수를 구성하는 관계에 초점을 둔 것이기 때문에 **측정모델(measurement model)**에 속한다. CFA는 '1차 CFA'와 '고차 CFA'로 나눌 수 있다.

2.1 1차 CFA

4개의 자아개념(self-concept) 잠재변수에 대해 각각 3개의 관측변수를 가진 [Input 3-2]의 측정모델을 살펴보기로 한다. 이 모델을 **1차 CFA(first-order confirmatory factor analysis)**라 한다. 1차 CFA의 주된 목적은 측정이 제대로 되었는가를 평가하고, 척도의 신뢰도와 타당도를 평가하는 데 있다.

Input 3-2 1차 확인적 요인분석: 준거변수 설정법

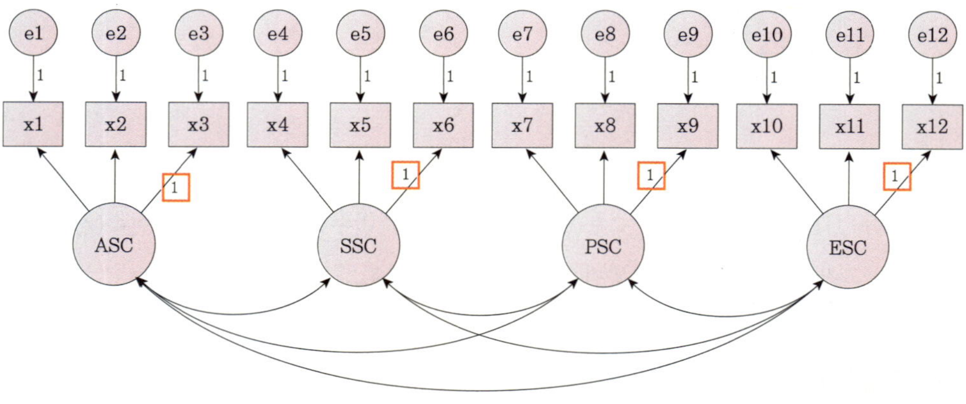

[Input 3-2]의 측정모델은 ① 4개(ASC, SSC, PSC, ESC)의 자아개념 요인으로 구성되어 있고, ② 자아개념 요인은 각각 3개의 관측변수에 의해 측정되었고, ③ 관측변수의 신뢰도는 측정오차에 의해 영향을 받으며, ④ 각각의 관측변수는 그들과 관련된 잠재변수 및 측정오차에 대해 회귀되어지고, ⑤ 4개의 요인은 서로 상관되어 있다.

CFA의 추정될 모수에는 회귀계수(요인적재량), 잠재변수의 분산 및 공분산, 그리고 오차분산 등이 포함된다. SEM에서 추정될 모수의 수는 모델이 통계적으로 식별가능한지의 여부를 결정하는 데 있어 필요한 정보이다.

[Input 3-2] 모델의 추정될 모수의 수는 12개의 오차분산(e1~e12), 4개의 잠재변수 분산, 6개의 잠재변수 공분산, 8개의 회귀계수 등 총 30개(12+4+6+8)이다. 이는 모수요약(parameter summary)에 있는 'Unlabeled'의 총수(30)를 통해서 확인할 수 있다.

Output 3-2 모수요약

Parameter summary (Group number 1)

	Weights	Covariances	Variances	Means	Intercepts	Total
Fixed	16 ❶	0	0	0	0	16
Labeled	0	0	0	0	0	0
Unlabeled	8 ❷	6 ❸	16 ❹	0	0	30 ❺
Total	24	6	16	0	0	46

위 Output에서, 'Fixed-Weights 16' ❶은 [Input 3-2] 모델에서 1의 값이 부여된 경로의 수가 16개 있음을 의미한다. 'Unlabeled-Weights 8' ❷는 잠재변수로부터 관측변수로 향하는 경로 가운데 1이 부여되지 않은 경로의 수가 8개임을 의미하고, 'Unlabeled-Covariances 6' ❸은 잠재변수 간의 공분산 수가 6개임을 의미하고, 'Unlabeled-Variances 16' ❹은 오차변수의 분산(e1~e12)과 잠재변수 4개의 분산의 수를 의미한다. 'Unlabeled-Total 30' ❺은 추정해야 할 자유모수의 수가 총 30개(8+6+16)가 있음을 의미한다.

1) 측정모델의 식별조건

각각의 회귀계수 가운데 하나에 대해 1의 값을 부여하는 이유는 **식별(identification)** 때문이다. **식별문제(identification problem)**와 관련하여 모든 잠재변수는 결정된 척도를 갖고 있어야 한다는 조건이 필요하다. 왜냐하면 잠재변수는 관찰되지 않으므로 명확히 계량화된 척도를 갖고 있지 않기 때문이다. **잠재변수의 척도화(scaling of latent variables)**를 위해 다음과 같은 두 가지 방법 가운데 하나를 이용한다.

(1) 준거변수 설정법

이는 요인적재량 가운데 하나를 1로 고정하는 방법이다. 1로 고정된 모수는 추정되지 않는다. 이 방법은 잠재변수의 측정단위를 준거변수로 지정된 관측변수와 같도록 잠재변수의 척도를 부여한다. [Input 3-2]에서, 각각의 SC요인으로부터 이들의 관측변수에 이르는 3개의 회귀경로 가운데 하나를 1로 설정하고 있다. 이처럼 1로 고정된 관측변수를

준거변수(reference variable) 또는 **준거지표(reference indicator)**라 한다. **Amos는 잠재변수별로 첫 번째로 설정된 변수를 자동적으로 준거변수로 설정한다.**

준거변수는 다음과 같은 기능을 수행한다. 첫째, 준거변수의 값을 1로 지정했을 때, 다른 관측변수의 값과 비교할 수 있는 기능을 한다. 예를 들어, [Output 3-2]에서 ASC → x3이 1일 때, ASC → x2는 1.068로 좀 더 많은 영향을 미친다고 할 수 있다. 둘째, 관측변수 가운데 하나의 관측변수를 1로 지정함으로써 그 관측변수의 측정척도와 잠재변수의 측정척도를 일치시키는 기능을 한다.

다음은 준거변수 설정법([Input 3-2])에 의한 출력 가운데 일부를 제시한 것이다.

Output 3-2 ••• **1차 확인적 요인분석의 회귀계수**

Regression Weights: (Group number 1 - Default model)

			Estimate	S.E.	C.R.	P
x3	<---	ASC	1.000			
x2	<---	ASC	1.068	.047	22.560	***
x1	<---	ASC	.973	.047	20.594	***
x6	<---	SSC	1.000			
x5	<---	SSC	1.438	.085	16.973	***
x4	<---	SSC	1.928	.113	17.002	***
x9	<---	PSC	1.000			
x8	<---	PSC	.729	.032	22.847	***
x7	<---	PSC	.892	.034	26.443	***
x12	<---	ESC	1.000			
x11	<---	ESC	1.092	.040	27.016	***
x10	<---	ESC	.956	.038	25.301	***

준거변수로 설정된 모수는 1.000으로 고정되었고, S.E.가 계산되지 않아 통계적 유의도를 검정할 수 없다. 8개의 회귀계수가 추정되었다.

Output 3-2 ••• **1차 확인적 요인분석의 분산**

Variances: (Group number 1 - Default model)

	Estimate	S.E.	C.R.	P
ASC	.698	.060	11.735	***
SSC	.256	.030	8.519	***
PSC	1.089	.077	14.193	***
ESC	.965	.074	13.029	***
e3	.409	.031	13.214	***
e2	.213	.027	7.946	***
e1	.474	.033	14.372	***

e6	.419	.024	17.100	***
e5	.213	.021	10.323	***
e4	.188	.032	5.826	***
e9	.261	.032	8.284	***
e8	.440	.028	15.449	***
e7	.315	.028	11.133	***
e12	.404	.032	12.794	***
e11	.274	.031	8.853	***
e10	.401	.030	13.325	***

4개 잠재변수의 분산이 추정되었고, 12개의 오차분산이 추정되었다.

Output 3-2 ••• 1차 확인적 요인분석의 공분산

Covariances: (Group number 1 - Default model)

			Estimate	S.E.	C.R.	P
ASC	<-->	SSC	.181	.022	8.111	***
SSC	<-->	PSC	.216	.027	8.095	***
PSC	<-->	ESC	.233	.045	5.177	***
ASC	<-->	PSC	.303	.041	7.426	***
SSC	<-->	ESC	.087	.022	3.966	***
ASC	<-->	ESC	.168	.036	4.605	***

6개의 잠재변수 간 공분산이 추정되었다. 결론적으로 총 30개의 모수가 추정되었다. 다음은 표준화회귀계수를 나타낸 것이다.

Output 3-2 ••• 1차 확인적 요인분석의 표준화회귀계수

Standardized Regression Weights: (Group number 1 - Default model)

			Estimate
x3	<---	ASC	.794
x2	<---	ASC	.888
x1	<---	ASC	.763
x6	<---	SSC	.616
x5	<---	SSC	.845
x4	<---	SSC	.914
x9	<---	PSC	.898
x8	<---	PSC	.754
x7	<---	PSC	.856
x12	<---	ESC	.839
x11	<---	ESC	.899
x10	<---	ESC	.829

다음은 모델적합도를 제시한 것이다.

Output 3-2 ••• **1차 확인적 요인분석의 모델적합도**

Model	NPAR	CMIN	DF	P	CMIN/DF
Default model	30	123.300	48	.000	2.569

Baseline Comparisons

Model	NFI Delta1	RFI rho1	IFI Delta2	TLI rho2	CFI
Default model	.973	.963	.983	.977	.983

한편, 위 모델에서는 x3, x6, x9, x12로 준거변수를 설정하였는데, 이 준거변수를 x1, x4, x7, x10 등으로 바꾸어서 추정했을 때, 어떤 결과가 나오는지 살펴보기로 한다([Input 3-2-1]).

Input 3-2-1 ••• **1차 확인적 요인분석: 준거변수 설정법**

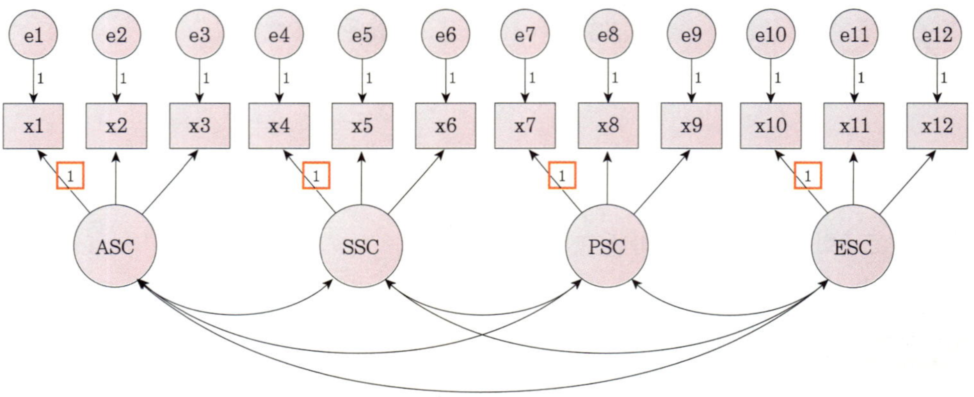

이를 실행하면 다음과 같은 출력을 얻는다.

Output 3-2-1 ••• **1차 확인적 요인분석의 분석 결과**

Regression Weights: (Group number 1 - Default model)

			Estimate	S.E.	C.R.	P
x3	<---	ASC	1.028	.050	20.594	***
x2	<---	ASC	1.098	.051	21.689	***
x1	<---	ASC	1.000			
x6	<---	SSC	.519	.031	17.002	***
x5	<---	SSC	.746	.032	23.611	***

x4	<---	SSC	1.000			
x9	<---	PSC	1.121	.042	26.443	***
x8	<---	PSC	.816	.036	22.398	***
x7	<---	PSC	1.000			
x12	<---	ESC	1.046	.041	25.301	***
x11	<---	ESC	1.142	.043	26.627	***
x10	<---	ESC	1.000			

Variances: (Group number 1 - Default model)

	Estimate	S.E.	C.R.	P
ASC	.661	.059	11.142	***
SSC	.952	.068	14.043	***
PSC	.867	.065	13.256	***
ESC	.882	.069	12.805	***
e3	.409	.031	13.214	***
e2	.213	.027	7.946	***
e1	.474	.033	14.372	***
e6	.419	.024	17.100	***
e5	.213	.021	10.323	***
e4	.188	.032	5.826	***
e9	.261	.032	8.284	***
e8	.440	.028	15.449	***
e7	.315	.028	11.133	***
e12	.404	.032	12.794	***
e11	.274	.031	8.853	***
e10	.401	.030	13.325	***

Covariances: (Group number 1 - Default model)

			Estimate	S.E.	C.R.	P
ASC	<-->	SSC	.339	.039	8.772	***
SSC	<-->	PSC	.372	.043	8.731	***
PSC	<-->	ESC	.199	.039	5.156	***
ASC	<-->	PSC	.263	.036	7.335	***
SSC	<-->	ESC	.161	.040	4.041	***
ASC	<-->	ESC	.156	.034	4.593	***

Standardized Regression Weights: (Group number 1 - Default model)

			Estimate
x3	<---	ASC	.794
x2	<---	ASC	.888
x1	<---	ASC	.763
x6	<---	SSC	.616
x5	<---	SSC	.845
x4	<---	SSC	.914
x9	<---	PSC	.898
x8	<---	PSC	.754
x7	<---	PSC	.856

x12	<---	ESC	.839
x11	<---	ESC	.899
x10	<---	ESC	.829

다음은 모델적합도를 제시한 것이다.

Output 3-2-1 ••• **1차 확인적 요인분석의 모델적합도**

Model	NPAR	CMIN	DF	P	CMIN/DF
Default model	30	123.300	48	.000	2.569

결론적으로, 준거변수를 바꾸더라도 적합도지수와 표준화회귀계수는 차이가 없고, 비표준화회귀계수와 잠재변수의 분산과 공분산은 차이가 있다.

(2) 단위분산 설정법

단위분산 설정법은 잠재변수의 모집단 표준편차와 동일하도록 잠재변수의 분산을 **단위분산(unit variance)**, 즉 분산을 1로 고정하는 방법이다. **이 방법은 요인적재량 가운데 하나를 준거변수로 지정할 필요가 없다. 따라서 모든 요인적재량이 자유롭게 추정된다.**

Amos에서 잠재변수를 단위분산 설정법에 의해 척도화하기 위해 다음과 같은 절차를 따른다.

1 ∴ [Input 3-2]에서 잠재변수(예: ASC)를 더블클릭하거나 마우스 오른쪽 버튼을 클릭하여 나타나는 [Object Properties]의 [Parameters] 탭에서 [Variance]에 1의 값을 입력한다. 그러면 잠재변수 위에 '1'의 숫자가 나타난다.

2 ∴ 다음 회귀계수에 1로 부여된 값들을 지운다. 이를 위해 1로 고정된 준거변수를 더블클릭하거나 오른쪽 버튼을 클릭하여 나타나는 [Object Properties]의 [Parameters] 탭에서 [Regression weight]에 1로 입력된 값을 지운다.

[Input 3-3]은 단위분산 설정법을 나타낸 것이다. 모델을 보면 알 수 있듯, 준거변수로 설정된 4개의 회귀계수 1이 없고, 잠재변수 위에 분산을 의미하는 1이 있음을 알 수 있다.

Input 3-3 ••• 1차 확인적 요인분석: 단위분산 설정법

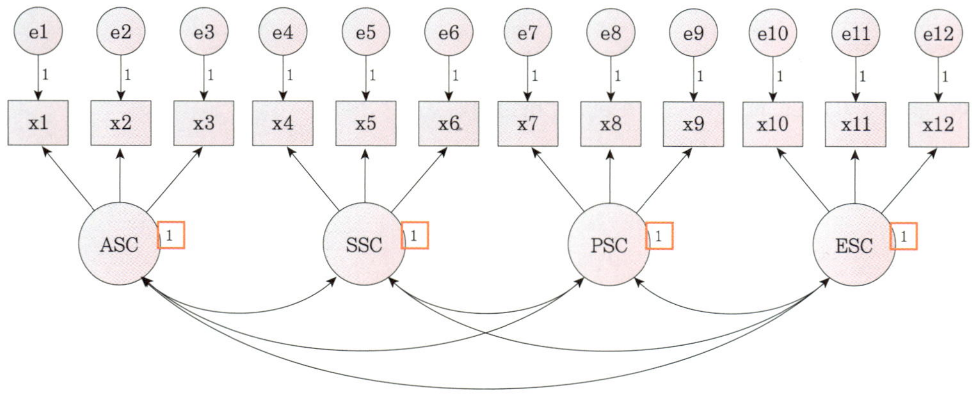

[Input 3-3]은 12개의 오차분산, 6개의 잠재변수 공분산, 12개의 회귀계수 등 30개의 모수가 추정된다. 잠재변수의 분산은 1로 고정되었기 때문에 추정되지 않는다. 다음은 [Input 3-3]을 실행하여 얻은 출력을 제시한 것이다.

Output 3-3 ••• 1차 확인적 요인분석의 모수요약: 단위분산 설정법

Parameter summary (Group number 1)

	Weights	Covariances	Variances	Means	Intercepts	Total
Fixed	12	0	4 ❷	0	0	16
Labeled	0	0	0	0	0	0
Unlabeled	12 ❶	6 ❹	12 ❸	0	0	30 ❺
Total	24	6	16	0	0	46

Output 3-3 ••• 1차 확인적 요인분석의 회귀계수

Regression Weights: (Group number 1 - Default model)

			Estimate	S.E.	C.R.	P
x3	<---	ASC	.836	.036	23.469	***
x2	<---	ASC	.893	.033	27.293	***
x1	<---	ASC	.813	.036	22.285	***
x6	<---	SSC	.506	.030	17.039	***
x5	<---	SSC	.727	.029	25.246	***
x4	<---	SSC	.976	.035	28.085	***
x9	<---	PSC	1.043	.037	28.386	***
x8	<---	PSC	.760	.034	22.282	***
x7	<---	PSC	.931	.035	26.512	***
x12	<---	ESC	.982	.038	26.058	***
x11	<---	ESC	1.073	.037	28.760	***
x10	<---	ESC	.939	.037	25.610	***

❶ 12개의 모든 요인적재량(회귀계수)이 추정되었다.

Output 3-3 ••• **1차 확인적 요인분석의 분산**

Variances: (Group number 1 - Default model)

	Estimate	S.E.	C.R.	P
ASC	1.000			
SSC	1.000			
PSC	1.000			
ESC	1.000			
e3	.409	.031	13.214	***
e2	.213	.027	7.946	***
e1	.474	.033	14.372	***
e6	.419	.024	17.100	***
e5	.213	.021	10.323	***
e4	.188	.032	5.826	***
e9	.261	.032	8.284	***
e8	.440	.028	15.449	***
e7	.315	.028	11.133	***
e12	.404	.032	12.794	***
e11	.274	.031	8.853	***
e10	.401	.030	13.325	***

❷ 4개의 잠재변수의 분산이 1로 고정되었고, ❸ 12개 오차분산이 추정되었다.

Output 3-3 ••• **1차 확인적 요인분석의 공분산**

Covariances: (Group number 1 - Default model)

			Estimate	S.E.	C.R.	P
ASC	<-->	SSC	.428	.036	11.744	***
SSC	<-->	PSC	.409	.036	11.211	***
PSC	<-->	ESC	.227	.041	5.602	***
ASC	<-->	PSC	.347	.039	8.973	***
SSC	<-->	ESC	.175	.041	4.234	***
ASC	<-->	ESC	.205	.041	4.937	***

❹ 6개의 잠재변수 공분산이 추정되었다. ❺ 추정해야 할 총 모수는 30개이다. 다음은 표준화회귀계수를 나타낸 것이다.

Output 3-3 ••• **1차 확인적 요인분석의 표준화회귀계수**

Standardized Regression Weights: (Group number 1 - Default model)

			Estimate
x3	<---	ASC	.794
x2	<---	ASC	.888
x1	<---	ASC	.763
x6	<---	SSC	.616
x5	<---	SSC	.845
x4	<---	SSC	.914
x9	<---	PSC	.898
x8	<---	PSC	.754
x7	<---	PSC	.856
x12	<---	ESC	.839
x11	<---	ESC	.899
x10	<---	ESC	.829

단위분산 설정법이나 준거변수 설정법은 모두 동일한 자유도($df=48$)와 동일한 카이제곱값($\chi^2=123.300$)을 갖는다. 비표준화계수는 다르지만 표준화회귀계수는 동일한 값을 갖는다.

Output 3-3 ••• **1차 확인적 요인분석의 모델적합도**

Model	NPAR	CMIN	DF	P	CMIN/DF
Default model	30	123.300	48	.000	2.569

2) 측정모델의 적합도 평가

다음은 [Input 3-2] 모델의 적합도 가운데 일부를 제시한 것이다.

Output 3-2 ••• **1차 확인적 요인분석의 모델적합도**

Model Fit Summary

CMIN

Model	NPAR	CMIN	DF	P	CMIN/DF
Default model	30	123.300	48	.000	2.569

Model	NFI Delta1	RFI rho1	IFI Delta2	TLI rho2	CFI
Default model	.973	.963	.983	.977	.983

RMSEA

Model	RMSEA	LO 90	HI 90	PCLOSE
Default model	.048	.037	.058	.627

이들 지수를 종합적으로 고려하면 측정모델의 적합도는 양호하다고 볼 수 있다. 측정모델의 적합도가 양호하게 나타났기 때문에 모델을 수정할 필요가 없다. 그러나 적합도가 좋지 않다면 모델을 수정한다.

3) 척도의 신뢰도 및 타당도 평가

측정모델의 적합도가 양호하기 때문에 척도의 신뢰도와 타당도를 평가할 수 있다. 측정모델의 신뢰도 및 타당도 평가에 관해서는 제10장에서 자세히 살펴보기로 한다. 만약 측정모델의 적합도가 좋지 않다면 모델을 수정한 다음, 신뢰도와 타당도를 다시 평가한다. 다음은 [Output 3-2] 가운데 일부를 제시한 것이다.

Output 3-2 ••• **1차 확인적 요인분석의 모수치**

Regression Weights: (Group number 1 - Default model)

			Estimate	S.E.	C.R.	P
x3	<---	ASC	1.000			
x2	<---	ASC	1.068	.047	22.560	***
x1	<---	ASC	.973	.047	20.594	***
x6	<---	SSC	1.000			
x5	<---	SSC	1.438	.085	16.973	***
x4	<---	SSC	1.928	.113	17.002	***
x9	<---	PSC	1.000			
x8	<---	PSC	.729	.032	22.847	***
x7	<---	PSC	.892	.034	26.443	***
x12	<---	ESC	1.000			
x11	<---	ESC	1.092	.040	27.016	***
x10	<---	ESC	.956	.038	25.301	***

Standardized Regression Weights: (Group number 1 - Default model)

			Estimate
x3	<---	ASC	.794
x2	<---	ASC	.888
x1	<---	ASC	.763
x6	<---	SSC	.616
x5	<---	SSC	.845
x4	<---	SSC	.914
x9	<---	PSC	.898
x8	<---	PSC	.754
x7	<---	PSC	.856
x12	<---	ESC	.839
x11	<---	ESC	.899
x10	<---	ESC	.829

Squared Multiple Correlations: (Group number 1 - Default model)

	Estimate
x10	.687
x11	.808
x12	.705
x7	.733
x8	.568
x9	.806
x4	.835
x5	.713
x6	.379
x1	.582
x2	.789
x3	.631

표준화회귀계수가 0.7 이상이 되어야 개별 관측변수가 신뢰도가 있다고 본다. 표준화회귀계수를 보면 x6이 .616으로 0.7보다 작아 신뢰도에 문제가 있다. SMC(squared multiple correlation)는 관측변수의 신뢰도를 평가하는 데 이용되는 또 다른 지표이다. **SMC는 0.5 이상이 되어야 관측변수가 신뢰도가 있다고 본다.** SMC 가운데 x6이 .379로 가장 신뢰도가 떨어지는 것으로 나타났다. 이 정보를 토대로 x6을 해당 잠재변수에서 제거할 수 있다.

2.2 2차 CFA

[Input 3-2]의 측정모델은 4개 요인이 관측변수로부터 한 수준의 화살표만을 갖고 있기 때문에 **1차요인모델(first-order factor model)**이라 한다. 이에 비해, 저차요인들을 설명하는 것으로 여겨지는 고차요인이 있을 수 있다. 고차요인들로 이루어진 요인모델을 **고차요인모델(higher-order factor model)** 또는 **고차 CFA(higher-order confirmatory factor analysis)**라 한다. 고차요인모델 가운데 2차 수준으로 이루어진 모델을 **2차요인모델(second-order factor model)** 또는 **2차 CFA(second-order confirmatory factor analysis)**라 한다. [Input 3-4]의 2차요인모델을 살펴보기로 한다.

Input 3-4 2차 확인적 요인분석: 준거변수 설정법

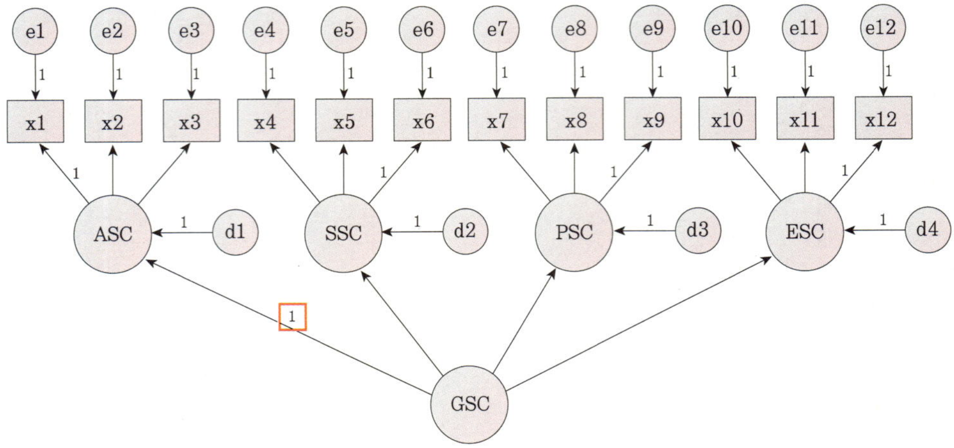

이 모델은 [Input 3-2]의 1차요인모델과 기본적으로 동일하나, 고차요인인 'GSC'가 1차요인 간의 공분산을 설명해 주는 것으로 가설화되었다는 점에서 차이가 있다. 이 경우, GSC를 **2차요인(second-order factor)**이라 한다. 2차요인인 GSC는 관측변수를 갖고 있지 않으며, 대신 저차요인(ASC, SSC, PSC, ESC)을 간접적으로 측정하는 것으로 가설화되었다. GSC가 저차요인에 미치는 영향력이 2차 CFA의 주된 관심사항이다. 2차요인모델의 특징에 대해 살펴보기로 한다.

❶ 4개의 저차요인은 외생변수가 아닌 내생변수가 된다. 왜냐하면, 이들 요인은 고차요인인 GSC에 의해 설명되는 것으로 가정되었기 때문이다. 따라서 GSC는 외생변수가 된다.

❷ 2차요인에서 1차요인에 이르는 4개의 일방향 화살표는 2차요인적재량(또는 회귀계수)을 의미하며, 이들은 자유롭게 추정된다. 모델추정을 위해 회귀경로 가운데 하나에 대해 제약을 하거나(준거변수 설정법), GSC가 단위분산(unit variance)이 되도록 설정한다(단위분산 설정법).

[Input 3-4]는 준거변수 설정법에 의한 모수설정을 나타낸 것이고, [Input 3-4-1]은 단위분산 설정법에 의한 모수설정을 나타낸 것이다. 단위분산 설정법을 위해 GSC를 더블클릭하거나 오른쪽 버튼을 클릭하여 나타나는 [Object Properties]의 [Parameters] 탭에서 [Variance]에 1을 기입한다. 그리고 저차요인에 연결된 1의 값을 지운다.

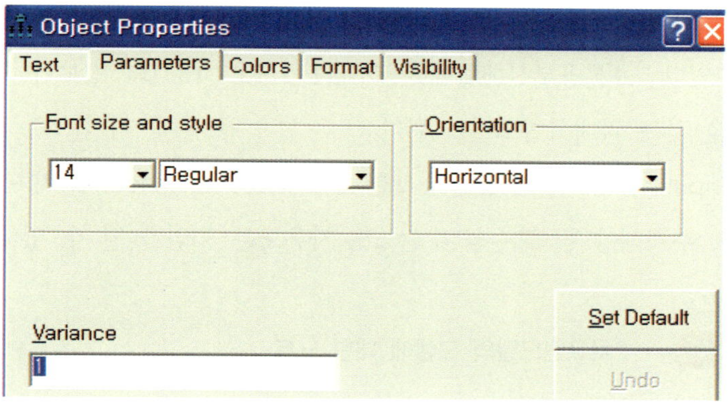

Input 3-4-1 ••• 2차 확인적 요인분석: 단위분산 설정법

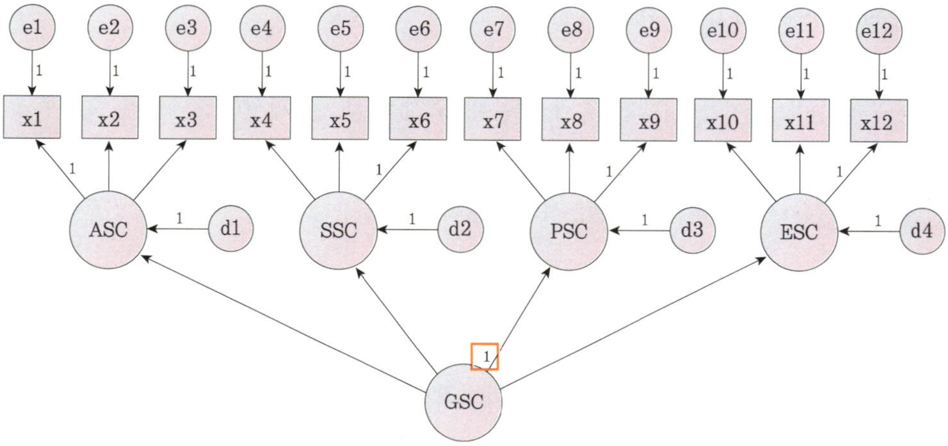

❸ 2차요인모델에서 1차요인은 독립변수이면서 동시에 종속변수로 작용하는 것처럼 보인다. 그러나 이는 그렇지 않다. 즉, 1차요인은 모델에서 독립변수나 종속변수 가운데 하나의 역할만을 수행할 수 있을 뿐, 두 가지 역할을 동시에 수행할 수 없다. 1차요인은 종속변수의 역할을 하기 때문에 그들의 분산과 공분산은 이 모델에서 추정가능한 모수가 아니고, 고차요인에 의해 설명되는 것으로 가정된다. [Input 3-2]와 [Input 3-3]을 비교해 보면, 1차 SC요인을 연결시키는 양방향 곡선 화살표가 없음을 알 수 있다. 따라서 1차요인의 공분산이나 분산은 추정될 필요가 없다.

❹ 2차요인으로부터 1차요인으로 가는 4개의 예측은 1차요인과 관련된 잔차(d1~d4)가 있는 것으로 가정한다.

2차요인모델의 식별을 확인하기 위해 추정될 모수의 수를 계산해 보기로 한다. 추정될 모수는 8개의 1차 회귀계수, 4개의 2차 회귀계수, 12개의 측정오차분산, 4개의 잔차 등 총 28개가 있다. 표본공분산행렬에는 78개(1/2(12×13))의 정보가 있으므로 자유도 50(78−28)을 갖는 과대식별모델이 된다.

다음은 [Input 3−4] 모델의 **모델에 대한 노트(notes for model)**를 제시한 것이다. 정보의 수는 78, 추정해야 할 모수의 수는 28, 자유도는 50임을 알 수 있다.

Output 3-4 ••• 2차요인모델의 모델에 대한 노트

Notes for Model (Default model)

Computation of degrees of freedom (Default model)

Number of distinct sample moments:	78
Number of distinct parameters to be estimated:	28
Degrees of freedom (78 − 28):	50

다음은 [Input 3−4]를 실행한 결과 가운데 모델적합도를 제시한 것이다.

Output 3-4 ••• 2차 확인적 요인분석의 모델적합도

Model	NPAR	CMIN	DF	P	CMIN/DF
Default model	28	317.775	50	.000	6.355

다음은 준거변수 설정법에 의한 비표준화회귀계수와 표준화회귀계수를 나타낸 것이다.

Output 3-4 ••• 2차요인모델의 비표준화회귀계수와 표준화회귀계수: 준거변수 설정법

Regression Weights: (Group number 1 − Default model)

			Estimate	S.E.	C.R.	P
ASC	<---	GSC	1.000			
SSC	<---	GSC	.929	.258	3.608	***
PSC	<---	GSC	2.161	.383	5.637	***
ESC	<---	GSC	2.091	.423	4.948	***

Standardized Regression Weights: (Group number 1 − Default model)

			Estimate
ASC	<---	GSC	.577
SSC	<---	GSC	.834
PSC	<---	GSC	.988
ESC	<---	GSC	.695

다음은 단위분산 설정법에 의한 비표준화회귀계수와 표준화회귀계수를 나타낸 것이다.

Output 3-4-1 2차요인모델의 비표준화회귀계수와 표준화회귀계수: 단위분산 설정법

Regression Weights: (Group number 1 - Default model)

			Estimate	S.E.	C.R.	P
ASC	<---	GSC	.347	.058	5.994	***
SSC	<---	GSC	.323	.075	4.329	***
PSC	<---	GSC	.751	.061	12.346	***
ESC	<---	GSC	.726	.095	7.615	***

Standardized Regression Weights: (Group number 1 - Default model)

			Estimate
ASC	<---	GSC	.577
SSC	<---	GSC	.834
PSC	<---	GSC	.988
ESC	<---	GSC	.695

위의 출력을 보면, 모수들이 모두 유의적이므로 1차요인은 2차요인과 강한 관계를 갖는다고 할 수 있다.

3. 완전모델

측정모델로만 구성된 CFA와는 달리, **완전모델(full model)** 또는 **구조방정식모델(structural equation model)**은 측정모델과 구조모델을 모두 포함한다. 즉, 완전모델은 관측변수와 잠재변수 간의 관계뿐만 아니라(측정모델), 이론에 의해 가정된 잠재변수와 다른 잠재변수 간의 관계를 포함한다(구조모델).

완전모델에서 잠재변수는 일방향 화살표 및 양방향 화살표에 의해 연결된다. 일방향 화살표는 모델에 포함되는 잠재변수 간의 인과구조를 담고 있는 가설을 의미하고, 양방향 화살표는 상관관계(또는 공분산)를 의미한다. 완전모델을 이해하기 위해 [Input 3-5]의 모델을 살펴보기로 한다.

Input 3-5 완전모델

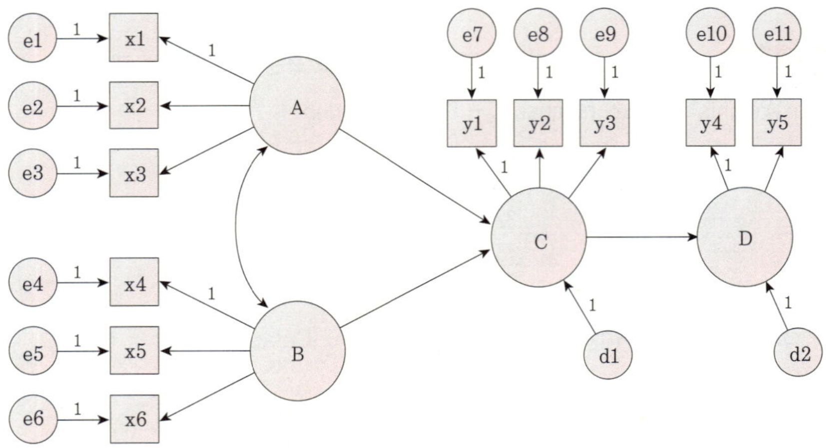

[Input 3-5]의 측정모델은 A, B, C는 각각 3개의 관측변수를 갖고 있고, D는 2개의 관측변수를 갖고 있다. [Input 3-5] 모델의 측정모델은 [그림 3-6]과 같다.

그림 3-6 측정모델

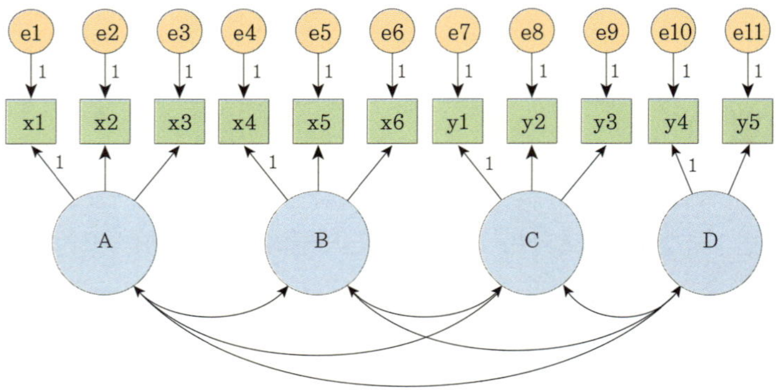

[Input 3-5]의 구조모델은 D는 C에 의해 영향을 받고, C는 A와 B에 의해 영향을 받는 것으로 가설화되었다. 2개의 외생변수(A, B)는 서로 상관되어 있고, 이는 양방향 화살표로 표현되어 있다. 이들 두 잠재변수는 일방향 화살표에 의해 다른 잠재변수에 대해 회귀경로로 연결되어 있다. C와 D는 이 모델에서 내생변수이다. [Input 3-5] 모델의 구조모델은 [그림 3-7]과 같다.

그림 3-7 구조모델

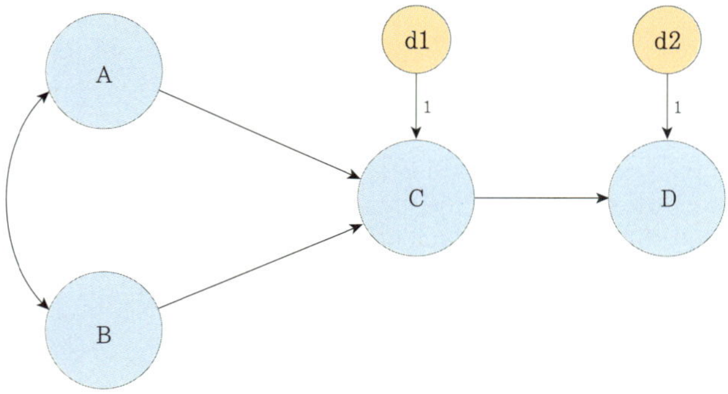

A와 B에 대한 C의 회귀와 관련된 잔차는 d1, C에 대한 D의 회귀와 관련된 잔차는 d2로 나타나 있다. 2개 외생변수(A, B)의 관측변수 가운데 하나의 경로는 1로 고정되어 있기 때문에, A와 B의 분산은 자유로이 추정된다. 그러나 내생변수(C, D)의 분산은 모수가 아니다. 측정오차항은 각각의 관측변수와 관련된다. 관측변수는 모델에서 종속변수로 작용하며, 그들의 분산은 추정되지 않는다.

[Input 3-5]의 완전모델이 식별된 모델인가를 검토하기로 한다. 11개의 관측변수가 있기 때문에 66개[(11(11+1)/2)]의 정보를 갖는다. 추정될 모수를 계산해 보면, 7개의 회귀경로(요인적재량), 3개의 구조회귀경로(구조계수), 11개의 오차분산, 2개의 잔차분산, 1개의 공분산(A와 B 간) 및 2개의 분산(A, B) 등 총 26개의 추정될 모수들이 있다. 따라서 자유도(df)=40(66−26)을 갖는 과대식별모델이 된다. 다음은 [Input 3-5]를 실행한 결과 가운데 적합도와 모수치 일부를 제시한 것이다.

Output 3-5 ••• **완전모델의 적합도**

Model	NPAR	CMIN	DF	P	CMIN/DF
Default model	26	245.484	40	.000	6.137

Regression Weights: (Group number 1 - Default model)

			Estimate	S.E.	C.R.	P
C	<---	A	.617	.153	4.038	***
C	<---	B	.280	.115	2.440	.015
D	<---	C	.903	.100	9.023	***
x3	<---	A	1.862	.186	10.038	***
x2	<---	A	1.561	.154	10.140	***
x1	<---	A	1.000			
x6	<---	B	1.150	.177	6.486	***
x5	<---	B	.955	.149	6.425	***

x4	<---	B	1.000			
y1	<---	C	1.000			
y2	<---	C	.863	.117	7.365	***
y3	<---	C	.791	.088	8.941	***
y4	<---	D	1.000			
y5	<---	D	.821	.128	6.432	***

Variances: (Group number 1 - Default model)

	Estimate	S.E.	C.R.	P
A	.974	.178	5.464	***
B	1.784	.439	4.068	***
d1	.993	.222	4.466	***
d2	-.716	.169	-4.227	***
e3	1.939	.271	7.151	***
e2	1.186	.179	6.608	***
e1	1.238	.131	9.453	***
e6	3.189	.408	7.814	***
e5	2.398	.296	8.098	***
e4	3.763	.416	9.055	***
e7	3.518	.341	10.327	***
e8	2.686	.260	10.349	***
e9	.773	.092	8.373	***
e10	1.345	.192	7.018	***
e11	3.599	.337	10.671	***

Covariances: (Group number 1 - Default model)

			Estimate	S.E.	C.R.	P
A	<-->	B	.851	.166	5.135	***

[Input 3-5] 모델에서 잠재변수 척도화는 준거변수 설정법에 의해 설정되었는데, 이를 단위분산 설정법으로 설정하기로 한다. 이를 위해 먼저 외생변수 A의 준거변수로 설정된 x1 위의 경로를 더블클릭하거나 오른쪽 버튼을 클릭하여 나타나는 [Object Properties]에서 [Regression weight]에 있는 1을 지운다. 이제 잠재변수의 분산을 1로 지정하기 위해 잠재변수 A를 더블클릭하거나 오른쪽 버튼을 클릭하여 나타나는 [Object Properties]의 [Variance]에 1의 값을 입력한다. 외생변수 B도 동일한 방법으로 한다.

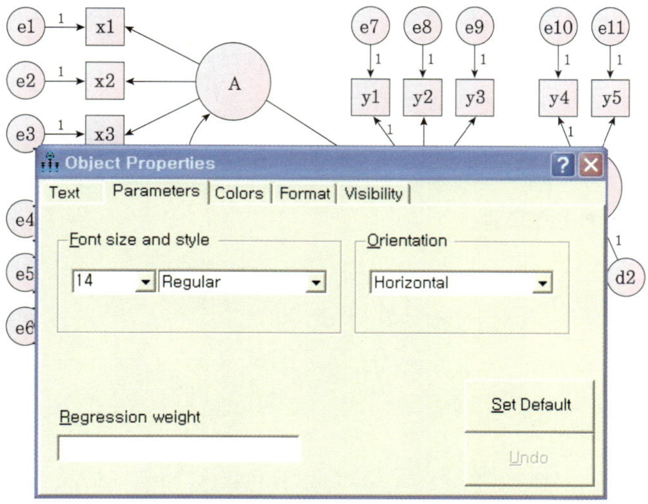

이제 내생변수인 C를 단위분산 설정법으로 척도화하기로 한다. 이를 위해 C의 준거변수로 설정된 1의 값을 지운 다음, C를 더블클릭하거나 오른쪽 버튼을 클릭하여 나타나는 [Object Properties]의 [Parameters] 탭에 [Variance]가 나타나지 않는 것을 알 수 있다. 내생변수 D도 마찬가지로 [Variance]가 나타나지 않는다. 따라서 내생변수는 단위분산 설정법에 의해 척도화할 수 없음을 알 수 있다.

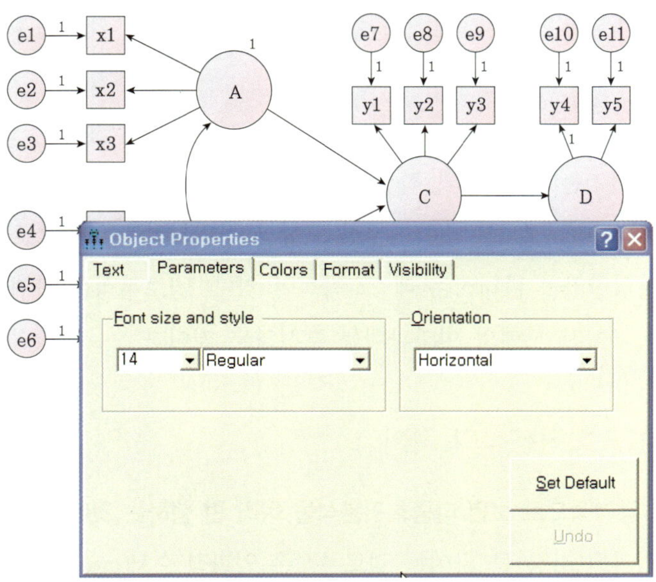

이처럼, **Amos에서 잠재변수의 척도화는 외생변수에 한해 단위분산 설정법으로 척도화할 수 있고, 내생변수는 단위분산 설정법으로 척도화할 수 없음을 기억하기 바란다.**

[Input 3-5-1]은 외생잠재변수는 단위분산 설정법으로 척도화하고, 내생잠재변수는 준거변수 설정법으로 척도화한 것이다. 이를 실행하면 [Input 3-5]와 동일한 결과를 얻는다.

Input 3-5-1 ••• **완전모델**

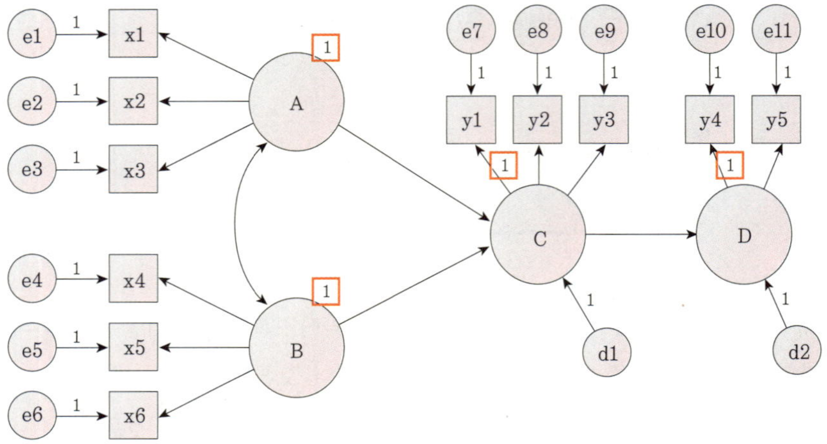

4. 경로분석

1) 경로분석의 의의

인과관계를 가지는 변수 간의 직접효과와 간접효과를 밝힐 수 있는 분석이 **경로분석(path analysis)**이다. 경로분석은 이론적 고찰과 관련지식을 바탕으로 연구자가 설정한 인과모델이 타당한가를 밝히려는 데 그 목적이 있다. 경로분석은 잠재변수가 없고 관측변수만으로 이루어진 모델의 인과관계를 분석하는 것이다.

2) 경로분석과 회귀분석의 차이

경로분석은 통계적으로 보면 다중회귀분석을 여러 번 행하는 것에 지나지 않는다. 경로분석과 회귀분석과의 가장 큰 차이는 경로분석은 **인과적 순서(causal order)**가 정해져 있으나, 회귀분석은 그렇지 않다는 점이다. 즉 경로분석은 변수 간의 관계에 대해 원인과 결과의 순서가 정해져 있으나, 회귀분석은 이러한 인과적 순서가 정해져 있지 않다. 회귀분석에서는 독립변수들이 하나의 그룹으로 다루어져 그들 간의 함수적 관계가 있을 경우에도 하나의 회귀방정식에 포함되어 종속변수의 값을 예측하는 데만 사용되나, 경로분석에서는 변수들 간의 인과적 순서가 가정됨으로써 변수들이 서로 어떻게 영향을 미치는가를 알 수 있다.

3) 경로분석의 가정

경로분석을 위해서는 회귀분석에 적용되는 가정 이외에도 다음과 같은 가정이 충족되어야 한다.

1. 분석에 포함된 변수들 간에 인과적 순서가 알려져 있다는 전제가 필요하다.
2. 선형성(linearity), 가법성(additivity) 등 회귀분석에 적용되는 여러 가정들이 보다 엄격히 충족되어야 한다.
3. 이외에도 다음과 같은 가정이 충족되어야 한다.
   - 경로모델에 설정오차(specification error)가 없다. 설정된 경로모델에 이론적 결함으로 인해 필요한 변수가 누락되거나, 부적절한 변수가 포함된다면 인과구조를 정확히 파악할 수 없다.
   - 경로모델에 포함된 변수들에 측정오차가 없다. 변수에 측정오차가 있으면 경로계수의 추정이 부정확해진다. 특히 경로계수를 얻기 위해 회귀분석을 반복하는 과정에서 독립변수의 측정에 오차가 있으면 추정된 결과는 불편성(unbiasedness)을 갖지 못한다.
   - 경로모델에서는 변수들 간의 비선형(non-linear), 다항회귀(polynomial regression), 상호작용(interaction) 등의 관계를 다룰 수 없다.
   - 경로모델에 포함되는 모든 변수는 등간척도(interval scale) 또는 비율척도(ratio scale)로 측정되어야 한다. 회귀분석에서 편법으로 사용되는 더미변수나 이분변수는 경로모델에 포함될 수 없다.
   - 독립변수들 간에 다중공선성(multicollinearity)이 존재하지 않는다. 경로분석에서는 다중공선성을 교정하거나 이에 대처하는 방안이 극히 제한을 받는다.
   - 회귀식을 추정하는 과정에서 잔차에 관한 다음의 가정, 즉 잔차의 기대값은 0이고, 정규분포를 이루며, 동분산성(homoscedasticity)을 가지며, 잔차끼리 자기상관(autocorrelation)을 나타내지 않는다는 가정이 충족되어야 한다.

4.1 경로모델: 예 1

[Input 3-6]의 모델을 통해 경로분석에 대해 살펴보기로 한다. 사회경제적 지위(SES)와 지능지수(IQ)는 외생변수이고, 성취동기(AM)와 성적(GPA)은 내생변수이다. 모델에서 SES와 IQ는 AM에 영향을 미치고 SES, IQ, AM은 GPA에 영향을 미치는 것으로 가정되었다.

Input 3-6 경로모델의 예

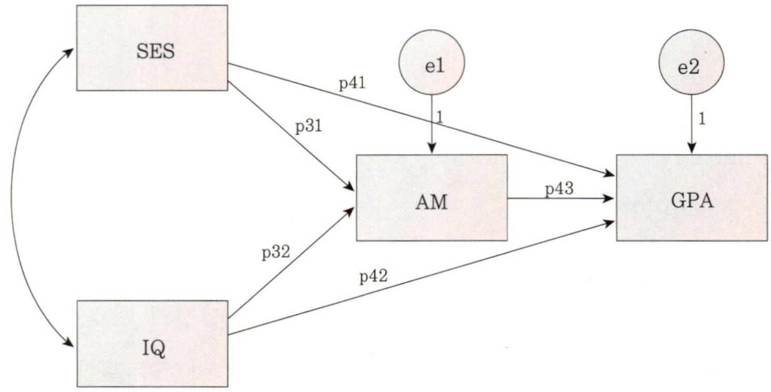

[Input 3-6] 모델의 경로계수를 계산하기 위해서는 ① SES와 IQ에 대한 AM의 회귀($\beta_{31.2} = p_{31}$, $\beta_{32.1} = p_{32}$), ② SES, IQ, AM에 대한 GPA의 회귀($\beta_{41.23} = p_{41}$, $\beta_{42.13} = p_{42}$, $\beta_{43.12} = p_{43}$)가 필요하다. 위 모델을 분석하기 위한 자료는 다음과 같다.

rowtype_	varname_	ses	iq	am	gpa
n		300.00	300.00	300.00	300.00
corr	ses	1.00	.	.	.
corr	iq	.30	1.00	.	.
corr	am	.41	.16	1.00	.
corr	gpa	.33	.57	.50	1.00
stddev		1.02	1.23	1.45	1.30

이를 분석하면, $\beta_{31.2} = p_{31} = .398$, $\beta_{32.1} = p_{32} = .041$, $\beta_{41.23} = p_{41} = .009$, $\beta_{42.13} = p_{42} = .501$, $\beta_{43.12} = p_{43} = .416$을 얻는다. 다음은 [Input 3-6]을 실행한 결과 가운데 적합도 및 모수치를 제시한 것이다. 이처럼 자유도(df)가 0인 모델을 **적정식별모델(just-identified model)** 또는 **포화모델(saturation model)**이라 한다.

Output 3-6 ••• 경로모델의 적합도 및 모수치

CMIN

Model	NPAR	CMIN	DF	P	CMIN/DF
Default model	10	.000	0		

Regression Weights: (Group number 1 - Default model)

			Estimate	S.E.	C.R.	P
AM	<---	SES	.566	.079	7.201	***
AM	<---	IQ	.048	.065	.736	.462
GPA	<---	SES	.012	.059	.197	.844
GPA	<---	IQ	.529	.046	11.628	***
GPA	<---	AM	.373	.040	9.240	***

Standardized Regression Weights:

			Estimate
AM	<---	SES	.398
AM	<---	IQ	.041
GPA	<---	SES	.009
GPA	<---	IQ	.501
GPA	<---	AM	.416

Matrices

Standardized Total Effects

	IQ	SES	AM
AM	.041	.398	.000
GPA	.518	.175	.416

AM이 GPA에 미치는 표준화 직접효과는 .416이다. 이 변수 사이의 상관(.50)의 나머지(0.084)는 SES와 IQ를 공통의 원인으로 갖고 있으므로 **의사상관(spurious correlation)**이 된다.

내생변수에 대한 변수의 효과를 결정하기 위해서는 총효과를 사용해야 한다. 직접효과만을 사용하면 잘못된 결론을 내릴 수 있다. 왜냐하면 **경로계수(path coefficient)**는 내생변수에 영향을 미치는 모든 변수를 통제하면서 계산되기 때문이다. 즉 내생변수에 대한 변수의 효과를 매개하는 변수는 직접효과를 계산할 때 통제된다. 예를 들어, SES가 GPA에 미치는 직접효과가 계산될 때 AM은 통제된다. SES가 GPA에 미치는 효과를 결정하기 위해서는 간접효과를 고려해야 한다.

위의 예에서, IQ, SES, AM 등이 GPA에 미치는 표준화 총효과는 .518, .175, .416이다. 따라서 IQ가 GPA에 가장 큰 영향을 미치고, 그 다음 AM, SES 순이라고 할 수 있다. 또한 SES가 GPA에 미치는 영향은 IQ나 AM의 효과에 비해 상대적으로 작다고 할 수 있다.

한편, [Input 3-6]의 모델에서 SES가 GPA에 미치는 표준화 직접효과 및 IQ가 AM에

미치는 표준화 직접효과는 각각 .009, .041로 작고 유의적이지 않다. 따라서 이들 두 개의 경로를 제거하기로 한다. 이러한 모델이 [Input 3-6-1]이다.

Input 3-6-1 ••• **경로모델의 예**

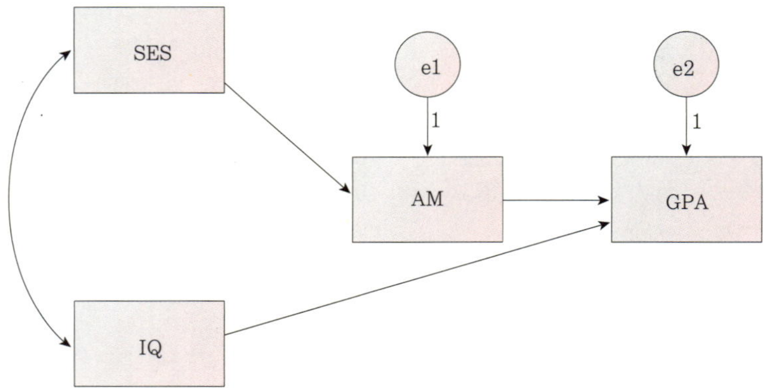

이를 실행하면 자유도(df)=2의 적합도를 얻는다. 이처럼 자유도가 0 이상인 모델을 **과대식별모델(over-identified model)**이라 한다.

Output 3-6-1 ••• **과대식별모델의 적합도 및 모수치**

CMIN

Model	NPAR	CMIN	DF	P	CMIN/DF
Default model	8	.580	2	.748	.290

Regression Weights: (Group number 1 - Default model)

			Estimate	S.E.	C.R.	P
AM	<---	SES	.583	.075	7.773	***
GPA	<---	IQ	.531	.044	12.160	***
GPA	<---	AM	.376	.037	10.145	***

4.2 경로모델: 예 2

Kline(2005)에 제시된 경로모델을 학습하기로 한다. [Input 3-7]은 질병에 관한 경로모델을 나타낸 것이다.

Input 3-7 질병에 관한 경로모델

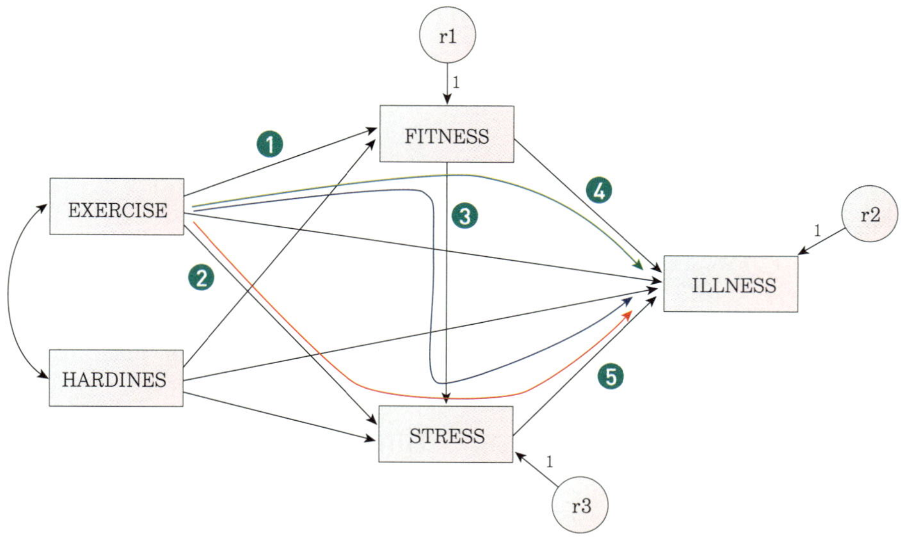

[Input 3-7]을 실행하면 자유도가 0인 **적정식별모델(just-identified model)** 또는 **포화모델(saturated model)**을 얻는다.

Output 3-7 질병에 관한 경로모델의 적합도 및 모수치

Model	NPAR	CMIN	DF	P	CMIN/DF
Default model	15	.000	0		

Regression Weights:

			Estimate	S.E.	C.R.	P
FITNESS	<---	EXERCISE	❶ .217	.026	8.249	***
FITNESS	<---	HARDINES	.079	.046	1.719	.086
STRESS	<---	HARDINES	-.393	.089	-4.427	***
STRESS	<---	EXERCISE	❷ -.014	.055	-.261	.794
STRESS	<---	FITNESS	❸ -.198	.099	-1.993	.046
ILLNESS	<---	EXERCISE	.032	.048	.663	.507
ILLNESS	<---	FITNESS	❹ -.442	.087	-5.067	***
ILLNESS	<---	HARDINES	-.121	.079	-1.530	.126
ILLNESS	<---	STRESS	❺ .271	.045	6.000	***

위의 모수치는 직접효과의 비표준화계수이다. exercise가 fitness에 주는 직접효과의 비표준화계수는 .217로 나타났는데, 이는 hardiness를 통제할 때 exercise에서 1포인트 증가가 fitness에서 .217 증가를 가져옴을 의미한다. 이 직접효과의 표준오차=.026, C.R. =8.249로 p=0.001 수준에서 유의적인 것으로 나타났다.

경로분석에서의 **총효과(total effect)**는 **간접효과(indirect effect)**와 **직접효과(direct effect)**의 합에 의해 얻어진다. [Output 3-7]은 ❶ 총효과, ❷ 표준화 총효과, ❸ 직접효과, ❹ 표준화 직접효과, ❺ 간접효과, ❻ 표준화 간접효과를 제시한 것이다.

Output 3-7 ••• 질병에 관한 경로모델의 효과계수

❶ Total Effects (Group number 1 - Default model)

	HARDINES	EXERCISE	FITNESS	STRESS
FITNESS	.079	.217	.000	.000
STRESS	-.409	-.057	-.198	.000
ILLNESS	-.267	-.080	-.496	.271

❷ Standardized Total Effects (Group number 1 - Default model)

	HARDINES	EXERCISE	FITNESS	STRESS
FITNESS	.082	.392	.000	.000
STRESS	-.232	-.057	-.109	.000
ILLNESS	-.163	-.085	-.292	.291

❸ Direct Effects (Group number 1 - Default model)

	HARDINES	EXERCISE	FITNESS	STRESS
FITNESS	.079	.217	.000	.000
STRESS	-.393	-.014	-.198	.000
ILLNESS	-.121	.032	-.442	.271

❹ Standardized Direct Effects (Group number 1 - Default model)

	HARDINES	EXERCISE	FITNESS	STRESS
FITNESS	.082	.392	.000	.000
STRESS	-.223	-.014	-.109	.000
ILLNESS	-.074	.034	-.260	.291

❺ Indirect Effects (Group number 1 - Default model)

	HARDINES	EXERCISE	FITNESS	STRESS
FITNESS	.000	.000	.000	.000
STRESS	-.016	-.043	.000	.000
ILLNESS	-.146	-.112	-.054	.000

❻ Standardized Indirect Effects (Group number 1 - Default model)

	HARDINES	EXERCISE	FITNESS	STRESS
FITNESS	.000	.000	.000	.000
STRESS	-.009	-.043	.000	.000
ILLNESS	-.089	-.119	-.032	.000

illness에 영향을 주는 크기는 fitness(-.292), stress(.291), hardines(-.163), exercise(-.085) 순으로 나타났다(표준화 총효과). hardines, exercise, fitness는 illness에 부적(-)인 영향을 주고, stress는 illness에 정적(+)인 영향을 주는 것으로 나타났다.

Amos에서 보고되는 간접효과는 총간접효과(total indirect effect)이다. 즉 [Output 3-7]에서 exercise → illness에 주는 간접효과는 -.112로 나타나는데, 이는 exercise → fitness → illness의 간접효과(exercise → fitness의 직접효과=.217과 fitness → illness의 직접효과=-.442의 곱(.217×-.442=-.096), exercise → stress → illness의 간접효과(exercise → stress의 직접효과=-.014와 stress → illness의 직접효과=.271의 곱(-.014×.271=-.004), 그리고 exercise → fitness → stress → illness의 간접효과(exercise → fitness의 직접효과=.217, fitness → stress의 직접효과=-.198, stress → illness의 직접효과 =.271의 곱(.217×-.198×.271=-.012)을 합친 것이다. 즉 총간접효과 -.112=(-.096)+(-.004)+(-.012)에 의해 계산된다. 이를 정리하면 [표 3-1]과 같다.

표 3-1 exercise가 illness에 주는 총간접효과

경로	직접효과	간접효과	총간접효과
exercise → fitness	.217	❶.217×❹-.442=-.096	(-.096)+(-.004)+(-.012) =-.112
fitness → illness	-.442		
exercise → stress	-.014	❷-.014×❺.271=-.004	
stress → illness	.271		
exercise → fitness	.217	❶.217×❸-.198×❺.271 =-.012	
fitness → stress	-.198		
stress → illness	.271		

Amos는 exercise와 hardines와 같이 다른 변수들에 대해 여러 개의 간접효과를 가지는 변수들의 특정간접효과의 표준오차를 계산하지 않는다. 따라서 통계적 유의도를 직접 검정할 수 없다. Amos에서 간접효과의 통계적 유의도를 검정하기 위해 **붓스트래핑(bootstrapping)**을 한다.

1) 붓스트래핑(bootstrapping)의 종류

붓스트래핑에는 비모수 붓스트래핑과 모수 붓스트래핑이 있다.

(1) 비모수 붓스트래핑(nonparametric bootstrapping)

이 방법은 일반적으로 표본분포와 모집단분포의 모양이 비슷하다고 가정한다. 이 방법은 연구자가 수집한 표본을 의사모집단(pseudo-population)으로 간주하고, 붓스트랩 표본은 원자료로부터 무작위로 복원(replacement) 추출한다. 따라서 ① 동일한 사례가 여

러 번 추출될 수 있고, ② 표본을 구성하는 사례들이 표본에 따라 조금씩 다를 수 있다. 이 과정을 여러 번 반복함으로써 모집단으로부터 많은 표본을 만든다. 이 방법은 정규성 가정을 요구하지 않는다. 이 방법은 원자료가 있어야 하며, 행렬요약자료인 경우 사용할 수 없다.

Amos에서 [Analysis Properties]의 [Bootstrap] 탭에서 [Monte Carlo(parametric bootstrap)]을 체크하지 않으면 비모수 붓스트래핑을 한다는 뜻이다.

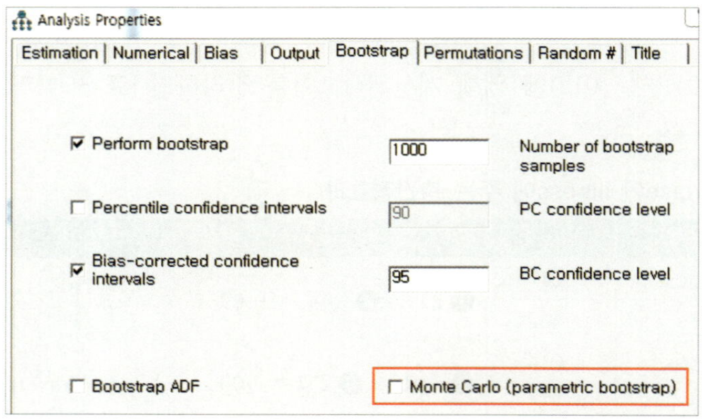

(2) 모수 붓스트래핑(parametric bootstrapping)

이 방법은 연구자가 설정한 확률밀도함수로부터 임의로 표본을 추출하기 때문에 원자료와 행렬요약자료 모두 사용할 수 있다. 이 방법은 특정 추정량의 시뮬레이션 연구에 사용되는 **몬테카를로(Monte Carlo)분석**의 일종이다.

Amos에서 [Analysis Properties]의 [Bootstrap] 탭에서 [Monte Carlo(parametric bootstrap)]을 체크하면 모수 붓스트래핑을 한다는 뜻이다.

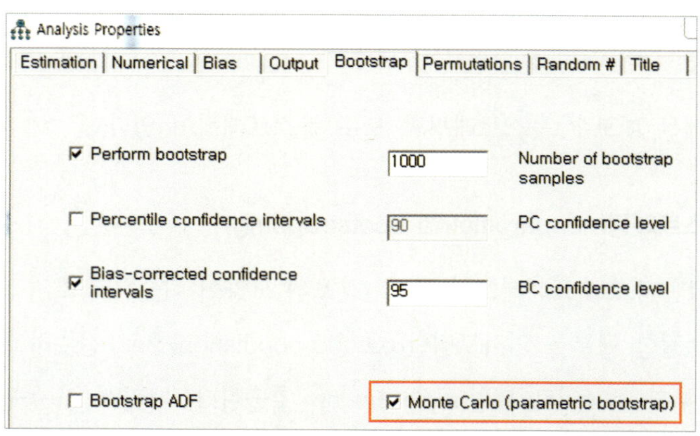

이하에서 exercise가 illness에 주는 간접효과를 예로 들어 붓스트래핑에 의한 간접효과의 통계적 유의도 검정에 대해 살펴보기로 한다.

1 분석속성 아이콘()을 클릭하여 나타나는 [Analysis Properties]의 [Bootstrap] 탭에서 다음과 같이 한다. [Perform bootstrap]를 체크하고 [Number of bootstrap samples]는 1000으로 한다. 이 숫자는 클수록 정확한 값을 얻는다.

2 [Bias-corrected confidence intervals]는 95% 신뢰수준으로 한다.

3 [Monte Carlo(parametric bootstrap)]를 체크한다. 이는 원자료가 아닌 행렬요약인 경우에 된다. **즉 행렬요약인 경우에는 모수 붓스트래핑만 가능하다.** 원자료인 경우에는 이를 체크해도 되고 하지 않아도 된다. **즉 원자료인 경우에는 비모수 붓스트래핑과 모수 붓스트래핑 모두 가능하다.**

4 [Bootstrap ML]을 체크한다. Amos에서 이것이 디폴트이기 때문에 따로 체크하지 않아도 된다.

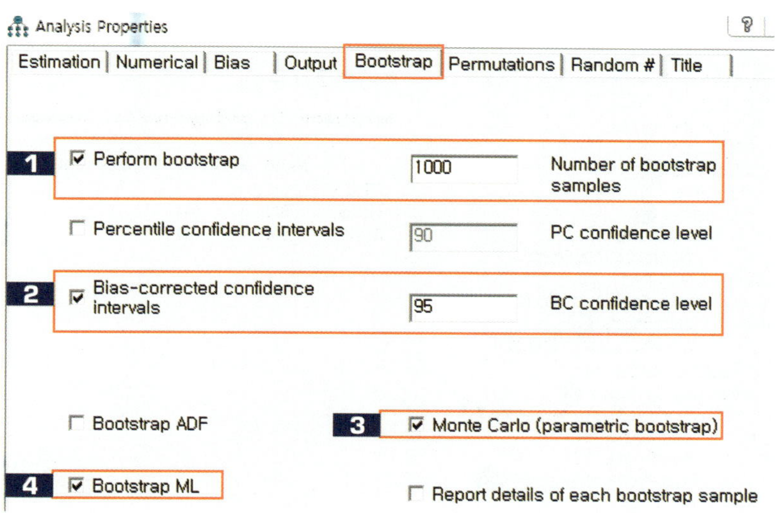

5 [Output] 탭에서 [Indirect, direct & total effects]와 [Standardized estimates]를 체크한다.

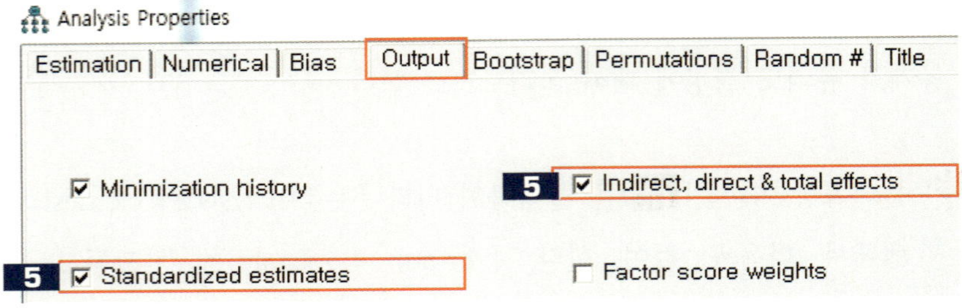

6 ⁘ 이를 실행한다.

7 ⁘ 출력을 보기 위해 텍스트보기 아이콘( )을 클릭한다. 붓스트랩 결과를 보기 위해서는 ❶ [Estimates] → ❷ [Matrices] → ❸ [Indirect Effects]을 클릭하면, 밑에 있는 [Estimates/Bootstrap]이 활성화된다. ❹ [Bootstrap Confidence] → ❺ [Bias-corrected percentile method] → ❻ [Two-tailed significance]를 클릭하면 유의도를 볼 수 있다. exercise가 illness에 주는 간접효과는 .001 수준에서 유의적인 것으로 나타났다.

Output 3-7 ••• 질병에 관한 경로모델의 붓스트래핑 결과

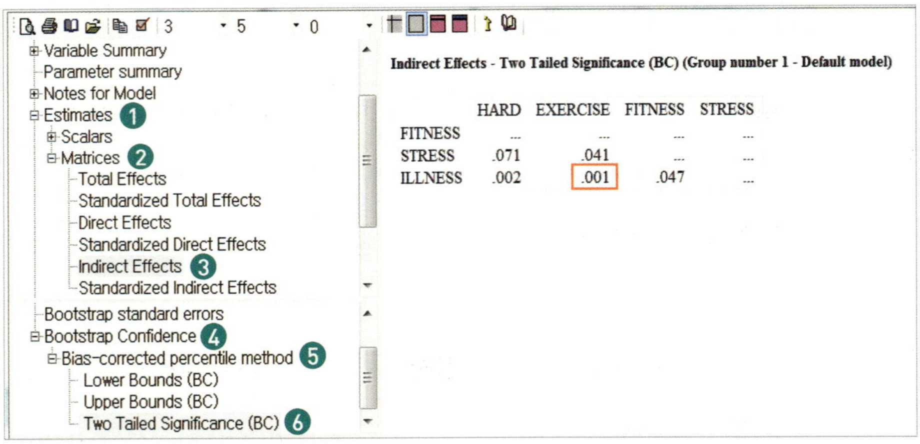

한편, exercise가 illness에 주는 간접효과는 fitness를 통한 간접효과(−.096), stress를 통한 간접효과(−.004), 그리고 fitness와 stress를 통한 간접효과(−.012)의 합으로 구성되어 있는데, Amos에서는 이를 구분하지 않는다. 이처럼 특정 경로를 통한 간접효과를 **특정간접효과(specific indirect effect)**라 한다.

Amos에서는 특정간접효과를 직접 보고하지는 않지만, **팬텀변수(phantom variable)**를

이용하여 추정하면 특정간접효과를 얻을 수 있고, 이에 대한 통계적 유의도도 붓스트래핑을 하면 얻을 수 있다. 이에 대해서는 제13장과 제14장에서 자세히 살펴보기로 한다.

4.3 효과분해

효과분해(effect decomposition)란 총효과를 직접효과와 간접효과로 나누는 것을 의미한다. 효과분해를 통해 외생변수가 최종 내생변수에 미치는 상대적 효과를 파악할 수 있다. [Input 3-7] 분석을 통해 얻은 결과를 토대로 다음과 같은 **효과분해표(effect decomposition table)**를 작성할 수 있다.

표 3-2 효과분해표

총효과			직접효과			간접효과			총간접효과	
경로	B	β	경로	B	β	경로	B	β	B	β
exercise → illness	−.080	−.085	exercise → illness	.032	.034	exercise → fitness → illness	−.096**	−.102	−.112**	−.119**
						exercise → fitness → stress → illness	−.012	−.012		
						exercise → stress → illness	−.004	−.004		
hardines → illness	−.267*	−.163	hardines → illness	−.121	−.074	hardines → fitness → illness	−.035	−.021	−.146**	−.089**
						hardines → fitness → stress → illness	−.005	−.003		
						hardines → stress → illness	−.107	−.065		

* $p < .05$, ** $p < .01$ B: 비표준화계수, β: 표준화계수

효과분해를 통해 알 수 있듯, exercise는 illness에 영향을 주지 않고, hardines는 illness에 부적(−)으로 영향을 주는 것으로 나타났다.

CHAPTER 4

모델구축 및 경로도 작성

1. 모델개념화 및 경로도 작성
2. 본서의 주된 연구모델
3. 다차원개념의 모델구축
4. 비재귀모델

CHAPTER 4

모델구축 및 경로도 작성

저자는 SEM의 분석단계를 [그림 4-1]과 같이 제시하고자 한다. 이하에서 이들 분석단계에 대해 개괄적으로 살펴보기로 한다.

먼저, 연구자가 관심을 갖고 있는 현상과 관련된 변수들 간의 관계를 개념화한 후, 연구모델을 만들고 이를 경로도에 나타낸다. 다음, 연구모델을 검정하기 위해 자료를 수집하고 자료점검을 통해 자료에 문제가 없는지 확인한다.

그림 4-1 SEM의 분석단계

그 다음, 자료와 모델 간의 적합성을 검정하기 위해 Amos에 의해 모델설정을 한다. 설정된 모델을 분석하면, Amos는 모델식별과 모델추정을 통해 모수치와 적합도를 보고한다.

출력을 토대로 모델적합도를 평가한다. 모델적합도를 토대로 모델수정 여부를 결정한다. 모델적합도가 수용할 만한 수준이라면 최종모델로 선정하고, 적합도가 수용할 만한 수준이 아니라면 모델수정을 한 다음 최종모델을 선정한다.

1. 모델개념화 및 경로도 작성

1.1 모델개념화

SEM 분석에서 가장 중요한 요소는 모델개념화이다. 모델개념화(model conceptualization)는 모델에 포함되는 잠재변수가 적절해야 하고 그들 간의 관계가 올바르게 연결되어야 하고, 잠재변수를 측정하기 위한 관측변수들도 올바르게 측정되어야 함을 의미한다. 이러한 조건이 충족되지 않으면, SEM 분석 결과는 좋지 않게 나타날 가능성이 크다. 따라서 SEM 분석을 위해 연구자는 모델개념화에 많은 시간을 투자해야 한다.

연구자는 관심을 갖고 있는 현상에 어떤 개념을 포함할 것인가, 그리고 그들 간에 어떠한 관계가 있을 것인가를 하나의 틀로 구축해야 한다. 이를 개념적 틀이라 한다. **개념적 틀(conceptual framework)**은 연구문제와 관련된 개념(잠재변수)들 간의 관계를 체계적으로 도식화시켜 놓은 것이다. 이러한 개념적 틀을 통해 연구가설을 도출할 수 있다. 개념적 틀은 **연구모델(research model)** 또는 **개념적 모델(conceptual model)**이라고도 한다.

연구자가 [그림 4-2]와 같은 개념적 틀을 구축하였다고 가정한다. 개념 간에 화살표로 연결된 관계를 가정할 수 있고, 이들 **경로(path)** 간의 관계를 **가설(hypothesis)**로 설정할 수 있다. 따라서 [그림 4-2]는 6개의 가설이 있는 연구모델이라 할 수 있다.

그림 4-2 개념적 틀의 예

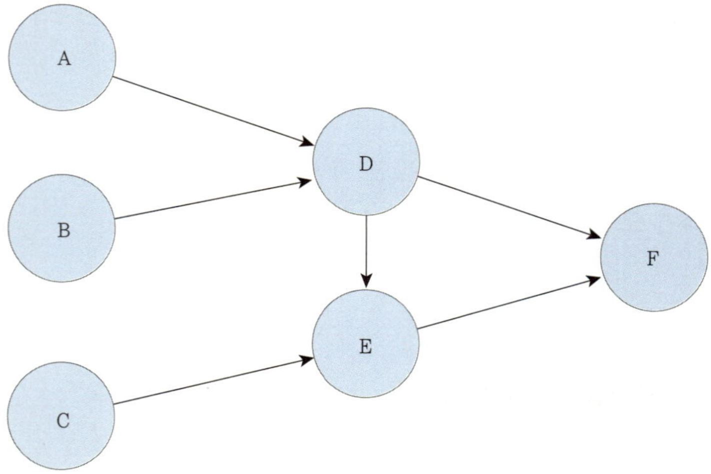

1) 변수의 종류

연구모델에 포함되는 변수는 독립변수, 종속변수, 조절변수 및 매개변수 등이 있다. 연구모델에 이들 변수가 모두 포함될 수 있고, 그렇지 않을 수 있다.

(1) 독립변수와 종속변수

연구자는 변수 간의 관계에 대해 관심을 갖는다. 변수 간의 관계에서 **독립변수(independent variable)**는 다른 변수에 영향을 주는 변수이고, **종속변수(dependent variable)**는 다른 변수로부터 영향을 받는 변수이다.

[그림 4-2]의 개념적 틀에서 독립변수에 해당하는 것은 A, B, C 등이고, 종속변수에 해당하는 것은 D, E, F이다. 그러나, 이 관계는 관련 변수가 어떻게 되느냐에 따라 달라진다. 즉, D와 E는 A, B, C와의 관계에서는 종속변수가 되지만, F와의 관계에서는 독립변수가 된다. SEM에서는 이러한 독립변수와 종속변수라는 명칭보다는 **외생변수(exogenous variable)**와 **내생변수(endogenous variable)**라는 용어를 보다 많이 사용한다. [그림 4-2]에서 A, B, C는 외생변수이고, D, E, F는 내생변수이다.

연구모델을 설계할 때 최종 종속변수(F)를 가장 잘 설명해 줄 수 있는 변수들이 포함되도록 해야 한다. 연구목적은 최종 종속변수를 가장 잘 설명해 줄 수 있는 변수가 무엇인지, 그리고 그들 간에는 어떠한 관계가 있는지를 알고자 하는 데 있다.

(2) 조절변수

조절변수(moderating variable, moderator)란 독립변수와 종속변수와의 관계에서 상황효과(contingent effect) 또는 조절효과(moderating effect)를 미칠 것으로 여겨지는 제2의 독립변수를 말한다. 다시 말해, 종속변수와 독립변수와의 관계가 조절변수에 따라 크기(strength)와 방향(direction)이 달라지는 것을 말한다.

예를 들어, 주5일 근무제를 실시하면 생산성이 높아질 것인가를 연구한다고 할 때, 사원의 연령에 따라 그 효과는 달라질 것으로 예측할 수 있다. 즉 젊은 사원과 나이가 든 사원 간에는 일을 열심히 하고자 하는 의욕에서 차이가 있을 수 있다. 이러한 경우 사원의 연령은 조절변수가 된다. 이를 그림으로 나타내면 [그림 4-3]과 같다.

그림 4-3 조절변수의 예

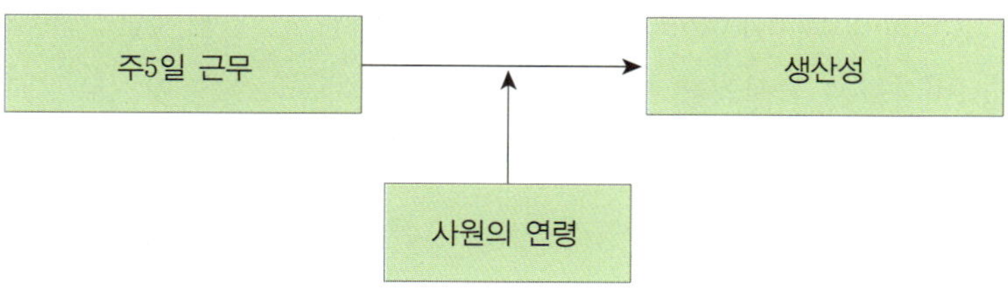

(3) 매개변수

매개변수(mediating variable, mediator)는 독립변수와 종속변수 간의 관계를 설명하는 데 개입되는 변수이다. 종속변수와 독립변수 간의 관계를 직접적으로 설명하기보다는 이들 변수 간에 새로운 변수를 개입시켜 설명하는 것이 종속변수와 독립변수 간의 관계를 보다 더 잘 설명할 수 있을 것으로 예측되는 변수를 매개변수라 한다. 즉, 독립변수와 종속변수의 사이에서 독립변수의 결과인 동시에 종속변수의 원인이 되는 변수가 매개변수이다.

예를 들어, 주5일 근무와 생산성 간의 관계에서 주5일 근무가 생산성에 직접 영향을 미친다기보다는 직무만족을 경유해서 영향을 미치는 것으로 가정할 수 있다. 이 경우 직무만족은 매개변수가 된다. 이를 나타내면 [그림 4-4]와 같다.

그림 4-4 매개변수의 예

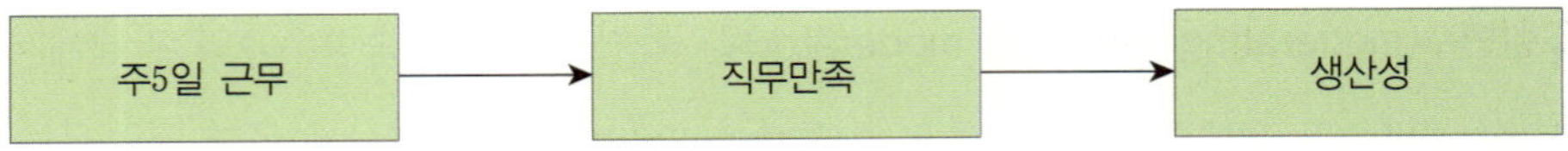

2) 가설 설정

(1) 가설의 종류

가설(hypothesis)은 '둘 또는 그 이상의 변수들 간의 관계에 대한 잠정적 진술'이다. 가설은 기술형 가설과 관계형 가설로 나눌 수 있다. **기술형 가설(descriptive hypothesis)**은 변수의 분포, 형태 및 크기 등에 관한 진술이다. 예를 들면, '실업률이 3%를 넘을 것이다'는 기술형 가설이다.

관계형 가설(relational hypothesis)은 두 변수 사이의 관계에 대한 기술을 포함한다. 예를 들어, '소비자들은 국산차에 비해 외제차의 품질이 더 좋은 것으로 지각할 것이다'라는 가설은 관계형 가설이다. SEM에 포함되는 가설은 모두 관계형 가설이다.

변수 간의 관계는 상관관계와 인과관계로 나눌 수 있다. **상관관계(correlational relationship)**는 두 변수들이 예측된 방향에서 발생하는가에 관한 것이다. **인과관계(causal relationship)**는 두 변수 간에 원인과 결과의 관계가 있는 것을 말한다. 즉, 한 변수의 변화가 다른 변수에 대해 효과를 미치는 것을 말한다. 인과관계를 갖는 가설을 **인과가설(causal hypothesis)**이라 한다. 예를 들면, '가족의 소득이 증가하면 저축액이 증가할 것이다'는 인과가설의 한 예이다.

관계형 가설은 두 변수 간에 관계에 대해 방향을 포함하고 있느냐에 따라 방향성 가설과 무방향성 가설로 나뉜다. **방향성 가설(directional hypothesis)**은 두 변수 간의 관계에 대해 '더 많이 또는 더 적게' 혹은 '긍정적 또는 부정적'인 것처럼 방향이 제시된 가설을 말한다. 예를 들면, '서비스 품질이 높아질수록 고객만족은 높아질 것이다', '기업의 시장지향성이 높을수록 기업의 성과는 좋아질 것이다'는 방향성 가설에 해당된다.

무방향성 가설(nondirectional hypothesis)은 두 변수 간의 관계에 대한 방향이 명확히 제시되어 있지 않은 가설을 말한다. 예를 들면, '서비스 품질은 고객만족에 영향을 미친다', '판매원의 직무스트레스는 판매성과와 관계가 있다' 등을 들 수 있다. 무방향성 가설은 선행연구에서 그 관계가 탐구된 적이 없거나 탐구된 적이 있다 하더라도 상충되는 연구결과가 나타난 경우에 세울 수 있다.

(2) 가설 설정 시 유의할 점

가설을 세울 때 가설은 **동의반복적(tautological)**이어서는 안 된다는 점에 유의한다. 가설은 서로 다른 두 개념이나 변수 간의 관계를 나타낸 것이다. 이러한 면에서 연구모델에 포함된 개념들이 서로 다른 개념인가를 밝혀야 하는데, 이 부분에서 **판별타당도(discriminant validity)** 평가가 그 역할을 한다. 연구에서 개념들의 판별타당도를 평가하는 이유는 바로 그들 개념이 서로 다른 것임을 주장하기 위해서이다.

[그림 4-5]에서 보는 바와 같이, 'A이면 A일 것이다'는 동의반복적인 성격을 갖기 때문에 가설로 적절하지 않다. 'A이면 B일 것이다'와 같이 서로 다른 개념 간의 관계를 가설로 설정해야 한다. 예를 들어, '돈이 많으면 부자일 것이다'는 동의반복적인 가설이고, '돈이 많으면 행복할 것이다'는 동의반복적이 아닌 가설이다.

그림 4-5 가설의 조건

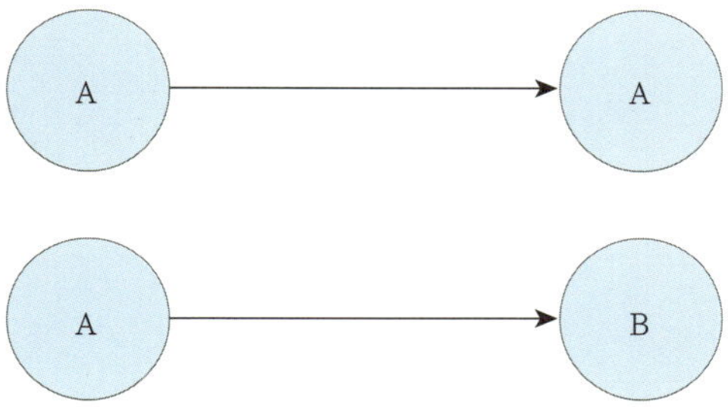

1.2 모델개념화 시 고려사항: Occam's razor

모델개념화를 할 때 고려할 사항은 ① 잠재변수 간의 가설적 관계를 설정하는 문제(구조모델의 설정), ② 잠재변수의 측정을 위한 관측변수의 설정 문제(측정모델의 설정)가 있다.

1) 구조모델의 설정과 관련된 문제

구조모델의 설정은 검정하고자 하는 개념적 틀을 어떻게 세울 것인가의 문제이다. 구조모델을 설정할 때, 외생잠재변수와 내생잠재변수를 구분해야 한다. **외생잠재변수(exogenous latent variable)** 또는 **외생변수(exogenous variable)**는 항상 독립변수로서 모델 내의 다른 변수에 의해 방향적 영향을 받지 않는 변수이다. **내생잠재변수**

(endogenous latent variable) 또는 **내생변수**(endogenous variable)는 모델 내의 다른 변수에 의해 방향적 영향을 받는 변수이다.

내생변수는 종속변수로 작용하지만, 때로는 다른 내생변수에 영향을 주는 독립변수로도 작용한다. 내생변수는 일반적으로 다른 변수에 의해 완벽하게 설명될 수 없기 때문에 오차가 영향을 미치는 것으로 가정된다. 이 오차를 **구조오차**(structural error) 또는 **잔차**(residual)라 한다.

내생변수와 외생변수를 구분하였다면, ① 내생변수의 순서, ② 외생변수와 내생변수 사이의 관계의 방향(+, −)을 결정한다. 이러한 결정은 이론적 근거나 경험적 근거 등을 토대로 이루어져야 한다.

(1) 모델개념화의 예: 판매원의 OCB모델

모델개념화에 대해, Netemeyer 등(1997)이 제안한 '판매원의 OCB모델'을 예로 들어 살펴보기로 한다. [그림 4-6]은 Netemeyer 등이 제안한 OCB모델을 나타낸 것이다.

그림 4-6 OCB모델

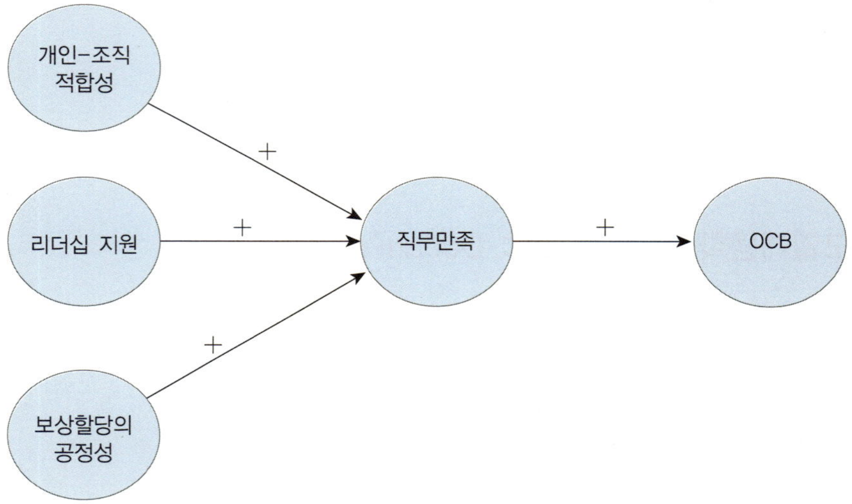

조직시민행동(organizational citizenship behavior: OCB)은 '조직구성원의 재량적인 행동으로서 공식적으로는 보상되지 않으나 정해진 규정 이상의 행동을 수행함으로써 조직이 효율적으로 기능하는 데 기여하는 행동'을 의미한다. OCB에 포함될 수 있는 개념으로는 '시간외 근무', '구성원을 돕는 행동', '규정 외의 업무를 자발적으로 수행하는 것',

'혁신적인 아이디어를 제공하는 것' 등이 있다.

Netemeyer 등은 판매원의 OCB에 영향을 미치는 변수를 가설화한 후 그들 간의 관계를 확인하고자 하였다. [그림 4-6]에서 볼 수 있듯이, 그들은 OCB에 영향을 미치는 직접적인 변수로 직무만족을 들었다. 즉 직무만족이 높으면 OCB가 높아질 것으로 예상하였다. 이러한 직무만족은 '개인-조직 적합성', '리더십 지원' 및 '보상할당의 공정성' 등에 의해 영향을 받는 것으로 가설화하였다. 즉 이들 3개의 외생변수가 직무만족에 직접적인 영향을 주고, 직무만족이 OCB에 직접적인 영향을 주는 것으로 가설화하였다. 따라서 직무만족은 OCB를 위한 매개변수의 역할을 하는 것으로 가설화하였다.

(2) 모델개념화의 예: 판매원의 고객지향성모델

모델개념화의 다른 예에 대해 살펴보기로 한다. 세 개의 외생변수와 두 개의 내생변수를 갖는 개념적 모델을 고려해 보기로 한다. 개념적 모델은 영업사원들의 '직무만족'(자기 직무에 대해 얼마나 만족을 느끼는지)과 '고객지향성'(고객의 문제를 해결하는 것을 어느 정도 중요하게 생각하는지)에 관심이 있다고 가정한다. 내생변수인 직무만족과 고객지향성은 세 개의 외생변수인 '역할모호성'(판매원이 직무역할에 대해 명백히 아는 정도), '역할갈등'(직무가 요구하는 것에 대해 갈등을 경험한 정도) 및 '시장지향성'(조직이 마케팅 컨셉을 수행하고 있는 정도)에 의해 영향을 받는 것으로 가설화되었다.

이를 좀 더 구체적으로 살펴보면, 역할모호성과 역할갈등이 직무만족에 대해 직접적이고 부정적인 영향을 미치는 것으로 가설화되었다. 역할갈등은 고객지향성에 직접적이고 부정적인 영향을 미치는 것으로 가설화되었고, 시장지향성은 고객지향성에 직접적이고 긍정적인 영향을 미치는 것으로 가설화되었다. 마지막으로, 직무만족은 고객지향성에 대해 긍정적이고 직접적인 영향을 미치는 것으로 가설화되었다. 역할모호성은 고객지향성에 직접적인 영향을 주지 않고, 시장지향성도 직무만족에 직접적인 영향을 주지 않는 것으로 가설화되었다. 이들 간의 관계를 나타낸 것이 [그림 4-7]이다.

[그림 4-7]에서 볼 수 있듯, 내생변수인 직무만족과 고객지향성 간에 상호관계가 가정되어 있지 않다. 이러한 모델을 **재귀모델(recursive model)**이라 한다. 재귀모델은 내생변수들 간의 관계가 한 방향으로만 이루어져 있기 때문에 **일방모델(unidirectional model)**이라고도 한다.

그림 4-7 판매원의 고객지향성모델: 재귀모델

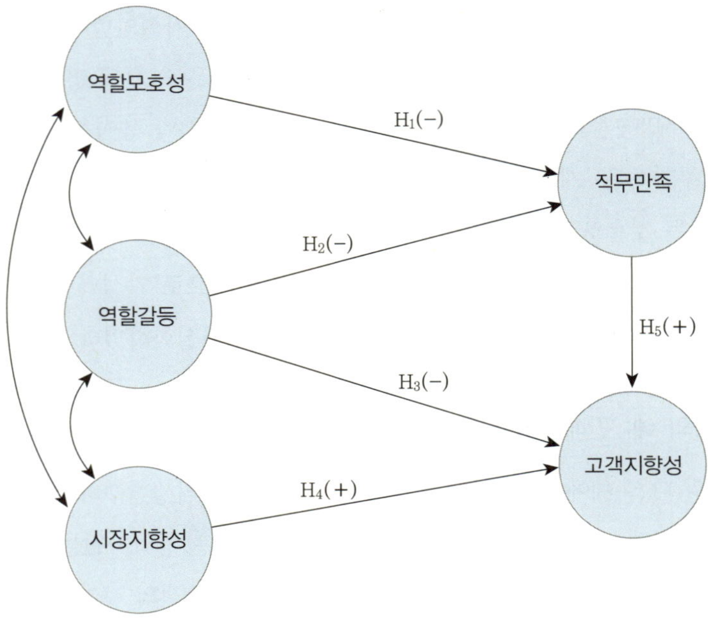

구조모델에서 각각의 일방향 화살표는 이론에 기초한 가설을 의미한다. 따라서 [그림 4-7] 모델은 다음과 같은 다섯 개의 가설을 갖고 있다.

H_1: 역할모호성은 직무만족에 부적(−)인 영향을 미칠 것이다.
(또는 역할모호성이 증가하면 직무만족은 감소할 것이다)

H_2: 역할갈등은 직무만족에 부적(−)인 영향을 미칠 것이다.
(또는 역할갈등이 증가하면 직무만족은 감소할 것이다)

H_3: 역할갈등은 고객지향성에 부적(−)인 영향을 미칠 것이다.
(또는 역할갈등이 증가하면 고객지향성은 감소할 것이다)

H_4: 시장지향성은 고객지향성에 정적(+)인 영향을 미칠 것이다.
(또는 시장지향성이 증가할수록 고객지향성은 증가할 것이다)

H_5: 직무만족은 고객지향성에 정적(+)인 영향을 미칠 것이다.
(또는 직무만족이 증가할수록 고객지향성은 증가할 것이다)

이들 가설은 방향성 가설이다. 따라서 유의성 검정을 할 때 단측검정을 한다. 구체적으로, 가설 1, 2, 3은 좌측검정을 하고, 가설 4, 5는 우측검정을 한다. 그러므로 $\alpha = .05$ 수준에서 검정통계량(C.R.)이 절대값 1.645보다 크면 유의적이라고 판단한다.

Amos는 두 내생변수가 서로 원인과 결과가 되는 상호관계를 가정한 **비재귀모델(non-recursive model)**을 추정할 수 있다. 비재귀모델은 **양방모델(bidirectional model)**이라고도 한다. 판매원모델에서 직무만족이 고객지향성에 영향을 줄 수 있고, 또한 고객지향성이 직무만족에 영향을 줄 수 있는 상호인과관계(reciprocal causation)가 가정된다면 이는 비재귀모델이 된다. [그림 4-8]은 비재귀모델을 나타낸 것이다.

그림 4-8 판매원의 고객지향성모델: 비재귀모델

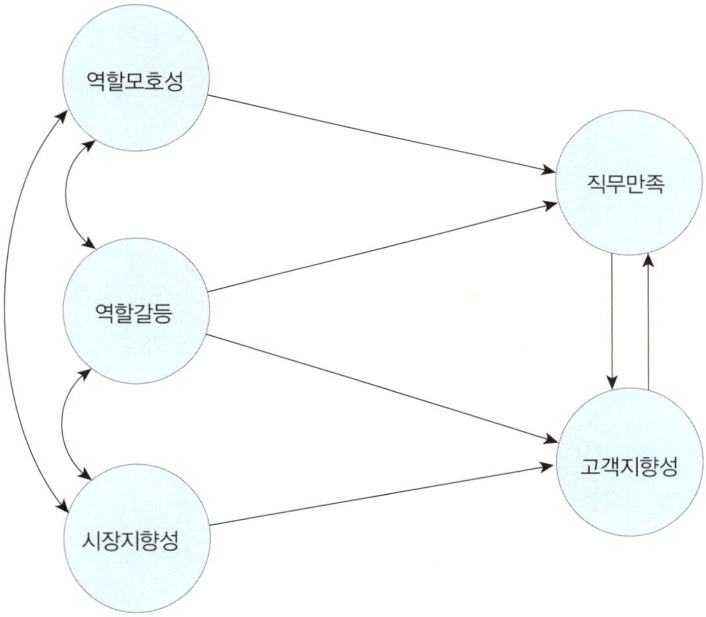

구조모델에서 외생변수와 내생변수 간의 관계 또는 내생변수 간의 관계를 **인과관계(causal relationship)**라 하며, 일방향 화살표로 표현된다. 외생변수 간의 관계를 **상관관계(correlational relationship)**라 하며, 양방향 화살표로 표현된다. 따라서 [그림 4-7] 모델은 다섯 개의 인과관계와 세 개의 상관관계를 갖는 모델이다.

구조모델에서 잠재변수 간에 화살표가 없는 것은 관계가 없음을 의미한다. 예를 들어, 역할모호성과 고객지향성 간에는 화살표가 없는데 이는 역할모호성은 고객지향성에 직접효과를 갖지 않고, 대신에 직무만족을 경유해 영향을 미치는 간접효과를 갖는 것으로

가설화되었음을 의미한다. 이 경우, 직무만족은 역할모호성이 고객지향성에 미치는 역할을 매개하기 때문에 매개변수가 된다.

모델을 개발하는 데 있어 연구자가 저지르기 쉬운 결정적인 실수는 핵심적인 잠재변수를 빠뜨리는 것이다. 중요한 변수가 생략되면 다른 변수의 중요성을 평가하는 데 있어 편의(bias)를 유발할 수 있다. **설정오차(specification error)**는 중요한 잠재변수가 포함되지 않았다든지, 내생변수 간의 관계가 잘못되었다든지, 또는 부적절한 관계가 포함되는 경우에 발생한다. 설정오차를 줄이기 위해서는 기존 연구에 대한 종합적인 검토가 필요하다.

2) 측정모델의 설정과 관련된 문제

측정모델의 설정과 관련된 문제를 살펴보기로 한다. 측정모델은 관측변수가 잠재변수에 어떠한 식으로 관련되어 있느냐의 문제이다. 측정모델을 설정할 때 다음과 같은 점들을 고려한다.

(1) 지표의 방향성

SEM은 관측변수가 잠재변수에 대해 반영지표로 작용하는 것으로 가정한다. **반영지표(reflective indicator)**란 잠재변수와 관측변수 간의 관계에서 화살표의 방향이 잠재변수로부터 관측변수로 향하는 것을 의미한다. [그림 4-9]는 반영지표모델의 예이다.

그림 4-9 반영지표모델

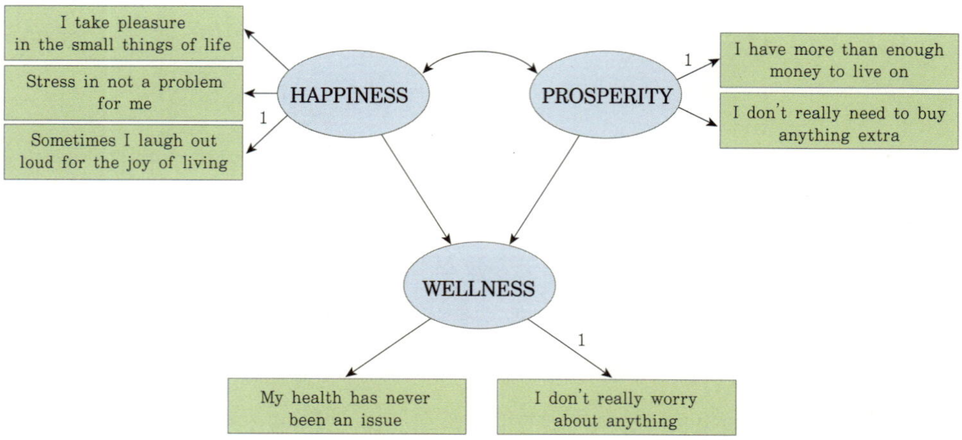

그림 4-10 조형지표모델

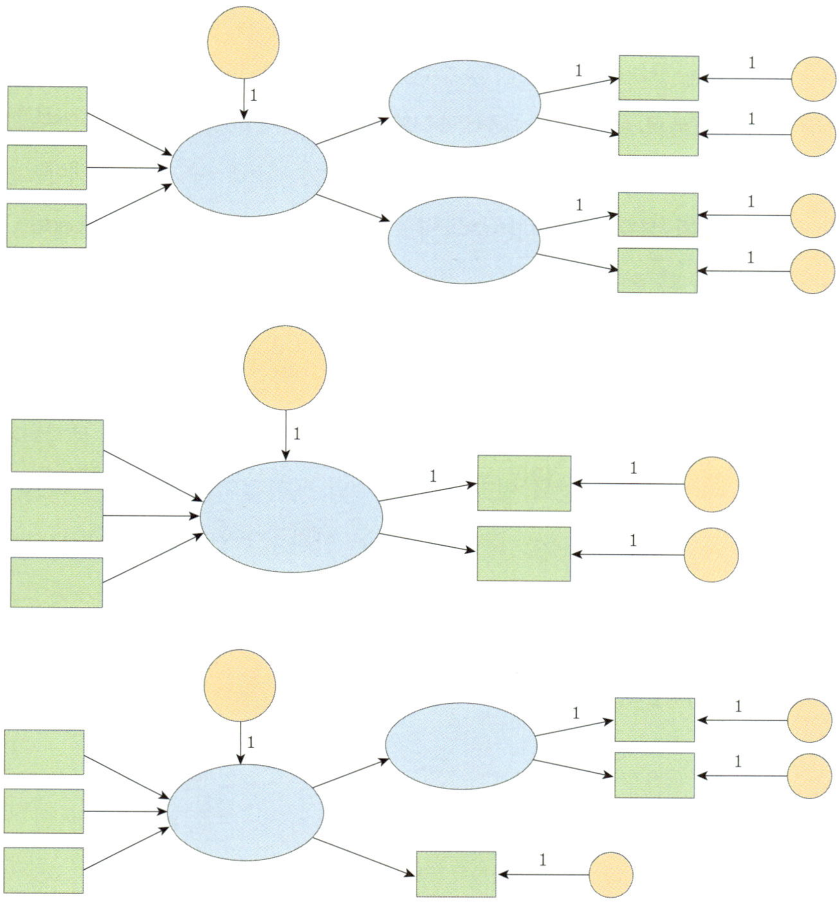

SEM은 대부분 반영지표모델을 가정하고 있으나, 이와 반대인 조형지표로 설정해야 하는 경우도 있다. **조형지표(formative indicator)**란 잠재변수와 관측변수 간의 관계에서 화살표의 방향이 관측변수로부터 잠재변수로 향하는 것을 의미한다. [그림 4-10]은 조형지표모델의 예이다.

Amos는 조형지표가 포함된 모델을 분석할 수 있으나, 모델설정 및 식별이 복잡해지기 때문에 SmartPLS나 RAMONA로 분석하는 것이 바람직하다. 반영지표와 조형지표에 대해서는 제10장에서 자세히 살펴보기로 한다.

(2) 지표의 수

잠재변수는 **다중지표(multiple indicator)**로 측정하는 것이 바람직하다. 잠재변수당 몇 개의 지표를 사용하는 것이 바람직한가의 문제가 제기된다. 잠재변수당 최소한 1개의 지표가 필요하지만, 이처럼 **단일지표(single indicator)**를 이용하는 경우에는 신뢰도 추정치를 제공해야 한다.

2개의 지표에 의해 잠재변수를 측정할 수 있지만, 최소한 3개 이상의 지표를 사용하는 것이 좋다. **일반적으로, 5~6개의 잠재변수에 대해 각각 3~4개의 지표를 갖는 모델이 가장 선호된다.**

모델에 포함되는 관측변수와 잠재변수의 수는 모델의 복잡성에 따라 달라진다. 모델이 복잡할수록 관측변수와 잠재변수의 수는 많아진다. 이렇게 모델이 복잡해지면 모델적합도가 떨어질 가능성이 높다. 또한 모델에 포함되는 변수의 수가 많을수록 그에 따라 요구되는 표본크기도 증가한다.

그렇다고 해서 모델의 **간명도(parsimony)**에 너무 신경을 쓰면 중요한 잠재변수를 빠뜨려 설정오차가 발생할 가능성이 있고, 잠재변수의 핵심적인 관측변수를 빠뜨려 측정의 질을 떨어뜨릴 가능성도 있다는 것을 인식해야 한다. 그러나, **가능하면 보다 적은 인과경로를 가진 개념들 간의 관계 또는 이론적 정당성을 갖는 개념들 간의 관계를 모델로 설정하는 것이 중요하다는 점을 기억해야 한다. 이러한 주장이 바로 오컴의 면도날(Occam's razor)이다. 모델의 생명력(또는 가치)은 간명도와 설명력을 모두 가진 것이어야 함을 기억하기 바란다.**

1.3 경로도 작성

개념적 틀을 구축하였다면, 이를 Amos를 이용하여 경로도에 나타내야 한다. **경로도(path diagram)**란 모델에 포함된 변수들 간의 관계를 그림으로 나타낸 것이다. 경로도는 모델에 포함된 가설구조를 쉽게 이해할 수 있도록 해주며, 생략된 관계를 찾아내는 데 도움을 준다.

경로도에서 **경로(path)**란 일방향 화살표로 연결된 것이다. 경로 간의 관계를 나타내는 계수를 **경로계수(path coefficient)**라 한다. 경로계수 가운데 측정모델과 관련된 경로계수를 **회귀계수(regression coefficient)** 또는 **요인적재량(factor loading)**이라 하고, 구조모델과 관련된 경로계수를 **구조계수(structural coefficient)**라 한다.

경로도를 작성할 때, 인과관계가 있는 관계는 모두 표시되어야 한다. 이론은 어떤 관계를 생략하거나 포함하는 것에 대한 근거가 된다. 그러므로 두 개념 간에 인과관계가 있는 정당성이 중요한 것처럼, 두 개념 간에 인과관계가 없는 정당성도 마찬가지로 중요하다.

2. 본서의 주된 연구모델

본서에 이용된 주된 연구모델은 '판매원의 고객지향성모델'과 '합리적 행동모델'이다. 이들 모델을 통해 SEM과 관련된 제반 사항을 학습하기로 한다.

2.1 판매원의 고객지향성모델

[Input 4-1]의 판매원의 고객지향성모델은 각각의 잠재변수가 반영지표로 설정된 최소한 2개 이상의 관측변수들에 의해 측정된 것으로 가정하였다. 모든 관측변수들은 계량척도(최소한 등간척도로 측정되었다고 가정)로 이루어져 있고, 입력자료로 공분산행렬을 이용하기로 한다. 표본크기는 306명이다.

Input 4-1 ••• 판매원의 고객지향성모델

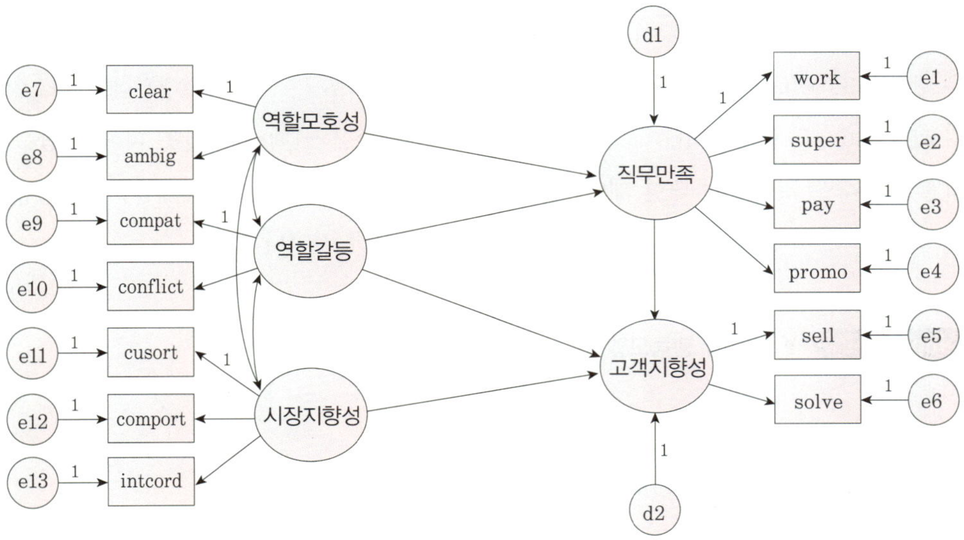

다음은 이 모델을 분석하기 위해 이용된 SPSS에 저장된 공분산행렬을 보인 것이다.

rowtype_	varname_	work	super	pay	promo	sell	solve	clear	ambig	compat	conflict	cusort	comport	intcord
n		3060...	306.000	306.000	306.000	306.000	306.000	306.000	306.000	306.000	306.000	306.000	306.000	306.000
cov	work	0.160	.	.	.	.	.	.	.	.	.	.	.	.
cov	super	0.089	0.372	.	.	.	.	.	.	.	.	.	.	.
cov	pay	0.123	0.157	0.491	.	.	.	.	.	.	.	.	.	.
cov	promo	0.138	0.249	0.272	0.915	.	.	.	.	.	.	.	.	.
cov	sell	0.227	0.378	0.439	0.532	1.681	.	.	.	.	.	.	.	.
cov	solve	0.149	0.221	0.306	0.317	0.950	0.899	.	.	.	.	.	.	.
cov	clear	-0.139	-0.236	-0.217	-0.211	-0.525	-0.290	1.013	.	.	.	.	.	.
cov	ambig	-0.168	-0.445	-0.351	-0.447	-0.939	-0.502	0.993	2.077	.	.	.	.	.
cov	compa	-0.161	-0.342	-0.209	-0.372	-0.721	-0.243	0.461	0.840	1.771	.	.	.	.
cov	confl	-0.168	-0.357	-0.177	-0.363	-0.753	-0.291	0.442	0.848	1.495	2.051	.	.	.
cov	cusor	0.190	0.309	0.285	0.353	0.918	0.569	-0.482	-0.837	-0.537	-0.526	1.353	.	.
cov	compo	0.167	0.294	0.336	0.450	0.764	0.434	-0.370	-0.708	-0.473	-0.489	0.786	1.237	.
cov	intco	0.168	0.291	0.228	0.372	0.708	0.431	-0.367	-0.658	-0.371	-0.399	0.823	0.715	1.086

2.2 합리적 행동모델

합리적 행동이론(theory of reasoned action)은 인간의 행동을 예측하기 위해 널리 쓰이는 모델이다. 합리적 행동이론은 인간의 행동을 예측하는 데 있어 가장 좋은 예측변인은 행동의도(behavioral intention)라고 가정한다. 행동의도는 ① 특정 행동에 대한 개인의 태도(attitude toward the act: Aact)와 ② 특정 행동을 실행하는 것을 다른 사람들이 어떻게 지각할 것인가에 대한 개인의 주관적규범(subjective norm: SN)에 의해 결정된다고 가정한다. [Input 4-2]는 합리적 행동모델을 나타낸 것이다.

Input 4-2 ••• 합리적 행동모델

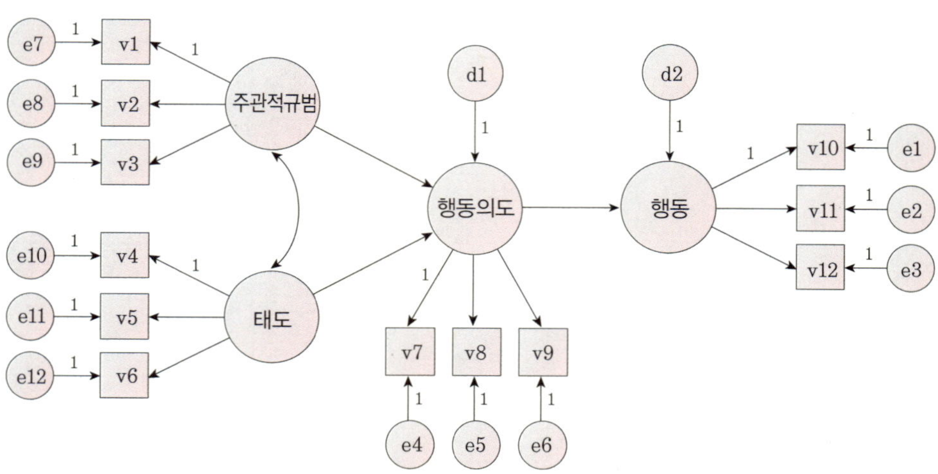

합리적 행동모델이 자료에 의해 잘 적합되는가를 알아보기 위해 691명을 대상으로 조사하였다고 가정한다. 잠재변수는 모두 Likert 7점 척도로 측정된 3개의 관측변수에 의해 측정되었다고 가정한다.

합리적 행동모델의 입력자료로 원자료를 이용하고, 원자료에는 결측치가 있는 것으로 가정한다. 결측치는 0으로 입력되었다. 예를 들어, 149번 응답자는 변수 2에 대해 응답을 하지 않았다. 다음은 합리적 행동모델의 원자료 가운데 일부를 제시한 것이다.

	v1	v2	v3	v4	v5	v6	v7	v8	v9	v10	v11	v12
142	4	4	4	4	3	4	4	5	4	3	3	4
143	5	4	5	4	4	4	5	5	6	5	5	4
144	5	5	4	3	3	3	3	4	5	4	4	4
145	6	6	5	5	5	5	4	5	5	6	6	6
146	3	4	4	4	4	3	4	4	3	3	4	4
147	5	3	4	4	5	5	5	6	5	6	5	5
148	5	5	6	3	3	3	4	4	3	6	5	5
149	3	0	3	3	3	3	4	4	4	3	3	2
150	5	4	5	5	3	4	6	7	6	4	5	4

3. 다차원개념의 모델구축

SEM에 의해 모델구축을 할 때, 일반적으로 단일차원으로 모델을 구축한다. 그러나 단일차원이 아닌 다차원으로 모델을 구축하는 경우도 있다. **다차원개념(multidimensional construct)**이란 이론적 개념을 관련된 차원에 의해 몇 개의 국면으로 취급하는 것을 의미한다. 예를 들면, '전반적 직무만족'은 여러 가지의 직무국면과 관련된 만족으로 개념화할 수 있다. 즉 '직무에 대한 종업원 자신의 만족', '동료에 대한 만족', '감독자에 대한 만족', '승진에 대한 만족', 그리고 '임금에 대한 만족' 등의 상호 관련된 개념들의 총체로 볼 수 있다.

다차원개념의 기본적인 형태는 개념과 차원 간 관계의 방향에 따라 구분된다. 만약 개념으로부터 차원으로 관계의 방향이 설정된다면 이를 **상위개념(superordinate construct)**이라 한다. 상위개념은 일반적 개념이 특정 차원에 의해 나타내지는 것으로 표현된다. 상위개념의 다차원개념을 나타낸 것이 [그림 4-11]이다.

그림 4-11 **상위개념의 다차원개념**

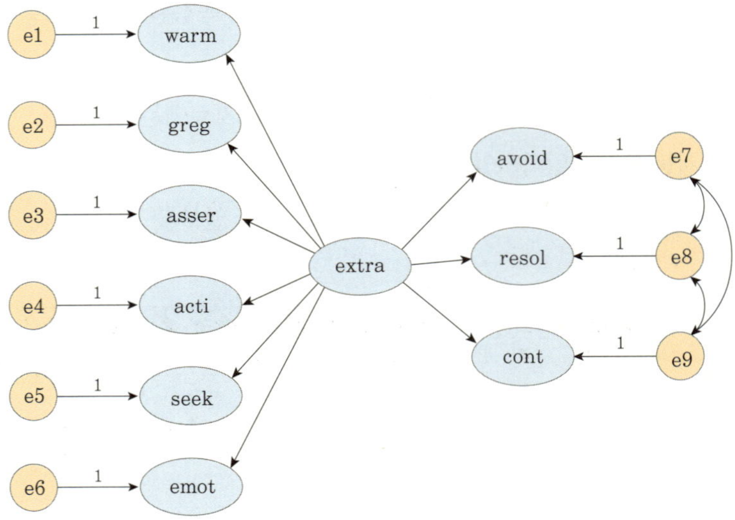

이와는 달리, 관계의 방향이 차원으로부터 개념으로 가는 것으로 설정된 것을 **총합개념(aggregate construct)**이라 한다. 총합개념은 특정 차원이 일반적 개념을 결합하는 것으로 표현된다. 총합개념의 다차원개념을 나타낸 것이 [그림 4-12]이다.

그림 4-12 **총합개념의 다차원개념**

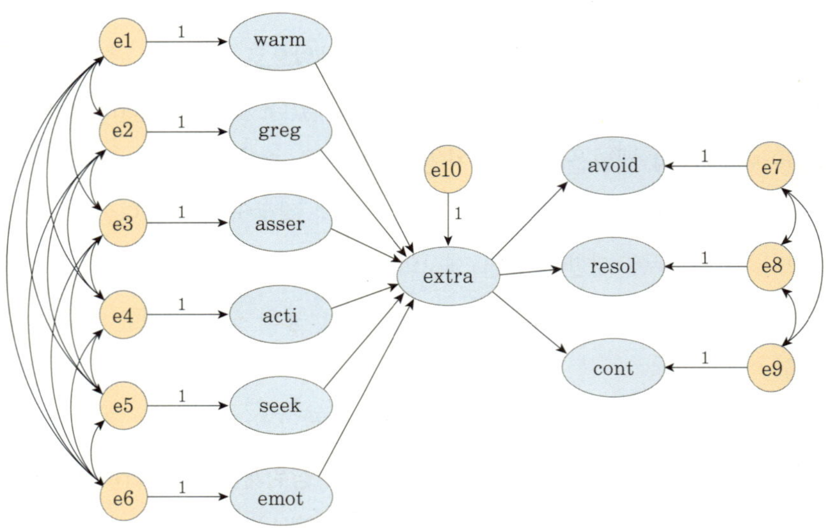

다차원개념의 모델을 추정하기 위해서는 SmartPLS나 RAMONA 등의 프로그램을 사용하는 것이 모델식별의 문제를 해결하는 데 도움이 된다.

4. 비재귀모델

비재귀모델(non-recursive model)이란 내생변수 간에 상호인과관계가 가정된 모델을 의미한다. 판매원모델에서 이론적으로 직무만족과 고객지향성 간에 상호인과관계가 가정된다면 비재귀모델이 된다.

Amos는 비재귀모델인 경우, 상호인과관계가 안정적인지 불안정적인지를 알려주는 **안정지수(stability index)**를 보고한다. 그 값이 −1과 +1 사이에 있으면 안정적이고, 비재귀모델이 자료에 잘 맞는다고 해석할 수 있으나, 그 값의 범위를 벗어나면 불안정적이어서 자료에 맞지 않은 것으로 해석한다. [Input 4−3]은 판매원모델의 비재귀모델을 제시한 것이다.

Input 4-3 ••• **판매원모델: 비재귀모델**

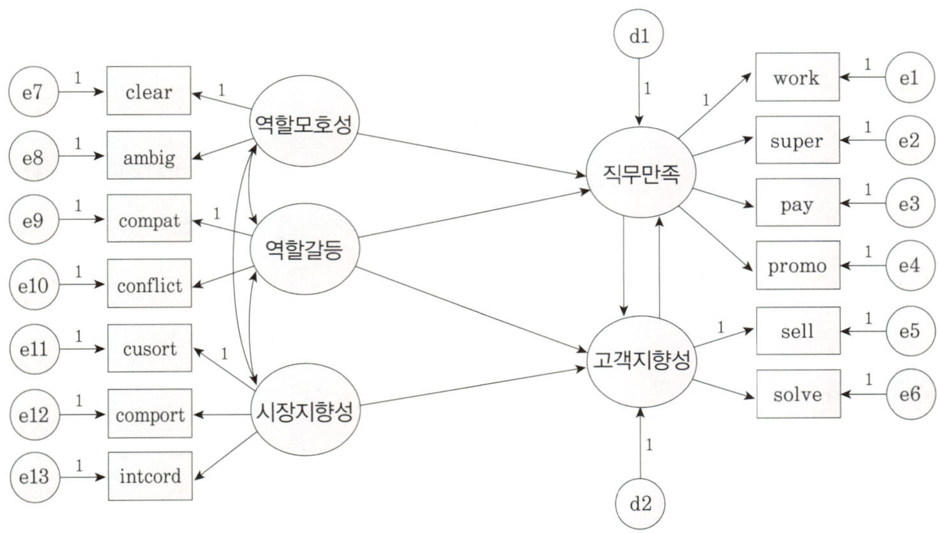

다음은 [Input 4−3]을 실행한 결과 가운데 일부를 제시한 것이다. 모델이 비재귀모델임을 알려주고 있으며, 안정지수 값은 2.432로 1을 초과하기 때문에 안정적이지 않다.

Output 4-3 ••• **판매원모델의 비재귀모델의 분석 결과**

Notes for Group (Group number 1)
The model is nonrecursive.
Sample size = 306
Notes for Group/Model (Group number 1 - Default model)
Stability index for the following variables is 2.432

다음은 비재귀모델을 제시한 것이다.

그림 4-13 **비재귀모델의 예**

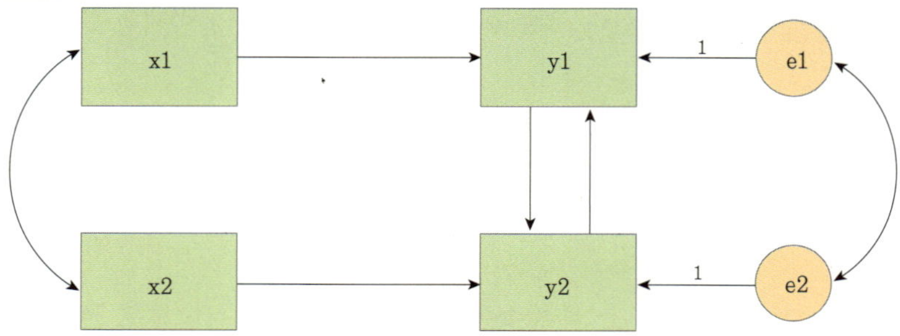

이 모델에서 잔차항 간에 상관을 설정하지 않았더라도 이는 비재귀모델에 해당한다. 잔차항 간에 상관을 설정하지 않으면 식별문제가 발생하는 경우가 있다. 그 경우, 잔차항 간의 상관을 허용하는 모델설정이 요구된다.

그림 4-14 **비재귀모델의 예**

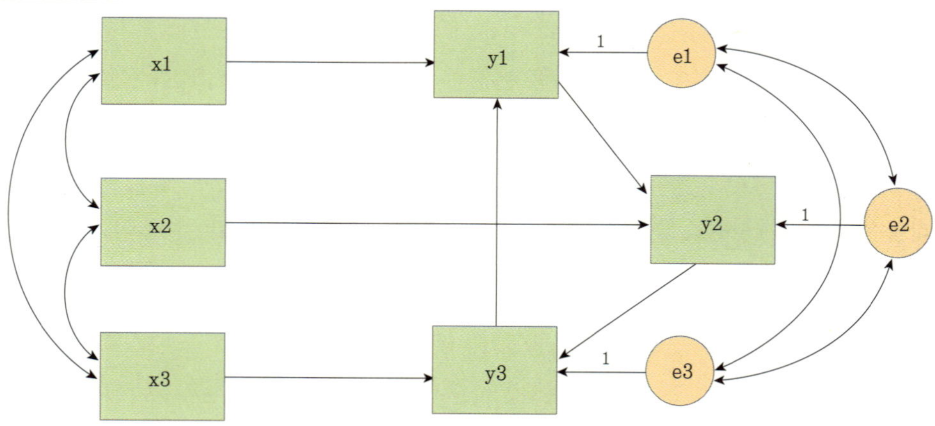

[그림 4-14] 모델은 y1 → y2 → y3 → y1로 영향관계가 순환하는 것으로 설정되었는데, 이도 비재귀모델에 해당한다. [그림 4-15]도 비재귀모델에 해당한다.

그림 4-15 비재귀모델의 예

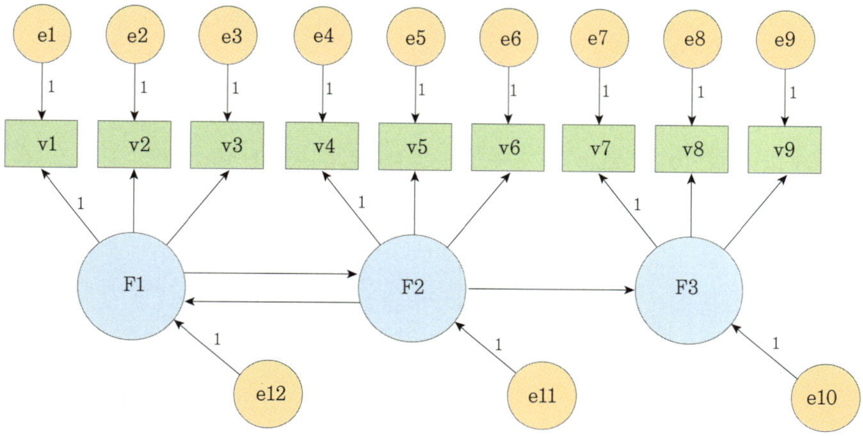

[Input 4-4]는 Kline(1998)에서 인용한 비재귀모델의 예이다.

Input 4-4 비재귀모델의 예

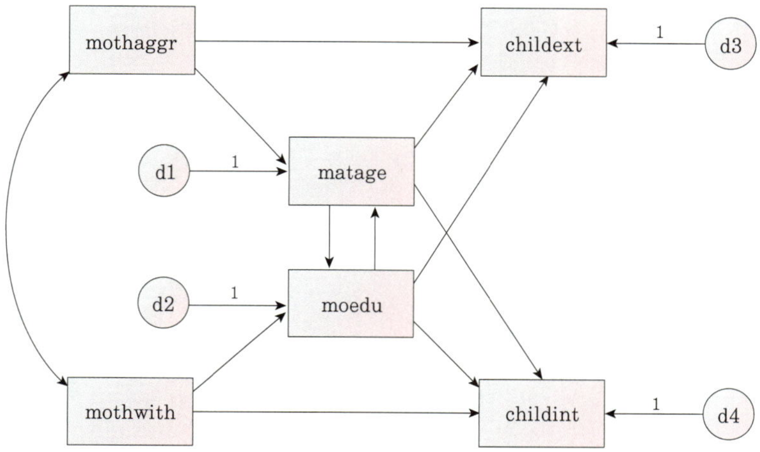

다음은 [Input 4-4]를 실행한 후 얻는 결과 가운데 일부를 제시한 것이다.

Output 4-4 ••• 비재귀모델 분석 결과

Regression Weights: (Group number 1 - Default model)

			Estimate	S.E.	C.R.	P
matage	<---	mothaggr	-.792	.238	-3.326	***
moedu	<---	mothwith	-.377	.215	-1.753	.080
childint	<---	mothwith	-.015	.029	-.508	.612
childint	<---	moedu	.007	.015	.499	.618
childint	<---	matage	-.033	.014	-2.413	.016
childext	<---	moedu	.002	.019	.118	.906
childext	<---	matage	-.042	.019	-2.278	.023
childext	<---	mothaggr	.010	.037	.273	.785
moedu	<---	matage	.329	.232	1.417	.157
matage	<---	moedu	-.005	.291	-.017	.987

Notes for Group/Model (Group number 1 - Default model)
Stability index for the following variables is .002

CMIN

Model	NPAR	CMIN	DF	P	CMIN/DF
Default model	17	15.426	4	.004	3.857

안정지수는 .002로 나타나 모델이 안정적이고 자료에 잘 적합하는 것으로 나타났다.

CHAPTER 5

자료수집 및 자료점검

CHAPTER 5

자료수집 및 자료점검

1. 자료수집: 표본크기의 결정

SEM으로 분석하는 경우 적절한 표본크기를 고려하여 자료를 수집하는 것이 중요하다. SEM 분석에서 어느 정도의 표본크기가 적절한가에 관해 학자들 간에 의견이 일치하지 않고 있다. 표본크기는 가능하면 충분히 커야 한다. 그 이유는 큰 표본은 작은 표본에 비해 표본오차가 작기 때문에 모집단을 보다 더 잘 대표할 수 있고, 작은 표본에서 산출된 통계량에 비해 상대적으로 안정적인 모수치를 얻을 수 있기 때문이다.

SEM에서 표본크기의 결정에 영향을 미치는 요인은 ① 모델의 복잡성, ② 통계적 검정력, ③ 모델적합도, ④ 다변량정규성의 충족, ⑤ 추정법 등이 있다. 표본크기를 결정하는데 있어 이들 요인은 서로 관련되어 있다.

1.1 모델의 복잡성

일반적으로 모델에 포함되는 변수의 수가 많게 되면 모델이 복잡하게 되고, 모델이 복잡하게 되면 추정되는 모수의 수도 증가하게 된다. SEM에서 모수추정은 설정된 모든 모수를 동시에 추정하는 **완전정보기법(full information technique)**을 취하므로 추정해야 할 모수의 수가 적은 모델이 많은 모델보다 상대적으로 안정적인 결과를 산출한다. 모델이 복잡하면 표본크기가 더 커야 안정적인 결과를 얻을 수 있다.

표본크기는 최소한 입력자료행렬 내의 상관행렬(공분산행렬)의 수보다는 커야 한다. 일반적으로, 추정될 모수의 수에 비해 적어도 5배 또는 추정될 모수당 10배의 표본비율이 가장 적절한 표본크기로 본다.

Jöreskog & Sörbom(1989)은 표본크기에 관해 다음과 같은 일반적인 규칙을 제안하였

다. 즉 그들은 표본크기는 $q < 12$(q는 관측변수의 수)이면 적어도 200은 되어야 하고, $q \geq 12$이면 적어도 $1.5q(q+1)$은 되어야 한다고 주장하였다. 예를 들어, 관측변수의 수가 6개이면 표본크기는 적어도 200은 되어야 하고, 13개이면 적어도 273은 되어야 한다는 것이다.

1.2 통계적 검정력

통계적 검정력(statistical power)이란 틀린 귀무가설을 기각할 확률로 정의된다. 다른 조건이 동일하다면, 표본크기에 따라 통계적 검정력이 달라진다. 즉 표본크기가 커지면 통계적 검정력이 올라가고, 표본크기가 작아지면 통계적 검정력은 낮아진다. 따라서 통계적 검정력을 올리기 위해서는 표본크기를 크게 해야 한다. 통계적 검정력의 일반적인 수용 수준은 0.8 이상이다.

1.3 모델적합도

모델적합도 평가에서 통계적 검정이 가능한 지표인 χ^2은 모수추정에 사용된 적합함수가 계산한 값(F)에 (N − 1)을 곱해서 얻어진다. 예를 들어, 최대우도법(maximum likelihood: ML)에 의해 추정한 경우, $\chi^2 = F_{ML}(N-1)$에 의해 계산된다. 따라서 다른 조건이 동일하다면, 표본크기(N)가 커질수록 χ^2값은 커진다. 그 결과, 작은 χ^2값이 나올 확률은 떨어지고, 이로 인해 귀무가설이 기각되어 모델적합도가 좋지 않은 것으로 나타난다.

귀무가설을 채택하기 위해서는 χ^2값이 작아야 한다. 여기에서의 귀무가설은 모델의 전반적 적합도에 관한 것이다. SEM에서 모델의 전반적 적합도에 관한 귀무가설은 '모델이 자료와 잘 맞는다'이고, 대립가설은 '모델이 자료와 잘 맞지 않는다'이다. 표본크기를 작게 하면 χ^2값이 작아져 귀무가설이 채택될 수 있을지는 모르나, 추정된 모수치가 불안정한 결과를 얻게 된다.

1.4 다변량정규성의 충족

자료의 다변량정규성이 충족되지 못하면, 추정해야 할 모수의 수당 표본비율이 일반적으로 15로 증가하게 된다. 점근분포자유추정법(asymptotically distribution-free: ADF)은 비정규적인 자료를 처리하도록 설계되었지만, 비정규성을 갖는 자료에 대해 표본오차의 효과를 최소화하기 위해서는 충분한 표본크기가 요구된다.

1.5 추정법

SEM에서 가장 많이 쓰이는 추정법인 최대우도법(maximum likelihood: ML)에 적절한 최소한의 표본크기는 일반적으로 100~150으로 받아들여지고 있다. 표본크기가 이 이상으로 증가하면, ML은 자료들 간의 차이를 탐지하는 데 있어 민감성이 증가한다. 표본크기가 커지면(예: 400>), ML은 너무 민감하게 반응하며 이로 인해 모델적합도가 나쁜 것으로 보고한다.

표본크기에 관한 일반적인 기준은 없지만, 권장할 만한 수준은 200 정도면 무난하다. 원래의 표본크기와 관계없이 표본크기를 200으로 해서 모델을 검정해 보는 것도 한 방법인데, 왜냐하면 표본크기 200은 모델검정에 필요한 임계치로 받아들여지고 있기 때문이다.

이상에서 살펴본 바와 같이, 여러 가지 요인이 표본크기에 영향을 미침을 알 수 있다. 일반적으로 요구되는 표본크기는 200이다. 표본크기에 관한 몬테카를로(Monte Carlo) 시뮬레이션 결과, ML을 사용하기 위해서는 최소한 표본크기가 200 이상이 되어야 하는 것으로 나타났다. Hoogland & Boomsma(1998)는 자료가 다변량정규성을 충족시키면, 표본크기가 150~200이더라도 ML을 사용하는 데 큰 문제가 없다고 주장하였다. 이 표본크기는 모델설정이 오류가 있거나, 모델이 매우 복잡하거나, 자료가 비정규적이거나, ML이 아닌 다른 추정법이 이용되는 경우에는 증가하게 된다.

2. 자료점검

자료점검(data screening)에는 ① 입력자료의 정확성 점검, ② 결측자료 및 이상치 등 자료의 사례와 관련된 문제의 점검, ③ 정규성, 선형성, 동분산성 등 자료의 분포적 · 관계적 문제의 점검 등이 포함된다.

2.1 입력자료의 정확성 점검

원자료를 입력하거나 또는 행렬요약을 입력하는 동안에 실수를 할 수 있다. 따라서 **입력자료(input data)**의 정확성을 점검하기 위해 기술통계량이나 빈도분포를 기본적으로 검토해야 한다. 이러한 검토를 통해 범위를 벗어난 값이나 부적절하게 입력된 값 등을 찾아낼 수 있다. 이를 위해 **SPSS에 의해 자료의 빈도분석을 통해 자료가 정확히 입력되었는지 반드시 확인해야 한다.**

2.2 결측자료

연구에서 **결측자료(missing data)**가 있는 것이 현실이다. 결측자료는 설문지 자체의 문제, 질문에 대한 응답자의 응답거부 또는 응답자 수의 감소 등과 같이 연구자가 통제하기 어려운 여러 가지 요인에 의해 발생한다.

결측자료는 입력자료의 행렬을 계산하는 데 영향을 줄 뿐만 아니라 추정에도 영향을 준다. 특히, **Amos는 결측자료가 있으면 분석에 장애가 되므로 결측치를 처리한 완전자료(complete data)로 분석하는 것이 바람직하다.**

1) SPSS에 의한 결측자료의 처리

SPSS에서 **결측치(missing value)**는 시스템 결측과 사용자 결측으로 나눌 수 있다. **시스템 결측(system missing)**은 응답치가 공백으로 처리된 것을 의미하며, 이 경우 무응답치는 점(·)으로 표시된다. **사용자 결측(user missing)**은 무응답치가 어떻게 입력되었는가를 사용자가 정의한 것이다(예: 9, 0 등). 합리적 행동모델의 결측치는 사용자 결측이며, 그 값은 0으로 되어 있다. 시스템 결측도 Amos에서 결측치로 취급하기 때문에 주의해야 한다.

SPSS에서는 결측치 처리를 위해 **목록별 제거(listwise deletion)**, **대응별 제거(pairwise deletion)**, **기대-최대화(expectation-maximization: EM)**를 제공한다. 이 가운데 EM이 가장 진보된 방법이다.

EM은 결측자료의 분포의 모양을 가정하고(예: 정규분포), 그 분포하에서 결측치의 우도값을 추정하는 접근법이다. **E-단계**에서는 관측된 값과 현재의 모수치를 근거로 결측자료에 대한 조건기대치(conditional expectation)를 구한다. 이 기대치가 결측자료의 값으로 대체된다. **M-단계**에서는 결측자료의 값이 채워진 것으로 가정하고 최대우도값을 추정한다. 이러한 단계가 수렴되면, EM 공분산행렬(또는 상관행렬)이 만들어지고, 완전 자료가 자료세트(data set)에 저장된다.

(1) EM에 의한 결측치 처리

합리적 행동모델의 자료([nomiss.sav])를 대상으로 EM으로 결측치를 처리하는 것에 대해 살펴보기로 한다.

1 먼저, SPSS를 실행하여 [nomiss.sav]를 연다. 그 다음, [분석] 메뉴에서 [결측값 분석]을 클릭한다. 그러면 다음과 같은 대화상자가 나타난다.

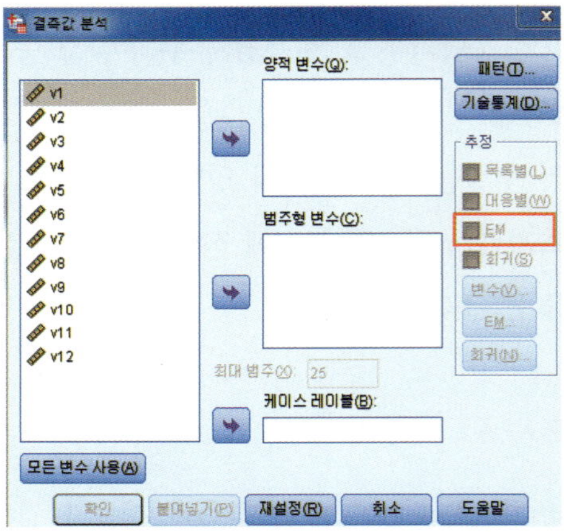

2 왼쪽에 있는 모든 변수를 [양적변수]로 보낸 후, [추정]에 있는 EM을 체크한다. 그러면 [변수]와 [EM] 버튼이 활성화된다.

3 [EM] 버튼을 클릭하면 다음과 같은 대화상자가 나타난다. 분포는 정규분포가 디폴트로 되어 있다.

4 [생성 데이터 저장]을 체크하면 [새 데이터 세트 만들기]가 활성화된다. 파일이름을 지정해 주면 새로운 이름으로 저장된다([nomiss]로 지정하였음). [계속] 버튼을 클릭하고, [확인] 버튼을 클릭한다.

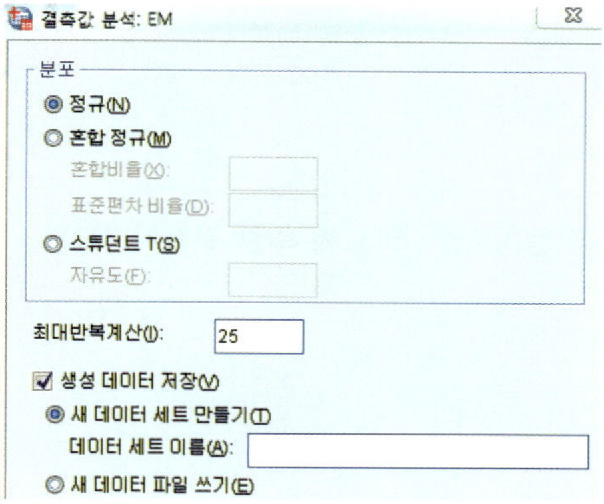

2) Amos에 의한 결측자료의 처리

Amos에서는 결측자료 처리를 위해 **완전정보최대우도법(full information maximum likelihood: FIML)**, **자료대체(data imputation)** 등의 방법이 제공된다. 이하에서 [Input 4-2]를 통해 이에 대해 살펴보기로 한다.

(1) FIML에 의한 결측자료의 처리

FIML에 의한 결측자료의 처리는 **모델에 기초한 접근법(model-based approach)**이다. 따라서 Amos에서 FIML에 의해 결측자료를 처리하기 위해서는 모델설정이 먼저 이루어져야 한다. FIML이 결측자료를 처리하는 데 있어 효율적이라는 시뮬레이션 연구가 있다. Amos에서 FIML로 결측자료를 처리하는 것에 의해 모델을 추정하는 것에 관해 살펴보기로 한다.

1 합리적 행동모델 [Input 4-2]를 연 다음, [Analysis Properties]의 [Estimation] 탭에서 [Estimate means and intercepts]를 체크한다. 그러면 잠재변수 및 오차(잔차 포함)의 평균이 0으로 표시된다. 이 방법이 FIML에 의한 결측자료의 처리이다.

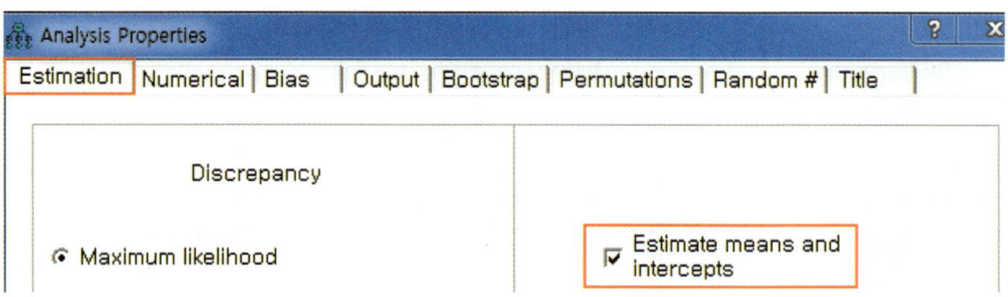

2 ⁘ [Data Files]를 클릭하여 결측치가 있는 자료인 [miss.sav]를 연결해준다. 이를 [Input 5-1]로 저장하였다.

Input 5-1 합리적 행동모델: FIML에 의한 결측치 처리

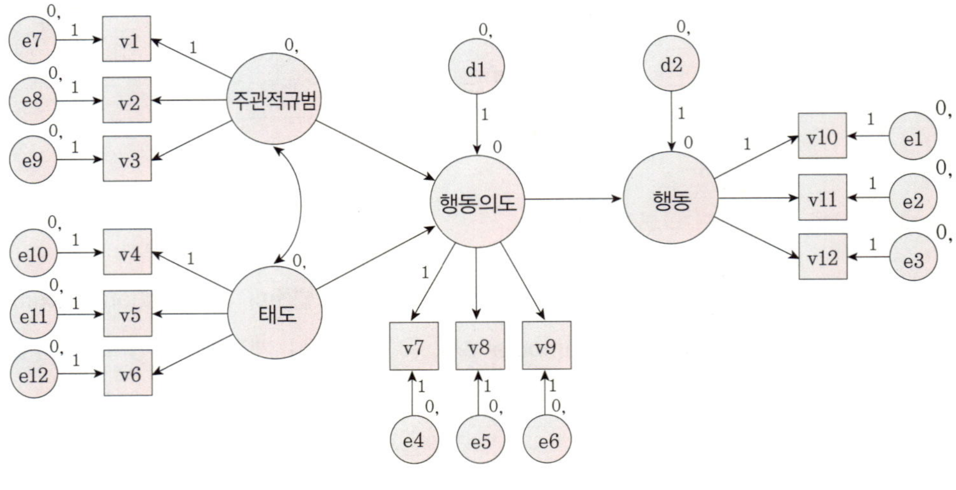

3 ⁘ 추정치계산 아이콘(▥)을 클릭하여 실행시키면 $\chi^2(50)=170.978$, TLI=.959, CFI=.974, RMSEA=.059 등의 적합도를 얻는다.

Output 5-1 합리적 행동모델의 FIML 결과

Model Fit Summary

CMIN

Model	NPAR	CMIN	DF	P	CMIN/DF
Default model	40	170.978	50	.000	3.420

Baseline Comparisons

Model	NFI Delta1	RFI rho1	IFI Delta2	TLI rho2	CFI
Default model	.963	.943	.974	.959	.974

Parsimony-Adjusted Measures

Model	PRATIO	PNFI	PCFI
Default model	.641	.617	.624

NCP

Model	NCP	LO 90	HI 90
Default model	120.978	84.969	164.587

FMIN

Model	FMIN	F0	LO 90	HI 90
Default model	.248	.175	.123	.239

RMSEA

Model	RMSEA	LO 90	HI 90	PCLOSE
Default model	.059	.050	.069	.057

4 ∴ 위의 [Output 5-1]을 통해 알 수 있듯, **FIML에 의해 모델을 추정하면 RMR, GFI, AGFI 및 PGFI 등의 적합지수를 얻지 못한다. 또한 붓스트래핑(bootstrapping)에 의한 간접효과의 통계적 유의도를 구할 수 없다.**

주의사항

FIML에 의해 분석하는 경우, [Analysis Properties]의 [Output] 탭에서 [Modification indices]를 체크하면 다음과 같은 에러메시지가 나타나며 분석이 중단된다. 따라서 FIML에 의해 모델을 추정할 때에는 [Modification indices]를 체크하면 안 된다.

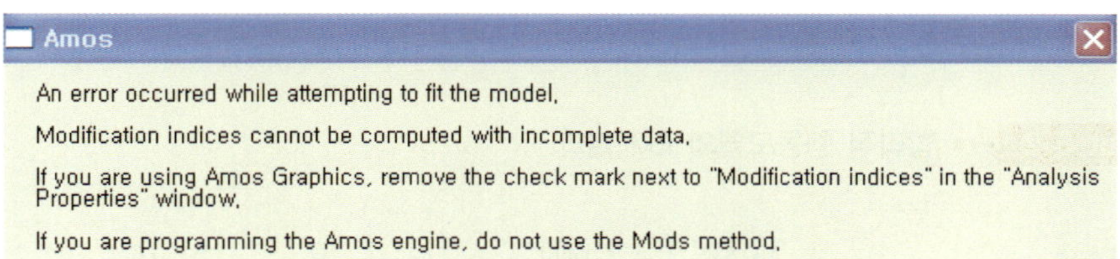

(2) SPSS에서 EM으로 결측치를 처리한 자료를 분석하는 경우

앞에서 SPSS에서 [miss.sav]를 EM 방식에 의한 결측치 처리에 대해 설명하였다. EM 방식으로 처리된 자료인 [nomiss.sav]를 이용하여 Amos 분석을 하는 것에 대해 살펴보기로 한다.

1 ∴ [Input 5-1]에서 [Estimate means and intercepts]를 체크하지 않는다.

2 ∴ [Data Files]를 클릭하여 결측치 자료를 EM 방식에 의해 처리한 [nomiss.sav]를 연결해 준다. 이를 [Input 5-2]로 저장하였다.

Input 5-2 ••• 합리적 행동모델: EM에 의한 결측치 처리

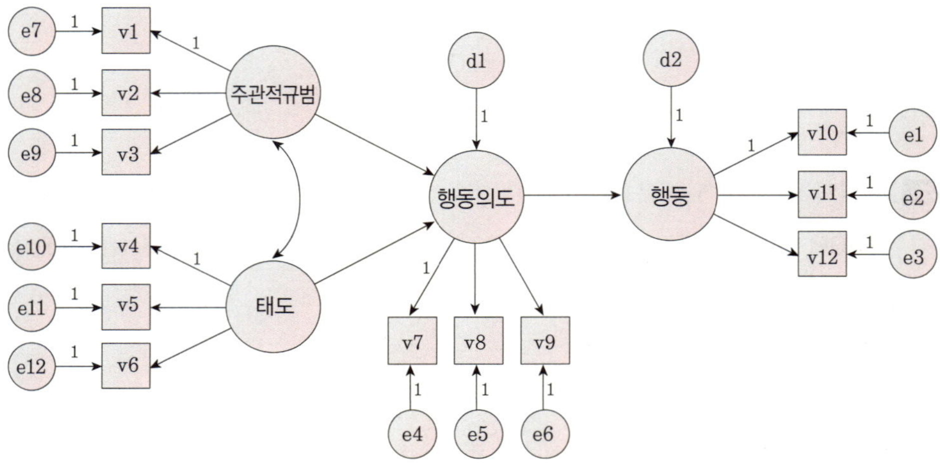

3 이를 실행하면 $\chi^2(50)=172.732$, TLI=.965, CFI=.974, RMSEA=.060 등의 적합도를 얻는다.

Output 5-2 ••• 합리적 행동모델의 EM 결과

CMIN

Model	NPAR	CMIN	DF	P	CMIN/DF
Default model	28	172.732	50	.000	3.455

Baseline Comparisons

Model	NFI Delta1	RFI rho1	IFI Delta2	TLI rho2	CFI
Default model	.963	.952	.974	.965	.974

RMSEA

Model	RMSEA	LO 90	HI 90	PCLOSE
Default model	.060	.050	.069	.049

4 FIML에 의해 결측치를 처리한 것과 EM으로 결측치를 처리한 자료를 대상으로 분석한 적합도가 약간의 차이가 있음을 알 수 있다.

(3) 자료대체에 의한 분석

Amos는 결측치를 **자료대체(data imputation)**하는 세 가지 방법을 제공한다.

❶ **회귀대체(regression imputation)**: 먼저 모델이 ML에 의해 적합된다. 그 다음, 모수가 ML 추정치와 같도록 제약된다. 그리고 각각의 사례에 대해 관측되지 않은 값을

예측하기 위해 선형회귀분석을 한다. 여기에서 얻어진 관측치를 동일 사례에 대한 선형조합으로 간주한다.

② **스토케스틱 회귀대체(stochastic regression imputation)**: 미지의 모수를 ML 추정치와 같도록 하여 주어진 관측치에 대해 결측치의 조건분포로부터 임의로 뽑은 각각의 사례에 대해 값을 대체한다.

③ **베이지언 대체(Bayesian imputation)**: 스토케스틱 회귀대체와 같으나 모수값은 추정되고 알려지지 않았다는 사실을 고려한다는 면이 다르다.

이하에서 Amos에 의한 자료대체 가운데 회귀대체에 대해 살펴보기로 한다.

1 [Input 5-1] 파일을 연다.

2 [Data Files]를 클릭하여 자료를 연결해 준다. 합리적 행동모델의 결측치 자료인 [miss.sav]를 연결해 준다.

3 [Analyze] 메뉴의 제일 밑에 있는 [Data Imputation]을 클릭한다.

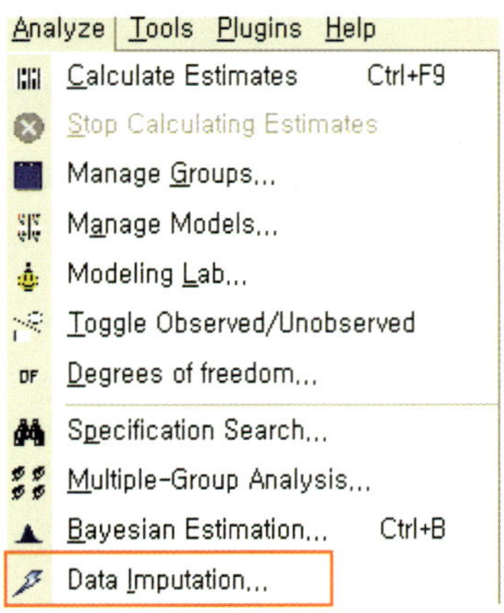

4 그러면 Amos에서 제공하는 세 가지 자료대체 창이 뜬다. 회귀대체가 디폴트이다. 불완전한 자료파일 [miss.sav]가 완전한 자료 파일인 [miss_C.sav]로 저장될 것을 알려준다.

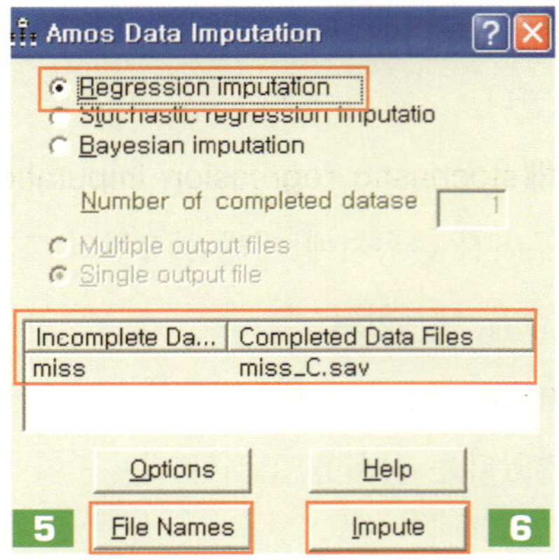

5 [File Names] 버튼을 클릭한다. 그러면 다음과 같이 [miss_C.sav]로 저장된다.

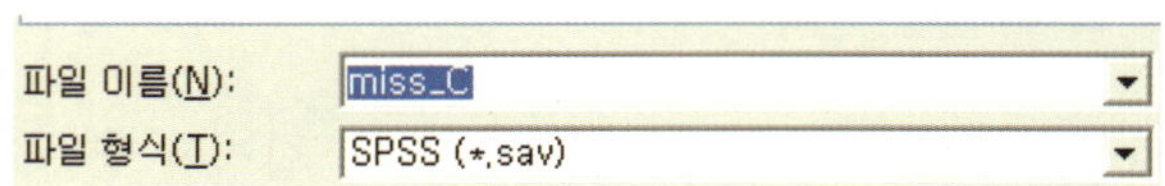

6 [Impute] 버튼을 클릭한다. 그러면 다음과 같이 해당경로에 [miss_C.sav]로 완전한 자료파일이 만들어졌음을 알려준다.

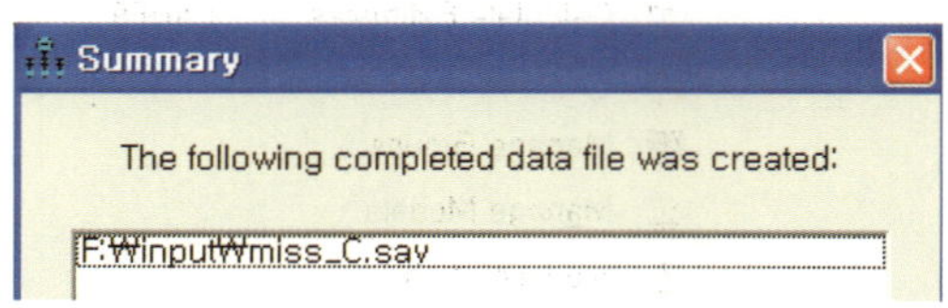

7 [OK] 버튼을 클릭하고 자료대체 창에서 빠져나간다.

8 자료파일선정 아이콘(▦)을 이용하여 [miss_C.sav]를 연결해 준다. [View data] 버튼을 클릭하면 해당 파일을 SPSS에서 볼 수 있다.

v12	subj_norm	atti	inten	beha	CaseNo
3	-.37	.85	-.20	-1.21	1.00
5	.19	1.34	1.96	1.53	2.00
2	-1.01	.23	-1.29	-1.96	3.00
5	.08	1.29	-.67	-.10	4.00
4	.93	1.32	-.04	.38	5.00
6	.98	1.32	.21	1.53	6.00
4	-.38	-.35	-.11	.72	7.00
5	.07	-.34	-.08	.84	8.00
4	.02	-.58	-1.16	-.25	9.00

9 Amos에서 대체를 하면 잠재변수에 대한 점수가 계산된다. 이들 점수를 모두 지운다. 그리고 나머지 관측변수만 포함된 자료를 새로운 파일명으로 저장하거나 동일한 파일명으로 덮어쓰기 한다. 본 예에서는 새로운 파일명 [reg.sav]로 저장하였다.

주의사항

이 예에서 [miss_C.sav]를 이용하여 분석하면 다음과 같은 에러메시지가 나타난다. 그 이유는 [miss_C.sav] 자료를 보면 잠재변수에 대한 점수가 있어 그들 점수를 관측변수로 인식하기 때문이다.

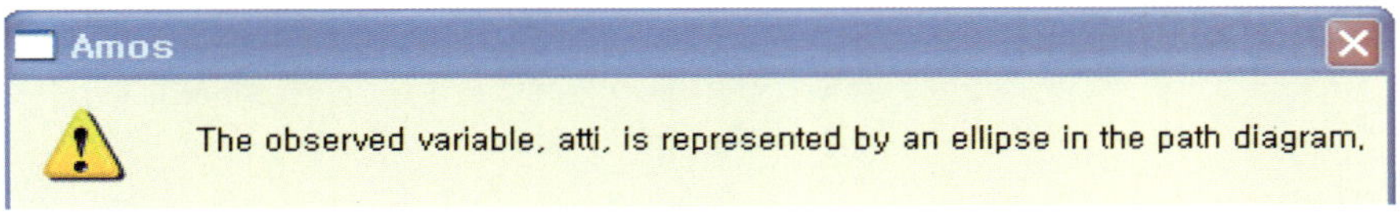

10 자료파일선정 아이콘( )에서 [File names] 버튼을 클릭하여, [reg.sav]를 연결시켜 준 다음, [OK] 버튼을 클릭한다. 이를 [Input 5-3]으로 저장하였다.

Input 5-3 합리적 행동모델: 회귀대체에 의한 결측치 처리

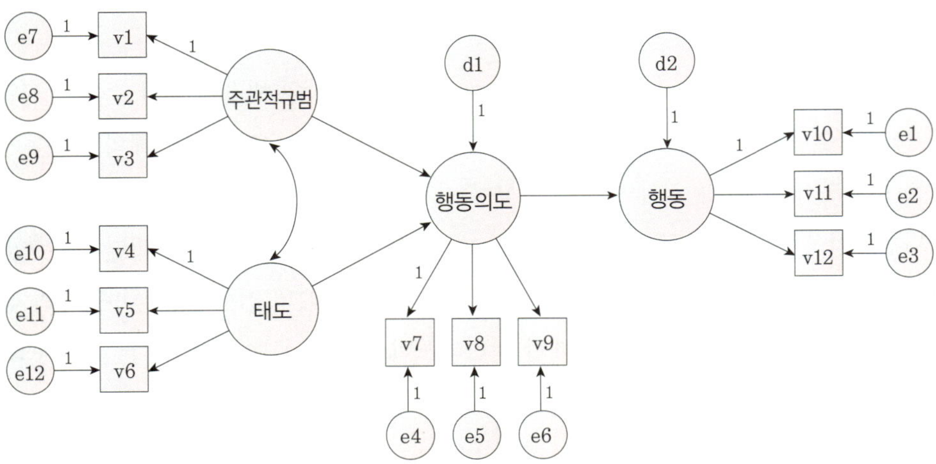

11 이를 실행하면, $\chi^2(50)=171.167$, TLI=.966, CFI=.974, RMSEA=.059 등의 적합도를 얻는다.

Output 5-3 ••• 합리적 행동모델의 회귀대체 결과

CMIN

Model	NPAR	CMIN	DF	P	CMIN/DF
Default model	40	171.167	50	.000	3.423

Baseline Comparisons

Model	NFI Delta1	RFI rho1	IFI Delta2	TLI rho2	CFI
Default model	.964	.952	.974	.966	.974

RMSEA

Model	RMSEA	LO 90	HI 90	PCLOSE
Default model	.059	.050	.069	.056

2.3 이상치의 의의

1) 일변량이상치 검토

이상치(outlier)란 어떤 변수에 대한 측정치의 사례가 나머지 사례와 매우 다른 것을 의미한다. 어떤 하나의 변수에 대하여 **극단치(extreme value)**를 보이는 사례가 있다면, 이를 **일변량이상치(univariate outlier)**라 한다. 극단치에 대한 절대적인 기준은 없지만, 일반적으로 Z-score가 ±3 이상인 경우는 이상치로 본다.

2) 다변량이상치 검토

다변량이상치(multivariate outlier)는 두 개 또는 그 이상의 변수에 대한 수치가 극단적인 사례가 있음을 의미한다. 예를 들어, 모든 변수에 대해 평균보다 2~3배의 표준편차를 갖는 응답자가 있을 수 있다. 다변량이상치는 Z-score를 조사함으로써 검토할 수 있다.

다변량이상치는 SPSS에 의해 마하라노비스 거리 통계량에 기초하여 판단할 수 있다. **마하라노비스 거리(Mahalanobis distance: D)**는 개별 사례의 점수와 표본평균과의 다변량 거리를 의미한다. 만일 사례에 대한 마하라노비스 거리가 0이라면, 모든 응답자의 점수는 그들 각각의 평균과 같음을 의미한다.

대규모 표본에서 마하라노비스 거리제곱(D^2)은 변수의 수와 동일한 자유도를 갖는 χ^2통계량으로 해석할 수 있다. 특정 사례의 D^2을 χ^2임계치와 비교함으로써 그 사례가 나머지 모든 사례와 유의적으로 다른지를 결정할 수 있다.

Tabachnick & Fidell(2007, 2019)은 이러한 비교를 위해 보수적인 유의수준($p<.001$)

을 사용할 것을 제안하였다. 예를 들어, 10개 변수의 자료에서 특정 사례의 D^2을 37.89라고 가정한다. 유의수준 .001에서의 $\chi^2(10)$의 임계치는 29.59이다. 따라서 이 사례는 이 유의수준($p < .001$)에서 나머지 사례와는 유의적으로 다르다고 할 수 있다.

3) 이상치의 처리

이상치는 자료입력의 실수(예: '99'를 '999'로 입력한 경우)로 인해 발생할 수도 있기 때문에, 먼저 극단치가 정확하게 입력되었는지 검토한다. 만일 이상치의 수치가 적절히 입력되었다면, ① 사례가 다른 모집단에서 추출된 것인지, ② 동일한 모집단에 있는 극단의 사례인지 등을 검토한다.

이상치 처리 방법에는 ① 표본에서 이들 사례를 제거하거나, ② 분석에 영향을 덜 미치도록 극단치를 수정하는 방법 등이 있다. 일변량이상치의 극단치는 ① 그 다음의 극단치와 같도록 바꾸든지, ② 평균으로부터 3배 떨어진 표준편차의 값으로 대체하든지, ③ 정규성을 갖도록 수치를 변환시켜서 이상치를 평균에 접근하도록 하는 방법이 있다.

2.4 이상치 점검

1) 일변량이상치의 점검

합리적 행동모델의 자료를 이용하여 일변량이상치를 점검하기로 한다([sample.sav]). 일변량이상치를 점검하기 위해, SPSS에서 [Analyze] → [Descriptive Statistics] → [Descriptive]를 클릭한 다음, [Save Standardized values as variables]를 체크하면 각각의 사례에 대한 Z-value가 저장된다. 아래는 그 중 일부를 제시한 것이다. Z-value가 ±3 이상인 사례가 없으므로 일변량이상치가 없다고 판단한다.

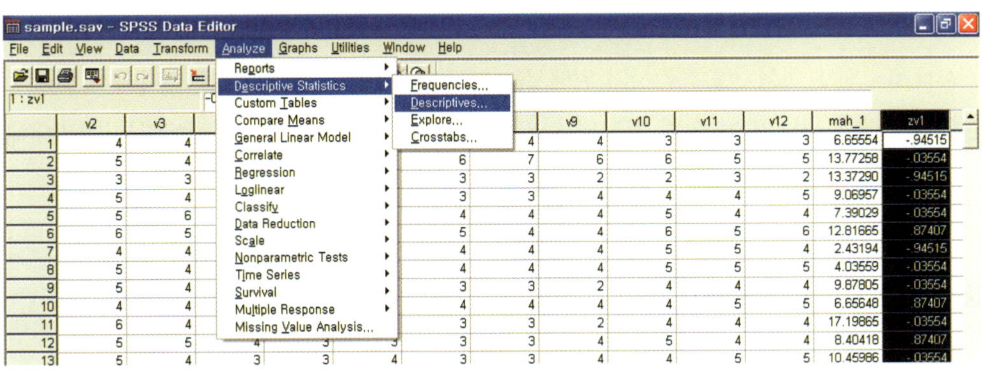

2) 다변량이상치의 점검

(1) SPSS에 의한 다변량이상치 점검

다변량이상치를 점검하기 위해, [Analyze] → [Regression] → [Linear]를 클릭한 다음, v1을 종속변수로, 나머지 모든 변수를 독립변수로 지정한다. Mahalanobis 거리는 어떤 변수를 종속변수로 하느냐에 의해 영향을 받지 않는다. [Save]에서 [Mahalanobis]와 [Standardized Residuals]를 체크한다.

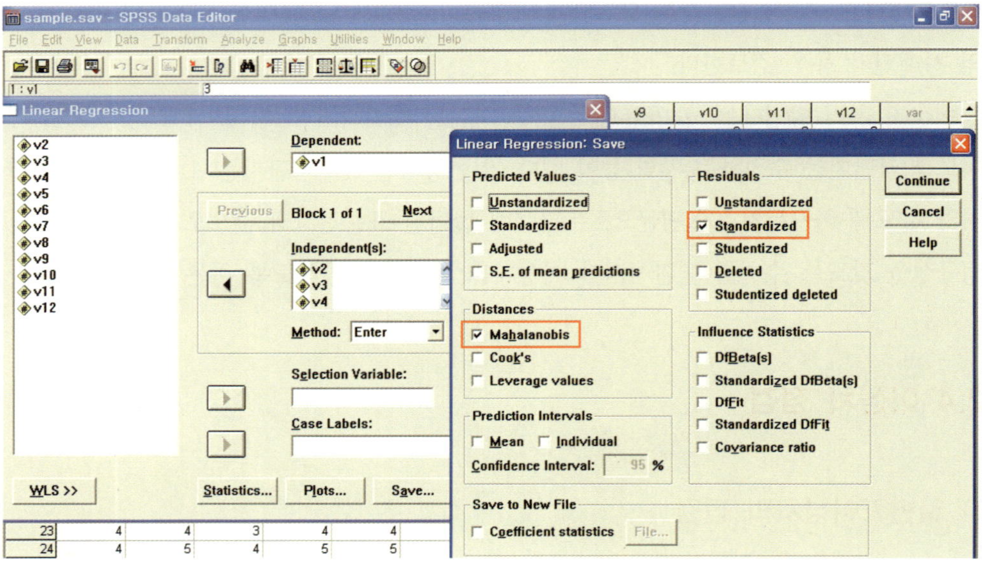

분석 결과, Mahalanobis distance는 최대 32.693(case 118)으로 나타났다. 이 사례는 본 연구에 사용된 변수의 수가 12개이기 때문에 $\chi^2(12)=32.91$ 임계치에서 유의수준 (.001)에서 비유의적이어서 이상치라고 보기 어렵다.

(2) Amos에 의한 이상치 점검

Amos에 의해 이상치를 점검하기 위해서는 자료에 결측치가 없어야 한다. 따라서 앞에서 언급한 결측치 처리법에 의해 처리된 완전한 자료가 있어야 한다. 본 예에서는 회귀대체에 의해 처리된 자료([miss_C.sav])를 이용하기로 한다.

1 [Input 5-2]를 연다.

Input 5-2 ••• 합리적 행동모델

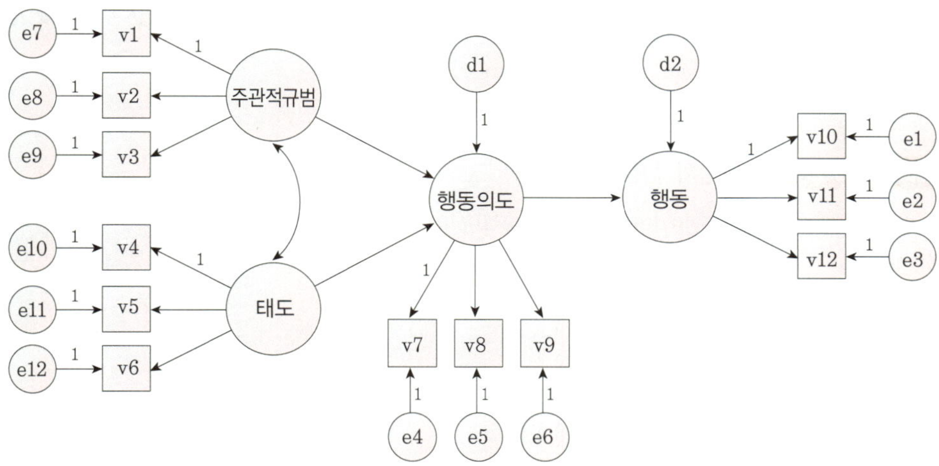

2 자료파일선정 아이콘(▦)을 클릭한다. [Data Files] 창에서 [File Names] 버튼을 클릭하여 해당 자료([miss_C.sav])를 연결시켜준 다음, [OK] 버튼을 클릭한다.

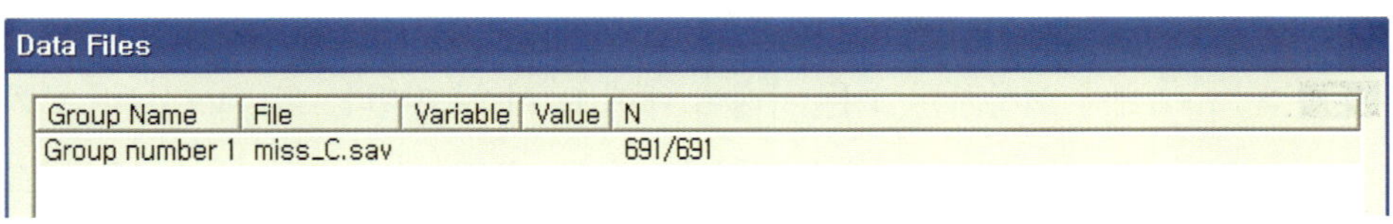

3 [Analysis Properties]를 클릭하여 나타나는 창의 [Output] 탭에서 [Tests for normality and outliers]를 체크하고 창을 닫는다.

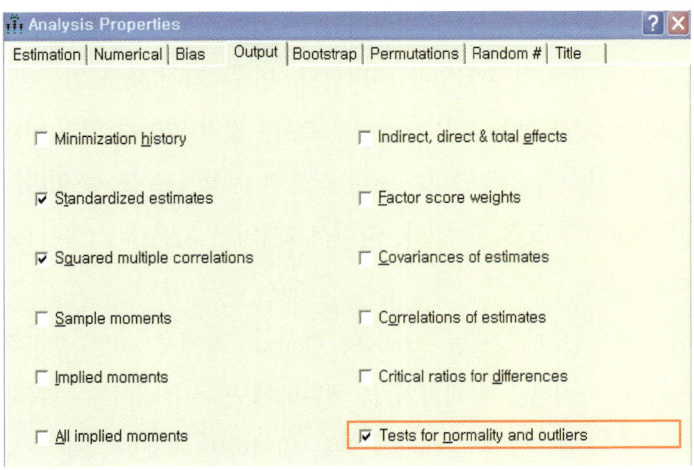

4 추정치계산 아이콘(▥)을 클릭하여 실행한다. 다음은 Amos로 이상치를 점검한 결과 가운데 일부를 제시한 것이다. 이를 보기 위해 [Observations farthest from the centroid (Mahalanobis distance)]를 클릭한다.

Output 5-2 이상치 점검

Observations farthest from the centroid (Mahalanobis distance)

Observation number	Mahalanobis d-squared	p1	p2
118	34.126	.001	.359
481	29.583	.003	.653
616	29.414	.003	.421
682	29.245	.004	.243
299	28.402	.005	.244
528	27.694	.006	.252
621	27.625	.006	.148
652	27.271	.007	.120
235	26.878	.008	.110
341	26.647	.009	.083
554	25.837	.011	.166

5 Amos에서 이상치는 모든 사례에 대해 D^2이 보고된다. 이 예에서는 그 가운데 값이 큰 순서대로 제시한 것이다. 사례 118의 $D^2=34.126$으로 나타났고, p1 =.001, p2=.359로 나타났다. p1은 임의의 사례(observation)가 34.130보다 centroid(Mahalanobis distance)로부터 더 멀리 떨어질 확률을 의미하고, p2는 centroid로부터 가장 멀리 떨어진 거리가 34.130을 초과할 확률이 .359임을 의미한다. 사례 481의 p1은 $D^2=29.583$은 임의의 사례가 29.583보다 centroid로부터 멀어질 확률이 .003임을 의미하고, p2=.653은 D^2이 29.568을 초과하는 두 번째 큰 값이 될 확률이 .653임을 의미한다. 이 두 가지 확률 가운데 p1은 작은 값이 기대되나, p2가 작은 값은 centroid로부터 멀리 떨어져 있지 않다는 것을 의미한다. p1이 보수적 기준인 .001보다 작으면 이상치로 볼 수 있다. 그러나 p2가 작다고 이상치라고 볼 수 없다. 따라서 2개의 p 가운데 p1을 기초로 이상치를 판단하면 된다.

6 이에 관해 알고 싶으면 Amos의 Output 창에서 제일 오른쪽에 있는 [Help Contents] 아이콘을 클릭하거나, 메뉴바에 있는 [Help]를 클릭하고 [Contents]를 클릭하여 [검색] 탭에서 'outlier'라고 입력하면 자세한 내용을 볼 수 있다.

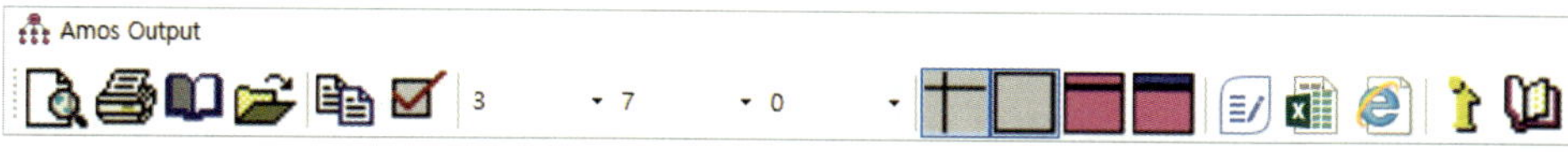

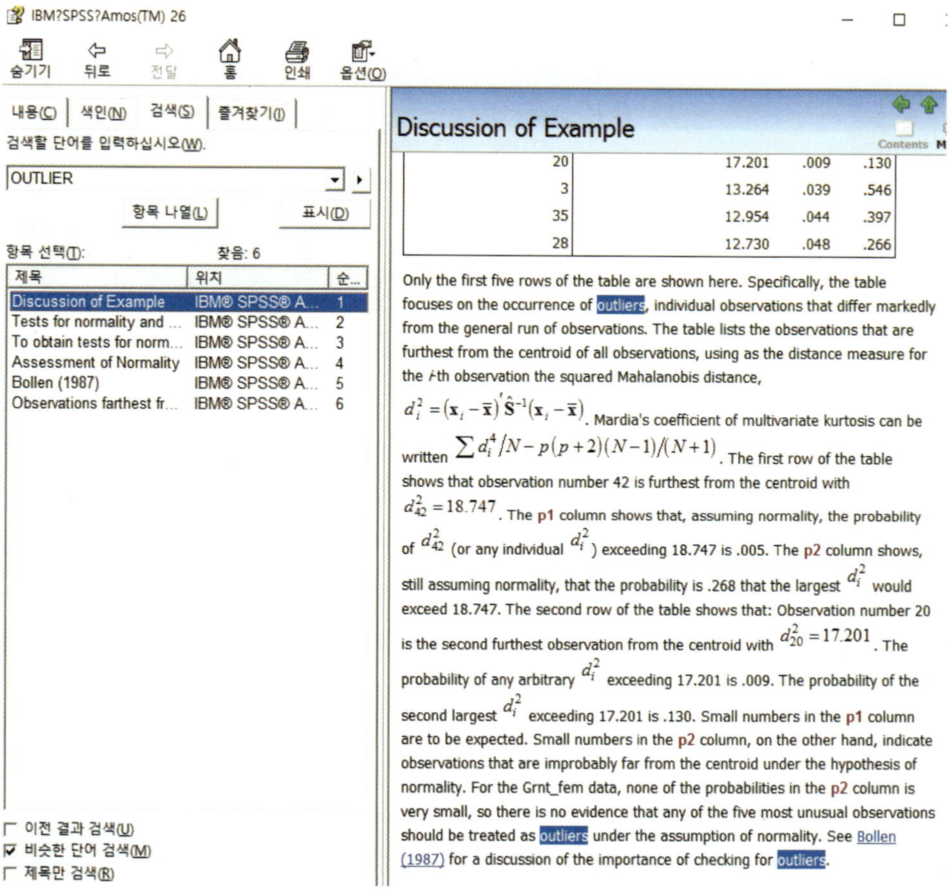

2.5 정규성 점검

1) 일변량정규성 점검

SEM에서 널리 사용되고 있는 추정법인 ML과 일반최소자승법(generalized least squares: GLS)은 연속변수에 대한 정규분포를 가정한다. 비정규성은 일변량정규성과 다변량정규성의 두 가지 수준에서 점검할 수 있다.

일변량정규성(univariate normality)은 개별 변수의 분포에 관심을 갖는다. 분포가 비정규성이 될 수 있는 경우는 왜도와 첨도의 두 가지가 있다.

왜도(skewness)는 자료의 대칭성 정도를 나타낸 것이다. 평균에 대해 대칭적인 정규분포와는 달리, **양(+)의 왜도(positive skewness)**는 자료가 평균의 아래(좌측)에 몰려 있으며, **음(−)의 왜도(negative skewness)**는 자료가 평균의 위(우측)에 몰려 있어 평균에 대해 비대칭적이다.

첨도(kurtosis)는 정규분포곡선에 대해 분포의 중간이나 꼬리에 있는 점수의 비율이 상대적으로 어느 정도인가를 의미한다. **음(−)의 첨도(negative kurtosis)**는 꼬리 부근에 너무 많은 사례가 몰려 있거나 중간에 너무 적은 사례가 있는 것을 의미하며, **양(+)의 첨도(positive kurtosis)**는 반대로 자료가 평균 부근에 너무 많이 몰려 있는 것을 의미한다.

만약 Z-score가 임계치를 초과하면 분포가 비정규성을 갖는다고 할 수 있다. 즉 일변량정규성의 가정을 충족하지 못한다. 임계치는 정해진 유의수준의 Z분포(표준정규분포)에서 얻을 수 있다. 예를 들어, Z-score가 0.01 수준에서 ±2.58을 초과하면 분포가 정규성을 이룬다는 가정을 기각한다. 0.05 유의수준에서는 ±1.96을 초과하는 임계치를 사용한다.

일변량왜도와 첨도지수의 유의성 검정을 위한 다른 방법으로 그들의 절대값을 검토하는 것을 들 수 있다. SEM을 위한 추정법의 연구에서, 몬테카를로 시뮬레이션에 의한 몇 가지의 기준이 제시되었다. 연구결과, 일변량왜도의 절대값이 3보다 큰 경우에는 '극단적'인 왜도라고 제안하고 있다.

첨도에 대해서는 일치하지 않고 있지만, 보통 일변량첨도지수의 절대값이 8~20까지를 극단적인 첨도라고 본다. 조금 보수적인 입장에서, 첨도지수의 절대값이 10보다 클 경우에 문제가 있다고 보고, 20보다 큰 경우에는 좀 더 심각하다고 본다.

West 등(1995), Curran 등(1996)은 ML이나 GLS를 이용하여 모수를 추정하는 경우, 지나친 왜도보다는 지나친 첨도가 더 문제가 된다고 주장하였고, 왜도가 2보다 크고, 첨도가 7보다 큰 경우 문제가 있다고 보았다.

SPSS에서는 일변량왜도와 첨도의 값을 보고한다. 표본이 큰 경우에는 정규성에서 근소하게 떨어져 있는 것조차도 유의적인 결과를 산출한다. 정규분포에서 표준화된 첨도지수의 값은 3이다. 3보다 큰 값은 양의 첨도를 의미하고, 3보다 작은 값은 음의 첨도를 의미한다. SPSS에서 보고되는 첨도는 3을 미리 빼고 보고한 값이기 때문에 첨도를 해석할 때에는 3을 더해서 해야 함에 주의해야 한다. 다음은 합리적 행동모델의 왜도와 첨도를 보인 것이다. 일변량왜도와 첨도는 크게 문제가 되지 않는 것으로 나타났다.

Output 5-2 ••• 일변량왜도와 첨도

	N	Mean	Std. Deviation	Skewness		Kurtosis	
	Statistic	Statistic	Statistic	Statistic	Std. Error	Statistic	Std. Error
v1	691	4.04	1.099	-.025	.093	-.092	.186
v2	691	4.02	1.008	-.345	.093	.349	.186
v3	691	4.19	1.166	-.131	.093	-.071	.186
v4	691	3.48	1.142	.062	.093	-.312	.186
v5	691	3.39	1.207	.203	.093	-.469	.186
v6	691	3.41	1.174	.053	.093	-.490	.186
v7	691	4.07	1.072	.026	.093	-.136	.186
v8	691	4.22	1.007	.255	.093	-.155	.186
v9	691	4.14	1.053	-.087	.093	-.336	.186
v10	691	4.17	1.074	-.114	.093	-.488	.186
v11	691	4.17	.864	-.179	.093	-.447	.186
v12	691	4.22	.834	.009	.093	.190	.186
Valid N (listwise)	691						

2) 다변량정규성 점검

SEM에 사용되는 자료는 통상 다변량정규성을 가정한다. **다변량정규성(multivariate normality)**은 ① 모든 일변량분포가 정규분포를 이루며, ② 어떤 두 변수 쌍의 결합분포가 이변량정규분포를 이루며, ③ 모든 이변량산점도가 선형이며 동분산성을 갖는 것을 의미한다.

모든 변수에 대한 결합빈도분포를 검토하는 것은 현실성이 없으므로 다변량정규분포의 모든 측면을 평가하기란 그리 쉽지 않다. 다행히, 다변량비정규성은 일변량분포의 조사를 통해 검토할 수 있다.

자료가 다변량정규성을 이탈한 경우, ML에 의해 모수를 추정하면 표준오차 및 χ^2이 정확하지 않을 가능성이 있다. 즉, 다변량정규성의 결여는 χ^2통계량을 부풀리고 계수의 유의도를 결정하는 데 있어 임계치값을 상향편향시키는 문제가 있다. 이 경우, 점근분포자유법(asymptotically distribution-free: ADF)으로 추정하는 것이 바람직하나, 이 추정법은 매우 큰 표본크기를 요구한다는 단점이 있다. 일반최소자승법(generalized least squares: GLS)은 이러한 가정이 위배되더라도 큰 문제가 되지 않지만, 모델크기 및 복잡성이 증가하게 되면 사용하는 데 어려운 면이 있다.

Amos에서 자료의 이상치 및 정규성을 검토하기 위해서는 자료에 결측치가 없어야 한다. 다음은 Amos에 의한 정규성 분석 결과를 제시한 것이다. 자료는 앞서 이용한 회귀대체로 처리된 자료([miss_C.sav])를 이용하였다.

Output 5-2 ••• **정규성 점검**

Assessment of normality (Group number 1)

Variable	min	max	skew	c.r.	kurtosis	c.r.
v12	2.000	6.000	.009	.102	.180	.963
v11	2.000	6.000	-.180	-1.927	-.453	-2.430
v10	2.000	6.000	-.113	-1.217	-.494	-2.650
v7	1.000	7.000	.025	.271	-.144	-.773
v8	2.000	7.000	.255	2.735	-.163	-.873
v9	2.000	6.162	-.085	-.917	-.341	-1.827
v4	1.000	6.000	.061	.657	-.318	-1.708
v5	1.000	6.000	.201	2.158	-.474	-2.544
v6	1.000	6.000	.052	.553	-.496	-2.660
v1	1.000	7.000	-.025	-.267	-.100	-.536
v2	1.000	6.000	-.345	-3.707	.339	1.818
v3	1.000	7.000	-.131	-1.410	-.080	-.430
Multivariate					3.214	2.305

Amos는 Mardia(1970)의 **다변량첨도(multivariate kurtosis)**를 보고한다. 첨도값이 임계치를 초과하면, 분포가 비정규성을 갖는다고 할 수 있다. 즉, 다변량정규성의 가정을 충족하지 못한다. 임계치는 정해진 유의수준의 Z분포(표준정규분포)에서 얻을 수 있다. 예를 들어, 첨도값이 0.01 수준에서 ±2.58을 초과하면 분포가 정규성을 충족한다는 가정을 기각한다. 0.05 유의수준에서는 ±1.96을 초과하는 임계치를 사용한다.

Amos에서 다변량정규성을 검정하는 데에는 **다변량첨도지수(multivariate kurtosis index)를 보는 방법과 이 값의 유의도를 보는 방법이 있다.** 이 예에서 다변량첨도지수 절대값으로 보는 관점은 학자에 따라 의견이 일치하지 않고 있다. 5 이상이면 다변량정규성이 충족하지 않는다고 주장하는 학자도 있고(Byrne, 2016), 10 이상이면 문제가 되고, 20 이상이면 심각하다고 보는 학자도 있다(Kline, 2016). 유의도를 통해 보는 방법은 임계치를 기준으로 .05 수준에서 1.96보다 크거나 −1.96보다 작으면 다변량정규성을 충족하지 않는 것으로 본다.

이 예에서 다변량첨도지수가 3.214로 크게 문제가 되지 않는 것으로 나타났고, 유의도는 2.305로 .05 수준에서 1.96보다 크므로 다변량정규성을 충족하지 않는 것으로 나타났다.

2.6 Amos에 의한 다변량정규성을 충족하지 않은 자료의 분석

SEM에서의 가설검정은 ① 전반적 모델적합도에 대한 검정과 ② 개별 모수에 대한 유의성 검정으로 나눌 수 있다. 이 두 가지 검정은 모집단으로부터 추출한 표본자료가 다변량정규성을 충족한다는 가정에 기초한다. 만약 자료가 다변량정규성을 충족하지 않는다면 모델적합도에 대한 χ^2통계량이 부풀리고, 개별 모수의 유의성을 검정하는 데 이용되는 표준오차의 크기가 작아진다. 따라서 비정규자료인 경우, 틀리지 않은 모델을 기각할 수 있고, 특정 모수가 0과 통계적으로 유의적으로 다르다고 결정할 수 있다.

SEM에서 비정규자료를 처리하는 데에는 다음과 같은 세 가지 접근법이 있다.

1. 적합도 통계량, 개별 모수치 및 표준오차를 계산하기 위해 다른 추정량(예: GLS)을 사용한다.
2. 표본자료의 비정규성을 고려하여 χ^2검정통계량과 표준오차를 조정한다.
3. χ^2값의 새로운 임계치, 모수치 및 표준오차를 계산하기 위해 붓스트래핑을 이용한다.

자료가 다변량정규성을 충족하지 않는 비정규자료(non-normal data)인 경우, LISREL에서는 위의 두 번째에 해당하는 접근법인 **Satorra-Bentler's rescaled χ^2**을 구한다. 그러나 **Amos에서는 붓스트래핑(bootstrapping)에 의해 비정규자료를 처리한다.** 이 가운데 붓스트래핑이 보다 안정적인 결과를 산출하는 것으로 나타났다. 이하에서 합리적 행동모델을 토대로 붓스트래핑에 의한 추정에 대해 살펴보기로 한다.

1 먼저, [Input 4-2]를 연다. 자료는 [nomiss.sav]를 연결한다. 이를 실행하면 다음과 같은 적합도 및 모수치를 얻는다. 이는 붓스트래핑을 하지 않은 결과이다. 주관적규범이 행동의도에 미치는 모수의 표준오차는 .038로 나타났고, 이의 C.R.은 7.590이다.

Output 4-2 합리적 행동모델의 적합도 및 모수치

CMIN

Model	NPAR	CMIN	DF	P	CMIN/DF
Default model	28	172.732	50	.000	3.455

Regression Weights: (Group number 1 - Default model)

			Estimate	S.E.	C.R.	P
행동의도	<---	주관적규범	.287	.038	7.590	***
행동의도	<---	태도	.133	.037	3.628	***
행동	<---	행동의도	.527	.051	10.298	***

2 ∴ 이제 이 모델을 붓스트래핑에 의해 다시 실행하기로 한다. 이를 위해, [View] 메뉴 → [Analysis Properties]의 [Bootstrap] 탭에서 다음과 같이 지정한다. [Number of bootstrap samples]는 [200]이 디폴트로 되어 있는데, 이는 크게 할수록 정확한 값을 얻는다. 이 값을 [2000]으로 변경한다. Amos는 신뢰구간 추정을 위해 **백분위 신뢰구간(percentile confidence interval: PC CI)**과 **편의교정 신뢰구간(bias-corrected confidence interval: BC CI)**을 제공하는데, 이 가운데 'BC CI'가 보다 많이 이용된다. Amos는 이들의 신뢰구간이 90%가 디폴트로 되어 있다. 이 값을 95%로 변경한다.

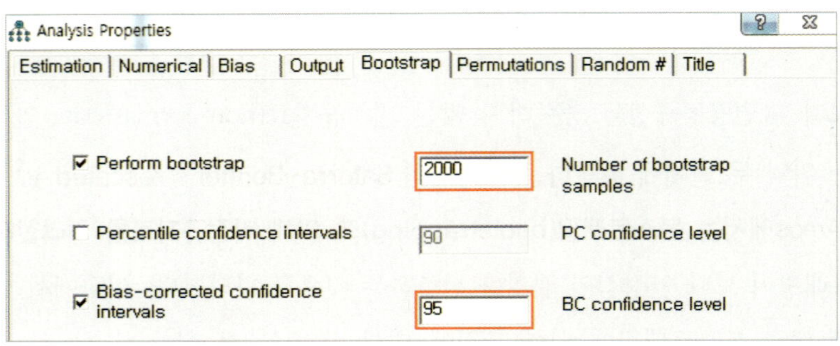

3 ∴ 이를 [Input 5-4]로 저장하였다.

Input 5-4 ••• 합리적 행동모델

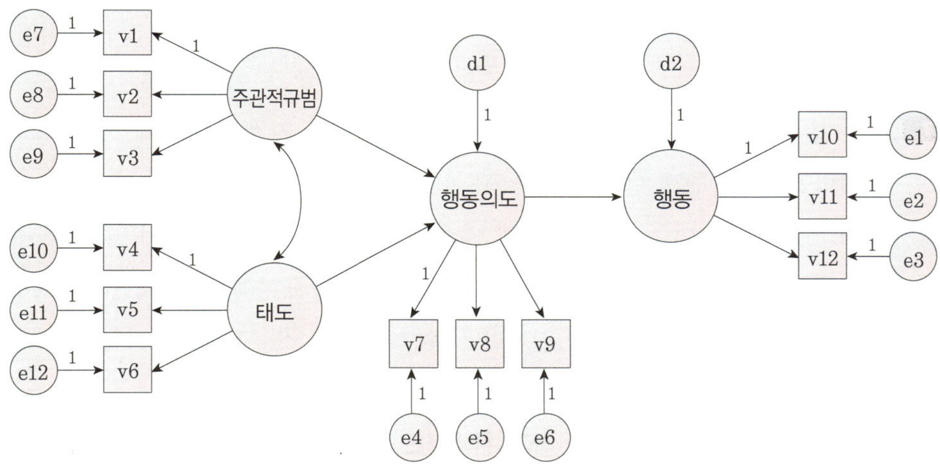

4 ∴ 다음은 [Input 5-4]를 실행한 가운데 그 일부를 제시한 것이다.

Output 5-4 ••• 합리적 행동모델의 붓스트래핑 결과

CMIN

Model	NPAR	CMIN	DF	P	CMIN/DF
Default model	28	172.732	50	.000	3.455

Regression Weights: (Group number 1 - Default model)

			Estimate	S.E.	C.R.	P
행동의도	<---	주관적규범	.287	.038	7.590	***
행동의도	<---	태도	.133	.037	3.628	***
행동	<---	행동의도	.527	.051	10.298	***

5 ∴ χ^2값과 추정치는 ML에 의해 추정할 때와 동일하다. 그러나 표준오차는 다르다. 표준오차를 보기 위해 [Estimates] → [Scalars] → [Regression Weights] → [Bootstrap standard errors]를 클릭한다.

Output 5-4 ••• 합리적 행동모델의 붓스트래핑 결과

Regression Weights: (Group number 1 - Default model)

Parameter			SE	SE-SE	Mean	Bias	SE-Bias
행동의도	<---	주관적규범	.042	.001	.288	.001	.001
행동의도	<---	태도	.040	.001	.134	.002	.001
행동	<---	행동의도	.060	.001	.532	.005	.002

6 ∴ 위의 출력 가운데 첫 번째 칼럼에 있는 'SE'는 붓스트랩에 의한 표준오차 추정치를 의미한다. 주관적규범이 행동의도에 미치는 모수의 표준오차가 .042로 붓스트래핑을 하지 않을 때(.038)와 조금 다르게 나타났다.

7 ∴ 두 번째 칼럼에 있는 'SE-SE'는 붓스트랩 표준오차 자체에 대한 근사표준오차를 의미한다. 세 번째 칼럼에 있는 'Mean'은 붓스트랩 표본에 걸쳐 계산된 모수치의 평균을 의미한다. 이 붓스트랩 평균은 원래 추정치와 일치하지 않는다. 네 번째 칼럼에 있는 'Bias'는 원래 추정치와 붓스트랩 표본에 걸쳐 계산된 모수치의 평균과의 차이를 의미한다. 마지막 칼럼에 있는 'SE–Bias'는 편의추정치(bias estimate)에 대한 근사표준오차를 의미한다.

Amos에 의해 붓스트래핑을 하기 위해서는 완전자료(complete data)가 필요하며, 잠재변수를 척도화할 때 단위분산 설정법보다는 준거변수 설정법이 권장된다. Amos는 결측자료인 경우 붓스트래핑을 하게 되면 다음과 같은 에러메시지를 보이며 실행이 중단된다.

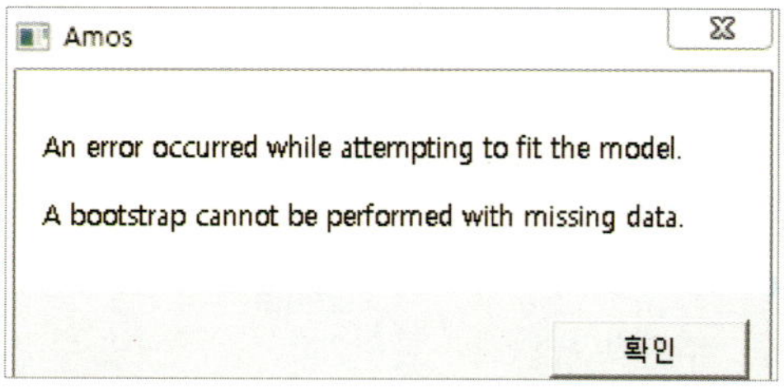

Amos 27 구조방정식모델링
Structural Equation Modeling
with Amos 27

CHAPTER 6

모델설정, 모델식별, 모델추정

CHAPTER

6 모델설정, 모델식별, 모델추정

1. 모델설정

1.1 모델설정의 의의

모델설정(model specification)이란 추정해야 될 모수의 본질을 정의하는 것이다. 즉, 어떤 모수가 자유모수이고, 어떤 모수가 고정모수인가를 정의하는 것이다. Amos에서 모델설정은 결국 경로도에 이들을 어떻게 나타낼 것인가의 문제이다.

모델설정에는 ① 잠재변수를 연결하는 구조모델의 설정, ② 관측변수를 잠재변수에 연결하는 측정모델의 설정, ③ 외생잠재변수 간 상관의 설정, ④ 오차 및 잔차의 설정, ⑤ 잠재변수의 척도화 등이 포함된다.

Input 6-1 판매원의 고객지향성모델

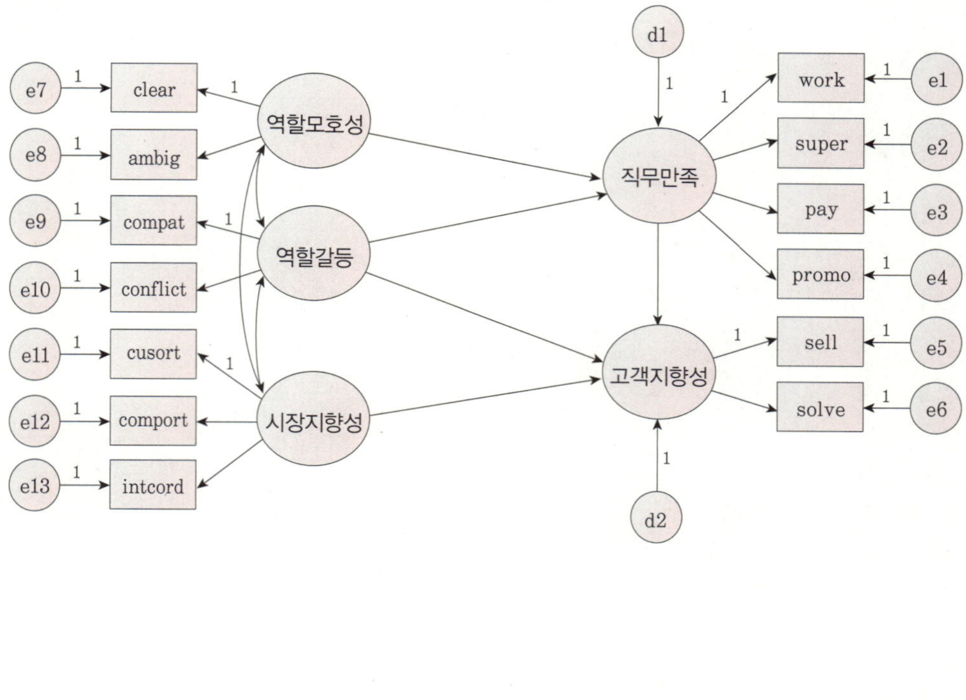

[Input 6-1]의 판매원의 고객지향성모델을 통해 모델설정에 관해 살펴보기로 한다. 이 모델에서 구조모델은 5개의 잠재변수 간에 5개의 가설을 갖고 있는 모델로 설정되었고, 측정모델은 관측변수와 잠재변수 간에 잠재변수별로 최대 4개의 관측변수와 최소 2개의 관측변수로 측정된 것으로 설정되었고, 외생잠재변수 간에는 모두 상관이 설정되었고, 측정오차 및 잔차 간에는 상관이 설정되지 않았고, 잠재변수는 준거변수 설정법으로 척도화되었다.

1) 모수의 종류

모수는 그 값이 추정되어야 하는 **자유모수(free parameter)**와 사전에 0 또는 특정 값으로 설정된 **고정모수(fixed parameter)**로 나눌 수 있다. 자유모수는 연구자가 관심을 갖는 모수로서, 연구자는 자유모수의 방향과 크기에 관심을 갖는다. 즉 연구자는 자유모수가 양수(+)인지 음수(−)인지(즉, 방향), 그리고 그 크기는 어느 정도인지 알고자 한다.

고정모수의 한 예로 준거변수를 들 수 있다. 잠재변수의 측정단위를 부여하기 위해 관측변수 가운데 하나가 1로 고정되는데, 그 1로 고정된 변수가 **준거변수(reference variable)**이다. 또한 두 변수 사이에 경로가 없는 경우도 고정모수에 해당된다. 예컨대, [Input 6-1]에서 역할모호성과 고객지향성 간에는 경로가 없는데, 이는 이들 간의 관계가 0으로 고정된 고정모수임을 의미한다.

자유모수는 개별 모수치나 또는 모수들의 결합추정치에 대해 제약을 할 수 있으며, 이를 **제약모수(constrained parameter)**라 한다. 예를 들어, 어떤 특정 모수치가 0이거나 또는 모수치들이 같다는 제약을 할 수 있다. **등가제약(equality constraint)**은 두 모수치가 같다고 제약하는 것이다. 등가제약은 종단모델 및 다중집단분석에 이용된다. 종단모델에서의 등가제약은 다른 시점에 걸쳐 변수들의 선형적 영향이 변하지 않는다는 가정을 하는 데 이용되며, 다중집단분석에서의 등가제약은 집단 간에 모수가 동일하다는 검정을 하는 데 이용된다.

[그림 6-1]의 판매원의 고객지향성모델에서 자유모수는 ○로 표시된 것이고, 고정모수는 1로 표시된 것이다.

그림 6-1 자유모수와 고정모수

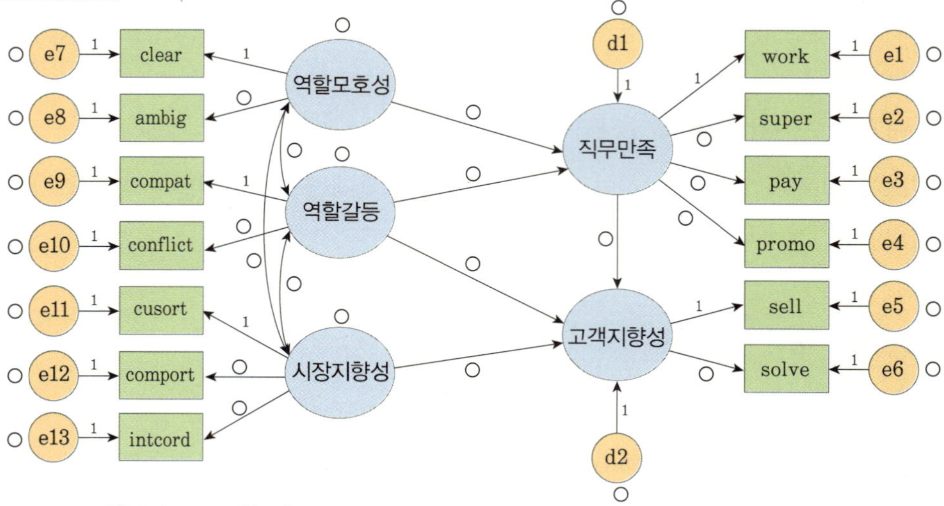

○: 자유모수 1: 고정모수

[표 6-1]은 모수의 종류를 나타낸 것이다.

표 6-1 모수의 종류

모수	내용
자유모수(free parameter)	추정되는 모수로서 다른 모수와 동일한 값을 갖지 않음
고정모수(fixed parameter)	연구자가 사전에 값을 지정해준 모수
제약모수(constrained parameter)	추정되는 모수로서 하나 이상의 모수와 동일한 값을 가짐

[Input 6-1]을 실행하면 다음과 같은 **모수요약(parameter summary)**을 얻는다. 모수요약을 통해 모수설정에 관한 구체적인 정보를 얻을 수 있다.

Output 6-1 모수요약

Parameter Summary (Group number 1)

	Weights	Covariances	Variances	Means	Intercepts	Total
Fixed ❶	20 ❷	0	0	0	0	20
Labeled	0	0	0	0	0	0
Unlabeled ❸	13 ❹	3 ❺	18 ❺	0	0	34 ❼
Total	33	3	18	0	0	54 ❽

위의 모수요약에 대해 살펴보기로 한다.

❶ Fixed: 고정모수를 의미한다.

❷ Fixed-Weights 20: 1의 값이 부여된 경로가 20개임을 의미한다.

❸ Unlabeled: 자유모수를 의미한다.

❹ Unlabeled-Weights 13: 일방향 화살표로 연결된 경로 가운데 1이 부여되지 않은 것이 13개임을 의미한다.

❺ Unlabeled-Covariances 3: 외생잠재변수 간 공분산(즉, 양방향 화살표로 연결된 경로)에 해당하는 자유모수가 3개임을 의미한다.

❻ Unlabeled-Variances 18: 측정오차에 해당하는 13개 모수(e1~e13), 잔차에 해당하는 2개 모수(d1~d2), 외생변수의 3개 분산 등 총 18개임을 의미한다.

❼ Unlabeled-Total 34: 자유모수가 총 34개임을 의미한다.

❽ Total 54: 고정모수와 자유모수를 합한 총 모수의 수가 54개임을 의미한다.

2) 모수의 본질

❶ **모델 내의 모든 외생변수는 모수로서 정의되는 분산을 가진다.** 내생변수도 분산을 가지지만, 그 분산들은 모수가 아니다. 내생변수의 분산은 다른 변수들에 의해 예측되어지는 것으로 가정된다. 일반적으로 내생변수의 분산은 대수적으로 오차항과 모델에서의 선형적인 영향과 관련된 모수, 그리고 외생변수의 분산의 함수로 표현되는 것으로 정의된다. 따라서, 내생변수의 분산은 그 자체가 모수가 아니라 모델 내의 다른 모수들의 함수이다.

판매원의 고객지향성모델의 분산을 제시하면 [Output 6-1]과 같다. 18개의 외생변수의 분산이 있음을 알 수 있다.

Output 6-1 판매원의 고객지향성모델의 분산

Variances: (Group number 1 - Default model)

	Estimate	S.E.	C.R.	P
역할모호성	.571	.080	7.100	***
역할갈등	1.467	.169	8.672	***
시장지향성	.976	.113	8.636	***
d1	.024	.006	4.289	***
d2	.654	.096	6.795	***
e8	.485	.095	5.089	***
e7	.439	.048	9.147	***
e10	.533	.106	5.042	***
e9	.299	.097	3.090	.002
e5	.047	.073	.653	.514
e6	.345	.037	9.279	***

e1	.103	.010	10.666	***
e2	.193	.020	9.431	***
e3	.303	.029	10.436	***
e4	.585	.055	10.609	***
e12	.554	.056	9.965	***
e11	.373	.052	7.222	***
e13	.397	.045	8.907	***

[Output 6-1]에서 외생변수인 역할모호성, 역할갈등, 시장지향성의 분산이 추정되었는데 이는 이들을 준거변수 설정법으로 척도화했기 때문이다. 만약 이들을 단위분산 설정법으로 척도화한다면 이들 분산은 추정되지 않는다.

❷ **모든 공분산은 모수가 되는데 그러한 모수는 오직 외생변수(외생변수, 오차 및 잔차)만이 될 수 있다.** 내생변수를 포함한 상관관계를 설정하는 것은 허용되지 않는데, 이는 그런 관계들이 모델 내의 다른 변수들 및 영향들에 의해 예측되어지기 때문이다. 내생변수의 분산은 다른 모수들의 함수로서 표현될 수 있는 것처럼, 내생변수의 공분산(상관)도 다른 변수의 함수로서 표현될 수 있다. 따라서, 내생변수의 공분산은 모수로 설정될 수 없다. 만약, 내생변수의 잔차인 d1과 d2 사이에 공분산이 설정된다면 이는 모수에 해당된다. [Output 6-1]에 외생변수인 역할모호성, 역할갈등, 시장지향성 사이의 공분산에 해당하는 3개의 모수치가 제시되어 있다.

Output 6-1 ••• **판매원의 고객지향성모델의 공분산**

Covariances: (Group number 1 - Default model)

			Estimate	S.E.	C.R.	P
역할모호성	<-->	역할갈등	.484	.074	6.568	***
역할모호성	<-->	시장지향성	-.512	.067	-7.650	***
역할갈등	<-->	시장지향성	-.525	.087	-6.014	***

❸ **모델에 설정된 모든 인과관계는 모수에 해당한다.** 이러한 인과관계는 잠재변수에 대한 다른 잠재변수의 영향, 관측변수에 대한 잠재변수의 영향, 관련 변수들에 대한 오차항의 영향(측정오차 및 잔차) 등을 포함한다. [Input 6-1]에서 1로 설정된 경로를 제외한 모든 경로는 자유모수에 해당된다. 이들 경로의 수는 모두 13개이다. Amos에서 이들 모수는 **회귀계수(regression weights)**로 보고된다. 판매원의 고객지향성모델의 회귀계수가 [Output 6-1]에 제시되었다. [Output 6-1]의 회귀계수에서 1로 설정된 모수 5개는 고정모수이고, 나머지 13개는 자유모수이다.

Output 6-1 ••• 판매원의 고객지향성모델의 회귀계수

Regression Weights: (Group number 1 - Default model)

			Estimate	S.E.	C.R.	P
직무만족	<---	역할모호성	-.189	.029	-6.473	***
직무만족	<---	역할갈등	-.046	.015	-3.130	.002
고객지향성	<---	시장지향성	.534	.077	6.961	***
고객지향성	<---	역할갈등	-.059	.062	-.948	.343
고객지향성	<---	직무만족	2.212	.419	5.282	***
ambig	<---	역할모호성	1.667	.128	13.038	***
clear	<---	역할모호성	1.000			
conflict	<---	역할갈등	1.015	.076	13.295	***
compat	<---	역할갈등	1.000			
sell	<---	고객지향성	1.000			
solve	<---	고객지향성	.582	.038	15.256	***
work	<---	직무만족	1.000			
super	<---	직무만족	1.783	.205	8.697	***
pay	<---	직무만족	1.823	.226	8.081	***
promo	<---	직무만족	2.417	.305	7.920	***
comport	<---	시장지향성	.834	.060	13.802	***
cusort	<---	시장지향성	1.000			
intcord	<---	시장지향성	.838	.056	14.941	***

1.2 구조모델의 설정

구조모델은 [그림 6-2]와 같이 설정되었다. **저자가 제4장에서 강조했듯이, 구조모델의 설정은 이론적 근거 또는 논리적 타당성을 토대로 잠재변수 간의 관계를 설정해야 함을 다시 한 번 강조하고자 한다. 아무런 근거 없이 임의로 잠재변수 간의 경로를 설정하는 것은 '모델'이 아니고 '그림'인 것이다.**

그림 6-2 구조모델의 설정

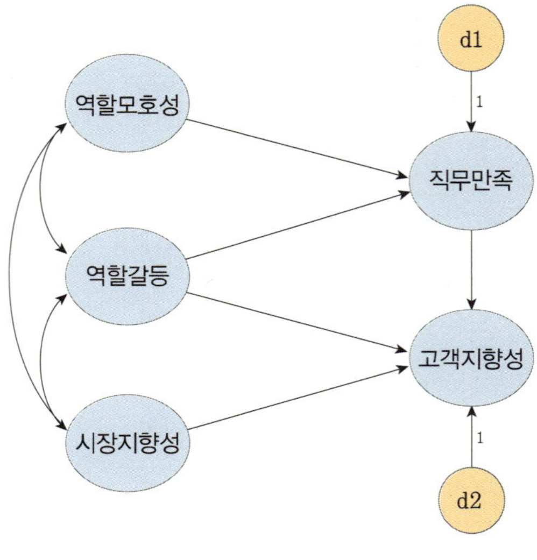

1.3 측정모델의 설정

측정모델은 [그림 6-3]과 같이 설정되었다. 관측변수가 하나 이상의 잠재변수에 설정되는 경우도 있는데, 이는 강한 이론적 근거가 없으면 해서는 안 된다.

그림 6-3 측정모델의 설정

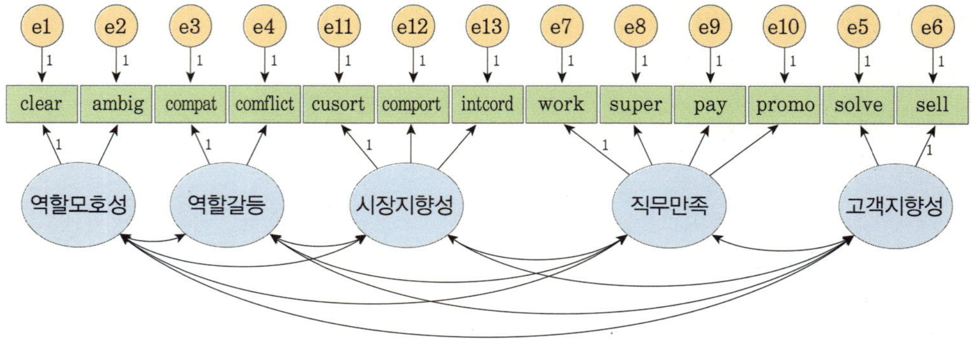

1.4 외생변수 간 또는 오차 간 상관의 설정

외생변수 간에 상관이 있도록 설정할 수 있다. 대부분 외생변수는 서로 상관되어 내생변수에게 공유된 영향력을 주는 것으로 설정된다. 그러나 내생변수 간의 상관은 해석상

혼동을 야기할 수 있기 때문에 사용되지 않고, 내생변수 간의 오차는 상관되도록 설정할 수 있다.

관측변수의 오차는 서로 상관될 수 있다. 이를 **상관된 지표(correlated indicator)**라 한다. 상관된 지표는 2개 이상의 동일한 지표를 이용하여 시간적 간격을 두고 측정하는 종단연구를 제외하고는 피하는 것이 바람직하다. **모델적합도가 좋지 않게 나온 경우, 모델적합도를 높이기 위해 오차 간에 상관을 연결하는 것은 결코 바람직한 접근법이 아님을 기억하라.**

1.5 잠재변수의 척도화

잠재변수의 척도화는 준거변수 설정법으로 하였다. 각각의 잠재변수별로 역할모호성은 'clear', 역할갈등은 'compat', 시장지향성은 'custort', 직무만족은 'work', 고객지향성은 'sell'이 준거변수로 설정되었다.

2. 모델식별

2.1 모델식별의 의의

모델식별(model identification)은 표본행렬에 모델을 적합시켰을 때 모델의 모든 자유모수가 **고유치(unique value)** 또는 **고유해(unique solution)**로 구해질 수 있는가의 문제이다.

모델이 식별되기 위해서는 각각의 자유모수가 식별되어야 하고(이를 모수가 식별되었다고 함: parameter is identified), 모델 내의 모든 자유모수가 식별되어야 한다(이를 모델이 식별되었다고 함: model is identified). 만약 모수치의 고유해를 얻을 수 있다면, 그 모델은 식별될 수 있고 따라서 모수들은 추정가능하고 모델은 검정될 수 있다. 반면에 만약 모델이 식별될 수 없다면, 이는 많은 모수치가 자료와 일치할 수 있기 때문에 어떤 값이든 임의적이 된다.

Amos는 표본행렬을 토대로 미지의 모수치를 추정한다. 모델을 추정하는 동안 실행이 중단되거나, 무의미한 결과를 산출하거나 또는 비합리적인 결과를 산출하는 가장 큰 원인은 모델식별과 관련된다.

다음의 예를 통해 식별문제를 이해하기로 한다. 예를 들어, A×B=40이라는 방정식의 고유해는 얼마인가? 해는 (1, 40), (2, 20), (4, 10), (5, 8)처럼 여러 가지가 있다. 이러한 경우 **식별문제(identification problem)**에 처하게 된다. 즉 경험적인 자료에 의해 제공되는 정보(즉, 관측변수의 분산/공분산)가 고유해가 되기에 충분하지 않은 경우 식별문제에 처하게 된다.

1) 과소식별모델

과소식별모델(under-identified model)은 모수치의 해를 결정하기에 충분한 정보를 갖고 있지 않기 때문에 무한한 수의 해가 존재한다. 이 경우, 모델이 **과소식별(under-identified)**되었다고 한다. 과소식별모델은 음수(−)의 자유도를 가지며 추정해야 할 모수가 정보의 수보다 많다. 이 모델은 모수를 고정하거나 제약하지 않으면 추정할 수 없다. 과소식별 문제를 해결하기 위해 모델에 제약을 한다. 예를 들어, 앞의 예에서 B=5라는 제약이 주어졌다고 가정한다. 이러한 제약이 주어지면, A=8이라는 고유해가 얻어진다. 마찬가지로, Amos에서도 제약을 줄 수 있다. 즉 ① 모델에 보다 많은 관측변수를 포함시키거나, ② 어떤 모수를 0으로 고정하거나, ③ 일부 모수를 서로 같도록 제약을 줄 수 있다.

2) 적정식별모델

적정식별(just-identified)은 모수치에 대해 단 하나의 고유해가 얻어지는 것을 의미한다. 앞의 예에서, A×B=40이라는 방정식 외에 A+2B=18이라는 방정식이 추가되었다고 하면 A=8, B=5의 고유해가 존재하는 적정식별이 된다. 이 경우는 모수치를 얻기 위해 모든 정보가 이용되기 때문에 모델검정에 필요한 정보가 남아 있지 않아 자유도는 0이 된다. **적정식별모델(just-identified model)**은 완벽한 적합도를 보이지만, 이 해는 일반화 가능성이 없으므로 연구자의 관심의 대상이 되지 않는다. 적정식별모델을 **포화모델(saturated model)**이라고도 한다.

3) 과대식별모델

과대식별(over-identified)은 각각의 모수에 대해 하나 이상의 추정치를 얻을 수 있는 것을 의미한다. 예를 들어, 앞의 식에서 A×B=40, A+2B=18이라는 방정식 외에

2A + B = 24라는 방정식이 추가되었다고 가정한다. 즉 모수는 두 개이고 방정식의 수는 세 개인 경우이다. 이 경우, A = 8, B = 5와 A = 10, B = 4라는 해가 얻어진다. 이처럼 모델이 과대식별된 경우 여러 개의 고유해가 존재한다. Amos는 이러한 여러 개의 고유해 중에서 관측된 자료를 가장 잘 적합시키는 특정 해를 구해서 보고한다. **과대식별모델(over-identified model)**은 추정해야 할 모수의 수보다 자료행렬 내의 정보의 수가 많아 자유도가 양수(+)인 모델이다. 과대식별모델은 SEM 분석에서 연구자가 관심을 갖는 대상이 된다.

2.2 자유도

식별문제와 관련하여 추정할 모수의 수와 표본행렬 내의 원소의 수를 파악할 필요가 있다. 왜냐하면, 모델이 과대식별되기 위해서는 표본행렬 내의 원소의 수가 추정할 모수의 수보다 많아야 하기 때문이다. 식별이 되기 위한 이러한 조건을 t-규칙이라 한다.

t-규칙(t-rule)이란 표본행렬 내의 자료의 수(행렬에 포함된 원소의 수)보다 모수의 수가 많아서는 안 된다는 것이다. $p \times p$(p: 관측변수의 수)의 표본행렬이 있다고 할 때, 표본행렬에는 $p(p+1)/2$개의 자료의 수가 있다. 추정해야 될 모수의 수를 t라고 할 때, 모델이 식별되기 위해서는 $t \leq p(p+1)/2$의 필요조건이 충족되어야 하는데 이를 t-규칙이라 한다.

표본행렬 내 자료의 수와 모델 내 자유모수의 수의 차이를 **자유도(degree of freedom: df)**라 한다. Amos에서 자유도는 다음 식에 의해 계산된다.

$$df = \frac{1}{2}[p(p+1)] - t$$

p: 관측변수의 수, t: 자유모수의 수

위 식에서, $1/2[p(p+1)]$은 표본행렬 내의 비중복된 원소의 수이다. 즉 행렬 내의 반하(lower half)에 해당하는 수이다. 예를 들어, 관측변수가 13개인 경우 표본행렬 내의 비중복된 원소의 수는 $1/2(13 \times 14) = 91$이다. 만약 추정될 자유모수의 수(t)가 34개라면, 자유도(df)=57(91−34)인 과대식별모델이 된다. 판매원모델의 자유모수의 수는 34개이다. [Output 6-1]에 판매원모델의 자유도가 제시되어 있다. 판매원모델의 자유도(df = 57)는 이렇게 해서 얻어진다.

Output 6-1 ••• **판매원모델의 자유도**

Computation of degrees of freedom (Default model)

Number of distinct sample moments	91
Number of distinct parameters to be estimated	34
Degrees of freedom (91 - 34)	57

SEM에서의 자유도가 다른 다변량분석법과 다른 점은 추정모수의 수가 표본크기가 아닌 표본행렬 내의 원소의 수와 비교된다는 점이다. SEM에서 표본크기는 표준오차를 추정하기 위해 사용되며 자유도에는 영향을 미치지 않는다.

자유도는 다른 관점에서 보면 모델의 **간명도(parsimony)**로 해석할 수 있다. 자유도는 주어진 정보를 설명하기 위해 사용되는 자유모수의 수를 뺀 나머지이므로 자유모수의 수가 작을수록(즉, 자유도가 클수록) 모델의 간명도는 높아진다. **과학적 연구의 목적은 자료에 내재된 구조를 간명하게 설명하는 데 있으므로 간명도가 높은 모델(즉, 자유도가 큰 모델)로 하여금 그 자료를 잘 설명해 줄 수 있어야 한다. 그러므로 자유도가 크면서 높은 적합도를 보이는 모델이 바람직하다.**

2.3 식별문제의 진단

모델이 식별되지 않는 것은 적어도 한 개 이상의 모수가 식별되지 않기 때문이다. 식별문제는 ① 하나 이상의 계수가 매우 큰 표준오차를 보이거나, ② 음오차분산과 같은 부적해가 있거나 또는 지나치게 비합리적인 추정치가 있거나, ③ 추정계수 사이에 매우 높은 상관관계(±.90 이상)를 보이는 경우에 검토할 필요가 있다.

Amos에서 식별문제의 진단은 모델을 실행한 다음, 다음과 같은 화면을 통해 진단할 수 있다. 모델에 식별문제가 없으면 [모델관리] 창에 다음과 같이 [OK] 싸인이 뜨며,

χ^2통계량 및 자유도(df)가 보고된다.

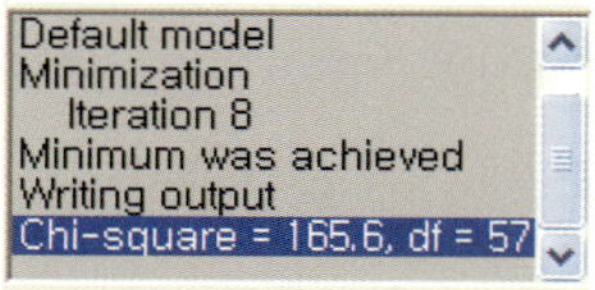

출력에서 [Notes for Model]을 클릭하여 이를 좀 더 구체적으로 확인할 수 있다. 만약 식별문제가 있다면 특정 모수가 식별이 안 된다는 메시지가 나타난다. 다음은 식별문제가 있는 경우를 나타낸 것이다.

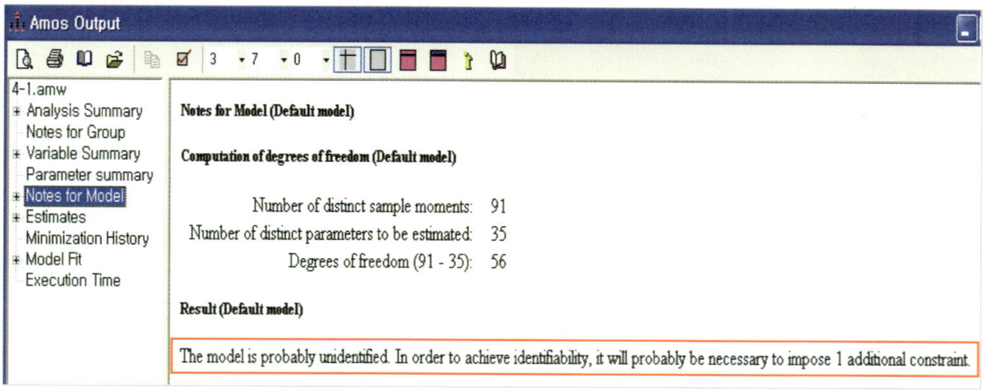

2.4 식별문제의 원인과 해결방안

모델식별에 문제가 있으면 ① 표본행렬의 수에 비해 자유모수의 수가 많은지, ② 두 내생변수 간에 쌍방의 인과관계가 있는 비재귀모델인지, ③ 잠재변수의 척도를 설정했는지 등의 원인을 검토한다.

식별문제를 해결하기 위해 모델에 대해 더 많은 제약을 한다. 즉 자유모수 가운데 일부를 고정모수로 전환하고, 식별문제가 해결될 때까지 점점 더 많은 제약을 하여 추정한다. 이 외에도, 식별문제를 해결하기 위해 ① 정당화될 수 있는 최소한의 모수를 가진 구조모델을 만들고, ② 관측변수가 단일지표로 측정된 경우 오차분산을 고정하며, ③ 문제가 있는 변수를 제거한다. 그래도 모델이 식별되지 않는다면, 인과관계의 수에 비해 상대적으로 더 많은 잠재변수가 포함된 구조모델을 다시 수립한다.

2.5 Amos에서의 식별문제 및 해결방안

이하에서 판매원의 고객지향성모델을 통해 식별문제가 발생하는 경우를 상황별로 살펴보기로 한다. 여기에 언급된 상황은 엄밀히 이야기하면 식별문제와 모델설정 문제가 같이 포함되어 있다.

❶ 준거변수를 설정하지 않은 경우: 잠재변수에 대해 준거변수를 설정하지 않은 경우 (예: 역할모호성에 대해 준거변수를 설정하지 않은 경우)

Input 6-2 ••• **식별문제의 예**

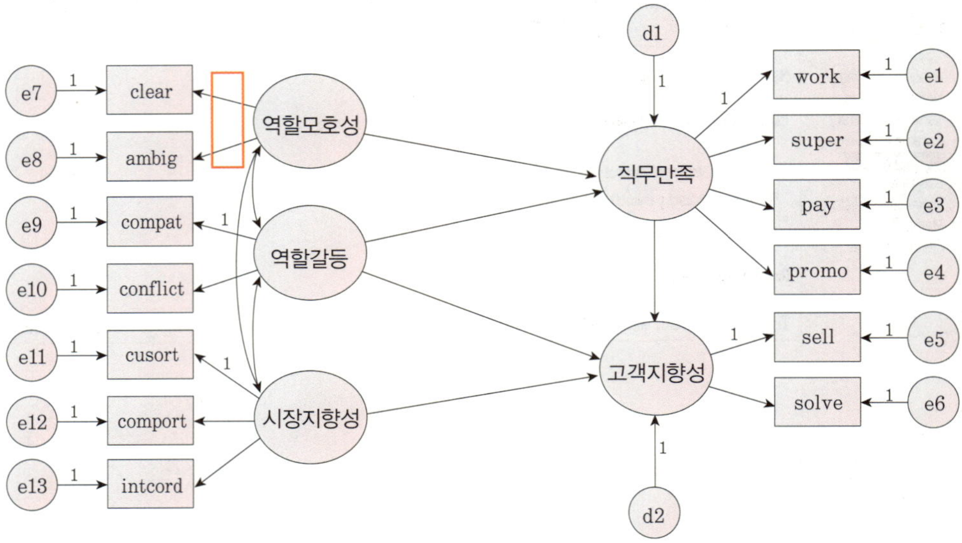

위와 같은 상황에서는 다음과 같은 에러메시지가 나온다.

Output 6-2 ••• **에러메세지**

Result (Default model)

The model is probably unidentified. In order to achieve identifiability, it will probably be necessary to impose 1 additional constraint.

이를 해결하기 위해서는 역할모호성의 관측변수 가운데 하나에 대해 1의 값을 부여하면 된다.

❷ 내생변수에 대해 잔차를 설정하지 않은 경우(예: 내생변수인 직무만족과 고객지향성에 대해 잔차를 설정하지 않은 경우)

Input 6-3 ••• **모델설정 문제의 예**

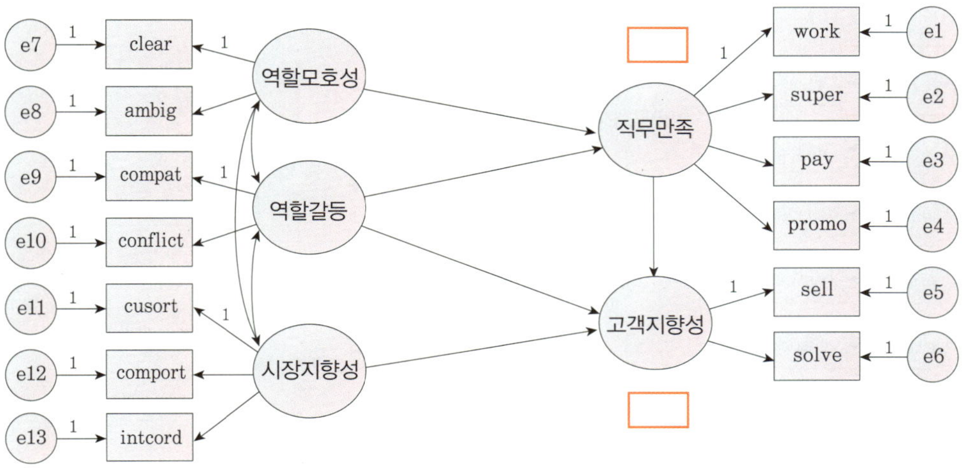

이 같은 상황에서 실행 아이콘을 클릭하면 다음과 같은 경고메시지가 나온다. [Proceed with the analysis] 버튼을 클릭하면 분석이 진행된다. 그러나 이는 식별이 되는 데는 문제가 없으나 이 출력을 토대로 결과를 해석해서는 안 되므로 주의해야 한다.

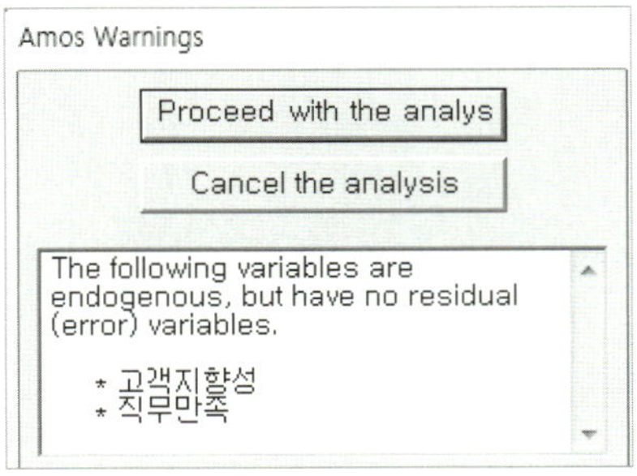

❸ 관측변수와 측정오차 간의 경로계수에 1을 부여하지 않은 경우(예: 관측변수 clear와 오차항 e7 간의 경로계수를 1로 지정하지 않은 경우)

Input 6-4 ••• **식별문제의 예**

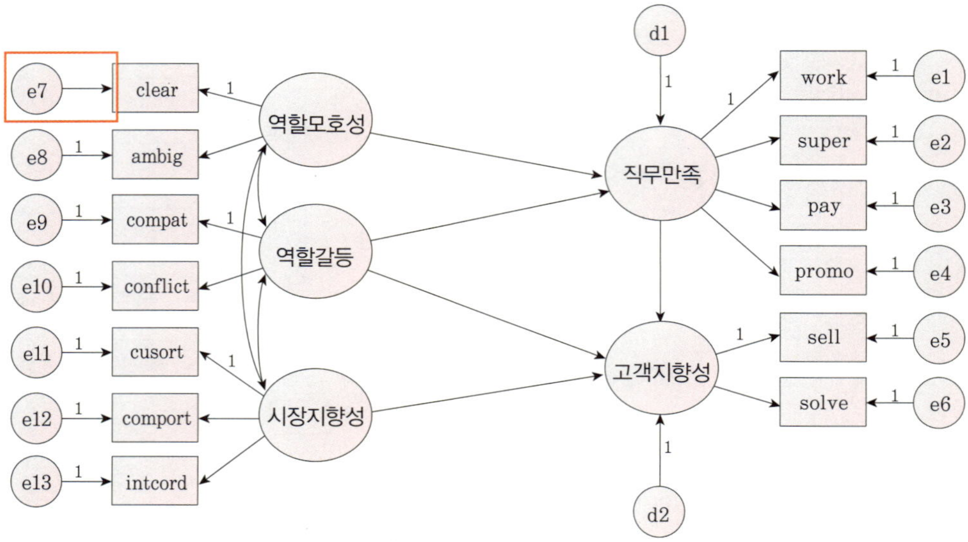

위와 같은 상황에서는 다음과 같은 에러메시지가 나온다.

Output 6-4 ••• **에러메시지**

Result (Default model)

The model is probably unidentified. In order to achieve identifiability, it will probably be necessary to impose 1 additional constraint.

이를 해결하기 위해서는 해당 경로에 1의 값을 부여하면 된다.

④ 관측변수의 이름이 자료파일 내의 이름과 다른 경우(예: 관측변수 clear를 clea로 입력한 경우)

Input 6-5 ••• 모델설정 문제의 예

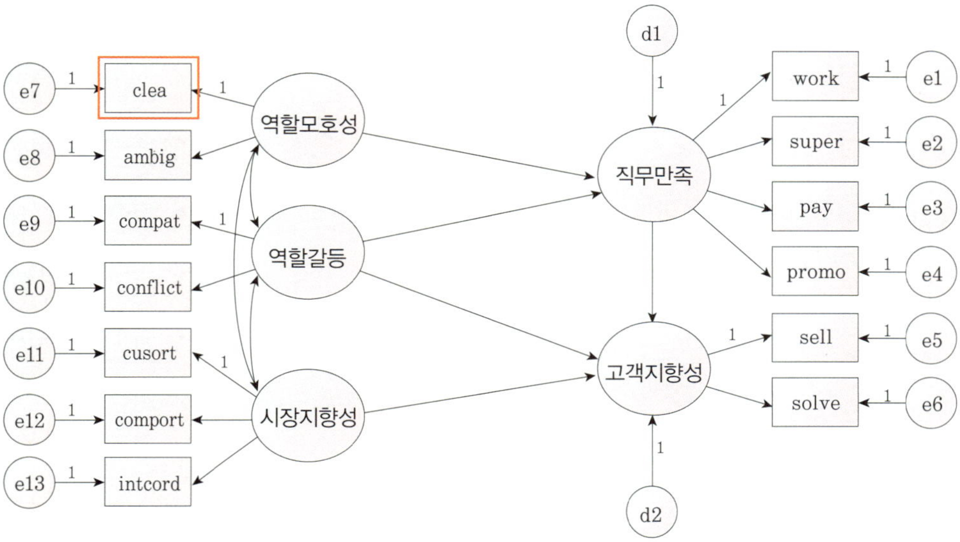

이 같은 상황에서는 다음과 같은 경고메시지가 나오면서 분석이 중단된다.

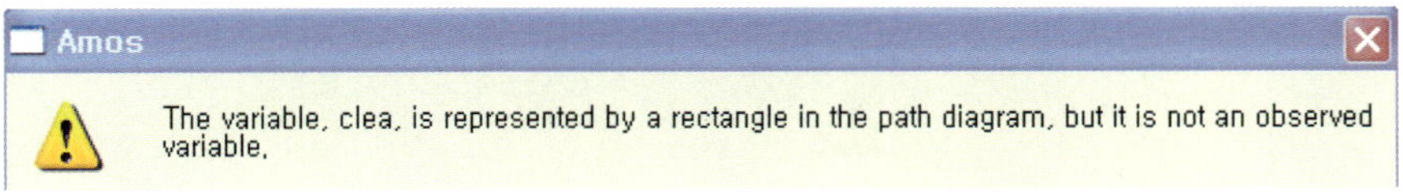

❺ 잠재변수의 이름을 부여하지 않은 경우(예: 잠재변수 직무만족의 이름을 부여하지 않은 경우)

Input 6-6 ••• **모델설정 문제의 예**

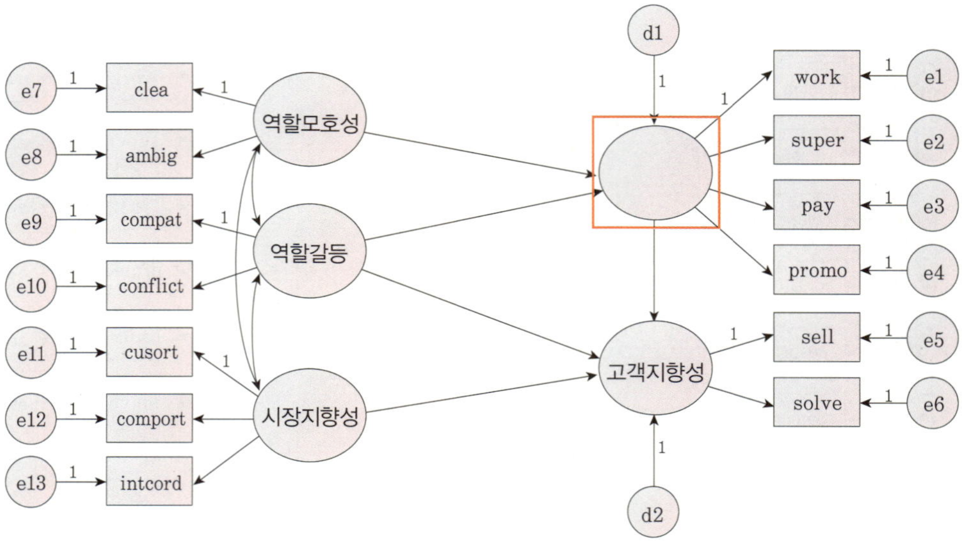

이 같은 상황에서는 다음과 같은 경고메시지가 나오면서 분석이 중단된다.

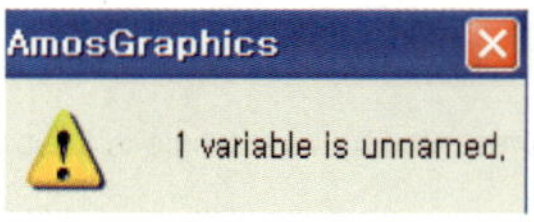

❻ 모델설정은 문제가 없는데 모수추정에서 부적해를 얻는 경우(예: 음오차분산) 이 같은 상황에서는 다음과 같은 에러메시지를 얻는다.

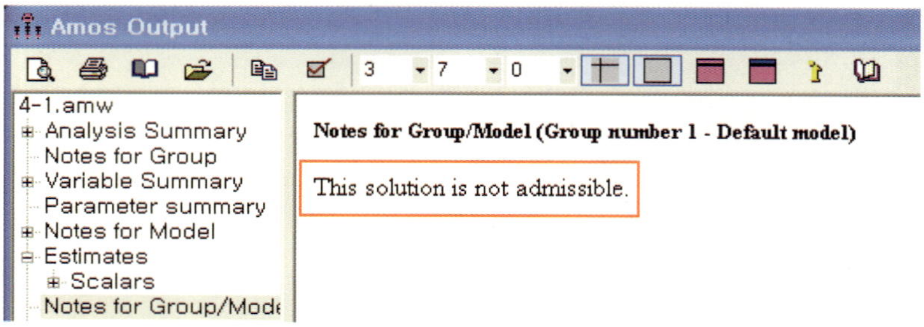

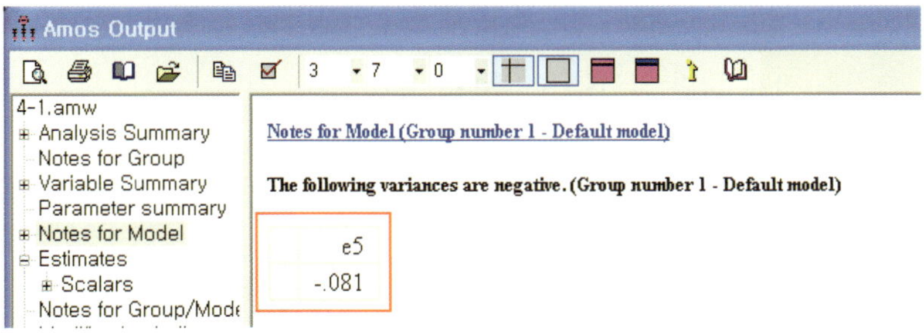

이 같은 상황에서는 해당 오차분산을 아주 작은 값으로 설정해 주거나, 이 변수를 제거할 수 있다.

❼ 작업시트를 벗어나 동그라미 또는 네모가 그려져 있는 경우(이는 작업시트 내에서는 보이지 않는 동그라미 또는 네모가 있는 경우임)

그림 6-4 모델설정 문제의 예

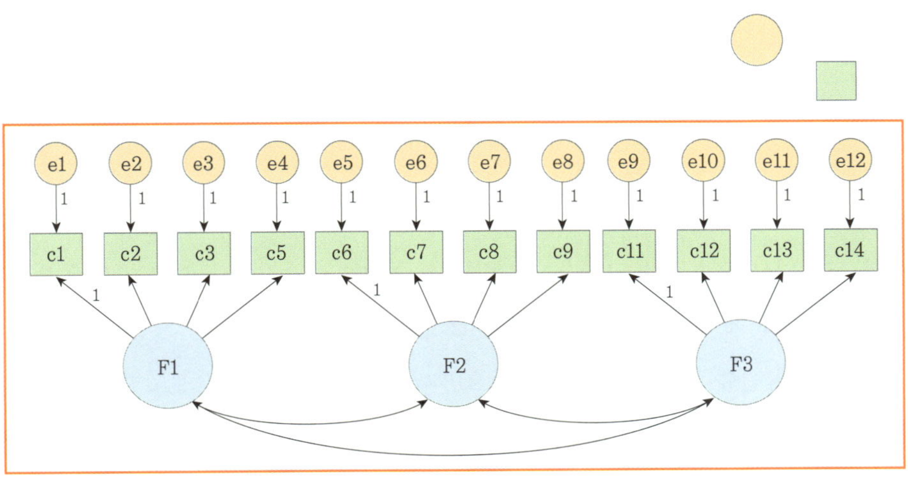

이 경우에는 다음과 같은 에러메시지가 나타나며 분석이 중단된다.

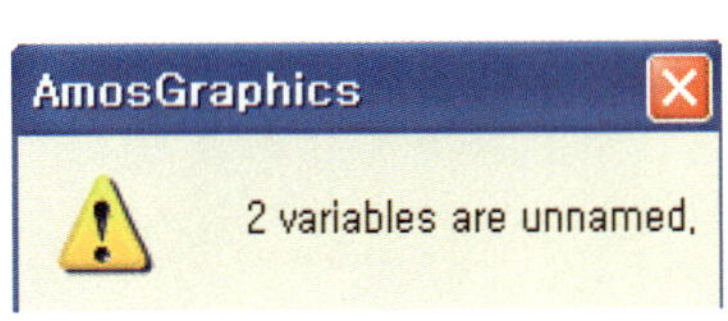

이 메시지가 나타나면 경로도를 면밀히 검토한 후, 필요없는 동그라미나 네모가 있는

지 확인한다. 이를 위해 Amos 작업시트에 마우스 포인터를 놓고 스크롤휠을 이용하여 화면의 크기를 작게 하면 확인할 수 있다.

3. 모델추정

3.1 모델추정의 의의 및 논리

모델이 식별되었다면, 그 다음은 자료로부터 자유모수의 추정치를 얻는 일이 요구된다. **모델추정(model estimation)**이란 모델에 포함된 자유모수 및 제약모수의 값을 산출하는 것을 의미한다. 자유모수의 추정치를 얻기 위해 예측행렬($\hat{\Sigma}$)이 표본행렬(S)과 비슷하도록 하기 위한 일련의 과정이 반복적으로 이루어진다. 예측행렬은 고정모수 및 자유모수의 추정치가 구조방정식으로 대체될 때 산출될 수 있는 행렬을 의미한다.

적합함수가 모수를 추정하는 논리에 대해 살펴보기로 한다. 모수를 추정할 때 Amos는 근사한 값을 구한다. 이 값을 **출발값(starting values)**이라 한다. 이 출발값이 추정될 모수의 첫 번째 값($\Sigma(\theta_1)$)이 된다.

그 다음, 이 출발값에 기초해 두 번째($\Sigma(\theta_2)$) 모수치를 추정한다. 두 번째 모수치와 출발값을 비교한다($\Sigma(\theta_2)-\Sigma(\theta_1)$). 만약 출발값과 두 번째 모수치가 매우 근사하면 두 번째 모수치를 모수로 보고한다. 두 번째 모수치와 출발값이 근사하지 않으면 두 번째 모수치에 기초해 다시 세 번째 모수치($\Sigma(\theta_3)$)를 찾는다.

두 번째와 세 번째 모수치의 차이가 작으면 세 번째 값을 모수로 보고한다. 만약 차이가 있으면 세 번째 값에 기초해 다시 네 번째 값($\Sigma(\theta_4)$)을 찾는다. 이런 과정을 **반복(iteration)**이라 한다. 이때 프로그램이 정한 반복횟수 안에 모수를 찾지 못하는 것을 비수렴이라 한다. **비수렴(non-convergence)**이란 어떤 적합함수가 모수를 추정할 때 모집단의 값인 모수로 수렴되지 않는 상태를 의미한다. Amos의 **반복한계(iteration limit)**의 디폴트는 50번이다. 다음은 Amos의 수렴기준 및 반복한계의 디폴트를 제시한 것이다.

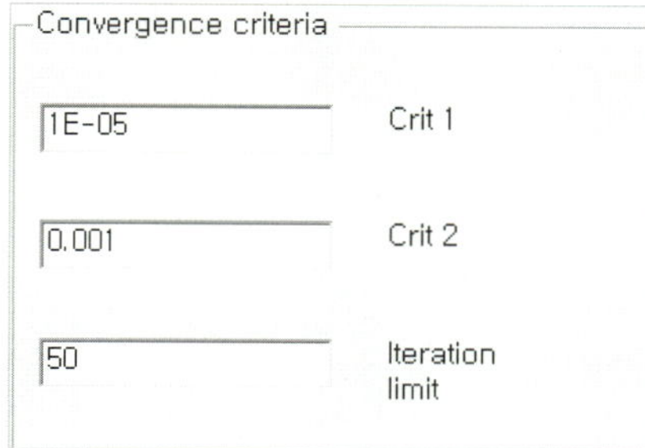

각각의 반복을 거친 다음에 예측행렬($\hat{\Sigma}$)이 표본행렬(S)과 비교된다. 반복은 모수치를 더 이상 개선할 수 없고 표본행렬에 대응하는 원소에 대해 크기와 방향에 있어 예측행렬이 가장 근사한 값을 산출할 때까지 계속된다. 즉 반복은 잔차행렬 내의 원소값이 더 이상 최소화할 수 없을 때까지 계속된다. 이때 추정은 **수렴(convergence)**되었다고 한다. 다음은 [Input 6-1]의 최소화 과정을 보인 것이다. 8번의 반복을 통해 수렴되었음을 알 수 있다.

Output 6-1 ••• **최소화 과정**

Minimization History (Default model)

Iteration	Negative eigenvalues	Condition #	Smallest eigenvalue	Diameter	F	NTries	Ratio
0 e	10		-.388	9999.000	2213.452	0	9999.000
1 e*	7		-.291	2.809	856.902	20	.570
2 e*	2		-.277	1.033	367.098	5	.759
3 e	0	168.225		.738	216.468	7	.861
4 e	0	66.264		.805	178.125	1	.856
5 e	0	94.519		.250	166.174	1	1.090
6 e	0	112.059		.099	165.578	1	1.051
7 e	0	117.455		.012	165.572	1	1.008
8 e	0	118.709		.000	165.572	1	1.000

SEM에서 설정된 경로는 그 값이 추정되어야 하는 미지수이다. 이런 미지수를 원소로 갖는 것이 모수행렬이다. 미지의 모수행렬의 값을 결정하기 위해서는 연구자가 이미 알고 있는 표본행렬에 모수행렬을 최대한 근접하게 하는 과정이 필요하다. 연구자는 모집단행렬(Σ)을 알 수 없기 때문에 N개의 표본으로부터 얻은 표본행렬(S)을 이용하여 $\Sigma(\theta)$의 추정치를 얻는다. 이때, $\Sigma(\theta)$의 추정치가 가급적 표본행렬(S)과 가깝도록 해야 하는데, 이들 간에 가까운 정도를 나타내는 함수를 **적합함수(fitting function)**라 한다. 즉 적합함수란 모수행렬을 표본자료에 최대한 근접하게 하는 과정에서 모수행렬과 표본행렬 간의 차이를 최소화하는 함수이다. 따라서 적합함수는 미지의 모수행렬과 표본행렬

의 함수이며, $F = (S, \hat{\Sigma})$로 표시된다. F는 함수를 나타내며, S는 표본행렬, $\hat{\Sigma}$는 모수행렬로 구성된 모델행렬을 의미한다.

적합함수는 표본행렬(S)과 예측행렬($\hat{\Sigma}$)의 불일치 정도를 의미하기 때문에 **불일치함수(discrepancy function)**라고도 한다. 적합함수값이 0이라면 불일치가 전혀 없다는 뜻이다. 이러한 불일치 정도에 의해 모델적합도를 평가한다. 추정이 하나의 해로 수렴되면 예측행렬과 표본행렬 사이의 대응 정도를 의미하는 하나의 값이 산출된다. 이 값을 **적합함수값(value of fitting function: F_{MIN})**이라 한다. 이 값이 0에 가까울수록 예측행렬이 표본행렬에 근사함을 의미한다. 두 행렬이 완벽하게 대응하게 되면 적합함수값은 0이 된다. 이 값은 모델의 적합도지수를 계산하는 데 이용된다. [Output 6-1]은 Amos에 의한 판매원모델의 적합함수값(.543)을 나타낸 것이다.

Output 6-1 적합함수값

Model	FMIN	F0	LO 90	HI 90
Default model	.543	.356	.242	.495

3.2 추정법의 종류

Amos 추정법에는 ① 최대우도법(maximum likelihood: ML), ② 일반최소자승법(generalized least square: GLS), ③ 비가중최소자승법(unweighted least square: ULS), ④ 척도자유최소자승법(scale-free least square), ⑤ Browne의 점근분포자유법(asymptotically distribution-free: ADF) 등이 있다. 이 가운데 일반적으로 많이 쓰이는 추정법은 ML이다. ML은 자료에 결측치(missing value)가 없다는 전제하에 추정된다.

Amos에서 추정법을 바꾸기 위해서는 [Analysis Properties]의 [Estimation] 탭에서 지정해 주면 된다. 다음은 Amos에서 제공되는 추정법을 제시한 것이다.

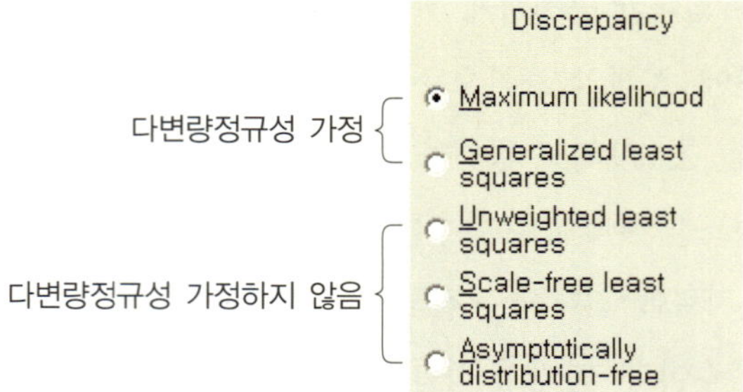

일반적 가정하에 모델이 틀리지 않고 대표본인 경우에 위의 추정법들은 모수의 일관추정치(consistent estimates)를 제공한다. 이들 추정법은 반복적인 절차를 사용하여 모수치를 개선해 나감으로써 각각의 적합함수를 최소화시켜 간다.

ULS는 **부분정보기법(partial information technique)**이고, ML, GLS, ADF는 완전정보기법이다. **완전정보기법(full information technique)**이란 측정모델과 구조모델에 포함되는 모든 계수를 한꺼번에 추정하는 것을 의미한다. 경로분석에서는 각 경로들의 회귀식을 따로따로 계산해 추정한다. 그러나 완전정보기법은 표본행렬에 담겨 있는 모든 정보를 이용하여 모수를 추정한다. 그러므로 한 모수에 변화를 주면 이의 영향이 다른 모수들에게도 미치게 된다. 따라서 모델에 포함된 전체 방정식에 의해 제공된 정보를 이용하여 각각의 모수를 추정하기 때문에 설정오차에 민감한 특성이 있다.

CHAPTER 7

분석 결과의 평가 및 해석

1. 해의 검토
2. 모델적합도 평가
3. 결과의 해석

CHAPTER 7

분석 결과의 평가 및 해석

분석 결과를 평가하고 해석하기 위해 [표 7-1]과 같은 단계 및 내용에 따라 한다.

표 7-1 분석 결과의 평가 및 해석

단계	내용
1. 해의 검토	• 추정치 검토(위반추정치 여부), 추정치 부호 검토, 통계적 유의도 검토
2. 모델적합도 평가	• 구조모델과 측정모델의 모델적합도 평가, 측정모델의 CR과 AVE에 의한 신뢰도 및 타당도 평가
3. 결과의 해석	• 가설검정 결과의 해석, 경쟁모델 개발, 간접효과 제시

[Input 7-1]의 모델을 토대로 분석 결과의 평가 및 해석에 대해 살펴보기로 한다.

Input 7-1 판매원모델

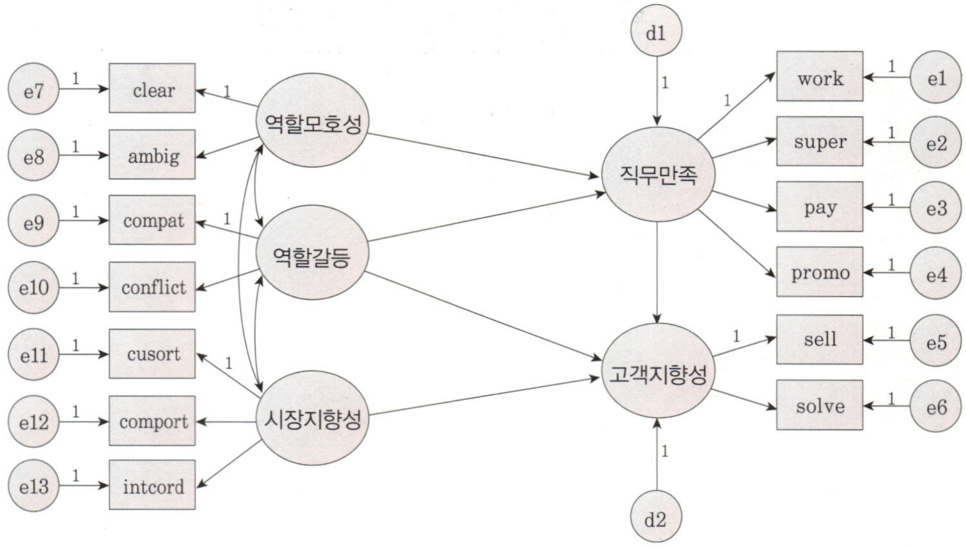

1. 해의 검토

해(solution)의 검토를 위해 추정치(estimate)를 검토한다. 이를 위해, 추정치가 ① 올바른 부호를 갖고 있는지, ② 위반추정치가 있는지, ③ 통계적 유의도 등을 검토한다.

❶ 추정치가 연구자가 가정한 방향과 같게 나타났는지 검토한다.

두 잠재변수 간에 정적(+)인 관계를 가정했는데, 분석 결과 부적(−)인 방향이 나왔다면 이는 받아들일 수 없다. 이 경우, 추정치가 통계적으로 유의적이라 하더라도 가설이 기각되는 것으로 결정한다. **연구자들이 모수의 통계적 유의도만 검토하고 방향성 검토는 무시하고 가설검정 결과를 기술하는 경우가 있는데 이는 틀린 것이다.**

❷ 위반추정치가 있는지 검토한다.

위반추정치(offending estimate)란 구조모델이나 측정모델에서 수용한계를 벗어난 추정치로, 이를 **부적해(improper solution)** 또는 **비수용해(inadmissible solution)**라고도 한다. 위반추정치의 예로 ① **헤이우드 케이스(Heywood case)**와 같은 음오차분산, ② 표준화계수가 1.0을 초과하는 것, ③ 추정계수의 표준오차가 큰 것, ④ 오차분산이 0에 가까운 것 등을 들 수 있다.

위반추정치가 있으면, 모델을 평가하기 전에 그 원인을 해결하고 다시 추정해야 한다. **위반추정치가 있는 데에도 불구하고 이를 해결하지 않고 결과 해석을 해서는 절대 안 된다.**

[Output 7-1]은 판매원모델의 Output 가운데 일부를 제시한 것이다. Output을 검토해 보면 위반추정치가 없는 것을 알 수 있다.

Output 7-1 ••• **판매원모델의 분석 결과**

Regression Weights: (Group number 1 - Default model)

			Estimate	S.E.	C.R.	P
직무만족	<---	역할모호성	-.189	.029	-6.473	***
직무만족	<---	역할갈등	-.046	.015	-3.130	.002
고객지향성	<---	시장지향성	.534	.077	6.961	***
고객지향성	<---	역할갈등	-.059	.062	-.948	.343
고객지향성	<---	직무만족	2.212	.419	5.282	***
ambig	<---	역할모호성	1.667	.128	13.038	***
clear	<---	역할모호성	1.000			
conflict	<---	역할갈등	1.015	.076	13.295	***
compat	<---	역할갈등	1.000			
sell	<---	고객지향성	1.000			
solve	<---	고객지향성	.582	.038	15.256	***
work	<---	직무만족	1.000			
super	<---	직무만족	1.783	.205	8.697	***

pay	<---	직무만족	1.823	.226	8.081	***
promo	<---	직무만족	2.417	.305	7.920	***
comport	<---	시장지향성	.834	.060	13.802	***
cusort	<---	시장지향성	1.000			
intcord	<---	시장지향성	.838	.056	14.941	***

Standardized Regression Weights: (Group number 1 - Default model)

			Estimate
직무만족	<---	역할모호성	-.603
직무만족	<---	역할갈등	-.237
고객지향성	<---	시장지향성	.421
고객지향성	<---	역할갈등	-.057
고객지향성	<---	직무만족	.418
ambig	<---	역할모호성	.875
clear	<---	역할모호성	.752
conflict	<---	역할갈등	.860
compat	<---	역할갈등	.912
sell	<---	고객지향성	.985
solve	<---	고객지향성	.779
work	<---	직무만족	.593
super	<---	직무만족	.693
pay	<---	직무만족	.617
promo	<---	직무만족	.599
comport	<---	시장지향성	.742
cusort	<---	시장지향성	.851
intcord	<---	시장지향성	.796

Variances: (Group number 1 - Default model)

	Estimate	S.E.	C.R.	P
역할모호성	.571	.080	7.100	***
역할갈등	1.467	.169	8.672	***
시장지향성	.976	.113	8.636	***
d1	.024	.006	4.289	***
d2	.654	.096	6.795	***
e8	.485	.095	5.089	***
e7	.439	.048	9.147	***
e10	.533	.106	5.042	***
e9	.299	.097	3.090	.002
e5	.047	.073	.653	.514
e6	.345	.037	9.279	***
e1	.103	.010	10.666	***
e2	.193	.020	9.431	***
e3	.303	.029	10.436	***
e4	.585	.055	10.609	***
e12	.554	.056	9.965	***
e11	.373	.052	7.222	***
e13	.397	.045	8.907	***

위반추정치의 해결방안으로 음오차분산인 경우에는 오차분산을 작은 양(+)의 값(예: 0.005)으로 고정시켜 줄 수 있다. 예를 들어, 판매원모델에서 'work'의 오차분산이 음(−)의 값이 나왔다고 가정한다. 이를 해결하기 위해 해당 분산(e1)을 더블클릭하여 나타나는 [Object Properties]의 [Parameters] 탭의 [Variance]에 작은 양(+)의 값을 적어준다. 또는 잠재변수를 측정하기 위해 사용된 관측변수가 많은 경우에는 음오차분산에 해당하는 변수를 제거할 수 있다.

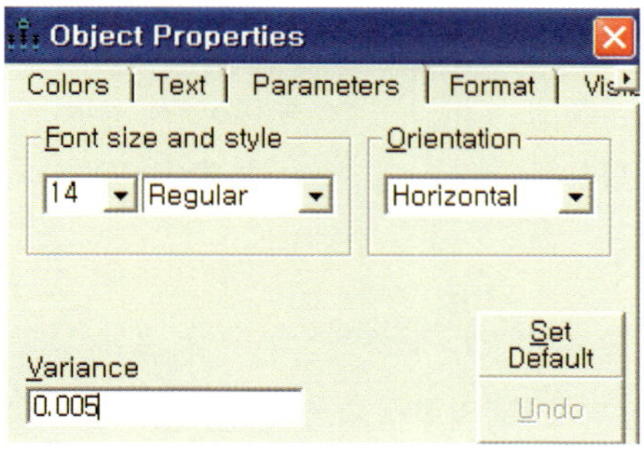

표준화계수가 1.0을 초과하거나, 두 개념 간에 매우 높은 상관관계를 보인다면 개념 가운데 하나를 제거하거나 또는 개념 간에 판별타당도가 있음을 보여준다. 이러한 상황은 이론적으로 틀린 모델이거나, 이론적 정당성 없이 수립된 모델이거나 또는 단지 경험적 지표에 의해 모델을 수정한 결과로 인해 발생한다.

❸ 모수치의 통계적 유의도를 검토한다.

모수치의 통계적 유의도를 표준오차를 기초로 검토한다. **표준오차(standard error: S.E.)**는 모수치의 정확도(안정성)를 나타낸다. S.E. 크기는 모집단으로부터 표본을 반복해서 추출했을 때 모수치가 어느 정도나 안정적인가를 알려준다. S.E.가 작으면 모수치가 정확함(안정적)을 의미하며, 크면 모수치가 정확하지 않음을 의미한다.

모수치의 통계적 유의도를 결정하기 위해 **임계비(critical ratio: C.R.)**가 사용된다. Amos에서 C.R.은 다음에 의해 계산된다.

$$\text{C.R.} = \frac{\text{모수치}}{\text{표준오차의 추정치}}$$

[표 7-2]는 사회과학에서 많이 쓰이는 유의수준과 그에 따른 C.R.을 나타낸 것이다.

양측검정인지 또는 단측검정인지는 가설의 방향이 포함되어 있느냐, 그렇지 않느냐에 따라 달라진다. **방향성 가설인 경우에는 단측검정을 하고, 무방향성 가설인 경우에는 양측검정을 한다.** 이에 대해서는 제4장을 참고하기 바란다.

표 7-2 가설검정 시 C.R.과 유의수준

양측검정	단측검정	C.R.의 절대치
α =.01에서 유의적	α =.005에서 유의적	$\lvert C.R. \rvert > 2.58$
α =.02에서 유의적	α =.01에서 유의적	$\lvert C.R. \rvert > 2.33$
α =.05에서 유의적	α =.025에서 유의적	$\lvert C.R. \rvert > 1.96$
α =.10에서 유의적	α =.05에서 유의적	$\lvert C.R. \rvert > 1.645$

C.R.은 'Regression Weights'에 해당하는 모수를 대상으로 검토한다. 검토결과, 판매원 모델은 역할갈등으로부터 고객지향성으로 가는 경로만 비유의적이고, 나머지는 모두 α =0.05 수준에서 유의적인 것으로 나타났다.

Output 7-1 판매원모델의 가설검정 결과

			Estimate	S.E.	C.R.	P
직무만족	<---	역할모호성	-.189	.029	-6.473	***
직무만족	<---	역할갈등	-.046	.015	-3.130	.002
고객지향성	<---	시장지향성	.534	.077	6.961	***
고객지향성	<---	역할갈등	-.059	.062	-.948	.343
고객지향성	<---	직무만족	2.212	.419	5.282	***

④ 다중상관자승을 검토한다.

다중상관자승(squared multiple correlation: SMC)은 측정모델과 구조모델에 대해 제공된다. Amos에서 SMC를 얻기 위해서는 [View] 메뉴 → [Analysis Properties] → [Output] 탭에서 [Squared multiple correlations]를 체크한다.

측정모델의 SMC는 잠재변수가 관측변수에 의해 설명되는 정도를 나타낸다. 측정모델의 SMC는 관측변수의 신뢰도를 평가하는 데 이용된다. 측정모델의 SMC는 0.5 이상이어야 신뢰도가 있다고 본다. [Output 7-1]을 보면, 판매원모델의 SMC 가운데, 직무만족과 관련된 관측변수들의 SMC가 작아 측정에 있어 신뢰도가 떨어지는 것으로 나타났다.

Output 7-1 ••• 판매원모델의 다중상관자승

Squared Multiple Correlations: (Group number 1 - Default model)

	Estimate
직무만족	.571
고객지향성	.584
intcord	.633
cusort	.724
comport	.551
promo	.359
pay	.380
super	.480
work	.351
solve	.606
sell	.971
compat	.831
conflict	.739
clear	.565
ambig	.766

구조모델의 SMC는 독립변수들이 종속변수를 어느 정도 설명하는가를 나타낸다. [Output 7-1]에서 볼 수 있듯, 판매원모델에서 직무만족은 역할모호성, 역할갈등에 의해 57.1%가 설명되고 있으며, 고객지향성은 직무만족, 역할갈등 및 시장지향성에 의해 58.4%가 설명되는 것으로 나타났다.

종속변수의 SMC가 크다는 것은 독립변수들에 의해 잘 설명되고 있음을 의미한다. 반대로, SMC가 작으면 구조모델에서 종속변수들이 강력한 독립변수를 갖고 있지 않음을 의미한다. 즉, 그 종속변수의 많은 분산이 독립변수들에 의해 설명되지 않고, 교란(disturbance) 또는 잔차(residual)의 분산에 들어가 있음을 의미한다. 그러나 종속변수의 SMC가 작다고 해서 모델이 현상을 잘 설명하지 못한다고 할 수는 없다. 즉, SMC가 작아도 적합도는 좋을 수 있다.

SEM은 가능한 한 간명한 모델을 갖는 것이 바람직하기 때문에 종속변수에 대한 독립변수의 수가 많아야 할 필요가 없고, 종속변수의 SMC가 커야 할 이유도 없다. 그러나 모델적합도가 좋다 하더라도 SMC가 작으면 모델이 결코 잘 개념화되었다고 보기 어렵다.

2. 모델적합도 평가

모델적합도 평가는 다음과 같은 두 가지 관점에서 이루어진다.

❶ 모델의 전반적 적합도를 평가한다.

모델과 자료가 어느 정도 적합한지를 여러 가지 적합도지수를 이용하여 평가한다. 저자는 이를 **외적 평가(external evaluation)**라 부른다. 외적 평가는 '외모'를 평가하는 것이다.

❷ 측정모델과 구조모델을 분리하여 평가한다.

측정모델의 평가는 ① 측정모델의 적합도 평가와 ② CR과 AVE를 토대로 한 개념의 신뢰도와 타당도 평가가 있다. 구조모델의 평가는 SMC를 토대로 한 종속변수의 설명력을 파악하는 일이다. 저자는 이를 **내적 평가(internal evaluation)**라 부른다. 내적 평가는 '마음씨'를 평가하는 것이다.

외적 평가와 내적 평가가 모두 충족되어야 좋은 모델이다. 즉, 외모도 예쁘고 마음씨도 고와야 한다.

2.1 모델적합도지수

모델적합도는 표본행렬(S)과 적합행렬($\hat{\Sigma}$) 간의 차이를 어떻게 측정하고 평가할 것인가의 문제이다. 만약 표본행렬(S)과 적합행렬($\hat{\Sigma}$) 간의 차이가 작다면 모델이 자료에 잘 적합하고, 차이가 크다면 모델이 자료에 잘 적합하지 않는다고 해석한다. 모델적합도 평가에서 다음과 같은 점에 유의한다.

❶ 모델이 자료에 잘 적합한다고 해서(model-data consistency), 모델이 현실에 잘 맞는다고(model-reality consistency) 주장할 수는 없다. 모델은 현상을 설명하기 위해 만들어진 것인데, 그 현상을 설명하기 위해 포함된 변수는 현상을 설명하는 하나의 개연성(plausibility)에 불과하다. 따라서 모델에 의해 현실 상황이 그대로 설명된다고 보기 어렵다.

❷ 모델적합도가 좋지 않은 것은 자료가 좋지 않거나, 모델이 잘못 설정되었기 때문이다. 이 경우, 자료에 문제가 있는 것이 아니라 모델에 문제가 있는 것으로 보아야 한다. 즉 설정된 모델이 자료에 적합하느냐의 문제이지, 모델에 자료가 적합하느냐의 문제가 아니다. 따라서 **모델적합(model fit)**보다는 **자료적합(data fit)**이라는 용어가 더 적절하다.

적합도지수는 크게, ① 모델의 전반적 적합도를 평가하는 **절대적합도지수(absolute fit**

index), ② 기초모델(독립모델)에 대한 제안모델의 적합도를 비교하는 **증분적합도지수(incremental fit index)**, ③ 모델간명도와 관련된 **간명적합도지수(parsimonious fit index)** 등으로 나눌 수 있다.

Amos에서는 이들 지수를 크게 '절대적합도지수', '증분적합도지수', '간명적합도지수', 그리고 '기타'의 지수로 보고한다. 절대적합도지수에는 CMIN, RMR 및 GFI에 속하는 지수들이 포함되며, 증분적합도지수에는 'Baseline Comparisons'에 속하는 지수들이, 그리고 간명적합도지수에는 'Parsimony-Adjusted Measures'에 속하는 지수들이 포함된다. 이 외의 지수는 '기타'에 속한다.

Amos에서 각각의 지수가 어떤 의미가 있고 어떻게 계산되는가를 알고 싶으면 Output 화면에서 해당 지수를 더블클릭하면 정보를 볼 수 있다. 다음은 PNFI를 예로 제시한 것이다. Amos에서 이 값을 보기 위해서는 오른쪽 위에 있는 ⇦ 또는 ⇨을 클릭하여 보고자 하는 지수로 이동해야 한다.

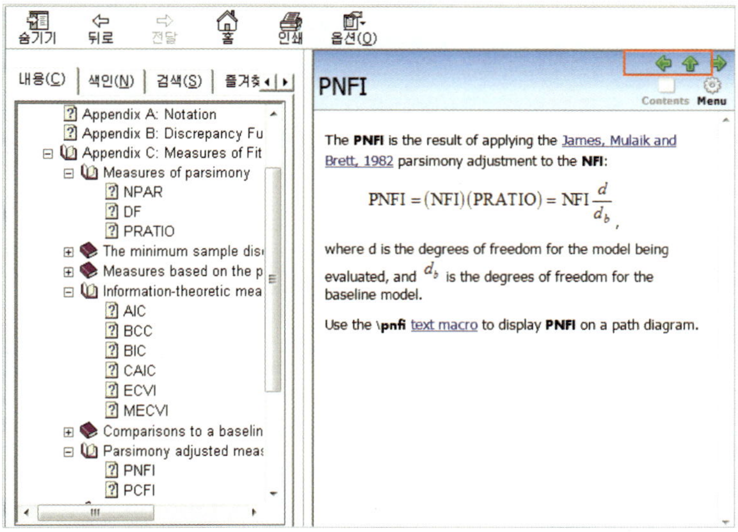

[Output 7-1]은 판매원모델의 적합도지수를 제시한 것이다.

Output 7-1 ••• **판매원모델의 적합도**

Model Fit Summary
CMIN

Model	NPAR	CMIN❶	DF	P	CMIN/DF❷
Default model	34	165.572	57	.000	2.905
Independence model	13	2056.035	78	.000	26.359

RMR, GFI

Model	RMR❸	GFI❹	AGFI❺	PGFI❻
Default model	.061	.922	.875	.577

Baseline Comparisons

Model	NFI❼ Delta1	RFI❽ rho1	IFI❾ Delta2	TLI❿ rho2	CFI⓫
Default model	.919	.890	.946	.925	.945

Parsimony-Adjusted Measures

Model	PRATIO⓬	PNFI⓭	PCFI⓮
Default model	.731	.672	.691

NCP

Model	NCP⓯	LO 90	HI 90
Default model	108.572	73.815	150.971

FMIN

Model	FMIN⓰	F0⓱	LO 90	HI 90
Default model	.543	.356	.242	.495

RMSEA

Model	RMSEA⓲	LO 90	HI 90	PCLOSE⓳
Default model	.079	.065	.093	.000

AIC

Model	AIC⓴	BCC㉑	BIC㉒	CAIC㉓
Default model	233.572	236.844	360.174	394.174

ECVI

Model	ECVI㉔	LO 90	HI 90	MECVI㉕
Default model	.766	.652	.905	.777

HOELTER

Model	HOELTER .05㉖	HOELTER .01
Default model	140	157

1) 절대적합도지수

절대적합도지수는 제안모델이 표본행렬을 어느 정도나 예측할 수 있는가를 측정한 것이다. 절대적합도지수에는 χ^2(CMIN), CMIN/DF, RMR(SRMR), GFI, AGFI, PGFI 등이 있다. 이 지수들은 표본행렬(S)과 예측행렬($\hat{\Sigma}$) 간의 차이에 기초한다.

(1) χ^2(CMIN) ❶

모델적합도의 가장 기본이 되는 측정치는 χ^2통계량이며, 이는 모델적합도 평가에서 유일하게 통계적 유의도를 검정할 수 있는 측정치이다. χ^2검정통계량은 다음과 같이 계산된다.

$$T(\chi^2) = (N-1)F_{MIN}$$

판매원모델에서 얻어지는 χ^2(CMIN)=165.572 ❶는 (306−1)×.543 ⑯=165.615에 의해 얻어진다(반올림오차에 의해 값이 약간 다름).

모델의 자유도에 대해, T값이 상대적으로 크면 모델은 모집단 내의 자료를 잘 대표하지 못함을 의미한다. 일반적으로, 만약 T값이 유의수준 α에서 χ^2분포에서의 T_α를 초과하면 귀무가설은 기각된다. SEM에서의 귀무가설은 다음과 같이 표현할 수 있다.

H_0: 자료와 모델은 잘 맞는다.
H_0: 표본행렬=모델예측행렬(적합행렬)
H_0: $S = \hat{\Sigma}$

χ^2값이 작고 확률값이 크면(예: $p > 0.05$) 모델이 자료에 적합하다고 평가하고, 반대로 χ^2값이 크고 확률값이 작으면(예: $p < 0.05$) 모델이 자료에 적합하지 않다고 평가한다. 자유도에 비해 상대적으로 큰 χ^2값은 표본행렬과 적합행렬이 상당히 유의적인 차이가 있음을 의미한다. 통계적 유의수준은 이러한 차이가 단지 표본변동에 의한 확률임을 의미한다. 따라서 설정된 모델이 자료를 잘 반영해 주지 못하거나 또는 표본이 모집단을 잘 대표하지 못하는 것으로 해석할 수 있다.

반대로, 자유도에 비해 상대적으로 작은 χ^2값은 유의수준이 0.05 또는 0.01보다 큰 값으로 나타나며, 이는 표본행렬과 적합행렬이 통계적으로 다르지 않음을 의미한다. 따라서 설정된 모델이 자료를 잘 반영하고 있거나 또는 표본이 모집단을 잘 대표하는 것으로 해석할 수 있다.

SEM에서 연구자는 표본행렬과 적합행렬 사이에 비유의적(non-significant)인 차이를 얻고자 한다. 비유의적인 χ^2값은 두 행렬이 통계적으로 차이가 없음을 의미한다. 그런데 이러한 해석은 전통적으로 다른 통계분석에서는 통계적 유의도를 발견하고자 하는 것과는 다르다는 점에 유의해야 한다.

χ^2검정과 관련된 문제 가운데 하나는 표본크기와 관련되어 있다. T통계량은 점근적(asymptotic)일수록, 즉 표본크기가 클수록 유효하다. 따라서 T는 작은 표본크기에서는 χ^2분포를 하지 않기 때문에 모델을 올바르게 평가하지 못할 수도 있다. 또한 표본크기가 큰 경우에는 통계적 검정력이 증가하기 때문에 표본행렬과 적합행렬 간의 사소한 차이도 모델을 기각하는 것으로 평가할 수 있다. 다른 하나는 T는 다변량정규성이 위배되는 경우에는 χ^2분포를 하지 않을 수도 있다는 것이다.

동일한 모델에 동일한 행렬자료라 하더라도 표본크기에 따라 χ^2값이 변한다. 즉, 표본크기가 커질수록 χ^2값은 커지며(반대로 표본크기가 작을수록 χ^2값은 작아짐), 이로 인해 귀무가설이 기각될 가능성이 높아진다는 것이 χ^2검정이 갖는 문제이다.

χ^2값이 유의적으로 나타난 경우(예: $p \leq 0.05$), 이는 ① 다변량정규성의 가정에 위배되거나, ② 표본추출이 잘못되어 자료가 모집단을 잘 대표하지 못하거나, ③ 설정오차 가능성이 있다. 그러나 χ^2값이 유의적으로 나타났다 하더라도, 이는 ① 실제로 제안모델이 자료를 잘 적합시키는 좋은 모델일 가능성도 있으며, ② 모델검정의 조건들이 위배되었을 가능성도 있기 때문에 χ^2값에만 전적으로 의존하기보다는 다른 여러 가지 적합도지수를 함께 고려하여 최종적인 결론을 내려야 한다.

(2) CMIN/DF ❷

CMIN/DF은 **표준 χ^2(normed χ^2)**이라고도 하며, χ^2값을 자유도로 나눈 값이다. 이 값이 1 이하이면 모델이 과대적합되었음을 의미하며, 2~3 이상 또는 보다 관대한 수준인 5 이상이면 모델이 표본행렬을 잘 적합시키지 않음을 의미한다. 일반적으로, χ^2값이 자유도의 2배를 넘지 않으면 p값이 작아도 적합한 모델로 평가한다.

(3) RMR ❸

표본행렬(S)과 예측행렬($\hat{\Sigma}$)과의 차이를 잔차행렬이라 한다. **RMR(root mean square residual)**은 잔차평균을 자승하고, 이를 합한 후 이중근($\sqrt{\ }$)을 취한 값이다. 이는 표본자료에 의해 모델이 설명할 수 없는 분산/공분산의 크기를 의미하며, 값이 작을수록 좋다.

RMR은 분석되는 표본자료의 측정단위들에 의해 좌우된다. 예컨대, 측정단위가 미터(m)일 경우는 킬로미터(km)인 경우보다 숫자들이 커 RMR도 커진다. 이러한 점을 고려하여, Amos에서는 **표준화 RMR(standardized RMR: SRMR)**을 보고한다.

Amos에서 SRMR을 얻기 위해서는 [Plugins] 메뉴에서 제일 밑에 있는 [Standardized RMR]을 눌러 창을 활성화시킨 다음, 추정치계산 아이콘()을 클릭하면 된다.

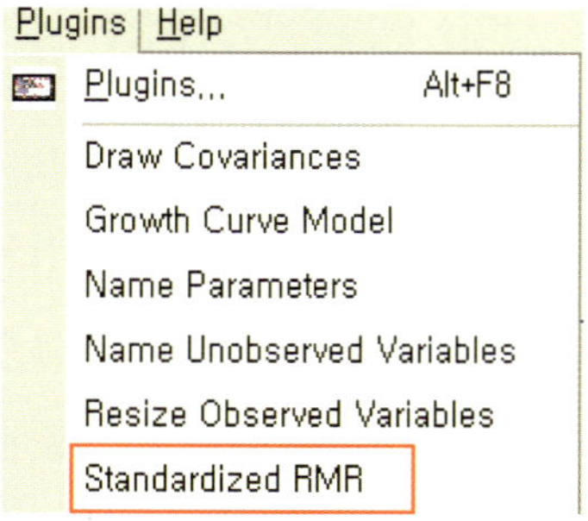

주의사항

[Plugins] 메뉴에서 [Standardized RMR]을 활성화시킨 상태에서 추정치계산 아이콘()을 클릭해야 된다.

다음은 [Input 7-1]을 실행하여 얻은 SRMR을 보인 것이다.

SRMR은 잔차의 평균을 표준화한 것이다. 모델적합도가 완벽하다면 SRMR은 0이 된다. RMR(또는 SRMR)의 수용수준에 대한 절대적인 기준은 없으나 적합도가 매우 좋은 모델이라면 0에 가깝고, 적합도가 나쁜 모델이라면 그 값은 커진다. SRMR은 0.08 이하이면 모델적합도가 좋은 것으로 판단한다.

(4) GFI ❹

GFI(goodness-of-fit-index)는 표본행렬(S)과 예측행렬($\hat{\Sigma}$) 간의 잔차자승합의 비율에 기초한 지수이나, 자유도에 의해 조정된 것은 아니다. Jöreskog & Sörbom(1989)은 GFI를 예측행렬($\hat{\Sigma}$)에 의해 설명되는 표본행렬(S)의 상대적인 분산과 공분산의 양을 측정하는 척도로 정의하였다.

GFI는 표본크기나 다변량정규성의 위반에 별로 영향을 받지 않는다. GFI는 제안모델의 적합도가 매우 나쁜 경우에 음수가 될 수도 있으나, 일반적으로 0~1 사이의 값을 갖는다. 보편적으로 권장되는 수용수준은 0.90 이상이다.

(5) AGFI ❺

AGFI(adjusted goodness-of-fit-index)는 GFI를 확장시킨 것으로서 PNFI와 유사하다. 이 지수는 모수의 추가에 대해 벌칙(penalty)을 가한다. 추정모수가 많을수록 그렇지 않은 경우에 비해 모델적합도가 커진다. 그러므로 추정모수의 수가 많아짐에 따라 GFI를 하향조정할 필요가 있다. AGFI는 GFI를 자유도를 반영하여 조정한 값이다.

AGFI의 권장 수용수준은 0.90 이상이다. AGFI는 일반적으로 0~1 사이의 범위에 있으나, 이를 벗어나는 경우도 있다. 표본크기가 작거나 또는 적합도가 매우 안 좋은 경우에 드물게 음(−)의 값이 나타날 수 있다.

(6) PGFI ❻

PGFI(parsimonious goodness-of-fit-index)는 GFI를 수정하여 구한다. GFI에 대한 AGFI의 수정은 추정모델과 영모델(기초모델)의 자유도를 토대로 계산되나, PGFI는 모델간명도를 토대로 계산된다. 이 값의 범위는 0~1 사이에 있으며, 높을수록 모델간명도가 높다.

PNFI와 PGFI는 0~1 사이에 있으며 값이 클수록 모델간명도가 높은 것으로 해석된다. 어느 정도가 높은지에 대한 기준은 정해져 있지 않으며, 이들 지수는 경쟁모델을 비교하는 데 유용하게 쓰인다.

2) 증분적합도지수

증분적합도지수는 제안모델이 기초모델에 비해 어느 정도나 향상되었는지를 측정한 것이다. **기초모델(baseline model)**은 가장 제약된 모델로서 모든 관측변수의 상관관계가 0이라고 가정한, 즉 관측변수 간에 공분산이 존재하지 않는다고 가정한 모델이다. 기초모델은 **독립모델(independence model)** 또는 **영모델(null model)**이라고도 한다. Amos에서는 'independence model'로 보고한다. Amos에서 보고되는 증분적합도지수에는 NFI, RFI, IFI, TLI 및 CFI 등이 있다.

(1) NFI ⑦

NFI(normed fit index)는 기초모델에 비해 제안모델이 어느 정도 향상되었는가를 나타낸다. NFI가 0.9라는 의미는 기초모델에 비해 제안모델이 90% 향상되었음을 의미한다. NFI는 0~1까지의 범위를 갖기 때문에 표준화(normed)되었다고 한다. NFI의 수용수준을 나타내는 절대적인 수치는 없지만, 일반적으로 0.90 이상이면 수용할 만하다고 본다.

(2) RFI ⑧

RFI(relative fit index)는 0과 1 사이의 값을 가지며, 0.9 이상이면 좋은 적합도로 판단한다.

(3) IFI ⑨

IFI(incremental fit index)는 0과 1 사이의 값을 가지며, 0.9 이상이면 좋은 적합도로 판단한다.

CFI, RFI, IFI는 모두 제안모델과 기초모델을 비교하는 데 사용된다. 이들 값의 범위는 0~1 사이에 있으며, 값이 클수록 높은 수준의 적합도를 나타낸다. CFI, RFI 및 IFI 가운데 CFI는 모델생성전략이나 표본크기가 작은 경우에 다른 지수에 비해 더 적절한 것으로 나타났다. 이들 지수 가운데 CFI가 보다 좋은 지수로 받아들여진다.

(4) TLI ⑩

TLI(Tucker–Lewis index)는 본래 탐색적 요인분석을 ML로 추정할 때, 0요인모델(zero factor model)에 비해 개선된 정도를 계량화하기 위해 개발되었다. TLI는 기초모델에 대해 제안모델과 대안모델의 비교를 위해 모델간명도(즉, 자유도)를 결합하여 측정한다. TLI는 일반적으로 0~1 사이에 있으나, 이 범위를 벗어날 수 있다. TLI는 영모델의 χ^2보다 제안모델의 χ^2가 크거나 같은 경우에 0~1의 범위를 벗어날 수 있기 때문에 NNFI(non–normed fit index)라고도 한다. 권장 수용수준은 0.95 이상이다.

(5) CFI ⑪

NFI와 TLI는 귀무가설이 진실하다는 가정을 토대로 한 중심 χ^2분포(central χ^2 distribution)를 검정통계량으로 사용한다. 그러나 귀무가설이 옳다고 할 수는 없다. 그 경우, 검정통계량으로서 비중심모수(λ)에 의한 비중심 χ^2분포(non–central χ^2 distribution)

가 더 근사한 값이 될 수 있다.

Bentler(1990)는 내포모델에서 NFI의 결함을 극복하기 위해 CFI(comparative fit index)를 개발하였다. CFI는 0~1 사이의 값을 가지며, 0.95 이상이면 좋은 적합도를 갖는 것으로 본다.

3) 간명적합도지수

간명적합도지수는 모델적합도를 계산하기 위해 추정모수의 수를 고려한다. 간명적합도지수는 적합도와 자유도와의 상쇄관계(trade-off)에 관심을 갖는다. 적합도와 자유도 간에는 상쇄관계가 있다. 즉, 적합도를 높이기 위해 추정모수의 수를 늘리면 자유도는 줄어든다. 모델간명도는 큰 자유도에 의해 높은 수준의 모델적합도를 가질 때 이루어진다.

간명적합도지수는 적합도가 너무 많은 추정모수에 의해 과대적합(over-fitting)한가를 진단한다. 즉 추정모수가 많은 것에 대해 벌칙(penalty)을 가한다. Amos에서 보고되는 간명적합도지수에는 PRATIO, PNFI, PCFI 등이 있다.

(1) PRATIO ⑫

PRATIO(parsimony ratio)는 제안모델의 자유도를 독립모델의 자유도로 나누어 준 값이다. [Output 7-1]에서 제안모델의 자유도는 57, 독립모델의 자유도는 78이다. 따라서 $\frac{57}{78}=.731$을 얻는다.

(2) PNFI ⑬

PNFI(parsimonious normed fit index)는 NFI를 수정하여 구한다. PNFI는 모델적합도를 계산하기 위해 자유도를 고려한다. PNFI=PRATIO×NFI에 의해 계산된다.

PNFI는 대안모델들을 비교하는 데 이용되며, 수용 가능한 적합도의 권장수준은 정해져 있지 않다. 모델을 비교할 때 그 차이값의 범위가 0.6~0.9 사이에 있으면 모델에 차이가 있는 것으로 간주된다.

(3) PCFI ⑭

PCFI(parsimonious comparative fit index)는 PRATIO×CFI에 의해 계산된다.

4) 기타

(1) NCP ⑮

귀무가설이 진실이 아니라면, χ^2통계량은 χ^2분포를 따르지 않고 비중심모수(non-centrality parameter: λ)와 자유도에 의한 **비중심 χ^2분포(non-central χ^2 distribution)**를 따른다. 비중심모수(λ)는 Σ와 $\Sigma(\theta)$ 간의 불일치 정도, 즉 모집단공분산행렬과 모델을 표본에 적합시켰을 때의 불일치를 의미하며, $\chi^2 - df$에 의해 얻어진다. λ가 클수록 귀무가설로부터 진실한 대립가설이 멀어짐을 의미한다.

NCP(non-centrality parameter)는 표본크기의 영향을 덜 받는다. NCP는 모델이 어느 정도나 적합한지를 평가하는 것이 아니라, 어느 정도나 적합하지 않은지를 평가한다. 즉, 모델의 적합도 결여(lack of fit)를 평가한다.

(2) FMIN ⑯

FMIN은 불일치함수 F의 최소값이다.

(3) F0 ⑰

F0는 NCP를 N으로 나누어 준 것이다.

(4) RMSEA ⑱

중심 χ^2통계량(central χ^2 statistic)으로 χ^2을 사용하는 것은 모델이 모집단을 정확히 대표한다는 가정에 기초를 둔다. 그러나 이 가정은 타당하지 않을 수도 있다. 즉 χ^2검정에서 사용되는 귀무가설인 모델이 모집단을 정확히 나타낸다는 가설이 너무 엄격하다는 것이다. 이를 **정확적합(exact fit)**이라 한다. 그런데 이 가정은 모집단을 근사하게 대표하는 모델을 표본크기가 큰 경우에 기각하게 된다. 이처럼 표본크기가 큰 제안모델을 기각시키는 χ^2검정의 한계를 극복하기 위해 개발된 적합도지수가 **RMSEA(root mean square error of approximation)**이다. RMSEA는 정확적합 대신에 **근사적합(close fit)**을 검정하고자 다음과 같은 귀무가설을 검정한다.

$$H_0\text{: RMSEA} \leq 0.05$$

Amos에서 PCLOSE ⑲는 위 가설에 대한 확률을 나타낸다. 예를 들어, 판매원모델의 PCLOSE는 0.000인데, 이는 모집단의 RMSEA가 0.05보다 작을 확률을 의미한다. 따라서 PCLOSE가 0.05보다 작으면 근사적합(close fit)함을 의미한다. RMSEA는 다음 공식에 의해 계산된다. 판매원모델에서 F0의 값은 .356이고, $df=57$이다. 이를 식에 대입하면 .079를 얻는다.

$$\text{RMSEA}=\sqrt{\frac{\text{F0}}{df}}$$

F0: 모집단불일치 함수값, df: 제안모델의 자유도

RMSEA는 Σ와 $\Sigma(\theta)$ 사이의 불일치를 반영한다는 점에서 NCP와 유사하나, 자유도별(*per df*) 불일치를 반영한다(모델의 복잡성을 고려한다)는 점에서 다르다. 그 불일치는 표본이 아닌 모집단에 의해 추정된다. 즉 모델을 표본이 아닌 모집단에서 추정하는 경우에 기대되는 적합도를 의미한다. 이 값이 0.05~0.08의 범위를 보일 때 수용할 수 있는 것으로 간주된다. Steiger(1990)는 이 값이 0.10 수준이면 자료를 어느 정도 적합하고, 0.05 수준이면 잘 적합하고, 0.01 수준이면 가장 좋은 적합도라고 하였다.

(5) AIC ⑳

통계정보이론에 기초한 지수로 AIC(Akaike information criterion)를 들 수 있다. AIC는 PNFI와 유사한 성격을 가지며, 개념들의 수가 다른 모델을 비교하는 데 이용된다. 즉, 위계모델(내포모델)이 아닌 모델들 간의 적합도를 비교하는 데 많이 이용된다.

AIC가 0에 가까울수록 적합도가 좋으며, 높은 간명도를 가진 모델임을 의미한다. AIC가 낮은 모델은 보다 적은 추정계수에 의해 χ^2값이 작은 경우에 얻어진다. 이것은 표본행렬에 대해 적합행렬이 높은 적합도를 보이며 또한 모델이 과대적합을 보이지 않음을 의미한다. AIC는 다음 공식에 의해 계산된다. 판매원모델에서 $\chi^2=165.572$, 자유모수(t)의 수는 34이다. 이를 식에 대입하면 AIC=233.572를 얻는다.

$$\text{AIC}=\chi^2+2t$$

t: 자유모수의 수

(6) BCC ㉑

BCC(Browne-Cudeck Criterion)는 AIC보다 모델복잡성에 대해 좀 더 많은 벌칙을 가한다.

(7) BIC ㉒

BIC(Bayesian Information Criterion)는 AIC, BCC, CAIC 등과 비교할 때 모델복잡성에 대해 가장 많은 벌칙을 가한다. BIC는 모델추정에서 평균과 절편을 설정하지 않은 단일집단에 대해서만 보고된다. BIC는 다음 공식에 의해 계산된다.

$$\mathrm{BIC} = \chi^2 + t\ln(\mathrm{N})$$

ln: 자연로그

(8) CAIC ㉓

Bozdogan(1987)은 AIC를 수정한 CAIC(consistent AIC)를 제안하였다. CAIC는 다음 공식에 의해 계산된다.

$$\mathrm{CAIC} = \chi^2 + (1 + \ln\mathrm{N}) + t$$

AIC 및 CAIC는 표본크기가 적어도 200은 되어야 믿을 수 있고, 다변량정규성으로부터 이탈한 경우에는 값이 영향을 받는다.

(9) ECVI ㉔

ECVI(expected cross-validation index)는 동일한 크기의 다른 표본에서 추정모델이 얻을 수 있는 적합도의 근사값을 계산한 것이다. 즉, 분석된 표본에서의 적합행렬과 동일한 표본크기의 다른 표본으로부터 얻을 수 있는 기대된 표본행렬 사이의 불일치를 측정한다. ECVI는 추정모수의 수를 고려한다. Browne & Cudeck(1989)은 가장 작은 ECVI를 갖는 대안모델이 모집단 내에서 가장 안정적이라고 주장하였다. ECVI는 다음 공식에 의해 계산된다.

$$ECVI = Fmin + \frac{2t}{N-1}$$

ECVI는 적절한 값의 범위가 없기 때문에 이 값 자체로는 정보를 얻지 못한다. ECVI를 평가하기 위해서는 다른 모델의 ECVI와 비교되어야 한다. ECVI가 작을수록 좋은 모델이라고 할 수 있다. ECVI의 하한값은 0이지만 상한값의 한계는 없다.

(10) MECVI ㉕

MECVI(maximum likelihood ECVI)는 다음 공식에 의해 계산된다.

$$MECVI = \frac{BCC}{N-1}$$

(11) Hoelter ㉖

Hoelter는 CN(critical N)이라고도 하며, χ^2검정을 위해 주어진 유의수준에서 SEM이 수용할 수 있는 적절한 표본크기를 나타내주는 지수이다. 즉 CN은 F값이 H_0: $S = \hat{\Sigma}$를 기각할 수 있는 표본크기를 알려준다. CN은 임계치와 적합함수값만에 의해 결정되므로 표본크기에 의해 영향을 받지 않는다.

판매원모델에서 0.05 수준에서 요구되는 표본크기가 140, 0.01 수준에서는 157로 나타났다. 따라서 판매원모델에서 사용된 표본크기는 306이므로 이 기준을 충족시키는 것으로 볼 수 있다. CN이 200을 넘으면 모델이 자료를 적절하게 적합하는 것으로 판단한다.

5) 좋은 모델적합도지수의 기준 및 추천되는 지수

앞서 살펴본 바와 같이, 모델적합도를 평가하기 위해 여러 가지 지수가 개발되었다. 이들 가운데 어떤 지수가 모델을 제대로 평가하는가를 결정하는 데에는 다음과 같은 세 가지 기준이 적용된다.

❶ 적합도지수는 표본크기에 따라 값이 크게 변하지 않아야 한다.

이러한 면에서, χ^2값은 이 기준에는 잘 맞지 않는 지수이다. 그러나 χ^2은 통계적 검정의 대상이 되는 유일한 지수이기 때문에 자유도와 함께 반드시 보고되어야 한다.

❷ 적합도지수는 모델간명도를 반영해야 한다.

모델이 복잡할수록 적합도지수는 좋아지지만, 모델간명도는 떨어진다. 이런 점에서 모델간명도를 반영한 지수가 모델을 제대로 평가한다고 볼 수 있다.

❸ 추정법에 따라 χ^2값 및 적합도지수들이 크게 변하지 않아야 한다.

GFI는 추정법에 따라 적합도지수가 크게 변하지 않는다.

이들 기준에 놓고 볼 때, TLI와 RMSEA가 표본크기에 민감하지 않고 모델간명도를 반영한다는 점에서 일반적으로 추천되고 있다. 이 외에 CFI도 많이 쓰이는데, 이 지수는 표본크기에 덜 민감하기는 하지만 모델간명도를 반영하지는 못한다. 이러한 면에서, Hair 등(2006, 2019)은 χ^2, CFI, TLI, SRMR, RNI, RMSEA를, Hoyle & Panter(1995)는 χ^2, GFI, TLI, CFI를, Kline(2016)은 χ^2, RMSEA, CFI, SRMR을 추천한다.

Hair 등(2006)은 다음과 같은 지수를 추천하고 있으며 수용기준을 [표 7-3]과 같이 제시하였다. 여기에서 m은 관측변수의 수를 의미한다.

표 7-3 Hair 등(2006)의 추천지수 및 수용기준

통계량	N<250			N>250		
	m≤12	12<m<30	m≥30	m≤12	12<m<30	m≥30
χ^2	비유의적인 p값이 기대됨	좋은 적합도라도 유의적인 p값이 생길 수 있음	유의적인 p값이 기대됨	좋은 적합도라도 비유의적인 p값이 기대됨	유의적인 p값이 기대됨	유의적인 p값이 기대됨
CFI, TLI	.97 이상	.95 이상	.92 이상	.95 이상	.92 이상	.90 이상
SRMR	상향편향될 가능성이 있으므로 다른 지수를 참고	<.08 (CFI .95 이상과 함께 고려)	<.09(CFI .92 이상과 함께)	상향편향될 가능성이 있으므로 다른 지수를 참고	<.08(CFI .92 이상과 함께)	<.08(CFI .92 이상과 함께)
RMSEA	<.08(CFI .97 이상)	<.08(CFI .95 이상)	<.08(CFI .92 이상)	<.07(CFI .97 이상)	<.07(CFI .92 이상)	<.07(CFI .90 이상)

출처: Hair et al.(2006), p.753.

한편, Hair 등(2019)은 추천지수 및 수용기준을 이전의 기준과는 다르게 [표 7-3-1]과 같이 제안한다.

표 7-3-1 Hair 등(2019)의 추천지수 및 수용기준

통계량	N<250			N>250		
	m≤12	12<m<30	m≥30	m<12	12<m<30	m≥30
χ^2	비유의적인 *p*값이 기대됨	좋은 적합도라도 유의적인 *p*값이 있을 수 있음	유의적인 *p*값이 기대됨	좋은 적합도라도 비유의적인 *p*값이 기대됨	유의적인 *p*값이 기대됨	유의적인 *p*값이 기대됨
CFI, TLI	.99 이상	.97 이상	.93 이상	.96 이상	.94 이상	.92 이상
SRMR	상향편향될 가능성이 있으므로 다른 지수 참고	.08 이하 (CFI .95 이상과 함께)	.09 이하 (CFI .93 이상과 함께)	상향편향될 가능성이 있으므로 다른 지수 참고	.08 이하 (CFI .94 이상과 함께)	.08 이하 (CFI .92 이상과 함께)
RMSEA	.08 이하 (CFI .99 이상과 함께)	.08 이하 (CFI .97 이상과 함께)	.08 이하 (CFI .93 이상과 함께)	.07 이하 (CFI .96 이상과 함께)	.07 이하 (CFI .94 이상과 함께)	.07 이하 (CFI .92 이상과 함께)

출처: Hair et al.(2019), p.642.

적합도지수의 수용기준에 관한 연구가 축적되면서 기존에 제시된 기준과 약간 다르게 제안하고 있다. Hair 등(2006, 2019)은 이들 지수 외에 RNI(relative noncentrality index)도 제안하고 있으나, Amos에서 이 지수는 보고되지 않으므로 표에 포함하지 않았다.

2.2 측정모델의 평가

판매원모델의 측정모델은 [Input 7-2]와 같다.

Input 7-2 ••• 판매원모델의 측정모델

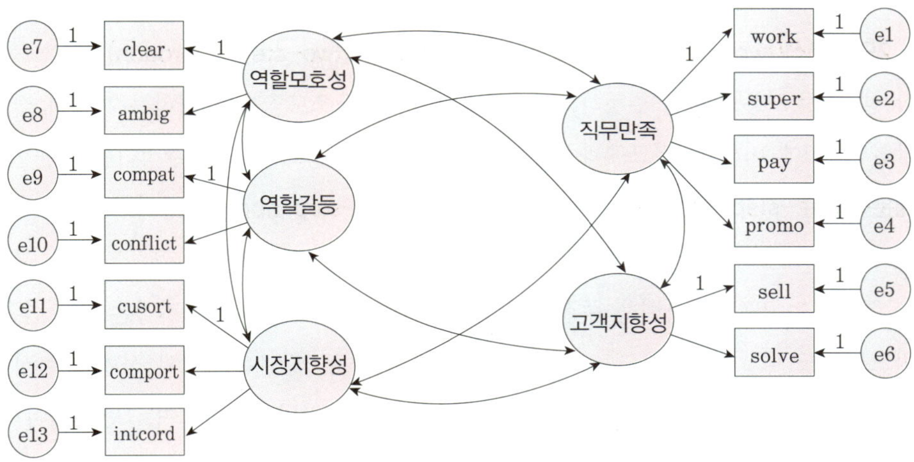

측정모델의 평가에는 측정모델의 모델적합도 평가와 함께 CR과 AVE에 의해 신뢰도 및 타당도를 평가하는 일이 포함된다.

1) 측정모델의 적합도 평가

Output 7-2 ••• 판매원모델의 측정모델의 분석 결과

Model Fit Summary

CMIN

Model	NPAR	CMIN	DF	P	CMIN/DF
Default model	36	118.323	55	.000	2.151

Baseline Comparisons

Model	NFI Delta1	RFI rho1	IFI Delta2	TLI rho2	CFI
Default model	.942	.918	.968	.955	.968

RMSEA

Model	RMSEA	LO 90	HI 90	PCLOSE
Default model	.061	.046	.077	.104

위의 모델적합도지수를 토대로 검토하면 측정모델이 잘 측정되었다고 볼 수 있다. 측정모델의 적합도를 검토한 후, 개념의 신뢰도와 타당도를 검토한다.

2) 측정모델의 신뢰도 및 타당도 평가: 2단계분석에 의한 평가

측정모델의 평가는 1단계접근법 또는 2단계접근법으로 할 수 있다. 이 가운데 2단계접근법이 선호된다. 1단계접근법에 의한 측정모델의 평가는 연구모델을 추정한 [Output 7-1]을 토대로 이루어진다. 2단계접근법에 의한 측정모델의 평가는 연구모델을 측정모델로 전환한 다음, 그 모델을 추정하여 평가한다([Output 7-2]).

2단계분석(two-step analysis) 또는 **2단계접근법(two-step approach)**은 SEM을 분석할 때 측정모델을 먼저 추정하고(1단계), 그 다음 구조모델을 추정하는(2단계) 접근법을 말한다. 이에 비해, 측정모델과 구조모델을 분리하지 않고 동시에 추정하는 접근법을 **1단계분석(one-step analysis)** 또는 **1단계접근법(one-step approach)**이라 한다.

Anderson & Gerbing(1988)은 측정모델의 적합도를 먼저 평가하고, 그 다음 구조모델을 고려하는 2단계접근법을 주장하였다. 2단계분석에 찬성하는 학자들은 관측변수의 신뢰도는 구조모델과 측정모델이 상호작용이 되지 않는 2단계분석에서 정확히 추정된다고 주장한다. 이에 반대하는 학자들은 이론과 측정은 분리될 수 없으며, 1단계에서의 수정은 2단계에 영향을 미친다고 주장한다.

이하에서는 신뢰도 평가에 대해 설명하고, 타당도 평가에 대해서는 제10장에서 자세히 설명하기로 한다. 측정모델을 평가하는 데 쓰이는 주요 측정치로 '합성신뢰도'와 '평균분산추출'이 있다. 이들은 각각의 개념을 대상으로 계산한다.

(1) 합성신뢰도

합성신뢰도(composite reliability: CR)는 지표의 내적일관성을 측정한 것으로서 **개념신뢰도(construct reliability)**라고도 한다. 신뢰도가 높은 척도는 내적일관성이 높다는 것을 의미한다. 일반적으로 수용 가능한 신뢰도 수준은 0.70 이상이다. 단, 0.70 이하라 하더라도 연구가 탐색적 성격을 갖고 있다면 수용 가능하다. CR을 계산하기 위한 공식을 Fornell & Larcker(1981)는 다음과 같이 제안하였다.

$$CR = \frac{(\sum \text{표준화추정치})^2}{(\sum \text{표준화추정치})^2 + \sum \text{측정오차}}$$

(2) 평균분산추출

신뢰도의 다른 측정치로 평균분산추출이 있다. **평균분산추출(average variance extracted: AVE)**은 개념에 대해 지표가 설명할 수 있는 분산의 크기를 나타낸 것이다. AVE는 0.5 이상이 되어야 신뢰도가 있는 것으로 본다. AVE를 계산하기 위한 공식을 Fornell & Larcker(1981)는 다음과 같이 제안하였다.

$$\text{AVE}=\frac{\sum(\text{표준화추정치}^2)}{\sum(\text{표준화추정치}^2)+\sum\text{측정오차}}$$

Hair 등(2019)은 다음과 같은 AVE 공식을 제안하였다.

$$\text{AVE}=\frac{\sum(\text{표준화추정치}^2)}{n}$$

n: 관측변수의 수

(3) Amos에서 CR과 AVE를 계산할 때의 주의사항(중요)

Fornell & Larcker의 공식에 의해 CR 및 AVE를 구하기 위해서는 **완전표준화해(completely standardized estimate)**가 필요하다. 즉 표준화추정치 및 측정오차 등이 모두 표준화된 값이어야 한다. LISREL이나 Mplus에서는 이들 값을 보고한다. 따라서 이들 패키지를 이용하여 분석하는 경우에는 오차분산을 그대로 이용하면 된다. 그러나 Amos에서 보고되는 측정오차(오차분산)는 완전표준화된 값이 아니다. 따라서 Amos로 분석하는 경우에는 다음과 같은 식에 의해 CR과 AVE를 구해야 한다. 즉, 측정오차분산은 1에서 표준화회귀계수를 제곱한 값을 뺀 값($1-\lambda^2$)을 이용해야 한다.

$$\text{CR}=\frac{(\sum\lambda)^2}{(\sum\lambda)^2+\sum(1-\lambda^2)}$$

$$\text{AVE}=\frac{\sum\lambda^2}{\sum\lambda^2+\sum(1-\lambda^2)}$$

λ: 표준화회귀계수, $1-\lambda^2$: 측정오차

Output 7-2 ••• 판매원모델의 측정모델의 분석 결과(2단계분석)

Standardized Regression Weights: (Group number 1 - Default model)

			Estimate
ambig	<---	역할모호성	.923
clear	<---	역할모호성	.741
conflict	<---	역할갈등	.859
compat	<---	역할갈등	.913
sell	<---	고객지향성	.985
solve	<---	고객지향성	.784
work	<---	직무만족	.602
super	<---	직무만족	.687
pay	<---	직무만족	.609
promo	<---	직무만족	.598
comport	<---	시장지향성	.759
cusort	<---	시장지향성	.832
intcord	<---	시장지향성	.801

Variances: (Group number 1 - Default model)

	Estimate	S.E.	C.R.	P
e8	.306	.118	2.588	.010
e7	.455	.052	8.790	***
e10	.536	.107	5.032	***
e9	.293	.098	2.993	.003
e5	.048	.072	.675	.500
e6	.345	.037	9.327	***
e1	.102	.009	10.841	***
e2	.196	.020	9.907	***
e3	.308	.029	10.790	***
e4	.586	.054	10.876	***
e12	.523	.053	9.840	***
e11	.415	.051	8.135	***
e13	.389	.043	9.007	***

다음은 LISREL로 구한 값이다.

Completely Standardized Solution
LAMBDA-X

	Job Sat	Cust Foc	Role Amb	Role Con	Mkt Ort
Work	0.602	- -	- -	- -	- -
Supervis	0.687	- -	- -	- -	- -
Pay	0.609	- -	- -	- -	- -
Promote	0.598	- -	- -	- -	- -
Sell	- -	0.985	- -	- -	- -
Solve	- -	0.784	- -	- -	- -

Clear	- -	- -	0.741	- -	- -
Ambig	- -	- -	0.923	- -	- -
Compat	- -	- -	- -	0.913	- -
Conflict	- -	- -	- -	0.859	- -
Custort	- -	- -	- -	- -	0.832
Comport	- -	- -	- -	- -	0.759
Intcord	- -	- -	- -	- -	0.801

THETA-DELTA

Work	Supervis	Pay	Promote	Sell	Solve
0.637	0.528	0.630	0.642	0.029	0.385

THETA-DELTA (continued)

Clear	Ambig	Compat	Conflict	Custort	Comport
0.450	0.148	0.166	0.262	0.308	0.424

THETA-DELTA (continued)

Intcord
0.359

다음은 Mplus로 구한 값이다.

STDYX Standardization

	Estimate	S.E.	Est./S.E.	Two-Tailed P-Value
JOBSAT BY				
WORK	0.602	0.043	13.930	0.000
SUPER	0.687	0.038	18.040	0.000
PAY	0.609	0.043	14.193	0.000
PROMO	0.598	0.044	13.749	0.000
CUSTORT BY				
SELL	0.985	0.022	45.405	0.000
SOLVE	0.784	0.028	28.060	0.000
ROLEAMBI BY				
CLEAR	0.741	0.035	20.983	0.000
AMBIG	0.923	0.031	29.487	0.000
ROLECONF BY				
COMPAT	0.913	0.031	29.554	0.000
CONFLICT	0.859	0.031	27.302	0.000

MARKETOR BY				
CUSORT	0.832	0.025	33.955	0.000
COMPORT	0.759	0.030	25.539	0.000
INTCORD	0.801	0.027	30.040	0.000
Residual Variances				
WORK	0.637	0.052	12.228	0.000
SUPER	0.528	0.052	10.110	0.000
PAY	0.630	0.052	12.068	0.000
PROMO	0.642	0.052	12.340	0.000
SELL	0.029	0.043	0.675	0.499
SOLVE	0.385	0.044	8.784	0.000
CLEAR	0.450	0.052	8.590	0.000
AMBIG	0.148	0.058	2.553	0.011
COMPAT	0.166	0.056	2.940	0.003
CONFLICT	0.262	0.054	4.852	0.000
CUSORT	0.308	0.041	7.543	0.000
COMPORT	0.424	0.045	9.414	0.000
INTCORD	0.359	0.043	8.413	0.000

STD Standardization

Residual Variances				
WORK	0.102	0.009	10.859	0.000
SUPER	0.196	0.020	9.923	0.000
PAY	0.308	0.029	10.807	0.000
PROMO	0.586	0.054	10.894	0.000
SELL	0.048	0.072	0.676	0.499
SOLVE	0.345	0.037	9.343	0.000
CLEAR	0.455	0.052	8.805	0.000
AMBIG	0.306	0.118	2.592	0.010
COMPAT	0.293	0.098	2.998	0.003
CONFLICT	0.536	0.106	5.040	0.000
CUSORT	0.415	0.051	8.149	0.000
COMPORT	0.523	0.053	9.856	0.000
INTCORD	0.389	0.043	9.022	0.000

LISREL은 표준화오차분산만 보고하고, Mplus는 표준화오차분산과 비표준화오차분산 모두를 보고한다.

CR과 AVE를 계산하기 위한 엑셀시트는 http://www.esem.co.kr에 가면 다운로드 받을 수 있다. 엑셀시트를 열고 'lambda'에 해당 잠재변수의 표준화회귀가중치값을 입력한다. 개념에 해당하는 값들을 입력하고 엔터키를 치면 CR과 AVE를 얻는다. 직무만족을 예로 들어 CR과 AVE를 계산하면 다음과 같다.

	A	B	C	E	F	G	H
1		lambda	(1-lambda^2)				
2	LV-->item1	0.602	0.638				
3	LV-->item2	0.687	0.528				
4	LV-->item3	0.609	0.629				
5	LV-->item4	0.598	0.642				
6	LV-->item5						
7	LV-->item6						
8	LV-->item7						
9	LV-->item8						
10	LV-->item9						
11	LV-->item10						
15		↑					
16		Just fill in this column			0.391	AVE	Average Variance Extracted
18							
19					0.719	CR	Construct Reliability
20							
21					0.625	AVE^(1/2)	Square root of AVE
22							
23					©배병렬(2021)		

다른 개념들의 CR과 AVE를 계산하면 다음과 같다.

표 7-4 2단계분석에 의한 CR과 AVE

개념	CR	AVE	$\sqrt{AVE}$
역할모호성	.822	.701	.837
역할갈등	.880	.786	.887
시장지향성	.840	.637	.798
직무만족	.719	.391	.625
고객지향성	.883	.792	.890

직무만족의 AVE가 0.5보다 작아 측정이 제대로 되었다고 볼 수 없다.

3) 측정모델의 SMC 검토

측정모델의 SMC는 잠재변수가 관측변수에 의해 설명되는 정도, 즉 관측변수의 신뢰도를 의미한다. 이 값이 최소 0.5 이상은 되어야 신뢰도가 있다고 본다. [Output 7-2]를 보면, 판매원모델에서 측정모델의 SMC 가운데, 직무만족과 관련된 관측변수들이 SMC가 낮아 신뢰도가 떨어지는 것으로 나타났다.

Output 7-2 ••• 판매원모델의 SMC

Squared Multiple Correlations: (Group number 1 - Default model)

	Estimate
intcord	.641
cusort	.692
comport	.576
promo	.358
pay	.370
super	.472
work	.363
solve	.615
sell	.971
compat	.834
conflict	.738
clear	.550
ambig	.852

2.3 구조모델의 평가

구조모델의 평가는 모델개념화에 의해 설정된 가설이 자료에 의해 지지되는지를 검토하는 것이다. 이를 위해 다음과 같은 세 가지를 검토한다.

❶ 계수의 유의도를 검토한다.

Amos는 자유모수에 대해 ① 추정치(estimate), ② 표준오차(standard error: S.E.), ③ 임계비(critical ratio: C.R.), ④ p값 등의 4가지 정보를 제공한다. p value가 .001보다 작으면, ***으로 보고된다.

Output 7-1 ••• 판매원모델의 구조모델의 추정치(비표준화해)

Regression Weights

			Estimate	S.E.	C.R.	P
직무만족	<---	역할모호성	-.189	.029	-6.473	***
직무만족	<---	역할갈등	-.046	.015	-3.130	.002
고객지향성	<---	역할갈등	-.059	.062	-.948	.343
고객지향성	<---	시장지향성	.534	.077	6.961	***
고객지향성	<---	직무만족	2.212	.419	5.282	***

역할모호성이 직무만족에 미치는 영향을 보면, −0.189는 추정치, 0.029는 표준오차, −6.473은 C.R.을 의미한다. C.R.은 추정치를 표준오차로 나누어준 값이다. p값은 ***로

표기되었다. 이는 $p < .001$임을 의미한다.

판매원모델에서 구조모델의 계수는 역할갈등이 고객지향성에 미치는 영향을 제외한 모든 관계가 유의적인 것으로 나타났다.

각각의 추정계수에 대해 통계적 유의도 검정(즉, 0과는 다르다)이 가설화된 인과관계를 대상으로 이루어진다. ML을 이용하는 경우, 0.05 대신 보다 작은 수준인 0.025나 0.01을 사용하는 것이 바람직하다.

임계비(C.R.)의 선택은 제안된 관계의 이론적 정당성에 따라 다르다. 즉 정적(+) 또는 부적(−)인 관계가 가설로 수립되었다면(즉, 방향성 가설), 단측검정(one-tailed test)을 이용한다. 그러나 관계의 방향성이 설정되지 않았다면, 양측검정(two-tailed test)을 이용한다. 양측검정인지 또는 단측검정인지에 따라 유의도를 평가하는 데 사용되는 C.R.이 다르다. 즉, 0.05 유의수준이 사용된다면 단측검정을 위한 임계치는 절대값 1.645이지만, 양측검정을 위해서는 절대값 1.96이 이용된다([표 7-2]를 참고하기 바람).

❷ 다중상관자승(SMC)값을 살펴본다.

구조모델의 SMC는 독립변수들이 종속변수를 어느 정도 설명하는가를 나타낸다. [Output 7-1]에서 볼 수 있듯, 판매원모델에서 직무만족은 역할모호성, 역할갈등에 의해 57.1%가 설명되고 있으며, 고객지향성은 직무만족, 역할갈등 및 시장지향성에 의해 58.4%가 설명되는 것으로 나타났다.

Output 7-1 ••• **판매원모델의 SMC**

Squared Multiple Correlations: (Group number 1 - Default model)

	Estimate
직무만족	.571
고객지향성	.584

종속변수의 SMC가 크다는 것은 독립변수들에 의해 잘 설명되고 있음을 의미한다. SMC가 작으면 종속변수들이 강력한 독립변수를 갖고 있지 않음을 의미한다. 즉, 그 종속변수의 많은 분산이 독립변수들에 의해 설명되지 않고, 교란(disturbance) 또는 잔차(residual)의 분산에 들어가 있음을 의미한다. SMC가 클수록 구조모델이 잘 수립되었다고 볼 수 있다. 어느 정도가 좋은가에 관한 기준은 없다.

SEM은 가능한 한 간명한 모델이 바람직하므로 종속변수에 대해 독립변수의 수가 많아야 할 필요가 없고, 종속변수의 SMC가 클 이유도 없다. 그러나 SMC가 작으면 모델이 결코 잘 개념화되었다고 보기는 어렵다.

❸ 모수의 부호가 가설화된 방향과 일치하는지를 살펴본다.

구조모델을 평가할 때 흔히 연구자들이 이 부분을 간과한다. 판매원모델에서 모수의 부호는 가설화된 관계의 방향과 모두 일치하는 것으로 나타났다. **만약 모수의 부호가 가설의 방향과 일치하지 않으면서 유의적인 것으로 나타났다면 그 관계는 기각되는 것으로 결정한다.** 그러한 경우에 기존의 이론을 재검토하여 가설의 방향을 다시 세워야 한다.

3. 결과의 해석

결과의 해석에 있어 ① 표준화계수와 비표준화계수 가운데 어느 것을 사용할 것인지, ② 경쟁모델을 개발하기 위한 전략, ③ 총효과와 간접효과의 기술 등을 고려한다.

3.1 표준화계수와 비표준화계수

모수크기를 평가할 때, 표준화계수와 비표준화계수 가운데 어느 것을 이용하느냐에 따라 해석에 차이가 있다. Amos에서 표준화계수는 'Standardized Regression Weights', 비표준화계수는 'Regression Weights'에 보고된다.

표준화계수는 모두 동일한 분산을 가지며 최대 1.0의 값을 갖는다. 표준화계수는 회귀분석의 베타(β)와 유사한 효과크기(effect size)를 갖는다. 0에 가까운 계수는 효과가 거의 없음을 의미하며, 계수값이 커질수록 인과관계의 중요성이 증가하는 것과 같은 의미를 갖는다. 표준화계수는 계수의 상대적 중요성을 결정하는 데 유용하게 이용될 수 있으나, 표본에 따라 계수의 값이 달라지며 표본들 간 계수의 비교가 불가능한 면이 있다.

표준화계수는 외생변수가 내생변수에 미치는 상대적 영향력을 파악할 수 있는 정보를 제공한다. 판매원모델에서, 역할모호성은 역할갈등보다 직무만족에 더 많은 영향을 주며, 시장지향성은 고객지향성에 가장 많은 영향을 미치는 것으로 나타났다([Output 7-1] 참조).

비표준화계수는 다중회귀분석에서의 회귀계수와 동일하다. 비표준화계수는 표본들 간 비교가 가능하다. 그러한 면에서 **다중집단분석에서 집단 간 계수 비교를 위해서는 비표준화계수가 이용되어야 한다.** [Output 7-1]은 판매원모델의 구조모델의 표준화계수를 나타낸 것이다.

Output 7-1 ••• 판매원모델의 구조모델의 표준화계수

Standardized Regression Weights

			Estimate
직무만족	<---	역할모호성	-.603
직무만족	<---	역할갈등	-.237
고객지향성	<---	역할갈등	-.057
고객지향성	<---	시장지향성	.421
고객지향성	<---	직무만족	.418

위의 표준화계수를 토대로 직무만족에 역할갈등에 비해 역할모호성이 부적(-)으로 더 많은 영향을 주고, 고객지향성에는 시장지향성이 직무만족에 비해 더 많은 영향을 준다고 해석할 수 있다.

3.2 경쟁모델개발

모델개발전략으로 경쟁모델전략과 모델생성전략이 많이 이용된다. **경쟁모델전략(competing model strategy)**에서는 여러 가지 대안모델(경쟁모델)을 설정하고, 이 가운데 가장 적합도가 높은 모델을 선정하는 접근법을 취한다. **모델생성전략(model generating strategy)**에서는 제안모델로부터 일련의 모델을 재설정(설정탐색)하는 접근법을 취한다.

1) 경쟁모델전략

경쟁모델전략은 연구모델과 경쟁할 수 있는 모델을 사전에 만들고, 연구모델과 경쟁모델들을 비교하는 접근법을 취한다. 예를 들어, 판매원모델의 경쟁모델을 사전에 [그림 7-1]과 [그림 7-2]와 같이 만들었다고 가정한다. 이들 경쟁모델과 연구모델 가운데 모델 적합도 및 이론적 관점에서 가장 선호되는 모델을 선정하는 접근법이다.

그림 7-1 판매원모델의 경쟁모델 1

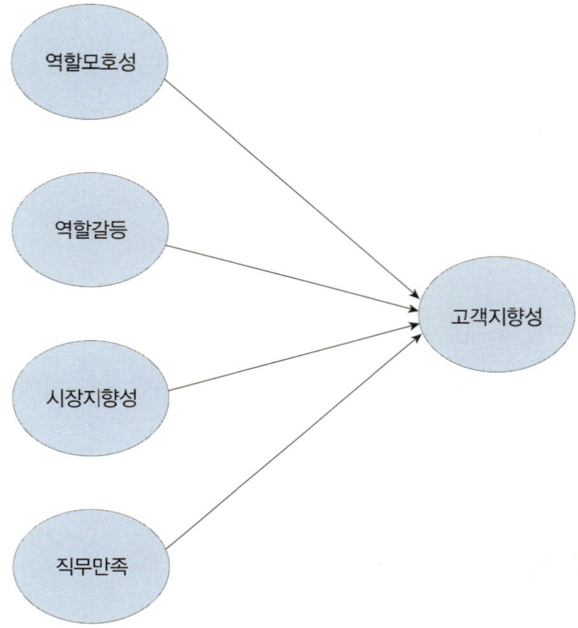

그림 7-2 판매원모델의 경쟁모델 2

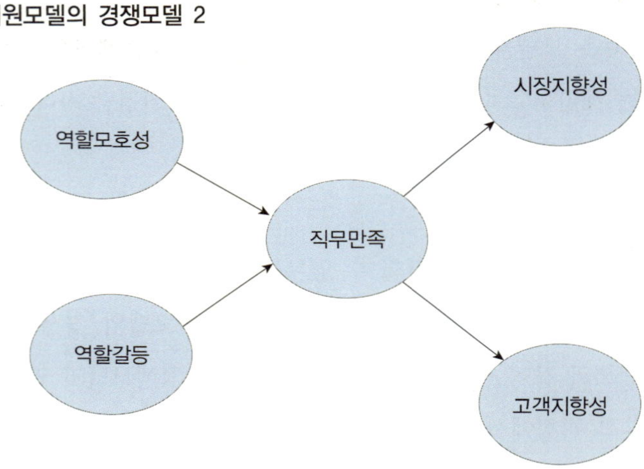

2) 모델생성전략

모델생성전략은 연구모델을 추정한 다음, 그 연구모델에서 추가할 경로나 제거할 경로가 있는가를 탐색하는 접근법이다. [그림 7-3]은 모델생성전략에 의한 모델이다. 연구모델을 분석한 다음 새로운 경로를 추가한 것이다.

그림 7-3 판매원모델의 경쟁모델 3

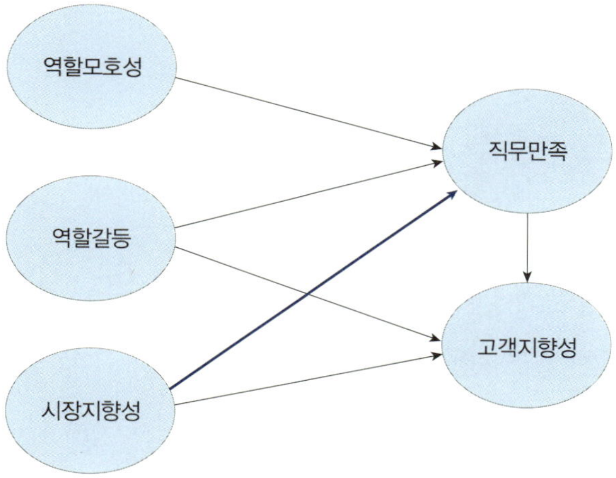

경쟁모델전략과 모델생성전략에서 모델비교를 위해 어떤 적합도지수를 이용해야 하는가에 대해 살펴보기로 한다.

연구모델과 경쟁모델이 내포되어 있는지 아닌지에 따라 이용하는 적합도지수가 다르다. 두 모델이 내포모델이라면 χ^2**차이검정(chi-square difference test)**이 가능하다. **내포모델(nested model)**이란 모델이 동일한 수의 잠재변수를 가지며 관계를 바꿈으로써 다른 모델이 될 수 있는 모델이며, 이를 **위계모델(hierarchical model)**이라고도 한다. 내포모델의 가장 일반적인 형태는 모델로부터 하나의 관계를 추가하거나 삭제하는 것이다. 연구모델([Input 7-1])과 [그림 7-3]은 내포모델이다. 내포모델인 경우에는 χ^2차이검정이 가능하며, 'Baseline Comparison'에 있는 지수를 이용하여 두 모델을 비교할 수 있다. 'Baseline Comparison'은 [Output] 창의 [Model Fit]에 있다.

Output 7-1 판매원모델의 적합도

Baseline Comparisons

Model	NFI Delta1	RFI rho1	IFI Delta2	TLI rho2	CFI
Default model	.919	.890	.946	.925	.945

연구모델과 [그림 7-1], [그림 7-2]는 비내포모델이다. **비내포모델(non-nested model)**인 경우에는 χ^2차이검정이 적절치 않으며, 이때는 간명적합도지수(예: AIC, BIC, ECVI, RMSEA 등)를 이용하여 평가한다. [그림 7-1]의 경쟁모델 1을 추정하기 위한 입력파일은 [Input 7-3]이다.

Input 7-3 ••• 판매원모델의 경쟁모델 1

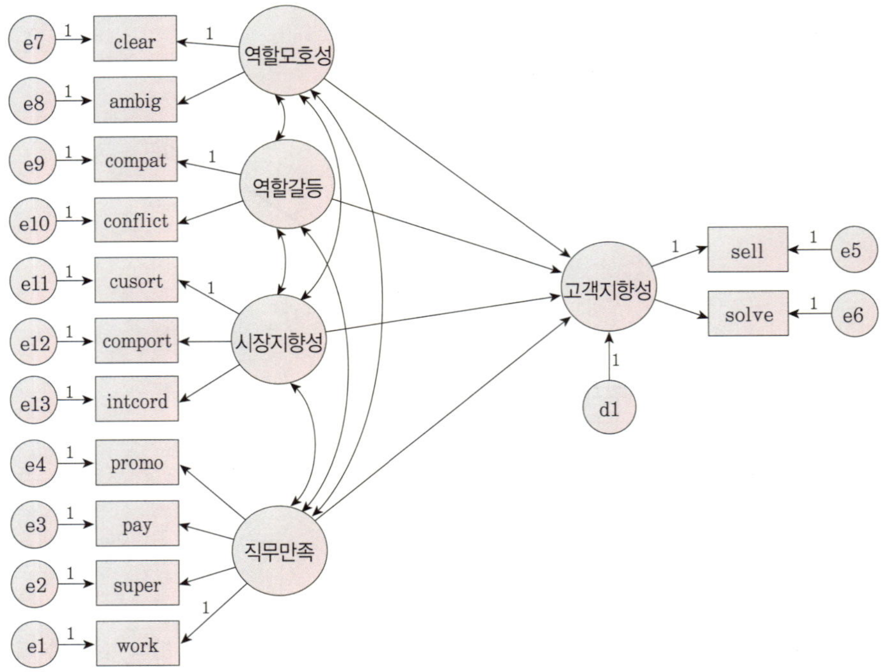

[Output 7-3]은 경쟁모델 1의 적합도를 제시한 것이다.

Output 7-3 ••• 판매원모델의 경쟁모델 1의 적합도

Model Fit Summary

CMIN

Model	NPAR	CMIN	DF	P	CMIN/DF
Default model	36	118.323	55	.000	2.151

RMSEA

Model	RMSEA	LO 90	HI 90	PCLOSE
Default model	.061	.046	.077	.104

AIC

Model	AIC	BCC	BIC	CAIC
Default model	190.323	193.787	324.373	360.373

ECVI

Model	ECVI	LO 90	HI 90	MECVI
Default model	.624	.534	.740	.635

[Input 7-4]는 [그림 7-2] 경쟁모델 2를 추정하기 위한 입력파일이다.

Input 7-4 판매원모델의 경쟁모델 2

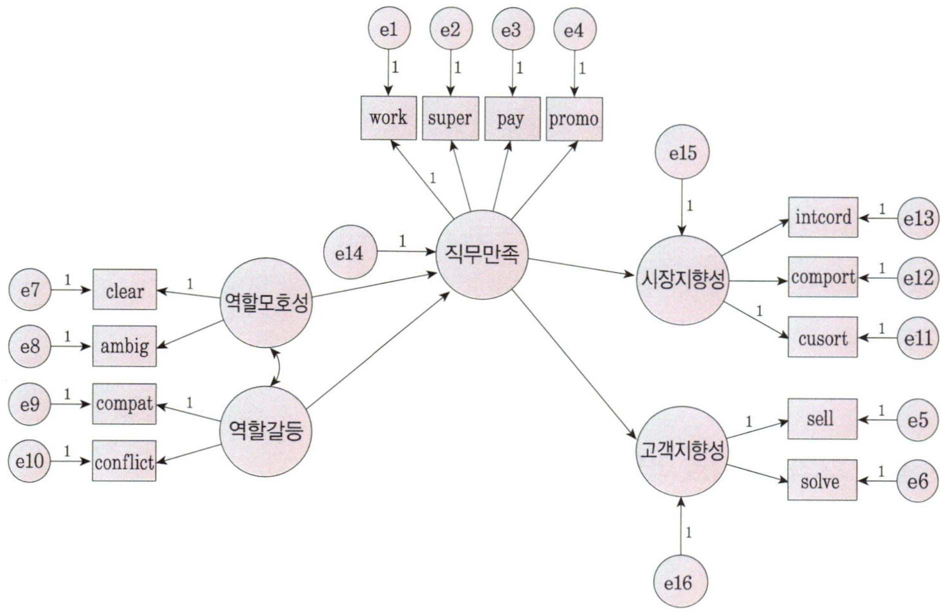

이를 추정하면 [Output 7-4]와 같은 적합도를 얻는다.

Output 7-4 경쟁모델 2의 적합도

Model Fit Summary

CMIN

Model	NPAR	CMIN	DF	P	CMIN/DF
Default model	31	129.967	60	.000	2.166

RMSEA

Model	RMSEA	LO 90	HI 90	PCLOSE
Default model	.062	.047	.076	.088

AIC

Model	AIC	BCC	BIC	CAIC
Default model	191.967	194.950	307.398	338.398

ECVI

Model	ECVI	LO 90	HI 90	MECVI
Default model	.629	.534	.750	.639

제안모델과 경쟁모델의 적합도를 AIC, BIC, RMSEA, ECVI 등의 지수를 토대로 비교하면 경쟁모델 1의 적합도가 더 좋은 것으로 나타난다([Output 7-1], [Output 7-3], [Output 7-4]를 참고하기 바람). 이 가운데 어떤 모델을 선정할 것인가는 모델적합도와 이론적

타당성 등을 고려하여 결정한다.

3) 경쟁모델 분석 결과의 기술

연구모델과 경쟁모델을 비교하여 분석한 결과를 어떻게 기술할 것인가에 대해 살펴보기로 한다. 연구모델에 비해 경쟁모델의 적합도가 떨어지는 경우에는 연구모델을 최종모델로 선정하여 기술하면 된다. 그렇지 않고 연구자가 최초에 제안한 연구모델에 비해 경쟁모델의 적합도가 더 좋게 나타난다면 연구모델과 경쟁모델을 비교하여 기술한다. 이에 대해서는 제9장에서 자세히 설명하기로 한다.

3.3 총효과와 간접효과의 기술

연구모델에 간접효과가 있는 경우, 가설에 간접효과가 포함되지 않았더라도 이를 분석하여 보고할 필요가 있다. **간접효과(indirect effect)**는 독립변수가 종속변수에 미치는 영향이 하나 이상의 매개변수에 의해 매개되는 것을 의미한다.

[Input 7-1]에서 역할갈등은 고객지향성에 직접효과를 미치기도 하며 또한 직무만족을 통해 고객지향성에 간접효과를 미치는 것으로 가설화되었다. 역할모호성은 고객지향성에 직접 영향을 주지 않고 직무만족을 통해 영향을 주는 것으로 가설화되었다. 반면, 시장지향성은 고객지향성에 직접 영향을 주며 간접효과가 없는 것으로 가설화되었다.

간접효과는 두 변수의 직접효과의 비표준화추정치를 곱해서 얻는다. 예를 들어, 역할갈등이 고객지향성에 주는 간접효과(−.103)는 역할갈등이 직무만족에 주는 직접효과(−.046)와 직무만족이 고객지향성에 주는 직접효과(2.212)를 곱해서 얻는다.

총효과(total effect)는 간접효과와 직접효과를 더해서 얻는다. 역할갈등이 고객지향성에 주는 총효과(−.161)는 직접효과(−.059)와 간접효과(−.103)를 합해 얻는다. 종속변수에 대해 간접효과를 갖고 있지 않은 독립변수의 총효과는 직접효과와 같다(시장지향성이 이에 해당됨). 마찬가지로, 직접효과가 가정되어 있지 않은 변수의 총효과는 간접효과와 같다(역할모호성이 이에 해당됨).

[Output 7-1]에서 표준화총효과를 보면, 고객지향성에 가장 많은 영향을 미치는 변수는 시장지향성(.421)이고 그 다음은 직무만족(.418), 역할모호성(−.252), 역할갈등(−.156)의 순으로 나타났다.

Output 7-1 ••• 판매원모델의 총효과와 간접효과

Matrices (Group number 1 - Default model)

Total Effects (Group number 1 - Default model)

	시장지향성	역할갈등	역할모호성	직무만족	고객지향성
직무만족	.000	-.046	-.189	.000	.000
고객지향성	.534	-.161	-.418	2.212	.000

Standardized Total Effects (Group number 1 - Default model)

	시장지향성	역할갈등	역할모호성	직무만족	고객지향성
직무만족	.000	-.237	-.603	.000	.000
고객지향성	.421	-.156	-.252	.418	.000

Direct Effects (Group number 1 - Default model)

	시장지향성	역할갈등	역할모호성	직무만족	고객지향성
직무만족	.000	-.046	-.189	.000	.000
고객지향성	.534	-.059	.000	2.212	.000

Standardized Direct Effects (Group number 1 - Default model)

	시장지향성	역할갈등	역할모호성	직무만족	고객지향성
직무만족	.000	-.237	-.603	.000	.000
고객지향성	.421	-.057	.000	.418	.000

Indirect Effects (Group number 1 - Default model)

	시장지향성	역할갈등	역할모호성	직무만족	고객지향성
직무만족	.000	.000	.000	.000	.000
고객지향성	.000	-.103	-.418	.000	.000

Standardized Indirect Effects (Group number 1 - Default model)

	시장지향성	역할갈등	역할모호성	직무만족	고객지향성
직무만족	.000	.000	.000	.000	.000
고객지향성	.000	-.099	-.252	.000	.000

Amos에서 간접효과의 통계적 유의도는 직접 보고되지 않는다. **Amos에서 간접효과의 통계적 유의도는 붓스트래핑(bootstrapping)을 통해 검정할 수 있다.** 붓스트래핑을 할 때, 잠재변수 척도화는 단위분산 설정법보다는 준거변수 설정법으로 한다. 이하에서 붓스트래핑에 의한 간접효과의 통계적 유의도 검정에 대해 살펴보기로 한다.

1 [View] 메뉴의 [Analysis Properties]에서 [Bootstrap] 탭에서 다음과 같이 체크하고 숫자를 바꾼다.

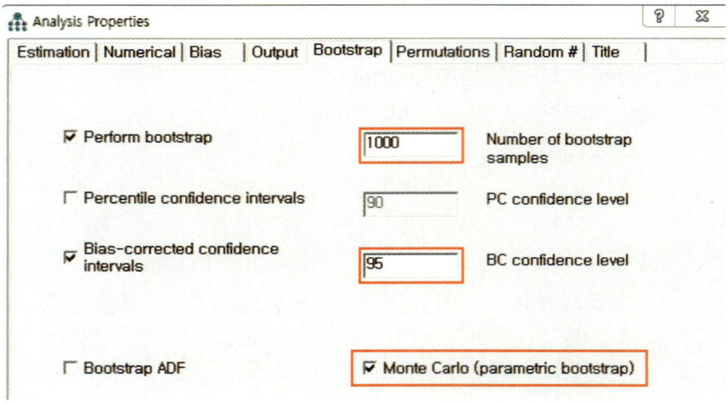

2 [Perform bootstrap]에서 [Number of bootstrap samples]의 디폴트가 '200'으로 되어 있는데 이는 크게 할수록 정확한 값을 얻는다. 이 예에서는 '1000'으로 하였다. [Bias-corrected confidence intervals]은 90% 신뢰구간이 디폴트로 되어 있는데, 이는 95%로 한다. [Monte Carlo(parametric bootstrap)]은 원자료가 아닌 행렬요약인 경우에 이용된다. 행렬요약인 경우 [Monte Carlo(parametric bootstrap)]을 체크하지 않으면 다음과 같은 에러메시지가 나타나고 실행이 중단된다.

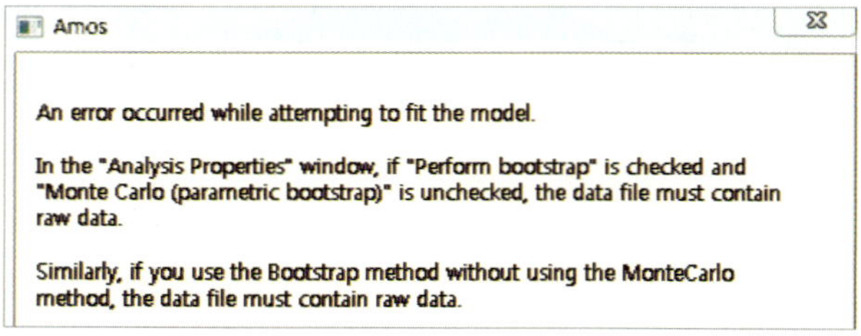

3 다음, [Output] 탭에서 [Indirect, direct & total effects]와 [Standardized estimates]를 체크한다.

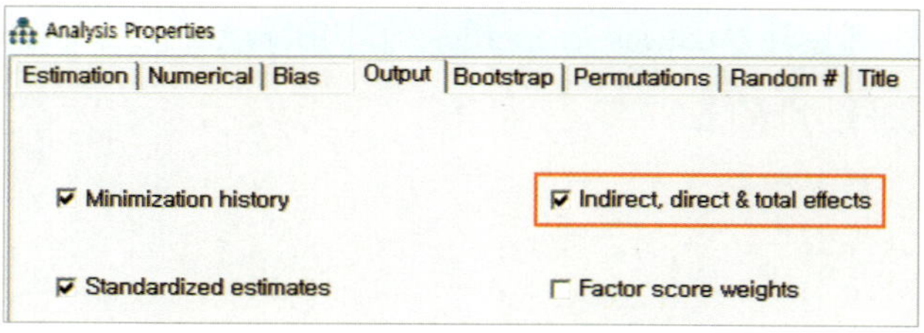

4 이를 실행한다.

5 출력을 보기 위해 [View text] 아이콘을 클릭한다. 붓스트랩 결과를 보기 위해서는 ❶ [Estimates] → ❷ [Matrices]에서 원하는 곳을 클릭한 다음(예: ❸ indirect effects), 밑에 있는 ❹ [Bootstrap Confidence]를 클릭한다. 통계적 유의도를 검토하기 위해 ❺ [Bias-corrected percentile method] → ❻ [Two Tailed Significance(BC)]를 클릭한다.

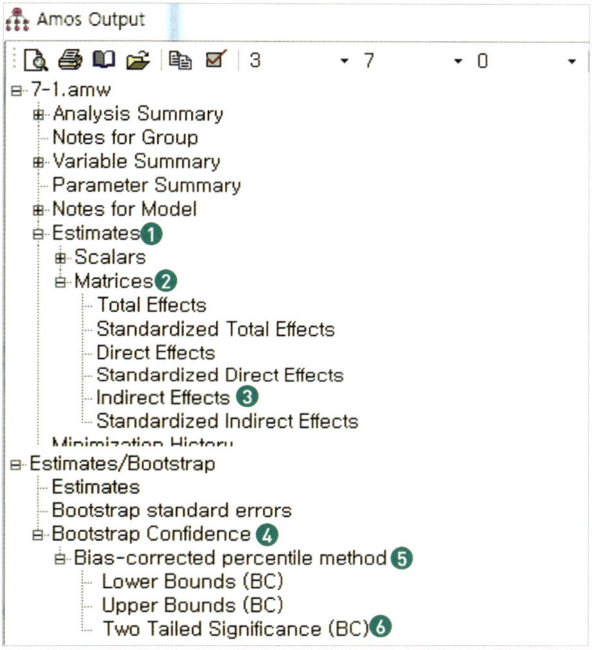

6 역할갈등 및 역할모호성은 모두 고객지향성에 유의적인 간접효과가 있는 것으로 나타났다.

Output 7-1 간접효과의 유의도 검정

Indirect Effects- Two Tailed Significance (BC)(Group number 1 - Default model)

	시장지향성	역할갈등	역할모호성	직무만족	고객지향성
직무만족	...	...	...	...	...
고객지향성	...	.049	.001	...	...

CHAPTER 8

모델수정

1. 모델수정의 의의 및 전략
2. 모델수정 시 고려사항
3. 수정모델의 적합도 평가
4. 모델수정의 예
5. Amos에 의한 설정탐색

CHAPTER

8 모델수정

1. 모델수정의 의의 및 전략

1.1 모델수정의 의의

모델수정(model modification)이란 모델을 '개선'하기 위해 모델을 '변화'시키는 것을 의미한다. 개선이란 보다 간명한 모델을 얻거나 또는 적합도를 보다 높이는 것을 의미하고, 변화란 특정 모수를 추가하거나 또는 제거하는 것을 의미한다. 모델수정은 두 가지 경우에 이루어진다.

❶ 잘 적합된 것으로 나타난 모델을 좀 더 개선시키고자 하는 경우

잘 적합된 모델을 개선하는 것은 다른 표본에서도 재현되기 어려운 면이 있기 때문에 이러한 관점에서 모델을 수정하는 것은 바람직하지 않다.

❷ 제안모델의 적합도가 좋지 않게 나타난 경우

모델적합도가 좋지 않게 나타난 이유로는 분포가정의 위반, 비선형성, 결측자료 및 설정오차 등을 들 수 있다. 이 가운데 모델수정은 설정오차를 탐색하는 관점에서 이루어진다. **설정오차(specification error)**는 모델에 관련된 외생변수가 포함되지 않았거나, 변수 간의 중요한 관계가 포함되지 않았거나, 관련이 없는 관계를 포함시키는 것 등에 의해 야기된다.

1.2 모델수정전략

모델수정전략(model modification strategy)에는 모델다듬기와 모델만들기가 있다. **모델다듬기(model trimming)**는 하나 이상의 모수에 대해 제약을 하는 것이다. 즉, 자유스럽게 추정된 모수를 0으로 제약함으로써 모델에서 해당 모수를 추정하지 않는다. 이를 **후방탐색(backward search)**이라고도 한다. 이에 비해, **모델만들기(model building)**는 제약을 풀어주는 것이다. 즉, 0으로 고정된 모수를 자유스럽게 추정한다. 이를 **전방탐색(forward search)**이라고도 한다.

모델수정은 '이론적 기준'이나 '실증적 기준'을 토대로 이루어진다. 이론적 기준에 의한 모델수정은 사전적 가설(a prior hypothesis)을 검정하는 것이다. 즉, 연구자가 사전에 이론적 근거를 토대로 변수 간의 관계를 가설화하여 모델을 수정하는 것이다. 이에 비해, 실증적 기준에 의한 모델수정은 통계적 기준(예: χ^2차이검정, 수정지수(M.I.)에 의한 수정 등)에 따라 경로를 추가하거나 제거하는 것이다. 예를 들어, $\alpha=0.05$ 수준에서 어떤 경로가 유의적이지 않기 때문에 그 경로를 제거하는 것은 실증적 기준에 의한 모델수정이다.

경로를 제거할 때(즉, 모델다듬기) 모델적합도가 악화되는지(즉, χ^2의 증가) 또는 경로를 추가할 때(즉, 모델만들기) 모델적합도가 개선되는지(즉, χ^2의 감소)를 평가하기 위해 **χ^2차이검정(chi-square difference test)**을 할 수 있다. χ^2차이통계량은 두 위계모델 간 χ^2값의 차이이다. χ^2차이통계량이 비유의적이면, 두 모델의 모델적합도가 비슷함을 의미한다.

모델다듬기에서의 유의적인 χ^2차이는 특정 경로의 제거를 통해 모델을 간명하게 할 필요가 있고, 모델만들기에서의 유의적인 χ^2차이는 특정 경로를 추가해야 할 필요가 있음을 암시한다. 예를 들어, 어떤 모델의 $\chi^2(5)=18.30$이라 가정한다. 이 모델에 하나의 경로를 추가한 결과, $\chi^2(4)=5.10$이 나왔다면 χ^2차이통계량은 13.20(18.30−5.10)이며, 이는 자유도 1(5−4)에서 유의적이다($\alpha=0.01$ 수준). 따라서 새로운 모델의 적합도는 원래모델보다 유의적으로 감소한 것으로 볼 수 있어 그 경로를 추가할 수 있다.

2. 모델수정 시 고려사항

Amos 출력과 이론적인 근거를 토대로 모델수정이 이루어진다. 이하에서 모델수정을 위한 진단지표, 모델수정방법 및 모델수정을 위한 지침에 대해 살펴보기로 한다.

2.1 모델수정을 위한 진단지표

Amos에서 모델수정을 위해 이용되는 진단지표로는 **잔차통계량(residual statistic)**, **수정지수(modification index: M.I.)**, **모수변화(parameter change: Par Change)** 등이 있다. 이 가운데 M.I.에 의한 모델수정이 많이 이루어진다. M.I.는 특정 고정모수가 자유모수가 되는 경우 모델의 χ^2값의 개선을 의미한다. 즉 하나의 고정모수를 자유모수로 했을 때 χ^2값이 얼마나 줄어드는지를 알려준다. 이하에서 판매원모델을 대상으로 모델수정에 대해 살펴보기로 한다.

Input 8-1 ••• **판매원모델**

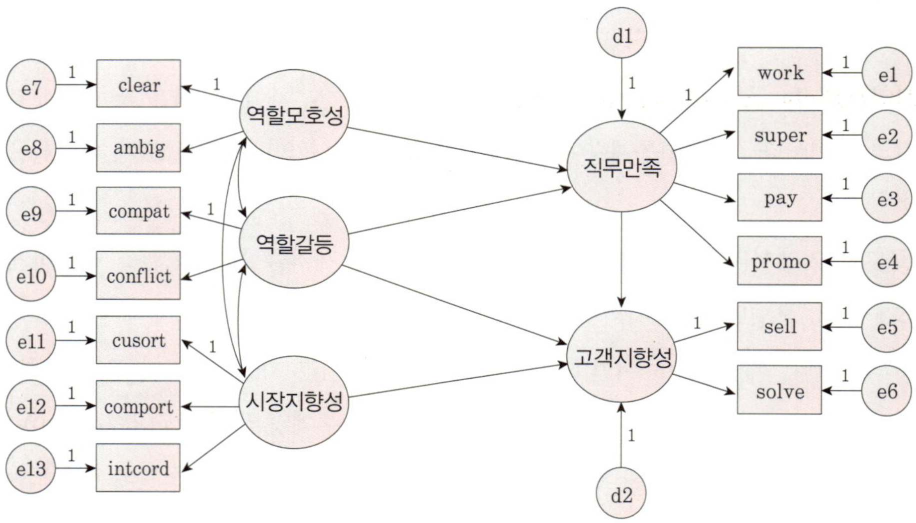

1 ∴ Amos에서 M.I.를 얻기 위해서는 [Analysis Properties]의 [Output] 탭에서 [Modification indices]를 체크한다. Amos는 디폴트로 M.I.가 '4' 이상인 것을 보고하도록 되어 있다. M.I.값 4는 보수적인 관점에서 보면 작은 숫자이므로 이를 '10'으로 바꾼다.

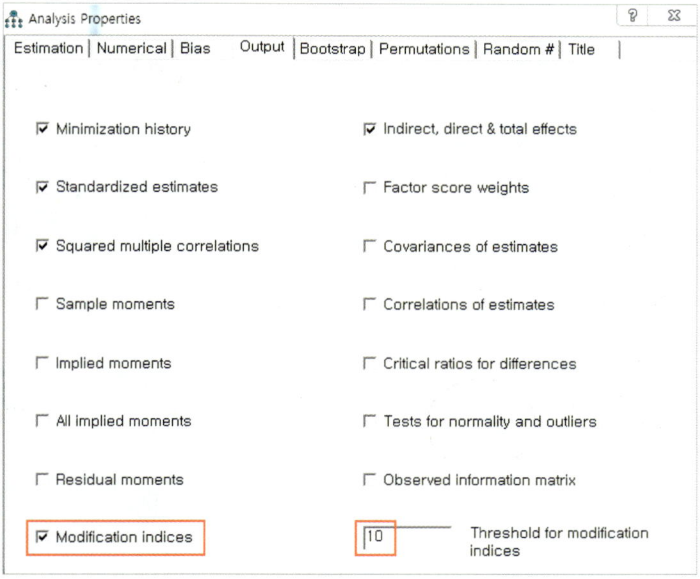

2 ∴ Amos에서 M.I.는 공분산, 분산, 그리고 회귀계수 등에 관해 보고가 되는데, 이 중에서 회귀계수에 관한 M.I.를 참고해서 제일 먼저 모델수정의 방향을 잡고, 그 다음 공분산 가운데 다음과 같은 점에 유의해서 모델수정의 방향을 잡는다.

Output 8-1 ••• **판매원모델의 M.I.**

Regression Weights: (Group number 1 - Default model)

			M.I.	Par Change
직무만족	<---	시장지향성	16.308❶	.054❷
comport	<---	promo	12.073	.169
comport	<---	pay	12.551	.235
solve	<---	역할갈등	12.088	.105
solve	<---	compat	14.789	.100
ambig	<---	work	12.823	.489

Covariances: (Group number 1 - Default model)

			M.I.	Par Change
d1	<-->	시장지향성	39.421❸	.067
d1	<-->	역할모호성	14.698	.030
e12	<-->	d1	13.425	.037
e1	<-->	시장지향성	10.865	.055
e6	<-->	역할갈등	16.314	.157
e8	<-->	e1	15.531❹	.073

3 ∴ 공분산행렬의 M.I. 가운데 가장 큰 값을 보이는 것(39.421❸)은 'd1'과 '시장지향성' 간의 공분산을 허용하는 것이다. 이들 간의 공분산을 허용해서는 안 된다.

그림 8-1 모델수정의 예

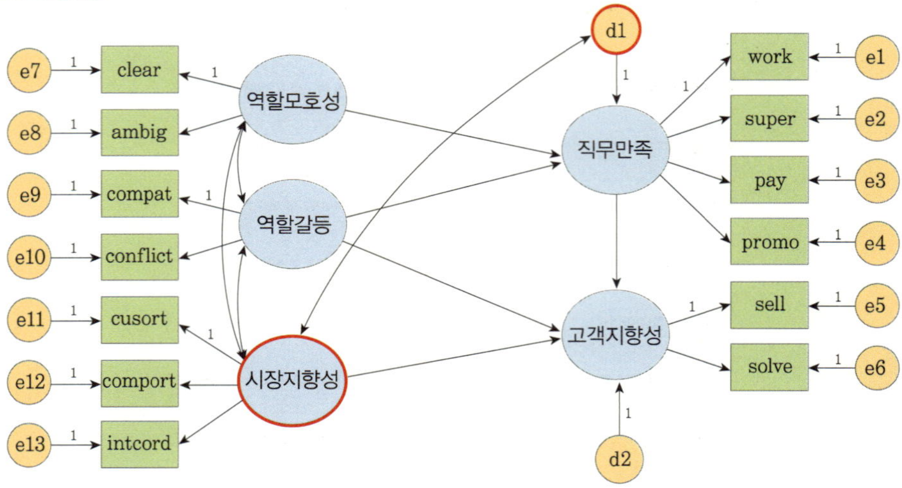

4 ∴ 외생관측변수와 관련된 측정오차와 내생관측변수와 관련된 측정오차 간에도 공분산(e8 ↔ e1: 15.531 ❹)이 있도록 허용해서는 안 된다.

그림 8-2 모델수정의 예

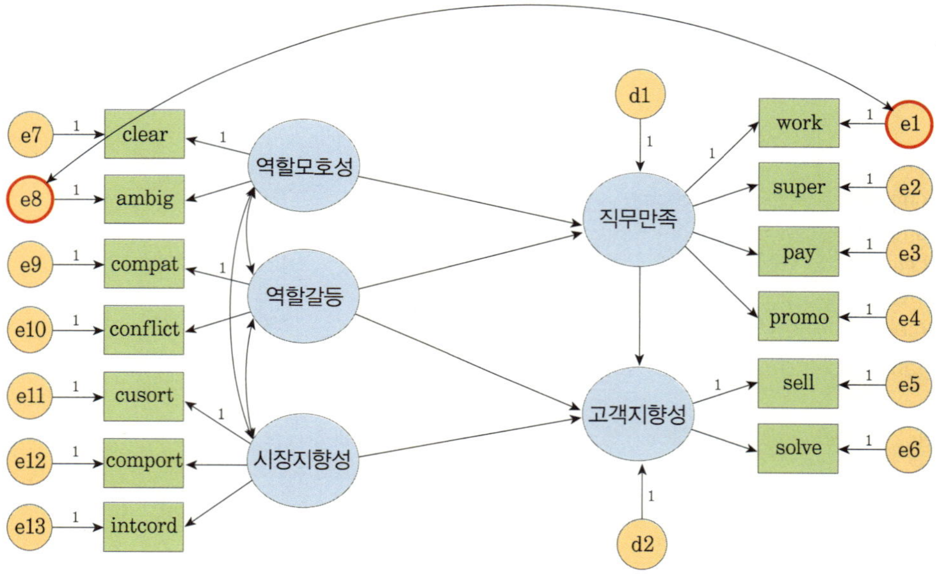

5 ∴ 요인 간 측정오차상관을 허용하는 것도 바람직하지 않다. [그림 8-3]에서 역할모호성의 측정오차 'e7'과 역할갈등의 측정오차 'e9' 간에 공분산을 허용하는 것을

예로 들 수 있다.

그림 8-3 **모델수정의 예**

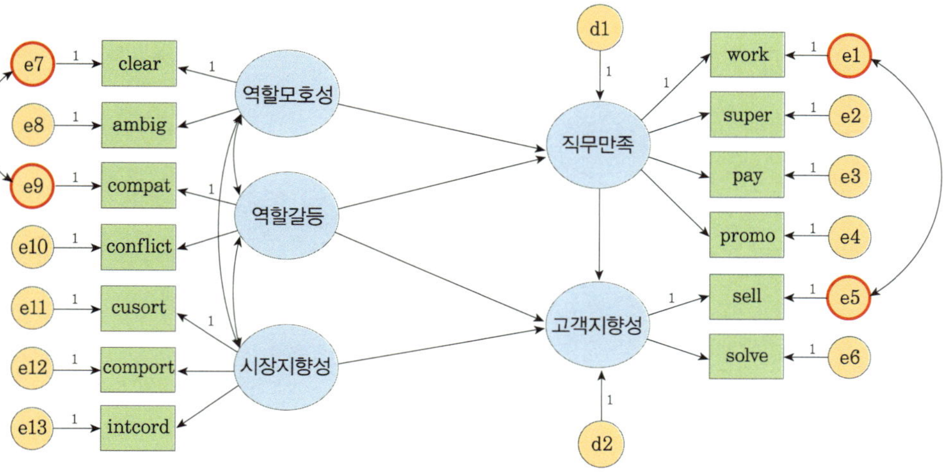

6 ∴ 외생변수든 또는 내생변수든 요인 내 측정오차의 상관은 실질적인 해석이 뒷받침된다면 가능하다. 이를 **요인 내 측정오차상관(within-factor correlated measurement error)**이라 한다.

그림 8-4 **모델수정의 예**

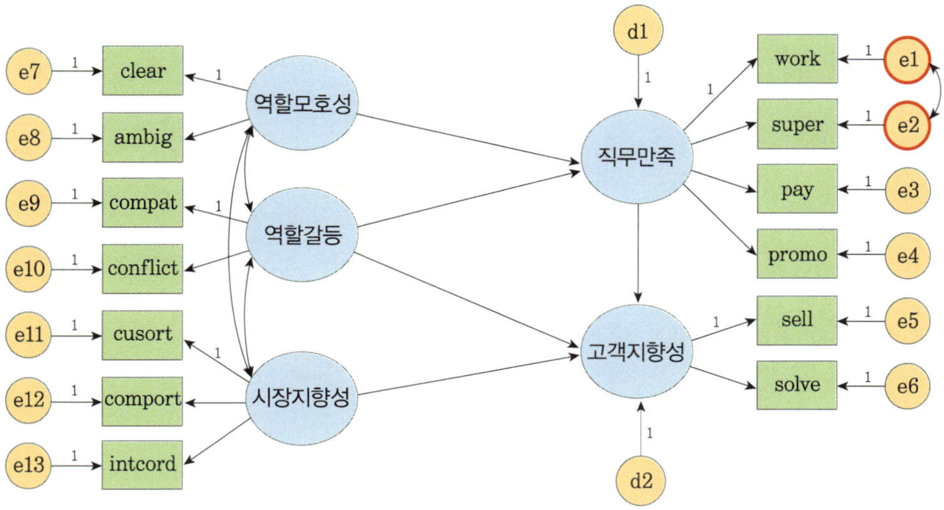

7 ∴ 측정오차와 잔차(구조오차) 간에도 공분산이 허용되도록 해서는 안 된다.

그림 8-5 모델수정의 예

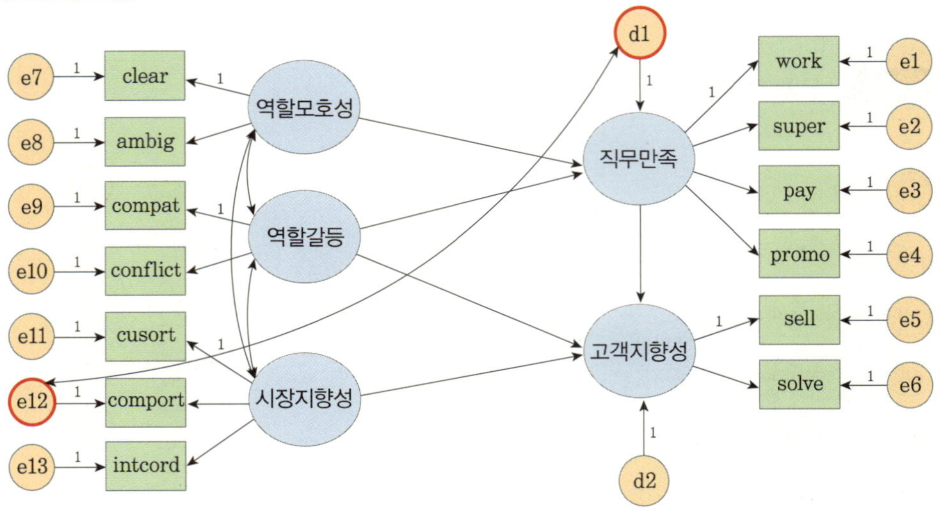

8 ∴ 구조오차 간에는 공분산이 허용될 수 있다. 이는 일반적으로 비재귀모델로 설정된 경우에 가능하다.

그림 8-6 모델수정의 예

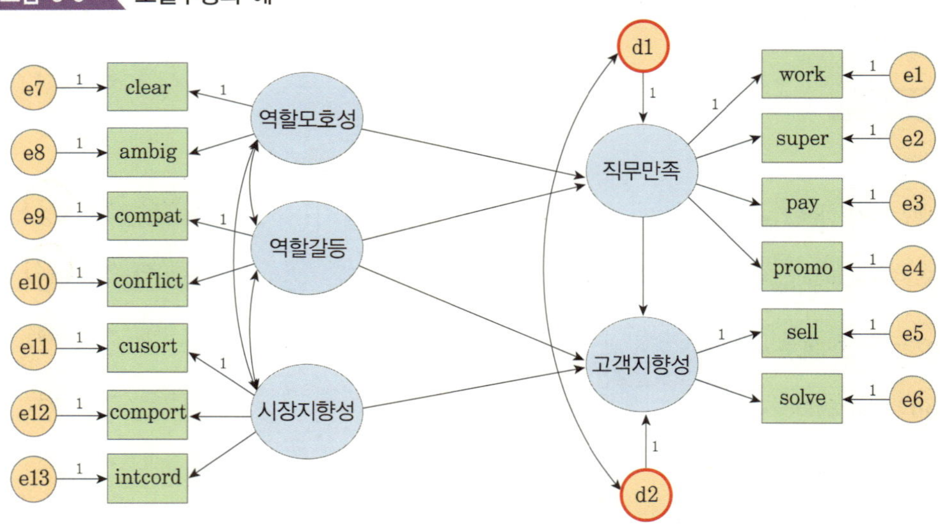

9 ∴ [Output 8-1]에서 볼 수 있듯, 회귀계수 가운데 가장 큰 M.I.를 보이는 것(16.308 ❶)은 시장지향성에서 직무만족으로의 경로를 자유화하는 것이다. **M.I.에 의해 모델을 수정할 때, 한 번에 하나씩 자유화하고 실질적으로 해석가능한가의 관점에서 수정한다.**

M.I.는 모수변화와 함께 사용하는 것이 바람직하다. **모수변화(parameter change: Par Change)**는 고정모수에 대한 예측된 변화의 방향(+, −)과 크기를 나타낸다. 예를 들어, 시장지향성과 직무만족 간의 경로를 자유스럽게 추정되도록 허용하면, .054❷의 모수치가 얻어짐을 의미한다.

[표 8-1]에 M.I.와 모수변화를 토대로 한 네 가지 모델수정 시나리오가 제시되어 있다.

표 8-1 M.I.와 모수변화에 의한 모델수정 시나리오

		모수변화(Par Change)	
		크다	작다
수정지수(M.I.)	크다	시나리오 1 ❶	시나리오 2 ❷
	작다	시나리오 3 ❸	시나리오 4 ❹

❶ 시나리오 1: M.I.도 크고 모수변화도 크기 때문에 이에 해당되는 모수를 자유스럽게 설정함으로써 실질적인 모수의 변화와 χ^2감소를 가져올 수 있다.

❷ 시나리오 2: M.I.는 크나 모수변화는 작은 경우이다. 이 경우는 χ^2은 상당히 감소하기는 하나, 모수변화는 작기 때문에 모수를 자유화하는 것이 의미가 없다.

❸ 시나리오 3: M.I.는 작고 모수변화는 큰 경우이다. 모수변화가 큰 것은 표본의 변동성으로 인한 가능성이 있으며, M.I.는 고정모수에 대해 설정오차에 민감한 특성이 있음을 고려해야 한다.

❹ 시나리오 4: M.I.도 작고 모수변화도 작은 경우이다. 이 경우에는 특정 모수를 자유화할 필요가 없다.

2.2 모델수정방법

모델수정방법에는 ① 기존의 잠재변수를 유지하면서 자유모수를 추가하는 방법, ② 기존의 잠재변수를 유지하면서 자유모수를 고정하는 방법, ③ 잠재변수의 추가 및 제거에 의한 방법 등이 있다.

1) 자유모수의 추가에 의한 수정

이 방법은 모델적합도가 좋지 않을 때, 자유모수를 추가함으로써 간명도를 희생하는 대신 모델적합도를 높이고자 할 때 사용된다. 즉, 고정모수를 자유모수로 설정하는 방법이다.

어떤 고정모수를 자유모수로 설정할 것인가를 결정하는 데에는 주로 M.I.가 이용된다. 고정모수 중 가장 큰 M.I.를 보이며 또한 실질적인 의미가 있는 것을 가장 먼저 자유모수로 설정한다. 자유모수로 설정할 고정모수로는 구조계수, 외생변수 간 분산/공분산 또는 요인계수 등을 들 수 있다. 측정오차 및 교란(잔차) 가운데 큰 M.I.를 보이는 것이 있어도 그 모수를 자유모수로 설정할 때는 한 번 더 고려해야 한다. 이들은 사실상 오차의 분산/공분산이다. 오차들끼리 상관(공분산)을 갖도록 자유모수를 추가하면 모델적합도는 높아지지만, 이로 인해 이론적 타당성의 증가보다는 단순히 표본에 내재해 있는 우연성을 반영하는 경우가 많으므로 이론적인 근거가 없다면 정당화하기가 어렵다.

2) 자유모수의 고정에 의한 수정

이 방법은 모델적합도가 충분히 좋을 때 적합도를 별로 손상시키지 않는 범위 내에서 모델을 간명하게 하고자 할 때 사용된다. Amos에서는 모든 자유모수에 대해 C.R.이 보고된다. 만일 어느 자유모수의 C.R.의 절대치가 2보다 작고, 모델에서 그 모수가 부여하는 의미를 무시해도 좋다면, 그 모수를 0으로 고정시킬 수 있다. 물론 C.R.이 작다고 그 모수를 반드시 고정시켜야만 하는 것은 아니다. 예를 들어, 측정오차분산의 C.R.이 2보다 작다고 해서 그것을 고정시키는 것은 측정이 완벽하다는 비현실적인 가정을 도입하는 것이므로 피해야 한다.

3) 잠재변수의 추가 및 제거에 의한 수정

모델이 적합하지 않으면 보통 주어진 잠재변수를 유지하면서 모델수정을 하게 되지만, 때로는 ① 새로운 잠재변수를 추가하거나, ② 기존 잠재변수 중 불필요하다고 생각되는 것을 제거함으로써 모델수정을 할 수 있다. 이러한 결정은 이론적 근거를 토대로 이루어져야 한다. 새로운 잠재변수를 추가하는 것은 해당 잠재변수를 사전에 측정한 경우에만 가능하다.

2.3 모델수정을 위한 지침

모델수정을 위한 지침에 대해 살펴보기로 한다(이순묵, 1990).

1) 수정은 한 번에 하나씩만 한다

Amos는 디폴트로 ML 추정법을 사용하는데, 이 추정법은 모델 내의 방정식을 하나하나 순차적으로 검토하여 계산을 하지 않고 모든 방정식에 대한 정보를 한데 묶어서 동시에 계산하는 **완전정보기법(full information technique)**의 성격을 갖는다. 따라서 모델 내의 한 부분에서의 변화는 모델 내의 다른 곳에 영향을 주게 된다. 즉 어떤 모수에 대한 설정이 바뀌면, 그 효과가 다른 모수의 추정에 영향을 미친다. 그러므로 여러 개의 모수를 동시에 수정할 것이 아니라 하나의 모수를 수정하여 그 효과를 출력을 통해 확인한 후 다시 다른 모수를 수정하는 것이 바람직하다.

2) 수정의 근거는 진단지표뿐 아니라 이론적 정당성도 고려한다

이론적 정당성을 고려한다는 것은 기존의 연구 또는 상식에 기초해서 모델수정이 이루어져야 함을 의미한다. 예컨대, '자녀의 IQ → 부모의 IQ'의 경로계수가 0으로 고정된 상태에서 모델을 검정하였을 때, 이 고정모수의 M.I.가 가장 크게 나온다고 가정한다. 자녀의 IQ가 부모의 IQ에 영향을 미친다는 것은 상식적으로 생각하기 어려우므로 그 M.I.는 참고하지 않는다.

3) 무엇을 어떻게 수정할 것인지 미리 생각해 둔다

자료를 대상으로 모델적합을 한 후에 사후적으로 무엇을 수정할지를 결정하는 것처럼 자료에 끌려 다니지 말고, 모델 내에 검토해 보고 싶은 경로들에 대한 아이디어를 미리 생각해 둔다. 물론 검토해 보고 싶은 경로는 이론적 정당성이 뒷받침되어야 한다.

3. 수정모델의 적합도 평가

수정모델(revised model)의 적합도 평가는 위계모델(내포모델)과 비위계모델(비내포모델)로 나누어 살펴볼 수 있다.

3.1 위계모델의 적합도 평가

위계모델(hierarchical model) 또는 **내포모델(nested model)**이란 특정 모델이 다른 모델의 하위집합이 되는 것을 의미한다. 예를 들어, '모델B'를 만들기 위해 '모델A'로부터 하나의 경로가 제거된다면(또는 추가된다면), 모델A와 모델B는 위계(내포)되어 있다고 한다. 위계모델의 적합도 비교는 모델다듬기(경로의 제거)와 모델만들기(경로의 추가)인 경우에 이루어진다.

사전적 모델을 자료에 적합시켰을 때의 적합도 평가에 대한 내용은 수정모델의 적합도 평가에도 그대로 적용된다. 수정모델은 연구자가 처음에 설정한 시초모델(제안모델)과 상당히 다를 수 있으며, 또한 수정해 가는 과정에서 앞 단계의 수정모델과 다음 단계의 수정모델 사이에도 차이가 있을 수 있다.

시초모델을 'M_a', 1차 수정모델을 'M_b', 2차 수정모델을 'M_c'라 가정한다. M_a의 적합도가 낮은 경우, 자유모수를 하나 추가시킨 결과로 얻은 모델이 M_b이며, 여기에 또 하나의 자유모수를 추가시킨 결과로 얻은 모델이 M_c이다. M_b는 M_a보다 복잡한 모델이고, M_c는 M_b보다 복잡한 모델이다. 단순한 모델의 자유모수는 복잡한 모델의 자유모수의 부분집합이 된다. 이처럼 모델수정이 점점 복잡한 모델로 진행되는 것은 앞 단계 모델의 자유도를 희생하면서(즉 자유도가 줄면서) 다음 단계 모델의 적합도를 높이고자 하는 것인데, 과연 이 적합도의 증가가 자유도를 희생시키는 것을 정당화할 만큼 큰지를 통계적으로 검정할 수 있다. χ^2차이검정의 통계치인 χ^2차이는 다음과 같이 정의된다.

$$\Delta\chi^2 = \chi_s^2 - \chi_c^2$$

$\Delta\chi^2$은 단순한 모델의 χ_s^2에서 복잡한 모델의 χ_c^2를 뺀 차이가 되고, 이를 검정하기 위한 자유도는 다음과 같이 정의된다.

$$\Delta df = df_s - df_c$$

Δdf는 단순한 모델의 자유도(df_s)에서 복잡한 모델의 자유도(df_c)를 뺀 것이다. 단

순한 모델이 복잡한 모델로 변하면, 자유도를 희생하면서 적합도의 증가를 가져온다. 이 증가분이 희생된 자유도에 비해 얼마나 큰지를 통계적으로 검정하는 것이 **χ^2차이검정**(**χ^2 difference test**)이다.

희생한 자유도(Δdf)에 비해 χ^2차이가 충분히 차이가 난다면(즉, 두 모델 간에 χ^2차이가 유의적이라면) 복잡한 모델(즉, df가 작은 모델)을 선정하고, 그렇지 않다면(즉, 두 모델 간에 χ^2차이가 거의 없다면) 단순한 모델(즉, df가 큰 모델)을 선정한다. χ^2차이검정에 의한 모델선정을 결정할 때 [표 8-2]의 기준을 적용하면 된다.

표 8-2 χ^2차이검정에 의한 모델선정 기준

	예/아니오	결정
χ^2차이가 유의적인가?	예 (예: $\alpha=0.05$에서 $\Delta df=1$인 경우 $\Delta\chi^2=3.84$ 이상)	df가 작은 모델 선택
	아니오 (예: $\alpha=0.05$에서 $\Delta df=1$인 경우 $\Delta\chi^2=3.84$ 이하)	df가 큰 모델 선택

χ^2차이가 유의적인가는 연구자가 생각하는 유의수준에 따라 달라진다. 일반적인 유의수준 $\alpha=0.05$에서 $\Delta df=1$의 유의적인 χ^2차이는 3.84 이상이다. χ^2차이검정은 ML이나 GLS추정법을 사용했을 경우에만 가능하다.

3.2 비위계모델의 적합도 평가

대안모델(또는 경쟁모델)이 내포되어 있지 않은 **비내포모델(non-nested model)** 또는 **비위계모델(non-hierarchical model)**을 비교하기에 적합한 지수로는 AIC, BIC, CAIC, ECVI, RMSEA 등이 있다. 이들 값이 작을수록 모델적합도가 좋은 것으로 판단하여 특정 모델을 선정한다. [그림 8-7]은 비내포모델을 나타낸 것이다.

그림 8-7 비내포모델의 예

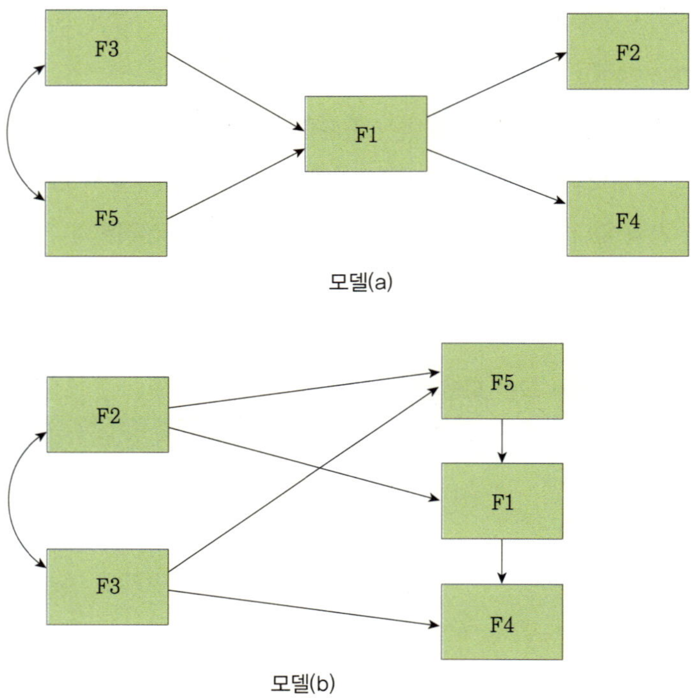

[Input 8–2]와 [Input 8–3]은 각각 모델(a)와 모델(b)를 추정하기 위한 Amos 입력파일이다.

Input 8-2 ••• 모델(a)

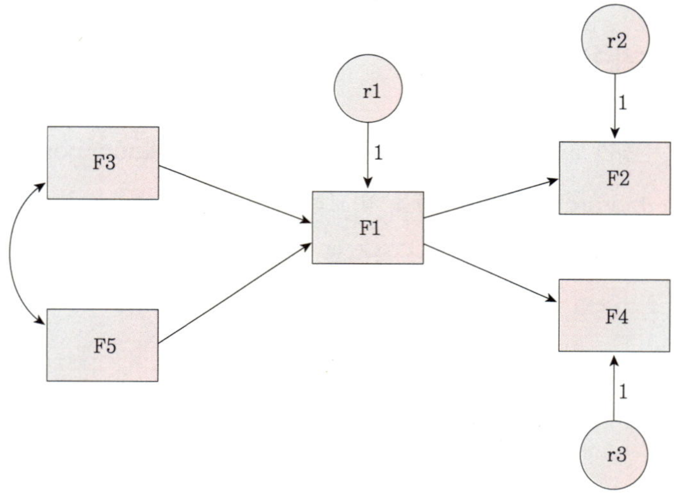

Output 8-2 모델(a) 분석 결과

Model Fit Summary

CMIN

Model	NPAR	CMIN	DF	P	CMIN/DF
Default model	10	40.402	5	.000	8.080

RMSEA

Model	RMSEA	LO 90	HI 90	PCLOSE
Default model	.123	.090	.159	.000

AIC

Model	AIC	BCC	BIC	CAIC
Default model	60.402	60.662	101.908	111.908

ECVI

Model	ECVI	LO 90	HI 90	MECVI
Default model	.129	.093	.181	.130

Input 8-3 모델(b)

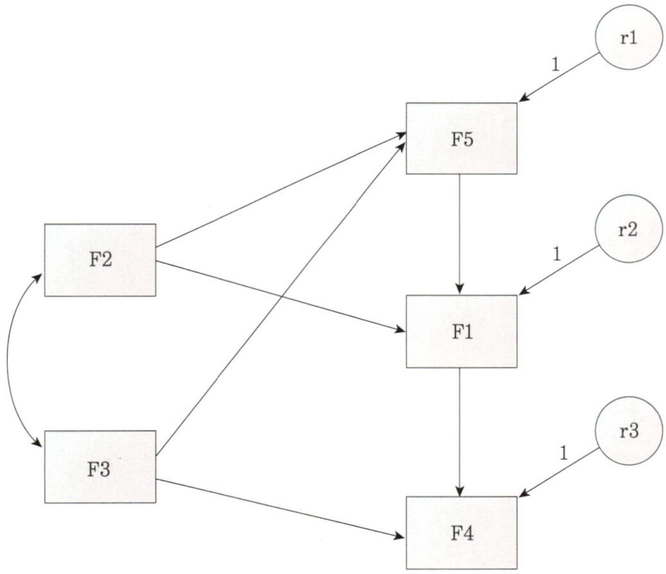

Output 8-3 모델(b) 분석 결과

CMIN

Model	NPAR	CMIN	DF	P	CMIN/DF
Default model	12	3.238	3	.356	1.079

RMSEA

Model	RMSEA	LO 90	HI 90	PCLOSE
Default model	.013	.000	.080	.742

AIC

Model	AIC	BCC	BIC	CAIC
Default model	27.238	27.550	77.046	89.046

ECVI

Model	ECVI	LO 90	HI 90	MECVI
Default model	.058	.058	.077	.059

표 8-3 비내포모델의 검정결과

	모델(a)	모델(b)
df	5	3
χ^2	40.402	3.238
RMSEA	0.123	0.013
AIC	60.402	27.238
BIC	101.908	77.046
ECVI	0.129	0.058
CAIC	111.908	89.046

모델(a)와 모델(b)를 적합시킨 결과, AIC, BIC, CAIC, ECVI, RMSEA를 기준으로 하면 모델(b)가 선택된다.

4. 모델수정의 예

판매원모델을 통해 모델수정에 대해 살펴보기로 한다. 앞서 기술한 바와 같이, 모델수정은 모델적합도를 개선하는 측면과 모델간명도를 높이는 측면에서 이루어진다.

4.1 모델적합도의 개선

모델적합도의 개선은 모수의 추가(자유화)에 의해 이루어진다. [Output 8-1]을 보면, 시장지향성에서 직무만족으로의 경로가 가장 큰 M.I.(16.308)❶를 보이고 있으며, 이 경로의 모수변화(par change)는 .054❷로 나타났다. 이 모수의 방향은 정적(+)으로 나타났는데, 이는 시장지향적인 판매원은 직무만족이 높을 것으로 예상되기 때문에 의미가 있다. 따라서 시장지향성에서 직무만족으로의 경로를 자유화하는 것은 타당하다고 볼 수 있다.

한편, 측정오차의 분산은 서로 독립적인 것으로 가정된다. 측정오차의 공분산을 허용하는 것은 이론적 · 방법론적으로 명확한 근거가 없으면 하지 않는 것이 바람직하다. 이론적으로 상관된 측정오차의 설정은 각각의 지표가 서로 다른 시점에서 측정되었다면(예: 종단연구) 가능하다. 또한 방법론적으로는 모든 측정이 공통의 자료수집 편향을 갖고 있는 경우(예: 다속성-다방법(MTMM)인 경우)에 가능하다.

판매원모델은 횡단면 자료이고, 모든 측정치들이 서베이에 의해 동일한 방법으로 수집되었기 때문에 상관된 측정오차를 설정하는 것이 정당화될 수 없다. 이러한 판단을 근거로 시장지향성에서 직무만족으로의 경로를 자유화하는 것에 의해 모델을 수정하기로 한다. [Input 8-4]는 판매원모델의 수정모델(I)을 제시한 것이다.

Input 8-4 ••• **수정모델(I): 적합도의 개선**

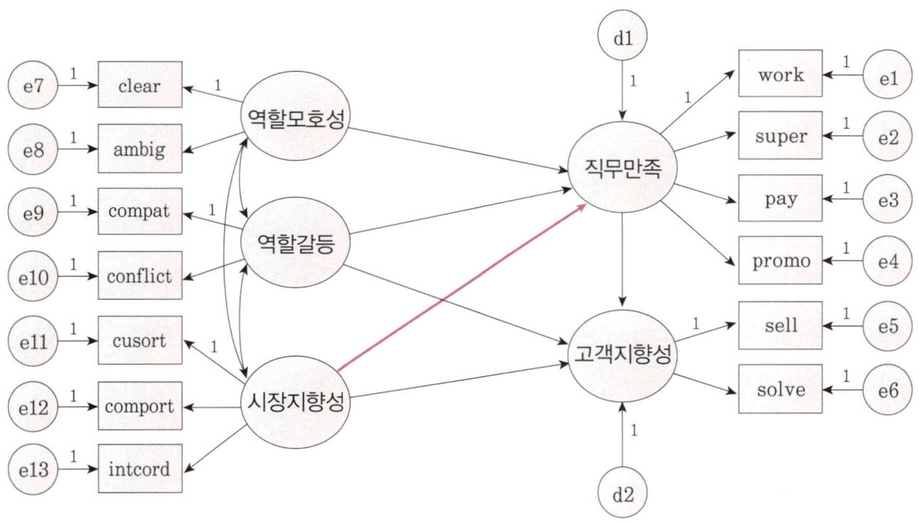

수정모델(I)을 추정한 결과는 [Output 8-4]와 같다.

Output 8-4 ••• **수정모델(I)의 적합도**

CMIN

Model	NPAR	CMIN	DF	P	CMIN/DF
Default model	35	118.462	56	.000	2.115

Baseline Comparisons

Model	NFI Delta1	RFI rho1	IFI Delta2	TLI rho2	CFI
Default model	.942	.920	.969	.956	.968

RMSEA

Model	RMSEA	LO 90	HI 90	PCLOSE
Default model	.060	.045	.076	.123

[Output 8-4]를 토대로 수정모델의 적합도를 평가하기로 한다. 첫째, 모델적합도의 모든 지수들이 제안모델에 비해 크게 개선된 것으로 나타났다([Output 8-1] 참조). 예컨대, $\chi^2(56)=118.462$, TLI=.956, CFI=.968, RMSEA=.060로 나타났다.

둘째, 자유도가 1이 상실되었으나 χ^2값이 이러한 감소를 크게 보상하고 있다. 이는 χ^2 차이검정을 통해 확인할 수 있다. 수정모델(I)과 제안모델의 χ^2값을 비교해 보면, 자유도($\Delta df=1$)에서 다음과 같은 차이가 있다.

$$\Delta\chi^2(\Delta df=1)=165.572-118.462=47.11$$

χ^2차이는 매우 유의적인 것으로 나타났다($p<.001$). χ^2의 감소(47.11)는 M.I.에 의해 예측된 값(16.308)보다 크게 나타났다.

셋째, 모수치를 검토해 보면, 시장지향성에서 직무만족으로의 경로를 자유화했을 때, 비표준화추정치=.141, 표준오차=.023으로 매우 유의적으로 나타났다(C.R.=6.237, $p<.001$). 비표준화추정치 .141은 모수변화 추정치 .054보다 크게 나타났다. 또한 직무만족의 SMC가 .571에서 .692로 증가하는 것으로 나타났다.

Output 8-4 ••• **수정모델(I)의 모수치**

Regression Weights:

			Estimate	S.E.	C.R.	P
직무만족	<---	시장지향성	.141	.023	6.237	***

Squared Multiple Correlations:

	Estimate
직무만족	.692

4.2 모델간명도의 개선

실질적으로 정당화할 수 있는 모수를 포함시켜 제안모델의 적합도를 개선시킨 수정모델(I)을 얻었다. 이제 수정모델(I)의 모델다듬기에 초점을 맞추어 모델을 수정하기로 한다.

모델간명도의 개선은 불필요한 모수의 제거를 통해 이루어진다. 어떤 모수를 제거할 것인가(즉, 0으로 고정할 것인가)는 비유의적인 C.R.을 검토하여 결정할 수 있다. 비유의적인 C.R.은 모수치가 0과 유의적으로 다르지 않음을 의미한다. 즉 그 모수치가 0이라는 가설을 기각할 수 없음을 의미한다. 이러한 경우에 그들 모수치를 0으로 고정할 수 있다. 이때 두 가지 점을 고려한다.

1. **모수를 추가하는 것과 마찬가지로 모수를 제거하는 것도 통계적인 측면보다는 이론적인 측면을 고려한다.** 그러므로 기존의 이론적 결과를 토대로 꼭 필요한 모수가 있을 경우에는 C.R.이 비유의적이라 하더라도 모수를 제거하는 것을 다시 고려할 필요가 있다.
2. **모수는 불충분한 검정력 때문에 비유의적일 수 있다.** 이 경우 만약 이론에 의해 특정 모수가 모델에 포함되어야 한다면, 모수가 비유의적이라 하더라도 모델에 포함되는 것이 바람직하다. 왜냐하면 표본크기가 너무 작아 모수의 유의성을 탐지할 수 없기 때문이다.

Output 8-4 수정모델(Ⅰ)의 모수치

Regression Weights: (Group number 1 - Default model)

			Estimate	S.E.	C.R.	P
직무만족	<---	역할모호성	-.065	.026	-2.471	.013
직무만족	<---	역할갈등	-.041	.013	-3.014	.003
직무만족	<---	시장지향성	.141	.023	6.237	***
고객지향성	<---	시장지향성	.432	.131	3.286	.001
고객지향성	<---	역할갈등	-.076	.062	-1.233	.218
고객지향성	<---	직무만족	2.387	.648	3.686	***

Variances: (Group number 1 - Default model)

	Estimate	S.E.	C.R.	P
e8	.307	.118	2.600	.009
e7	.454	.052	8.784	***
e10	.535	.106	5.030	***
e9	.294	.098	3.005	.003
e5	.050	.072	.703	.482
e6	.344	.037	9.318	***
e1	.102	.009	10.867	***
e2	.196	.020	9.936	***
e3	.308	.029	10.808	***
e4	.587	.054	10.901	***
e12	.524	.053	9.851	***
e11	.414	.051	8.133	***
e13	.389	.043	9.023	***

[Output 8-4]를 보면, 수정모델(Ⅰ)에서 비유의적인 C.R.을 갖는 모수는 2개이다. 즉 측정오차 e5와 역할갈등에서 고객지향성으로 가는 경로가 비유의적이다. 비유의적인 측정오차는 그 관측변수의 측정오차가 없음을 암시하는 것인데, 이는 비현실적이다. 따라서 측정오차를 0으로 고정하는 것은 실질적으로 정당화할 수 없으므로 측정오차는 그대로 유지하기로 한다.

역할갈등에서 고객지향성으로 가는 경로가 비유의적인 것은 역할갈등이 고객지향성에 직접적인 효과를 주기보다는 직무만족을 통해 매개역할을 하기 때문인 것으로 해석된다. 이론적으로 이러한 관계를 설정하는 것이 문제가 없다고 가정하고 그 모수를 제거하기로 한다. 모델간명도의 개선을 위한 입력파일이 [Input 8-5]의 수정모델(Ⅱ)이다.

Input 8-5 ••• **수정모델(Ⅱ): 간명도의 개선**

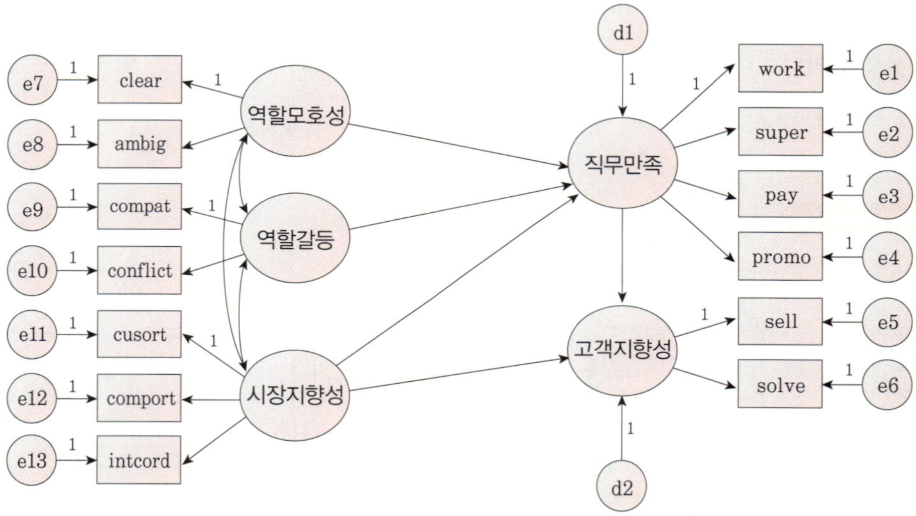

수정모델(Ⅱ)의 적합도 통계량은 [Output 8-5]와 같다.

Output 8-5 ••• **수정모델(Ⅱ)의 적합도 통계량**

CMIN

Model	NPAR	CMIN	DF	P	CMIN/DF
Default model	34	119.721	57	.000	2.100

Baseline Comparisons

Model	NFI Delta1	RFI rho1	IFI Delta2	TLI rho2	CFI
Default model	.942	.920	.969	.957	.968

RMSEA

Model	RMSEA	LO 90	HI 90	PCLOSE
Default model	.060	.045	.075	.130

[Output 8-4]와 [Output 8-5]를 비교해 보면, 적합도가 거의 차이가 없음을 알 수 있다. 즉 적합도 통계량은 실질적으로 거의 같고, 잔차와 M.I.도 거의 비슷하게 나타난다. χ^2차이검정에 의해 수정모델(Ⅰ)과 수정모델(Ⅱ)를 비교해 보면 비유의적인 것으로 나타난다($\Delta\chi^2=1.259(119.721-118.462)$, $\Delta df=1$, $p>.10$). 고객지향성의 SMC는 보다 적은 수의 독립변수에 의해 .602에서 .620으로 증가하였다. 결론적으로 적합도의 최소한의 손실에 의해 보다 간명한 모델을 얻는다.

그렇다면, 역할갈등과 고객지향성 간의 경로를 제거해야 하는가? 이는 **검정력 분석(power analysis)**을 통해 결정할 수 있다. 즉, 주어진 고정모수에 대해 귀무가설(즉, 역할갈등 → 고객지향성=0)이 틀리다고 할 때 이를 기각하기에 충분한 통계적 검정력을 갖고 있는가를 검정하면 된다. 이를 검정하기 위해서는 자유도 1에서의 **비중심 χ^2분포(noncentral chi-square distribution)**를 이용해야 하며, **비중심모수(noncentral parameter: λ)**는 귀무가설이 틀릴 때 검정통계량의 분포를 한다.

λ값을 결정하기 위해 M.I.를 이용할 수 있다. M.I.는 모델 내 각각의 제약에 대해 비중심모수와 근접한 것으로 사용될 수 있다. 각각의 고정모수와 관련된 M.I.가 있으므로 자유도 1에서의 검정력 평가는 모델 내 각각의 단일변량 제약에 대해 얻어질 수 있다.

판매원모델의 경우, 역할갈등과 고객지향성 간의 경로가 0으로 고정된 M.I.는 .523으로 나타난다. Amos에서 이 값을 얻기 위해서는 [Output] 탭에서 M.I.의 디폴트값 4를 0.5로 조정해 주어야 한다. 이 M.I.가 λ가 된다.

비중심모수 λ, 유의수준 α와 자유도($df=1$)에 의해 [G*power 3]을 이용하여 검정력을 계산할 수 있다. G*power는 구글에서 [Gpower] 키워드로 검색하면 사이트를 찾을 수 있다.

G*power를 설치한 후, 초기화면에서 가운데에 있는 [Test family]를 [χ^2 tests]로, [Statistical Test]를 [Generic χ^2 test]로, [Type of power analysis]를 [Post hoc: Compute power-given α, and noncentrality parameter]로 바꾼다. 그리고 [Input Parameters]에서 [Noncentrality parameter λ]에 .523, [α err prob]에 0.05, [Df]에 1을 입력하고 밑에 있는 [Calculate] 버튼을 누르면 0.07의 검정력을 얻는다.

검정력값은 0.07로 매우 낮은 것으로 나타난다. 이는 역할갈등 → 고객지향성=0이라는 잘못된 귀무가설이 기각되기가 어려움을 의미한다. 따라서 역할갈등 → 고객지향성 경로를 제거하여 모델을 수정한다.

검정력을 계산하는 다른 방안으로는 비중심모수(λ)의 근사치로 C.R.의 제곱(t^2)을 이용할 수 있다. 이는 모수를 고정시키기 전에 해야 하며, 모수치의 값이 작기 때문에 또는 표본크기가 작기 때문에 귀무가설을 기각하지 않아야 하는지를 검정하는 것이다. 역할갈등 → 고객지향성을 자유화했을 때 C.R.$=-1.233$이다. 이는 [Input 8-4]를 실행하면 얻을 수 있다. 따라서 $t^2 \approx \lambda = 1.52$이다. $\lambda = 1.52$, $df = 1$에 해당하는 검정력값은 0.13이다(이도 앞의 G*power을 이용하면 됨). 이 값도 작은 편이다. 따라서 역할갈등과 고객지향성 사이의 경로를 제거하여 모델을 수정하는 데 큰 문제가 없다고 판단할 수 있다.

그림 8-8 G*power에 의한 검정력 검정

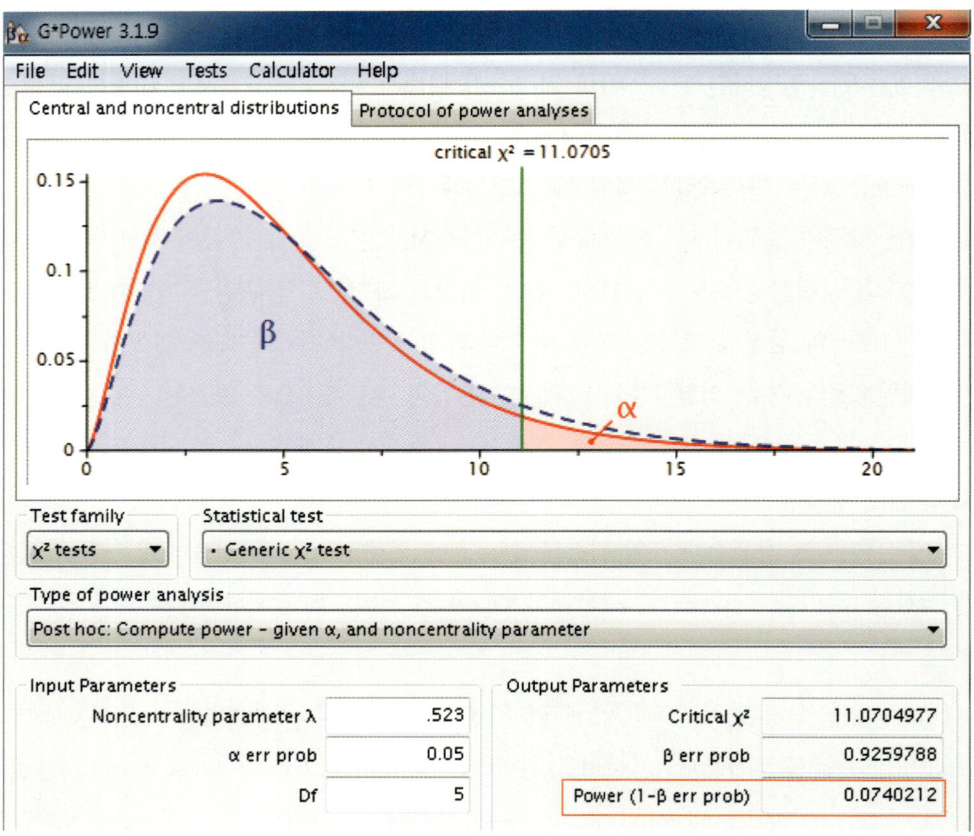

이제, 제안모델과 수정모델(Ⅱ)를 비교해 보기로 한다. 두 모델은 모두 자유도(df)=57로 같다. 두 모델(제안모델과 수정모델(Ⅱ))은 모수에 제약을 가함으로써 다른 모델을 만들 수 없기 때문에 내포모델이 아니다. 즉 두 모델은 자유도가 같기 때문에 내포모델이 아니다. 그러나 제안모델은 수정모델(Ⅰ)에 대해서는 내포되어 있다. 수정모델(Ⅱ)가 제안모델에 비해 훨씬 향상된 적합도를 갖는 것으로 나타났다. 제안모델과 수정모델(Ⅱ)의 적합도를 χ^2차이검정에 의해 비교할 수 없고, 다른 적합지수(예: ECVI, AIC, CAIC, RMSEA 등)에 의해 비교한다. [표 8-4]는 제안모델과 수정모델(Ⅱ)의 적합도를 비교한 것이다. 적합도를 비교해 보면 수정모델(Ⅱ)가 더 적합한 것으로 나타난다.

표 8-4 제안모델과 수정모델(Ⅱ)의 적합도 비교

	ECVI	AIC	CAIC	RMSEA
제안모델	0.766	233.572	394.174	0.079
수정모델(Ⅱ)	0.615	187.721	348.323	0.060

수정모델(Ⅰ)과 수정모델(Ⅱ)를 비교하면 [표 8-5]와 같다.

표 8-5 수정모델(Ⅰ)과 수정모델(Ⅱ)의 적합도 비교

	df	χ^2	ECVI	AIC	CAIC	RMSEA
수정모델(Ⅰ)	56	118.462	0.618	188.462	353.787	0.060
수정모델(Ⅱ)	57	119.721	0.615	187.721	348.323	0.060

수정모델(Ⅰ)과 수정모델(Ⅱ)는 내포되어 있으므로 χ^2차이검정을 할 수 있다. 자유도 1에서 χ^2차이가 1.259이므로 두 모델은 유의적인 차이가 없어 자유도가 큰 수정모델(Ⅱ)가 더 선호된다. 또한 ECVI, AIC, CAIC 등의 다른 지표를 보더라도 수정모델(Ⅱ)가 수정모델(Ⅰ)에 비해 작은 값을 갖고 있어 수정모델(Ⅱ)가 더 적합하다고 할 수 있다.

지금까지의 모델수정을 통해 판매원모델의 최종모델은 [Input 8-5]의 수정모델(Ⅱ)로 선정될 수 있다. 만약, 연구자가 수정모델(Ⅱ)를 최종모델로 선정하고자 하는 경우 시장지향성에서 직무만족으로 가는 경로에 관한 이론적 근거가 있어야 하고, 이론적 근거가 없는 경우에는 연구의 발견점(findings)으로 제안할 수도 있다. 발견점으로 제안하고자 할 때 그에 대한 논리적 정당성을 제시해야 한다. 어떤 모델을 최종모델로 선정할 것인가는 이론적 근거와 논리적 정당성을 토대로 한 연구자가 결정할 문제이다.

5. Amos에 의한 설정탐색

Amos에서는 설정탐색 기능을 제공한다. **설정탐색(specification search)**은 간명도와 적합도를 동시에 증가시키거나 또는 그 중 하나를 최소한 희생하면서 다른 하나를 최대한 증가시키고자 하는 과정을 의미한다. **Amos에서 제공하는 설정탐색 기능은 자료에 의해 제공되는 수량적 지표를 기초로 한 것이기 때문에 이론적 근거가 없는 경로를 탐색하는 데에는 한계가 있음에 유의한다.** 이하에서 [Input 8-1]의 판매원모델을 통해 설정탐색에 대해 살펴보기로 한다.

1 먼저, [Input 8-1]을 Amos에서 불러들인 다음, 도구상자에 있는 설정탐색 아이콘()을 클릭한다. 그러면 다음과 같은 설정탐색 툴바가 나타난다.

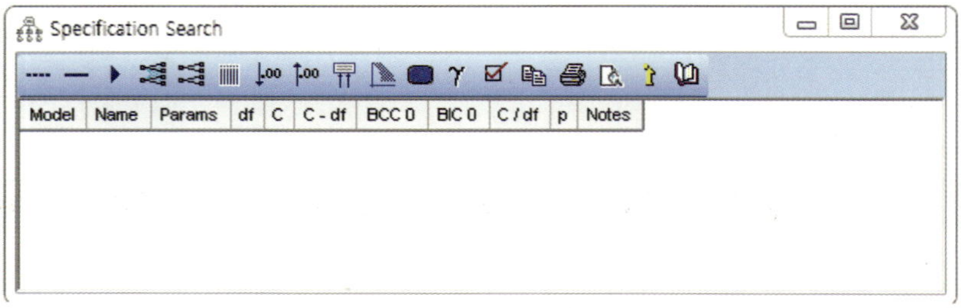

툴바에 있는 아이콘 가운데 몇 가지를 살펴보기로 한다.

아이콘	내용
	선택경로를 지정할 때 사용. 이 단추를 클릭하고 선택경로를 클릭하면, 경로의 색깔이 파란색(또는 노란색)으로 변환
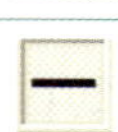	반전된 경로를 원래로 복원하고자 할 때 사용
	설정탐색의 실행을 위해 사용
	선택경로를 모두 표시할 때 사용
	선택경로를 모두 감출 때 사용
	설정탐색 결과를 보여줌

	경로도를 보여줌
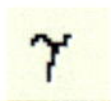	경로도 상에 회귀계수를 보여줌
	옵션

2 설정탐색을 위해 수정모델(Ⅰ)과 수정모델(Ⅱ)에서 추가/삭제한 경로 및 새로 추가하고자 하는 경로를 포함한 경로도를 그린다.

3 그 다음, 설정탐색 툴바에 있는 경로선택 아이콘()을 클릭한 다음, 설정탐색을 하고자 하는 경로를 클릭하면 경로의 색깔이 노란색(보라색)으로 변한다.

Input 8-6 판매원모델의 설정탐색

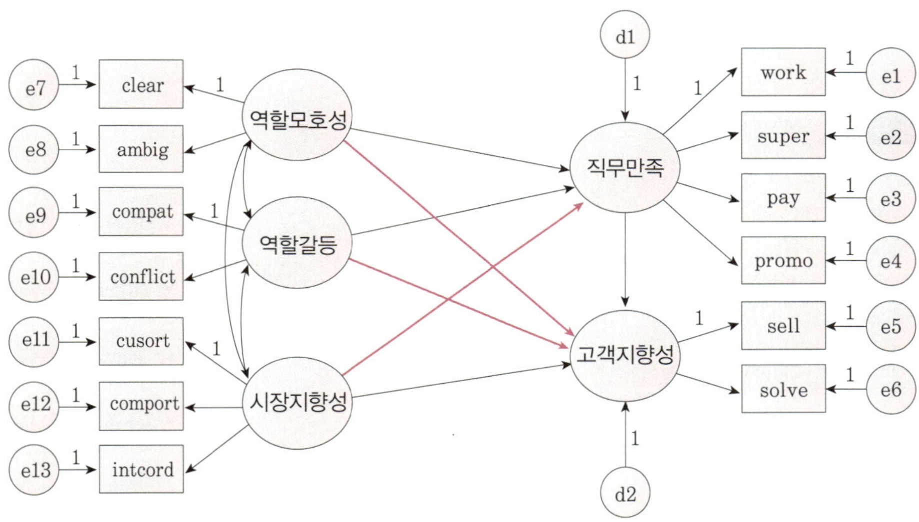

4 ∴ 설정탐색을 위해 설정탐색실행 아이콘(▶)을 클릭한다. 그러면 다음과 같은 출력을 얻는다.

Specification Search

Model	Name	Params	df	C	C - df	BCC 0	BIC 0	C / df	p	Notes
1	Default model	33	58	166.353	108.353	44.772	40.908	2.868	0.000	
2	Default model	34	57	119.721	62.721	0.236	0.000	2.100	0.000	
3	Default model	34	57	165.572	108.572	46.088	45.851	2.905	0.000	
4	Default model	34	57	165.866	108.866	46.382	46.145	2.910	0.000	
5	Default model	35	56	118.462	62.462	1.074	4.465	2.115	0.000	

5 ∴ 위의 출력 가운데 '모델2'가 가장 자료를 잘 적합시키는 것으로 나타났는데, 모델2를 선택하고 경로도보기 아이콘( )을 클릭하면 해당 모델에 대한 경로도를 볼 수 있다. 이때, 경로도는 다른 화면이 아닌 현재의 화면에 나타난다. [그림 8-9]는 모델2의 경로도를 보인 것이다.

그림 8-9 설정탐색에 의한 모델2의 경로도

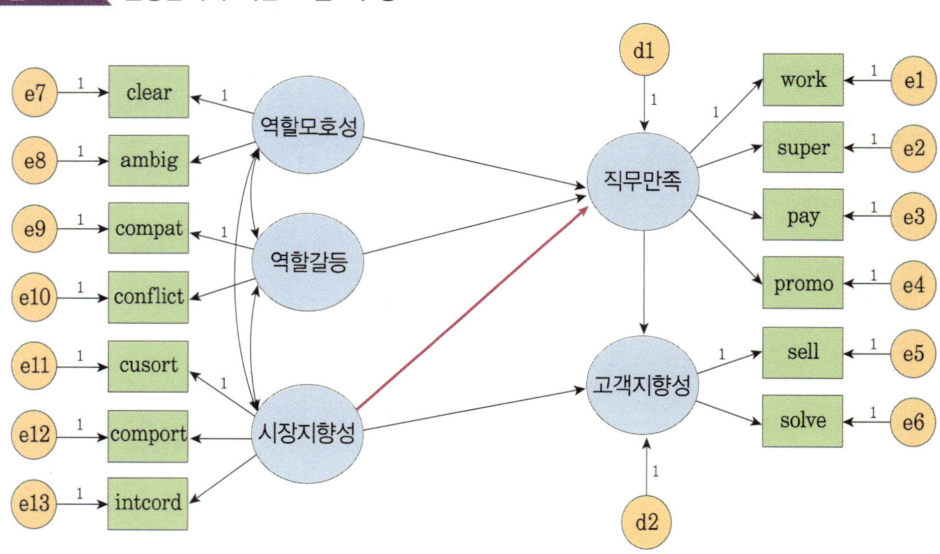

CHAPTER 9

분석 결과의 제시 및 기술

1. 개념적 모델과 통계적 모델의 기술
2. 결과의 기술

CHAPTER 9

분석 결과의 제시 및 기술

Amos에서 산출되는 Output을 해석하는 일도 중요하지만, 연구자들이 분석 결과를 쉽게 이해할 수 있도록 Output을 체계적으로 제시하는 일도 중요하다.

1. 개념적 모델과 통계적 모델의 기술

1.1 개념적 모델의 제시 및 가설의 기술

개념적 모델(conceptual model)은 연구에서 가설화된 개념들 간의 관계를 나타낸 것으로 **연구모델(research model)**이라고도 한다. 개념적 모델은 잠재변수들 간의 가설화된 관계에 초점을 맞추어 제시한다. 개념적 모델에는 설정된 관계에 대한 이론적 근거 및 설정되지 않은 관계에 대한 근거를 기술한다. 개념적 모델에는 이론적 정당성이 없으면 어떤 관계도 포함되어서는 안 되며, 이론적 근거가 있는 변수들 간의 관계를 생략해서도 안 된다.

[그림 9-1]에 제시된 판매원모델의 개념적 모델을 보면, 역할모호성과 직무만족 간에 경로가 설정되어 있는데, 이에 대한 이론적 근거를 기술해야 하며 역할모호성과 고객지향성 간에는 관계가 없는 것으로 가설화되었는데 이에 대한 근거도 기술해야 한다. 결론적으로, 이론적 정당성을 근거로 개념 간의 관계를 가설로 설정한 다음, 이들 가설 간의 관계를 경로도에 나타낸 것이 개념적 모델이다.

그림 9-1 판매원의 고객지향성 모델: 개념적 모델

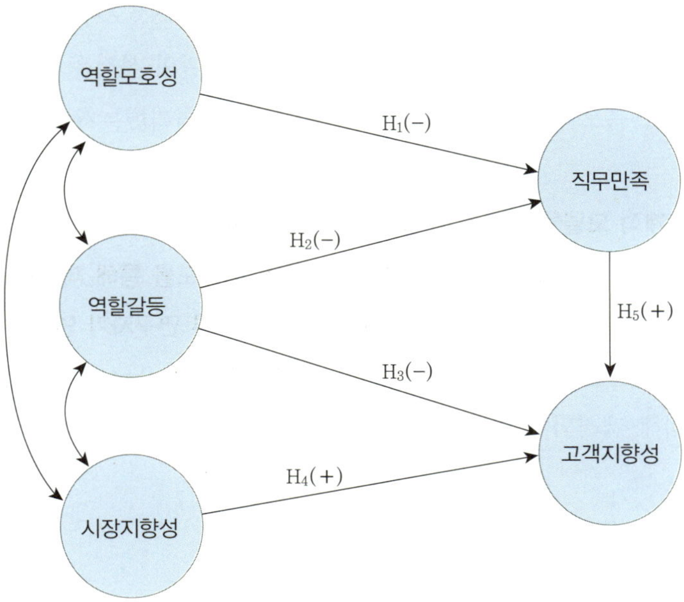

개념적 모델을 그림으로 제시한 다음, 이를 가설로 기술한다. 판매원모델의 가설은 다음과 같이 기술할 수 있다.

> H_1: 판매원의 역할모호성은 직무만족에 부적(−)인 영향을 미칠 것이다.
> H_2: 판매원의 역할갈등은 직무만족에 부적(−)인 영향을 미칠 것이다.
> H_3: 판매원의 역할갈등은 고객지향성에 부적(−)인 영향을 미칠 것이다.
> H_4: 판매원의 시장지향성은 고객지향성에 정적(+)인 영향을 미칠 것이다.
> H_5: 판매원의 직무만족은 고객지향성에 정적(+)인 영향을 미칠 것이다.

이들 가설은 방향성 가설이다. 연구자가 가설을 설정할 때 방향성 가설로 기술하는 것이 바람직하다. 방향성 가설로 기술하기 위해서는 기존에 연구된 개념들 간의 관계를 충분히 검토해야 한다.

1.2 통계적 모델의 제시 및 기술

통계적 모델(statistical model)은 측정모델 및 구조모델 등에 대해 통계적으로 검정의 대상이 되는 모델을 의미한다. 통계적 모델에는 측정오차 및 경로의 설정, 고정모수 및 자유모수의 설정, 잠재변수의 척도화 등에 관해 상세히 기술한다. 특히 단일지표를 이용하는 경우에 단일지표에 대한 설정 방법을 명확히 기술하며, 측정오차 간에 상관된 설정을 했다면 그에 관한 내용도 기술하고, 외생잠재변수 간 상관의 설정을 어떻게 했는지에 대해서도 기술한다. 음오차분산이 있는 경우 이를 어떻게 처리했는지에 대해서도 기술한다.

결론적으로, **통계적 모델을 기술하는 경우에는 다른 연구자가 모델적합을 재현하고자 할 때 동일한 결과를 얻을 수 있도록 상세히 기술해야 하며, 경로도를 통해 제시하고자 할 경우에는 그와 관련된 내용을 모두 경로도에 표시해 줌으로써 다른 연구자가 연구를 재현하고자 할 때 동일한 결과를 얻을 수 있도록 모든 정보를 제시해야 한다.** [Input 9-1]에 통계적 모델이 경로도에 의해 제시되어 있다.

Input 9-1 ••• 판매원의 고객지향성모델: 통계적 모델

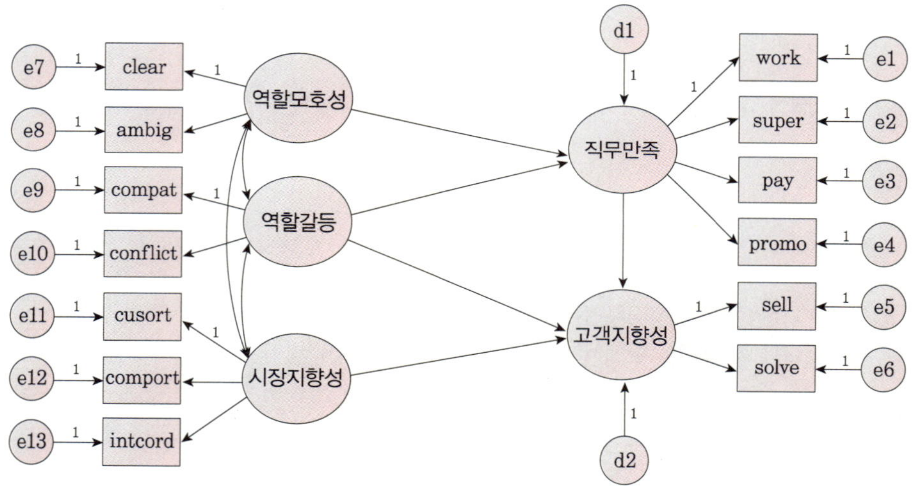

[Input 9-1]에서 볼 수 있듯, 외생잠재변수 간에는 상관이 모두 설정되어 있고, 측정오차 간에는 공분산이 설정되지 않았고, 각각의 잠재변수별로 1로 설정된 준거변수가 있다.

2. 결과의 기술

결과를 기술하기 위해 모델수정 및 비교에 대한 명확한 근거뿐만 아니라 모수치 및 적합도 통계량도 기술한다.

2.1 추정법과 적합도지수

1) 추정법

SEM에서 가장 많이 이용되는 추정법은 **최대우도법(maximum likelihood: ML)**이다. ML은 표본크기가 작거나, 첨도가 지나치게 큰 상황에서도 최적의 해를 산출하는 것으로 나타났다. 따라서 ML에 의한 추정치를 제시하는 것이 바람직하다. 자료가 ML에 적합하지 않은 것으로 판단되어 다른 추정법을 이용했다면 그에 관한 정보를 제시한다. 모델의 추정에 사용된 추정법에 대한 기술은 반드시 필요하다.

2) 적합도지수

[표 9-1]에 모델적합을 평가하는 데 일반적으로 추천되고 있는 적합도지수가 제시되어 있다.

표 9-1 일반적으로 추천되는 적합도지수

지수	내용
χ^2	모델에 가한 과대식별로부터 야기된 적합도 결여의 통계적 검정. χ^2은 자유모수가 아닌 고정모수를 평가
TLI	독립모델의 적합도 결여에 대한 제안모델의 적합도 결여를 비교하는 데 이용. 적합도지수는 독립모델에 대한 제안모델의 자유도당 상대적 개선 정도를 추정. 표본크기가 작고(<150), GLS 추정인 경우에는 이용되지 않음
CFI	독립모델 대 제안모델의 비중심 χ^2에 의해 추정된 적합도 결여의 상대적 감소량을 측정. CFI는 RNI를 0부터 1까지 표현한 것임
RMSEA	모델을 표본이 아닌 모집단에서 추정하는 경우에 기대되는 적합도
SRMR	RMR을 표준화시킨 값

미국심리학회(APA)는 SEM 분석의 모델적합도 정보는 $\chi^2(48, N=500)=303.80$, $p<.001$, TLI=.95, CFI=.94 RMSEA=.05, SRMR=.06 등의 형식으로 기술하도록 권유하고 있다.

2.2 모수치

모수치에 대해 다음과 같은 정보를 기술한다.

❶ **음오차분산이나 표준화추정치가 1보다 큰 것 등의 Heywood case가 있는지를 검토한 후, 이에 관한 내용을 기술한다.** 만약 이러한 추정치가 있다면, 이는 추정이나 모델 설정에 문제가 있음을 의미하며, 모델 내의 나머지 추정치들에도 영향을 미친다. 따라서 모수치가 부적해(improper solution)가 있는 경우에 이를 어떻게 처리했는지 기술한다.

❷ **경로계수에 관한 모수치를 제시한다.** 모수치는 경로도에 제시하거나 또는 표에 제시할 수 있다. 경로계수를 제시할 때, 비표준화추정치는 준거변수를 어떤 변수로 지정했느냐에 따라 값이 다르기 때문에 모델에서 어떤 변수를 준거변수로 설정했는지를 명확히 기술한다. 경로계수 가운데 표준화계수도 반드시 제시한다.

모수치를 경로도에 제시하면 모델 내에서 특정 모수치의 위치를 쉽게 파악할 수 있는 이점이 있다. 이 제시법은 변수 및 경로 등이 많은 경우에는 경로도가 복잡하게 되는 문제가 있다. 따라서 모델이 단순한 경우에는 경로도에 모수치를 제시하고, 복잡한 경우에는 표에 제시하는 것이 바람직하다. 표를 통해 모수치를 제시하는 것은 각각의 모수치가 표준오차, C.R. 및 p값 등과 함께 제시된다는 면에서 이점이 있으나, 모델 내에서 각 모수의 위치를 파악하기가 쉽지 않은 단점이 있다. [그림 9-2]는 판매원모델의 가설검정 결과를 경로도에 제시한 것이다.

그림 9-2 판매원모델의 가설검정 결과

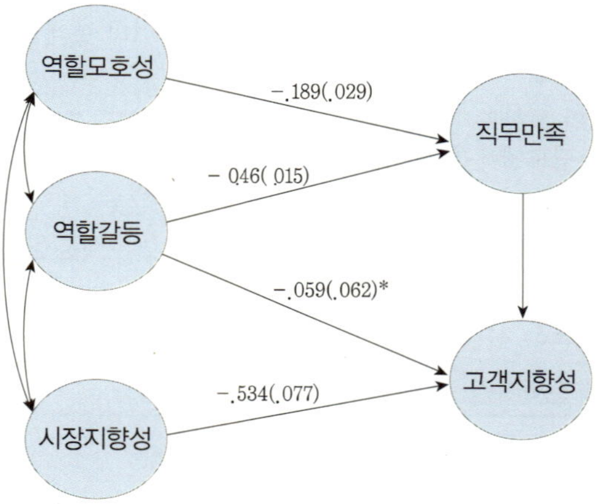

* $p > 0.05$, 비표준화추정치(표준오차)

결론적으로, 경로도에는 잠재변수 간의 계수만을 포함시켜 단순하게 제시하고, 표에는 표준오차 및 기타의 모수를 제시하는 것이 바람직하다. [표 9-2]는 판매원모델의 가설검정 결과를 표를 통해 제시한 예이다. 가설검정 결과를 제시할 때 모델적합도도 반드시 포함되도록 한다.

표 9-2 판매원모델의 가설검정 결과

가설 및 방향	경로	비표준화 계수	표준화 계수	표준 오차	C.R.	p	결과
$H_1(-)$	역할모호성 → 직무만족	-.189	-.603	.029	-6.473	***	지지
$H_2(-)$	역할갈등 → 직무만족	-.046	-.237	.015	-3.130	.002	지지
$H_3(-)$	역할갈등 → 고객지향성	-.059	-.057	.062	-.948	.343	지지 안됨
$H_4(+)$	시장지향성 → 고객지향성	.534	.421	.077	6.961	***	지지
$H_5(+)$	직무만족 → 고객지향성	2.212	.418	.419	5.282	***	지지
고객지향성 R^2=.584, 직무만족 R^2=.571							

χ^2(57, N=306)=165.572, p=.000, TLI=.925, CFI=.945, RMSEA=.079, SRMR=.069

③ **내생변수들의 R^2(SMC)을 제시한다.** 내생변수의 R^2을 보고하여 독립변수들의 설명력이 어느 정도인지를 알려준다.

④ **다중공선성과 개념타당도를 검토하기 위해 '개념 간 상관행렬'을 제시한다.** [표 9-3]은 판매원모델의 개념 간 상관행렬을 나타낸 것이다. 개념 간 상관행렬을 얻기 위해서는 연구모델을 측정모델로 바꾼 다음 추정해야 한다.

Input 9-2 판매원모델의 측정모델

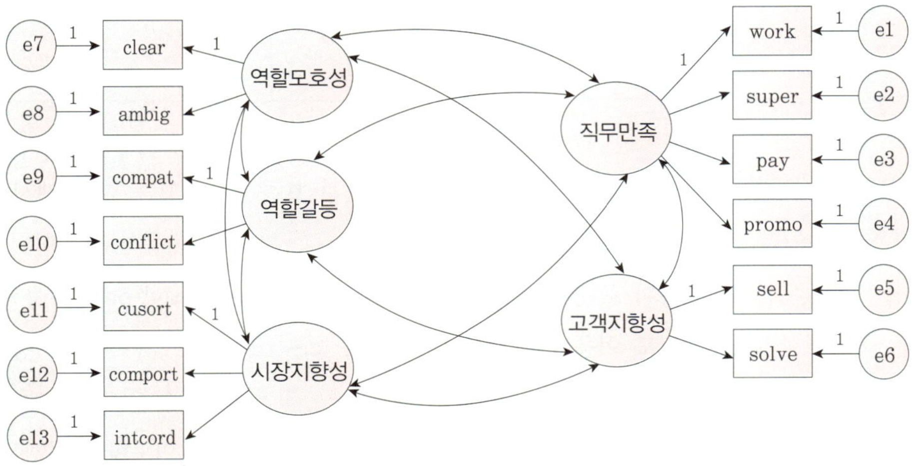

개념 간 상관행렬을 얻기 위해 [View] → [Analysis Properties] → [Output] 탭에서 [Standardized estimates]를 체크(☑)한다. 표준오차는 공분산행렬에 있는 값이 아닌, 붓스트래핑에 의해 얻은 값을 기입해야 한다. 이에 대해서는 제10장에서 자세히 설명하기로 한다.

Output 9-2 ••• 판매원모델의 측정모델 분석 결과

Correlations: (Group number 1 - Default model)

			Estimate
역할모호성	<-->	역할갈등	.515
역할모호성	<-->	고객지향성	-.550
역할모호성	<-->	직무만족	-.659
역할모호성	<-->	시장지향성	-.625
역할갈등	<-->	고객지향성	-.461
역할갈등	<-->	직무만족	-.552
역할갈등	<-->	시장지향성	-.429
고객지향성	<-->	직무만족	.743
고객지향성	<-->	시장지향성	.709
직무만족	<-->	시장지향성	.783

위의 값을 토대로 [표 9-3]과 같은 상관행렬표를 만든다.

표 9-3 개념 간 상관행렬

개념	개념 간 상관				
	직무만족	고객지향성	역할모호성	역할갈등	시장지향성
직무만족	1.000				
고객지향성	.743	1.000			
역할모호성	-.659	-.550	1.000		
역할갈등	-.552	-.461	.515	1.000	
시장지향성	.783	.709	-.625	-.429	1.000

개념 간 상관행렬을 제시할 때, 각 개념의 평균(M)과 표준편차(SD)를 같이 제시하는 것이 일반적이다. 평균과 표준편차를 제시할 때 이들 값은 SPSS를 이용하여 구한다. 예를 들어, 직무만족의 평균과 표준편차를 구하기 위해 work, super, pay] promo 등의 변수를 SPSS에서 [compute]를 이용하여 전부 합친 다음 [descriptive analysis]에서 평균과 표준편차를 체크하면 구할 수 있다. 이 예의 자료는 이들 값을 구할 수 없으므로 공란으로 비워두었다. 상관계수의 표준오차는 일반적으로 제시하지 않고 유의도만 표시하는 것

이 일반적이다. [표 9-4]에서 모든 상관계수는 유의적인 것으로 나타났기 때문에 표의 밑에 '모든 계수는 $p<.01$ 수준에서 유의적임'이라고 기술한다. [표 9-4]의 상관계수가 유의적인가는 제10장의 상관계수의 표준오차 및 유의도를 참고하면 된다.

표 9-4 개념 간 상관행렬

개념	M	SD	개념 간 상관				
			직무만족	고객지향성	역할모호성	역할갈등	시장지향성
직무만족			1.000				
고객지향성			.743	1.000			
역할모호성			-.659	-.550	1.000		
역할갈등			-.552	-.461	.515	1.000	
시장지향성			.783	.709	-.625	-.429	1.000

* 모든 계수는 $p<.01$ 수준에서 유의적임.

한편, [표 9-3]의 개념 간 상관행렬을 얻기 위해 SPSS에서 해당 변수를 총합하여 상관분석을 하는 경우가 있는데 그렇게 하는 것은 틀린 것이다.

❺ **모수치와 관련된 p값을 표시하거나(예: $^{*}p<.05$, $^{**}p<.01$) 또는 추정치의 표준오차나 C.R.을 제시한다.** 이들 중 첫 번째 방법(즉, $^{*}p<.05$)은 모수치에 대해 적은 정보를 제공해 주기 때문에 선호되지 않는다.

비표준화추정치를 제시할 경우, 표준오차나 C.R.을 함께 제시한다. 표준오차나 C.R.을 제시하는 것은 ① 너무 크거나 작은 표준오차는 추정문제나 모델의 불안정성을 나타내 줄 수 있고, ② 표준오차를 이용하여 0보다 큰 다른 값의 추정치의 차이를 검정할 수 있는 이점이 있다.

❻ **측정모델의 모수치, 적합도, 개념신뢰도(CR), 평균분산추출(AVE) 등을 보고한다. 측정모델의 결과를 제시할 때, 2단계분석으로 했는지, 아니면 1단계분석으로 했는지를 명확히 기술한다.** 저자는 2단계분석을 할 것을 권유한다. [표 9-5]에 2단계분석에 의한 측정모델의 분석 결과가 제시되어 있다. 측정모델 결과를 제시할 때 모델적합도도 반드시 포함되도록 한다.

표 9-5 판매원모델의 측정모델의 분석 결과: 2단계분석 결과

개념	항목	비표준화 계수	표준화 계수	표준오차	t-값	CR	AVE
고객지향성	sell	1.000	.985			.883	.792
	solve	.582	.784	.037	15.789		
직무만족	work	1.000	.602			.719	.391
	super	1.783	.687	.191	9.093		
	pay	1.770	.609	.212	8.360		
	promo	2.374	.598	.288	8.255		
역할모호성	clear	1.000	.741			.822	.701
	ambig	1.783	.923	.150	11.914		
역할갈등	compat	1.000	.913			.880	.786
	conflict	1.012	.859	.077	13.212		
시장지향성	custort	1.000	.832			.840	.637
	comport	.872	.759	.062	14.155		
	intcord	.862	.801	.057	15.072		

$\chi^2(55,\ N=306)=118.323,\ p=.000$, TLI=.955, CFI=.968, RMSEA=.061, SRMR=.041

❼ **1로 고정된 준거변수가 어떤 변수인지 명확히 제시한다.** 판매원모델에서 sell, work, clear, compat, custort 등의 지표가 1로 설정된 준거변수이다.

❽ **모델적합도에 관한 정보와 함께 검정통계량의 임계값을 기술한다.** 예를 들어, CFI나 TLI의 수용수준은 0.95 이상이어야 한다. 이 수준을 기준으로 제안모델의 적합도를 비교해서 모델의 수용 여부에 관한 내용을 기술한다.

❾ **비표준화계수와 표준화계수를 모두 기술한다.** 비표준화계수와 표준화계수를 모두 제시한다. 비표준화계수만 제시하고 표준화계수를 제시하지 않는 것은 바람직하지 않다.

❿ **간접효과가 있는 모델인 경우에는 간접효과의 분석 결과를 기술한다.** 판매원모델에서 역할갈등은 고객지향성에 직접적인 영향을 주며, 직무만족을 통해 간접적으로도 영향을 주는 것으로 가설화되었다. 또한 역할모호성은 직무만족을 통해 고객지향성에 간접적인 영향을 주는 것으로 가설화되었다. 이 경우 직무만족을 통한 간접효과가 통계적으로 유의적인지를 기술한다. [표 9-6]은 직무만족의 간접효과 분석 결과를 제시한 것이다.

▌표 9-6▐ 간접효과 분석 결과

경로	간접효과(b)	95% CI [하한, 상한]
역할모호성 → 직무만족 → 고객지향성	-.418**	[-.793, -.243]
역할갈등 → 직무만족 → 고객지향성	-.103	[-.225, .000]

**$p < .01$, b: 비표준화계수

[표 9-6]에서 볼 수 있듯, 붓스트래핑을 실행한 결과, 역할갈등 → 직무만족 → 고객지향성 간의 간접효과는 95% 신뢰구간에 0을 포함하고 있어 유의적이지 않다. 그러나 **델타 방법(Sobel 검정)**에 의한 결과는 5% 유의수준에서 유의적인 것으로 나타난다. 이와 같이 두 방법 간에 다른 결과를 얻는 경우에는 붓스트래핑에 의한 결과에 의해 해석하는 것이 올바른 접근법이다.

참고사항

위에서 역할갈등 → 직무만족 → 고객지향성 간의 간접효과는 95% 신뢰구간에 상한값이 0을 포함하고 있어 유의적이지 않다고 기술하였다. 이를 보다 자세히 살펴보기 위해 Output 창에서 소수점을 5자리로 바꾸면 상한값이 -.00045가 나와 0을 포함하지 않아 간접효과가 있다고 기술할 수 있다. 또는 95% 신뢰구간을 90% 신뢰구간으로 바꾼 다음 추정하면 -.0303이 나오는데 이 관점에서 기술할 수도 있다.

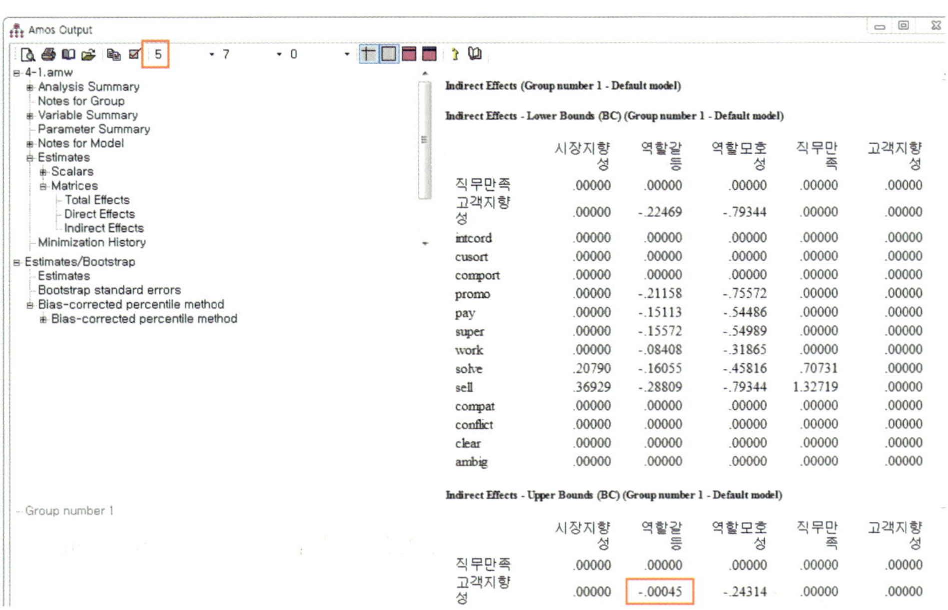

Indirect Effects (Group number 1 - Default model)

Indirect Effects - Lower Bounds (BC) (Group number 1 - Default model)

	시장지향성	역할갈등	역할모호성	직무만족	고객지향성
직무만족	.00000	.00000	.00000	.00000	.00000
고객지향성	.00000	-.22469	-.79344	.00000	.00000
intcord	.00000	.00000	.00000	.00000	.00000
cusort	.00000	.00000	.00000	.00000	.00000
comport	.00000	.00000	.00000	.00000	.00000
promo	.00000	-.21158	-.75572	.00000	.00000
pay	.00000	-.15113	-.54486	.00000	.00000
super	.00000	-.15572	-.54989	.00000	.00000
work	.00000	-.08408	-.31865	.00000	.00000
solve	.20790	-.16055	-.45816	.70731	.00000
sell	.36929	-.28809	-.79344	1.32719	.00000
compat	.00000	.00000	.00000	.00000	.00000
conflict	.00000	.00000	.00000	.00000	.00000
clear	.00000	.00000	.00000	.00000	.00000
ambig	.00000	.00000	.00000	.00000	.00000

Indirect Effects - Upper Bounds (BC) (Group number 1 - Default model)

	시장지향성	역할갈등	역할모호성	직무만족	고객지향성
직무만족	.00000	.00000	.00000	.00000	.00000
고객지향성	.00000	-.00045	-.24314	.00000	.00000

2.3 경쟁모델의 기술

SEM에 적용되는 **모델개발전략(model development strategy)**은 ① 확인적 전략, ② 대안모델전략(경쟁모델전략), ③ 모델생성전략 등이 있다.

❶ **확인적 전략(strictly confirmatory strategy)**: 이 전략은 하나의 모델을 수립하고, 이를 자료를 대상으로 검정하는 접근법을 취한다. 즉, 한 번의 모델검정을 통해 모델적합도를 평가하는 전략이다. 이 접근법은 실질적으로 많이 쓰이지 않는다.

❷ **대안모델전략(alternative model strategy)** 또는 **경쟁모델전략(competing model strategy)**: 이 전략은 확인적 전략보다는 많이 쓰이는데, 이 전략에서는 연구자가 몇 가지 대안모델을 사전에 설정한 다음, 그 가운데 하나의 모델을 선택하는 접근법을 취한다.

❸ **모델생성전략(model generating strategy)**: 이 전략은 제안모델을 대상으로 모델적합을 한 다음, 모델이 자료에 잘 적합하지 않으면 연속적으로 모델을 수정해가는 접근법을 취한다. 이처럼 모델을 수정하는 과정을 **모델수정(model modification)**이라 한다. 이 접근법이 가장 많이 쓰인다.

SEM에서 제안모델만 추정하는 경우는 드물고, 실질적으로는 제안모델과 별도로 **대안모델(alternative model)** 또는 **경쟁모델(rival model, competing model)**을 추정하는 경우가 많다. SEM에서 경쟁모델은 다음과 같은 두 가지 중 하나에서 발생한다.

① 제안모델에 비교될 경쟁모델을 사전에 설정하는 경우

② 제안모델을 추정하는 과정에서 설정오차가 있어 사후적 수정을 하는 경우

이 경우, 경쟁모델의 추정에 관한 정보를 자세히 기술해야 하며, 특히 경쟁모델이 실증적 지표를 토대로 수정이 이루어진 경우에는 더욱 그렇다. 이하에서 이에 대해 살펴보기로 한다.

1) 사전적 모델구축

SEM의 접근법으로는 관련된 이론과 기존 연구를 토대로 제안모델을 구축하고, 제안모델을 다른 이론이나 문헌에서의 반박 주장 및 간명도 원리에 따라 여타 경쟁모델들과 비교하는 것이 가장 바람직하다. 이러한 접근법을 **대안모델전략(alternative model strategy)** 또는 **경쟁모델전략(competing model strategy)**이라 한다.

경쟁모델은 가능하면 제안모델을 추정하기 전에 미리 수립하여 경쟁모델과 제안모델을 비교하는 것이 바람직하다. 이 경우, 여러 가지 모델 중에서 하나를 선택하는 통계적 기준을 명확히 기술한다. 경쟁모델과 제안모델이 내포모델인 경우에는 증분적합도지수를 이용한 비교는 바람직하지 않고 χ^2차이검정이 가능하다. 비내포모델인 경우에는 AIC, ECVI 및 CAIC 등의 지수가 선호된다.

[Input 9-3]은 판매원모델의 경쟁모델을 예시한 것이다. 이 모델은 제안모델과 비교하면 비내포모델이다.

Input 9-3 ••• 판매원모델의 경쟁모델

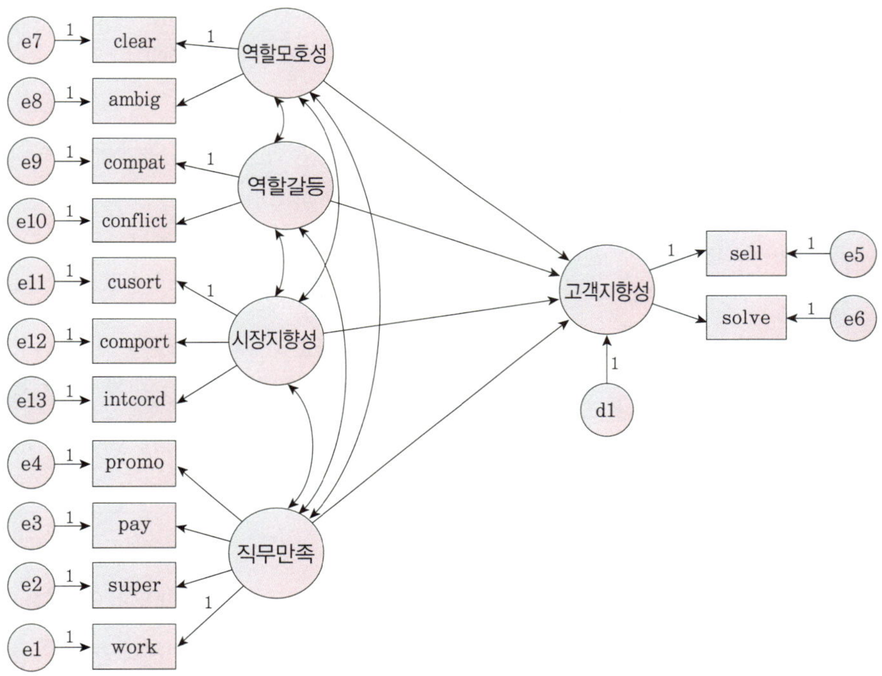

[Output 9-3]은 경쟁모델의 적합도를 제시한 것이다.

Output 9-3 ••• 판매원모델의 경쟁모델의 적합도

Model Fit Summary

CMIN

Model	NPAR	CMIN	DF	P	CMIN/DF
Default model	36	118.323	55	.000	2.151

RMSEA

Model	RMSEA	LO 90	HI 90	PCLOSE
Default model	.061	.046	.077	.104

AIC

Model	AIC	BCC	BIC	CAIC
Default model	190.323	193.787	324.373	360.373

ECVI

Model	ECVI	LO 90	HI 90	MECVI
Default model	.624	.534	.740	.635

제안모델과 경쟁모델의 적합도를 AIC, RMSEA, ECVI 등의 지수를 토대로 비교하면 경쟁모델의 적합도가 더 좋은 것으로 나타난다([표 9-7] 참조). 이 경쟁모델이 이론적으로 의미가 있는 모델이라면 연구자는 이 모델을 최종모델로 선정하여 결과를 해석할 수 있다.

표 9-7 판매원모델의 제안모델과 경쟁모델의 적합도 비교

모델	$\chi^2(df)$	RMSEA	AIC	CAIC	ECVI
제안모델	165.572(57)	.079	233.572	394.174	.766
경쟁모델	118.323(55)	.061	190.323	360.373	.624

경쟁모델을 제안모델과 비교할 경우, 모델비교의 결과와 함께 경쟁모델의 적합도지수에 관한 정보를 하나의 표에 자세히 제시하여 독자들이 자료분석의 전략과 결과를 쉽게 이해할 수 있도록 한다. [그림 9-3]에 제4장에서 언급한 OCB모델의 경쟁모델이 제시되어 있다.

그림 9-3 OCB모델 및 경쟁모델

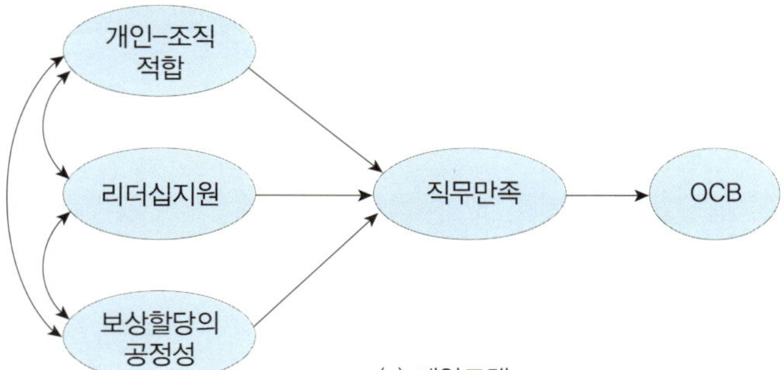

(a) 제안모델

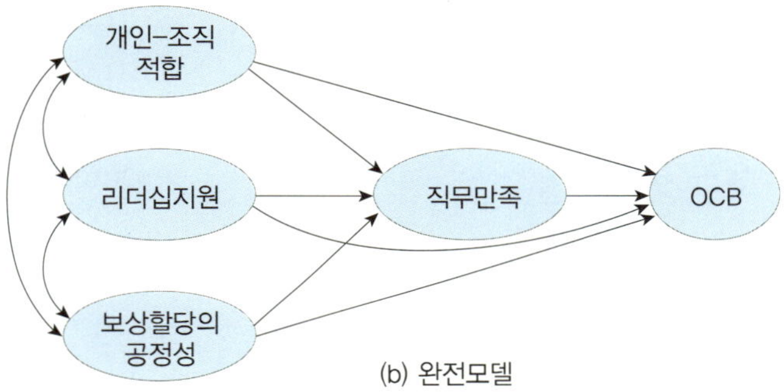

(b) 완전모델

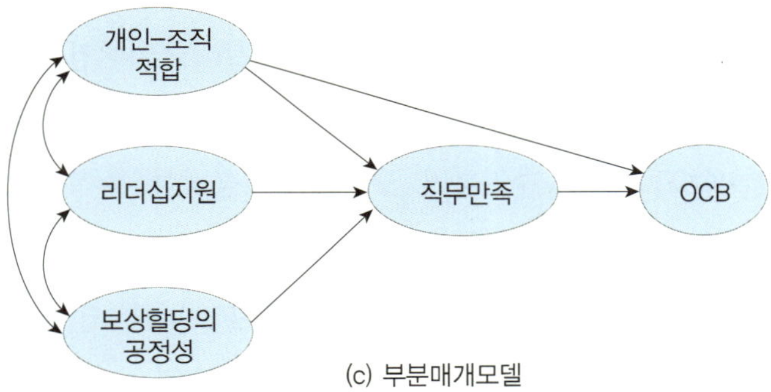

(c) 부분매개모델

이들 세 모델의 적합결과가 [표 9-8]에 제시되어 있다([표 9-8]은 Netemeyer 등(1997)의 연구에서 인용한 것임). 이들 중에 어떤 모델을 선정하는 것이 바람직한가?

표 9-8 OCB모델의 3가지 경쟁모델의 적합결과

	χ^2	df	GFI	AGFI	TLI	CFI
제안모델	240.03	163	.80	.74	.92	.94
완전모델	230.62	160	.81	.75	.92	.94
부분매개모델	233.60	162	.81	.75	.92	.94

	제안모델	완전모델	부분매개모델
개인-조직적합 → 직무만족	.57(4.29)	.58(4.30)	.58(4.27)
리더십지원 → 직무만족	.23(2.17)	.22(2.09)	.21(2.00)
보상할당의 공정성 → 직무만족	.09(.83*)	.09(.79*)	.09(.82*)
직무만족 → OCB	.29(2.22)	−.27(1.25*)	−.17(.80*)
개인-조직적합 → OCB	−	.47(1.93)	.58(2.46)
리더십지원 → OCB	−	.27(1.67)	−
보상할당의 공정성 → OCB	−	−.02(.10*)	−
직무만족의 R^2	.63	.62	.62
OCB의 R^2	.09	.22	.19

* nonsignificant; 완전표준화 해(t-value)

[그림 9-3]의 세 경쟁모델들은 서로 내포되어 있으므로 χ^2차이검정이 가능하다. 제안모델과 부분매개모델 간 χ^2차이는 $\Delta\chi^2=6.43$, $\Delta df=1$, $p<.05$로 유의적이다. 그러나 개인-조직적합 → OCB 경로를 추가하면, 보상할당의 공정성 → 직무만족, 직무만족 → OCB 경로가 비유의적인 것으로 나타난다.

제안모델과 완전모델 간 χ^2차이는 $\Delta\chi^2=9.41$, $\Delta df=3$, $p<.05$로 유의적이다([부록 2의 χ^2분포표]를 참고하기 바람. 자유도 3에서 7.81보다 크면 $p<.05$임). 또한 R^2도 .09에서 .22로 증가한다. 비록 χ^2차이가 유의적이기는 하나, 다른 적합도지수들(예: TLI, CFI)은 동일한 값을 갖기 때문에 제안모델을 최종모델로 선정하는 것이 바람직하다.

2) 사후적 모델수정

일반적으로 널리 쓰이는 모델구축 방법으로는 제안모델을 추정하고 검토한 다음, 제안모델의 설정탐색을 토대로 모델을 재설정하는 것을 들 수 있다. 이를 **사후적 모델수정(post-hoc model modification)** 또는 **모델생성전략(model generating strategy)**이라 한다.

사후적 모델수정은 표본크기가 작으면 문제가 되며, 특히 측정오차 간에 상관되도록 설정한 측정오차상관(correlated measurement error)은 더욱 문제가 된다. 측정오차는 일반적으로 서로 독립적인 것으로 가정된다. 그런데 **모델적합도를 높이기 위해 측정오차 간에 자유롭게 공변하도록 설정하는 경우가 있는데 이는 바람직하지 않다.**

사후적 모델수정은 합리적 근거나 이론적 정당성을 토대로 이루어져야 한다. MacCallum 등(1992)은 사후적 모델수정은 표본크기가 최소한 800 이상인 경우에 가능하다고 주장하였다. 사회과학에서 이처럼 큰 표본크기를 갖는 경우는 드물다. 그러므로 **사후적 모델수정은 최소한 표본크기가 200~400이 되어야 하며, 그렇지 않은 경우에는 하지 않는 것이 좋다.**

제안모델의 추정과 사후적 수정에 따른 추정 결과를 비교해서 제시한다. 최종모델이 제안모델의 순차적인 수정에 의해 이루어졌다면, 제안모델로부터 최종모델을 개발하는 과정에 대해 명확히 기술한다.

2.4 Output의 워드프로그램 이용

이하에서 Amos를 실행한 다음, 출력을 혼글이나 MS-Word에서 활용하는 방법에 대해 살펴보기로 한다.

1 [Input 9-1]을 불러들인다. 그림제목 아이콘(Title)을 클릭한 후, 마우스 포인터를 작업시트 상의 적절한 곳에 놓고 왼쪽 버튼을 클릭한다. [Figure Caption] 창에서 다음과 같이 입력하고, [OK] 버튼을 클릭한다. 그러면 [그림 9-4]와 같은 화면이 생긴다.

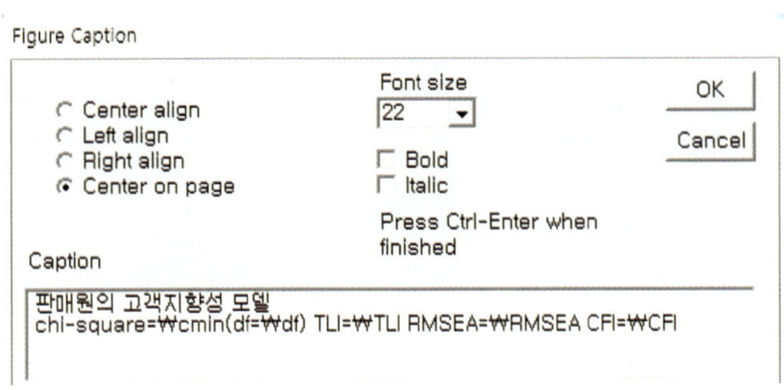

그림 9-4 경로도에 적합도 및 모수치 표시하기

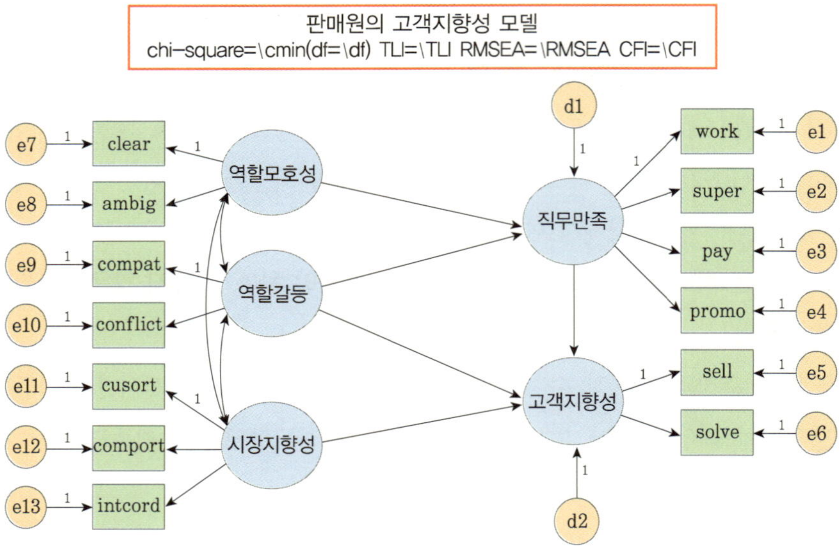

2 ⁚ 추정치계산 아이콘( )을 클릭하여 실행한다.

3 ⁚ 그 다음, 왼쪽 상단에 있는 출력경로도보기 아이콘( )를 누르면 [그림 9-5]와 같은 화면이 생긴다.

그림 9-5 경로도에 적합도 및 모수치 표시하기

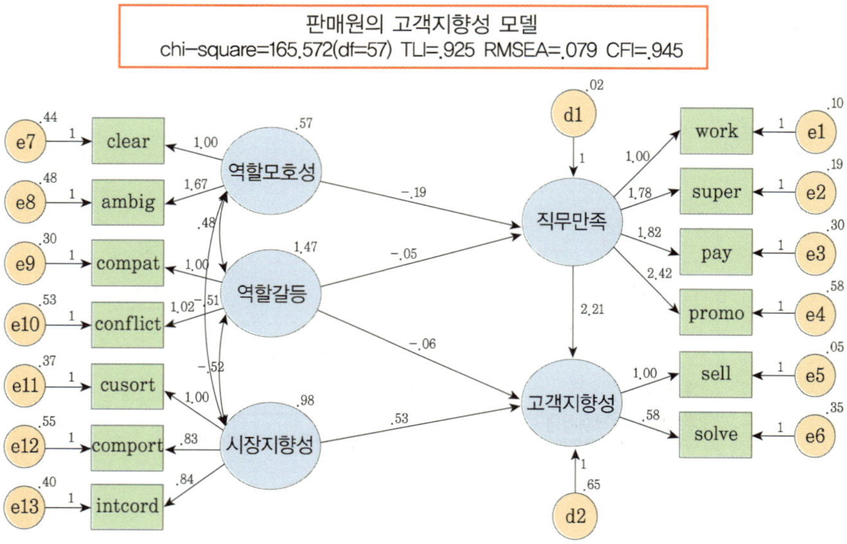

4 ⁚ 위 그림은 비표준화추정치를 제시한 것이다. 표준화추정치를 제시하고 싶으면,

관리창에 있는 Unstandardized estimates / Standardized estimates 에서 [Standardized estimates]를 선택한다.

5 SRMR은 제7장에서 설명한 방식대로 값을 구한 다음, 이 값을 [Figure caption]에 직접 입력해야 한다.

6 이 경로도를 혼글(HWP)이나 워드(MS-Word)에서 이용하고 싶으면, 경로도클립보드에 복사하기 아이콘( )을 클릭한 다음, 해당 워드 프로그램에 붙여넣기(Ctrl+V)를 하면 된다. [그림 9-6]은 SRMR을 포함한 값을 표준화추정치로 제시한 것이고, 소수점 3자리로 표시하도록 한 것이다.

그림 9-6 경로도에 적합도 및 모수치 표시하기(SRMR 포함)

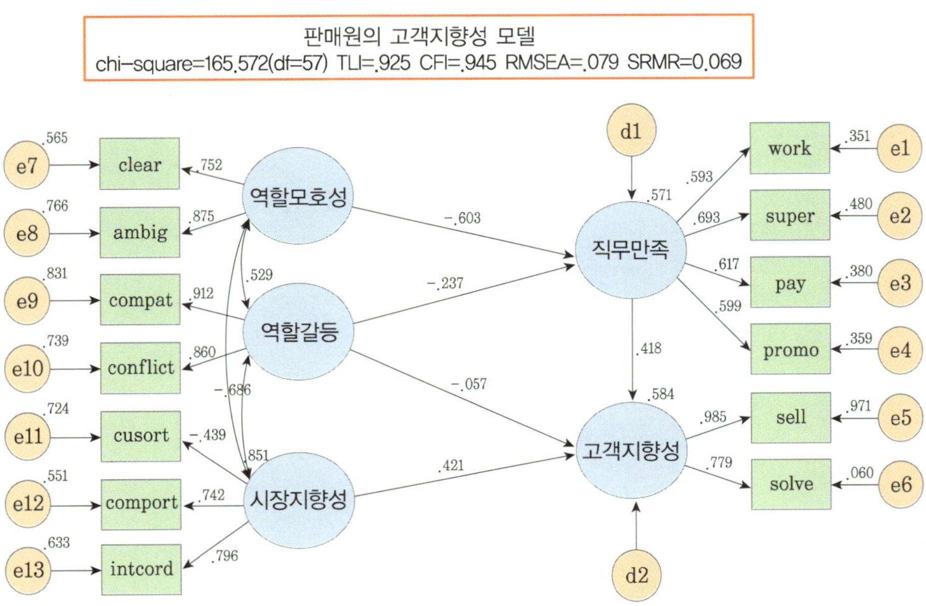

7 ∴ [그림 9-6]에서 SMC(R^2) 값이 나타나지 않도록 하기 위해서는 해당 변수를 더블 클릭하여 나타나는 [Object Properties] 창의 [Visibility] 탭의 [Show parameters]에 체크되어 있는 것을 해제하면 된다.

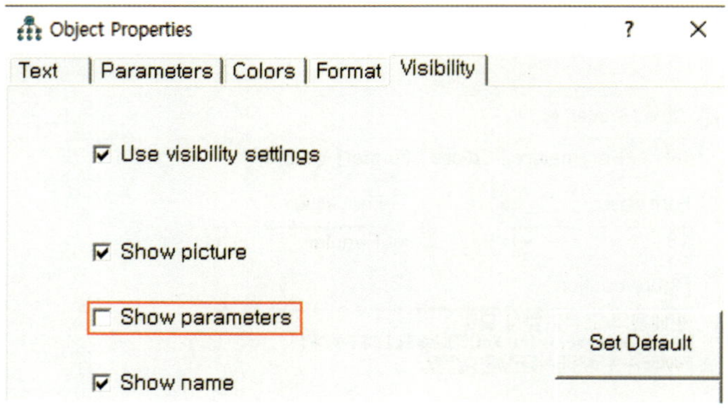

8 ∴ [그림 9-7]은 요인적재량과 경로계수만 포함하고, R^2는 모두 지우고 계수값을 소수점 3자리로 제시한 경로도이다.

그림 9-7 경로도 제시(요인적재량과 경로계수만 포함)

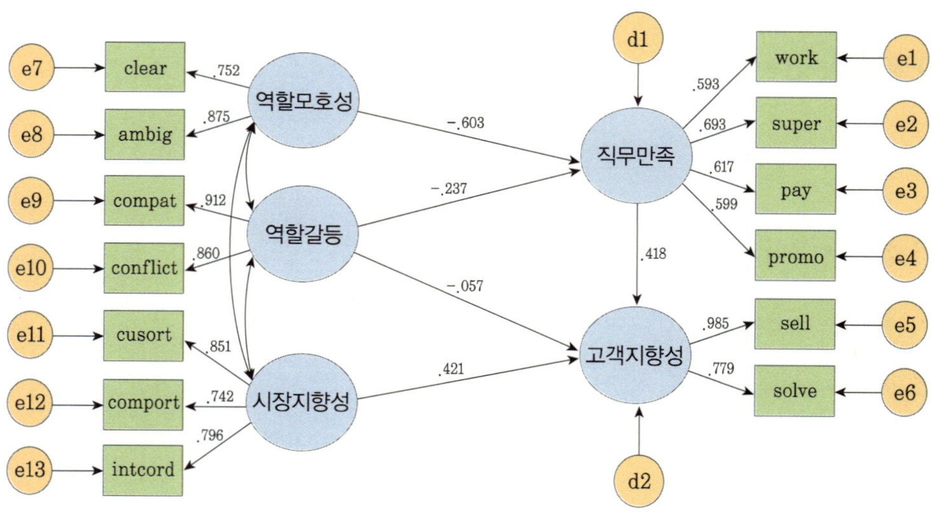

[부록] SEM의 결과제시를 위한 체크리스트

이하에서 Schumacker & Lomax(2010, 2015)가 제안한 SEM 분석 결과를 제시하는 데 있어 점검해야 될 사항을 단계별로 기술하기로 한다.

■ 자료준비

1. 다변량정규성을 검토하였는가?
2. 상관행렬, 평균 및 표준편차 등에 관해 기술하였는가?
3. 결측자료가 있는지, 그렇다면 어떤 방법을 이용하여 처리했는지 등을 기술하였는가?
4. 이상치가 있는지, 그리고 그의 처리방법은 기술하였는가?

■ 모델설정

1. 연구의 목적 및 이론적 배경 등에 대해 기술하였는가?
2. 다른 통계분석법이 아닌 SEM을 이용한 이유에 대해 기술하였는가?
3. 잠재변수를 어떻게 측정하였는가를 기술하였는가?
4. 측정모델과 구조모델을 세운 이론적 배경을 기술하였는가?
5. 대안모델은 이론적으로 정당화될 수 있는가?
6. 적절한 표본크기를 사용하였는가?
7. 모수치의 기대된 방향과 크기에 대해 논의하였는가?
8. 측정모델과 구조모델을 경로도에 나타냈는가?

■ 모델식별

1. 표본행렬의 정보의 수를 계산하였는가?
2. 자유모수의 수에 대해 기술하였는가?
3. 모델이 식별되었는가를 기술하였는가?

■ 모델추정

1. χ^2/df의 비율은 어떻게 되는가?
2. 표본크기 대 모수의 수의 비율은?

3. 어떤 추정법을 사용하였는가?
4. Heywood case는 없는가? 잠재변수 간 다중공선성은 없는가?
5. 잠재변수를 어떻게 척도화하였는가?
6. 사용한 SEM 프로그램은 무엇이고, 버전은 어떻게 되는가?
7. 수렴문제나 비수용해는 없었는가?
8. R^2(SMC)값을 보고하였는가?

■ 모델검정

1. 모델적합도지수, 모수치 및 표준오차를 기술하였는가?
2. 잠재변수의 개념신뢰도를 보고하였는가?
3. 개념타당도를 보고하였는가?
4. 측정모델과 구조모델을 분리해서 추정하였는가?(즉 2단계분석을 했는지 또는 1단계분석을 했는지?)
5. 단일항목 또는 합성점수를 이용하였는가?
6. 모수치의 통계적 유의도를 제시하였는가?

■ 모델수정

1. 대안모델 또는 동치모델을 비교하였는가?
2. 최초모델(제안모델)로부터 수정모델에 도달하는 과정을 명확히 기술하였는가?
3. 모델수정에 대한 이론적 근거를 제시하였는가?
4. 한 번에 하나의 경로를 추가(또는 제거)하였는가?
5. 제안모델과 수정모델의 모수치와 적합도지수를 제시하였는가?
6. 모수치는 올바른 방향과 크기를 갖고 있는가?
7. 동치모델의 가능성을 보고하였는가?
8. 최종모델을 선정하고 평가한 방법을 기술하였는가?

■ 모델타당성

1. 다른 표본을 이용하여 다중표본분석에 의해 모델타당성을 검정하였는가?
2. 원래의 자료를 분할하여 교차타당성을 검정하였는가?

CHAPTER 10

반영지표와 조형지표, 항목묶기, 개념타당도 평가

1. 반영지표와 조형지표
2. 항목묶기
3. 개념타당도 평가

CHAPTER 10

반영지표와 조형지표, 항목묶기, 개념타당도 평가

1. 반영지표와 조형지표

측정모델에서 잠재변수와 지표(관측변수) 사이의 인과방향을 결정하기란 쉬운 일이 아니다. 인과방향에 따라 지표는 **반영지표(reflective indicator)**와 **조형지표(formative indicator)**로 나뉜다. 반영지표는 **결과지표(effect indicator)**, 조형지표는 **원인지표(cause indicator)**라고도 한다. 반영지표와 조형지표를 나타내면 [그림 10-1]과 같다.

그림 10-1 반영지표(a)와 조형지표(b)

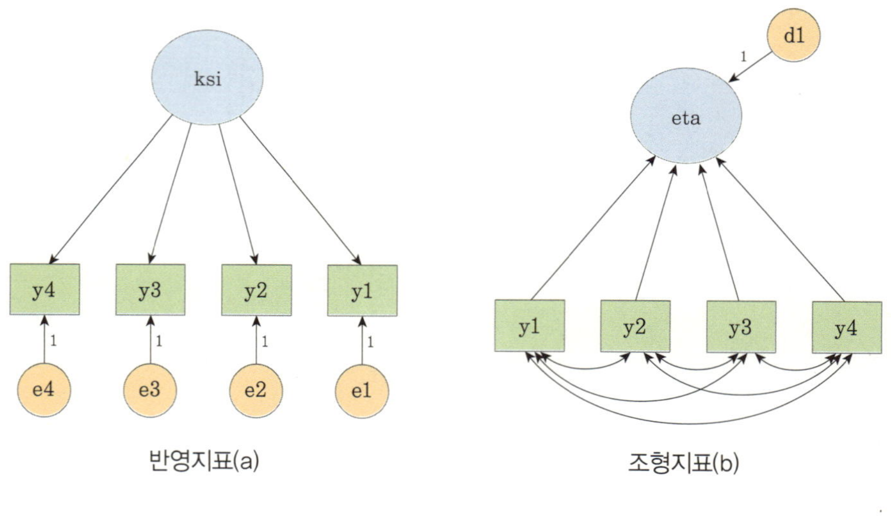

[그림 10-1]에서 볼 수 있듯, 반영지표는 잠재변수가 관측변수를 야기하는 것으로 가정하고, 조형지표는 관측변수가 잠재변수를 야기하는 것으로 가정한다.

SEM 분석에서 연구자들은 반영지표를 가정한다. 그런데 반영지표가 아닌 조형지표가 적절함에도 불구하고 이를 무시하고 분석하는 경향이 있다. Cohen 등(1990)은 이 점이

SEM에 의한 연구의 타당도에 의문을 제기하는 가장 심각한 문제라고 지적하였다. 따라서 지표의 인과적 방향은 중요하게 고려되어야 한다.

1.1 반영지표의 의의

반영지표는 요인분석에서 잠재변수와 관측변수 간의 관계는 공통요인(common factor)과 고유요인(unique factor)의 합으로 표현된다는 의미를 갖는다. 즉 반영지표는 잠재변수의 결과로 간주할 수 있으며, 다음과 같은 식으로 나타낼 수 있다.

$$y_i = \lambda_{i1}\eta_1 + \epsilon_i$$

여기에서, y_i는 i번째 지표, η_1은 y_i에 영향을 주는 잠재변수, ϵ_i는 i번째 지표의 측정오차, λ_{i1}은 η_1이 y_i에 주는 효과계수를 의미한다.

1.2 조형지표의 의의

조형지표는 다음과 같은 식으로 나타낼 수 있다.

$$\eta_1 = \gamma_{11}y_1 + \gamma_{12}y_2 + \cdots + \gamma_{1q}y_q + d_1$$

여기에서, η_1과 y_i는 편차점수(deviation score)를 의미하고, 모든 i의 $COV(y_i, d_1)=0$, $E(d_1)=0$이다.

1.3 지표의 방향성 결정을 위한 고려사항

지표의 방향성을 결정하기 위해 **인과적 우선순위(causal priority)**를 검토한다. 예를 들어, '인종차별성향'이라는 잠재변수의 지표로 '인종'과 '성별'을 이용한다고 가정한다. 인종차별성향은 개인의 인종이나 성별을 변화시키지 않기 때문에 이들 변수는 조형지표에 해당한다. '친구와 보낸 시간', '가족과 보낸 시간', '직장 내 동료와 보낸 시간' 등은 '사회적 교류' 정도를 측정하기 위한 조형지표로 볼 수 있고, '폭력적인 TV를 시청한 시간', '폭력적인 영화를 본 시간', '폭력적인 비디오게임을 하는 데 보낸 시간' 등은 '폭력적인 매체에 노출된 정도'를 측정하기 위한 조형지표로 볼 수 있다.

스트레스 연구에서 연구자는 응답자들에게 그들이 최근에 겪은 심각한 사건을 진술하도록 요구할 수 있다. 이러한 심각한 사건을 측정하기 위해 '결혼', '이혼', '실직', '승진' 등의 지표를 이용할 수 있다. 이들 지표들은 스트레스의 변화를 야기하므로 조형지표에 해당한다.

스트레스를 측정하기 위해 '혈압', '맥박', '신경질', '초조' 등의 지표를 이용하였다면 이는 반영지표에 해당한다. 결론적으로, **스트레스라는 동일한 잠재변수를 측정하더라도 이를 측정하기 위해 사용된 지표가 어떤 것인가에 따라 조형지표가 될 수 있고, 반영지표가 될 수 있다.** 스트레스를 예로 들어 조형지표와 반영지표를 나타내면 [그림 10-2]와 같다.

그림 10-2 **스트레스: 조형지표(a), 반영지표(b)**

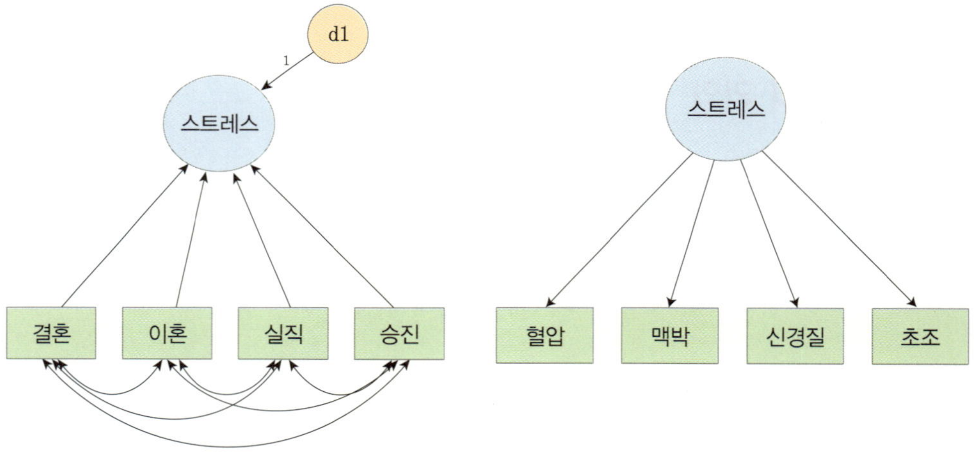

조형지표(a)　　　반영지표(b)

인과적 우선순위를 결정하기 위해 **시간적 우선순위(temporal priority)**를 고려한다. 예컨대, '교육', '소득', '직업에 대한 자부심' 등은 '사회경제적 지위(SES)'의 변화보다 시간적으로 앞서는 것으로 간주할 수 있다. 따라서 교육, 소득, 직업에 대한 자부심 등은 사회경제적 지위의 조형지표에 해당한다.

잠재변수는 직접적으로 관측할 수 없으므로 시간적 우선순위를 결정하기란 그리 쉬운 일이 아니다. 이 경우, 인과적 우선순위를 결정하기 위해 **정신적 실험(mental experiment)**

에 의존할 수 있다. 정신적 실험으로 시간적 우선순위를 결정하기 위해 우선 잠재변수의 변화가 가정되어야 하고, 그 다음 관측변수에서 일련의 변화를 기대하는 것이 합리적인가를 결정한다. 예를 들어, 'SES' 지표로 '교육'을 고려해 보기로 한다. 응답자의 SES가 증가하더라도 교육이 반드시 증가할 것으로 기대하기는 어렵다. 그러나 교육이 증가하면 SES가 어느 정도 증가할 것으로 기대할 수 있다. 따라서 교육은 SES의 조형지표로 간주하는 것이 바람직하다.

조형지표의 다른 예로, '취한 정도'를 측정하기 위해 맥주, 와인, 기타의 독주 등을 소비한 양을 측정하였다고 가정한다. 반영지표로 혈중알콜농도, 운전능력, 뇌파검사, 계산능력 등을 이용한다고 가정한다. 이들이 반영지표라면, 혈중알콜농도가 늘어나면 뇌파검사나 기타 관련 측정치도 동일한 개념이나 현상을 반영하고 있으므로 똑같이 증가할 것이다. 이에 비해, 조형지표는 맥주 소비가 늘었다고 해서 와인이나 다른 독주의 소비가 비슷한 수준으로 증가할 것으로는 기대되지 않는다. 따라서 조형지표 간에는 상관관계가 낮게 나타나며, Cronbach's α와 같은 내적일관성도 높지 않게 나타난다. Jarvis 등(2003)은 지표의 인과방향을 결정하기 위한 기준을 [표 10-1]과 같이 제안하였다.

표 10-1 지표의 인과방향 결정기준

기준	조형지표	반영지표
1. 개념으로부터 지표로의 인과방향이 개념적 정의에 의해 결정되는가? • 지표가 (a) 개념의 특징을 정의하는가? (b) 개념의 징표인가? • 지표의 변화가 개념의 변화를 야기하는가? • 개념의 변화가 지표의 변화를 야기하는가?	• 인과방향이 지표로부터 개념으로 향함 • 지표는 개념의 특징을 정의함 • 지표의 변화는 개념의 변화를 야기해야 함 • 개념의 변화는 지표의 변화를 야기하지는 않음	• 인과방향이 개념으로부터 지표로 향함 • 지표는 개념의 징표임 • 지표의 변화는 개념의 변화를 야기하지 않음 • 개념의 변화는 지표의 변화를 야기할 수 있음
2. 지표의 상호호환성 • 지표는 동일한 또는 비슷한 내용을 갖고 있는가? 지표는 공통의 내용을 갖고 있는가? • 지표 가운데 하나를 제거하면 개념의 개념적 영역이 변화하는가?	• 지표가 상호호환될 필요는 없음 • 지표가 동일한 또는 비슷한 내용을 가질 필요가 없고, 지표는 공통의 내용을 가질 필요가 없음 • 지표를 제거하면 개념의 개념적 영역이 달라질 수 있음	• 지표가 상호호환되어야 함 • 지표는 동일한 또는 비슷한 내용을 가져야 하며, 지표는 공통의 주제를 가져야 함 • 지표의 제거가 개념의 개념적 영역을 변화시키지는 않음
3. 지표 간의 공변 • 지표 가운데 하나의 변화가 다른 지표와의 변화와 관련되어야 하는가?	• 지표가 반드시 다른 지표와 공변할 필요는 없음 • 반드시 그렇지 않음	• 지표는 다른 지표와 공변이 기대됨

4. 지표의 법칙적 관련 • 지표는 동일한 선행변수와 결과변수를 가져야 하나?	• 지표에 대한 법칙적 관련이 다를 수 있음 • 지표가 동일한 선행변수와 결과변수를 가질 필요는 없음	• 지표에 대한 법칙적 관련이 달라야 함 • 지표는 동일한 선행변수와 결과변수를 가져야 함

출처: Jarvis et al.(2003), p.203.

Amos는 반영지표를 기초로 통계적 알고리즘이 만들어졌다. 모델에 조형지표가 있는 경우에는 식별문제가 생길 수 있다. 식별문제를 해결하기 위해 조형지표에 의한 모델설정이 가능한 SmartPLS나 RAMONA 프로그램을 사용하는 것이 바람직하다.

2. 항목묶기

2.1 항목묶기의 의의

항목묶기(item parceling)는 잠재변수를 측정하기 위해 사용된 관측변수들이 많을 경우 이들을 합산(summing)하거나 평균(averaging)을 구해, 하나 이상의 **꾸러미(parcel)**를 만든 다음, 이 꾸러미를 지표로 이용하는 것을 의미한다. 항목묶기를 하기 전에 항목의 단일차원을 확인해야 한다. 차원에 대해 명확한 기준이 없다면, 탐색적 요인분석으로 사각회전을 통해 단일차원을 확인할 수 있다.

2.2 항목묶기의 장·단점

항목묶기의 장점과 단점에 대해 살펴보기로 한다. 장점으로는 ① SEM에서 많이 쓰이는 추정법인 ML이 요구하는 다변량정규성의 가정을 충족할 가능성이 커지고, ② 추정해야 할 모수가 줄기 때문에 표본크기가 작아도 SEM을 적용하는 데 제약을 받지 않고, ③ 좋은 모델적합도지수를 얻을 가능성이 커진다. 단점으로는 ① 개별항목에 대한 정보가 손실되며, ② 요인의 차별적 특징이 애매해지고, ③ 모수치에 편의(bias)가 있을 수 있다.

2.3 항목묶기 방법

항목묶기에는 다음과 같은 방법이 있다.

1) 항목 대 개념 균형법(item-to-construct balance)

이 방법은 모든 항목이 하나의 개념을 구성하고 있는 것으로 가정하고, 단일요인으로 요인분석을 한 다음, 요인적재량을 기준으로 꾸러미에 할당하는 방법이다.

(1) 예 1

예를 들어, 10개 항목을 요인의 수를 1개로 하여 요인분석을 했을 때(.897, .887, .877, .867, .857, .847, .837, .827, .817, .807) 등의 요인적재량이 나왔다고 가정한다. 3개의 꾸러미를 만든다고 할 때, 다음과 같은 식으로 꾸러미를 만든다. 즉 요인적재량이 제일 큰 항목(.897)을 '꾸러미1'에 할당하고, 그 다음 큰 항목(.887)을 '꾸러미2', 그 다음 큰 항목(.877)을 '꾸러미3'에 할당한다. 그 다음 요인적재량(.867)을 역순으로 '꾸러미3'에, 요인적재량(.857)을 '꾸러미2'에, 요인적재량(.847)을 '꾸러미1'에, 요인적재량(.837)을 '꾸러미1'에 요인적재량(.827)을 '꾸러미2'에, 요인적재량(.817)을 '꾸러미3'에 할당한다. 마지막 요인적재량(.807)을 '꾸러미3'에 할당한다. 이렇게 하면 꾸러미별로 요인적재량의 합이 비슷하게 된다. 이를 나타내면 [그림 10-3]과 같다.

그림 10-3 항목 대 개념 균형법

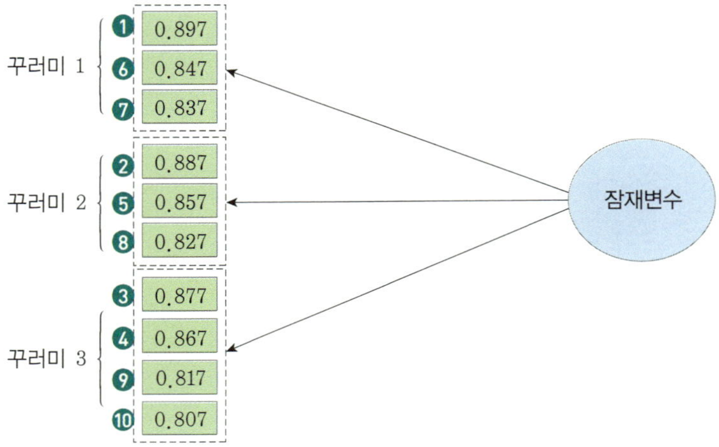

(2) 예 2

다른 예를 들면, 스트레스를 11개 문항을 이용하여 측정한 경우를 가정한다. 항목 대 개념 균형법으로 꾸러미를 3개로 하여 항목묶기를 하기로 한다. 이를 위해 스트레스에 해당하는 11개 항목에 대해 요인분석을 요인의 수를 1개로 해서 얻은 요인적재량이 [표 10-2]와 같다고 가정한다.

표 10-2 요인적재량

		v31	v30	v34	v29	v27	v33	v32	v25	v26	v5	v6
성분	1	.842	.822	.814	.783	.768	.743	.709	.697	.690	.570	.553

방법 1

꾸러미가 3개이고, 항목은 11개이므로 이 가운데 요인적재량이 낮은 2개 항목은 제외하고(v5, v6), 각각의 꾸러미에 3개씩의 항목을 넣을 수 있다. 이를 토대로, '꾸러미1'에는 v31, v33, v32를 할당하고, '꾸러미2'에는 v30, v27, v25가 할당되고, '꾸러미3'에는 v34, v29, v26이 할당된다. 이를 나타내면 [그림 10-4]와 같다.

그림 10-4 항목 대 개념 균형법

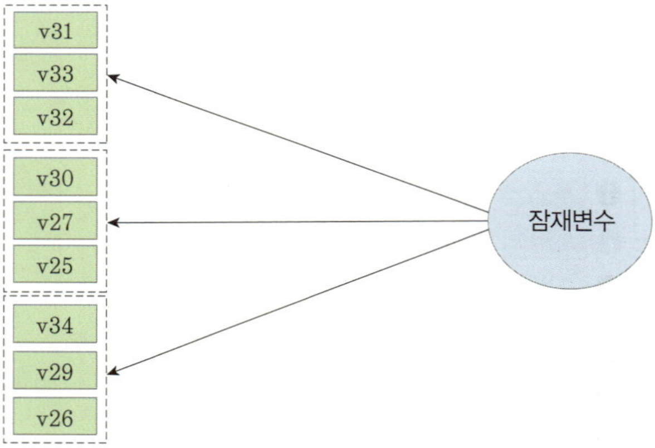

방법 2

2개 항목을 버리지 않고 모두 넣을 수 있다. 즉 '꾸러미1'에는 v31, v33, v32를 할당하고, '꾸러미2'에는 v30, v27, v25, v6이 할당되고, '꾸러미3'에는 v34, v29, v26, v5가 할당된다. 즉 **꾸러미에 할당되는 항목의 수가 똑같지 않아도 된다.** 이를 나타내면 [그림 10-5]와 같다.

그림 10-5 항목 대 개념 균형법

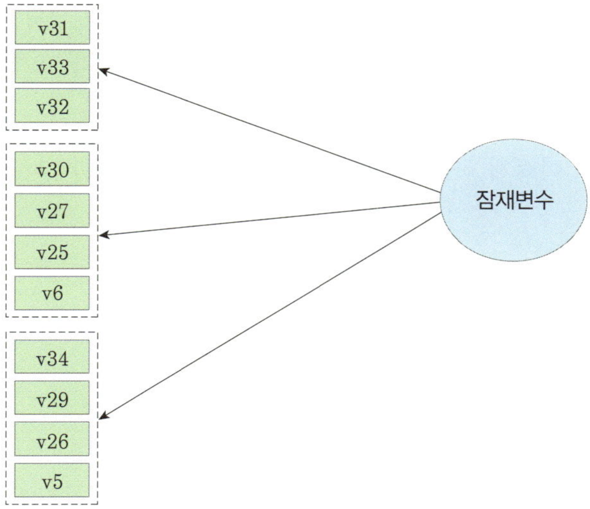

2) 내적일관성법(internal-consistency)

예를 들어, 40개 항목으로 구성된 단일차원의 척도가 있다고 가정한다. 먼저, 이들을 임의로 몇 개의 꾸러미(parcel)로 나눈다(예: 4개 꾸러미). 그리고 임의로 이들 40개 항목을 4개 꾸러미에 할당한다. 그리고 이들 4개 꾸러미에 대해 내적일관성(예: Cronbach's α)을 계산하고 이 값이 0.6 이상이면 이 꾸러미를 합해서 지표로 이용한다.

항목 대 개념 균형법 또는 내적일관성법을 이용할 때 몇 개의 꾸러미를 만들 것인가는 일반적으로 추천되는 지표의 수인 3개나 4개를 이용하면 된다.

3) 영역대표법(domain representative)

이 방법은 각각의 항목이 특정 개념(차원)을 대표하는 것에 대해 어느 정도 지식이 있어야 한다. 즉 어떤 항목은 어떤 차원에 속하고, 어떤 항목은 어떤 차원에 속한다고 연구자가 미리 알고 있어야 한다. 이 방법은 개념이 다차원일 경우에 적용할 수 있다. 예를 들어, 40개 척도가 4개 차원으로 이루어진 것으로 가정된다면, 첫 번째 차원에 해당하는 꾸러미에 척도를 할당하고, 두 번째 차원에 해당하는 꾸러미에 척도를 할당하는 방식이다.

4) 선험적 설문지 구성법(a priori questionnaire construction)

이 방법은 설문지를 만들 때 미리 다음과 같은 점을 고려해서 만든다. 예를 들어, 3개의 개념이 각각 6개의 항목으로 이루어져 있다고 가정한다. 설문문항을 만들 때 3개의 문항은 부정적인 방향으로 문항을 만들고(이를 n1, n2, n3이라 하자), 나머지 3개는 긍정적인 방향으로 설문문항을 만든다(이를 p1, p2, p3이라 하자). 부정적인 항목을 역코딩(reversed coding)을 한 다음, 6개 항목의 평균을 낸다. 평균의 크기가 p3, n1, p1, n3, p2, n2라고 할 때, i1=mean(p3×n1), i2=mean(p1×n3), i3=mean(p2×n2)로 항목을 만드는 것이다. 이렇게 하면 묵인편의(acquiescence bias)를 방지할 수 있는 장점이 있다.

3. 개념타당도 평가

3.1 개념타당도의 의의

개념타당도(construct validity)는 지표가 측정하고자 의도한 개념을 제대로 측정하고 있는가의 문제이다. 내용타당도, 집중타당도, 판별타당도 및 법칙타당도는 각각 개념타당도의 특정 측면을 다루고 있다.

내용타당도(content validity)는 지표의 항목(문항)들이 측정하고자 하는 영역을 대표하고 있는가와 관련된다. 내용타당도는 **액면타당도(face validity)**라고도 한다. 내용타당도 평가는 통계적인 문제와는 관련이 없다. 내용타당도 평가는 항목들이 대표성을 갖는가에 관한 전문가의 의견이 기초가 된다. 내용타당도는 특정 개념의 영역을 묘사하는 데 있어 가장 관련성이 높다.

사회과학자들에 의해 연구되는 여러 가지 개념의 내용을 정확히 기술하기가 쉽지만은 않다. 예를 들어, '지능'의 영역을 구성하는 다양한 속성과 행동에 관해 한정된 범위에서만 전문가들의 의견이 일치하고 있다. 연구와 자료는 주의 깊은 관찰을 통해 이루어져야 한다. 모델은 현상의 정성적인 검토를 토대로 수립된다. 따라서 실증분석을 하기 전에 모델에 관한 정성적인 지식을 충분히 갖추고 있어야 한다. 신중한 관찰은 측정을 위한 기초가 되고, 이러한 측정은 결국 정량적 자료의 토대가 된다. **사회과학에서 측정의 타당도는 내용타당도가 가장 중요하며, 내용타당도는 일반적인 상식에 기초하고 있음을 알아야 한다.**

집중타당도와 판별타당도는 측정모델의 평가에 있어 중요하다. 동일한 개념을 측정하도록 설계된 일련의 지표들 간의 내적상관이 적정 수준 이상이라면 **집중타당도(convergent validity)**가 있다고 본다. 다른 개념을 측정하도록 가정된 일련의 지표들에 내재하는 요인 간의 상관이 높지 않게 나타난다면 **판별타당도(discriminant validity)**가 있다고 본다.

한편, 일련의 지표들 간의 내적상관이 높다고 해서 연구자가 의도한 개념을 제대로 측정했다고는 볼 수 없다. 예를 들어, 세 개의 문항을 이용하여 심리적 문제를 측정한 점수들이 높은 상관을 나타냈다고 가정한다. 높은 상관이 나타났다 하더라도, 이는 공통의 개념을 측정해서라기보다는 공통의 방법에 의한 일부 허위일 수 있다. 이를 **공통방법분산(common method variance: CMV)** 또는 **공통방법편의(common method bias: CMB)**라 한다. 공통방법분산이란 측정 방법이 동일함으로 인해 생기는 분산을 의미한다. 사회과학에서 많이 쓰이는 자기보고(self-report) 방법을 이용한 설문조사에서 응답자들이 **사회적으로 바람직한 응답(socially desirable response)**을 할 가능성이 있는 경우 공통방법분산이 있을 수 있다. 공통방법분산의 평가에 대해서는 제17장에서 자세히 살펴보기로 한다.

개념타당도를 평가하기 위해 집중타당도, 판별타당도, 그리고 법칙타당도 등을 검토한다.

1) 집중타당도(convergent validity)

이는 '동일 개념을 측정하는 다중의 척도가 어느 정도 일치하는가?'와 관련된다. 비록 상이한 지표이지만 동일한 개념을 측정하고 있다면 그 상관관계는 높게 나타날 것이다. 만약 그렇지 않다면 지표가 개념을 제대로 측정하고 있는가에 대해 의문을 가질 수 있다.

2) 판별타당도(discriminant validity)

이는 '서로 다른 개념들 간에는 그 측정치에 있어 확실한 차이가 있어야 함'을 의미한다. 즉, '다른 개념을 측정하는 척도가 어느 정도 그것들을 다른 것으로 측정하고 있는가?'와 관련된다. 상이한 개념의 측정치들 간에 상관이 매우 높다는 것은 개념들이 다르다는 것에 대해 의문을 가질 수 있다. 판별타당도와 법칙타당도는 잠재변수들 간의 관계를 검토하여 이루어진다.

3) 법칙타당도(nomological validity)

이는 개념이 이론이나 가설 속에서 다른 개념에 대해 **법칙적 관련(nomological net)**이 있어야 함을 의미한다. 예를 들면, '제품에 대해 호의적 태도'를 지닌 소비자는 그 제품의 '구매의도'가 높다고 법칙적 관련을 세웠다면, 제품에 대한 태도와 구매의도 사이에 정

(+)의 관계가 있어야 한다. 만약 제품에 대한 태도가 구매의도와 법칙적 관련을 갖지 않는 것으로 나타났다면, 구매의도가 타당하게 측정되었다는 가정하에 제품에 대한 태도의 측정에 대해 의문을 가질 수 있다.

법칙타당도는 잠재변수 간 가설적 관계의 방향이 실제 자료에서 얻은 방향과 일치하는가의 문제이다. 만약 이들이 예측된 방향과 동일한 방향으로 나타났다면, 법칙타당도가 있는 것으로 인정된다.

[그림 10-6]을 통해 개념타당도에 대해 이해하기로 한다. 집중타당도 및 판별타당도는 점선으로 된 사각형과 관련된다. 즉 집중타당도는 각각의 개념을 측정하고 있는 관련 관측변수들이 상관이 높은가의 문제이다. 판별타당도는 잠재변수들이 얼마나 서로 다른 개념인가의 문제이다. [그림 10-6]에서 4개 잠재변수 간에 낮은 상관을 보이면 판별타당도가 있다고 본다. 법칙타당도는 일방향 화살표가 연결되어 있는 잠재변수 간 관계의 방향이 가설에서 예측된 방향과 일치하는가의 문제이다.

그림 10-6 개념타당도의 이해

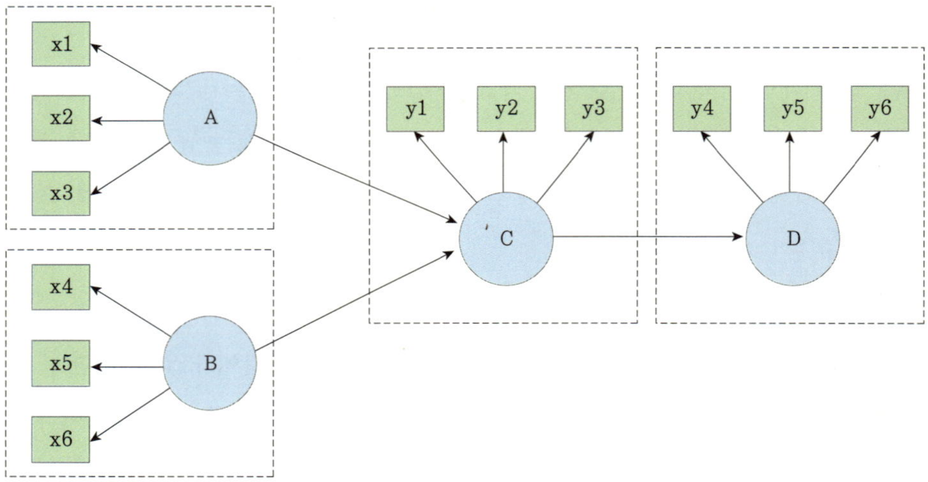

3.2 Amos에 의한 개념타당도 평가

[그림 10-7]의 판매원모델을 통해 개념타당도 평가에 대해 살펴보기로 한다.

그림 10-7 판매원의 고객지향성모델

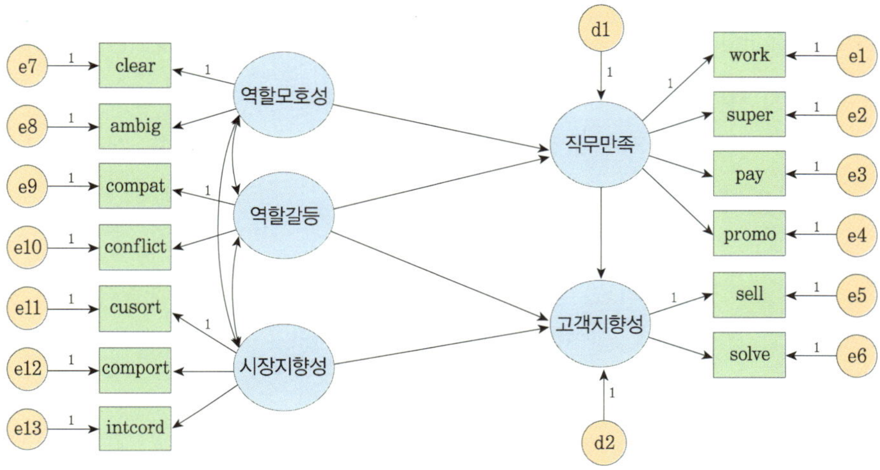

위의 모델을 토대로 **개념타당도를 평가하기 위해서는 이 모델을 측정모델로 전환한 다음, 거기에서 얻은 모수치를 통해 평가한다. 즉 2단계분석을 통해 평가한다.**

Input 10-1 판매원모델의 측정모델

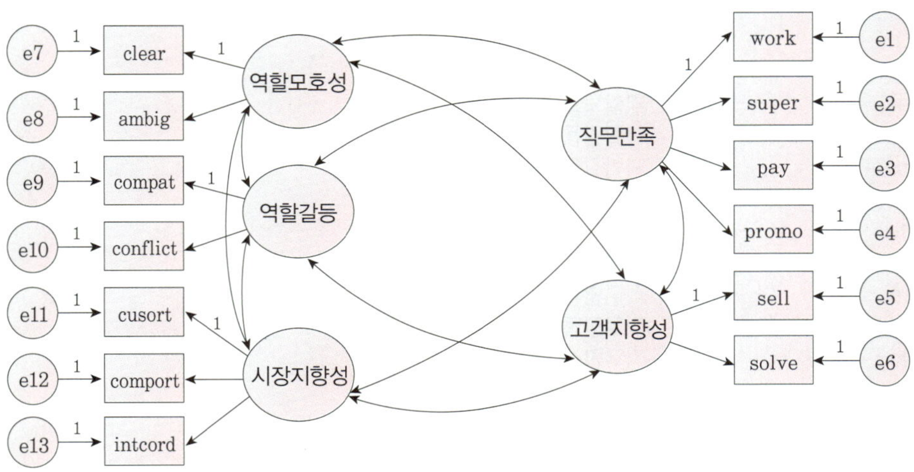

집중타당도와 판별타당도를 평가하기 위해서는 CR과 AVE에 관한 정보가 있어야 한다. CR 및 AVE를 구하기 위해서는 반드시 다음 공식을 이용해야 한다. 이는 Amos에서 제공되는 오차분산이 표준화된 값이 아니기 때문이다.

Fornell & Larcker 공식에서 오차분산은 표준화오차분산을 가정한다. 이는 Hair 등 (2006, 2010, 2019)의 책에 기술된 다음의 문장을 통해 확인할 수 있다: 'SEM program offer sever different types of standardization. Where we use the term standardized, we refer to *completely standardized estimates* unless otherwise noted(p.777, p.709, p.676).' Amos에서 표준화오차분산은 1에서 표준화계수를 제곱한 값을 빼면 $(1-\lambda^2)$ 얻을 수 있다.

$$\text{CR} = \frac{(\sum\lambda)^2}{(\sum\lambda)^2 + \sum(1-\lambda^2)}$$

$$\text{AVE} = \frac{\sum\lambda^2}{\sum\lambda^2 + \sum(1-\lambda^2)}, \text{ 또는 } \text{AVE} = \frac{\sum\lambda^2}{n}$$

λ: 표준화계수, $1-\lambda^2$: 측정오차, n: 관측변수의 수

Output 10-1 ••• 판매원모델의 측정모델의 분석 결과: 표준화계수

Standardized Regression Weights: (Group number 1 - Default model)

			Estimate
ambig	<---	역할모호성	.923
clear	<---	역할모호성	.741
conflict	<---	역할갈등	.859
compat	<---	역할갈등	.913
sell	<---	고객지향성	.985
solve	<---	고객지향성	.784
work	<---	직무만족	.602
super	<---	직무만족	.687
pay	<---	직무만족	.609
promo	<---	직무만족	.598
comport	<---	시장지향성	.759
cusort	<---	시장지향성	.832
intcord	<---	시장지향성	.801

직무만족을 대상으로 CR과 AVE를 계산하면 다음과 같다.

$$\text{CR(직무만족)} = \frac{(.602+.687+.609+.598)^2}{(.602+.687+.609+.598)^2+(.638+.528+.629+.642)}$$

$$= \frac{(2.496)^2}{(2.496)^2+2.437} = \frac{6.230}{8.667} = 0.719$$

$$\text{AVE(직무만족)} = \frac{(.602^2+.687^2+.609^2+.598^2)}{(.602^2+.687^2+.609^2+.598^2)+2.437} = \frac{1.563}{4} = .391$$

아래는 저자가 만든 엑셀시트를 이용하여 구한 값이다. 이 엑셀시트는 www.esem.co.kr에서 다운로드 받을 수 있다. 이 시트를 이용하여 표준화계수인 'lambda'에 표준화계수 값을 입력하고 엔터키를 치면 (1−lambda^2)이 자동으로 계산된다.

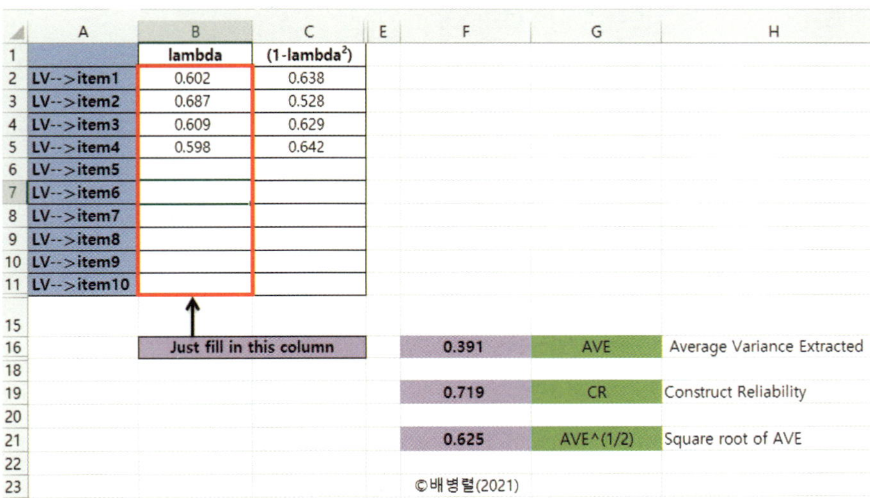

엑셀시트를 이용하여 CR, AVE, $\sqrt{\text{AVE}}$ 를 구하면 [표 10−3]과 같다.

표 10−3 ▌ 판매원모델의 CR, AVE, $\sqrt{\text{AVE}}$

개념	CR	AVE	$\sqrt{\text{AVE}}$
역할모호성	.822	.701	.837
역할갈등	.880	.786	.887
시장지향성	.840	.637	.798
직무만족	.719	.391	.625
고객지향성	.883	.792	.890

표준화오차분산은 (1 − SMC)에 의해서도 얻을 수 있다.

Output 10-1 ••• **판매원모델의 측정모델의 분석 결과: SMC**

Squared Multiple Correlations: (Group number 1 - Default model)

	Estimate
intcord	.641
cusort	.692
comport	.576
promo	.358
pay	.370
super	.472
work	.363
solve	.615
sell	.971
compat	.834
conflict	.738
clear	.550
ambig	.852

직무만족에 해당하는 work, super, pay, promo 등의 SMC값은 각각 .363, .472, .370, .358이다. 따라서 1에서 이들 값을 빼면 각각 .637, .528, .630, .642를 얻는다.

1) 집중타당도 평가

집중타당도 평가는 다음과 같은 세 가지 기준에 의해 이루어진다.

❶ 특정 요인(개념)에 대한 회귀계수값이 커야 하고, 통계적으로 유의적이어야 한다. 즉 회귀계수의 임계비(critical ratio: C.R.)가 2보다 커야 한다. 좀 더 구체적으로, **표준화계수가 적어도 0.5 이상이어야 한다. 이상적으로는 0.7 이상이면 더욱 좋다.** 이 논리의 근거는 요인분석에서의 커뮤넬러티(communality)를 통해 이해할 수 있다. 표준화요인적재량의 제곱인 커뮤넬러티는 항목이 요인에 의해 얼마나 설명되는가를 나타낸 것이다. 따라서 요인적재량 0.71은 0.5만큼이 요인에 의해 설명됨을 의미한다. 결국, 이 요인적재량은 항목에 의해 절반이 설명되고 나머지 절반은 오차분산에 포함됨을 의미한다. 이러한 관점에서 보면, 직무만족의 표준화계수가 0.5 이상이기는 하지만 이상적 수준인 0.7 이상을 넘지 않기 때문에 집중타당도에 문제가 있다.

❷ **AVE가 0.5 이상이면 집중타당도가 있는 것으로 해석한다.**

❸ **CR이 0.7 이상이면 집중타당도가 있는 것으로 보며, 0.6~0.7 사이도 수용가능하다.** 판매원모델의 CR은 0.7 이상이기 때문에 집중타당도가 있다.

위의 세 가지 기준으로 집중타당도를 평가하면, AVE 기준에 의하면 직무만족이 집중타당도가 없는 것으로 나타나고, 나머지 기준은 집중타당도가 있는 것으로 나타난다. 따라서 세 가지 기준 가운데 AVE 기준이 보다 엄격한 것을 알 수 있다.

2) 판별타당도 평가

판별타당도를 평가하기 위해서는 '개념 간 상관행렬', '상관행렬의 표준오차', 'AVE' 등의 정보가 필요하다. 판별타당도는 다음과 같은 기준으로 평가한다.

1. **AVE가 개념들 간 상관계수의 제곱값(ϕ^2)을 상회하는지의 여부를 통해 검토한다.** 즉, AVE > ϕ^2 또는 $\sqrt{\text{AVE}} > \phi$이면 판별타당도가 있다고 해석한다. 이 기준이 판별타당도를 평가하는 데 있어 엄격하다.
2. 두 개념들 간에 동일하다는 가설($\phi = 1.0$)을 기각하는지의 여부로 판단한다. **95% 신뢰구간에서 ($\phi \pm 2 \times$ 표준오차)가 1이 아니면 판별타당도가 있다고 해석한다.** 즉, 이 공식에 의해 구한 값이 1이 아니면 판별타당도가 있다고 해석한다.
3. 이론적으로 유사한 개념의 쌍(pair)을 선정한 다음, **두 개념들 간 상관계수(ϕ_{ij})를 1로 고정한 제약모델(constrained model)과 두 개념들 간 자유로운 상관관계를 갖는 비제약모델(unconstrained model) 또는 자유모델(free model)을 설정한 후, χ^2 차이 검정을 실시하여 두 모델들 간에 χ^2 차이가 유의적으로 나타나면($\alpha = 0.05$에서 3.84 이상), 두 개념들 간에 판별타당도가 있다고 해석한다.**
4. Henseler 등(2015)은 Fornell & Larcker(1981) 기준에 대한 대안으로 **HTMT (Heterotrait-Monotrait)** 방법에 의한 판별타당도 검정을 제안하였다. 기존에 많이 쓰인 AVE > ϕ^2 기준보다 더 엄격한 것으로 나타나 최근에 이를 이용한 검정이 늘고 있다. 예를 들어, 두 개념(cp, ss)을 측정하기 위해 각각 4개, 3개의 관측변수를 이용하였고, 이들 간에 상관행렬이 다음과 같다고 가정한다.

	cp4	cp3	cp2	cp1	ss3	ss2	ss1
cp4	1.000						
cp3	.786	1.000					
cp2	.850	.821	1.000				
cp1	.808	.775	.874	1.000			
ss3	.397	.467	.427	.393	1.000		
ss2	.469	.481	.479	.471	.743	1.000	
ss1	.529	.523	.528	.507	.743	.885	1.000

HTMT는 다음과 같이 계산된다(Henseler et al., 2015).

- Heterotrait correlation

  .397+.467+.427+.393+.469+.481+.479+.471+.529+.523+.528+.507

  =5.671/12=.473

- Monotrait correlation

  cp=.786+.850+.821+.808+.775+.874=4.914/6=.819

  ss=.743+.743+.885=2.371/3=.790

- $\text{HTMT} = \dfrac{.473}{\sqrt{.819 \times .790}} = \dfrac{.473}{.804} = .588$

HTMT 값이 .85 이상이면 판별타당도에 문제가 있다고 해석한다(Henseler et al., 2015; Voorhees et al., 2016). 이 예에서는 .85 이하이므로 판별타당도가 문제가 없다. .85는 보수적(엄격한) 기준이고, .90은 좀 덜 보수적인 기준이다.

1 Amos에 의해 상관행렬의 표준오차(S.E.)를 얻기 위해서는 다음과 같이 한다. 먼저 [Analysis Properties]의 [Bootstrap] 탭에서 다음과 같이 지정한다. 여기에서 [Monte Calro(parametric bootstrap)]를 체크하는 이유는 자료가 행렬요약이기 때문이다. 원자료인 경우에는 이를 하지 않아도 된다.

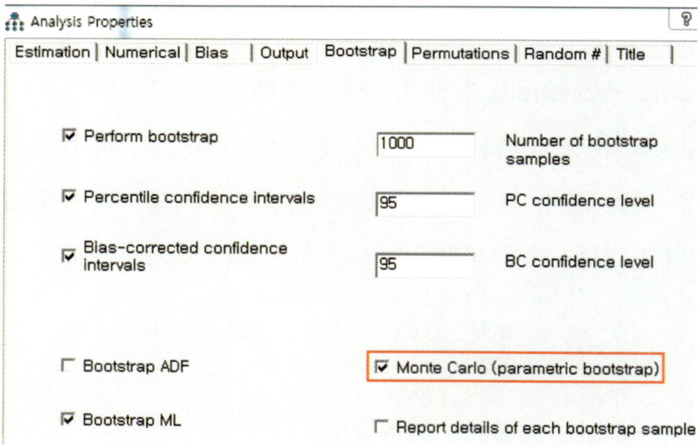

2 이를 실행한 후 [View Text] 아이콘을 클릭한다. [Estimate] → [Scalars] → [Correlations] 순으로 클릭한다. 그 다음 밑에 있는 [Bootstrap standard errors]를 클릭한다. 그러면 밑에 있는 [Estimate/Bootstrap]이 활성화된다. 이때, 'Covariance'

를 지정하지 말고, 'Correlation'을 지정한다는 점에 유의한다. [Bootstrap Standard errors]를 클릭한다. 그러면 다음과 같은 표준오차값을 볼 수 있다. 이 값은 붓스트랩을 통해 얻은 값이기 때문에 실행할 때마다 값이 조금씩 다르지만 그 차이는 크지 않다.

Output 10-1 판매원모델의 개념 간 상관

Correlations: (Group number 1 - Default model)

			Estimate
역할모호성	<-->	역할갈등	.515
역할모호성	<-->	고객지향성	-.550
역할모호성	<-->	직무만족	-.659
역할모호성	<-->	시장지향성	-.625
역할갈등	<-->	고객지향성	-.461
역할갈등	<-->	직무만족	-.552
역할갈등	<-->	시장지향성	-.429
직무만족	<-->	시장지향성	.783
고객지향성	<-->	직무만족	.743
고객지향성	<-->	시장지향성	.709

Output 10-1 상관계수의 표준오차

Correlations: (Group number 1 - Default model)

Parameter			SE	SE-SE	Mean	Bias	SE-Bias
역할모호성	<-->	역할갈등	.049	.001	.516	.000	.002
역할모호성	<-->	고객지향성	.048	.001	-.549	.001	.002
역할모호성	<-->	직무만족	.055	.001	-.657	.002	.002
역할모호성	<-->	시장지향성	.047	.001	-.627	-.001	.001
역할갈등	<-->	고객지향성	.052	.001	-.463	-.002	.002
역할갈등	<-->	직무만족	.060	.001	-.551	.001	.002
역할갈등	<-->	시장지향성	.057	.001	-.434	-.005	.002
직무만족	<-->	시장지향성	.042 ❶	.001	.781	-.002	.001
고객지향성	<-->	직무만족	.048	.001	.742	-.001	.002
고객지향성	<-->	시장지향성	.042	.001	.708	-.002	.001

3 상관행렬의 유의도를 보기 위해서는 [Bootstrap confidence]에 있는 [Bias-corrected percentile method]를 클릭한다. 그러면 다음과 같은 p값을 볼 수 있다.

Output 10-1 상관계수의 유의도

Correlations: (Group number 1 - Default model)

Parameter			Estimate	Lower	Upper	P
역할모호성	<-->	역할갈등	.515	.411	.605	.003
역할모호성	<-->	고객지향성	-.550	-.647	-.456	.002

역할모호성	<-->	직무만족	-.659	-.758	-.544	.002
역할모호성	<-->	시장지향성	-.625	-.708	-.520	.003
역할갈등	<-->	고객지향성	-.461	-.547	-.346	.004
역할갈등	<-->	직무만족	-.552	-.660	-.417	.002
역할갈등	<-->	시장지향성	-.429	-.527	-.298	.004
직무만족	<-->	시장지향성	.783	.696	.861	.002
고객지향성	<-->	직무만족	.743	.636	.824	.003
고객지향성	<-->	시장지향성	.709	.622	.784	.002

4 [Output 10-1]의 출력을 통해 판별타당도 평가에 대해 살펴보기로 한다. [Output 10-1-1]은 판매원모델의 개념 간 상관행렬, 요인적재량, SMC 등을 표준화계수로 경로도에 제시한 것이다. 여기에서 보면 비표준화계수인 경우에는 오차분산이 보고되는 데 비해, 표준화계수를 지정하면 SMC가 보고되는 것을 알 수 있다. work의 SMC는 .363이다. 표준화오차분산은 (1-SMC)가 된다. 따라서 work의 표준화오차분산은 .637이다.

Output 10-1-1 개념 간 상관행렬, 요인적재량, SMC의 경로도 제시(표준화계수)

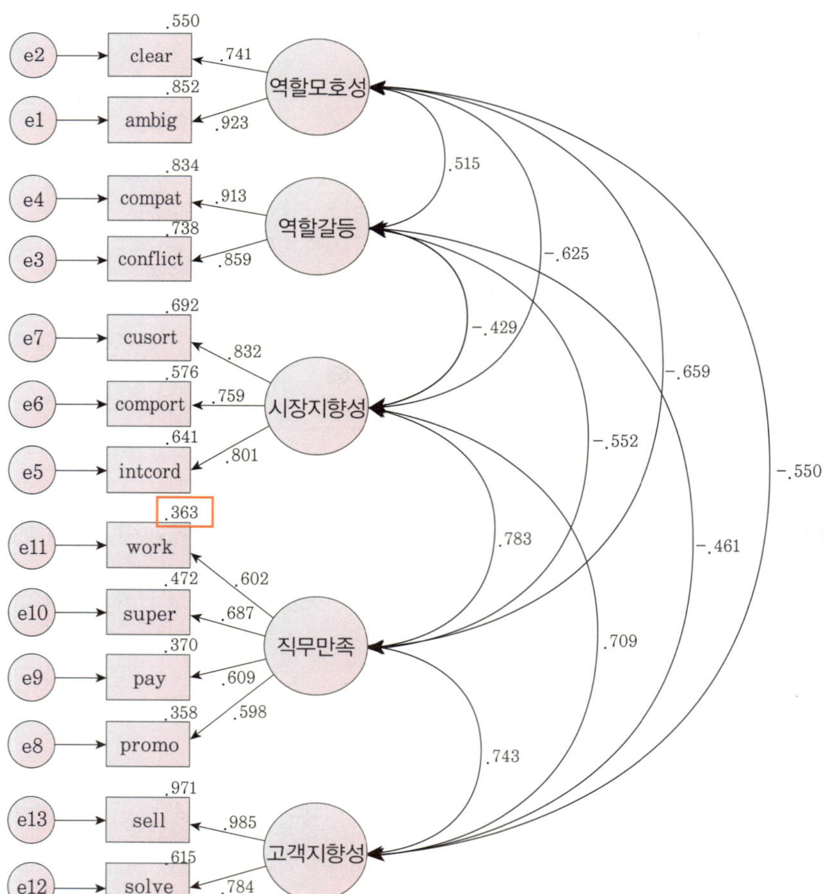

(1) $\text{AVE} > \phi^2$ 또는 $\sqrt{\text{AVE}} > \phi$에 의한 평가

❶ $\text{AVE} > \phi^2$에 의한 평가

개념 간 상관제곱(ϕ^2) 및 AVE를 나타내면 [표 10-4]와 같다.

표 10-4 개념 간 상관제곱 및 AVE

개념	개념 간 상관제곱(ϕ^2)				
	역할모호성	역할갈등	시장지향성	직무만족	고객지향성
역할모호성	.701				
역할갈등	.265	.786			
시장지향성	.391	.184	.637		
직무만족	.434	.305	.613	.391	
고객지향성	.303	.213	.503	.552	.792

주: 대각선값은 AVE임.

각 개념의 AVE와 그들 개념 간 상관제곱(ϕ^2)을 비교하여 $\text{AVE} > \phi^2$이면 판별타당도가 있다고 본다. $\text{AVE} > \phi^2$ 기준에 의해 판별타당도를 검토하기 위해 대각선에 있는 AVE 값이 아래 또는 왼쪽에 있는 값보다 큰가를 보면 된다. 이때, 모든 AVE를 검토할 필요는 없고 AVE가 가장 작은 것(또는 ϕ^2이 가장 큰 값)만 검토하면 된다. 이러한 관점에서 보면 직무만족과 역할모호성, 직무만족과 시장지향성, 직무만족과 고객지향성은 판별타당도가 없는 것으로 나타난다.

❷ $\sqrt{\text{AVE}} > \phi$에 의한 평가

지금까지 $\text{AVE} > \phi^2$의 관점에서 판별타당도를 검토하였는데, 이를 $\sqrt{\text{AVE}} > \phi$의 관점에서 검토하기로 한다. $\sqrt{\text{AVE}} > \phi$의 관점에서 검토하기 위해 대각선에 $\sqrt{\text{AVE}}$ 값을 기술하고 대각선의 값과 이에 속하는 상관계수값(ϕ)들을 비교한다. $\sqrt{\text{AVE}} > \phi$의 관점에서 판별타당도를 검토하기 위해 대각선에 있는 $\sqrt{\text{AVE}}$ 값이 아래 또는 왼쪽에 있는 값보다 큰가를 보면 된다. 개념 간 상관 및 $\sqrt{\text{AVE}}$를 나타내면 [표 10-5]와 같다.

표 10-5 개념 간 상관 및 $\sqrt{\text{AVE}}$

개념	개념 간 상관(ϕ)				
	역할모호성	역할갈등	시장지향성	직무만족	고객지향성
역할모호성	.837				
역할갈등	.515	.887			
시장지향성	−.625	−.429	.798		
직무만족	−.659	−.552	.783	.625	
고객지향성	−.550	−.461	.709	.743	.890

주: 대각선값은 $\sqrt{\text{AVE}}$ 임.

이를 통해서도 직무만족과 역할모호성, 직무만족과 시장지향성, 직무만족과 고객지향성은 판별타당도가 없는 것으로 나타난다. 이 두 가지 가운데 어떤 관점에서 기술하는 것이 좋은 가는 정해진 기준이 없으므로 연구자가 결정할 문제이다.

③ MSV와 ASV에 의한 평가

판별타당도는 다음과 같은 방식으로도 평가할 수 있다. 이를 위해 **MSV(maximum shared squared variance)**와 **ASV(average shared squared variance)**를 구한다. AVE>MSV, 그리고 AVE>ASV이면 판별타당도가 있다고 본다. 즉 AVE가 MSV 및 ASV보다 모두 커야 판별타당도가 있다.

역할모호성을 예로 들면, MSV와 ASV는 다음과 같이 계산된다. 역할모호성과 관련된 상관계수 가운데(.515, −.625, −.659, −.550) 가장 큰 값은 −.659이다. 이를 제곱하면 .434가 된다. 이 값이 MSV가 된다. ASV는 다음과 같이 계산된다. $((.515)^2+(-.625)^2+(-.659)^2+(-.550)^2)/4=(.265+.391+.434+.303)/4=.348$. 이런 식으로 각 개념의 MSV와 ASV를 계산하면 [표 10-6]과 같다.

표 10-6 AVE, MSV, ASV

개념	AVE	MSV	ASV
역할모호성	.701	.434	.348
역할갈등	.786	.305	.242
시장지향성	.637	.613	.423
직무만족	.391	.613	.456
고객지향성	.792	.552	.392

AVE를 각각의 MSV와 ASV를 비교한다. 이 기준에 의해서도 직무만족과 역할모호성, 직무만족과 시장지향성, 직무만족과 고객지향성 간에는 판별타당도가 없는 것으로 나타난다. CR, AVE, MSV, ASV, 개념 간 상관계수를 하나의 표에 제시하면 [표 10-7]과 같다.

표 10-7 CR, AVE, MSV, ASV, 개념 간 상관

개념	CR	AVE	MSV	ASV	개념 간 상관				
					1	2	3	4	5
1. 역할모호성	.822	.701	.434	.348	.837				
2. 역할갈등	.880	.786	.305	.242	.515	.887			
3. 시장지향성	.840	.637	.613	.423	−.625	−.429	.798		
4. 직무만족	.719	.391	.613	.456	−.659	−.552	.783	.625	
5. 고객지향성	.883	.792	.552	.392	−.550	−.461	.709	.743	.890

주: 대각선값은 $\sqrt{\text{AVE}}$ 임.

❹ HTMT에 의한 평가

1 HTMT에 의해 판별타당도를 평가하기 위해서는 관측변수의 상관행렬에 관한 정보가 필요하다. 판매원모델에서 이와 관련된 정보를 얻기 위해 [Analysis Properties]에서 [Output] 탭에서 [Sample moments]를 체크한다.

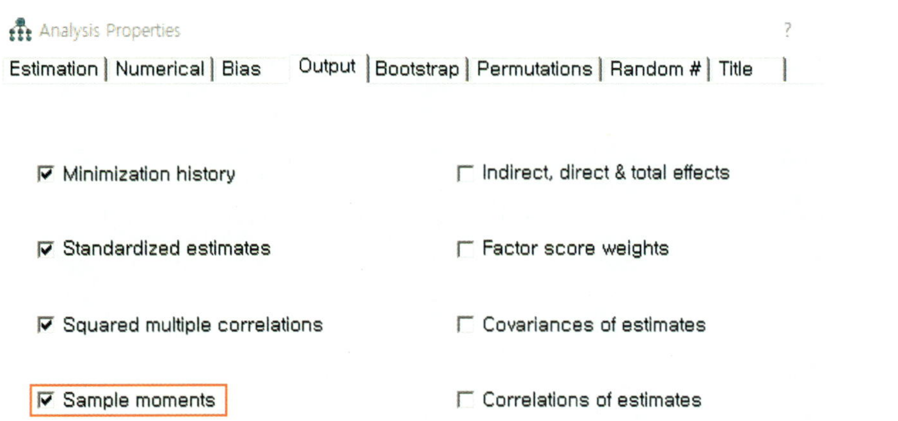

2 이를 실행하고 [Output] 창에서 [Sample Moments] → [Sample Correlations]를 클릭한다.

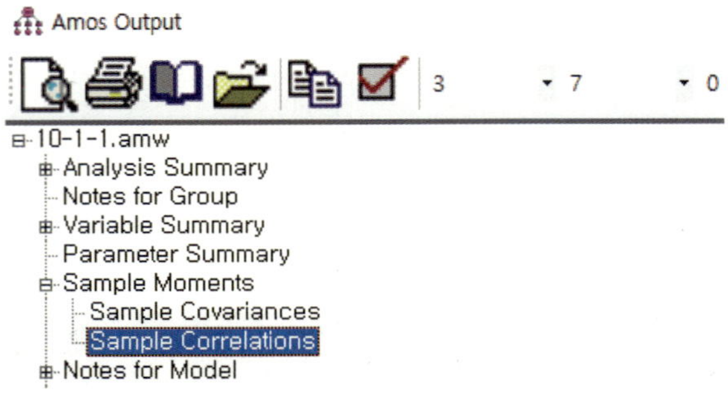

Output 10-1-1 ••• **관측변수 간 상관행렬**

Sample Correlations (Group number 1)

	sell	solve	work	super	pay	promo	cusort	comport	intcord	compat	conflict	clear	ambig
sell	1.000												
solve	.773	1.000											
work	.438	.393	1.000										
super	.478	.382	.365	1.000									
pay	.483	.461	.439	.367	1.000								
promo	.429	.350	.361	.427	.406	1.000							
cusort	.609	.516	.408	.436	.350	.317	1.000						
comport	.530	.412	.375	.433	.431	.423	.608	1.000					
intcord	.524	.436	.403	.458	.312	.373	.679	.617	1.000				
compat	−.418	−.193	−.302	−.421	−.224	−.292	−.347	−.320	−.268	1.000			
conflict	−.406	−.214	−.293	−.409	−.176	−.265	−.316	−.307	−.267	.784	1.000		
clear	−.402	−.304	−.345	−.384	−.308	−.219	−.412	−.331	−.350	.344	.307	1.000	
ambig	−.503	−.367	−.291	−.506	−.348	−.324	−.499	−.442	−.438	.438	.411	.685	1.000

직무만족과 시장지향성을 예로 들어 HTMT를 계산하기로 한다.

■ Heterotrait correlation

.408+.436+.350+.317+.375+.433+.431+.423+.403+.458+.312+.373

=4.719/12=.393

■ Monotrait correlation

직무만족 = .365+.439+.367+.361+.427+.406=2.365/6=.394

시장지향성 =.608+.679+.617=1.904/3=.635

■ $\text{HTMT} = \dfrac{.393}{\sqrt{.394 \times .635}} = \dfrac{.393}{.500} = .786$

두 개념들을 대상으로 각각의 HTMT를 계산한다. 이때, 상관계수 값이 부적(−)인 경우 부호는 무시하고 계산한다. Henseler의 홈페이지에 HTMT를 계산하기 위한 툴(tool)이 제공된다.

Calculate the HTMT

How many latent variables would you like to assess?

Number of latent variables: 5

Define latent variables

Latent variable	Number of items
고객지향성	2
직무만족	4
시장지향성	3
역할갈등	2
역할모호성	2

Enter correlation matrix

Correlation matrix (lower triangle)

		고객지향성		직무만족				시장지향성			역할갈등		역할모호성	
고객지향성	Item1	1												
	Item2	.773	1											
직무만족	Item1	.438	.393	1										
	Item2	.478	.382	.365	1									
	Item3	.483	.461	.439	.367	1								
	Item4	.429	.350	.361	.427	.406	1							
시장지향성	Item1	.609	.516	.408	.436	.350	.317	1						
	Item2	.530	.412	.375	.433	.431	.423	.608	1					
	Item3	.524	.436	.403	.458	.312	.373	.679	.617	1				
역할갈등	Item1	.418	.193	.302	.421	.224	.292	.347	.320	.268	1			
	Item2	.406	.214	.293	.409	.176	.265	.316	.307	.267	.784	1		
역할모호성	Item1	.402	.304	.345	.384	.308	.219	.412	.331	.350	.344	.307	1	
	Item2	.503	.367	.291	.506	.348	.324	.499	.442	.438	.438	.411	.685	1

Heterotrait-monotrait ratio of correlations (HTMT)

	LV1	LV2	LV3	LV4	LV5
LV1					
LV2	0.77311453				
LV3	0.72027539	0.78624146			
LV4	0.39532136	0.53561631	0.43120198		
LV5	0.54145353	0.65552806	0.62485476	0.51171477	

판매원 모델의 HTMT는 [표 10-8]과 같다.

| 표 10-8 | HTMT 결과

개념	고객지향성	직무만족	시장지향성	역할갈등	역할모호성
고객지향성					
직무만족	.773				
시장지향성	.720	.786			
역할갈등	.395	.536	.431		
역할모호성	.541	.656	.625	.512	

HTMT 기준에 의하면 모두 .85 이하이어서 개념들 간에 판별타당도가 문제가 없는 것으로 나타났다. 이 결과는 앞서 AVE에 의한 기준과 다른 결과를 보여준다. HTMT가 가장 큰 값(.786)은 직무만족과 시장지향성 간이다. HTMT가 AVE보다 더 신뢰로운(엄격한) 기준이므로 이 기준을 토대로 판별타당도가 있다고 기술할 수 있다.

[Input 10-1-2]를 토대로 HTMT와 AVE 기준에 의해 판별타당도를 검토하기로 한다.

Input 10-1-2 ••• 판별타당도 검토를 위한 모델

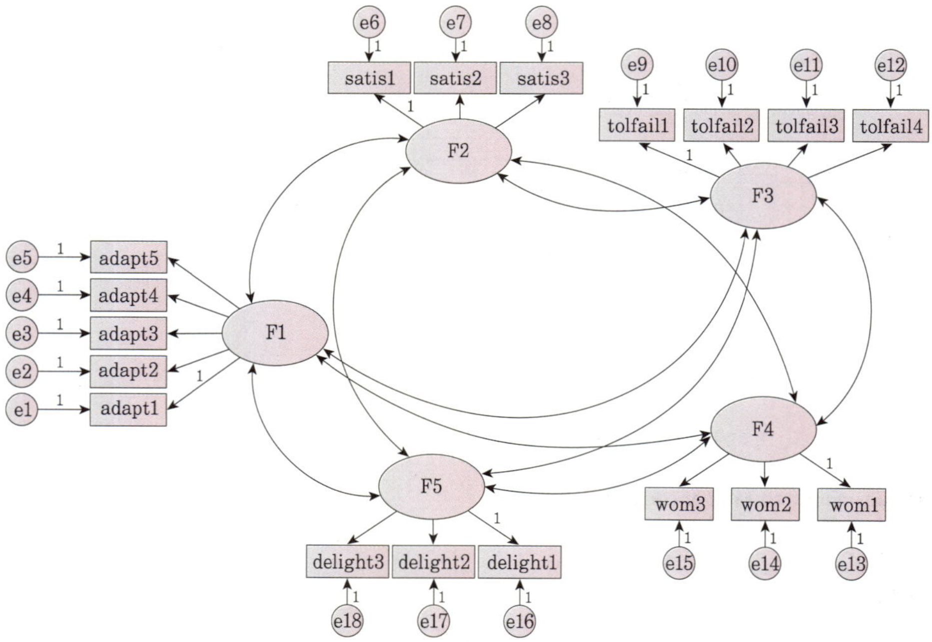

이 모델을 실행하면 다음과 같은 결과를 얻는다.

Output 10-1-2

Standardized Regression Weights: (Group number 1 - Default model)

			Estimate
adapt1	<---	F1	.896
adapt2	<---	F1	.920
adapt3	<---	F1	.873
adapt4	<---	F1	.876
adapt5	<---	F1	.870
satis1	<---	F2	.888
satis2	<---	F2	.864
satis3	<---	F2	.886
tolfail1	<---	F3	.916
tolfail2	<---	F3	.881
tolfail3	<---	F3	.925
tolfail4	<---	F3	.887
WOM1	<---	F4	.890
WOM2	<---	F4	.889
WOM3	<---	F4	.819
delight1	<---	F5	.865
delight2	<---	F5	.910
delight3	<---	F5	.841

Correlations: (Group number 1 - Default model)

			Estimate
F1	<-->	F2	.526
F1	<-->	F3	.447
F1	<-->	F4	.373
F1	<-->	F5	.693
F2	<-->	F3	.457
F2	<-->	F4	.326
F2	<-->	F5	.679
F3	<-->	F4	.402
F3	<-->	F5	.566
F4	<-->	F5	.488

이들 값을 토대로 AVE와 HTMT를 계산하면 [표 10-7-1]과 같다. AVE 기준으로 보나 HTMT 기준으로 보나 모두 판별타당도를 충족하는 것으로 나타났다.

표 10-7-1 AVE와 HTMT 기준에 의한 판별타당도 검토

개념	F1	F2	F3	F4	F5
F1	.887	.491	.568	.683	.703
F2	.526	.879	.405	.325	.373
F3	.447	.457	.814	.456	.450
F4	.373	.326	.402	.902	.529
F5	.693	.679	.566	.488	.872

주: 대각선은 $\sqrt{\mathrm{AVE}}$, 대각선 위는 HTMT, 대각선 아래는 상관계수(ϕ)

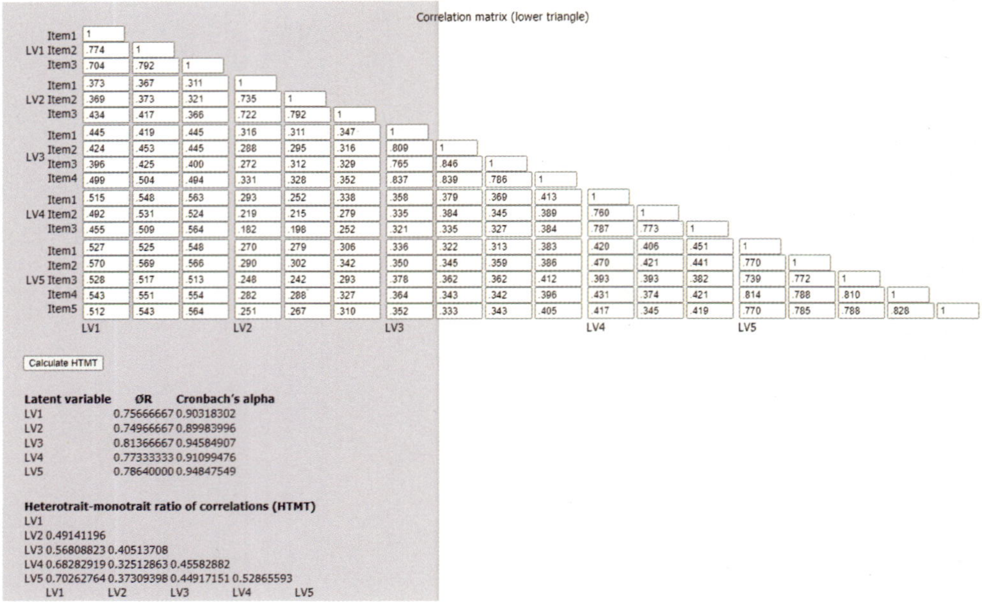

Correlation matrix (lower triangle)

	LV1 Item1	LV1 Item2	LV1 Item3	LV2 Item1	LV2 Item2	LV2 Item3	LV3 Item1	LV3 Item2	LV3 Item3	LV3 Item4	LV4 Item1	LV4 Item2	LV4 Item3	LV5 Item1	LV5 Item2	LV5 Item3	LV5 Item4	LV5 Item5
LV1 Item1	1																	
LV1 Item2	.774	1																
LV1 Item3	.704	.792	1															
LV2 Item1	.373	.367	.311	1														
LV2 Item2	.369	.373	.321	.735	1													
LV2 Item3	.434	.417	.366	.722	.792	1												
LV3 Item1	.445	.419	.445	.316	.311	.347	1											
LV3 Item2	.424	.453	.445	.288	.295	.316	.809	1										
LV3 Item3	.396	.425	.400	.272	.312	.329	.765	.846	1									
LV3 Item4	.499	.504	.494	.331	.328	.352	.837	.839	.786	1								
LV4 Item1	.515	.548	.563	.293	.252	.338	.358	.379	.369	.413	1							
LV4 Item2	.492	.531	.524	.219	.215	.279	.335	.384	.345	.389	.760	1						
LV4 Item3	.455	.509	.564	.182	.198	.252	.321	.335	.327	.384	.787	.773	1					
LV5 Item1	.527	.525	.548	.270	.279	.306	.336	.322	.313	.383	.420	.406	.451	1				
LV5 Item2	.570	.569	.566	.290	.302	.342	.350	.345	.359	.386	.470	.421	.441	.770	1			
LV5 Item3	.528	.517	.513	.248	.242	.293	.378	.362	.362	.412	.393	.393	.382	.739	.772	1		
LV5 Item4	.543	.551	.554	.282	.288	.327	.364	.343	.342	.396	.431	.374	.421	.814	.788	.810	1	
LV5 Item5	.512	.543	.564	.251	.267	.310	.352	.333	.343	.405	.417	.345	.419	.770	.785	.788	.828	1

Calculate HTMT

Latent variable	ØR	Cronbach's alpha
LV1	0.75666667	0.90318302
LV2	0.74966667	0.89983996
LV3	0.81366667	0.94584907
LV4	0.77333333	0.91099476
LV5	0.78640000	0.94847549

Heterotrait-monotrait ratio of correlations (HTMT)

	LV1	LV2	LV3	LV4	LV5
LV1					
LV2	0.49141196				
LV3	0.56808823	0.40513708			
LV4	0.68282919	0.32512863	0.45582882		
LV5	0.70262764	0.37309398	0.44917151	0.52865593	

(2) 95% 신뢰구간에서 $\phi \pm 2\times$ 표준오차 $\neq 1$에 의한 평가

신뢰구간(confidence interval) 기준에 의해 판단하면, 시장지향성과 직무만족 간의 상관계수 .783에 {2× 표준오차(.042) ❶}를 더하거나 빼면(.783±2×.042❶), 각각 .867과 .699가 되어 1이 아니므로 판별타당도가 있다고 본다. 이는 AVE에 의한 평가와 다른 결과를 얻는다. 이 기준에 의한 판별타당도 평가는 엄격하지 않은 단점이 있다.

(3) 제약모델과 비제약모델 간 χ^2 차이검정에 의한 평가

시장지향성과 직무만족 간에 판별타당도가 있는가를 셋째 기준에 의해 평가하기로 한다. 판별타당도를 검토하기 위한 제약모델은 두 개념 간 상관을 1로 제약한 모델이고, 비

제약모델은 제약을 하지 않은 모델이다.

제약모델을 설정하기 위해 두 개념 간의 양방향 화살표를 더블클릭하거나 오른쪽 버튼을 클릭하여 나타나는 [Object Properties]의 [Parameters] 탭에서 [Covariance]에 1을 입력한다. **제약모델을 설정할 때 반드시 준거변수 설정법이 아닌 단위분산 설정법으로 해야 한다.** Amos는 두 변수 간의 'Correlation'이 아닌 'Covariance'를 고정하도록 되어 있다. 단위분산 설정법으로 하면 두 변수 간의 상관을 1로 고정하는 효과를 갖는다.

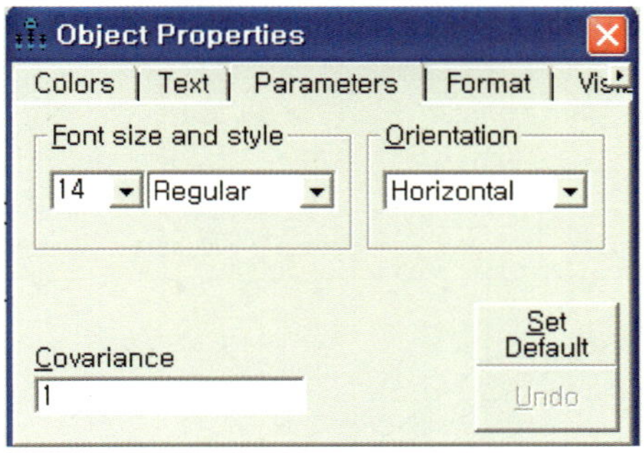

비제약모델과 제약모델은 각각 [Input 10-2], [Input 10-3]이다. 비제약모델의 설정은 준거변수 설정법으로 하든 단위분산 설정법으로 하든 상관이 없다.

Input 10-2 판별타당도의 검정을 위한 비제약모델

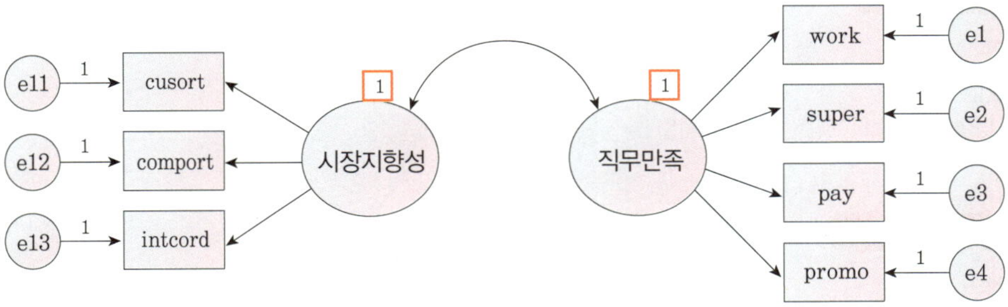

Input 10-3 판별타당도의 검정을 위한 제약모델

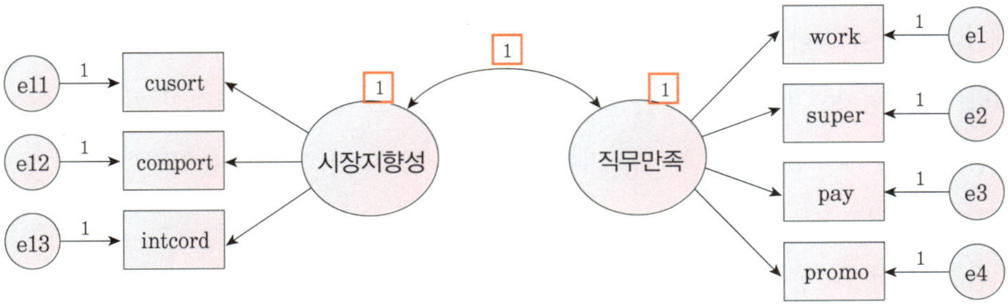

Output 10-3 ••• **제약모델의 분석 결과**

CMIN

Model	NPAR	CMIN	DF	P	CMIN/DF
Default model	14	70.969	14	.000	5.069

제약모델은 다음과 같이 설정해도 된다. 즉 1요인모델로 설정해도 된다.

Input 10-3-1 ••• **판별타당도의 검정을 위한 제약모델: 1요인모델**

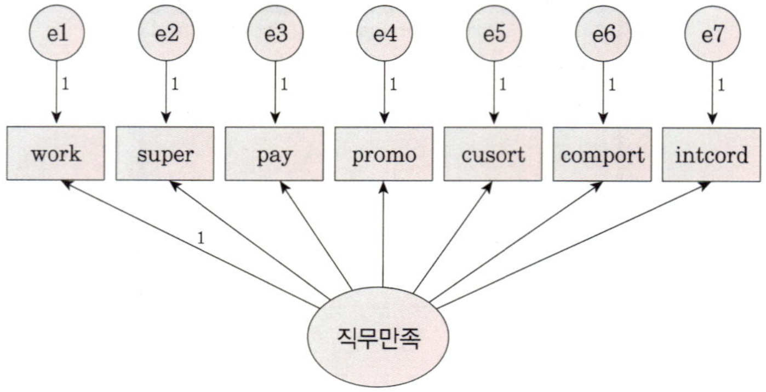

비제약모델과 제약모델을 추정한 결과는 각각 다음과 같다.

Output 10-2 ••• **비제약모델의 분석 결과**

CMIN

Model	NPAR	CMIN	DF	P	CMIN/DF
Default model	15	29.100	13	.006	2.238

Output 10-3-1 ••• **제약모델의 분석 결과**

CMIN

Model	NPAR	CMIN	DF	P	CMIN/DF
Default model	14	70.969	14	.000	5.069

제약모델을 추정하면 $\chi^2(14)=70.969$, 비제약모델을 추정하면 $\chi^2(13)=29.100$이 얻어진다. 따라서 두 개념들 간에는 $\Delta df=1$, $\Delta\chi^2=41.869$로 유의적인 차이가 있어 판별타당도가 있다고 본다. χ^2차이가 자유도 1에서 3.84 이상이어야 유의적인 차이가 있다([부록 2] χ^2분포표] 참조).

지금까지 시장지향성과 직무만족을 중심으로 판별타당도 평가에 관해 살펴보았다. 결론적으로 이들 간에는 첫째 기준에 의하면 판별타당도가 없고, 둘째 및 셋째 기준에 의하면 판별타당도가 있는 것으로 나타난다. 이러한 경우에 연구자는 이러한 상황을 솔직하게 기술하는 것이 바람직하다.

한편 **시장지향성과 직무만족 간의 제약모델을 추정할 때 다음과 같이 전체 개념이 포함된 모델에서 제약하는 접근법은 올바르지 않다는 점에 유의한다. 반드시 두 개념만 포함된 모델을 대상으로 추정해야 한다.** 이는 Anderson & Gerbing(1988)의 논문에 나와 있는 다음의 문구를 참고하기 바란다. "This test should be performed for one pair of factors at a time, rather than as a simultaneous test of all pairs of interest(p.416)."

Input 10-4 전체 개념을 포함한 모델

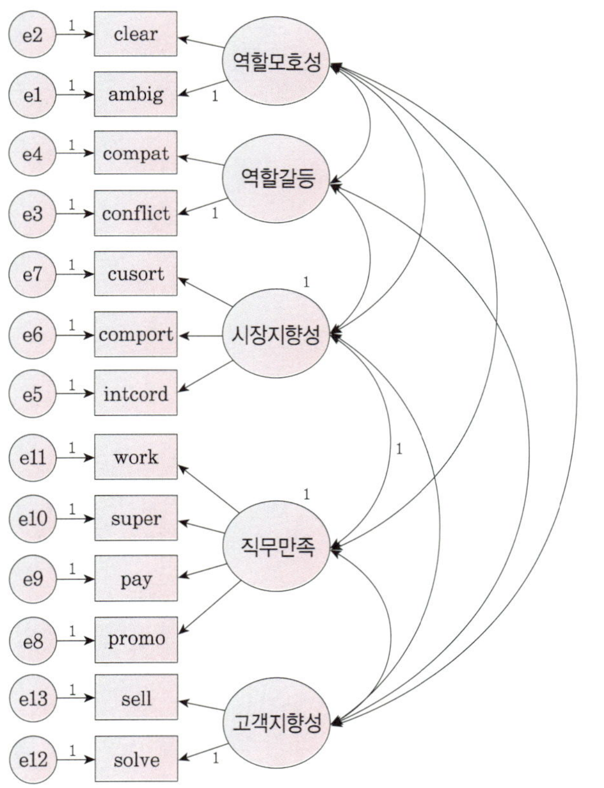

Output 10-4 단위분산 설정법으로 추정한 결과

CMIN

Model	NPAR	CMIN	DF	P	CMIN/DF
Default model	35	160.937	56	.000	2.874

Input 10-4-1 준거변수 설정법

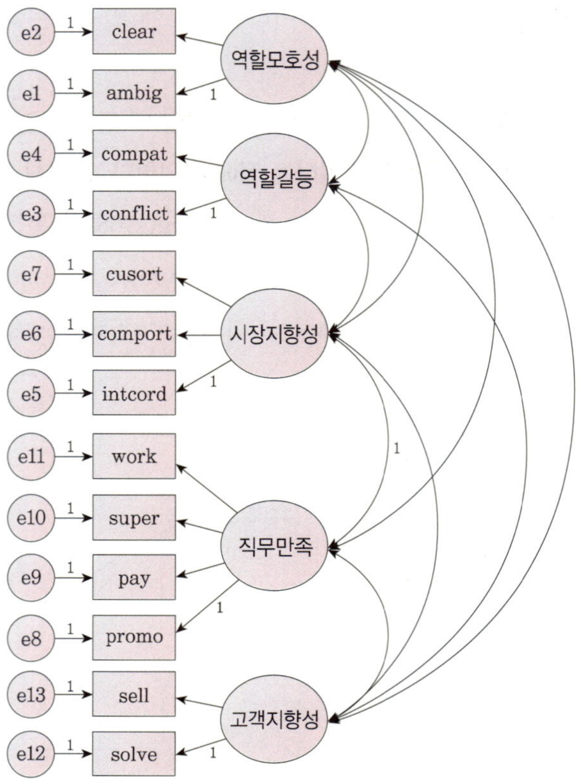

Output 10-4-1 준거변수 설정법으로 추정한 결과

CMIN

Model	NPAR	CMIN	DF	P	CMIN/DF
Default model	35	175.227	56	.000	3.129

준거변수 설정법과 단위분산 설정법의 결과가 다름을 알 수 있다.

역할모호성과 역할갈등 간에 판별타당도가 있는가를 '준거변수 설정법'과 '단위분산 설정법'으로 추정하는 것에 대해 살펴보기로 한다. 먼저 두 개념 간에 상관을 1로 제약한 모델을 준거변수 설정법으로 추정하는 것에 대해 살펴보기로 한다.

Input 10-5 ••• 역할모호성과 역할갈등 간 제약모델: 준거변수 설정법

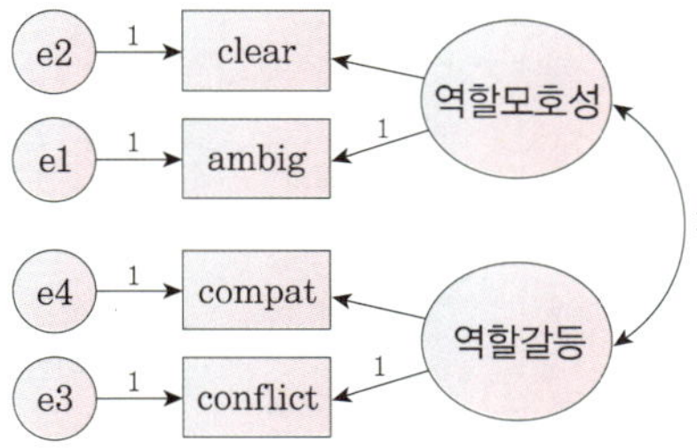

위 모델에서 준거변수로 'ambig'와 'conflict'가 이용되었다. 이를 추정하면 다음과 같은 결과를 얻는다.

Output 10-5 ••• 역할모호성과 역할갈등 간 제약모델: 준거변수 설정법

CMIN

Model	NPAR	CMIN	DF	P	CMIN/DF
Default model	8	1.764	2	.414	.882

Input 10-5-1 ••• 역할모호성과 역할갈등 간 제약모델: 준거변수 설정법

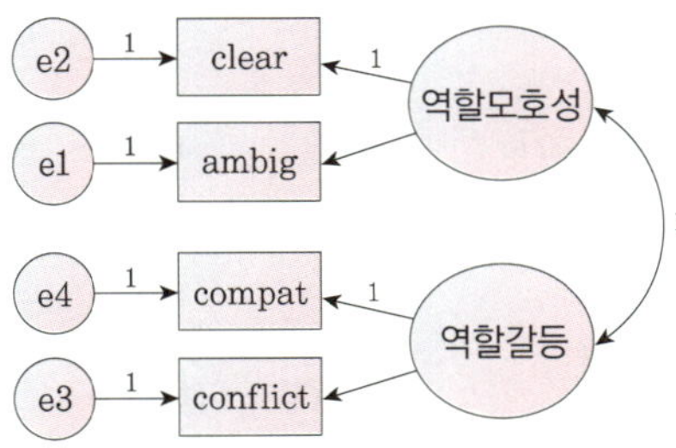

위 모델에서 준거변수로 'clear'와 'compat'이 이용되었다. 이를 추정하면 다음과 같은 결과를 얻는다.

Output 10-5-1 ••• 역할모호성과 역할갈등 간 제약모델: 준거변수 설정법

CMIN

Model	NPAR	CMIN	DF	P	CMIN/DF
Default model	8	28.457	2	.000	14.229

위에서 보듯, 준거변수를 어떻게 설정하느냐에 따라 χ^2값이 다르다.

Input 10-6 ••• 역할모호성과 역할갈등 간 제약모델: 단위분산 설정법

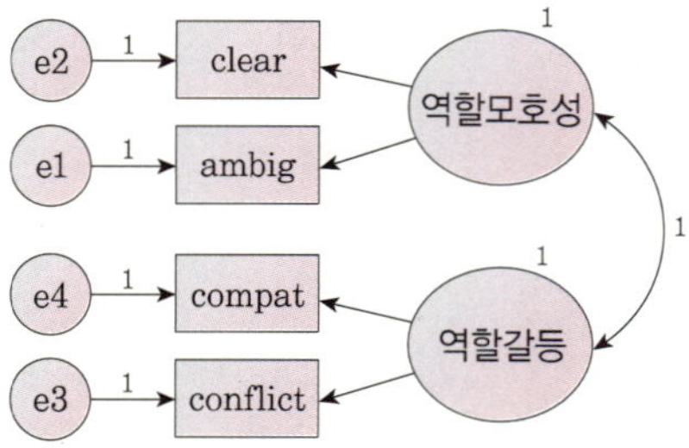

단위분산 설정법으로 추정하면 다음과 같은 결과를 얻는다.

Output 10-6 ••• 역할모호성과 역할갈등 간 제약모델: 단위분산 설정법

CMIN

Model	NPAR	CMIN	DF	P	CMIN/DF
Default model	8	144.270	2	.000	72.135

Input 10-7 ••• 역할모호성과 역할갈등의 1요인모델

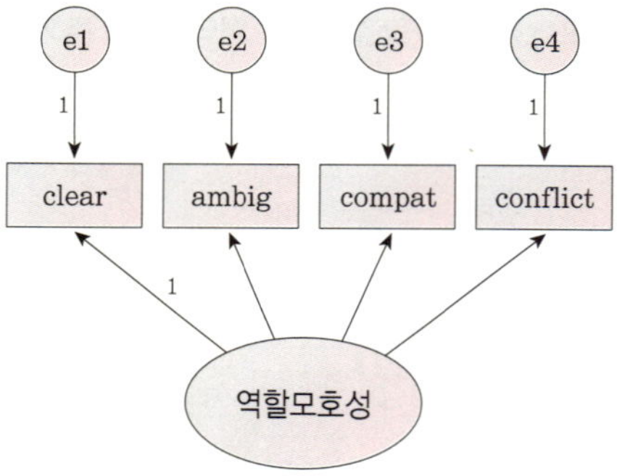

Output 10-7 ••• 역할모호성과 역할갈등의 1요인모델

CMIN

Model	NPAR	CMIN	DF	P	CMIN/DF
Default model	8	144.270	2	.000	72.135

[Output 10-6]과 [Output 10-7]은 동일한 결과를 얻는다.

Input 10-8 ••• 역할모호성과 역할갈등 간 비제약모델

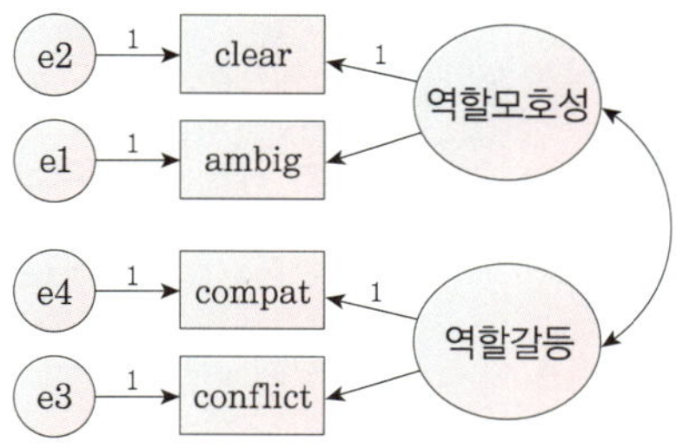

Output 10-8 ••• 역할모호성과 역할갈등 간 비제약모델

CMIN

Model	NPAR	CMIN	DF	P	CMIN/DF
Default model	9	.365	1	.546	.365

만약 준거변수 설정법으로 추정한 제약모델 [Output 10-5]와 비제약모델 [Output 10-8]을 χ^2차이검정을 하면 유의적인 차이가 없어 두 변수 간에 판별타당도가 없다는 잘못된 결정을 내리게 된다. **따라서 반드시 제약모델을 설정할 때 단위분산 설정법으로 설정하든지 또는 1요인모델을 추정해야 한다.**

지금까지 살펴본 바와 같이 세 가지 기준에 따라 판별타당도의 평가가 달라지는 것을 알 수 있다. 저자는 이 가운데 첫 번째 방법에 의해 판별타당도를 평가하는 것이 가장 바람직하다고 본다. 만약 첫 번째 방법에 의해 판별타당도가 없는 것으로 나오면 해당 잠재변수에 대한 정화(purification) 과정을 거친 다음, 측정모델을 다시 분석할 것을 권하고자 한다. 즉 이 예에서, 직무만족의 AVE가 작게 나타났는데, 이 직무만족의 신뢰도를 저해하는 관측변수(예: work)를 제거하는 과정을 거친 다음 다시 분석하는 관점이 바람직하다. 이러한 접근이 아니고, 두 번째나 세 번째 기준으로 판별타당도가 있다고 기술하는 논문도 종종 보는데 이는 바람직한 접근법이 아니라는 점을 강조하고자 한다.

3) 법칙타당도 평가

법칙타당도의 평가는 연구자가 예측한 개념 간 관계의 방향이 자료에서 얻은 관계의 방향과 일치하는가에 의해 검토된다. 연구자가 예측한 개념 간 관계의 방향은 다음과 같다.

그림 10-8 법칙타당도의 예

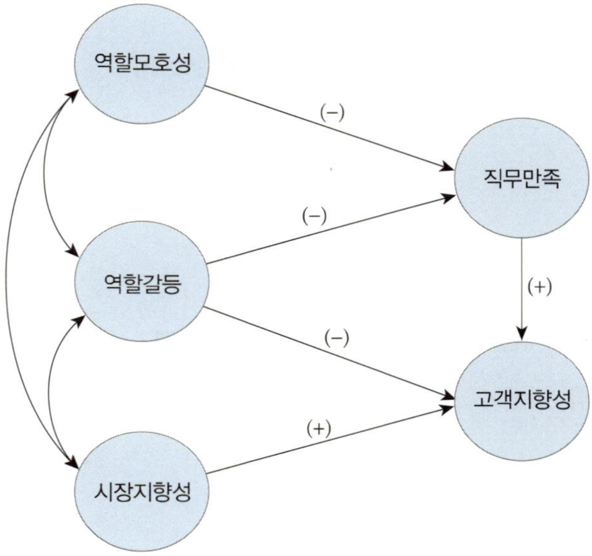

자료를 통해 얻은 개념 간의 상관행렬을 보면, 원래 예측한 가설의 방향과 동일한 결과를 얻기 때문에 법칙타당도가 있는 것으로 본다([표 10−5], [Output 10−1] 참조).

한편 **측정모델의 분석을 통해 얻은 개념 간 관계의 방향과 구조모델의 분석을 통해 얻은 개념 간 관계의 방향이 다르게 나오는 경우가 있다.** 예를 들어, 역할갈등과 고객지향성 간에 측정모델의 분석을 통해 얻은 상관관계의 방향은 (−)로 나오는데, 구조모델의 분석에서 얻어지는 구조계수의 방향이 (−)가 아닌 (+)가 나오는 경우이다. **이러한 경우는 두 개념 간에 법칙타당도에 문제가 있는 것으로 해석한다.**

판매원모델의 구조모델을 분석한 결과는 다음과 같다. 이 결과에서 볼 수 있듯, 구조계수의 방향이 측정모델에서 얻는 상관계수의 방향과 모두 일치하는 것으로 나타났다.

Output 10-1 ••• 판매원모델의 구조계수

Regression Weights: (Group number 1 - Default model)

			Estimate	S.E.	C.R.	P
직무만족	<---	역할모호성	−.189	.029	−6.473	***
직무만족	<---	역할갈등	−.046	.015	−3.130	.002
고객지향성	<---	시장지향성	.534	.077	6.961	***
고객지향성	<---	역할갈등	−.059	.062	−.948	.343
고객지향성	<---	직무만족	2.212	.419	5.282	***

법칙타당도는 **척도개발 및 타당화(scale development and validation)**에서 중요하게 고려된다. 예를 들어, 연구자가 브랜드신뢰(brand trust)라는 척도를 개발하고자 한다. 브랜드신뢰라는 척도가 제대로 개발되었음을 주장하기 위해서는 이와 관련된 개념인 고객만족(customer satisfaction), 브랜드애호도(brand loyalty) 등과 법칙적 관련(nomological net)을 가져야 한다. 즉 브랜드신뢰와 고객만족 간에는 정(+)의 상관, 브랜드신뢰와 브랜드애호도 간에도 정(+)의 상관이 나와야 브랜드신뢰라는 척도가 제대로 개발되었다고 주장할 수 있다.

법칙타당도의 평가는 측정모델의 분석을 통해서도 할 수 있고, 구조모델의 분석을 통해서도 할 수 있다. 즉 브랜드신뢰의 예에서 다음과 같이 측정모델을 추정하여 연구자가 예측한 방향과 동일한 결과를 얻는다면 법칙타당도가 있다.

그림 10-9 **법칙타당도의 예**

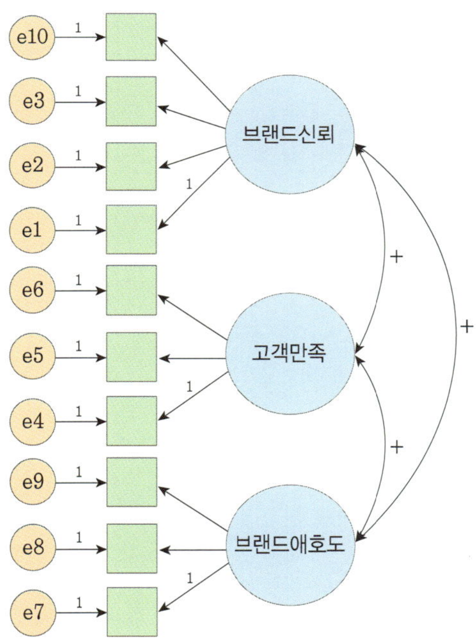

다음과 같이 구조모델을 설정하여 연구자가 예측한 방향과 동일한 결과를 얻으면 법칙타당도가 있다.

그림 10-10 법칙타당도의 예

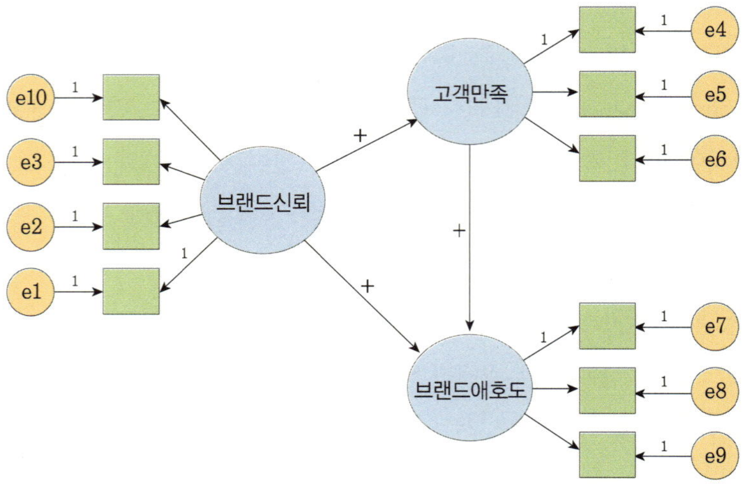

CHAPTER 11

조절효과분석 (Ⅰ): 비메트릭변수

CHAPTER 11 조절효과분석(Ⅰ): 비메트릭변수

1. 조절효과의 의의

조절효과(moderating effect, moderated effect)란 종속변수와 독립변수 간의 관계가 제3의 변수에 따라 크기(strength)와(또는) 방향(direction)이 달라지는 것을 의미한다. 이 제3의 변수를 조절변수라 한다. 즉, 독립변수와 종속변수 간의 관계에 영향을 주는 제3의 독립변수를 조절변수라 한다.

일반적으로 **조절변수(moderator, moderating variable)**는 시간의 경과에 따라 크게 변하지 않는 속성을 갖는다(예: 인구통계적 변수, 성격 등). 예를 들면, 스트레스(독립변수)와 우울(종속변수) 간의 관계는 성별(조절변수)에 따라 크기가 다를 수 있고, 되새기는 성격(조절변수)을 가진 사람은 더 많은 우울에 시달릴 수 있다. 조절효과의 개념적 모델은 [그림 11-1]과 같이 나타낼 수 있다.

그림 11-1 조절효과의 개념적 모델

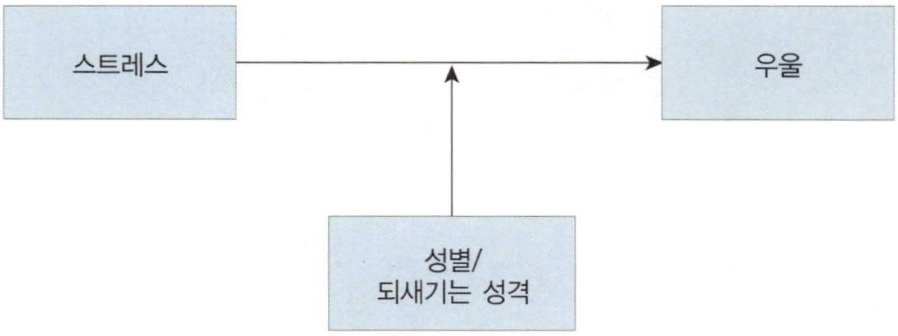

조절효과분석(moderation effect analysis)은 종속변수와 독립변수 간의 관계를 설명하는 데 있어 '언제(when)', '어떤 상황에서(under what conditions)', 그리고 '누구에게서(for whom)' 보다 약하거나, 강하거나 또는 효과가 없는가를 연구하고자 하는 데 목적

이 있다.

조절변수는 '성별'과 같이 '비메트릭변수'가 될 수 있고, '되새기는 성격(반추)'과 같이 '메트릭변수'가 될 수 있다. [그림 11-2]에서 여자가 남자에 비해 스트레스를 많이 받을수록 우울이 커지는 것을 알 수 있고, 되새기는 성격이 강한 사람이 스트레스를 많이 받을수록 우울이 커지는 것을 알 수 있다.

그림 11-2 성별(a)과 되새기는 성격(b)의 조절효과

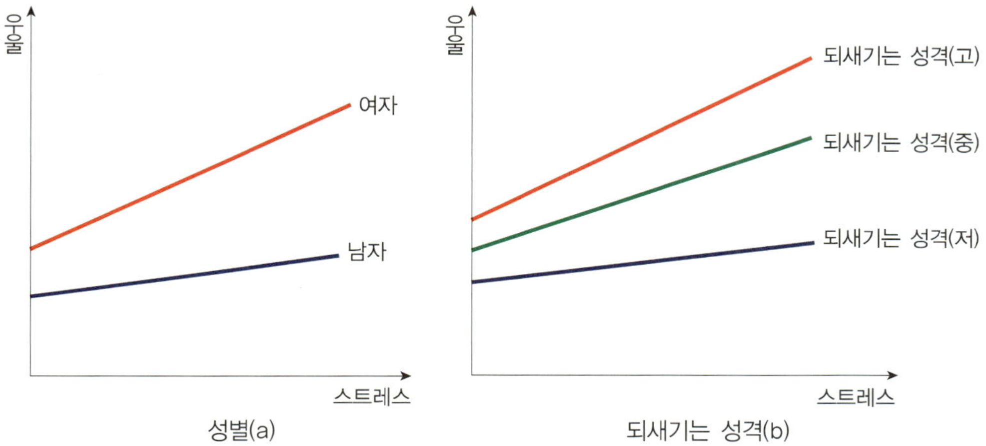

2. 비메트릭변수의 조절효과분석

다음의 예를 통해 비메트릭변수의 조절효과분석에 대해 살펴보기로 한다. 예를 들어, 시민들이 대통령 후보의 토론을 시청하였다고 가정한다. 토론을 마친 다음에, 특정 후보가 상대 후보에 비해 토론에서 승리하였다고 생각하는 정도를 등급척도 상에 표시하도록 요구하였다. 이를 위해, 서로 다른 3개의 척도를 이용해 측정하였고, 이를 토론에서의 승리를 판단하는 척도로 삼았다. 첫 번째 지표는 0에서 20 사이의 범위를 갖고 있으며, 이를 s1이라 가정한다. 나머지 s2와 s3은 0에서 25 사이의 범위를 갖고 있다. 이 척도들은 모두 점수가 높을수록 성공적인 토론을 의미한다.

토론의 성공은 후보의 외모와 토론의 질이 영향을 미치는 것으로 가정하였다. 후보의 외모를 측정하기 위해 2개의 척도(p1, p2)를 7점 어의차이척도(semantic differential scale)를 이용하여 측정하였다. 점수가 높을수록 외모에 대한 평가가 좋음을 의미한다.

토론의 질에 대한 평가도 2개의 척도(q1, q2)를 7점 어의차이척도를 이용하여 측정하였다. 이 척도도 점수가 높을수록 토론의 질에 대한 평가가 좋음을 의미한다.

연구자는 외모가 토론의 성공에 미치는 영향은 성별에 따라 달라질 것으로 가정하였다. 즉, 외모가 토론의 성공에 미치는 영향은 여자가 남자보다 영향력이 더 크게 나타날 것으로 가설화하였다. 연구자는 조절효과를 검정하기 위해 다음과 같은 가설을 세울 수 있다.

> 가설: 외모가 토론의 성공에 미치는 영향은 여자가 남자에 비해 크게 나타날 것이다(단측검정).
> 가설: 외모가 토론의 성공에 미치는 영향은 성별에 따라 다를 것이다(양측검정).

이 경우 성별은 조절변수, 토론의 성공은 종속변수, 외모와 토론의 질은 독립변수가 된다. 이들 변수 간의 관계를 경로도에 나타내면 [그림 11-3]과 같다.

그림 11-3 조절효과모델

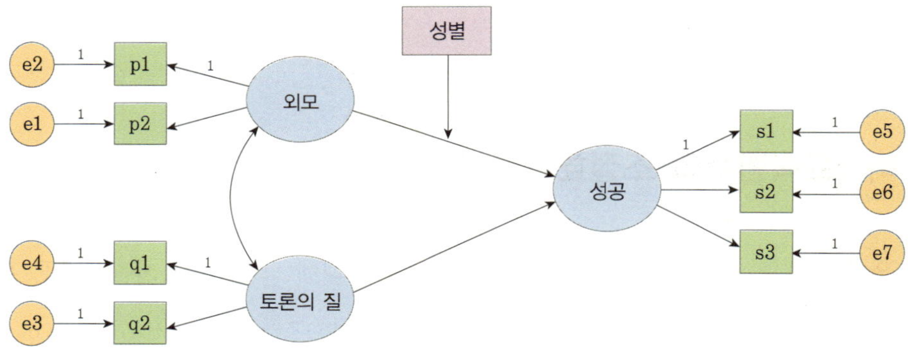

조절효과분석을 위해 Amos에서 이와 같은 경로도를 똑같이 그릴 수 없고 성별을 제거하고 경로도를 그리며, 성별을 두 집단으로 나누어 다중집단분석을 한다.

위 모델에서 조절변수인 성별은 **비메트릭변수(nonmetric variable)**이다. 조절변수가 등간척도 이상의 연속변수이면 **메트릭변수(metric variable)**가 된다. 조절효과분석은 조절변수가 비메트릭변수인지, 아니면 메트릭변수인지에 따라 접근법이 다르다.

비메트릭변수의 조절효과분석은 다중집단분석에 의한 χ^2 **차이검정(chi-square difference test)** 또는 **대응별 모수비교(pairwise parameter comparison)**에 의해 한다. 메트릭변수의 조절효과분석은 **상호작용효과분석(interaction effect analysis)**에 의해 한다. 이 장에서 비메트릭변수의 조절효과분석에 대해 살펴보고, 다음 장에서 메트릭변수의 조절효과분석에 대해 살펴보기로 한다.

2.1 비메트릭변수의 조절효과분석: 행렬요약의 예

비메트릭변수의 조절효과분석을 χ^2차이검정으로 하기 위해 다음과 같은 두 모델의 적합도를 평가한다.

❶ 1단계분석: 비제약모델의 추정

독립변수(외모)와 종속변수(성공) 간의 관계가 성별에 따라 달라진다는 것에 대해 제약을 하지 않은 **비제약모델(unconstrained model)** 또는 **자유모델(free model)**을 추정한다. 1단계분석에서는 각각의 집단에 대한 모수치 및 모델적합도를 다중집단분석(multiple-group analysis)을 통해 도출한다. χ^2값이 통계적으로 비유의적($p > 0.05$)이면, 모델이 집단에 걸쳐 잘 적합됨을 의미한다. 반대로, χ^2값이 통계적으로 유의적이면 집단 가운데 적어도 하나는 모델이 잘 적합되지 않음을 의미한다.

1단계분석만으로는 조절효과를 평가할 수 없다. 1단계분석은 각각의 집단을 개별적으로 추정한 계수와 집단에 따라 제약조건을 하지 않은 모델이 어느 정도나 자료를 잘 적합시키는지를 나타낸 것이다. 만약 조절효과가 없다면, 외모가 토론의 성공에 미치는 경로계수는 남자 및 여자에 걸쳐 동일할 것이다. 이는 남자 대 여자집단의 경로계수의 차이는 표본오차에 의해 발생한 것임을 의미한다.

❷ 2단계분석: 등가제약모델의 추정

독립변수와 종속변수 간의 관계가 성별에 대해 동일하도록 제약을 한 **등가제약모델(equal constrained model)**을 추정한다. 이 모델은 독립변수와 성별 간에 상호작용이 없음을 의미한다. 2단계분석에서는 모델에 등가제약을 주고 모델을 추정한다. 즉, 외모가 성공 여부의 판단에 주는 경로계수가 두 집단에 걸쳐 같다는 제약을 한다. 만약 조절효과가 없고, 두 집단의 경로계수가 같다면 등가제약은 1단계분석의 모델적합도에 영향을 미치지 않는다. 반대로, 유의적인 조절효과가 있다면 등가제약은 모델적합도에 영향을 미친다.

③ 3단계분석: χ^2차이검정 실시

1단계분석에서 얻은 χ^2값과 2단계분석에서 얻은 χ^2값의 차이를 구한다. χ^2값의 차이를 토대로 조절효과를 검정한다. χ^2차이가 유의적($\Delta\chi^2 = 3.84$ 이상, $\Delta df = 1$)이면 두 집단 간에 차이가 있음을 의미하며, 성별이 조절효과가 있다고 해석한다($\alpha = 0.05$ 수준).

1) χ^2차이검정에 의한 방법

[그림 11-3] 모델을 대상으로 χ^2차이검정에 의한 조절효과분석에 대해 자세히 살펴보기로 한다.

(1) 비제약모델의 추정

1 [그림 11-3] 모델을 Amos로 조절효과분석을 하기 위해 [Input 11-1]과 같은 경로도를 그린다.

Input 11-1 조절효과분석모델

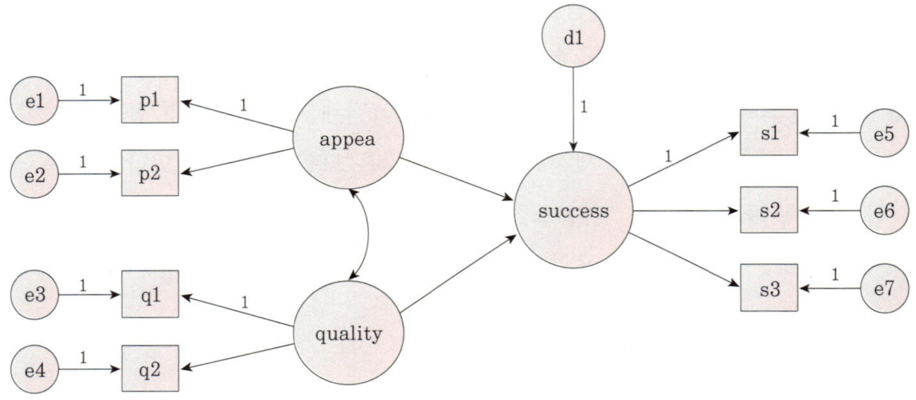

2 [그룹관리]에 있는 [Group number 1]을 더블클릭한다. 그러면 [Manage Groups] 대화상자가 나타난다. 현재는 집단이름이 [Group number 1]로 되어 있다. [Group name]을 [Male] 또는 [남자]로 입력한다.

3 [New] 버튼을 클릭하여 [Group number 2]를 [Female] 또는 [여자]로 입력한 후 [Close] 버튼을 클릭한다. 이때 그룹의 이름을 반드시 이처럼 입력해야 하는 것은 아니고, 집단이름을 지정해 주는 역할을 하기 때문에 [Group number 1] 또는

[Group number 2]로 해도 된다. **다중집단분석을 위해서는 반드시 이 작업을 먼저 해주고 자료를 연결해야 함을 기억하기 바란다.**

4 자료를 연결하기 위해 [File] 메뉴 → [Data Files]를 클릭하거나 또는 도구상자에 있는 자료파일선정 아이콘( )을 클릭한다. 이 예에서 [Male group]은 [male.sav], [Female group]은 [female.sav]로 자료가 저장되어 있다.

5 [Male group]을 연결하기 위해 [File Name] 버튼을 클릭한 다음, [male.sav]를 클릭한 후, [OK] 버튼을 클릭한다. 그 다음, 커서를 [Female group]에 놓아 활성화시킨 다음, [File Name] 버튼을 클릭한다. [female.sav]를 연결한 다음, [OK] 버튼을 클릭한다. **자료를 연결할 때 집단의 이름과 일치하는 파일을 연결하는 것을 유념하기 바란다.**

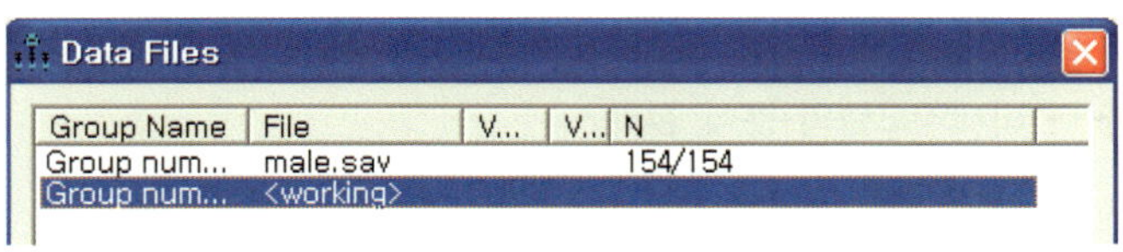

자료가 연결된 화면은 다음과 같다.

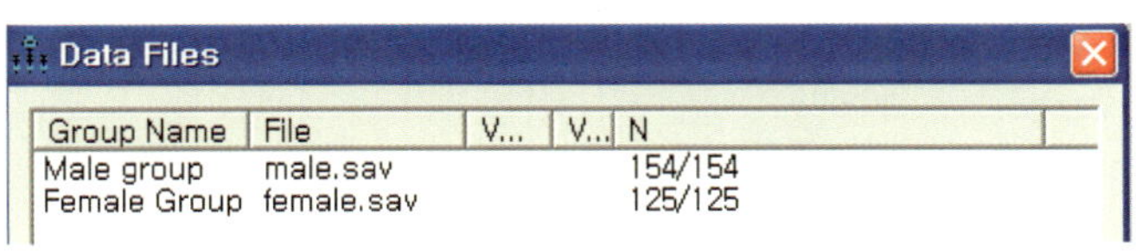

6 지금까지의 작업을 마친 입력파일을 [Input 11-1]로 저장하였다. 이 모델이 비제약모델이 된다. 즉 비제약모델은 [남자]와 [여자] 집단에 대해 appea로부터 success로 가는 경로에 대해 등가제약을 하지 않은 모델이다.

Input 11-1 ••• **조절효과분석모델: 비제약모델**

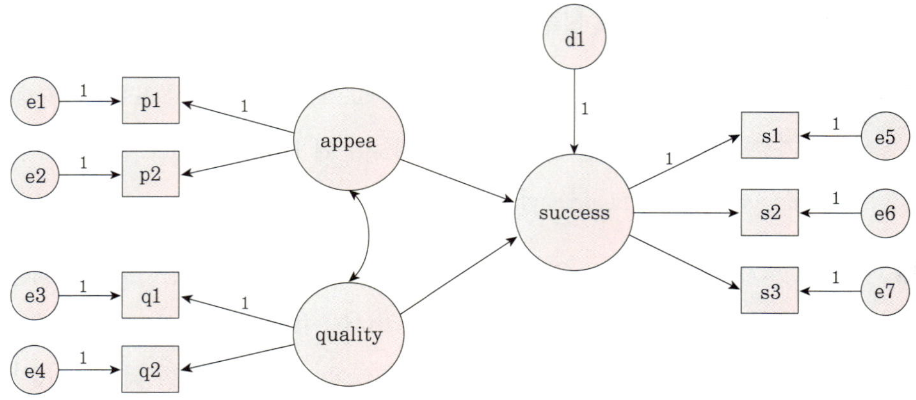

7 [Input 11−1]을 추정하면 다음과 같은 적합도 및 모수치를 얻는다.

Output 11-1 ••• **비제약모델의 분석 결과**

CMIN

Model	NPAR	CMIN	DF	P	CMIN/DF
Default model	34	15.257	22	.851	.693

Regression Weights: (Male Group − Default model)

			Estimate	S.E.	C.R.	P
success	<---	appea	.955	.137	6.962	***
success	<---	quality	1.116	.154	7.226	***

Regression Weights: (Female Group − Default model)

			Estimate	S.E.	C.R.	P
success	<---	appea	1.879	.199	9.463	***
success	<---	quality	1.231	.229	5.374	***

8 비제약모델에서 얻은 회귀계수를 보면([Output 11−1]) 외모로부터 성공으로 가는 회귀계수는 남자는 .955, 여자는 1.879로 나타났다.

(2) 제약모델의 추정

제약모델을 만드는 방법에는 ① 다중집단분석 아이콘()을 이용하는 방법, ② 경로에 명칭을 부여하는 방법이 있다. 이를 위해 [Input 11−1]에서 다음과 같은 방법으로 한다.

❶ 다중집단분석 아이콘을 이용하는 방법

1 도구상자에 있는 다중집단분석 아이콘( )을 클릭한다. 그러면 다음과 같은 창이 뜬다. 이 창은 '경로도의 왼쪽에 추가된 모델을 제거하거나 또는 모수제약을 수정할 수 있다"는 것을 알려주는 메시지이다. [확인] 버튼을 클릭한다.

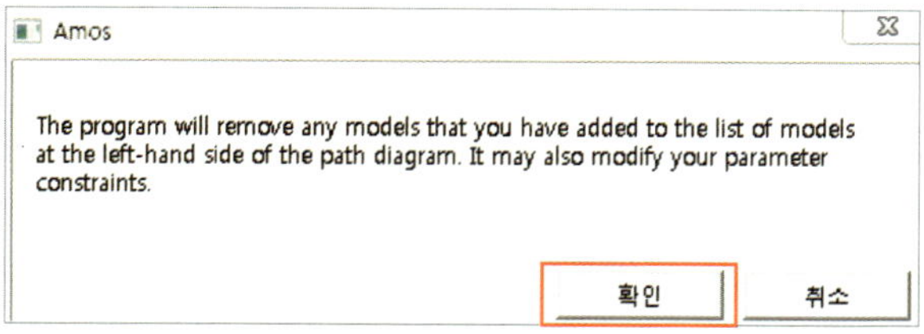

2 그러면 다음과 같은 [다중집단분석] 창이 나타난다. [OK] 버튼을 클릭한다.

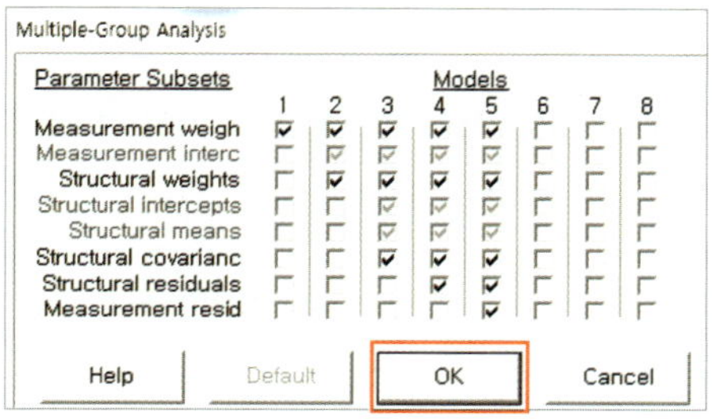

3 [그룹관리] 창에서 [Male group]과 [Female group]을 클릭하면 각각 다음과 같은 경로도를 볼 수 있다.

Input 11-2 조절효과분석모델: 제약모델[Male group]

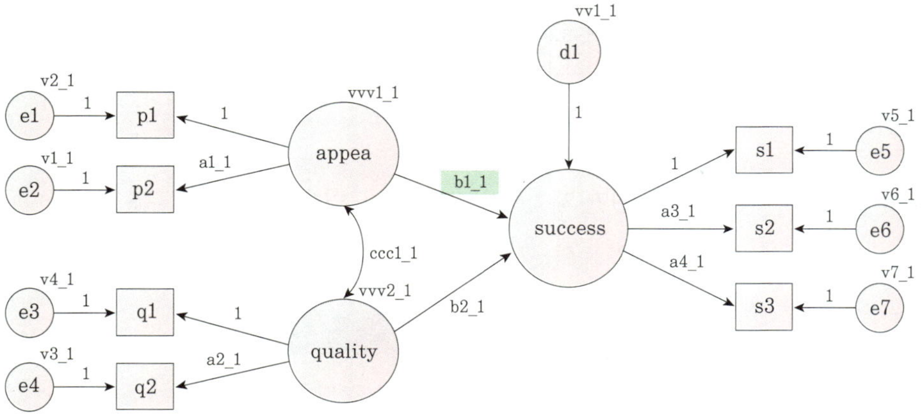

Input 11-2 ••• **조절효과분석모델: 제약모델[Female group]**

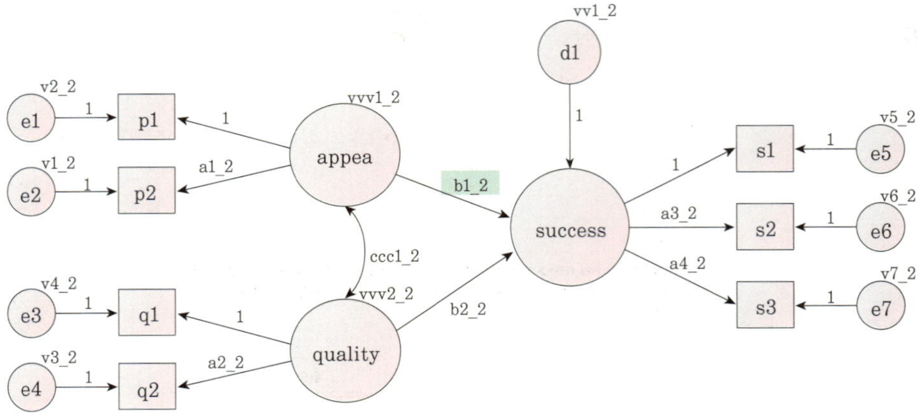

4 ∴ 이 경로도에 생긴 문자는 두 집단의 모수를 지정하는 의미를 갖는다. 예를 들면, [b1_1]은 [Male group]의 appea로부터 success로 가는 경로계수를 의미하고, 그에 대응하는 [Female group]의 모수는 [b1_2]로 지정되었음을 의미한다.

5 ∴ [모델관리] 창에 있는 [xx: Structural weights]를 더블클릭한다. 그러면 다음과 같은 창이 나타난다. 이 모델은 [Male group]과 [Female group]에 대해 6개 모수를 모두 동일하도록 제약을 한 모델이다.

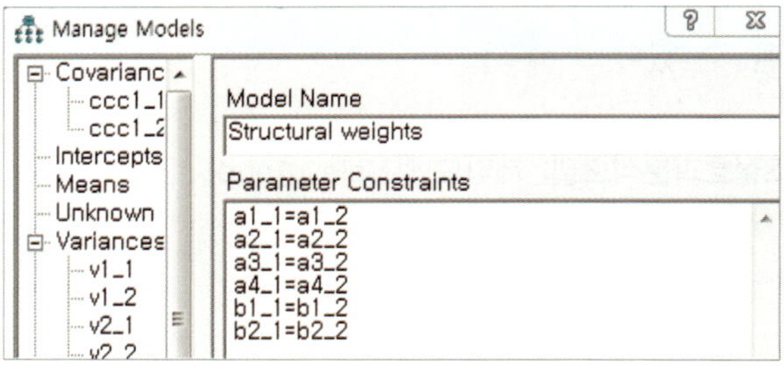

6 ∴ 이 창에서 [b1_1=b1_2]만 제외하고 모두 지운 다음 [Close] 버튼을 클릭한다. 이는 이 두 모수만 동일하다는 제약모델을 만들기 위해서이다.

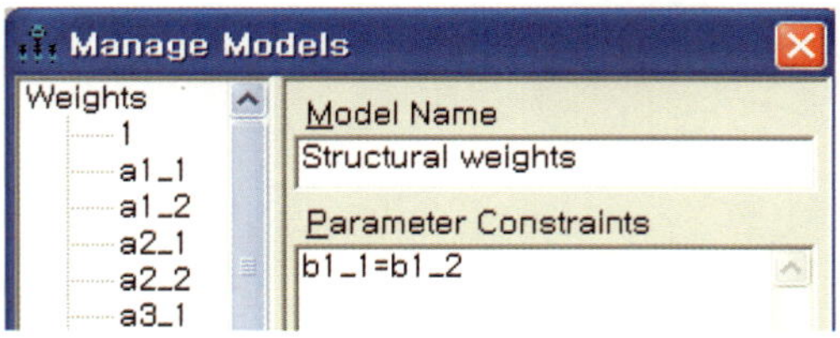

7 조절효과분석을 위한 모든 작업이 끝났다. 이를 [Input 11-2]로 저장한다.

8 실행을 위해 추정치계산 아이콘( )을 클릭한다.

9 분석 결과를 보기 위해 텍스트보기 아이콘( )을 클릭한다. 다음은 결과 가운데 χ^2값(CMIN)을 보인 것이다.

Output 11-2 조절효과분석 결과

Model	NPAR	CMIN	DF	P	CMIN/DF
Unconstrained	34	15.257	22	.851	.693
Measurement weights	30	16.029	26	.936	.616
Structural weights	33	29.807	23	.155	1.296
Structural covariances	25	36.987	31	.212	1.193
Structural residuals	24	42.814	32	.096	1.338
Measurement residuals	17	50.274	39	.107	1.289

10 비제약모델의 $\chi^2(22)=15.257$이 얻어지며, 구조계수 [b1_1=b1_2]에 등가제약을 가한 모델의 $\chi^2(23)=29.807$이 얻어진다. χ^2차이검정 결과, $\Delta\chi^2(1)=14.55$가 얻어져 통계적으로 유의적이다. 이는 [Output 11-2]의 [Model Comparison]을 클릭해서도 확인할 수 있다. 따라서 성별은 조절효과가 있다고 해석한다.

Output 11-2 모델비교

Assuming model Unconstrained to be correct:

Model	DF	CMIN	P	IFI Delta-2	RFI rho-1	TLI rho2
Measurement weights	4	.772	.942	.000	-.002	-.002
Structural weights	1	14.550	.000	.008	.014	.015
Structural covariances	9	21.730	.010	.013	.012	.012
Structural residuals	10	27.557	.002	.016	.015	.016
Measurement residuals	17	35.017	.006	.020	.014	.015

Output 11-2 등가제약모델의 분석 결과

Regression Weights: (Male group - Structural weights)

			Estimate	S.E.	C.R.	P	Label
success	<---	appea	1.359	.124	10.922	***	b1_1
success	<---	quality	1.137	.159	7.166	***	b2_1

Regression Weights: (Female group - Structural weights)

			Estimate	S.E.	C.R.	P	Label
success	<---	appea	1.359	.124	10.922	***	b1_1
success	<---	quality	1.226	.227	5.401	***	b2_2

11 [Output 11-2]에서 볼 수 있듯, 등가제약모델이기 때문에 외모로부터 성공으로 가는 경로계수가 남자나 여자나 똑같음을 알 수 있다(1.359).

12 결론적으로 경로계수의 차이는 χ^2차이검정에 의해 통계적으로 유의적으로 나타났기 때문에 외모가 성공에 미치는 영향은 남자(.955)보다는 여자(1.879)가 더 크다고 해석할 수 있다. **다중집단분석에서의 경로계수는 표준화계수가 아닌 비표준화계수에 의해 비교해야 한다는 것도 기억하기 바란다.**

❷ 경로에 명칭을 부여하는 방법

1 [Input 11-1]에서 [그룹관리] 창에서 [Male group]을 클릭하고, appea에서 success로 가는 경로를 더블클릭하거나 오른쪽 버튼을 클릭하여 나타나는 [Object Properties] 창의 [Parameters] 탭에서 [Regression weight]에 [a]라고 입력한다.

2 마찬가지로 [그룹관리] 창에서 [Female group]을 클릭하고 동일한 경로 위에 동일한 명칭 [a]를 입력한다. 이와 같이 하면 두 집단에 걸쳐 해당 경로가 동일한 값을 갖는다는 것을 Amos에게 알려주는 의미가 있다. **Amos는 경로에 동일한 문자가 입력되면 동일한 값을 갖는다고 가정한다.**

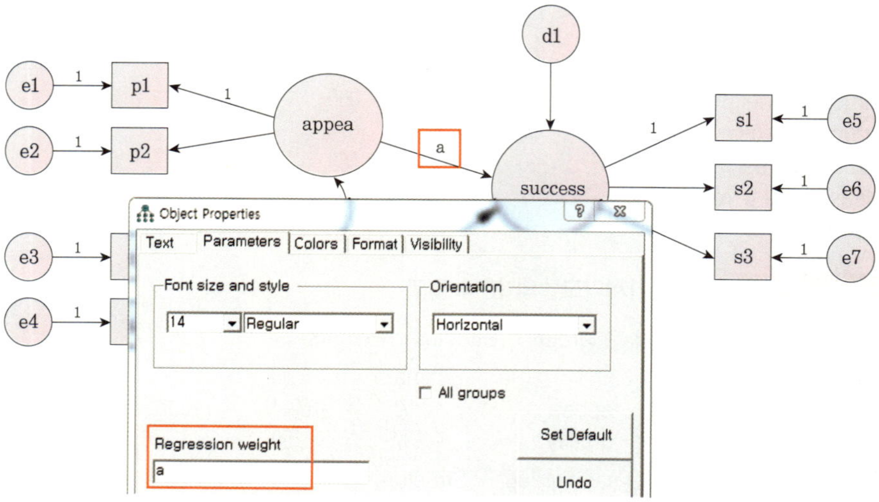

3 이 입력파일을 [Input 11-2-1]로 저장하였다.

Input 11-2-1 등가제약모델

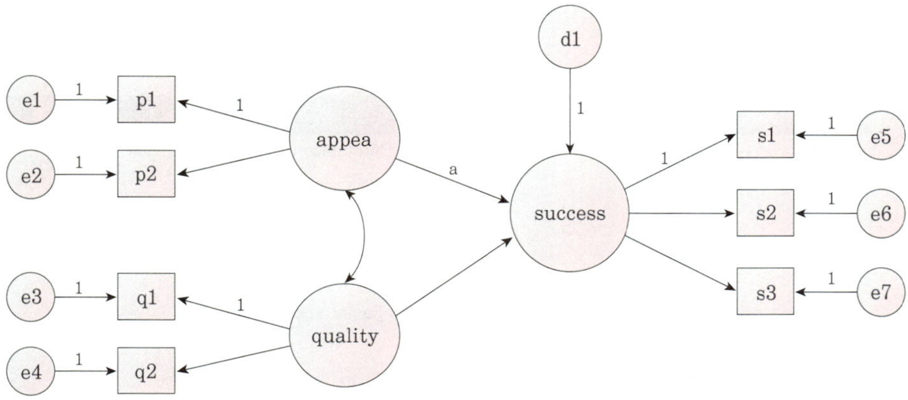

4 이를 실행하면 다음과 같은 적합도를 얻는다. 적합도는 [Output 11-2]에서 얻은 값과 같다. 비제약모델의 χ^2값과 제약모델의 χ^2값을 비교하면 앞서 분석한 결과와 같다. 두 가지 가운데 이 방법이 보다 쉽다는 것을 알 수 있다.

Output 11-2-1 등가제약모델의 분석 결과

CMIN

Model	NPAR	CMIN	DF	P	CMIN/DF
Default model	33	29.807	23	.155	1.296

2) 대응별 모수비교에 의한 방법

대응별 모수비교(pairwise parameter comparison)에 의한 방법은 비제약모델에서 개별 모수의 차이를 검정하는 방법이다. 두 모수의 차이는 z통계량으로 볼 수 있으므로 두 모수의 차이가 ±1.96 이상이거나 또는 ±2.58 이상이면 각각 $\alpha=0.05$, $\alpha=0.01$에서 유의적이라고 판단한다.

대응별 모수비교에 의한 방법은 비제약모델만 추정하면 되기 때문에 χ^2차이검정에 비해 간단하다는 장점이 있다. 그러나 이 방법은 단일변량을 토대로 한 결정이기 때문에 χ^2차이검정에 비해 정확하지 않은 단점이 있다.

(1) 다중집단분석 아이콘을 이용하는 방법

1 ∴ 대응별 모수비교에 의해 조절효과를 분석하기 위해 비제약모델을 만든 다음, [Analysis Properties]의 [Output] 탭에서 [Critical ratios for differences]를 체크한다.

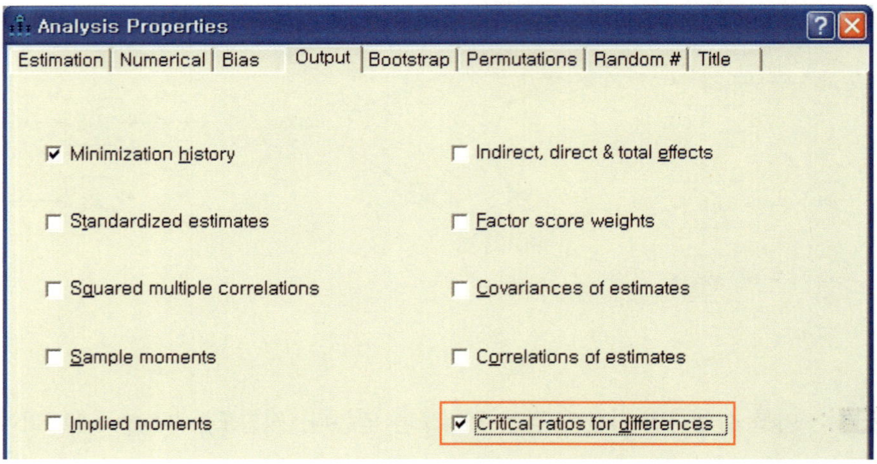

2 ∴ 이를 [Input 11-2-2]로 저장하였다.

3 ∴ 이를 실행하면 다음과 같은 회귀계수를 얻는다. 다음은 남자집단의 회귀계수를 제시한 것이다. 남자집단의 경우 appea에서 success로 가는 경로는 Label이 'par_5'로 명칭이 부여되었다.

Output 11-2-2 ••• **대응별 모수: 남자집단**

Regression Weights: (Male Group - Default model)

			Estimate	S.E.	C.R.	P	Label
success	<---	appea	.955	.137	6.962	***	par_5
success	<---	quality	1.116	.154	7.226	***	par_6

4 ∴ 다음은 여자집단의 회귀계수를 제시한 것이다. 이 값을 보기 위해서는 출력창에서 [Estimate] → [Scalars] → [Regression weights]를 클릭한 다음, 밑에 있는 [Female group]을 클릭한다. 여자집단의 경우 appea에서 success로 가는 경로는 Label이 'par_12'로 명칭이 부여되었다.

Output 11-2-2 ••• **대응별 모수: 여자집단**

Regression Weights: (Female Group - Default model)

			Estimate	S.E.	C.R.	P	Label
success	<---	appea	1.879	.199	9.463	***	par_12
success	<---	quality	1.231	.229	5.374	***	par_13

5 ⁞· 다음은 두 모수의 차이를 보여주는 출력창이다. 이를 보기 위해 출력창에서 [Pairwise Parameter Comparisons]를 클릭한다.

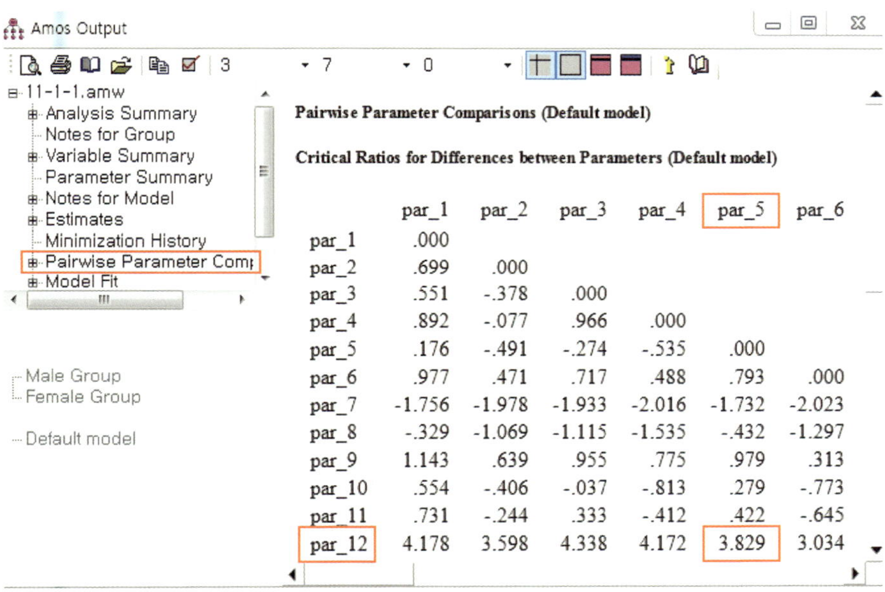

Pairwise Parameter Comparisons (Default model)

Critical Ratios for Differences between Parameters (Default model)

	par_1	par_2	par_3	par_4	par_5	par_6
par_1	.000					
par_2	.699	.000				
par_3	.551	-.378	.000			
par_4	.892	-.077	.966	.000		
par_5	.176	-.491	-.274	-.535	.000	
par_6	.977	.471	.717	.488	.793	.000
par_7	-1.756	-1.978	-1.933	-2.016	-1.732	-2.023
par_8	-.329	-1.069	-1.115	-1.535	-.432	-1.297
par_9	1.143	.639	.955	.775	.979	.313
par_10	.554	-.406	-.037	-.813	.279	-.773
par_11	.731	-.244	.333	-.412	.422	-.645
par_12	4.178	3.598	4.338	4.172	3.829	3.034

6 ⁞· 두 모수(par_5, par_12)의 차이는 3.829로 나타나, 임계치 절대값 ±2.58보다 크기 때문에 두 모수의 차이는 $\alpha = 0.01$ 수준에서 유의적인 것으로 해석한다. 따라서 성별은 조절효과가 있다고 해석한다.

(2) 경로에 명칭을 부여하는 방법

1 ⁞· 비제약모델인 [Input 11-1]에서 appea에서 success로 가는 경로에 집단별로 서로 다른 명칭의 문자를 입력한다. 남자집단의 경로는 'a'로, 여자집단의 경로는 'b'로 입력하였다. 이처럼 각각의 집단에 다른 명칭을 부여하면 경로계수값이 다르다는 것을 의미한다. 이를 [Input 11-3]으로 저장하였다.

Input 11-3 ••• 경로 명칭부여: 남자집단

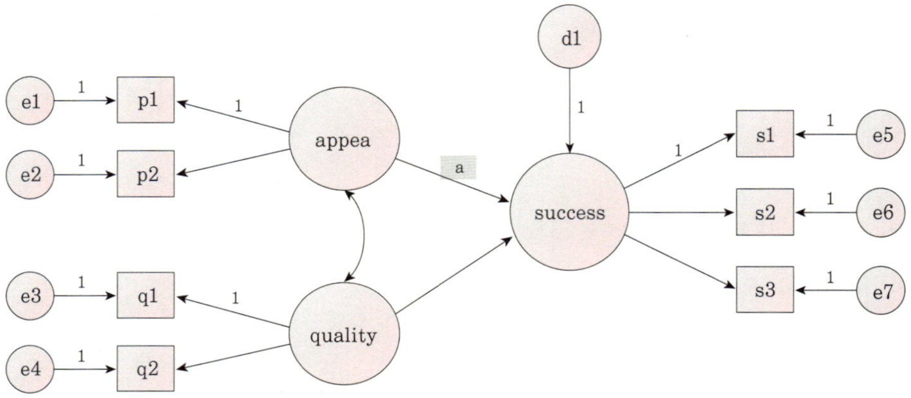

Input 11-3 ••• 경로 명칭부여: 여자집단

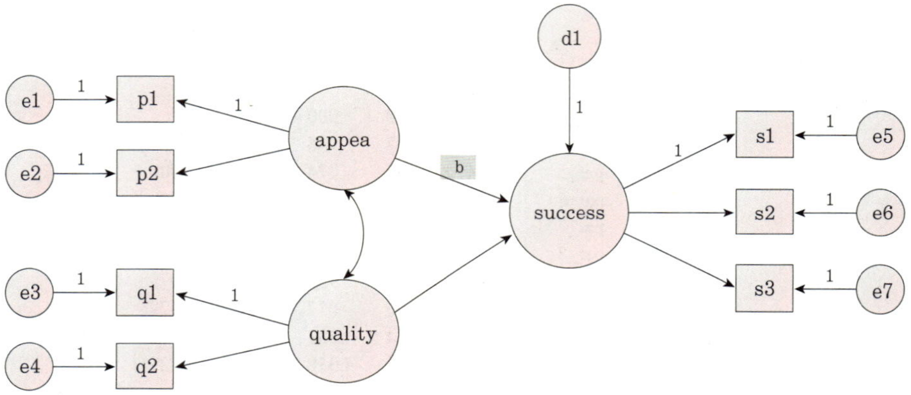

2 남자집단과 여자집단의 경로도를 보기 위해 [그룹관리] 창에서 [Male group]과 [Female group]을 클릭한다.

3 이를 실행하면 다음과 같은 적합도를 얻는다.

Output 11-3 ••• 비제약모델의 적합도

CMIN

Model	NPAR	CMIN	DF	P	CMIN/DF
Default model	34	15.257	22	.851	.693

4 [Pairwise Parameter Comparison]을 클릭하면 다음과 같은 모수차이를 볼 수 있다.

Output 11-3 ••• 비제약모델의 모수차이 검정

Critical Ratios for Differences between Parameters (Default model)

	a	b	par_3	par_4	par_5
a	.000				
b	3.829	.000			
par_3	-.176	-4.178	.000		
par_4	.491	-3.598	.699	.000	
par_5	.274	-4.338	.551	-.378	.000
par_6	.535	-4.172	.892	-.077	.966
par_7	.793	-3.034	.977	.471	.717
par_8	-1.732	-3.496	-1.756	-1.978	-1.933
par_9	-.432	-5.624	-.329	-1.069	-1.115

5 ∴ 두 모수의 차이는 앞의 결과와 동일하다. 이 접근법은 두 집단의 모수치에 해당하는 라벨을 찾아서 매치(match)시킬 필요가 없으므로 출력을 읽기가 편하다는 장점이 있다.

2.2 비메트릭변수의 조절효과분석: 2집단의 원자료인 경우

합리적 행동모델을 통해 원자료인 경우의 비메트릭변수의 조절효과분석에 대해 살펴보기로 한다. 합리적 행동모델의 원자료는 691명을 대상으로 조사되었고, 자료에는 결측치가 있고, 마지막 변수인 'group'은 집단을 구분하기 위해 '1=male', '2=female'로 코딩되었다고 가정한다. 다음은 원자료 가운데 일부를 보인 것이다. 691명 가운데 1은 345명, 나머지 346명은 2로 코딩되었다. 자료는 [sample1.sav]로 저장되어 있다.

	v1	v2	v3	v4	v5	v6	v7	v8	v9	v10	v11	v12	group
339	5	4	4	3	3	3	4	3	4	3	4	4	1.00
340	5	4	6	3	4	2	4	5	4	2	3	3	1.00
341	7	5	6	3	2	2	5	6	4	3	4	6	1.00
342	4	4	4	3	3	3	4	4	4	4	4	3	1.00
343	3	3	3	3	3	3	3	3	3	3	3	4	1.00
344	6	4	5	3	3	3	5	4	5	5	5	4	1.00
345	4	5	4	3	3	3	4	5	3	4	4	4	1.00
346	2	2	2	5	6	5	2	3	3	4	4	4	2.00
347	7	5	6	5	6	5	3	4	5	6	5	5	2.00
348	6	6	6	6	6	5	4	5	6	5	5	4	2.00
349	5	4	5	5	6	5	5	5	6	5	5	4	2.00
350	5	4	6	5	5	5	6	5	6	5	4	4	2.00
351	5	4	5	5	5	5	6	6	6	5	0	4	2.00
352	6	6	6	5	6	5	2	3	2	4	4	4	2.00
353	1	0	2	5	5	5	5	6	5	4	4	4	2.00

조절효과와 관련된 가설은 다음과 같다고 가정한다.

가설: 행동의도가 행동에 미치는 영향은 남자가 여자보다 크게 나타날 것이다(단측검정).
가설: 행동의도가 행동에 미치는 영향은 성별에 따라 다를 것이다(양측검정).

1) 대응별 모수비교에 의한 방법

(1) Amos에서 제공하는 라벨을 이용하는 방법

1 [Input 4-2]를 연다.

Input 4-2 합리적 행동모델

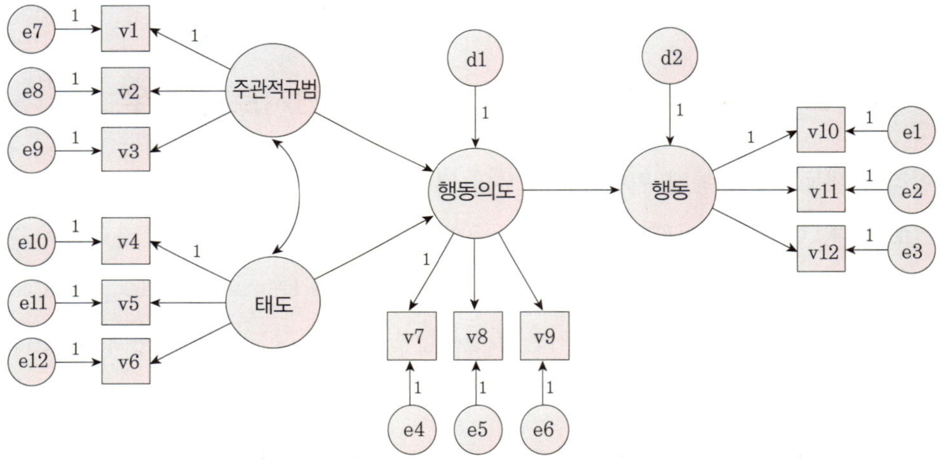

2 [그룹관리] 창에서 [Group number 1]을 더블클릭한다. 그러면 [Manage Groups] 창이 나타난다. 현재는 디폴트로 [Group number 1]로 지정되어 있다. [Group Name]을 [Male group] 또는 [남자]로 입력한다.

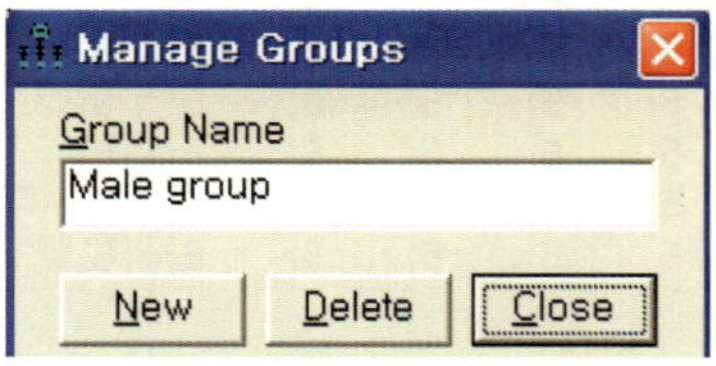

3 ∴ [New] 버튼을 클릭하여 [Group number 2]를 [Female group] 또는 [여자]로 입력한 후, [Close] 버튼을 클릭한다. 그러면 [그룹관리] 창에 [Female group]이 생긴다.

4 ∴ 자료를 연결하기 위해, 자료파일선정 아이콘( )을 클릭한다. [Data Files] 창에서 [File Name] 버튼을 클릭하여 해당 파일이 저장되어 있는 경로와 파일을 지정해 준다. 이는 [Male group]과 [Female group]을 대상으로 각각 해주어야 한다. 자료는 하나의 원자료 파일에 저장되어 있기 때문에 파일은 [sample1.sav]로, 그리고 표본크기도 691로 동일하다.

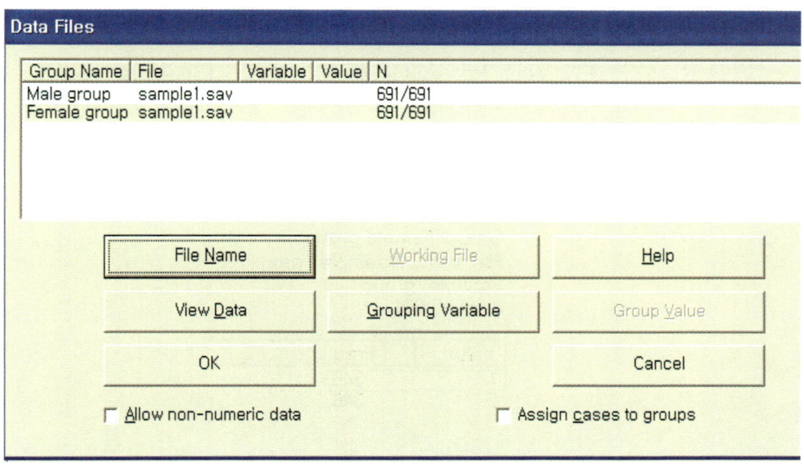

5 ∴ 두 집단의 자료가 연결되면 [Grouping Variable] 버튼이 활성화된다. [Grouping Variable]을 지정하기 위해 스크롤바를 밑으로 내려 [group]을 지정해 주고, [OK] 버튼을 클릭한다.

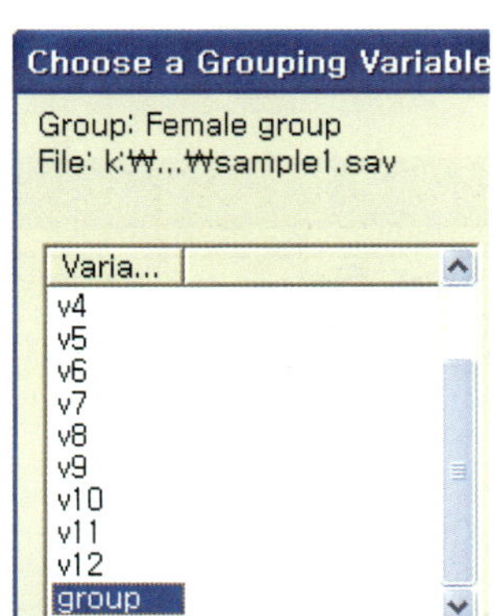

6 [Grouping Variable] 버튼을 이용하여 [Male group]과 [Female group]을 각각 연결한다. 다음에서 볼 수 있듯, [Variable]에 [group] 변수가 인식되었음을 알 수 있다.

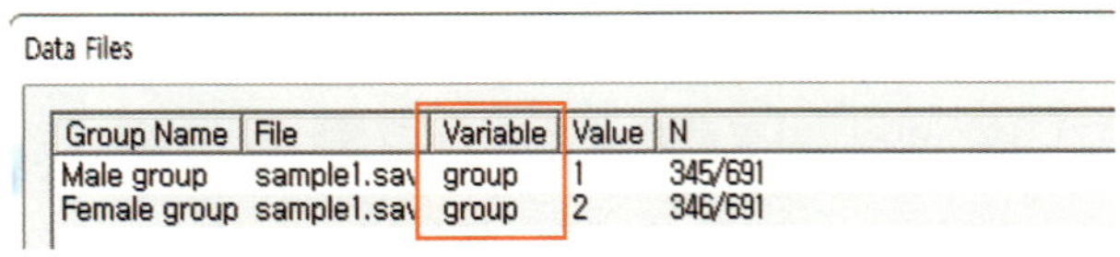

7 이제 [Group Value] 버튼이 활성화된다.

8 [Group Value] 버튼을 클릭하면 다음과 같이 value 1, 2에 대해 각각 345, 346명의 빈도가 있다고 알려주는 창이 뜬다. 여기에서 '1=male', '2=female'로 코딩되었음을 기억하라. 이는 1은 [Male group], 2는 [Female group]에 자료를 연결해야 하기 때문이다.

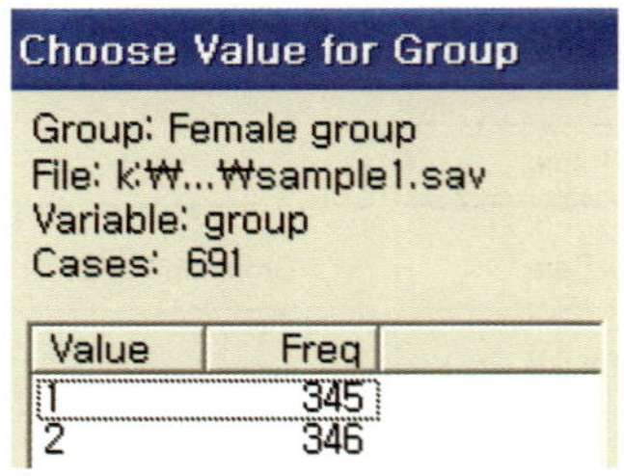

9 [Data Files] 창에서 [Male group]을 클릭하고 [Group Value] 버튼을 클릭한 다음 [Choose Value for Group]에서 [Value 1, Freq 345]를 클릭하고 [OK] 버튼을 클릭한다.

10 다음, [Female group]을 클릭하고 [Group Value] 버튼을 클릭한 다음 [Choose Value for Group]에서 [Value 2, Freq 346]을 클릭하고 [OK] 버튼을 클릭한다. 이제 자료가 연결되었다.

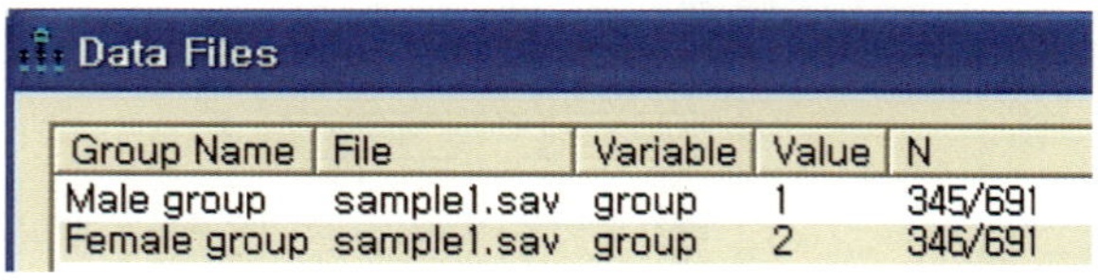

11 자료에 결측치가 있기 때문에 [Analysis Properties] → [Estimation] 탭에서 [Estimate means and intercepts]를 체크한다. 자료에 결측치가 없으면 이를 체크하지 않아

도 된다.

12 ∴ 마지막으로, 대응별 모수비교를 위해 [Output] 탭에서 [Critical ratios for differences]를 체크한다.

13 ∴ 지금까지 한 작업의 경로도를 [Input 11-4]로 저장하였다.

Input 11-4 ••• **합리적 행동모델: 비제약모델**

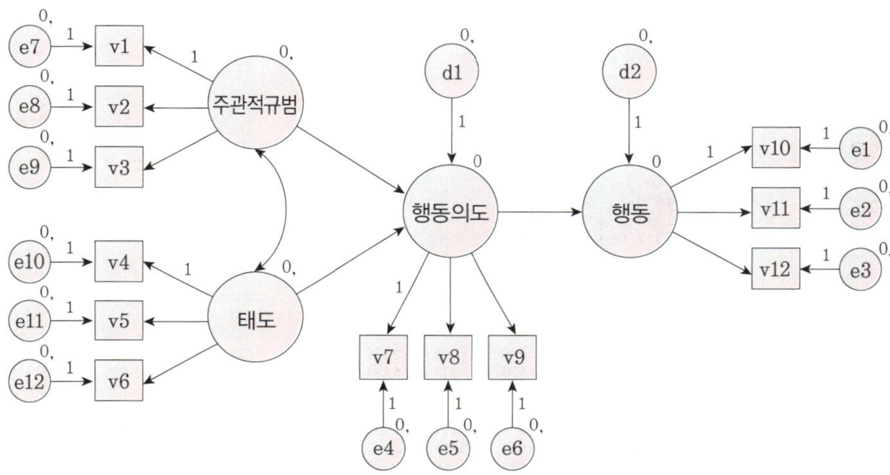

14 ∴ [Input 11-4]를 실행하면 다음과 같은 적합도 및 모수치를 얻는다.

Output 11-4 ••• **비제약모델의 분석 결과**

CMIN

Model	NPAR	CMIN	DF	P	CMIN/DF
Default model	80	234.781	100	.000	2.348

Regression Weights: (Male group - Default model)

			Estimate	S.E.	C.R.	P	Label
행동의도	<---	주관적규범	.280	.047	6.000	***	par_09
행동의도	<---	태도	.225	.048	4.665	***	par_10
행동	<---	행동의도	.623	.079	7.908	***	par_11

Regression Weights: (Female group - Default model)

			Estimate	S.E.	C.R.	P	Label
행동의도	<---	주관적규범	.306	.059	5.209	***	par_33
행동의도	<---	태도	.078	.056	1.402	***	par_34
행동	<---	행동의도	.428	.066	6.490	***	par_35

15 ∴ 남자집단에서 행동의도가 행동에 미치는 회귀계수는 .623으로 유의적으로 나타났고, 이 계수는 'par_11'로 라벨이 붙었다. 여자집단에서 행동의도가 행동에 미치는 회귀계수는 .428로 유의적으로 나타났고, 이 계수는 'par_35'로 라벨이 붙었다.

16 ∴ 두 모수의 비교를 위해 출력창에서 [Pairwise Parameter Comparisons]를 클릭한 다음, 각각의 모수에 해당되는 곳(par_11과 par_35가 만나는 곳)을 찾아보면, −1.901이다. 따라서 두 모수는 유의적인 차이가 없으므로 성별은 조절효과가 없다고 해석한다($\alpha = .05$ 수준에서).

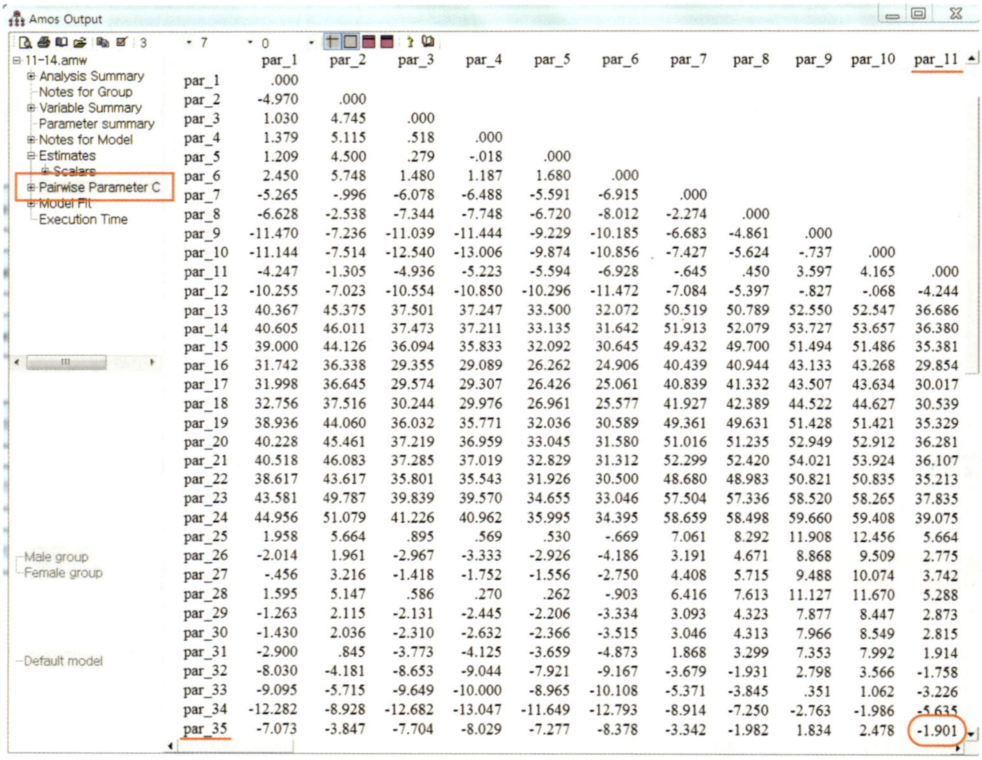

	par_1	par_2	par_3	par_4	par_5	par_6	par_7	par_8	par_9	par_10	par_11
par_1	.000										
par_2	-4.970	.000									
par_3	1.030	4.745	.000								
par_4	1.379	5.115	.518	.000							
par_5	1.209	4.500	.279	-.018	.000						
par_6	2.450	5.748	1.480	1.187	1.680	.000					
par_7	-5.265	-.996	-6.078	-6.488	-5.591	-6.915	.000				
par_8	-6.628	-2.538	-7.344	-7.748	-6.720	-8.012	-2.274	.000			
par_9	-11.470	-7.236	-11.039	-11.444	-9.229	-10.185	-6.683	-4.861	.000		
par_10	-11.144	-7.514	-12.540	-13.006	-9.874	-10.856	-7.427	-5.624	-.737	.000	
par_11	-4.247	-1.305	-4.936	-5.223	-5.594	-6.928	-.645	.450	3.597	4.165	.000
par_12	-10.255	-7.023	-10.554	-10.850	-10.296	-11.472	-7.084	-5.397	-.827	-.068	-4.244
par_13	40.367	45.375	37.501	37.247	33.500	32.072	50.519	50.789	52.550	52.547	36.686
par_14	40.605	46.011	37.473	37.211	33.135	31.642	51.913	52.079	53.727	53.657	36.380
par_15	39.000	44.126	36.094	35.833	32.092	30.645	49.432	49.700	51.494	51.486	35.381
par_16	31.742	36.338	29.355	29.089	26.262	24.906	40.439	40.944	43.133	43.268	29.854
par_17	31.998	36.645	29.574	29.307	26.426	25.061	40.839	41.332	43.507	43.634	30.017
par_18	32.756	37.516	30.244	29.976	26.961	25.577	41.927	42.389	44.522	44.627	30.539
par_19	38.936	44.060	36.032	35.771	32.036	30.589	49.361	49.631	51.428	51.421	35.329
par_20	40.228	45.461	37.219	36.959	33.045	31.580	51.016	51.235	52.949	52.912	36.281
par_21	40.518	46.083	37.285	37.019	32.829	31.312	52.299	52.420	54.021	53.924	36.107
par_22	38.617	43.617	35.801	35.543	31.926	30.500	48.680	48.983	50.821	50.835	35.213
par_23	43.581	49.787	39.839	39.570	34.655	33.046	57.504	57.336	58.520	58.265	37.835
par_24	44.956	51.079	41.226	40.962	35.995	34.395	58.659	58.498	59.660	59.408	39.075
par_25	1.958	5.664	.895	.569	.530	-.669	7.061	8.292	11.908	12.456	5.664
par_26	-2.014	1.961	-2.967	-3.333	-2.926	-4.186	3.191	4.671	8.868	9.509	2.775
par_27	-.456	3.216	-1.418	-1.752	-1.556	-2.750	4.408	5.715	9.488	10.074	3.742
par_28	1.595	5.147	.586	.270	.262	-.903	6.416	7.613	11.127	11.670	5.288
par_29	-1.263	2.115	-2.131	-2.445	-2.206	-3.334	3.093	4.323	7.877	8.447	2.873
par_30	-1.430	2.036	-2.310	-2.632	-2.366	-3.515	3.046	4.313	7.966	8.549	2.815
par_31	-2.900	.845	-3.773	-4.125	-3.659	-4.873	1.868	3.299	7.353	7.992	1.914
par_32	-8.030	-4.181	-8.653	-9.044	-7.921	-9.167	-3.679	-1.931	2.798	3.566	-1.758
par_33	-9.095	-5.715	-9.649	-10.000	-8.965	-10.108	-5.371	-3.845	.351	1.062	-3.226
par_34	-12.282	-8.928	-12.682	-13.047	-11.649	-12.793	-8.914	-7.250	-2.763	-1.986	-5.635
par_35	-7.073	-3.847	-7.704	-8.029	-7.277	-8.378	-3.342	-1.982	1.834	2.478	-1.901

(2) 경로에 명칭을 부여하는 방법

앞에서 Amos에서 제공하는 모수의 라벨을 이용하여 분석하는 방법에 대해 살펴보았는데, 이를 쉽게 할 수 있는 방법을 살펴보기로 한다.

1 ∴ [Input 11-4]에서 [Male group]에서 행동의도에서 행동으로 가는 경로에 대해 'a'라고 입력하고 [Female group]은 'b'라고 입력한다. 이처럼 **각각의 집단에 대해**

경로의 명칭을 다르게 부여하면 이들 경로계수가 다르다는 비제약모델을 설정하는 것이다.

2 [Analysis Properties]의 [Output] 탭에서 [Critical ratios for differences]를 체크한다.

3 경로 위에 문자를 입력할 때 [All groups]에 체크되어 있는 것을 해제하고, 각각의 집단별로 입력해야 한다.

4 이를 [Input 11-4-1]로 저장하였다.

Input 11-4-1 남자집단

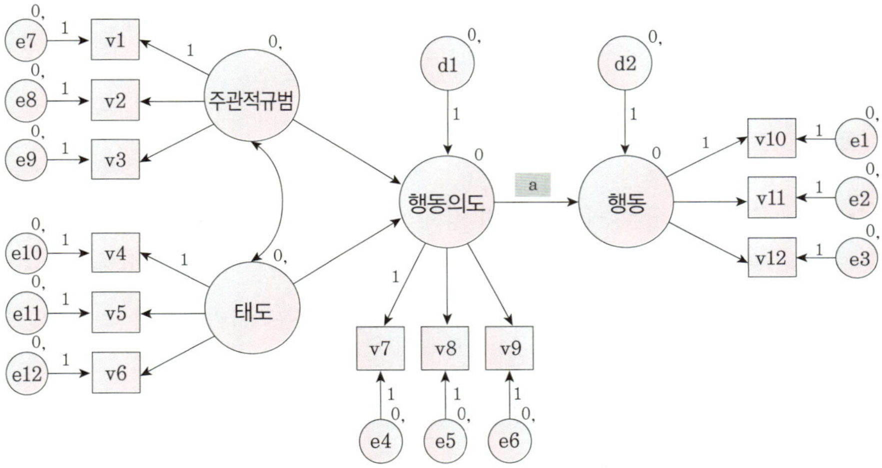

Input 11-4-1 여자집단

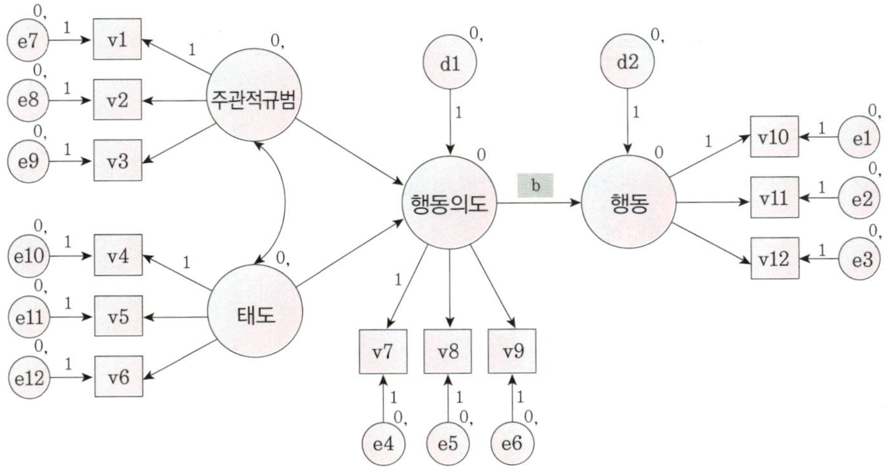

5 이를 실행하면 다음과 같은 적합도 및 모수치를 얻는다. 앞서 살펴본 것과 동일한 결과를 얻는다.

Output 11-4-1 경로에 명칭을 부여한 방법에 의한 분석 결과

CMIN

Model	NPAR	CMIN	DF	P	CMIN/DF
Default model	80	234.781	100	.000	2.348

Critical Ratios for Differences between Parameters (Default model)

	a	b	par_3	par_4	par_5
a	.000				
b	−1.901	.000			
par_3	4.247	7.073	.000		
par_4	1.305	3.847	−4.970	.000	
par_5	4.936	7.704	1.030	4.745	.000

2) χ^2차이검정에 의한 방법

1 [Input 11−4]를 연다. [그룹관리] 창에서 [Male group]을 클릭한 다음, 행동의도에서 행동으로 가는 경로를 더블클릭하면 나타나는 [Object Properties] 창의 [Parameters] 탭에서 [Regression weight]에 'a'라고 입력한다.

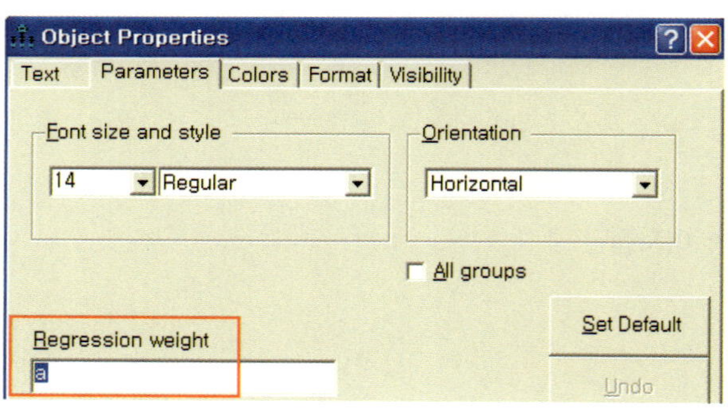

2 마찬가지로, [그룹관리] 창에서 [Female group]을 클릭한 다음, 동일하게 'a'로 입력한다. 행동의도에서 행동으로 가는 경로에 대해 남자집단과 여자집단에 대해 동일한 문자를 부여했기 때문에 경로계수에 대해 등가제약을 한 제약모델이 된다.

3 이를 [Input 11−5]로 저장하였다.

Input 11-5 ••• 합리적 행동모델: 등가제약모델

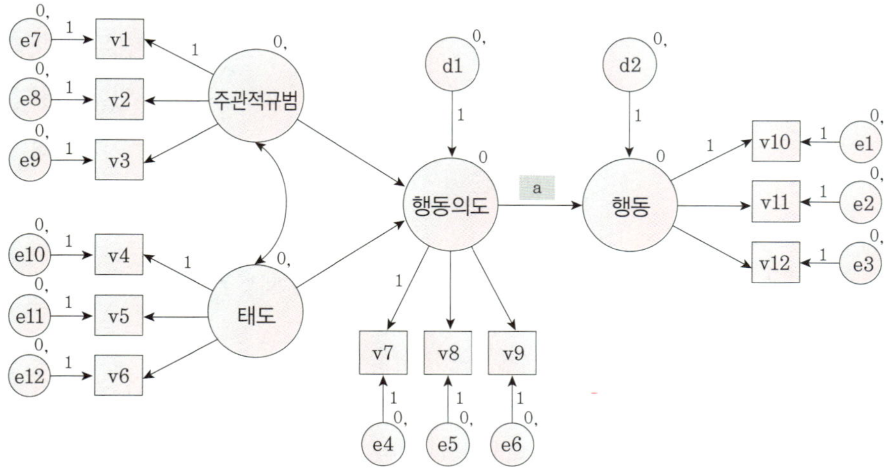

4 [Input 11-5]를 실행하면 다음과 같은 적합도 및 모수치를 얻는다.

Output 11-5 ••• 등가제약모델의 분석 결과

CMIN

Model	NPAR	CMIN	DF	P	CMIN/DF
Default model	79	238.182	101	.000	2.358

Regression Weights: (Male group - Default model)

			Estimate	S.E.	C.R.	P	Label
행동의도	<---	주관적규범	.283	.047	5.985	***	par_10
행동의도	<---	태도	.228	.049	4.645	***	par_11
행동	<---	행동의도	.519	.052	10.074	***	a

Regression Weights: (Female group - Default model)

			Estimate	S.E.	C.R.	P	Label
행동의도	<---	주관적규범	.302	.057	5.297	***	par_33
행동의도	<---	태도	.077	.054	1.413	.158	par_34
행동	<---	행동의도	.519	.052	10.074	***	a

5 [Output 11-5]의 추정치를 보면, 남자집단이나 여자집단 모두 .519의 동일한 값을 갖는 것을 알 수 있다. 비제약모델인 [Input 11-4]를 실행하여 얻은 χ^2값(234.781)과 등가제약모델인 [Input 11-5]를 실행하여 얻은 χ^2값(238.182)을 비교하면, $\Delta\chi^2=3.401$로 유의적인 차이가 없는 것으로 나타나, 행동의도가 행동에 미치는 데 있어 성별은 조절효과가 없다고 해석한다.

2.3 비메트릭변수의 조절효과분석: 세 집단의 원자료인 경우

합리적 행동모델에서 행동의도에서 행동으로 가는 경로가 세 집단인 경우를 가정한다. 예를 들어, 이들 경로가 '고등학생', '중학생', '초등학생'에 따라 차이가 있는가를 검정한다고 가정한다. 연구자가 이론을 토대로 다음과 같은 가설을 세웠다고 가정한다.

> 가설: 행동의도가 행동에 미치는 영향은 고등학생, 중학생, 초등학생에 따라 다를 것이다.

이를 위해 [sample1.sav]의 자료를 편의상 1집단, 2집단, 3집단으로 각각 230, 230, 231명으로 나누었다고 가정한다. 이 자료를 [sample2.sav]로 저장하였다.

1) 대응별 모수비교에 의한 방법

1 먼저, [Input 4-2]를 연다. [그룹관리] 창에서 [고등], [중등], [초등] 등의 집단이름을 만든다. 이 예에서는 각각 'high', 'middle', 'elemen'으로 입력하였다.

2 자료파일선정 아이콘(▦)을 이용하여 세 집단별로 자료를 연결한다.

3 [Grouping Variable] 버튼을 이용하여 [group2]를 지정한다. 이 작업은 세 집단을 대상으로 각각 한다.

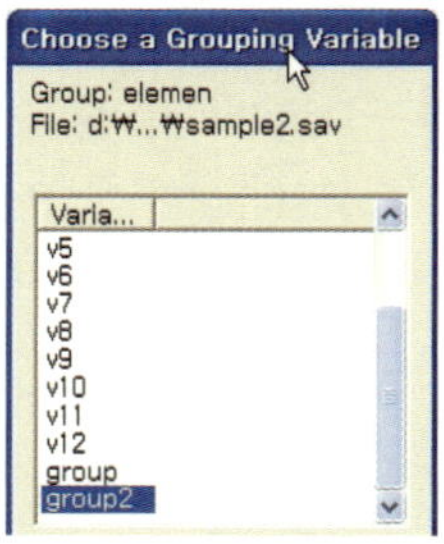

4 [Group Value] 버튼을 이용하여 다음과 같이 지정한다.

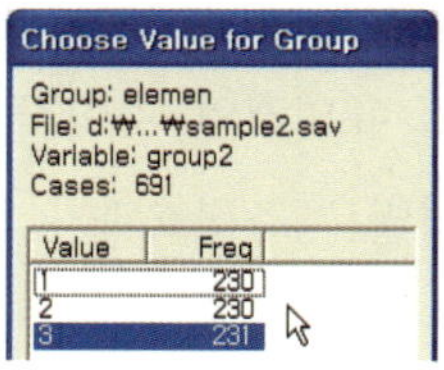

5 ∴ 이제까지 한 작업을 나타내면 다음과 같다.

Data Files

Group Name	File	Variable	Value	N
high	sample2.sav	group2	1	230/691
middle	sample2.sav	group2	2	230/691
elemen	sample2.sav	group2	3	231/691

6 ∴ 자료에 결측치가 있기 때문에 [Analysis Properties]의 [Estimation] 탭에서 [Estimate means and intercepts]를 체크하고(자료가 결측치가 없으면 이는 하지 않아도 됨), [Output] 탭에서 [Critical ratios for differences]를 체크한다.

7 ∴ 행동의도에서 행동으로 가는 경로에 대해 각각 고등학생은 'a', 중학생은 'b', 초등학생은 'c'로 입력한다. 이는 집단 간에 경로에 해당하는 명칭이 각각 다르기 때문에 세 집단 간에 모수를 제약하지 않은 비제약모델의 설정에 해당한다.

8 ∴ 이제까지의 작업을 [Input 11-6]으로 저장하였다. [Input 11-6]은 세 집단 가운데 초등학생에 해당하는 경로도를 제시한 것이다. 경로도에서 볼 수 있듯, 행동의도에서 행동으로 가는 경로가 'c'로 표시되었다.

Input 11-6 ••• 세 집단의 조절효과모델: 초등학생

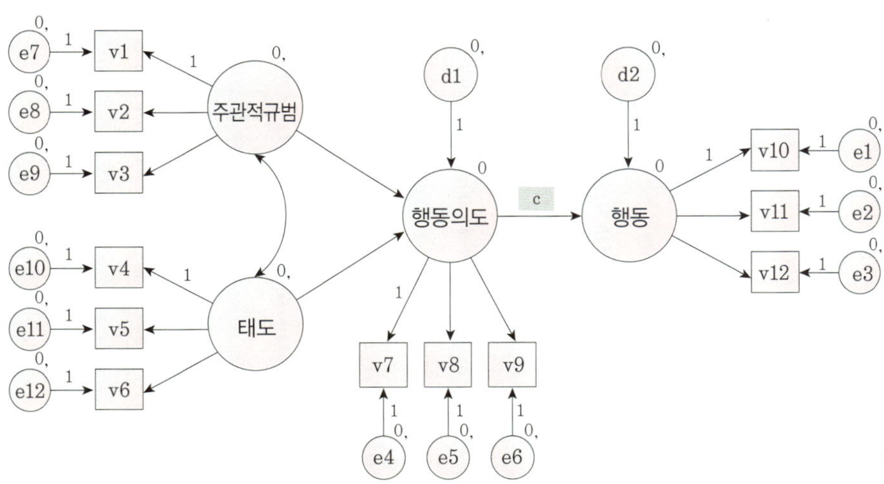

9 ∴ 이를 실행하면 다음과 같은 적합도 및 모수치를 얻는다.

Output 11-6 ••• 세 집단의 조절효과분석 결과

CMIN

Model	NPAR	CMIN	DF	P	CMIN/DF
Default model	120	284.569	150	.000	1.897

Regression Weights: (high - Default model)

			Estimate	S.E.	C.R.	P	Label
행동의도	<---	주관적규범	.273	.065	4.161	***	par_12
행동의도	<---	태도	.234	.059	3.977	***	par_13
행동	<---	행동의도	.652	.106	6.169	***	a

Regression Weights: (middle - Default model)

			Estimate	S.E.	C.R.	P	Label
행동의도	<---	주관적규범	.255	.054	4.734	***	par_35
행동의도	<---	태도	.210	.062	3.397	***	par_36
행동	<---	행동의도	.569	.087	6.533	***	b

Regression Weights: (elemen - Default model)

			Estimate	S.E.	C.R.	P	Label
행동의도	<---	주관적규범	.342	.080	4.289	***	par_58
행동의도	<---	태도	-.027	.072	-.376	.707	par_59
행동	<---	행동의도	.389	.077	5.024	***	c

10 행동의도에서 행동으로 가는 경로계수는 고등, 중등 및 초등에서 각각 .652, .569, .389로 나타났다. 이들 계수가 유의적인 차이가 있는가를 보기 위해 [Pairwise Parameter Comparisons]를 클릭하면 다음과 같은 값을 얻는다.

Output 11-6 ••• 세 집단의 모수차이 검정

Critical Ratios for Differences between Parameters (Default model)

	a	b	c	par_4	par_5	par_6
a	.000					
b	-.603	.000				
c	-2.008	-1.547	.000			
par_4	2.933	3.994	5.879	.000		
par_5	1.508	2.403	4.203	-2.218	.000	
par_6	3.629	4.829	6.858	.733	2.517	.000

11 'a'와 'c'만 유의적인 차이가 있고, 나머지는 유의적인 차이가 없다. 즉 고등학생(a)과 초등학생(c) 간에는 차이가 있고, 나머지는 차이가 없어 부분적으로 가설이 채택된다.

2) χ^2차이검정에 의한 방법

1 이를 χ^2차이검정을 통해 살펴보기로 한다. 이를 위해 세 집단에 대해 동일한 명칭을 부여한 등가제약모델을 실행하면 $\chi^2=288.922$값을 얻는다([Input 11-6-1]).

Output 11-6-1 3집단 조절효과분석 결과

CMIN

Model	NPAR	CMIN	DF	P	CMIN/DF
Default model	118	288.922	152	.000	1.901

2 비제약모델과의 χ^2차이는 4.353이고 $\Delta df=2$로 두 모델 간에는 유의적인 차이가 없는 것으로 나와 어떤 모수와 어떤 모수가 차이가 없는가를 알 수 없다. 그러므로 **세 집단 이상인 경우에는 χ^2차이검정보다는 대응별 모수비교에 의한 접근법이 바람직하다는 것을 알 수 있다.**

2.4 비메트릭변수의 조절효과분석: 2개 이상의 경로에 대한 분석

주관적규범에서 행동의도로 가는 경로와 태도에서 행동의도로 가는 경로가 성별에 따라 조절효과를 한다는 가설이 있다고 가정한다. 즉, 두 경로에 대한 조절효과를 동시에 분석한다고 가정한다. 이 경우, 두 경로 간의 관계에 대해 제약을 하지 않은 비제약모델과 두 경로에 대해 제약을 한 등가제약모델을 실행한 다음, χ^2차이검정을 하면 안 된다.

1 먼저, 두 경로에 대해 제약을 하지 않은 비제약모델([Input 11-7])을 추정하기로 한다.

Input 11-7 ••• 2개 경로의 조절효과분석모델: 비제약모델

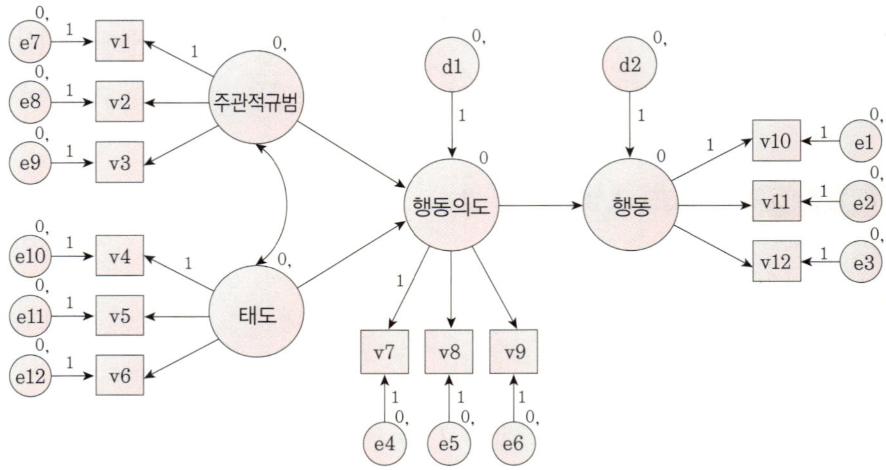

2 이를 실행하면 다음과 같은 적합도 및 모수치를 얻는다.

Output 11-7 ••• 2개 경로의 조절효과분석 결과

CMIN

Model	NPAR	CMIN	DF	P	CMIN/DF
Default model	80	234.781	100	.000	2.348

Regression Weights: (Male group - Default model)

			Estimate	S.E.	C.R.	P	Label
행동의도	<---	주관적규범	.280	.047	6.000	***	par_9
행동의도	<---	태도	.225	.048	4.665	***	par_10

Regression Weights: (Female group - Default model)

			Estimate	S.E.	C.R.	P	Label
행동의도	<---	주관적규범	.306	.059	5.209	***	par_33
행동의도	<---	태도	.078	.056	1.402	.161	par_34

3 주관적규범에서 행동의도로 가는 경로에 대해 남자, 여자 각각 .280, .306의 경로계수를 얻는다. 태도에서 행동의도로 가는 경로는 남자, 여자 각각 .225, .078의 경로계수를 얻는다.

4 주관적규범에서 행동의도로 가는 경로의 Label 'par_9'와 'par_33'이 만나는 곳의 모수비교를 보면, .351로 유의적이지 않고, 태도에서 행동의도로 가는 경로의 Label 'par_10'과 'par_34'가 만나는 곳의 모수비교를 보면 -1.986으로 유의적으로 나온다([Output] 창에서 [Pairwise Parameter Comparisons]를 보면 됨). 따라

서 태도에서 행동의도로 가는 경로만 남자와 여자집단 간에 차이가 있다.

Output 11-7 ••• **대응별 모수비교**

Critical Ratios for Differences between Parameters (Default model)

	par_9	par_10
par_33	.351	1.062
par_34	-2.763	-1.986

5 ∴ 이제 두 경로에 대해 등가제약을 하기로 한다. 등가제약을 한 모델은 [Input 11-7-1]이다.

Input 11-7-1 ••• **등가제약모델: 남자집단**

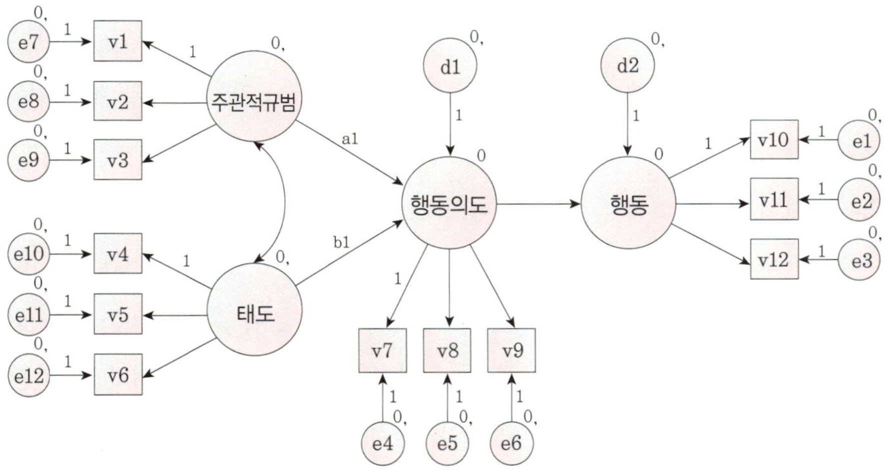

Input 11-7-1 ••• **등가제약모델: 여자집단**

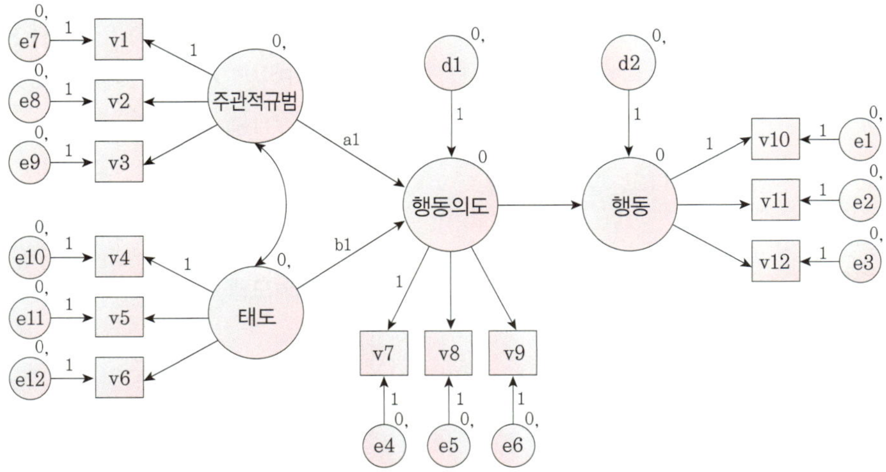

6 이를 실행하면 다음과 같은 적합도 및 모수치를 얻는다.

Output 11-7-1 등가제약모델의 분석 결과

CMIN

Model	NPAR	CMIN	DF	P	CMIN/DF
equal model	78	238.724	102	.000	2.340

Regression Weights: (Male group - equal model)

			Estimate	S.E.	C.R.	P	Label
행동의도	<---	주관적규범	.293	.037	7.994	***	a1
행동의도	<---	태도	.166	.036	4.551	***	b1

Regression Weights: (Female group - equal model)

			Estimate	S.E.	C.R.	P	Label
행동의도	<---	주관적규범	.293	.037	7.994	***	a1
행동의도	<---	태도	.166	.036	4.551	***	b1

7 각각의 집단에 대해 주관적규범으로부터 행동의도로 가는 경로와 태도로부터 행동의도로 가는 경로계수가 같다.

8 두 모델을 비교하면 등가제약모델의 적합도가 더 좋다. 왜냐하면 자유도 2 차이에서 두 모델 간에 유의적인 차이가 있기 위해서는 χ^2차이가 5.99($\alpha=.05$수준) 이상이어야 한다([부록 2] 참조). 이 경우에는 $\Delta df=2$에서 χ^2값의 차이가 3.943(238.724−234.781)이므로 두 모델 간에는 유의적인 차이가 없기 때문에 df가 큰 모델(즉 등가제약모델)이 선호된다. 따라서 두 경로는 집단에 따라 차이가 없다고 할 수 있다.

9 주관적규범에서 행동의도로 가는 경로만 두 집단 간에 동일하다는 제약을 가한 모델을 추정해 보기로 한다. 이를 [Input 11-7-2]로 저장하였다. 이를 실행하면 $\chi^2=234.903$, $df=101$의 적합도를 얻는다. χ^2차이는 자유도 1에서 .122의 차이가 있어 등가제약모델이 선호된다. 따라서 이 경로에서는 두 집단 간 경로계수가 차이가 없다고 할 수 있다.

Output 11-7-2 주관적규범 → 행동의도 경로의 등가제약모델 결과

CMIN

Model	NPAR	CMIN	DF	P	CMIN/DF
Default model	79	234.903	101	.000	2.326

Regression Weights: (Male group - Default model)

			Estimate	S.E.	C.R.	P	Label
행동의도	<---	주관적규범	.290	.037	7.931	***	a1
행동의도	<---	태도	.223	.048	4.655	***	par_10

Regression Weights: (Female group - Default model)

			Estimate	S.E.	C.R.	P	Label
행동의도	<---	주관적규범	.290	.037	7.931	***	a1
행동의도	<---	태도	.081	.055	1.466	.143	par_33

10 태도에서 행동의도로 가는 경로만 두 집단 간에 동일하다는 제약을 가한 모델을 추정하기로 한다. 이를 [Input 11-7-3]으로 저장하였다. 이를 실행하면 $\chi^2 = 238.724$, $df = 101$의 적합도를 얻는다. χ^2차이는 자유도 1에서 3.943의 차이가 있어 비제약모델이 선호된다. 따라서 이 경로에서는 두 집단 간 경로계수가 차이가 있다고 할 수 있다.

Output 11-7-3 태도 → 행동의도 경로의 등가제약모델 결과

CMIN

Model	NPAR	CMIN	DF	P	CMIN/DF
Default model	79	238.724	101	.000	2.364

Regression Weights: (Male group - Default model)

			Estimate	S.E.	C.R.	P	Label
행동의도	<---	주관적규범	.293	.046	6.336	***	par_10
행동의도	<---	태도	.166	.036	4.548	***	b1

Regression Weights: (Female group - Default model)

			Estimate	S.E.	C.R.	P	Label
행동의도	<---	주관적규범	.292	.059	4.981	***	par_33
행동의도	<---	태도	.166	.036	4.548	***	b1

11 결론적으로, **두 개 이상의 경로에 대한 조절효과를 분석할 때에는 비제약모델을 설정해서 얻는 대응별 모수비교를 통해 살펴보거나 또는 각각의 경로에 대한 χ^2차이 검정을 통해 살펴보는 것이 바람직한 접근법이다.**

CHAPTER 12

조절효과분석 (Ⅱ): 메트릭변수

CHAPTER 12

조절효과분석(Ⅱ): 메트릭변수

1. 잠재변수의 조절효과분석

조절변수가 연속변수(메트릭변수)인 경우에는 **상호작용효과분석(interaction effect analysis)**을 통해 조절효과를 분석한다. **연속변수를 평균이나 중위수를 중심으로 두 집단으로 나눈 다음, 다중집단분석에 의해 분석하는 접근법은 올바르지 않다.** [그림 12-1] 모델을 통해 이에 대해 보다 구체적으로 살펴보기로 한다.

그림 12-1 조절효과의 개념적 모델

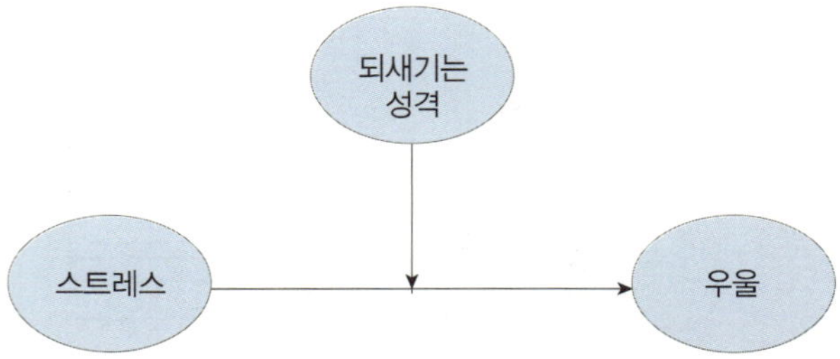

[그림 12-1] 모델에서 '스트레스'를 많이 받을수록 '우울'이 커진다고 가정한다. 그런데 이 경우, '되새기는 성격(반추)'이 강할수록 스트레스와 우울 간의 관계는 더 커질 것으로 예상할 수 있다. [그림 12-1] 모델에서 모든 잠재변수들이 연속변수로 측정되었을 경우, [그림 12-2]와 같은 통계적 모델에 의해 조절효과를 분석한다.

그림 12-2 조절효과분석의 통계적 모델

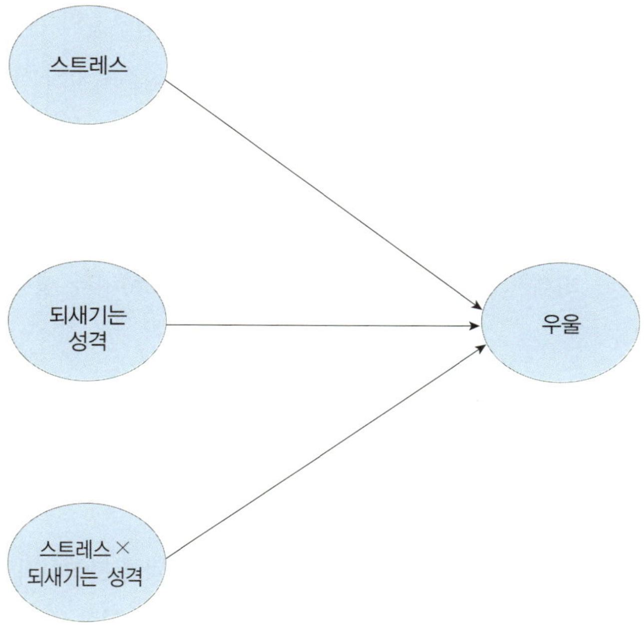

이를 Amos에 경로도로 표시하면 [그림 12-3]과 같이 나타낼 수 있다.

그림 12-3 잠재변수의 조절효과분석을 위한 통계적 모델

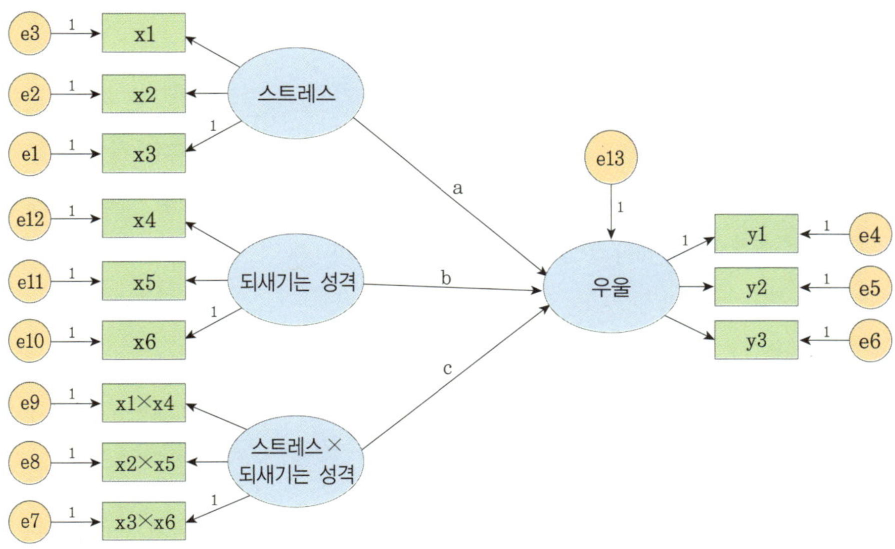

[그림 12-3]의 조절효과 검정을 위한 통계적 모델에서 '스트레스'와 '되새기는 성격'의

상호작용항(interaction term)인 '스트레스×되새기는 성격'을 만들고, 이 상호작용항이 종속변수(우울)에 미치는 효과(계수 c)가 유의적인가가 연구자의 관심사항이 된다. 계수 c가 유의적이면 조절효과가 있고, 유의적이지 않으면 조절효과가 없다고 해석한다.

SEM에 의한 잠재변수의 조절효과분석에 관해 여러 가지 접근법이 논의되고 있다. Amos는 비선형제약(nonlinear constraint)을 할 수 없기 때문에 ① Ping의 접근법, ② Marsh 등의 접근법, ③ Lin 등의 접근법, ④ Little 등의 접근법을 이용하여 검정한다. 이러한 접근법들을 **비제약 접근법(unconstrained approach)**이라 한다.

2. Ping의 접근법

Ping의 접근법(1995, 1996)에 의해 잠재변수의 조절효과를 분석하기 위해서는 2단계접근법(two-step approach)이 요구된다. 즉 측정모델을 먼저 추정한 다음, 거기에서 얻어진 모수치를 이용하여 구조모델에서 그에 해당하는 값을 고정한 후 추정한다. Ping의 접근법으로 분석하기 위해서는 원자료의 평균중심화(mean-centering)가 요구된다. Ping의 접근법에는 두 가지가 있다.

1) 단일지표 설정법

단일지표 설정법은 x에 2개(예: x1, x2)의 변수가 있고, z도 2개(예: z1, z2)의 변수가 있는 경우, 각각의 2개 변수를 합한 값을 곱해 하나의 지표, 즉 xz=(x1+x2)(z1+z2)로 이용하는 접근법이다([(x1+x2)/2(z1+z2)/2]도 가능함). 이때, 해당 지표에 해당하는 요인적재량과 오차분산은 각각 다음과 같이 설정한다.

요인적재량:

$$\lambda_{xz} = (\lambda_{x1} + \lambda_{x2})(\lambda_{z1} + \lambda_{z2})$$

오차분산:

$$\theta_{\epsilon xz} = (\lambda_{x1} + \lambda_{x2})^2 Var(X)(\theta_{\epsilon z1} + \theta_{\epsilon z2}) + (\lambda_{z1} + \lambda_{z2})^2 Var(Z)(\theta_{\epsilon x1} + \theta_{\epsilon x2}) + (\theta_{\epsilon x1} + \theta_{\epsilon x2})(\theta_{\epsilon z1} + \theta_{\epsilon z2})$$

2) 적항 접근법

적항 접근법은 2개 변수의 적항(product term)을 만들어 추정하는 접근법이다. 예를 들어 x에 2개(예: x1, x2)의 변수가 있고, z도 2개(예: z1, z2)의 변수가 있는 경우, x1z1, x1z2, x2z1, x2z2의 적항을 만든다. 이하에서 두 번째 접근법에 대해 살펴보기로 한다.

2.1 행렬요약의 예

행렬요약을 이용한 Ping의 접근법에 대해 살펴보기로 한다. Ping의 접근법을 위한 경로도는 [그림 12-4]와 같다.

그림 12-4 Ping의 접근법

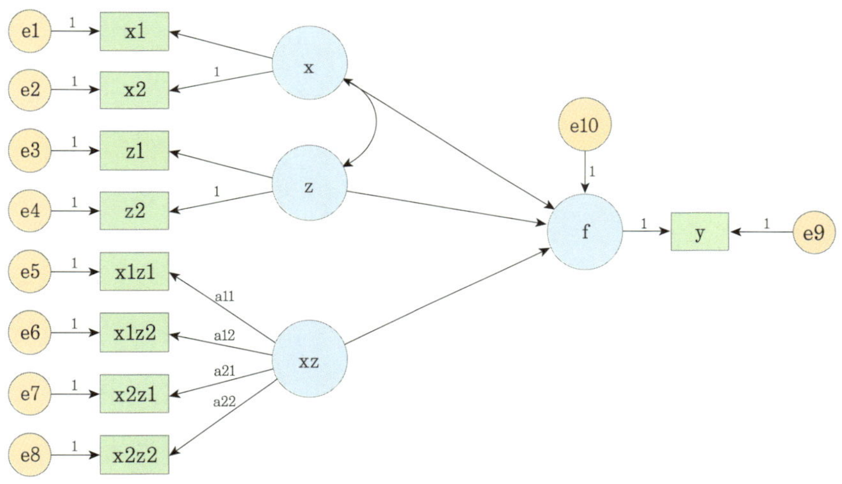

1 ∴ 먼저 x, z, f를 포함한 측정모델을 추정한다. 측정모델을 추정할 때 f를 포함하지 않아도 된다. 여기에서는 x와 z만 포함한 측정모델을 추정하면 오차에 음분산이 있어 f를 포함하여 추정하였다. 일반적으로 x와 z에 각각 3개 이상의 관측변수가 있는 경우에는 이러한 문제로부터 자유스럽기 때문에 굳이 f를 포함하지 않아도 된다.

Input 12-1 ••• Ping의 접근법을 위한 측정모델

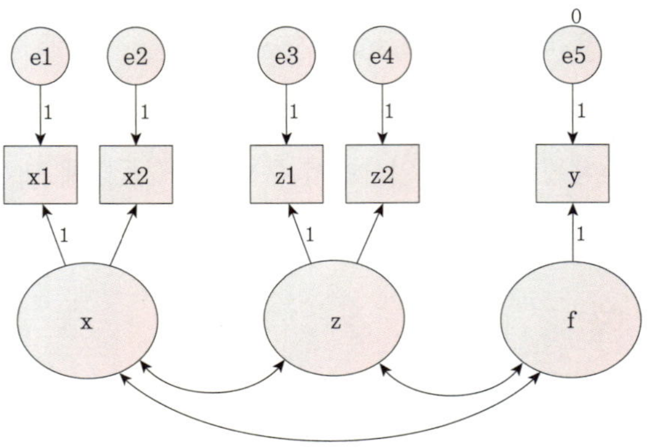

2 :· 위의 [Input 12-1]을 실행하면 다음과 같은 추정치를 얻는다.

Output 12-1 ••• 측정모델의 분석 결과

Regression Weights: (Group number 1 - Default model)

			Estimate	S.E.	C.R.	P
x1	<---	X	1.000			
x2	<---	X	.554	.132	4.188	***
z1	<---	Z	1.000			
z2	<---	Z	.733	.093	7.874	***
y	<---	F	1.000			

Covariances: (Group number 1 - Default model)

			Estimate	S.E.	C.R.	P
X	<-->	Z	.302	.098	3.080	.002
f	<-->	Z	.601	.102	5.893	***
f	<-->	X	-.237	.105	-2.252	.024

Variances: (Group number 1 - Default model)

	Estimate	S.E.	C.R.	P
X	2.222	.541	4.109	***
Z	1.598	.232	6.880	***
e1	.149	.520	.288	.774
e2	.806	.168	4.812	***
e3	.527	.195	2.699	.007
e4	.635	.111	5.726	***

3 :· 이들 추정치를 이용하여 다음 식에 의해 구조모델에 해당하는 각각의 값을 고정한 후 추정한다.

요인적재량:

$$a_{11} = \lambda_{x1}\lambda_{z1},\ a_{12} = \lambda_{x1}\lambda_{z2},\ a_{21} = \lambda_{x2}\lambda_{z1},\ a_{22} = \lambda_{x2}\lambda_{z2}$$

오차분산:

$$e5 = (\lambda_{x1})^2 \times Var(X) \times e3 + (\lambda_{z1})^2 \times Var(Z) \times e1 + e1 \times e3$$

$$e6 = (\lambda_{x1})^2 \times Var(X) \times e4 + (\lambda_{z2})^2 \times Var(Z) \times e1 + e1 \times e4$$

$$e7 = (\lambda_{x2})^2 \times Var(X) \times e3 + (\lambda_{z1})^2 \times Var(Z) \times e2 + e2 \times e3$$

$$e8 = (\lambda_{x2})^2 \times Var(X) \times e4 + (\lambda_{z2})^2 \times Var(Z) \times e2 + e2 \times e4$$

측정모델에서 얻어진 추정치를 위 식에 대입하여 구한 값은 다음과 같다.

요인적재량:

$$a_{11} = 1,\ a_{12} = .733,\ a_{21} = .554,\ a_{22} = .554 \times .733 = .406$$

오차분산:

$$e_5 = (1.000)^2 \times 2.222 \times .527 + (1.000)^2 \times 1.598 \times .149 + .149 \times .527 = 1.488$$

$$e_6 = (1.000)^2 \times 2.222 \times .635 + (.733)^2 \times 1.598 \times .149 + .149 \times .635 = 1.575$$

$$e_7 = (.554)^2 \times 2.222 \times .527 + (1.000)^2 \times 1.598 \times .806 + .806 \times .527 = 2.072$$

$$e_8 = (.554)^2 \times 2.222 \times .635 + (.733)^2 \times 1.598 \times .806 + .806 \times .635 = 1.637$$

4 이들 값을 구조모델의 해당 경로에 고정한다. 예를 들어, e_5의 분산을 고정하기 위해, e_5를 더블클릭하면 나타나는 [Object Properties]의 [Parameters] 탭에서 [Variance]에 1.488을 입력한다. 나머지 분산도 동일한 작업을 한다.

5 회귀계수도 해당 경로를 더블클릭하면 나타나는 [Object Properties] 창의 [Parameters] 탭의 [Regression Weights]에 값을 입력한다. 나머지 경로도 동일한 작업을 한다.

6 이들 작업을 모두 마친 경로도는 [Input 12-2]와 같다. 여기에서 ***X*와 *Z* 간의 공분산만 연결한다는 점에 주의한다.** 또한 e_9의 분산이 음오차분산이므로 0으로 고

정하였다. 음오차분산이 없으면 하지 않아도 된다. 지금까지 한 작업을 [Input 12-2]로 저장하였다.

Input 12-2 ••• **Ping의 접근법에 의한 조절효과분석**

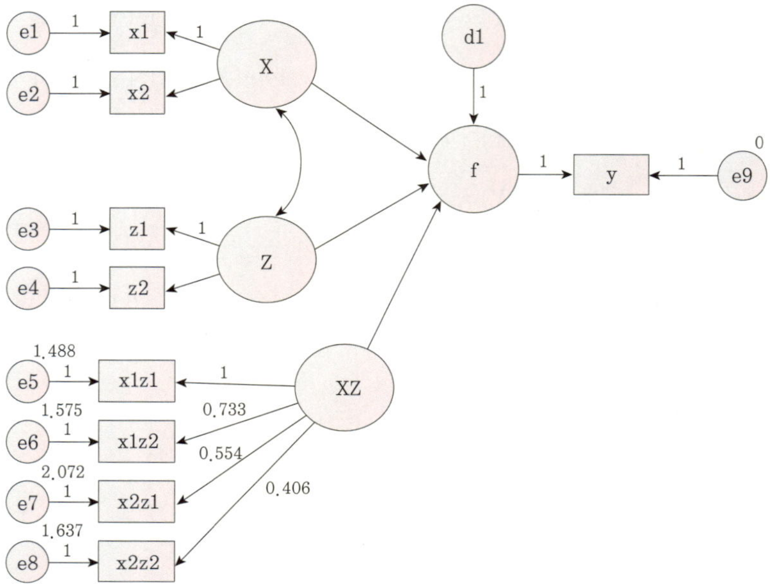

7 추정치계산 아이콘(▦)을 클릭하면 나타나는 경고메시지에서 [Proceed with the analysis] 버튼을 클릭한다.

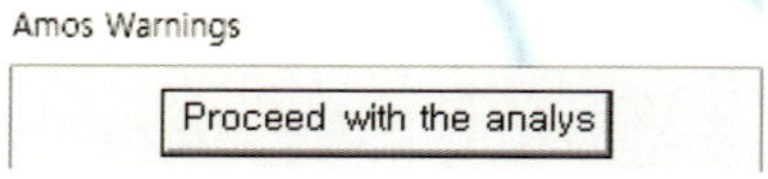

8 다음은 실행 결과 가운데 일부 모수치 및 적합도를 보인 것이다.

Output 12-2 ••• **Ping의 분석 결과**

CMIN

Model	NPAR	CMIN	DF	P	CMIN/DF
Default model	13	518.577	31	.000	16.728

Regression Weights: (Group number 1 - Default model)

			Estimate	S.E.	C.R.	P
f	<---	X	-.146	.036	-4.074	***
f	<---	Z	.309	.039	7.854	***
f	<---	XZ	.654	.022	29.888	***

9 XZ가 f에 미치는 영향이 유의적이므로 때문에 조절효과가 있다고 해석한다.

2.2 원자료의 예

합리적 행동모델을 Ping의 접근법으로 분석하기로 한다. 합리적 행동모델에서 편의상 '주관적규범(ksi1)'이 '행동의도(eta)'에 미치는 영향이 '태도(ksi2)'에 따라 달라질 것으로 가정한다. 즉 주관적규범은 독립변수, 행동의도는 종속변수, 태도는 조절변수라고 가정한다. 이들 잠재변수는 각각 3개의 지표에 의해 측정된 것으로 가정한다.

그림 12-5 합리적 행동모델의 조절효과

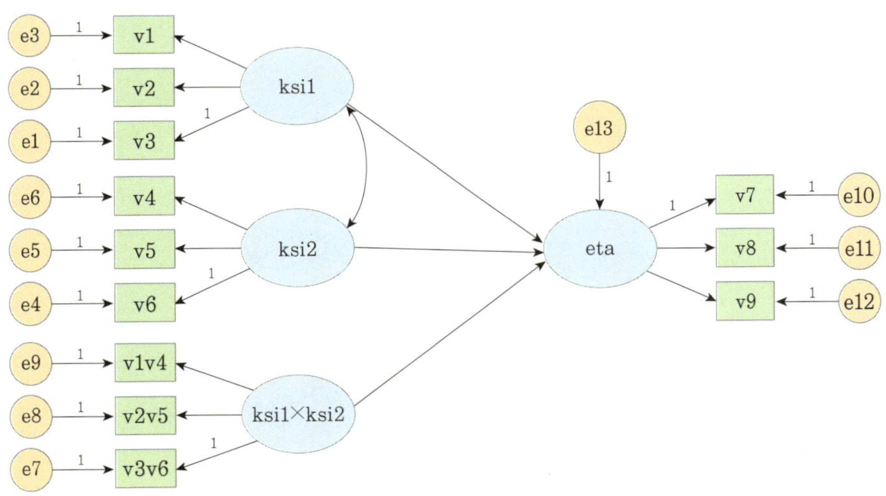

1 조절효과를 검정하기 위해 합리적 행동모델의 자료([nomiss.sav])를 불러들인다. 독립변수(v1, v2, v3)와 조절변수(v4, v5, v6)를 평균중심화한다. 종속변수는 평균중심화를 하나 안하나 동일한 모수치 및 적합도를 얻는다. 이하에서는 안한 것으로 접근하기로 한다. 평균중심화를 위해 평균에 관한 정보가 필요하다. v1에서 v6을 빈도분석하면 다음과 같은 평균을 얻는다.

		v1	v2	v3	v4	v5	v6
N	유효	691	691	691	691	691	691
	결측	0	0	0	0	0	0
평균		4.04	4.02	4.19	3.48	3.39	3.41

2 위의 평균을 이용하여 각 변수의 평균중심화를 한다. 이를 위해 SPSS 메뉴의 [변환] → [변수계산]을 클릭하여 [변수계산] 창에서 [대상변수]에 [mc_v1]이라 입력하고, [숫자표현식]에 [v1−4.04]라 입력한다. v2는 [대상변수]에 [mc_v2], [숫자표현식]에 [v2−4.02]로 입력한다. 이런 식으로 각각의 변수에 대해 평균중심화를 한다. 이런 식으로 평균중심화한 자료를 [nomiss−3.sav]로 저장하였다.

3 주관적규범과 태도가 포함된 측정모델을 만들고 이를 추정한다. 이때, 잠재변수에 해당하는 관측변수는 평균중심화한 변수를 이용해야 한다. 이에 해당하는 입력파일을 [Input 12−3]으로 저장하였다.

Input 12-3 Ping 접근법을 위한 측정모델

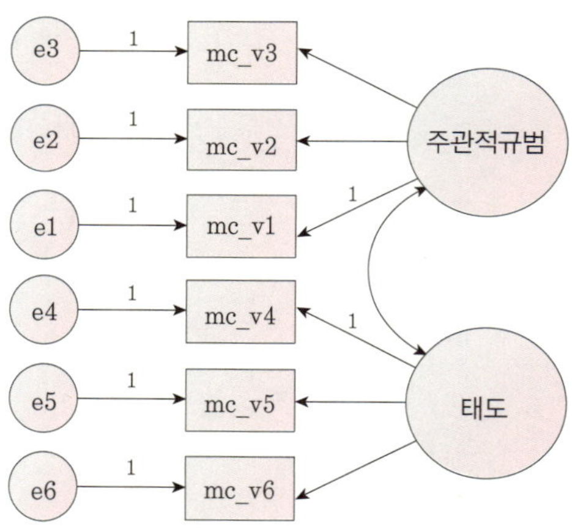

4 이를 실행하면 다음과 같은 모수치 및 적합도를 얻는다.

Output 12-3 측정모델의 분석 결과

CMIN

Model	NPAR	CMIN	DF	P	CMIN/DF
Default model	13	22.452	8	.004	2.806

Regression Weights: (Group number 1 - Default model)

			Estimate	S.E.	C.R.	P
mc_v1	<---	주관적규범	1.000			
mc_v2	<---	주관적규범	.827	.035	23.777	***
mc_v3	<---	주관적규범	1.115	.041	27.305	***
mc_v4	<---	태도	1.000			
mc_v5	<---	태도	1.158	.043	27.093	***
mc_v6	<---	태도	1.055	.041	25.815	***

Covariances: (Group number 1 - Default model)

			Estimate	S.E.	C.R.	P
주관적규범	<-->	태도	.198	.039	5.074	***

Variances: (Group number 1 - Default model)

	Estimate	S.E.	C.R.	P
주관적규범	.896	.067	13.430	***
태도	.891	.070	12.799	***
e1	.311	.028	11.087	***
e2	.402	.027	15.101	***
e3	.243	.031	7.871	***
e4	.412	.030	13.685	***
e5	.260	.031	8.507	***
e6	.385	.031	12.553	***

5 이들 값을 이용하여 다음 식에 의해 값을 구한 다음, 구조모델의 해당 경로에 이 값들을 넣어 준다. 상호작용항(주관적규범×태도)에 해당하는 지표를 단일지표로 이용한다고 가정하고 값을 계산하기로 한다(단일지표가 아닌 경우에는 Ping의 행렬요약에 의한 방법을 참고하기 바람). 관측변수의 수가 잠재변수별로 각각 3개씩 있으므로 다음과 같은 식이 필요하다.

요인적재량: $\lambda_{XZ} = (\lambda_{x1} + \lambda_{x2} + \lambda_{x3})(\lambda_{z1} + \lambda_{z2} + \lambda_{x3})$

오차분산: $\theta_{\epsilon xz} = (\lambda_{x1} + \lambda_{x2} + \lambda_{x3})^2 Var(X)(\theta_{\epsilon z1} + \theta_{\epsilon z2} + \theta_{\epsilon z3})$

$+ (\lambda_{z1} + \lambda_{z2} + \lambda_{z3})^2 Var(Z)(\theta_{\epsilon x1} + \theta_{\epsilon x2} + \theta_{\epsilon x3})$

$+ (\theta_{\epsilon x1} + \theta_{\epsilon x2} + \theta_{\epsilon x3})(\theta_{\epsilon z1} + \theta_{\epsilon z2} + \theta_{\epsilon z3})$

이 식에 맞게 측정모델에서 얻은 값을 대입하여 구하면 다음과 같다.

요인적재량: $(1.000+.827+1.115)(1.000+1.158+1.055)=9.453$

오차분산: $(2.942)^2(.896)(1.057)+(3.213)^2(.891)(.956)+(1.057)(.956)$
$=8.197+8.793+1.010=18$

6 상호작용항이 포함된 모델에 이들 값을 고정한다. 상호작용항에 해당하는 단일 지표는 [(mc_v1+mc_v2+mc_v3)(mc_v4+mc_v5+mc_v6)]에 의해 계산된다. 이를 위해 SPSS 메뉴의 [변환] → [변수계산]을 클릭하여 [변수계산] 창에서 [대상변수]에 [mcv1v6]라 입력하고, [숫자표현식]에 [(mc_v1+mc_v2+mc_v3)(mc_v4+mc_v5+mc_v6)]라 입력한다. 입력파일에서 편의상 이를 [mcv1v6]으로 입력자료[([nomiss-4.sav])에 저장하였다. 이를 [Input 12-4]로 저장하였다.

Input 12-4 Ping의 조절효과모델을 위한 경로도

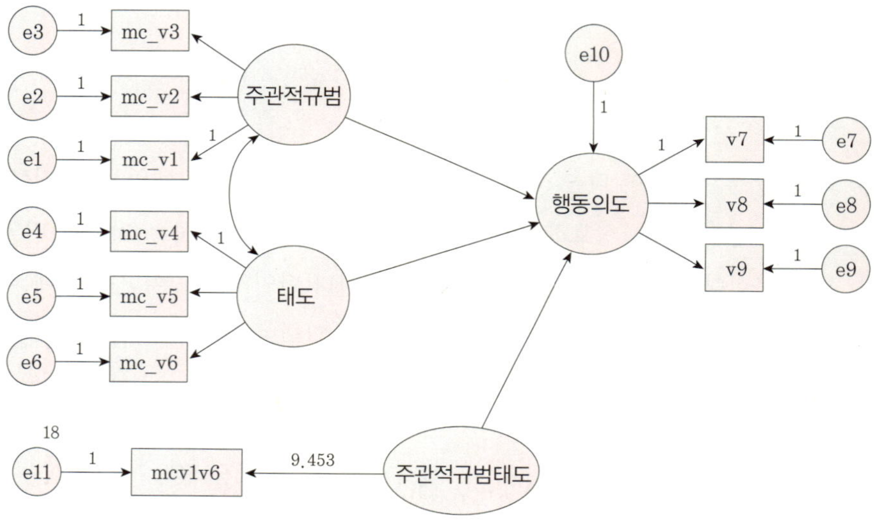

7 [Input 12-4]를 실행하면 다음과 같은 모수치 및 적합도를 얻는다(실행버튼을 클릭하면 나타나는 경고메시지에서 [Proceed with the analysis]를 클릭함).

Output 12-4 ••• Ping의 조절효과 분석 결과

CMIN

Model	NPAR	CMIN	DF	P	CMIN/DF
Default model	22	75.472	32	.000	2.359

Regression Weights: (Group number 1 - Default model)

			Estimate	S.E.	C.R.	P
행동의도	<---	주관적규범	.270	.038	7.080	***
행동의도	<---	태도	.132	.037	3.574	***
행동의도	<---	주관적규범태도	-.007	.037	-.195	.845

8 ∴ 상호작용항이 유의적이지 않으므로 조절효과가 없다고 해석한다.

3. Marsh 등의 접근법

Marsh 등의 접근법은 적지표접근법(product indicator approach)을 따르고 있으며, 이 접근법과 관련된 주된 이슈는 다음과 같다.

1. 'ksi1ksi2'의 적지표를 만들기 위해 'ksi1'과 'ksi2'의 지표를 어떻게 결합하느냐? 몇 개의 지표를 이용해야 하는가?, 최상의 적지표를 만들기 위해서는 어떤 방법이 이용되어야 하는가?
2. 'ksi1'과 'ksi2'의 평균은 0이지만, 'ksi1ksi2'의 평균은 0은 아니다. 따라서 평균구조(mean structure)가 모델에 포함되어야 하지만, 평균구조가 꼭 필요한가?
3. 적지표접근법에 의해 추정을 하면 표준화계수 및 이의 표준오차가 정확하지 않다는 문제가 있다. 이를 해결하기 위해 방법은 무엇인가?

3.1 행렬요약의 예

Marsh 등(2004, 2006, 2012, 2013)의 접근법에 의해 조절효과를 분석하기로 한다. 이를 위해 500명을 대상으로 얻은 행렬자료가 다음과 같다고 가정한다([marsh2006.sav]). 자료의 평균을 보면, x1에서 x6까지는 평균중심화를 하여 0임을 알 수 있다.

rowtype_	varname_	y1	y2	y3	x1	x2	x3	x4	x5	x6	x1x4	x2x5	x3x6
n		500.000	500.000	500.000	500.000	500.000	500.000	500.000	500.000	500.000	500.000	500.000	500.000
cov	y1	1.221	.	.	.	.	.	.	.	.	.	.	.
cov	y2	.891	.968	.	.	.	.	.	.	.	.	.	.
cov	y3	.907	.800	1.007	.	.	.	.	.	.	.	.	.
cov	x1	.493	.401	.449	1.285	.	.	.	.	.	.	.	.
cov	x2	.458	.385	.413	.885	.955	.	.	.	.	.	.	.
cov	x3	.834	.697	.733	1.838	1.581	3.999	.	.	.	.	.	.
cov	x4	.470	.411	.444	.200	.174	.436	1.217	.	.	.	.	.
cov	x5	1.277	1.122	1.247	.366	.339	.777	2.691	8.963	.	.	.	.
cov	x6	.416	.379	.390	.177	.143	.331	.874	2.381	.989	.	.	.
cov	x1x4	.157	.107	.062	-.183	-.174	-.332	-.027	-.154	-.048	1.407	.	.
cov	x2x5	.406	.266	.266	-.348	-.220	-.487	-.052	-.106	-.057	2.021	8.104	.
cov	x3x6	.348	.220	.204	-.193	-.092	-.182	-.003	-.111	-.110	1.392	3.522	3.711
mean		1.057	2.075	3.057	.000	.000	.000	.000	.000	.000	.199	.338	.330

Marsh 등의 방법에 의해 잠재변수의 조절효과를 검정하는 방법에는 두 가지가 있다. 첫째, 외생잠재변수의 평균에 대해 제약을 하는 방법이 있고(Marsh et al., 2006), 둘째, 외생잠재변수의 평균에 대해 제약을 하지 않고 추정하는 방법이 있다(溫忠麟 等, 2012).

1) Marsh 등의 첫 번째 방법: 평균구조가 있음(with mean structure)

1 **먼저 독립변수(ksi1)와 조절변수(ksi2)를 평균중심화한다.** 원자료인 경우에는 먼저 이들 변수를 평균중심화한 다음, 이 평균중심화된 변수를 이용해야 한다는 점에 유의한다.

2 ksi1과 ksi2의 상호작용항(ksi1ksi2)을 만든다. 이 잠재변수에 필요한 **적지표(product indicator)**를 만드는 방법에는 ① **모든 가능한 쌍 전략(all-possible pairs strategy)**, ② **대응된 쌍 전략(matched-pair strategy)**, ③ **한 쌍 전략(one-pair strategy)** 등이 있다. Marsh 등(2004)은 이 가운데 대응된 쌍 전략을 추천한다.

예를 들어, ksi1에 x1, x2, x3 등의 3개 지표가 있고, ksi2에도 x4, x5, x6 등의 3개 지표가 있다고 가정한다. 이들 전략이 의미하는 바를 살펴보면 다음과 같다.

- **모든 가능한 쌍 전략**: 이 전략은 ① (x1x4), ② (x1x5), ③ (x1x6), ④ (x2x4), ⑤ (x2x5), ⑥ (x2x6), ⑦ (x3x4), ⑧ (x3x5), ⑨ (x3x6) 등 9개의 지표를 만들어 모두 이용한다는 의미이다.
- **대응된 쌍 전략**: 이 전략은 ① (x1x4, x2x5, x3x6), ② (x1x4, x2x6, x3x5), ③

(x1x5, x2x4, x3x6), ④ (x1x5, x2x6, x3x4), ⑤ (x1x6, x2x4, x3x5), ⑥ (x1x6, x2x5, x3x4) 가운데 하나의 지표를 이용한다는 의미이다. 이를 **3-대응된 전략(3-matched strategy)**이라 한다.

- **한 쌍 전략**: 이 전략은 ① (x1x4), ② (x1x5), ③ (x1x6), ④ (x2x4), ⑤ (x2x5), ⑥ (x2x6), ⑦ (x3x4), ⑧ (x3x5), ⑨ (x3x6) 가운데 하나를 이용한다는 의미이다.

3 외생변수의 평균 설정에 대해 살펴보기로 한다. Marsh 등의 첫 번째 방법은 ksi1과 ksi2의 평균은 0, ksi1ksi2의 평균은 추정하는 것으로 설정한다.

4 이를 위해 [Analysis Properties]의 [Estimation] 탭에서 [Estimate means and intercepts]를 체크한다. ($\xi_1, \xi_2, \xi_1\xi_2$)의 평균벡터 $k=(0, 0, \phi_{33})$이다. ksi1과 ksi1ksi2 사이의 상관, ksi2와 ksi1ksi2 사이의 상관은 0으로 고정한다. 이를 실행하기 위한 프로그램을 [Input 12-5]로 저장하였다.

Input 12-5 Marsh 등의 첫 번째 방법

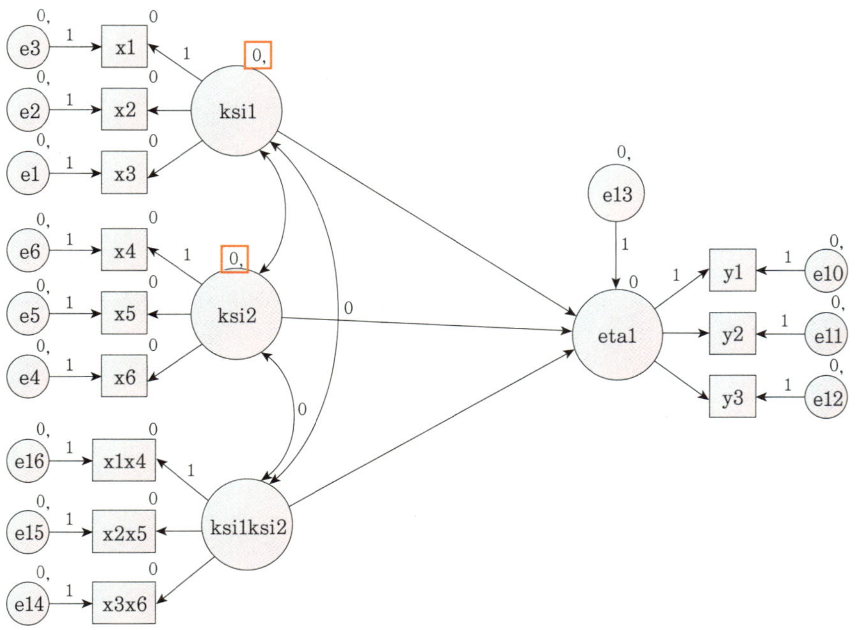

5 이를 실행하면 다음과 같은 적합도 및 모수치를 얻는다.

Output 12-5 ••• Marsh 등의 첫 번째 방법에 의한 분석 결과

CMIN

Model	NPAR	CMIN	DF	P	CMIN/DF
Default model	32	68.622	58	.160	1.183

Regression Weights: (Group number 1 - Default model)

			Estimate	S.E.	C.R.	P
eta1	<---	ksi1	.425	.040	10.531	***
eta1	<---	ksi2	.414	.041	10.088	***
eta1	<---	ksi1ksi2	.248	.046	5.355	***

6 ksi1ksi2가 eta1에 미치는 효과가 유의적이므로 조절효과가 있다고 해석한다.

7 한편, [Input 12-5]는 [Input 12-5-1]과 같이 입력파일을 만들어도 동일한 값을 얻는다. 즉, ksi1과 ksi1ksi2 사이의 상관, ksi2와 ksi1ksi2 사이의 상관은 0으로 고정되도록 한 것으로 이들 경로를 제거한 모델이다.

Input 12-5-1 ••• Marsh 등의 첫 번째 방법

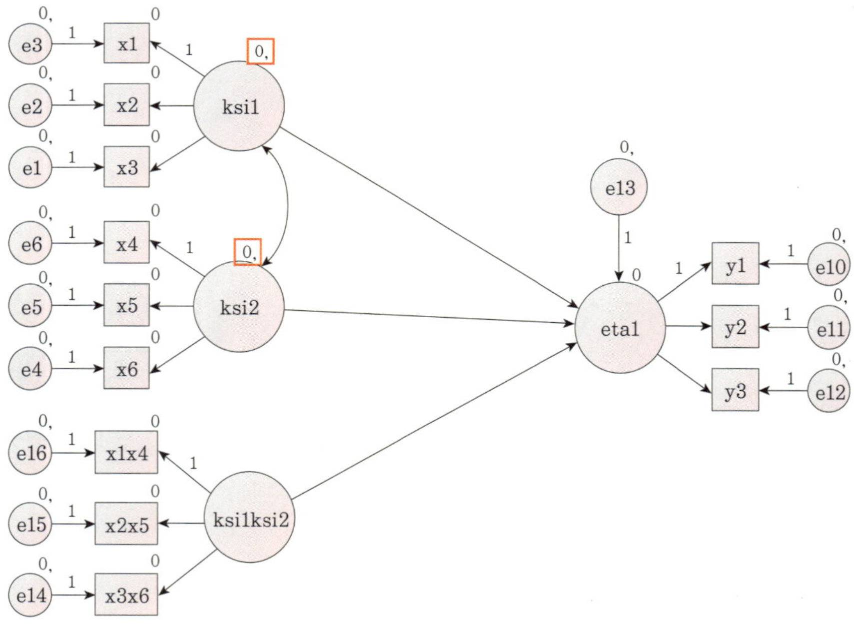

2) Marsh 등의 두 번째 방법: 평균구조가 없음(without mean structure)

1 Marsh 등의 두 번째 방법은 독립변수 및 조절변수의 평균에 대해 제약을 하지 않는다. 이를 위해 [Analysis Properties]의 [Estimation] 탭에서 [Estimate means and intercepts]를 체크하지 않는다. 또한 외생변수 간에 대한 제약도 필요하지 않으므로 0을 모두 없앤다.

2 이 입력파일을 [Input 12-6]으로 저장하였다.

Input 12-6 Marsh 등의 두 번째 방법

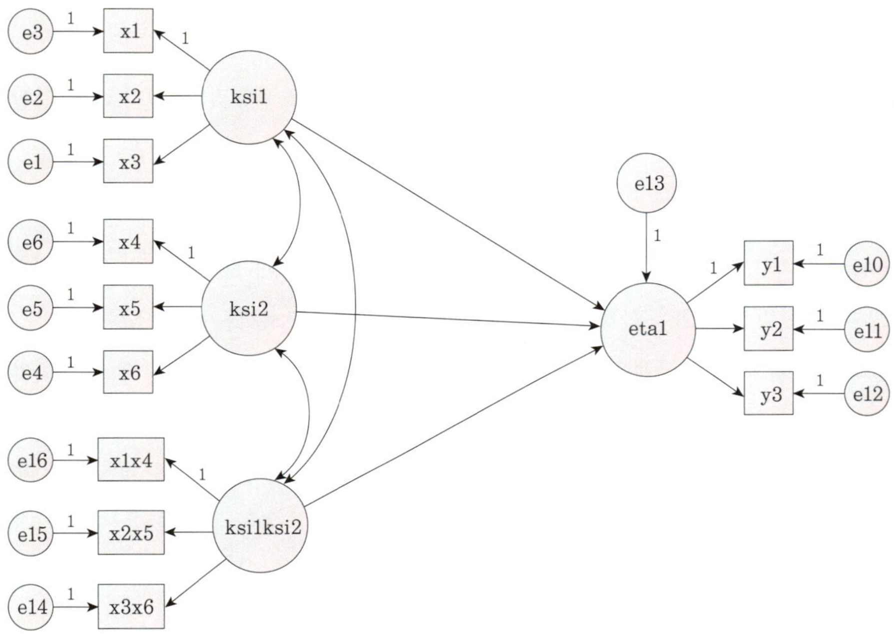

3 이를 실행하면 다음과 같은 적합도 및 모수치를 얻는다.

Output 12-6 Marsh 등의 두 번째 방법에 의한 분석 결과

CMIN

Model	NPAR	CMIN	DF	P	CMIN/DF
Default model	30	59.405	48	.125	1.238

Regression Weights: (Group number 1 - Default model)

			Estimate	S.E.	C.R.	P
eta1	<---	ksi1	.430	.041	10.535	***
eta1	<---	ksi2	.415	.041	10.077	***
eta1	<---	ksi1ksi2	.254	.047	5.398	***

Standardized Regression Weights: (Group number 1 - Default model)

			Estimate
eta1	<---	ksi1	.434
eta1	<---	ksi2	.408
eta1	<---	ksi1ksi2	.227

Variances: (Group number 1 - Default model)

	Estimate	S.E.	C.R.	P
ksi1	1.028	.082	12.585	***
ksi2	.983	.078	12.665	***
ksi1ksi2	.808	.089	9.074	***

4 ∵ ksi1ksi2가 eta1에 미치는 효과가 유의적이므로 조절효과가 있다고 해석한다.

3) 표준화계수의 교정

Wen 등(2010), Marsh 등(2012)은 위의 표준화계수 가운데 ksi1ksi2의 값이 정확하지 않다고 주장한다. 즉 표준화계수의 상호작용항은 ksi1과 ksi2를 각각 표준화시킨 다음, ksi1ksi2를 만들어 표준화계수를 구해야 되는데, ksi1ksi2를 표준화시킨 후 표준화계수를 구한다는 문제점을 제기했다. 즉 위의 표준화계수 .227은 정확한 계수값이 아니라는 것이다. 표준화계수의 정확한 값을 추정하기 위해서는 다음 공식에 의해 교정해야 한다고 주장한다.

$$(\gamma')^c = \gamma \frac{\sqrt{\phi_{11}\phi_{22}}}{\sqrt{\phi_{33}}}$$

단, ϕ_{11} =Var(ksi1), ϕ_{22} =Var(ksi2), ϕ_{33} =Var(ksi1ksi2)

위의 공식에 의해 상호작용항의 계수를 교정하면 다음과 같다.

$$(\gamma')^c = .227 \times \frac{\sqrt{1.028 \times .983}}{\sqrt{.808}} = .254$$

상호작용항의 표준화계수는 .254로 비표준화계수값과 동일하다. 평균중심화를 해서 얻는 표준화계수값은 비표준화계수값으로 대체되어야 함을 알 수 있다. 그리고 이 계수의 표준오차(S.E.)는 붓스트래핑을 통해 얻은 값으로 대체되어야 한다.

3.2 원자료의 예

이하에서 합리적 행동모델의 원자료를 이용하여 Marsh 등의 접근법에 의해 조절효과를 검정하기로 한다.

1) Marsh 등의 첫 번째 방법

1 조절효과를 검정하기 위해 먼저 합리적 행동모델의 자료([nomiss.sav])를 불러들인다. 앞서 설명한 대로 평균중심화를 한다. 평균중심화한 자료를 [nomiss-3.sav]로 저장하였다.

2 평균중심화한 변수를 각각의 지표에 이용한다. 이를 위한 경로도는 [그림 12-6]과 같다.

그림 12-6 평균중심화 경로도

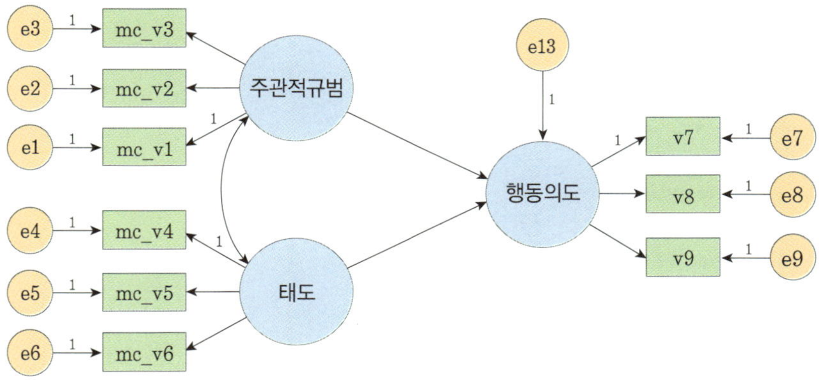

3 상호작용항을 만든다. 상호작용항에 필요한 적지표는 대응된 쌍 전략에 따라 만든다. 즉 [mc_v1*mc_v4], [mc_v2*mc_v5], [mc_v3*mc_v6]을 적지표로 이용하기로 한다.

4 이에 필요한 적지표를 SPSS에서 만든다. 이를 위해 [nomiss-3.sav]를 불러들인다. 다음, SPSS 메뉴의 [변환] → [변수계산]을 클릭하여 [변수계산] 창에서 [대상변수]에 [mc_v1mc_v4]라 입력하고, [숫자표현식]에 [mc_v1*mc_v4]라 입력한다. 이 식으로 나머지 2개 변수도 처리한다. 이를 [nomiss-4.sav]로 저장하였다.

5 ∵ 외생잠재변수의 평균을 설정하기로 한다. 주관적규범 및 태도는 0으로 설정하고, 주관적규범태도는 자유스럽게 추정하도록 설정한다. 이를 위해 [Analysis Properties]의 [Estimation] 탭에서 [Estimate means and intercepts]를 체크한다.

6 ∵ 주관적규범태도를 더블클릭하면 나타나는 [Object properties] 창의 [Parameters] 탭의 [mean]에 있는 0을 지운다. 지금까지 작업한 모델을 [Input 12-8]로 저장하였다.

Input 12-8 ••• **Marsh 등의 첫 번째 방법에 의한 조절효과분석**

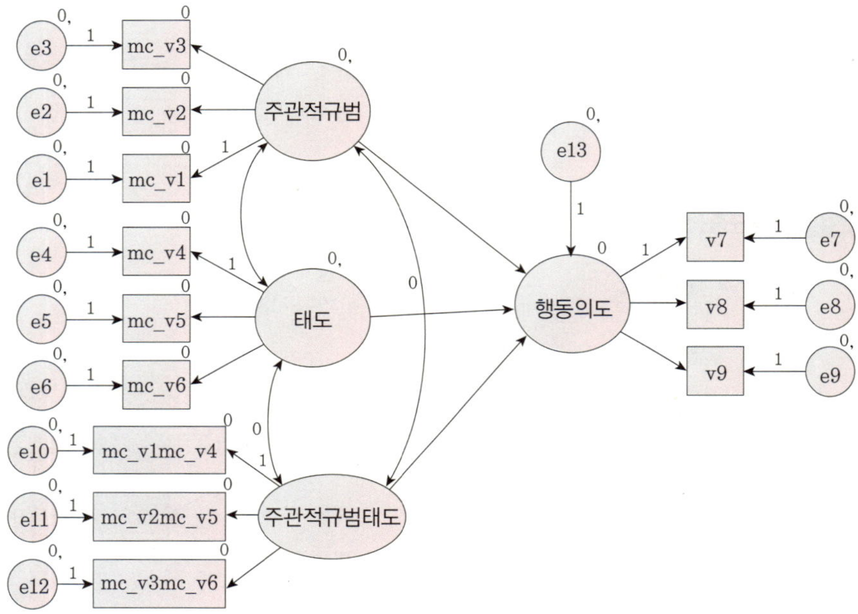

7 ∵ 이를 실행하면 다음과 같은 적합도 및 모수치를 얻는다.

Output 12-8 ••• **Marsh 등의 첫 번째 방법에 의한 분석 결과**

CMIN

Model	NPAR	CMIN	DF	P	CMIN/DF
Default model	32	103.191	58	.000	1.779

Regression Weights: (Group number 1 - Default model)

			Estimate	S.E.	C.R.	P
행동의도	<---	주관적규범	.269	.038	7.071	***
행동의도	<---	태도	.133	.037	3.587	***
행동의도	<---	주관적규범태도	-.011	.037	-.284	.776

8 ∴ 주관적규범태도 → 행동의도 경로가 비유의적으로 나타나 조절효과가 없다고 해석한다.

2) Marsh 등의 두 번째 방법

1 ∴ 평균중심화한 변수를 독립변수, 조절변수 및 상호작용항의 지표로 이용한다.

2 ∴ Marsh 등의 두 번째 방법은 독립변수 및 조절변수의 평균에 대해 제약을 하지 않는다. 이를 위해 [Analysis Properties]의 [Estimation] 탭에서 [Estimate means and intercepts]를 체크하지 않는다. 또한 외생변수 간에 대한 제약도 필요하지 않으므로 0을 모두 없앤다.

3 ∴ 이를 위한 입력파일은 [Input 12-9]로 저장하였다.

Input 12-9 ••• Marsh 등의 두 번째 방법에 의한 조절효과분석

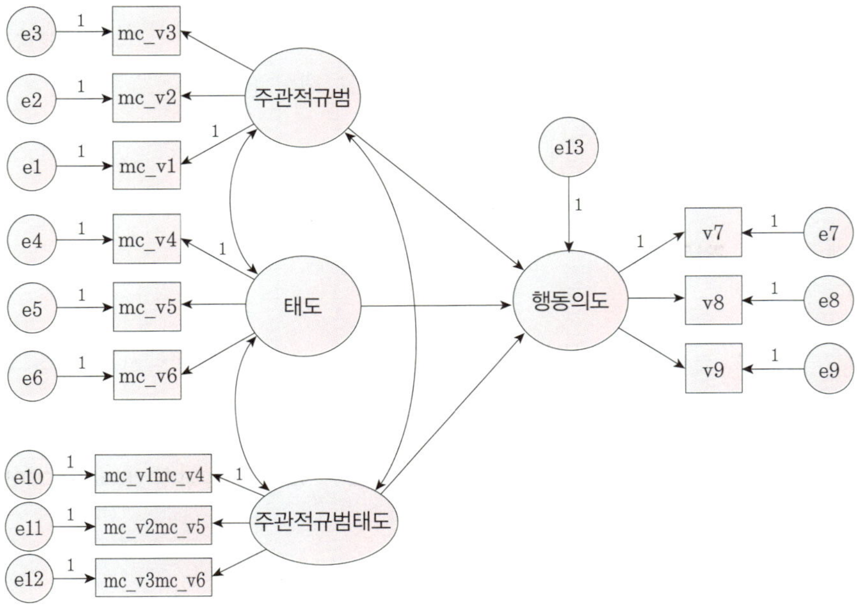

4 ∴ 이를 실행하면 다음과 같은 적합도 및 모수치를 얻는다.

Output 12-9 ••• Marsh 등의 두 번째 방법에 의한 분석 결과

CMIN

Model	NPAR	CMIN	DF	P	CMIN/DF
Default model	30	70.457	48	.019	1.468

Regression Weights: (Group number 1 - Default model)

			Estimate	S.E.	C.R.	P
행동의도	<---	주관적규범	.269	.039	6.940	***
행동의도	<---	태도	.133	.038	3.506	***
행동의도	<---	주관적규범태도	-.009	.039	-.231	.817

5 Marsh 등의 첫 번째 방법과 마찬가지로 조절효과가 없는 것으로 나타났다. 계수값이 첫 번째 접근법과 조금 차이가 있다. 한편 위의 두 접근법을 통해 얻은 상호작용항의 계수의 부호를 보면 각각의 주효과의 부호는 정적(+)인데 상호작용효과의 부호는 부적(−)인 것을 알 수 있다. 이 결과는 이상한 것이 아니다. 즉 **각각의 주효과(main effect)가 정적(+)이더라도 상호작용효과(interaction effect)는 부적(−)으로 나올 수 있다.** 비록 위 결과는 상호작용효과가 유의적이지 않은 것으로 나타났으나, 만약 유의적으로 나타났다면 주관적규범이 행동의도에 미치는 효과는 태도가 커질수록 줄어든다고 해석한다.

4. Lin 등의 접근법

Lin 등(2010)은 Marsh 등의 접근법에 따라 x1x4, x2x5, x3x6 등의 대응된 적지표(matched product indicator)를 한 번 더 평균중심화하여 이들 지표의 평균을 0으로 해서 추정하는 접근법을 제안하였다. 이를 **이중평균중심화 접근법(double-mean-centering approach)**이라 한다.

4.1 행렬요약의 예

다음 자료에서 볼 수 있듯, x1x4, x2x5, x3x6 등을 이중평균중심화하여 평균이 0인 것을 알 수 있다([marsh(2006)-1.sav]).

rowtype_	varname_	y1	y2	y3	x1	x2	x3	x4	x5	x6	x1x4	x2x5	x3x6
n		500.000	500.000	500.000	500.000	500.000	500.000	500.000	500.000	500.000	500.000	500.000	500.000
cov	y1	1.221	.	.	.	.	.	.	.	.	.	.	.
cov	y2	.891	.968	.	.	.	.	.	.	.	.	.	.
cov	y3	.907	.800	1.007	.	.	.	.	.	.	.	.	.
cov	x1	.493	.401	.449	1.285	.	.	.	.	.	.	.	.
cov	x2	.458	.385	.413	.885	.955	.	.	.	.	.	.	.
cov	x3	.834	.697	.733	1.838	1.581	3.999	.	.	.	.	.	.
cov	x4	.470	.411	.444	.200	.174	.436	1.217	.	.	.	.	.
cov	x5	1.277	1.122	1.247	.366	.339	.777	2.691	8.963	.	.	.	.
cov	x6	.416	.379	.390	.177	.143	.331	.874	2.381	.989	.	.	.
cov	x1x4	.157	.107	.062	-.183	-.174	-.332	-.027	-.154	-.048	1.407	.	.
cov	x2x5	.406	.266	.266	-.348	-.220	-.487	-.052	-.106	-.057	2.021	8.104	.
cov	x3x6	.348	.220	.204	-.193	-.092	-.182	-.003	-.111	-.110	1.392	3.522	3.711
mean		1.057	2.075	3.057	.000	.000	.000	.000	.000	.000	.000	.000	.000

1 ∴ 이를 위한 프로그램이 [Input 12-7]이다.

Input 12-7 ••• Lin 등의 접근법

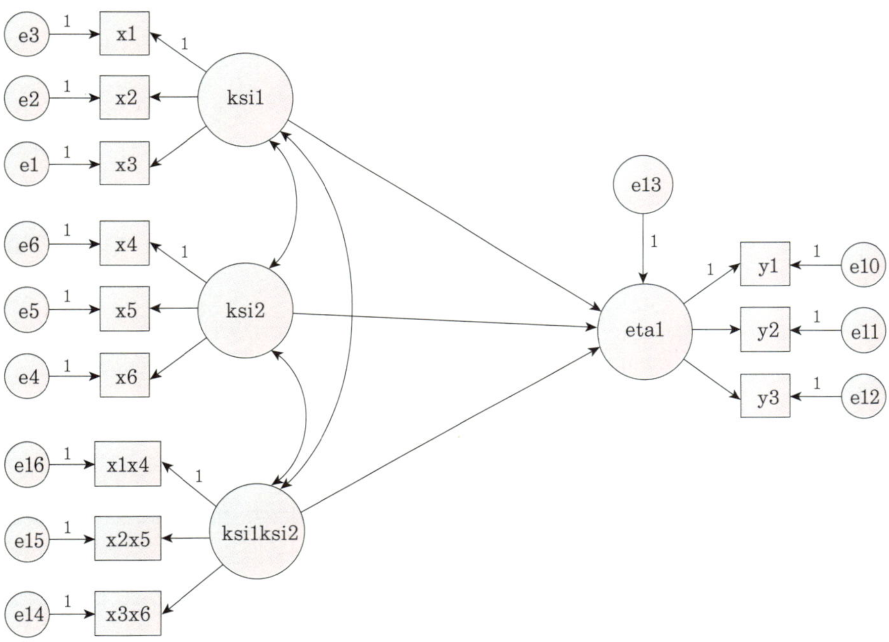

2 ∴ 이를 실행하면 다음과 같은 적합도 및 모수치를 얻는다.

Output 12-7 ••• Lin 등의 접근법에 의한 분석 결과

CMIN

Model	NPAR	CMIN	DF	P	CMIN/DF
Default model	30	59.405	48	.125	1.238

Regression Weights: (Group number 1 - Default model)

			Estimate	S.E.	C.R.	P
eta1	<---	ksi1	.430	.041	10.535	***
eta1	<---	ksi2	.415	.041	10.077	***
eta1	<---	ksi1ksi2	.254	.047	5.398	***

Standardized Regression Weights: (Group number 1 - Default model)

			Estimate
eta1	<---	ksi1	.434
eta1	<---	ksi2	.408
eta1	<---	ksi1ksi2	.227

Variances: (Group number 1 - Default model)

	Estimate	S.E.	C.R.	P
ksi1	1.028	.082	12.585	***
ksi2	.983	.078	12.665	***
ksi1ksi2	.808	.089	9.074	***

3 적합도 및 모수치가 Marsh 등의 두 번째 방법([Output 12-6])과 동일함을 알 수 있다.

4.2 원자료의 예

이하에서 합리적 행동모델의 원자료를 이용하여 Lin 등의 접근법에 의해 조절효과를 분석하기로 한다.

1 대응된 적지표(matched product indicator)를 한 번 더 평균중심화를 하기 위해 대응된 적지표의 평균을 구하면 다음과 같다.

통계량

		mc_v1mc_v4	mc_v2mc_v5	mc_v3mc_v6
N	유효	691	691	691
	결측	0	0	0
평균		.2169	.2827	.1694

2 이 평균을 이용하여 각 변수의 평균중심화를 한다. 이를 위해 SPSS 메뉴의 [변환] → [변수계산]을 클릭하여 [변수계산] 창에서 [대상변수]에 [dmcv1v4]라 입력하고, [숫자표현식]에 [mc_v1mc_v4-.2169]라 입력한다. 이런 식으로 각각의 변수를 대상으로 평균중심화를 한다. 이 자료를 [nomiss-5.sav]로 저장하였다.

3 이중평균중심화한 변수를 상호작용항의 지표로 이용한다. 이를 위한 입력파일을 [Input 12-10]으로 저장하였다.

Input 12-10 Lin 등의 접근법에 의한 조절효과분석

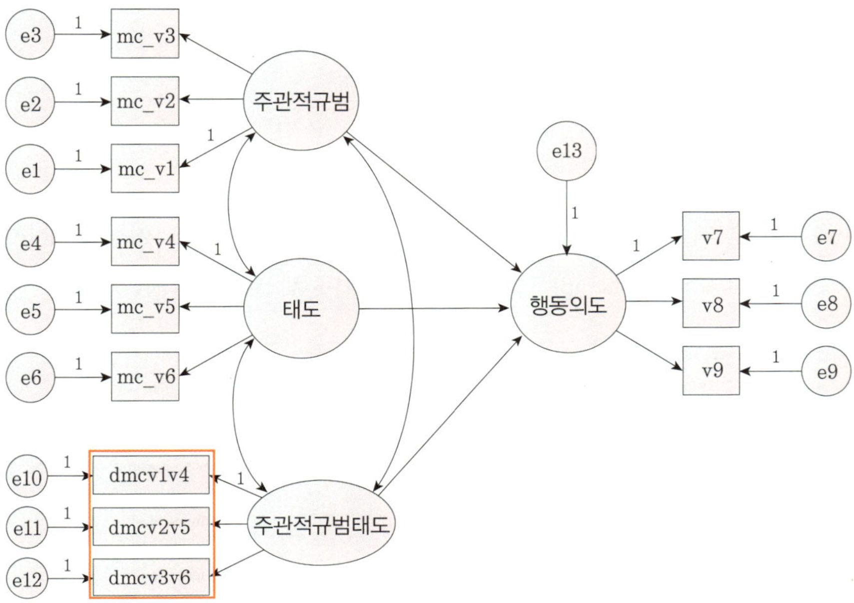

4 이를 실행하면 다음과 같은 적합도 및 모수치를 얻는다.

Output 12-10 Lin 등의 접근법에 의한 분석 결과

CMIN

Model	NPAR	CMIN	DF	P	CMIN/DF
Default model	30	70.457	48	.019	1.468

Regression Weights: (Group number 1 - Default model)

			Estimate	S.E.	C.R.	P
행동의도	<---	주관적규범	.269	.039	6.940	***
행동의도	<---	태도	.133	.038	3.506	***
행동의도	<---	주관적규범태도	-.009	.039	-.231	.817

Standardized Regression Weights: (Group number 1 - Default model)

			Estimate
행동의도	<---	주관적규범	.307
행동의도	<---	태도	.151
행동의도	<---	주관적규범태도	-.010

Variances: (Group number 1 - Default model)

	Estimate	S.E.	C.R.	P
주관적규범	.896	.066	13.472	***
태도	.896	.070	12.866	***
주관적규범태도	.915	.091	10.080	***

5 위의 모수치 가운데 표준화계수는 다음과 같이 교정되어야 한다. 표준화계수는 −.010이 아니라 −.009이다.

$$-.010\frac{\sqrt{.896\times .896}}{\sqrt{.915}}=-.009$$

6 이 표준화계수의 표준오차를 얻기 위해 붓스트래핑을 한다. 이를 위해 [Analysis Properties]의 [Bootstrap] 탭에서 다음과 같이 체크하고 실행한다.

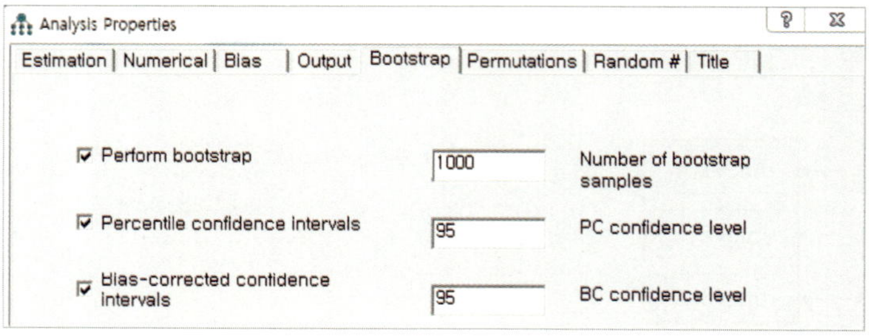

7 Output 창에서 왼쪽에 있는 [Estimates] → [Scalars] → [Regression Weights]를 클릭한다. 그러면 밑에 있는 [Estimates/Bootstrap]이 활성화된다. [Bootstrap standard errors]를 클릭한다. 표준오차의 값은 .048이다.

Output 12-10 Lin 등의 접근법에 의한 표준오차

Regression Weights: (Group number 1 - Default model)

Parameter			SE	SE-SE	Mean	Bias	SE-Bias
행동의도	<---	주관적규범	.044	.001	.270	.000	.001
행동의도	<---	태도	.043	.001	.134	.002	.001
행동의도	<---	주관적규범태도	.048	.001	−.008	.000	.002

8 표준화계수 및 표준오차의 값은 다음과 같고, C.R.도 이에 따라 다르다.

			Estimate	S.E.	C.R.
행동의도	<---	주관적규범태도	−.009	.048	−.188

5. 대응된 쌍 전략을 위한 고려사항

Marsh 등의 접근법 또는 Lin 등의 접근법에서 잠재변수별로 지표의 수가 다른 경우(예: 독립변수에 5개 지표, 조절변수에 10개 지표가 있는 경우), 적지표를 어떻게 만들 것인가의 문제가 있다. 이를 위한 기준으로 ① Use all of the information, ② Do not reuse any of the information 등이 있다.

앞서 살펴본 것처럼 잠재변수별로 지표의 수가 동일한 경우에는 대응된 쌍(matched-pairs)을 쉽게 만들 수 있다. 그러나 잠재변수별로 지표의 수가 다른 경우에는 어떻게 해야 하는가? 예를 들어, 독립변수(F4)에는 5개의 지표가 있고, 조절변수(F2)에는 10개의 지표가 있다고 가정한다. 이 경우, 대응된 쌍을 만들기 위한 전략에는 다음과 같은 것들이 있다.

1) 전략 1

조절변수에 있는 10개의 지표를 항목묶기(item parceling)를 이용하여 5개의 지표로 묶는다. 첫 번째 item parcel을 만들기 위해 처음 두 문항을 합해서 평균을 낸다. 두 번째 item parcel을 만들기 위해 그 다음 두 문항을 합해서 평균을 낸다. 이런 식으로 5개의 item parcel을 만든다. 그 다음, 첫 번째 요인(F4)과 두 번째 요인(F2)에서 만들어진 5개의 item parcel을 이용하여 5개의 상호작용항(F3)에 해당하는 대응된 쌍을 만든다. 즉 F4에는 5개 지표, F2에는 10개 지표, F3에는 5개 지표를 이용하는 접근법이다. 이렇게 하면 두 가지 기준을 모두 충족시킨다. 이를 나타내면 [그림 12-7]과 같다.

그림 12-7 대응된 쌍 전략

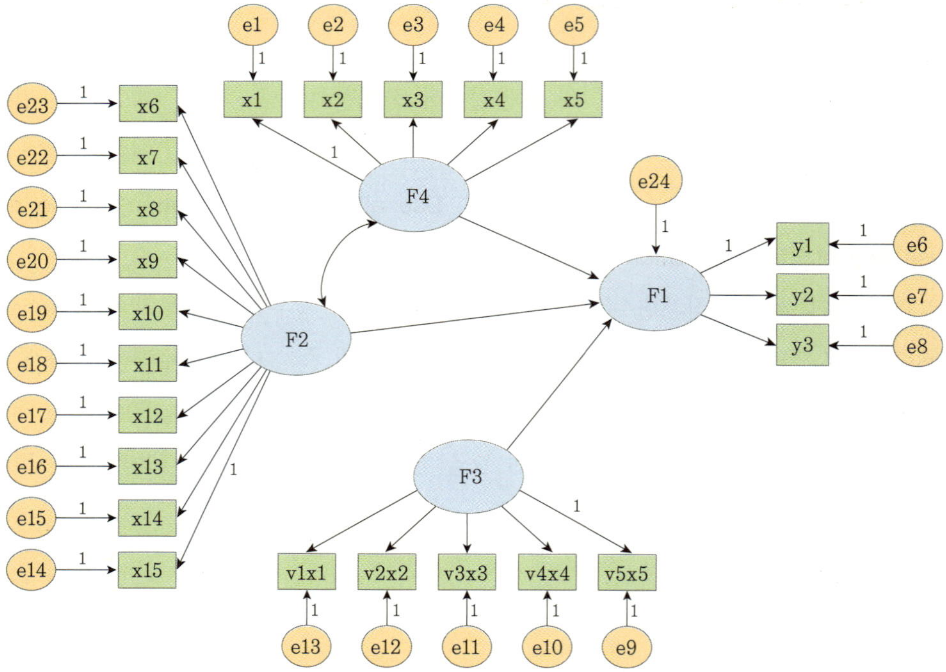

2) 전략 2

F2에 있는 10개 지표를 1요인분석을 하여 요인적재량이 큰 5개를 선정하든가 또는 10개 지표를 1요인으로 측정모델을 만들어 추정한 다음, 다중상관자승(SMC)이 큰 5개를 선정한다. 이 방법은 첫 번째 기준인 'Use all of the information'을 충족시키지 못한다는 단점이 있다.

3) 전략 3

F4에 10개 지표가 있고, F2에 5개 지표가 있는 경우에는 전략 1과 전략 2 가운데 하나의 방법으로 처리한다. 결론적으로 F2 또는 F4 가운데 지표수가 적은 것을 기준으로 지표를 정리한 다음, 대응된 쌍 전략을 따르면 된다.

4) 전략 4

ksi1에 x1, x2, x3 등의 3개 지표가 있고, ksi2에도 x4, x5, x6 등의 3개 지표가 있을 때, 3-match에는 ① (x1x4, x2x5, x3x6), ② (x1x4, x2x6, x3x5), ③ (x1x5, x2x4, x3x6), ④ (x1x5, x2x6, x3x4), ⑤ (x1x6, x2x4, x3x5), ⑥ (x1x6, x2x5, x3x4) 등이 있다. 그러면

이 가운데 어떤 match가 가장 좋은 것인가의 의문이 생긴다.

이에 대한 답은 ksi1과 ksi2가 포함된 측정모델을 추정하여 SMC를 보고 ksi1에서 SMC가 제일 큰 지표와 ksi2에서 SMC가 제일 큰 지표를 match시키고, 그 다음으로 ksi1에서 SMC가 큰 것과 ksi2에서 SMC가 큰 것을 match시키면 된다. 이런 식으로 match시키는 것이 제일 좋다.

6. Little 등의 접근법

Little 등(2006)은 Marsh 등의 평균중심화에 의한 비제약접근법의 대안으로 **직교화 접근법(orthogonalizing approach)**을 제안하였다. 이 접근법은 **잔차중심화법(residual centering approach)**이라고도 한다. [그림 12-8]에서 볼 수 있듯, 독립변수(주관적규범)에 v1, v2 ,v3의 변수가 있고, 조절변수(태도)에 v4, v5, v6 등의 변수가 있다고 가정한다. **Little 등의 접근법으로 조절효과를 분석하기 위해서는 9개(3×3)의 상호작용항에 해당하는 지표가 필요하고, v1부터 v6까지를 평균중심화할 필요가 없다.**

그림 12-8 Little 등의 접근법

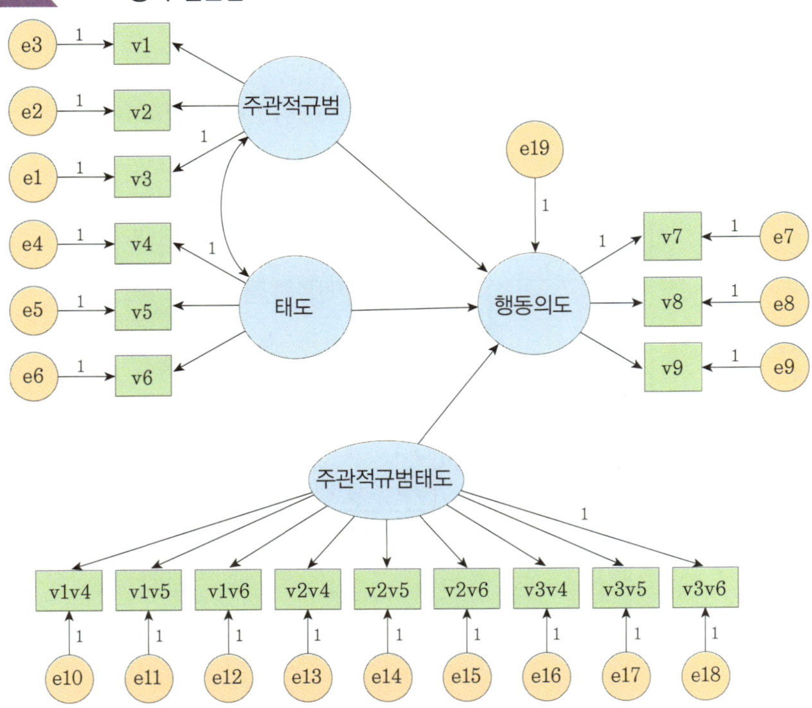

이하에서 합리적 행동모델을 대상으로 Little 등의 접근법에 의한 조절효과분석에 대해 살펴보기로 한다.

1 먼저 [nomiss.sav]를 SPSS에서 연다. 잠재독립변수인 주관적규범에 해당하는 지표(v1, v2, v3)와 잠재조절변수인 태도에 해당하는 지표(v4, v5, v6)의 적지표를 만든다. 이를 위해 SPSS 메뉴의 [변환] → [변수계산]을 클릭하여 [변수계산] 창에서 [대상변수]에 [v1v4]라 입력하고, [숫자표현식]에 [v1*v4]라 입력한다. 이런 식으로 나머지 8개 변수도 동일한 작업을 한다. 다음은 이 작업을 마친 변수들을 보인 것이다.

v1v4	v1v5	v1v6	v2v4	v2v5	v2v6	v3v4	v3v5	v3v6
12.00	15.00	12.00	16.00	20.00	16.00	16.00	20.00	16.00
20.00	20.00	20.00	25.00	25.00	25.00	20.00	20.00	20.00
9.00	12.00	12.00	9.00	12.00	12.00	9.00	12.00	12.00
20.00	20.00	20.00	25.00	25.00	25.00	20.00	20.00	20.00
20.00	20.00	20.00	25.00	25.00	25.00	30.00	30.00	30.00
25.00	25.00	25.00	30.00	30.00	30.00	25.00	25.00	25.00
9.00	9.00	9.00	12.00	12.00	12.00	12.00	12.00	12.00
12.00	12.00	12.00	15.00	15.00	15.00	12.00	12.00	12.00
8.00	12.00	12.00	10.00	15.00	15.00	8.00	12.00	12.00
15.00	15.00	10.00	12.00	12.00	8.00	12.00	12.00	8.00

2 적지표(v1v4, v1v5, v1v6, v2v4, v2v5, v2v6, v3v4, v3v5, v3v6)를 종속변수로 (v1, v2, v3, v4, v5, v6)을 독립변수로 해서 회귀분석을 한다. 이를 위해 [분석] → [회귀분석] → [선형]으로 간다. [v1v4]를 종속변수란으로, [v1]부터 [v6]까지를 독립변수란으로 보낸다.

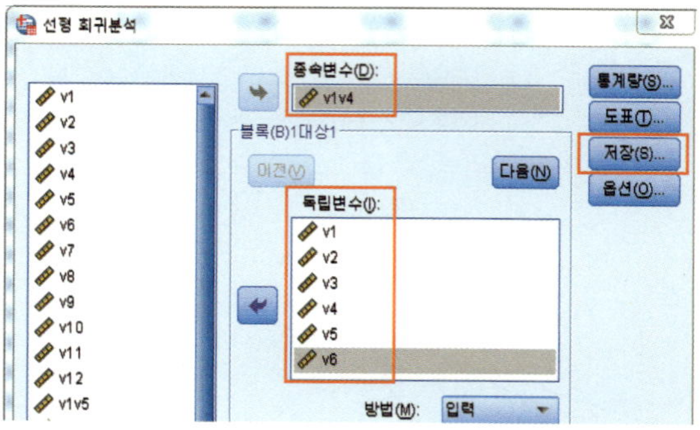

3 [저장] 버튼을 클릭한다. [잔차] 란에 있는 [비표준화]를 체크하고 [계속] 버튼을 클릭한다. [확인] 버튼을 클릭한다. 그러면 잔차값이 만들어진다.

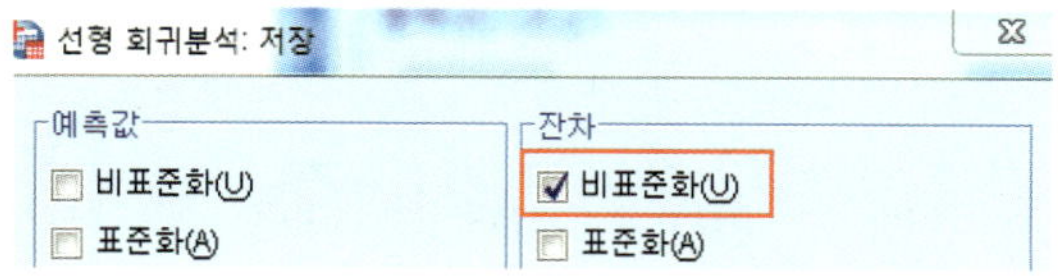

4 ∴ 이런 식으로 나머지 8개의 적지표도 동일한 작업을 한다. 다음은 모든 작업을 한 후 얻게 되는 잔차값을 보인 것이다.

RES_1	RES_2	RES_3	RES_4	RES_5	RES_6	RES_7	RES_8	RES_9
-.73933	-1.92802	-.92506	-.47651	-.57249	-.47279	-.50249	-.74664	-.49230
-.44395	-.41983	-.39560	.85632	.99124	.99840	-.79183	-.73535	-.71760
.13948	-1.02628	-.93215	.11416	-.97221	-.88325	.17831	-1.05040	-1.00415
-.44395	-.41983	-.39560	.85632	.99124	.99840	-.79183	-.73535	-.71760
-.20079	-.21649	-.25085	1.00902	1.04859	1.08410	2.33762	2.41057	2.42966

5 ∴ SPSS에서 밑에 있는 [데이터보기][변수보기]에서 [변수보기]를 클릭한다. [설명]란에 있는 [Unstandardized..]를 모두 지운다. 이는 Amos에서 변수를 드래그 앤 드롭으로 갖다 놓을 때, 이를 지우지 않으면 [Unstandardized Residual]이 관측변수 이름으로 따라오기 때문이다(이를 지우지 않고 독자들이 직접 해보기 바람). 이를 [little.sav]로 저장하였다.

RES_1	숫자	11	5	Unstandardized...	없음
RES_2	숫자	11	5	Unstandardized...	없음
RES_3	숫자	11	5	Unstandardized...	없음
RES_4	숫자	11	5	Unstandardized...	없음

6 ∴ 주관적규범태도의 지표에 [res_1]부터 [res_9]까지를 갖다 놓는다.

7 ∴ 이제 오차분산 'e10' 부터 'e18'을 상관이 있는 것으로 연결해야 한다. 이 부분이 Little 등의 방법에 의해 할 때 조금 힘들다. 먼저, v1, v2, v3의 변수를 갖는 것끼리 연결한다. 즉, v1v4, v1v5, v1v6, v2v4, v2v5, v2v6, v3v4, v3v5, v3v6을 연결한다. 예를 들어, 적지표(v1v4, v1v5, v1v6, v2v4, v2v5, v2v6, v3v4, v3v5, v3v6)에서 동일한 숫자가 들어가 있는 변수끼리 상관을 연결하면 된다.

그림 12-9 오차분산의 연결

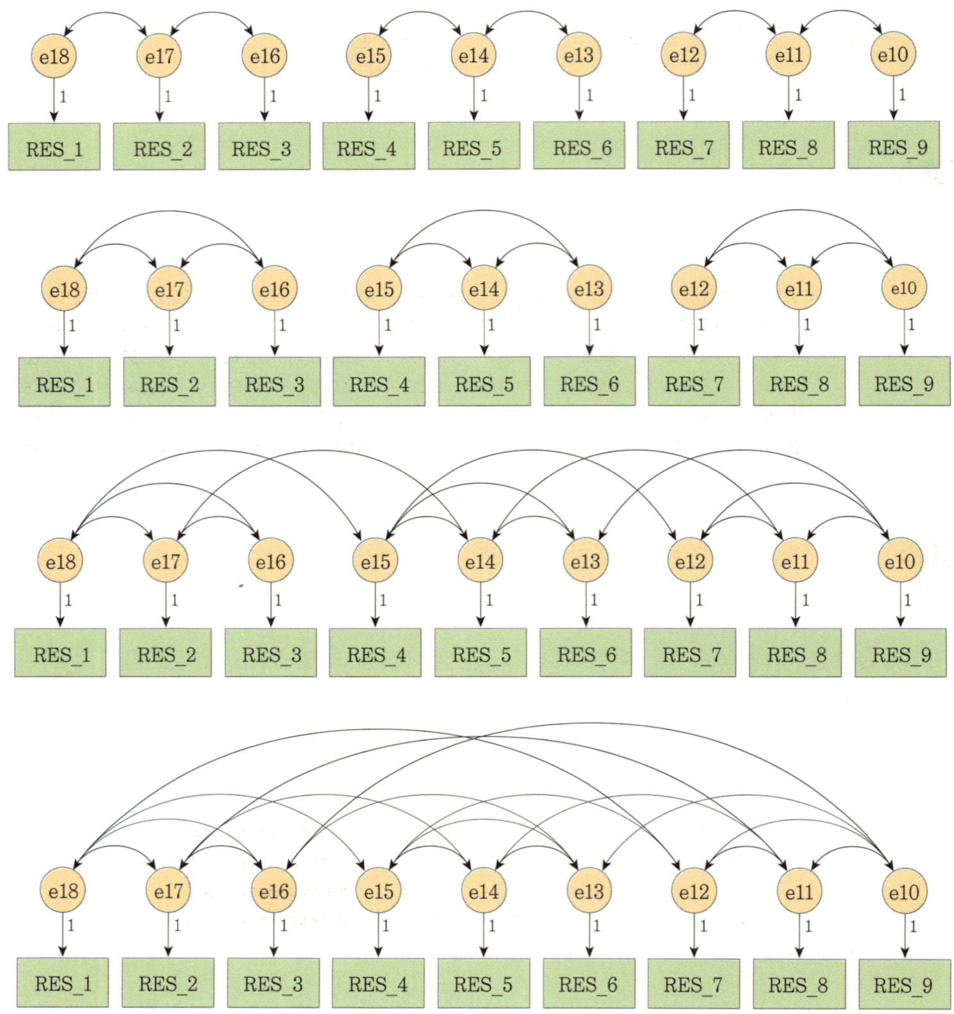

8 :· 지금까지 한 작업을 [Input 12-11]로 저장하였다.

Input 12-11 Little 등의 방법에 의한 조절효과분석

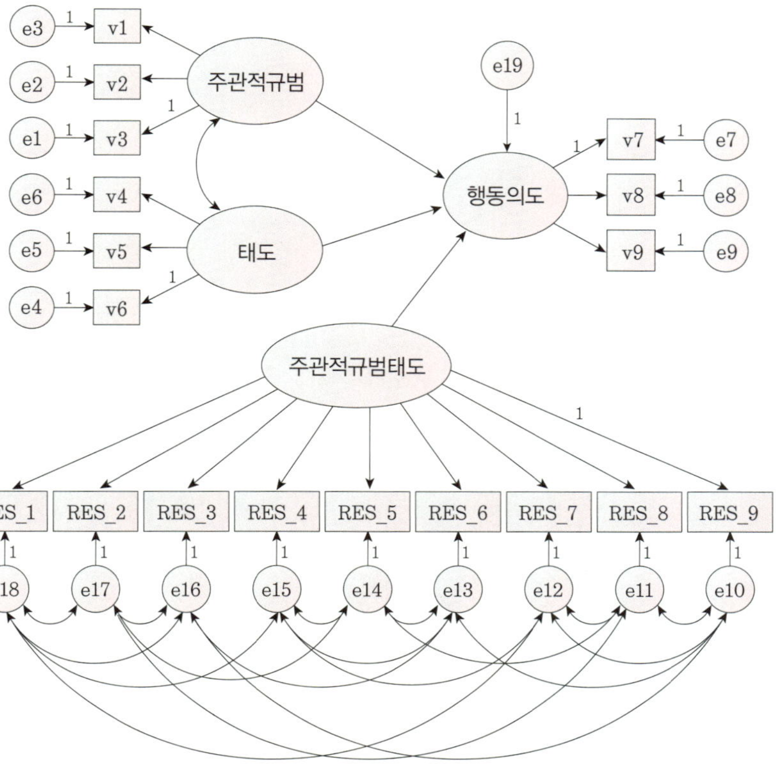

9 이를 실행하면 다음과 같은 모수치 및 적합도를 얻는다.

Output 12-11 Little 등의 방법에 의한 분석 결과

CMIN

Model	NPAR	CMIN	DF	P	CMIN/DF
Default model	58	77.953	113	.995	.690

Regression Weights: (Group number 1 - Default model)

			Estimate	S.E.	C.R.	P
행동의도	<---	주관적규범	.242	.034	7.127	***
행동의도	<---	태도	.125	.035	3.547	***
행동의도	<---	주관적규범태도	-.016	.033	-.489	.625

10 상호작용효과가 비유의적인 것으로 나타나 조절효과가 없다고 해석한다.

CHAPTER 13

매개효과분석 (Ⅰ): 단일매개모델

1. 매개효과분석의 의의
2. 단일매개효과모델: 예 1
3. 단일매개효과모델: 예 2
4. 단일매개효과모델: 예 3

CHAPTER

13 매개효과분석(Ⅰ): 단일매개모델

1. 매개효과분석의 의의

매개변수(mediator, mediating variable)는 독립변수와 종속변수 간의 관계를 설명하기 위해 개입되는 변수이다. 즉 독립변수가 종속변수에 영향을 미치는 메커니즘(mechanism)과 관련된 변수이다. **매개효과분석(mediation effect analysis)**은 독립변수가 종속변수에 영향을 미치는 데 있어 '어떻게(how)' 또는 '왜(why)'의 질문에 답하는 성격을 갖는다. 예를 들어, 스트레스를 받으면 우울해진다고 가정한다. 이 경우, 스트레스를 받으면 '왜' 우울해지는가의 질문이 생긴다. 이에 대한 답을 하기 위해 '되새김(반추)'이라는 매개변수를 도입하여 스트레스를 받으면 그것을 곰곰이 되새기게 되고 이로 인해 더 우울해진다는 가설을 세울 수 있다. 매개효과분석에 관한 자세한 내용은 배병렬(2021)을 참고하기 바란다.

그림 13-1 반추의 매개효과모델

2. 단일매개효과모델: 예 1

단일매개모델(single mediator model) 또는 **단순매개모델(simple mediator model)**이란 독립변수와 종속변수 간의 관계에서 매개변수가 하나만 있는 모델을 의미한다. [그림

13-2] 모델을 통해 매개효과의 검정에 대해 살펴보기로 한다.

그림 13-2 단일매개모델

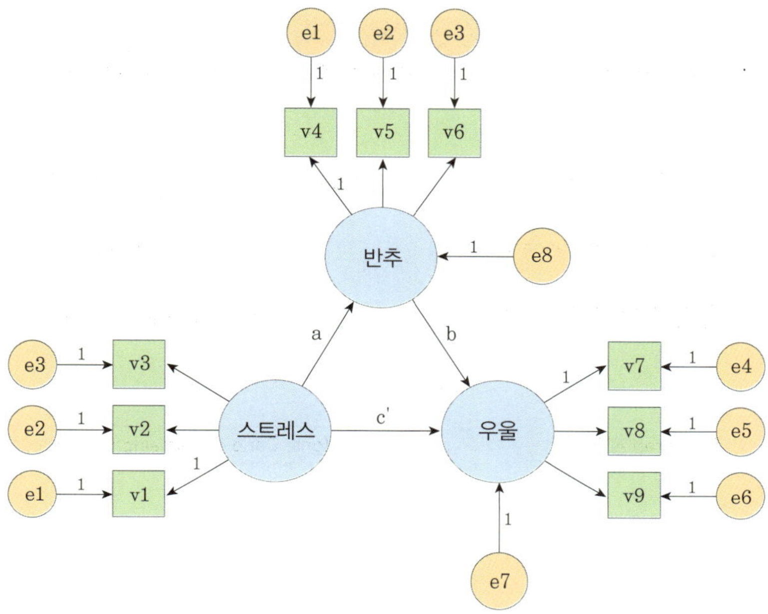

위 모델을 추정하기 위해 다음과 같은 절차에 따라 한다.

1 [Analysis Properties]의 [Output] 탭에서 [Indirect, direct & total effects]를 체크한다.

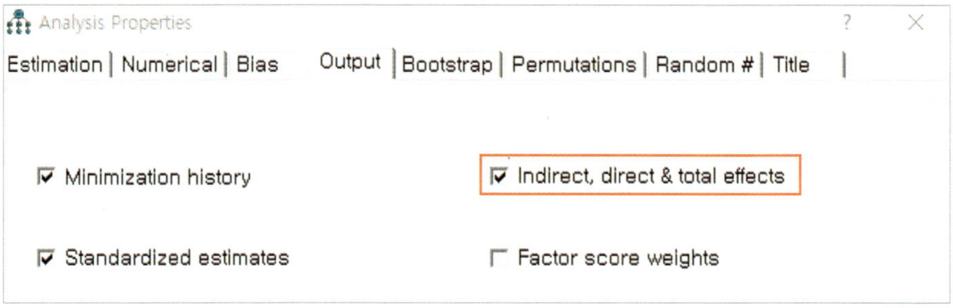

2 Amos에 의해 붓스트래핑을 수행하여 간접효과의 유의성을 검정하기 위해 [Analysis Properties]의 [Bootstrap] 탭에서 다음과 같이 체크한다. 여기에서 [Monte Carlo(parametric bootstrap)]를 체크하는 이유는 원자료가 아닌 행렬요약을 입력

자료로 사용하기 때문이다. 원자료를 사용하는 경우에는 이를 체크해도 되고 안 해도 된다. 체크하지 않으면 비모수 붓스트래핑을 하고, 체크하면 모수 붓스트래핑을 하게 된다.

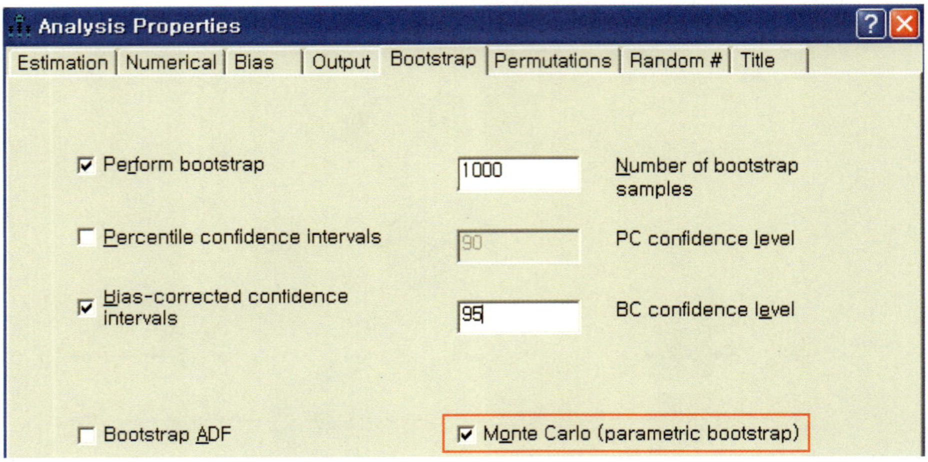

3 입력파일을 [Input 13-1]로 저장하였다.

Input 13-1 반추의 매개효과

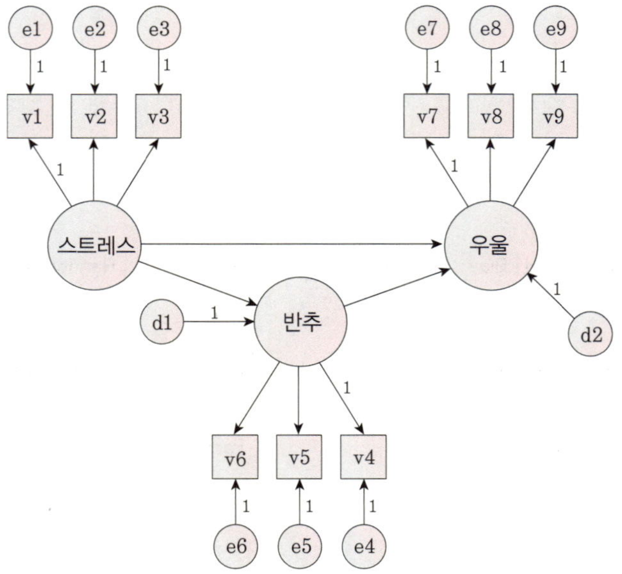

4 추정치계산 아이콘( )을 클릭하여 실행한다.

5 [Output] 창에서 결과를 보기 위해 다음과 같은 순으로 클릭한다. [Estimate] → [Matrices] → [Indirect Effects] → [Bootstrap Confidence] → [Bias−corrected percentile method] → [Two Tailed Significance(BC)].

Output 13-1 ••• **반추의 매개모델의 분석 결과**

Regression Weights: (Group number 1 - Default model)

			Estimate	S.E.	C.R.	P
반추	<---	스트레스	.217	.106	2.049	.040
우울	<---	반추	1.575	.436	3.613	***
우울	<---	스트레스	.021	.154	.138	.891

Direct Effects (Group number 1 - Default model)

	스트레스	반추	우울
반추	.217	.000	.000
우울	.021	1.575	.000

Direct Effects - Two Tailed Significance (BC) (Group number 1 - Default model)

	스트레스	반추	우울
반추	.005	...	...
우울	.856	.002	...

Indirect Effects (Group number 1 - Default model)

	스트레스	반추	우울
반추	.000	.000	.000
우울	.342	.000	.000

Indirect Effects - Two Tailed Significance (BC)

	스트레스	반추	우울
반추	...	...	...
우울	.005	...	...

6 간접효과계수는 .342(.217×1.575)이고, 이는 유의적인 것으로 나타났다($p = .005$). 붓스트래핑의 결과를 토대로 간접효과가 유의적이고, 스트레스 → 우울 경로계수(.021)가 비유의적($p = .856$)인 것으로 나타나 **간접만 매개(indirect-only mediation)**가 있다고 해석한다.

3. 단일매개효과모델: 예 2

[그림 13-3]의 합리적 행동모델을 통해 매개효과분석에 대해 살펴보기로 한다.

그림 13-3 합리적 행동모델

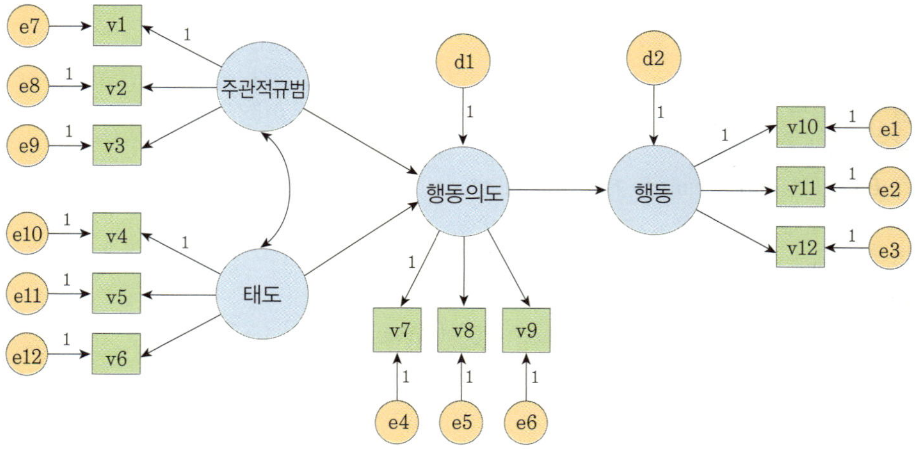

[그림 13-3]에서 볼 수 있듯, 주관적규범과 태도는 행동에 직접적인 영향을 미치지 않고, 행동의도를 매개해 영향을 주는 것으로 가설화되었다. 매개효과를 분석하기 위해 [nomiss.sav] 자료를 이용하기로 한다. 이를 분석하기 위해 다음과 같은 절차에 따라 한다.

3.1 주관적 규범과 행동 간 행동의도의 매개효과 검정

1 주관적 규범과 행동 간의 관계에서 행동의도의 매개효과를 검정하기 위해 주관적 규범이 행동에 직접 영향을 미치는 효과와 관련된 경로를 그린다.

2 앞서 제2절에서 설명한 대로 [Analysis Properties]에서 [Output] 탭과 [Bootstrap] 탭에서 필요한 것을 체크하고 설정한다.

3 간접효과의 유의도를 검정하기 위해 붓스트래핑을 한다. 붓스트래핑에는 비모수 붓스트래핑(non parametric bootstrap)과 모수 붓스트래핑(parametric bootstrap)이 있다. 이 분석에 사용된 자료는 원자료이기 때문에 비모수 붓스트래핑(non parametric bootstrap)과 모수 붓스트래핑(parametric bootstrap)을 모두 할 수 있다. 이에 대해서는 제3장에 자세히 설명되어 있으니 참고하기 바란다.

1) 비모수 붓스트래핑에 의한 추정

1 :: 비모수 붓스트래핑을 하기 위해 [Monte Carlo(parametric bootstrap)]을 체크하지 않는다.

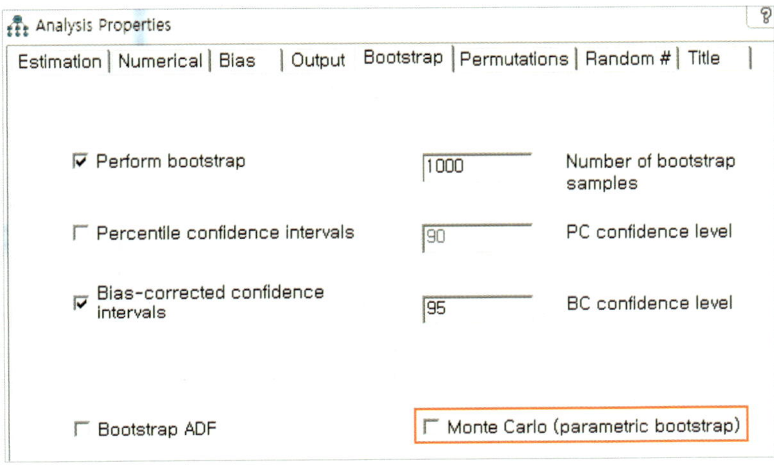

2 :: 주관적 규범과 행동 간의 관계에서 행동의도의 매개효과를 검정하기 위한 모델이 [Input 13-2]이다.

Input 13-2 ••• 행동의도의 매개효과

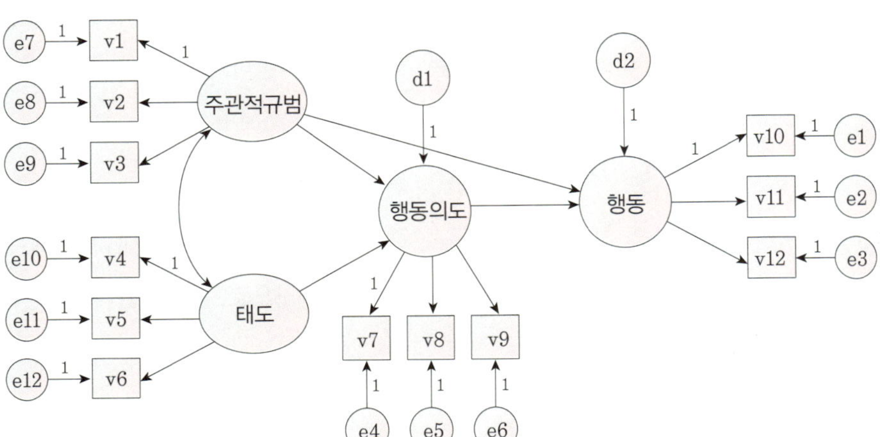

3 ∴ [Input 13-2]를 실행하면 [Output 13-2]의 모수치를 얻는다.

Output 13-2 ••• **행동의도의 분석 결과: 비모수 붓스트래핑 결과**

Regression Weights: (Group number 1 - Default model)

			Estimate	S.E.	C.R.	P
행동의도	<---	주관적규범	.270	.038	7.118	***
행동의도	<---	태도	.132	.037	3.590	***
행동	<---	행동의도	.383	.051	7.478	***
행동	<---	주관적규범	.304	.043	7.047	***

Direct Effects (Group number 1 - Default model)

	태도	주관적규범	행동의도	행동
행동의도	.132	.270	.000	.000
행동	.000	.304	.383	.000

Direct Effects - Two Tailed Significance (BC) (Group number 1 - Default model)

	태도	주관적규범	행동의도	행동
행동의도	.005	.002	...	...
행동	...	.002	.003	...

Indirect Effects (Group number 1 - Default model)

	태도	주관적규범	행동의도	행동
행동의도	.000	.000	.000	.000
행동	.051	.104	.000	.000

Indirect Effects - Two Tailed Significance (BC) (Group number 1 - Default model)

	태도	주관적규범	행동의도	행동
행동의도	...	...	...	...
행동	.003	.002	...	...

4 ∴ 행동의도는 주관적 규범과 행동 간에 간접효과계수(.104)가 유의적이고 ($p = .002$), 주관적 규범이 행동에 직접적인 영향을 미치므로 **보충매개 (complementary mediation)**를 하는 것으로 해석한다.

2) 모수 붓스트래핑에 의한 추정

1 ∴ 모수 붓스트래핑을 하기 위해 [Monte Carlo(parametric bootstrap)]을 체크한다. 모수 붓스트래핑에 의한 입력파일은 [Input 13-3]으로 저장되었다.

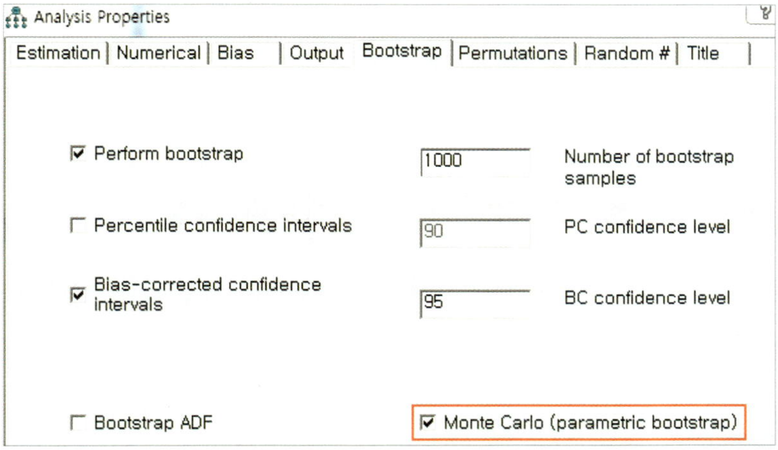

2 :· 이를 실행하면 [Output 13-3]의 모수치를 얻는다.

Output 13-3 ••• **행동의도의 분석 결과: 모수 붓스트래핑 결과**

Regression Weights: (Group number 1 - Default model)

			Estimate	S.E.	C.R.	P
행동의도	<---	주관적규범	.270	.038	7.590	***
행동의도	<---	태도	.132	.037	3.590	***
행동	<---	행동의도	.383	.051	7.478	***
행동	<---	주관적규범	.304	.043	7.047	***

Direct Effects (Group number 1 - Default model)

	태도	주관적규범	행동의도	행동
행동의도	.132	.270	.000	.000
행동	.000	.304	.383	.000

Direct Effects - Two Tailed Significance (BC) (Group number 1 - Default model)

	태도	주관적규범	행동의도	행동
행동의도	.002	.002	...	...
행동	...	.004	.002	...

Indirect Effects (Group number 1 - Default model)

	태도	주관적규범	행동의도	행동
행동의도	.000	.000	.000	.000
행동	.051	.104	.000	.000

Indirect Effects - Two Tailed Significance (BC) (Group number 1 - Default model)

	태도	주관적규범	행동의도	행동
행동의도	...	...	...	...
행동	.002	.001	...	...

3 ∴ 주관적 규범이 행동에 미치는 행동의도의 간접효과의 유의도가 비모수 붓스트래핑의 유의도($p=.002$)와 모수 붓스트래핑의 유의도($p=.001$)가 약간 차이가 있다.

3.2 태도와 행동 간 행동의도의 매개효과 검정

태도와 행동 간의 관계에서 행동의도의 매개효과를 검정하기로 한다. 이를 위한 모델은 [Input 13-4]이다.

Input 13-4 ••• **태도와 행동 간 행동의도의 매개효과 검정**

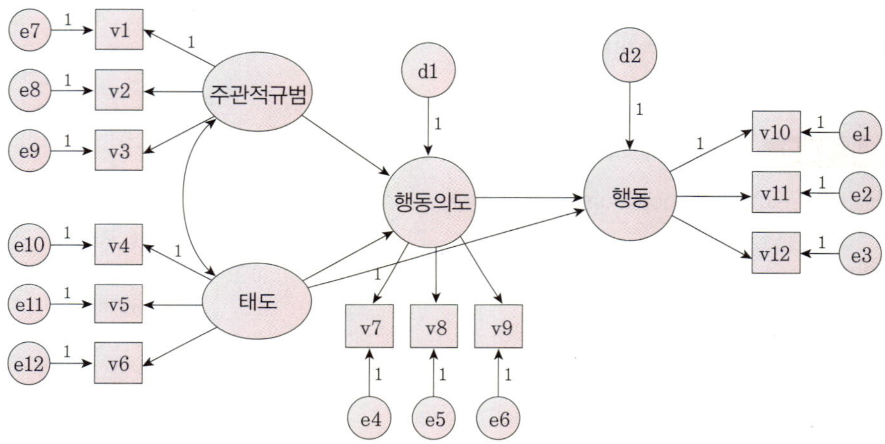

1) 비모수 붓스트래핑에 의한 추정

1 ∴ [Input 13-4]를 비모수 붓스트래핑에 의해 추정하면 [Output 13-4]의 결과를 얻는다.

Output 13-4 ••• **행동의도의 분석 결과: 비모수 붓스트래핑에 의한 추정결과**

Regression Weights: (Group number 1 - Default model)

			Estimate	S.E.	C.R.	P
행동의도	<---	주관적규범	.287	.038	7.557	***
행동의도	<---	태도	.127	.037	3.451	***
행동	<---	행동의도	.499	.052	9.587	***
행동	<---	태도	.096	.042	2.278	.023

Direct Effects (Group number 1 - Default model)

	태도	주관적규범	행동의도	행동
행동의도	.127	.287	.000	.000
행동	.096	.000	.499	.000

Direct Effects - Two Tailed Significance (BC) (Group number 1 - Default model)

	태도	주관적규범	행동의도	행동
행동의도	.005	.002	...	...
행동	.028	...	.003	...

Indirect Effects (Group number 1 - Default model)

	태도	주관적규범	행동의도	행동
행동의도	.000	.000	.000	.000
행동	.063	.143	.000	.000

Indirect Effects - Two Tailed Significance (BC) (Group number 1 - Default model)

	태도	주관적규범	행동의도	행동
행동의도	...	...	...	...
행동	.004	.002	...	...

2) 모수 붓스트래핑에 의한 추정

1 ∴ [Input 13-4]를 모수 붓스트래핑에 의해 추정하면 [Output 13-5]의 결과를 얻는다.

Output 13-5 ••• **행동의도의 분석 결과: 모수 붓스트래핑에 의한 추정결과**

Regression Weights: (Group number 1 - Default model)

			Estimate	S.E.	C.R.	P
행동의도	<---	주관적규범	.287	.038	7.557	***
행동의도	<---	태도	.127	.037	3.451	***
행동	<---	행동의도	.499	.052	9.587	***
행동	<---	태도	.096	.042	2.278	.023

Direct Effects (Group number 1 - Default model)

	태도	주관적규범	행동의도	행동
행동의도	.127	.287	.000	.000
행동	.096	.000	.499	.000

Direct Effects - Two Tailed Significance (BC) (Group number 1 - Default model)

	태도	주관적규범	행동의도	행동
행동의도	.002	.002	...	...
행동	.028	...	.002	...

Indirect Effects (Group number 1 - Default model)

	태도	주관적규범	행동의도	행동
행동의도	.000	.000	.000	.000
행동	.063	.143	.000	.000

Indirect Effects - Two Tailed Significance (BC) (Group number 1 - Default model)

	태도	주관적규범	행동의도	행동
행동의도	…	…	…	…
행동	.002	.002	…	…

2 태도가 행동에 직접적으로 영향을 미치고, 태도가 행동의도를 매개해 행동에 간접적으로 영향을 미치므로 보충매개효과가 있다고 해석한다.

3.3 주관적 규범 및 태도와 행동 간 행동의도의 매개효과 동시 검정

이제 주관적 규범과 태도가 행동의도를 매개해 행동에 동시에 영향을 미친다고 가정한 모델을 검정하기로 한다. 이를 위한 모델이 [Input 13-6]이다.

Input 13-6 주관적 규범 및 태도와 행동 간 행동의도의 매개효과

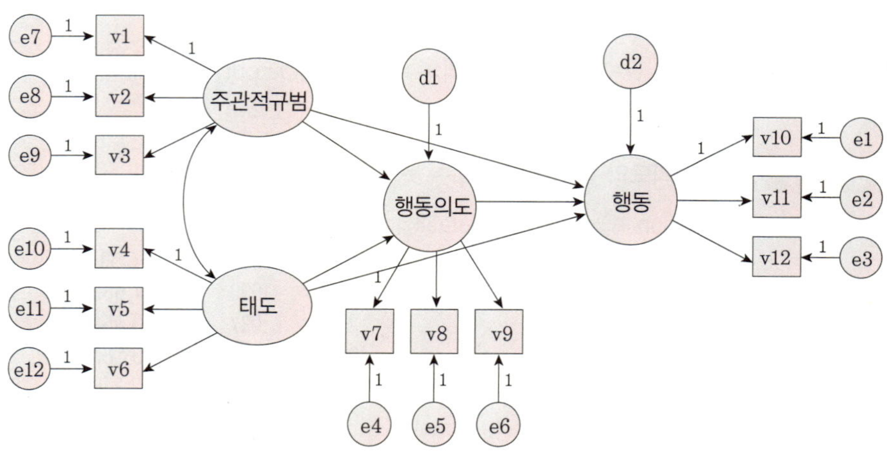

1) 비모수 붓스트래핑에 의한 추정

Output 13-6 행동의도의 분석 결과: 비모수 붓스트래핑에 의한 추정

Regression Weights: (Group number 1 - Default model)

			Estimate	S.E.	C.R.	P
행동의도	<---	주관적규범	.271	.038	7.135	***
행동의도	<---	태도	.131	.037	3.542	***
행동	<---	행동의도	.373	.052	7.205	***
행동	<---	태도	.049	.041	1.188	.235
행동	<---	주관적규범	.296	.044	6.766	***

Direct Effects (Group number 1 - Default model)

	태도	주관적규범	행동의도	행동
행동의도	.131	.271	.000	.000
행동	.049	.296	.373	.000

Direct Effects - Two Tailed Significance (BC) (Group number 1 - Default model)

	태도	주관적규범	행동의도	행동
행동의도	.005	.002	...	...
행동	.273	.001	.003	...

Indirect Effects (Group number 1 - Default model)

	태도	주관적규범	행동의도	행동
행동의도	.000	.000	.000	.000
행동	.049	.101	.000	.000

Indirect Effects - Two Tailed Significance (BC) (Group number 1 - Default model)

	태도	주관적규범	행동의도	행동
행동의도	...	...	...	...
행동	.003	.002	...	...

2) 모수 붓스트래핑에 의한 추정

Output 13-7 ••• **행동의도의 분석 결과: 모수 붓스트래핑에 의한 추정**

Regression Weights: (Group number 1 - Default model)

			Estimate	S.E.	C.R.	P
행동의도	<---	주관적규범	.271	.038	7.135	***
행동의도	<---	태도	.131	.037	3.542	***
행동	<---	행동의도	.373	.052	7.205	***
행동	<---	태도	.049	.041	1.188	.235
행동	<---	주관적규범	.296	.044	6.766	***

Direct Effects (Group number 1 - Default model)

	태도	주관적규범	행동의도	행동
행동의도	.131	.271	.000	.000
행동	.049	.296	.373	.000

Direct Effects - Two Tailed Significance (BC) (Group number 1 - Default model)

	태도	주관적규범	행동의도	행동
행동의도	.002	.002	...	...
행동	.271	.003	.003	...

Indirect Effects (Group number 1 - Default model)

	태도	주관적규범	행동의도	행동
행동의도	.000	.000	.000	.000
행동	.049	.101	.000	.000

Indirect Effects - Two Tailed Significance (BC) (Group number 1 - Default model)

	태도	주관적규범	행동의도	행동
행동의도	...	...	...	...
행동	.002	.001	...	...

1 ∴ 태도는 행동에 직접적인 영향을 주지 않는 것으로 나타났다. 그러므로 태도와 행동 간의 관계에서 행동의도는 **간접만 매개(indirect-only mediation)**가 있다고 해석할 수 있다. 이러한 해석은 [Output 13-5]에서 살펴본 것과 다른 결과를 얻는다. 따라서 **독립변수가 여러 개가 있고 단일매개인 경우 각각의 분석을 통해 얻은 결과를 토대로 해석해야 함을 알 수 있다.**

4. 단일매개효과모델: 예 3

[그림 13-4] 모델을 대상으로 매개효과를 검정하기로 한다. 이 모델을 검정하기 위한 자료는 원자료이다. 원자료를 이용하므로 모수 붓스트래핑과 비모수 붓스트래핑을 모두 이용할 수 있다. 이 가운데 비모수 붓스트래핑에 초점을 맞추어 추정하기로 한다.

그림 13-4 Delight의 매개효과(제안모델)

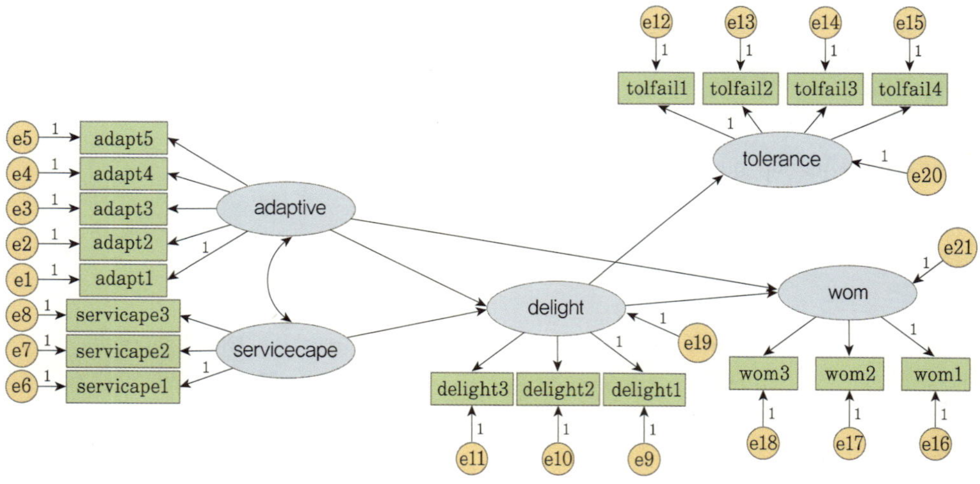

제안모델을 살펴보면, adaptive와 servicescape는 tolerance에 직접효과가 없고, servicescape는 tolerance와 wom에 직접효과가 없는 것으로 가설화되었다.

4.1 adaptive와 tolerance 간 delight의 매개효과

1 adaptive와 tolerance 간 delight의 매개효과를 검정하기 위해 adaptive → tolerance 경로를 그린다.

Input 13-7 adaptive와 tolerance 간 delight의 매개효과

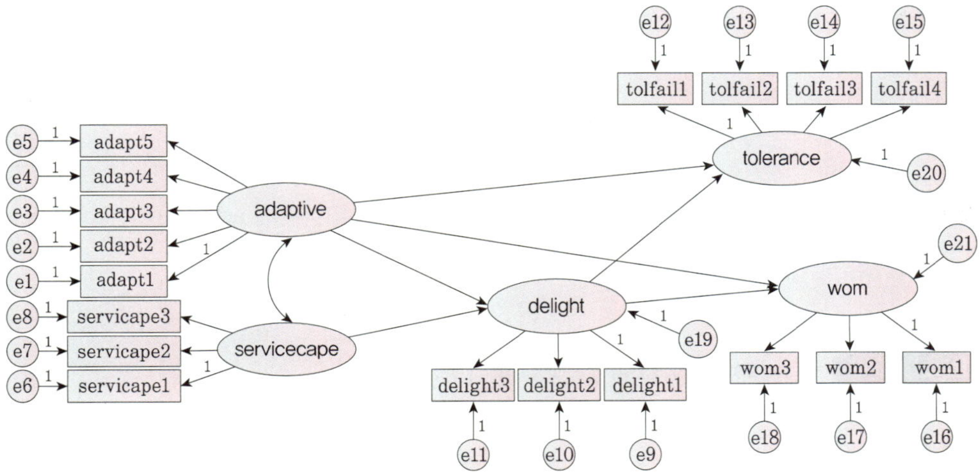

2 이를 실행하면 [Output 13-7]의 결과를 얻는다.

Output 13-7 adaptive와 tolerance 간 delight의 매개효과

Direct Effects (Group number 1 - Default model)

	servicescape	adaptive	delight	wom	tolerance
delight	.196	.447	.000	.000	.000
wom	.000	.067	.729	.000	.000
tolerance	.000	.099	.695	.000	.000

Direct Effects - Two Tailed Significance (BC) (Group number 1 - Default model)

	servicescape	adaptive	delight	wom	tolerance
delight	.000	.000	...	...	...
wom	...	.445	.000	...	...
tolerance	...	.142	.000	...	...

Indirect Effects (Group number 1 - Default model)

	servicescape	adaptive	delight	wom	tolerance
delight	.000	.000	.000	.000	.000
wom	.143	.325	.000	.000	.000
tolerance	.136	.310	.000	.000	.000

Indirect Effects - Two Tailed Significance (BC) (Group number 1 - Default model)

	servicescape	adaptive	delight	wom	tolerance
delight	...	...	...	...	...
wom	.000	.000	...	...	...
tolerance	.000	.000	...	...	...

3 직접효과는 유의적이지 않고, 간접효과는 유의적이므로 **간접만 매개(indirect-only mediation)**가 있다고 해석한다.

4.2 adaptive와 wom 간 delight의 매개효과

1 adaptive와 wom 간 delight의 매개효과를 검정하기 위해 adaptive → tolerance 경로가 제외된 제안모델을 추정한다.

Input 13-8 adaptive와 wom 간 delight의 매개효과

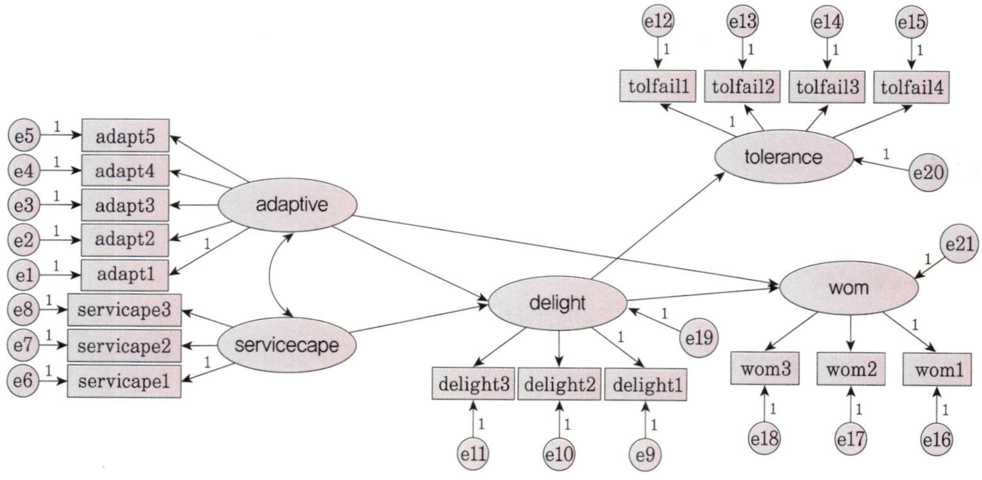

2 이를 실행하면 [Output 13-8]을 얻는다.

Output 13-8 adaptive와 wom 간 delight의 매개효과 분석 결과

Direct Effects (Group number 1 - Default model)

	servicescape	adaptive	delight	wom	tolerance
delight	.197	.450	.000	.000	.000
wom	.000	.057	.740	.000	.000
tolerance	.000	.000	.794	.000	.000

Direct Effects - Two Tailed Significance (BC) (Group number 1 - Default model)

	servicescape	adaptive	delight	wom	tolerance
delight	.000	.000	...	...	...
wom	...	.514	.000	...	...
tolerance	...	...	.000	...	...

Indirect Effects (Group number 1 - Default model)

	servicescape	adaptive	delight	wom	tolerance
delight	.000	.000	.000	.000	.000
wom	.146	.333	.000	.000	.000
tolerance	.156	.357	.000	.000	.000

Indirect Effects - Two Tailed Significance (BC) (Group number 1 - Default model)

	servicescape	adaptive	delight	wom	tolerance
delight	...	...	...	...	...
wom	.000	.000	...	...	...
tolerance	.000	.000	...	...	...

3 ∴ 직접효과는 유의적이지 않고, 간접효과는 유의적이므로 **간접만 매개(indirect-only mediation)**가 있다고 해석한다.

4.3 servicescape와 tolerance 간 delight의 매개효과

1 ∴ servicescape → tolerance에 미치는 직접효과를 포함한 모델을 추정한다.

Input 13-9 ••• servicescape와 tolerance 간 delight의 매개효과

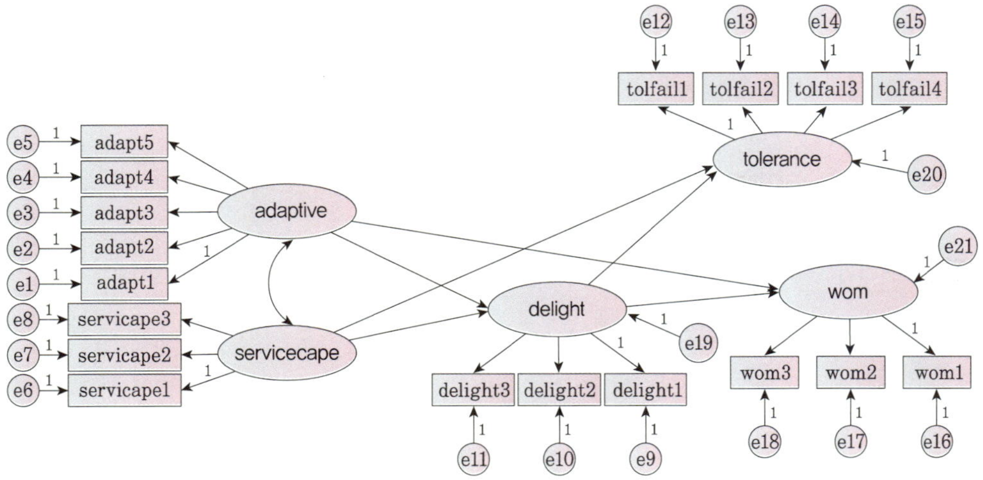

2 :· 이를 실행하면 [Output 13-9]의 결과를 얻는다.

Output 13-9 ••• servicescape와 tolerance 간 delight의 매개효과 분석 결과

Direct Effects (Group number 1 - Default model)

	servicescape	adaptive	delight	wom	tolerance
delight	.188	.452	.000	.000	.000
wom	.000	.064	.731	.000	.000
tolerance	.167	.000	.693	.000	.000

Direct Effects - Two Tailed Significance (BC) (Group number 1 - Default model)

	servicescape	adaptive	delight	wom	tolerance
delight	.000	.000	...	...	...
wom	...	.464	.000	...	...
tolerance	.013	...	.000	...	...

Indirect Effects (Group number 1 - Default model)

	servicescape	adaptive	delight	wom	tolerance
delight	.000	.000	.000	.000	.000
wom	.137	.330	.000	.000	.000
tolerance	.130	.313	.000	.000	.000

Indirect Effects - Two Tailed Significance (BC) (Group number 1 - Default model)

	servicescape	adaptive	delight	wom	tolerance
delight	...	...	...	...	...
wom	.000	.000	...	...	...
tolerance	.000	.000	...	...	...

3 :· 직접효과는 유의적이고, 간접효과도 유의적이므로 **보충매개(complementary mediation)**가 있다고 해석한다.

4.4 servicescape와 wom 간 delight의 매개효과

1 :· servicescape → wom에 미치는 직접효과를 포함한 모델을 추정한다.

Input 13-10 servicescape와 wom 간 delight의 매개효과

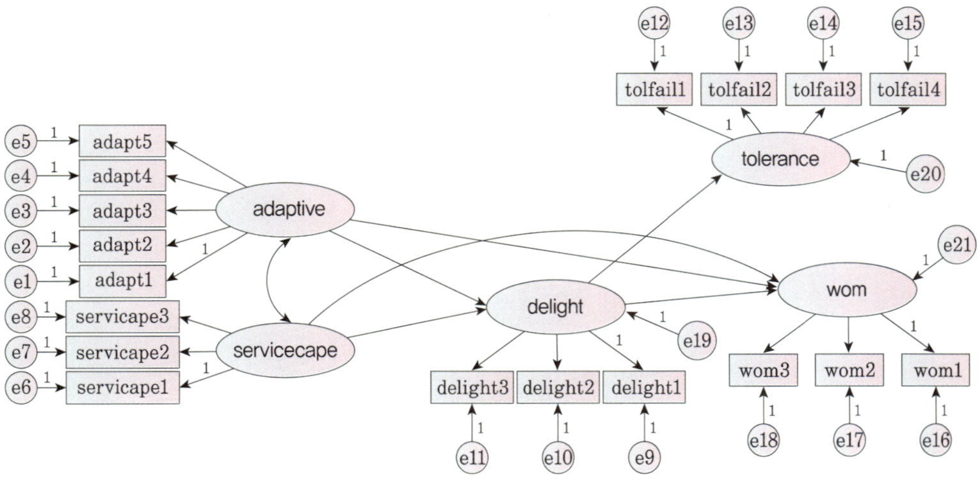

Output 13-10 servicescape와 wom 간 delight의 매개효과 분석 결과

Direct Effects (Group number 1 - Default model)

	servicescape	adaptive	delight	wom	tolerance
delight	.193	.452	.000	.000	.000
wom	.140	.028	.685	.000	.000
tolerance	.000	.000	.792	.000	.000

Direct Effects - Two Tailed Significance (BC) (Group number 1 - Default model)

	servicescape	adaptive	delight	wom	tolerance
delight	.000	.000	...	...	...
wom	.078	.758	.001	...	...
tolerance	...	...	.000	...	...

Indirect Effects (Group number 1 - Default model)

	servicescape	adaptive	delight	wom	tolerance
delight	.000	.000	.000	.000	.000
wom	.132	.309	.000	.000	.000
tolerance	.153	.358	.000	.000	.000

Indirect Effects - Two Tailed Significance (BC) (Group number 1 - Default model)

	servicescape	adaptive	delight	wom	tolerance
delight	...	...	...	...	...
wom	.000	.000	...	...	...
tolerance	.000	.000	...	...	...

2 직접효과는 유의적이지 않고, 간접효과는 유의적이므로 **간접만 매개(indirect-only mediation)**가 있다고 해석한다.

CHAPTER 14

매개효과분석 (Ⅱ): 다중매개모델

CHAPTER 14

매개효과분석(Ⅱ): 다중매개모델

1. 병렬다중매개모델

독립변수와 종속변수 간의 관계에서 매개변수가 여러 개 있는 모델을 **다중매개모델(multiple mediator model)**이라 한다. 다중매개모델은 매개변수가 어떤 인과적 관계를 갖느냐에 따라 **병렬다중매개모델(parallel multiple mediator model)**과 **연속다중매개모델(serial multiple mediator model)**로 나뉜다. [그림 14-1]은 병렬다중매개모델, [그림 14-2]는 연속다중매개모델을 나타낸 것이다. 다중매개모델에 관한 자세한 내용은 배병렬(2021)을 참고하기 바란다.

그림 14-1 병렬다중매개모델

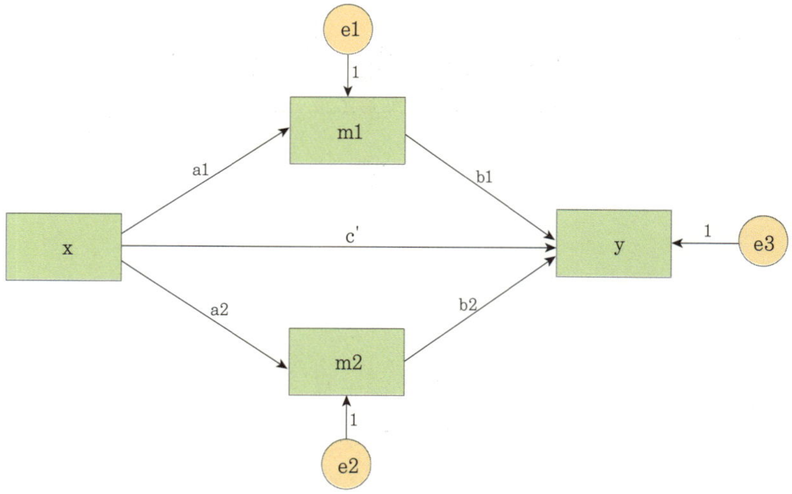

그림 14-2 연속다중매개모델

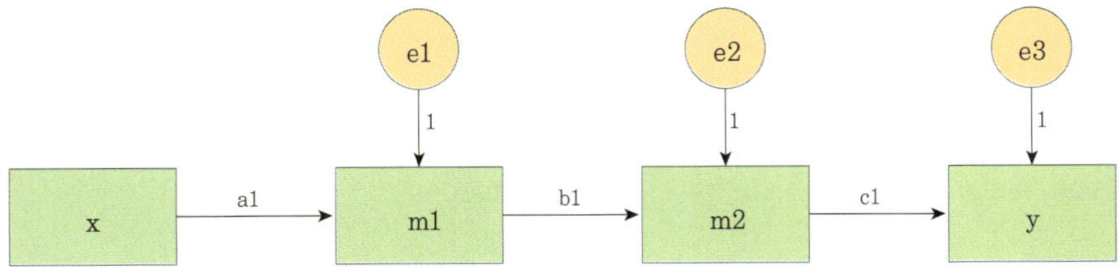

MacKinnon(2008)에 기술된 병렬다중매개모델에 대해 살펴보기로 한다. [Input 14-1] 모델을 보면, '교사의기대'가 '학생성적'에 미치는 효과는 '사회적분위기'를 통한 간접효과와 '학습자료구비'를 통한 간접효과의 합으로 구성되었음을 알 수 있다.

Input 14-1 ••• 2변수 병렬다중매개모델

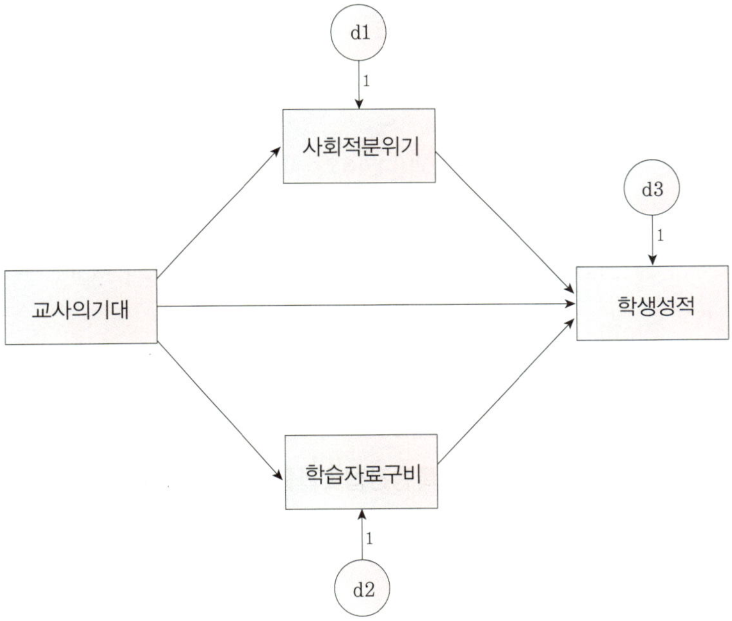

[Input 14-1]을 실행하면 다음과 같은 적합도 및 모수치를 얻는다.

Output 14-1 ••• 병렬다중매개 분석 결과

CMIN

Model	NPAR	CMIN	DF	P	CMIN/DF
Default model	9	3.595	1	.058	3.595

Regression Weights: (Group number 1 - Default model)

			Estimate	S.E.	C.R.	P
사회적분위기	<---	교사의기대	.840	.156	5.388	***
학습자료구비	<---	교사의기대	.222	.144	1.540	.124
학생성적	<---	사회적분위기	.569	.144	3.955	***
학생성적	<---	학습자료구비	.530	.156	3.403	***
학생성적	<---	교사의기대	.112	.188	.596	.551

Indirect Effects (Group number 1 - Default model)

	교사의기대	학습자료구비	사회적분위기
학습자료구비	.000	.000	.000
사회적분위기	.000	.000	.000
학생성적	.596	.000	.000

위의 Output에서 볼 수 있듯, Amos는 교사의기대가 학생성적에 미치는 간접효과(.596)를 사회적분위기를 통한 간접효과(.478)와 학습자료구비를 통한 간접효과(.118)로 분리하지 않고 이 두 효과를 합하여 보고한다. 즉, 다중매개모델인 경우 Amos에서 보고되는 간접효과는 **총간접효과(total indirect effect)**이다. LISREL과 Mplus는 이를 분리하여 특정간접효과를 보고한다.

특정간접효과(specific indirect effect)란 교사의기대가 학생성적에 미치는 간접효과(.596)를 사회적분위기를 통한 간접효과(.478)와 학습자료구비를 통한 간접효과(.118)로 분리하는 것을 의미한다. **Amos에서 특정간접효과를 얻기 위해서는 팬텀변수를 만들어서 추정하거나, 사용자 정의 추정(user-defined estimand)에 의해 분석해야 한다.**

1) 팬텀변수에 의한 특정간접효과의 추정

특정간접효과(specific indirect effect)는 다중매개모델에서 간접효과가 여러 개 있을 때 특정 변수와 관련된 간접효과를 의미한다. 즉, ① 교사의기대 → 사회적분위기 → 학생성적과 ② 교사의기대 → 학습자료구비 → 학생성적의 간접효과를 각각 계산하는 것을 의미한다.

매개변수 i를 경유한 x의 y에 대한 특정간접효과는 그 매개변수를 경유한 두 비표준화 계수의 곱에 의해 구한다. 예를 들어, 교사의기대 → 사회적분위기 → 학생성적의 간접효

과는 .840×.569=.478, 교사의기대 → 학습자료구비 → 학생성적의 간접효과는 .222 ×.530=.118에 의해 얻어진다.

Amos에서 특정간접효과를 얻고 이의 유의도를 얻기 위해서는 팬텀변수를 이용해야 한다. **팬텀변수(phantom variable)**는 모델적합도 및 모수치에 영향을 주지 않는 가상의 변수이다. 이를 위해 다음과 같은 절차에 따라 경로도를 만든다.

1 먼저, [Input 14-1]을 연다. 교사의기대 → 사회적분위기로 가는 경로를 더블클릭하면 나타나는 [Object Properties] 창의 [Parameters] 탭의 [Regression weight]에 'a'라 입력한다. 사회적분위기 → 학생성적으로 가는 경로는 'b'라고 입력한다. 나머지 경로도 이런 식으로 각각의 이름을 부여한다.

2 다음과 같은 경로도를 만든다. 이 경로도에서, 교사의기대 → 사회적분위기 → 학생성적은 p1 → p2의 팬텀변수로, 교사의기대 → 학습자료구비 → 학생성적은 p3 → p4의 팬텀변수로 표현되었다.

Input 14-2 팬텀변수를 이용한 특정간접효과 추정

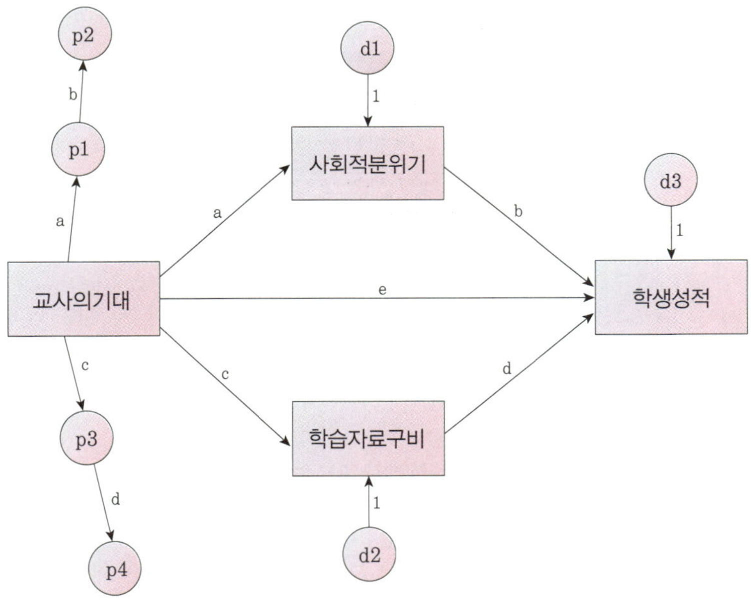

3 [Analysis Properties] → [Bootstrap] 탭에서 다음과 같이 체크한다. 여기에서 [Number of bootstrap samples]를 '2000'으로 입력했는데 이는 '1000'으로 해도 된

다. 그러나 가능하면 숫자가 클수록 정확한 값을 얻는다. [Monte Carlo (parametric bootstrap)]을 체크하지 않았기 때문에 비모수 붓스트래핑을 한다. 이를 체크하면 모수 붓스트래핑을 한다. 이 분석에 이용된 자료는 원자료이다.

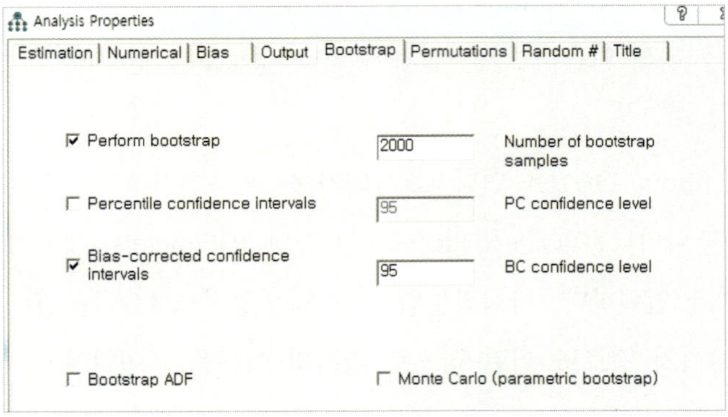

4 [Output] 탭에서 [Indirect, direct, & total effects]를 체크한다.

5 이를 [Input 14-2]로 저장하였다.

6 실행 아이콘을 클릭하면 다음과 같은 경고문이 나타나는데, [Proceed with the analysis] 버튼을 클릭한다.

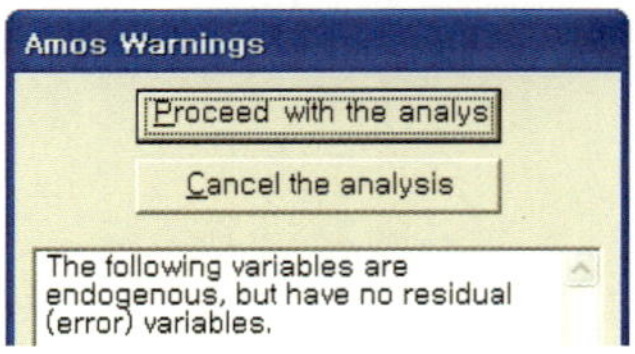

7 [Output 14-2]는 이를 실행하여 얻는 적합도 및 모수치 가운데 일부를 제시한 것이다. 제3장에서 이 결과를 보기 위한 절차에 대해 설명하였다.

Output 14-2 ••• **팬텀변수에 의한 다중매개모델분석 결과: 비모수 붓스트래핑**

CMIN

Model	NPAR	CMIN	DF	P	CMIN/DF
Default model	9	3.595	1	.058	3.595

Indirect Effects (Group number 1 - Default model)

	교사의기대	학습자료구비	사회적분위기
p3	.000	.000	.000
p1	.000	.000	.000

학습자료구비	.000	.000	.000
사회적분위기	.000	.000	.000
p4	.118	.000	.000
p2	.478	.000	.000
학생성적	.596	.000	.000

Indirect Effects - Two Tailed Significance (BC) (Group number 1 - Default model)

	교사의기대	학습자료구비	사회적분위기
p3	...	...	...
p1	...	...	...
학습자료구비	...	...	...
사회적분위기	...	...	...
p4	.081	...	...
p2	.001	...	...
학생성적	.001	...	...

8 출력을 통해 알 수 있듯, 모델적합도는 [Output 14-1]과 같다. 교사의기대 → 사회적분위기 → 학생성적에 미치는 간접효과는 'p2'를 보면 되고, 교사의기대 → 학습자료구비 → 학생성적의 간접효과는 'p4'를 보면 된다. 학습자료구비의 간접효과는 .118이고 비유의적이고(p4), 사회적분위기의 간접효과는 .478이고 유의적이다(p2).

9 [Output 14-2-1]은 모수 붓스트래핑에 의한 결과를 제시한 것이다. 간접효과의 계수는 비모수 붓스트래핑과 같지만 유의도는 다르다.

Output 14-2-1 팬텀변수에 의한 다중매개모델분석 결과: 모수 붓스트래핑

Indirect Effects - Two Tailed Significance (BC) (Group number 1 - Default model)

	교사의기대	학습자료구비	사회적분위기
p3	...	...	...
p1	...	...	...
학습자료구비	...	...	...
사회적분위기	...	...	...
p4	.104	...	...
p2	.001	...	...
학생성적	.001	...	...

2) 팬텀변수에 의한 매개효과의 차이검정

두 매개효과의 차이검정을 팬텀변수를 이용하여 실행해보기로 한다. 이 경우는 하나는 간접효과가 없고, 하나는 간접효과가 있는 것으로 나왔기 때문에 두 매개효과는 차이가 있을 것으로 예상할 수 있다.

1 :· 이를 위해 [그림 14-3]과 같은 경로도를 만든다.

그림 14-3 **매개효과 차이검정을 위한 모델**

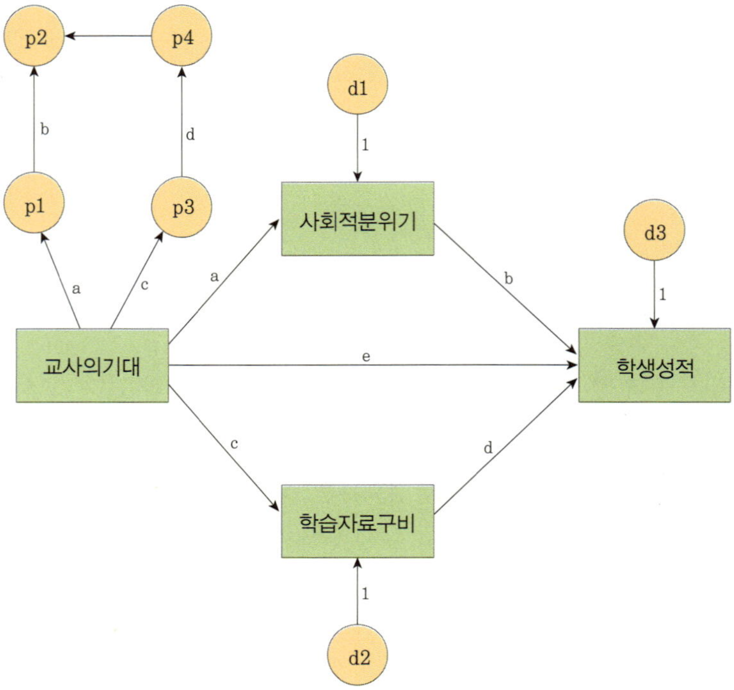

2 :· p4 → p2로 가는 경로를 설정하고, 이 경로를 더블클릭하면 나타나는 [Object Properties] 창의 [Parameters] 탭의 [Regression weight]에 '-1'이라 입력한다.

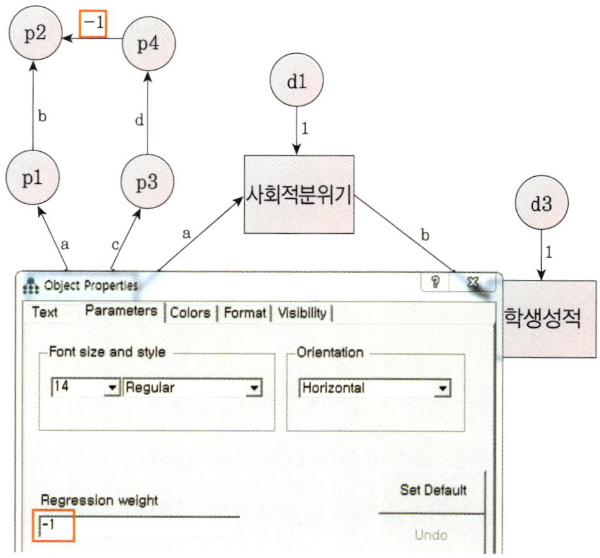

3 ∴ 이 입력파일을 [Input 14-3]으로 저장하였다.

Input 14-3 ••• **팬텀변수에 의한 차이검정**

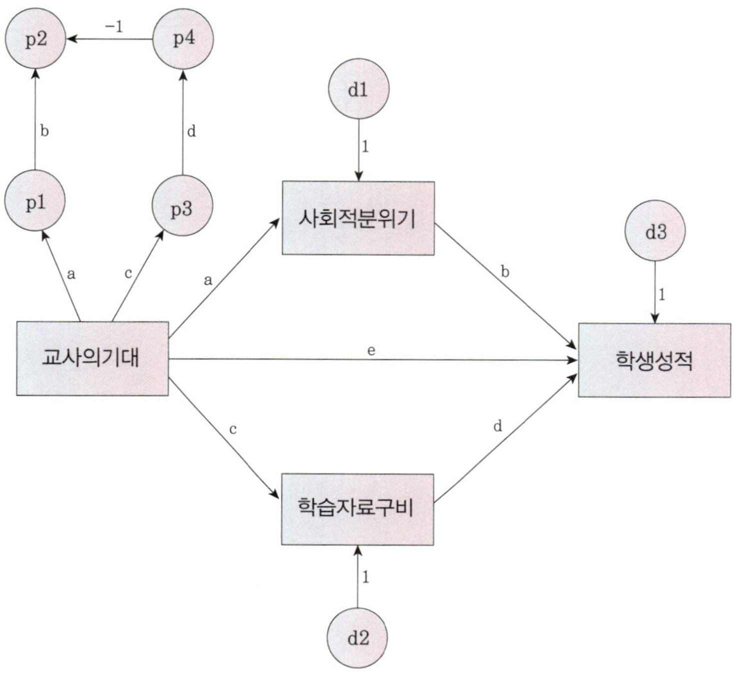

4 ∴ 이를 실행하면 다음과 같은 모수치를 얻는다.

Output 14-3 ••• **팬텀변수에 의한 차이검정 결과: 비모수 붓스트래핑**

Indirect Effects (Group number 1 - Default model)

	교사의기대	학습자료구비	사회적분위기
p3	.000	.000	.000
p4	.118	.000	.000
p1	.000	.000	.000
학습자료구비	.000	.000	.000
사회적분위기	.000	.000	.000
p2	.361	.000	.000
학생성적	.596	.000	.000

Indirect Effects - Two Tailed Significance (BC) (Group number 1 - Default model)

	교사의기대	학습자료구비	사회적분위기
p3	...	...	...
p4	.081	...	...
p1	...	...	...
학습자료구비	...	...	...
사회적분위기	...	...	...
p2	.035	...	...
학생성적	.001	...	...

5 두 매개효과의 차이(.478−.118=.361)는 유의적($p < .05$)인 것으로 나타났다. 모수 붓스트래핑으로 추정하면 [Output 14-3-1]의 결과를 얻는다.

Output 14-3-1 팬텀변수에 의한 차이검정 결과: 모수 붓스트래핑

Indirect Effects - Two Tailed Significance (BC) (Group number 1 - Default model)

	교사의기대	학습자료구비	사회적분위기
p3	...	...	...
p4	.104	...	...
p1	...	...	...
학습자료구비	...	...	...
사회적분위기	...	...	...
p2	.035	...	...
학생성적	.001	...	...

6 위 모델을 p2 → p4로 설정한 후 분석해 보기로 한다. 이를 위한 입력파일은 [Input 14-3-2]와 같다.

Input 14-3-2 팬텀변수에 의한 차이검정

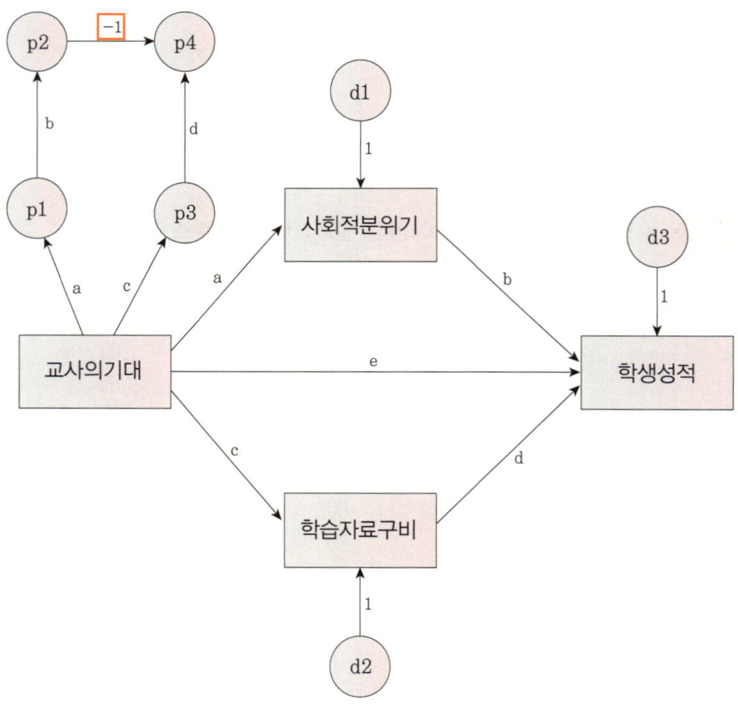

7 이를 실행하면 다음과 같은 결과를 얻는다.

Output 14-3-2 팬텀변수에 의한 차이검정: 비모수 붓스트래핑

Indirect Effects (Group number 1 - Default model)

	교사의기대	학습자료구비	사회적분위기
p1	.000	.000	.000
p3	.000	.000	.000
p2	.478	.000	.000
학습자료구비	.000	.000	.000
사회적분위기	.000	.000	.000
p4	-.361	.000	.000
학생성적	.596	.000	.000

Indirect Effects - Two Tailed Significance (BC) (Group number 1 - Default model)

	교사의기대	학습자료구비	사회적분위기
p1	...	...	...
p3	...	...	...
p2	.001	...	...
학습자료구비	...	...	...
사회적분위기	...	...	...
p4	.035	...	...
학생성적	.001	...	...

8 화살표 방향이 바뀌면(즉 화살표를 p2에서 p4로 그리면) 값과 유의도는 같다. 그러나 부호는 다르다. 여기에서 화살표를 받는 팬텀변수가 빼기의 뒷부분임을 알 수 있다.

2. 연속다중매개모델

[Input 14-4]와 같은 연속다중매개모델을 살펴보기로 한다. 이 모델을 통해 알 수 있듯, 교사의기대가 학생성적에 미치는 효과는 사회적분위기 및 학습자료구비에 의해 연속적으로 매개되는 것으로 가설화되었다.

Input 14-4 연속다중매개모델

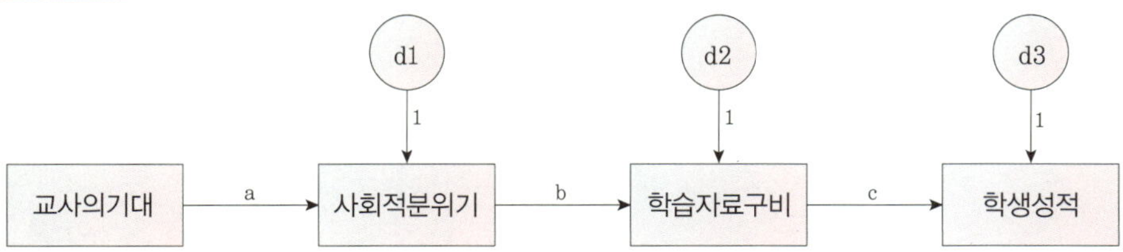

1 이를 실행하면 다음과 같은 적합도 및 모수치를 얻는다.

Output 14-4 연속다중매개모델 분석 결과

CMIN

Model	NPAR	CMIN	DF	P	CMIN/DF
Default model	7	29.860	3	.000	9.953

Regression Weights: (Group number 1 - Default model)

			Estimate	S.E.	C.R.	P	Label
사회적분위기	<---	교사의기대	.840	.156	5.388	***	a
학습자료구비	<---	사회적분위기	-.045	.115	-.386	.699	b
학생성적	<---	학습자료구비	.510	.206	2.477	.013	c

Indirect Effects (Group number 1 - Default model)

	교사의기대	사회적분위기	학습자료구비
사회적분위기	.000	.000	.000
학습자료구비	-.037	.000	.000
학생성적	-.019	-.023	.000

Indirect Effects - Two Tailed Significance (BC) (Group number 1 - Default model)

	교사의기대	사회적분위기	학습자료구비
사회적분위기	...	...	...
학습자료구비	.670	...	...
학생성적	.510	.528	...

2 교사의기대가 학생성적에 미치는 간접효과는 $a \times b \times c = .840 \times (-.045) \times .510 = -.019$에 의해 얻어진다. 이는 유의적이지 않아($p = .510$) 간접효과가 없는 것으로 나타났다.

3 이를 팬텀변수에 의해 분석하기로 한다. 이를 위해 [Input 14-5]와 같은 경로도를 작성한다.

Input 14-5 팬텀변수에 의한 연속다중매개모델

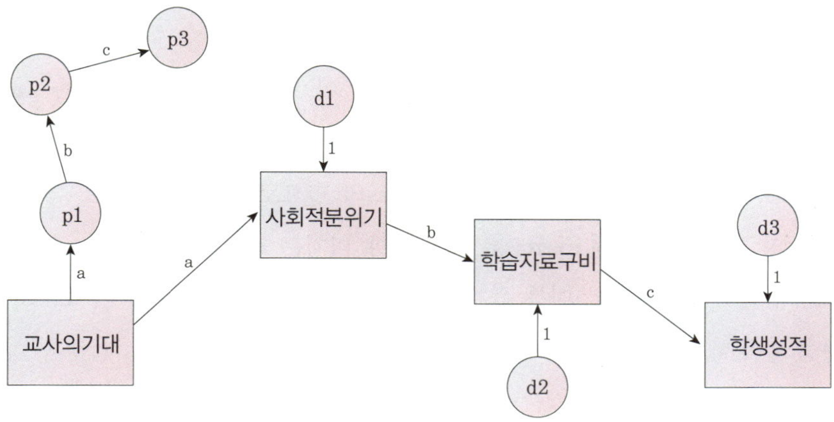

4 이를 실행하면 다음과 같은 적합도 및 모수치를 얻는다.

Output 14-5 연속다중매개모델 분석 결과

CMIN

Model	NPAR	CMIN	DF	P	CMIN/DF
Default model	7	29.860	3	.000	9.953

Indirect Effects (Group number 1 - Default model)

	교사의기대	사회적분위기	학습자료구비
p1	.000	.000	.000
사회적분위기	.000	.000	.000
p2	−.037	.000	.000
학습자료구비	−.037	.000	.000
p3	−.019	.000	.000
학생성적	−.019	−.023	.000

Indirect Effects - Two Tailed Significance (BC) (Group number 1 - Default model)

	교사의기대	사회적분위기	학습자료구비
p1	...	...	...
사회적분위기	...	...	...
p2	.670	...	...
학습자료구비	.670	...	...
p3	.510	...	...
학생성적	.510	.528	...

5 교사의기대가 학생성적에 미치는 효과(p3)는 유의적이지 않다. 연속다중매개모델인 경우에는 팬텀변수에 의해 분석하지 않아도([Input 14-4]) 팬텀변수로 분석한([Input 14-5]) 것과 동일한 결과를 얻는 것을 알 수 있다.

3. 다중매개모델: 예 1

[Input 14-6]은 제3장에 소개된 경로모델이다. 이 모델에서 볼 수 있듯, exercise가 illness에 미치는 간접효과는 ① exercise → fitness → illness, ② exercise → fitness → stress→ illness, ③ exercise → stress → illness의 합으로 구성된다.

특정간접효과를 보기 위해 exercise가 illness에 미치는 효과와 hard가 illness에 미치는 효과를 각각 분석할 수 있고, 이를 동시에 할 수도 있다. 먼저 exercise가 illness에 미치는 효과를 추정하기로 한다.

1) exercise가 illness에 미치는 특정간접효과 추정

1 팬텀변수에 의한 특정간접효과를 얻기 위해 다음과 같은 경로도를 작성하고, 각각의 경로 위에 명칭을 부여한다. 이 예에서 exercise → fitness로 가는 경로는 'a'로 입력하였다. 이런 식으로 각각의 경로를 더블클릭하여 경로의 명칭을 부여한다.

2 이제 팬텀변수를 만든다. 'p1'과 'p2' 잠재변수를 만들고(잠재변수 명칭은 임의로 해도 됨), 그에 해당하는 경로의 명칭을 부여한다. 이런 식으로 각각의 잠재변수에 해당하는 팬텀변수를 만들고 그에 해당하는 명칭을 부여한다.

3 이를 [Input 14-6]으로 저장하였다.

Input 14-6 팬텀변수에 의한 간접효과의 유의도 검정

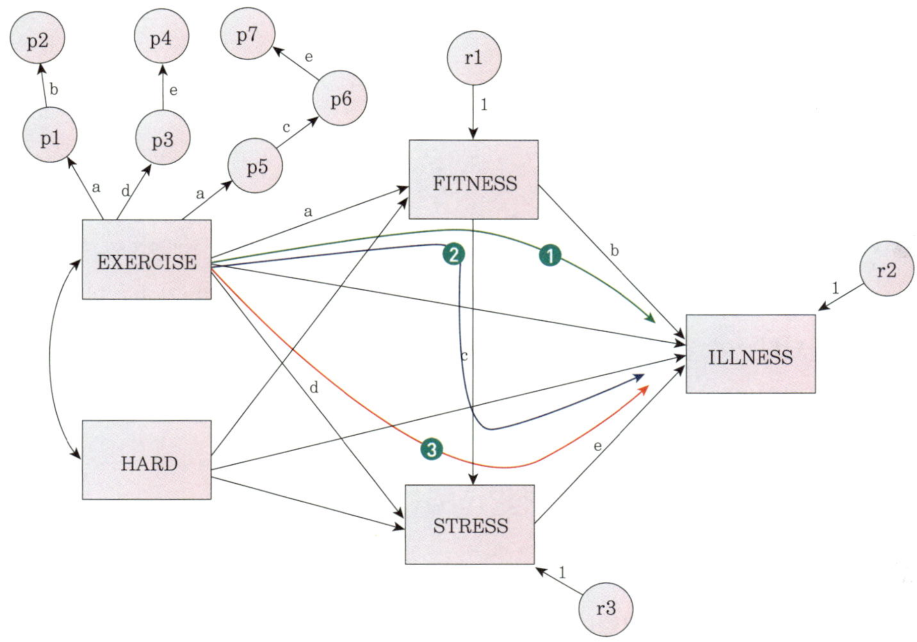

4 이를 추정하면 다음과 같은 모수치를 얻는다.

Output 14-6 팬텀변수에 의한 매개효과분석 결과

Indirect Effects (Group number 1 - Default model)

	HARD	EXERCISE	FITNESS	STRESS	
p5	.000	.000	.000	.000	
FITNESS	.000	.000	.000	.000	
p6	.000	−.043	.000	.000	
p3	.000	.000	.000	.000	
p1	.000	.000	.000	.000	
STRESS	−.016	−.043	.000	.000	
p7	.000	−.012	.000	.000	a×c×e ❷
p4	.000	−.004	.000	.000	d×e ❸
p2	.000	−.096	.000	.000	a×b ❶
ILLNESS	−.146	−.112	−.054	.000	

Indirect Effects - Two Tailed Significance (BC)

	HARD	EXERCISE	FITNESS	STRESS
p5	...	...	...	...
FITNESS	...	...	...	...
p6	...	.041	...	...
p3	...	...	...	...

p1	...	...	...	...
STRESS	.071	.041	...	...
p7	...	.040	...	...
p4	...	.738	...	...
p2	...	.001	...	...
ILLNESS	.002	.001	.047	...

5 exercise → fitness → illness의 간접효과=−.096, exercise → stress → illness의 간접효과=−.004, exercise → fitness → stress→ illness의 간접효과=−.012로 나타났다. 이 간접효과의 유의도는 exercise → stress → illness만 $p<.05$에서 유의적이지 않다(p4).

2) hard가 illness에 미치는 특정간접효과 추정

1 이제 hard가 illness에 미치는 특정간접효과를 검토하기로 한다. 이를 위해 다음과 같은 경로도를 그린다. 이를 [Input 14-7]로 저장하였다.

Input 14-7 팬텀변수에 의한 간접효과의 유의도 검정

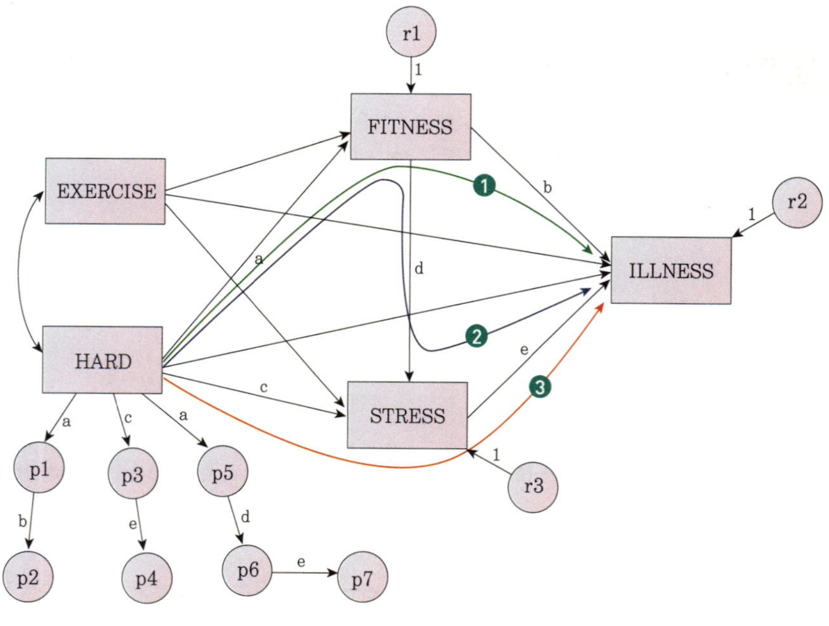

2 이를 추정하면 다음과 같은 모수치를 얻는다.

Output 14-7 ••• 팬텀변수에 의한 매개효과분석 결과

Indirect Effects (Group number 1 - Default model)

	HARD	EXERCISE	FITNESS	STRESS
p5	.000	.000	.000	.000
FITNESS	.000	.000	.000	.000
p6	-.016	.000	.000	.000
p3	.000	.000	.000	.000
p1	.000	.000	.000	.000
STRESS	-.016	-.043	.000	.000
p7	-.004	.000	.000	.000
p4	-.107	.000	.000	.000
p2	-.035	.000	.000	.000
ILLNESS	-.146	-.112	-.054	.000

Indirect Effects - Two Tailed Significance (BC)

	HARD	EXERCISE	FITNESS	STRESS
p5	...	...	...	...
FITNESS	...	...	...	...
p6	.071	...	...	...
p3	...	...	...	...
p1	...	...	...	...
STRESS	.071	.041	...	...
p7	.068	...	...	...
p4	.002	...	...	...
p2	.080	...	...	...
ILLNESS	.002	.001	.047	...

3 p4만 유의적이고 p2와 p7은 유의적이지 않다.

3) exercise와 hard가 illness에 미치는 특정간접효과 추정

1 이제 exercise와 hard가 illness에 미치는 간접효과를 동시에 분석하기로 한다. 이를 위해 [Input 14-8]과 같은 경로도를 그린다.

Input 14-8 팬텀변수에 의한 매개효과모델

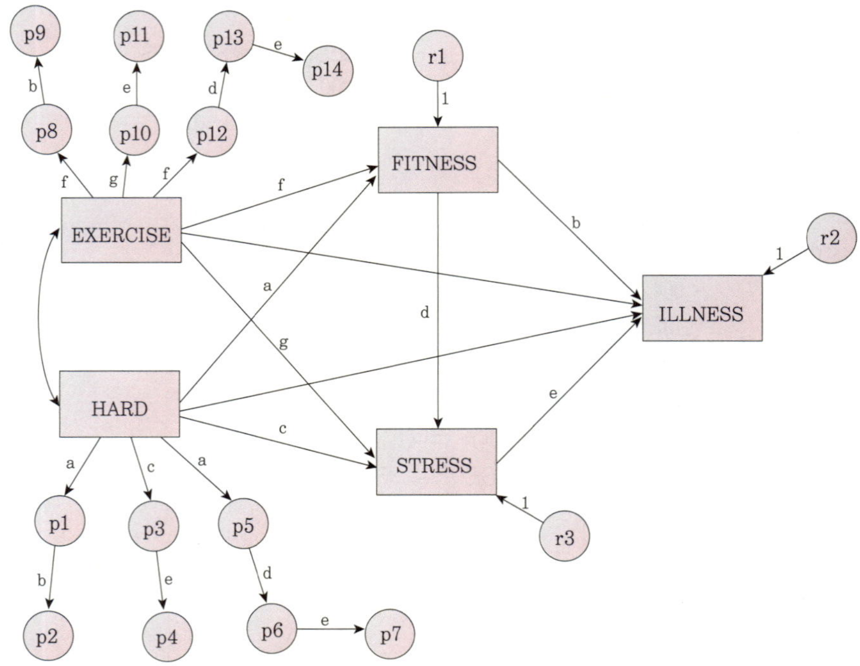

2 이를 추정하면 다음과 같은 모수치를 얻는다.

Output 14-8 팬텀변수에 의한 매개효과분석 결과

Indirect Effects (Group number 1 - Default model)

	HARD	EXERCISE	FITNESS	STRESS
p12	.000	.000	.000	.000
p5	.000	.000	.000	.000
FITNESS	.000	.000	.000	.000
p13	.000	-.043	.000	.000
p10	.000	.000	.000	.000
p8	.000	.000	.000	.000
p6	-.016	.000	.000	.000
p3	.000	.000	.000	.000
p1	.000	.000	.000	.000
STRESS	-.016	-.043	.000	.000
p14	.000	-.012 ❸	.000	.000
p11	.000	-.004 ❷	.000	.000
p9	.000	-.096 ❶	.000	.000
p7	-.004 ❻	.000	.000	.000
p4	-.107 ❺	.000	.000	.000
p2	-.035 ❹	.000	.000	.000
ILLNESS	-.146	-.112	-.054	.000

Indirect Effects - Two Tailed Significance (BC)

	HARD	EXERCISE	FITNESS	STRESS
p12	...	...	...	...
p5	...	...	...	...
FITNESS	...	...	...	...
p13	...	.041	...	...
p10	...	...	...	...
p8	...	...	...	...
p6	.071	...	...	...
p3	...	...	...	...
p1	...	...	...	...
STRESS	.071	.041	...	...
p14	...	.040 ❾	...	...
p11	...	.738 ❽	...	...
p9	...	.001 ❼	...	...
p7	.068 ⓬	...	...	...
p4	.002 ⓫	...	...	...
p2	.080 ❿	...	...	...
ILLNESS	.002	.001	.047	...

Standardized Regression Weights: (Group number 1 - Default model)

			Estimate
FITNESS	<---	EXERCISE	.392 ⓮
FITNESS	<---	HARD	.082
p5	<---	HARD	1.000
p12	<---	EXERCISE	1.000
STRESS	<---	EXERCISE	-.014
STRESS	<---	FITNESS	-.109
STRESS	<---	HARD	-.223
p1	<---	HARD	1.000
p3	<---	HARD	-1.000
p6	<---	p5	-1.000
p8	<---	EXERCISE	1.000
p10	<---	EXERCISE	-1.000
p13	<---	p12	-1.000
ILLNESS	<---	FITNESS	-.260 ⓯
ILLNESS	<---	STRESS	.291
ILLNESS	<---	HARD	-.074
ILLNESS	<---	EXERCISE	.034
p2	<---	p1	-1.000
p4	<---	p3	1.000
p7	<---	p6	1.000
p9	<---	p8	-1.000
p11	<---	p10	1.000
p14	<---	p13	1.000

3 ∴ 위의 결과를 통해 알 수 있듯, exercise와 hard를 각각 분석할 때나 동시에 분석할 때나 동일한 값을 얻는다. 모수치를 경로도에 제시하면 비표준화계수는 [그림 14-4], 표준화계수는 [그림 14-5]와 같다.

그림 14-4 팬텀변수에 의한 비표준화계수

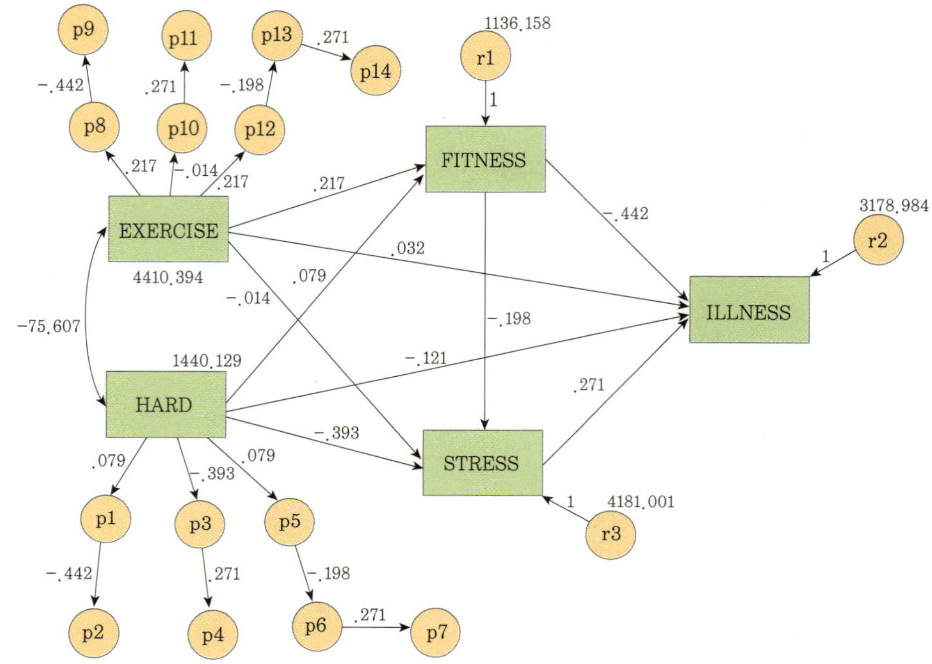

[그림 14-5]에서 볼 수 있듯, 표준화계수는 제대로 계산이 되지 않는다. **Amos에 의해 팬텀변수로 추정하면 간접효과의 비표준화계수는 제대로 계산이 되나 표준화계수는 제대로 계산이 되지 않는 문제점이 있다.** 이를 위해 표준화계수는 연구자가 해당 경로의 표준화계수값들을 직접 곱하는 방식으로 계산해서 보고하기 바란다. 위 모델의 특정간접효과를 보고하기 위해 [표 14-1]과 같은 표를 작성한다.

그림 14-5 팬텀변수에 의한 표준화계수

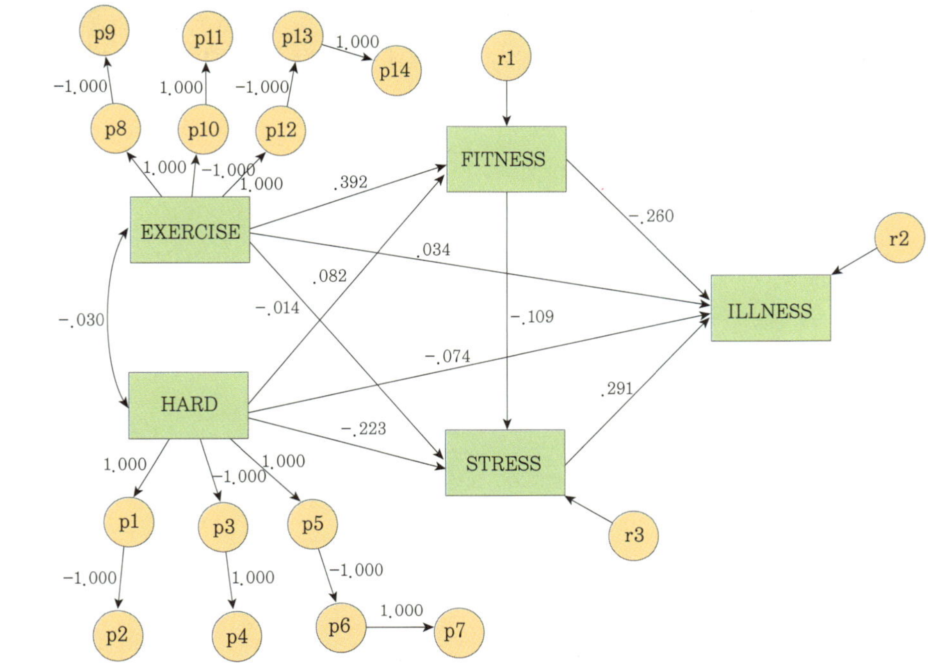

표 14-1 특정간접효과 분석 결과

경로	비표준화 계수	표준화 계수	유의도*	95% CI [하한, 상한]	해석
exercise → fitness → illness	−.096 ❶	−.102 ⓭	p = .001 ❼	[−.026, −.001]	있음
exercise → stress → illness	−.004 ❷	−.004	p = .738 ❽	[−.040, .024]	없음
exercise → fitness → stress → illness	−.012 ❸	−.012	p = .040 ❾	[−.145, −.058]	있음
hard → fitness → illness	−.035 ❹	−.021	p = .080 ❿	[−.016, .000]	없음
hard → fitness → stress → illness	−.107 ❺	−.003	p = .002 ⓫	[−.171, −.053]	있음
hard → stress → illness	−.004 ❻	−.065	p = .068 ⓬	[−.088, .003]	없음

* 유의도는 비표준화계수에 해당됨.

exercise → fitness → illness의 표준화계수 −.102 ⓭는 .392 ⓮ × −.260 ⓯에 의해 계산된다.

[표 14-1]과 [Output 14-8]을 토대로 다음과 같은 표를 작성하여 분석 결과를 보고한다.

표 14-2 직접효과, 간접효과, 총효과

경로	비표준화계수			표준화계수		
	직접효과	간접효과	총효과	직접효과	간접효과	총효과
exercise → fitness	.217**	−.096**	−.080	.392**	−.102	−.118
fitness → illness	−.442**			−.260**		
exercise → illness	.032			.034		
exercise → stress	−.014	−.004		−.014	−.004	
stress → illness	.271**			.291**		
exercise → fitness	.217**	−.012*		.392**	−.012	
fitness → stress	−.198*			−.109*		
stress → illness	.271**			.291**		
hard → fitness	.079	−.035	−.267**	.082	−.021	−.252
fitness → illness	−.442**			−.292**		
hard → illness	−.121			−.163		
hard → fitness	.079	−.004		.082	−.003	
fitness → stress	−.198*			−.109*		
stress → illness	.271**			.291**		
hard → stress	−.393**	−.107**		−.232**	−.065	
stress → illness	.271**			.291**		

$*p<.05$, $**p<.01$

간접효과를 보고할 때 Amos 출력을 보고하면 안 되고 팬텀변수로 분석한 결과를 토대로 보고한다는 점을 유의하기 바란다. 표준화계수의 총효과도 Amos 출력을 보고하면 안 되고 연구자가 직접 계산해야 한다. 한편, 비표준화계수의 통계적 유의성과 표준화계수의 통계적 유의성이 다르다는 점도 알아야 한다. 즉 비표준화계수의 통계적 유의도가 표준화계수의 통계적 유의도로 그대로 적용되지 않는다. Amos는 표준화간접효과계수의 통계적 유의도를 제대로 계산하지 못하기 때문에 참고하지 않는 게 좋다. 따라서 **저자는 비표준화계수만 보고하기를 권한다.**

4) 특정간접효과의 차이검정: 예 1

한편, exercise가 illness에 미치는 간접효과 가운데, exercise → fitness → illness 효과(p2=−.096)와 exercise → fitness → stress→ illness 효과(p7=−.012)가 유의적으로 나타났다([Output 14-6] 참조). 이들 간의 차이(−.084)가 유의적인가를 검정하기로 한다.

이를 위해 다음과 같은 입력파일을 만든다.

Input 14-9 ••• 두 간접효과 간 차이검정

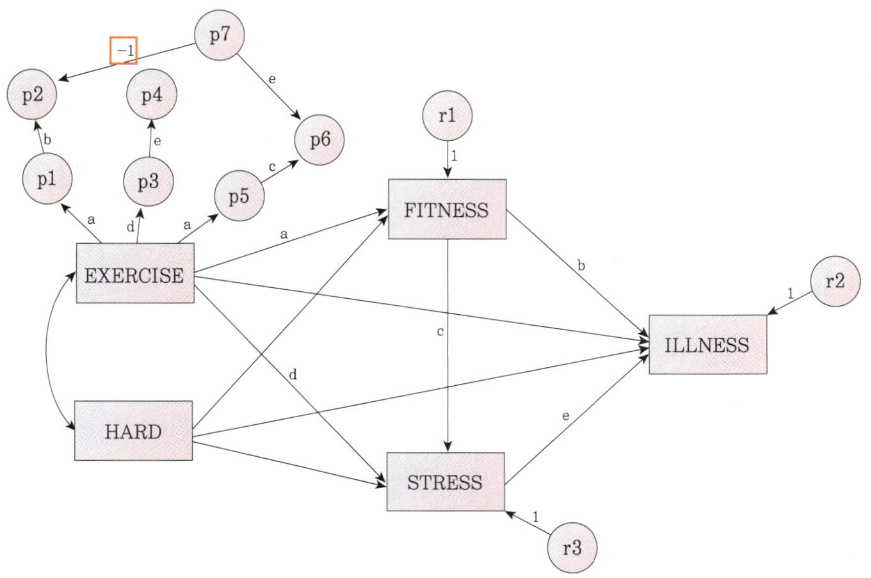

1 이를 분석하면 다음과 같은 결과를 얻는다.

Output 14-9 ••• 두 간접효과의 차이검정

Indirect Effects (Group number 1 - Default model)

	HARD	EXERCISE	FITNESS	STRESS
p5	.000	.000	.000	.000
p6	.000	-.043	.000	.000
FITNESS	.000	.000	.000	.000
p7	.000	-.012	.000	.000
p3	.000	.000	.000	.000
p1	.000	.000	.000	.000
STRESS	-.016	-.043	.000	.000
p4	.000	-.004	.000	.000
p2	.000	-.084	.000	.000
ILLNESS	-.146	-.112	-.054	.000

Indirect Effects - Two Tailed Significance (BC) (Group number 1 - Default model)

	HARD	EXERCISE	FITNESS	STRESS
p5	...	...	...	...
p6	...	.041	...	...
FITNESS	...	...	...	...
p7	...	.040	...	...
p3	...	...	...	...
p1	...	...	...	...

STRESS	.071	.041	...	...
p4	...	.738	...	...
p2	...	.002	...	...
ILLNESS	.002	.001	.047	...

2 두 간접효과의 차이(−.084)는 유의적(p <.01)인 것으로 나타났다.

5) 특정간접효과의 차이검정: 예 2

[Input 14−8]에서 p9와 p4의 두 매개효과의 차이검정을 하기로 한다. 이를 위한 입력 파일이 [Input 14−8−1]이다.

Input 14-8-1 특정간접효과의 차이검정

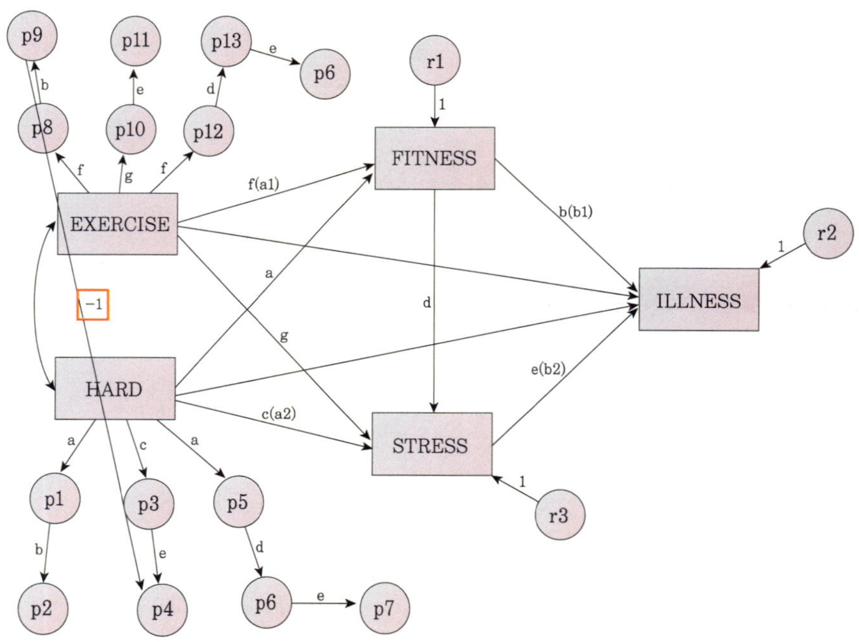

1 이를 분석하면 [Output 14−8−1]의 결과를 얻는다.

Output 14-8-1 특정간접효과의 차이검정 결과

Regression Weights: (Group number 1 − Default model)

			Estimate	S.E.	C.R.	P	Label
p2	<---	p1	−.442	.087	−5.067	***	b

p4	<---	p3	.271	.045	6.000	***	e
p7	<---	p6	.271	.045	6.000	***	e
p11	<---	p10	.271	.045	6.000	***	e
p14	<---	p13	.271	.045	6.000	***	e
p4	<---	p9	-1.000				

2 ∴ 위의 출력을 통해 알 수 있듯, exercise 또는 hard 각각의 특정간접효과의 차이검정은 팬텀변수에 의해 가능하나, exercise 또는 hard 간에 관련된 특정간접효과의 차이검정은 팬텀변수 접근법으로 할 수 없다. 이 경우 연구자가 다음의 공식에 의해 직접 계산해서 검정해야 한다. 매개효과의 차이검정($a_1b_1 - a_2b_2$)을 위한 표준오차(s)는 다음 공식에 의해 계산된다.

$$s_{a_1b_1-a_2b_2}=\sqrt{s_{a1}^2b_1^2+s_{b_1}^2a_1^2+s_{a_2}^2b_2^2+s_{b_2}^2a_2^2-2a_1a_2COV_{b_1b_2}} \qquad (1)$$

$$s_{a_1b_1-a_2b_2}=\sqrt{s_{a_1b_1}^2+s_{a_2b_2}^2-2a_1a_2s_{b_1b_2}} \qquad (2)$$

3 ∴ 이의 유의성 검정은 다음 공식에 의해 계산된다.

$$z=\frac{a_1b_1-a_2b_2}{s_{a_1b_1-a_2b_2}} \qquad (3)$$

Output 14-8-1 ••• **팬텀변수에 의한 매개효과의 차이검정**

Regression Weights: (Group number 1 - Default model)

			Estimate	S.E.	C.R.	P
FITNESS	<---	EXERCISE	.217 ❹ ❾	.026 ❶	8.249	***
FITNESS	<---	HARD	.079	.046	1.719	.086
p5	<---	HARD	.079	.046	1.719	.086
p8	<---	EXERCISE	.217	.026	8.249	***
p12	<---	EXERCISE	.217	.026	8.249	***
STRESS	<---	EXERCISE	-.014	.055	-.261	.794
STRESS	<---	FITNESS	-.198	.099	-1.993	.046
STRESS	<---	HARD	-.393 ❽ ❿	.089 ❺	-4.427	***
p1	<---	HARD	.079	.046	1.719	.086
p3	<---	HARD	-.393	.089	-4.427	***
p6	<---	p5	-.198	.099	-1.993	.046
p9	<---	p8	-.442	.087	-5.067	***

p10	<---	EXERCISE	-.014	.055	-.261	.794
p13	<---	p12	-.198	.099	-1.993	.046
ILLNESS	<---	FITNESS	-.442 ❷	.087 ❸	-5.067	***
ILLNESS	<---	STRESS	.271 ❻	.045 ❼	6.000	***
ILLNESS	<---	HARD	-.121	.079	-1.530	.126
ILLNESS	<---	EXERCISE	.032	.048	.663	.507
p2	<---	p1	-.442	.087	-5.067	***
p4	<---	p3	.271	.045	6.000	***
p7	<---	p6	.271	.045	6.000	***
p11	<---	p10	.271	.045	6.000	***
p14	<---	p13	.271	.045	6.000	***
p4	<---	p9	-1.000			

4 위 공식에서 $b_1 b_2$의 공분산을 얻기 위해 [Output] 탭에서 [Covariances of estimates]를 체크한다.

Output 14-8-1 분산 – 공분산행렬

Variance-covariance Matrix of Estimates (Default model)

	f	a	b	e	g	d	c
f	.001						
a	.000	.002					
b	.000	.000	.008				
e	.000	.000	.000 ⓫	.002			
g	.000	.000	.000	.000	.003		
d	.000	.000	.000	.000	-.002	.010	
c	.000	.000	.000	.000	.000	-.001	.008

Output 14-8-1 간접효과의 표준오차

Indirect Effects - Standard Errors (Group number 1 - Default model)

	HARD	EXERCISE	FITNESS	STRESS
p12	.000	.000	.000	.000
p8	.000	.000	.000	.000
p5	.000	.000	.000	.000
FITNESS	.000	.000	.000	.000
p13	.000	.022	.000	.000
p10	.000	.000	.000	.000
p9	.000	.022 ❶	.000	.000
p6	.013	.000	.000	.000
p3	.000	.000	.000	.000
p1	.000	.000	.000	.000
STRESS	.013	.022	.000	.000
p14	.000	.006	.000	.000
p11	.000	.015	.000	.000
p7	.004	.000	.000	.000

p4	.031 ❷	.022	.000	.000
p2	.022	.000	.000	.000
ILLNESS	.039	.026	.028	.000

이 정보를 토대로 식(1)에 의해 계산하면 다음과 같다.

$$\begin{aligned} s_{a_1b_1-a_2b_2} &= \sqrt{\begin{aligned}&(.026)^2(-.442)^2+(.087)^2(.217)^2+(.089)^2(.271)^2 \\ &+(.045)^2(-.393)^2-2(.217)(-.393)(0)\end{aligned}} \\ &= \sqrt{(.0007)\times(.195)+(.008)\times(.047)+(.008)\times(.073)+(.002)\times(.154)} \\ &= \sqrt{.0001+.0004+.0006+.0003}=\sqrt{.0014}=.037 \end{aligned}$$

식(2)에 의해 계산하면 다음과 같다.

$$\begin{aligned} s_{a_1b_1-a_2b_2} &= \sqrt{(.022)^2+(.031)^2} \\ &= \sqrt{.0005+.001}=\sqrt{.0015}=.039 \end{aligned}$$

식(1)과 식(2)에 의해 구한 표준오차가 약간의 차이가 있다. 이 가운데 식(2)를 이용하여 계산하는 것이 쉽다. 식(3)에 의해 z를 계산하면 각각 다음과 같다.

$$z=\frac{-.011}{.037}=-.297,\ z=\frac{-.011}{.039}=-.282$$

이 식에서 $-.011$은 p9와 p4의 차이(−.107−(−.0968))의 값이다. z가 1.96보다 작으므로 두 매개효과는 유의적인 차이가 없다. 식(2)에 의해서도 유의적인 차이가 없는 것으로 나타난다.

4. 다중매개모델: 예 2

지금까지는 관측변수만으로 이루어진 다중매개모델에 대해 알아보았는데, 이는 잠재변수가 포함된 경우에도 동일하게 적용된다. 예를 들어, 다음과 같은 연구모델이 있다고 가정한다.

그림 14-6 다중매개모델

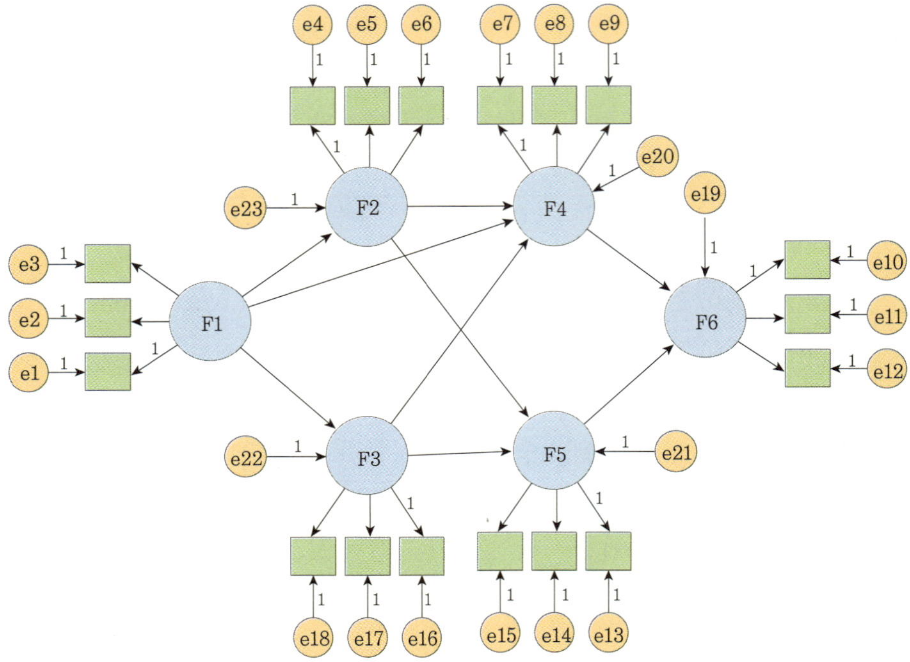

그림 14-7 팬텀변수에 의한 다중매개모델

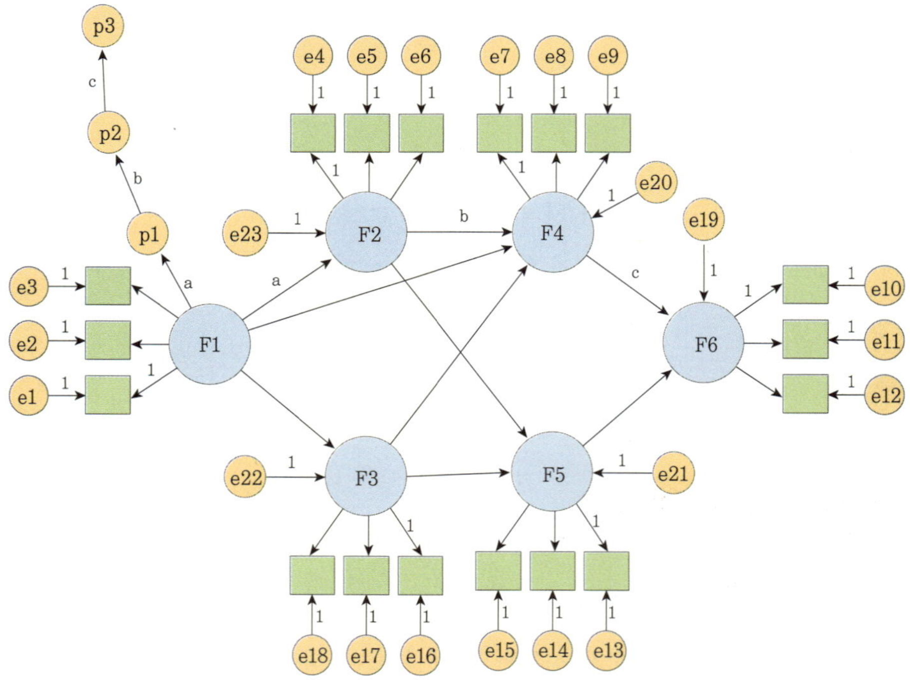

F1 → F2 → F4 → F6의 간접효과를 위한 팬텀변수는 [그림 14-7]과 같이 그린다. 나머지 간접효과도 이런 식으로 팬텀변수를 만들면 된다.

5. 다중매개모델: 예 3

이하에서 잠재변수로 구성된 다중매개모델을 앞서 소개한 팬텀변수 접근법이 아닌 **사용자 정의 추정(user-defined estimand)**에 의해 분석하는 것에 대해 살펴본다. [그림 14-8]과 같은 잠재변수로 구성된 다중매개모델을 가정한다.

5.1 사용자 정의 추정(user-defined estimand)에 의한 분석

그림 14-8 다중매개모델

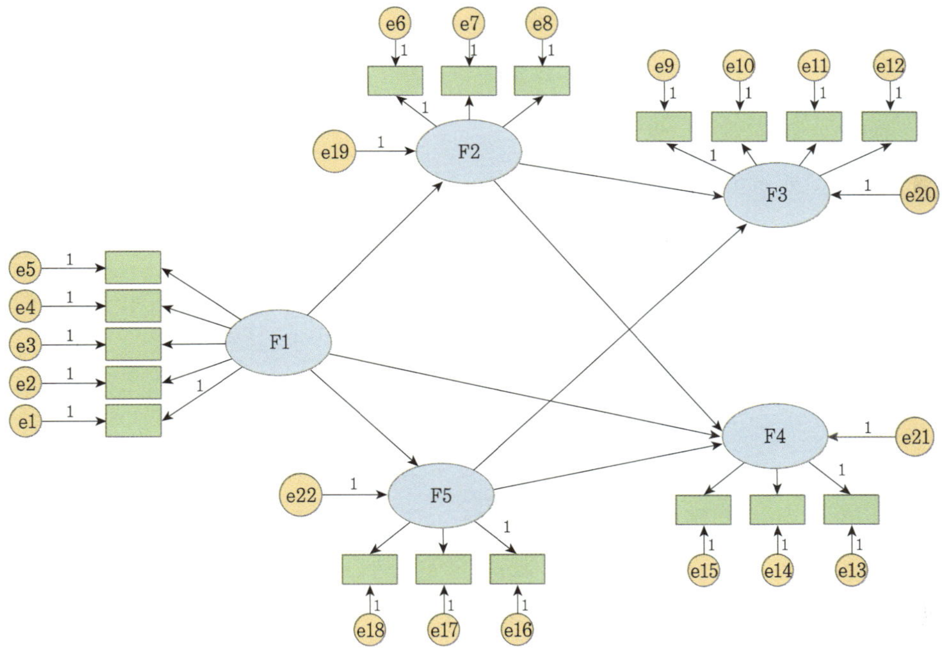

이 모델을 분석하기 위해 다음과 같은 절차에 따라 한다.

1 ∵ 자료를 연결한다.

2 경로 위에 임의의 이름을 부여하고 저장한다.

Input 14-10 다중매개모델

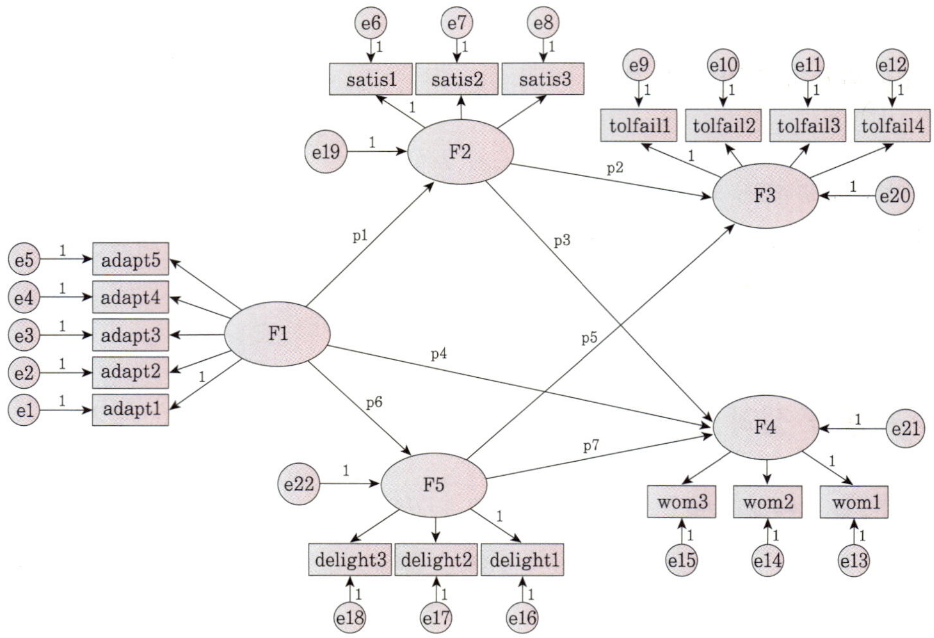

3 Amos 화면의 왼쪽 아래에 있는 [Not estimating any user-defined estimand]를 클릭하면 나타나는 창에서 [Define new estimands]를 클릭한다. 이때 이미 사용자 정의 추정을 실행한 파일이 있다면 Estimating estimand '파일이름'이 표시된다.

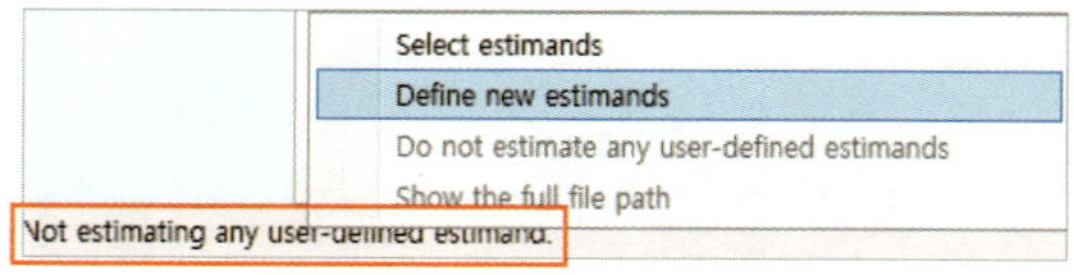

4 Visual Basic(vb)을 이용하여 분석하기 위한 창이 나타난다. 그 창에서 아래와 같이 신텍스를 입력한다. 이때 등호(=) 왼쪽에 있는 신텍스는 연구자가 임의로 입력하면 되나, 떨어지면 안 되고 전부 붙어 있어야 한다(예: specific indirect effect(×), specificindirecteffect(○)).

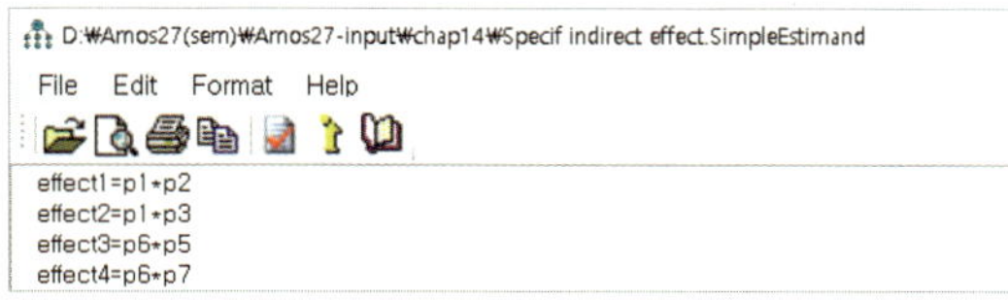

5 [File] 메뉴에서 [Check Syntax] 또는 메뉴바에 있는 체크 신텍스 아이콘( )을 클릭한다.

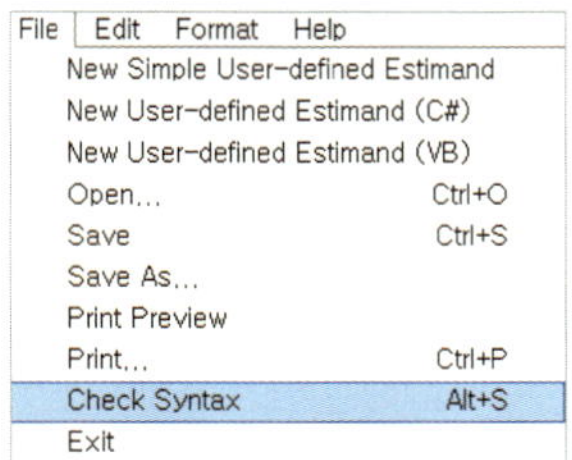

6 신텍스가 이상이 없으면 [Syntax is OK] 메시지가 뜬다.

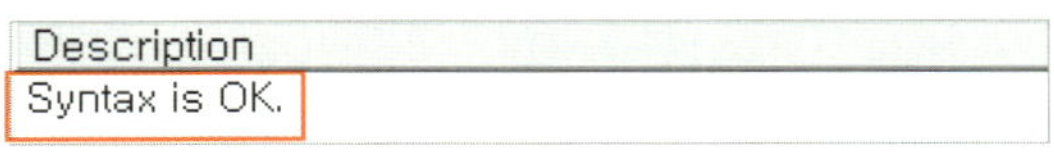

7 앞서 기술한대로 [Analysis Properties]에서 [Bootstrap] 탭과 [Output] 탭에서 필요한 사항을 지정한다.

8 [File] 메뉴에서 [Save as]를 이용하여 파일이름을 지정한 후 저장한다.

9 실행 아이콘을 클릭하면 실행이 된다.

10 출력 창에서 [Estimates] → [Scalars] → [User-defined estimands]의 하위 창에서 → [Estimates/ Bootstrap] → [Bias-cowected percentile method]로 가면 아래와 같은 결과를 볼 수 있다.

Output 14-10 사용자 정의 추정에 의한 다중매개분석

User-defined estimands: (Group number 1 - Default model)

Parameter	Estimate	Lower	Upper	P
effect1	.092	.026	.163	.005
effect2	.010	-.068	.103	.773
effect3	.348	.261	.465	.001
effect4	.384	.241	.562	.001

11 effect2만 간접효과가 유의적이지 않고 나머지는 모두 유의적인 것으로 나타났다. 즉 F1 → F2 → F4는 간접효과가 없고, 나머지는 간접효과가 있는 것으로 나타났다.

5.2 팬텀변수 접근법에 의한 분석

1 팬텀변수 접근법으로 분석하기 위해 [Input 14-11]과 같은 입력파일을 작성한 후 저장한다.

Input 14-11 팬텀변수 접근법에 의한 분석

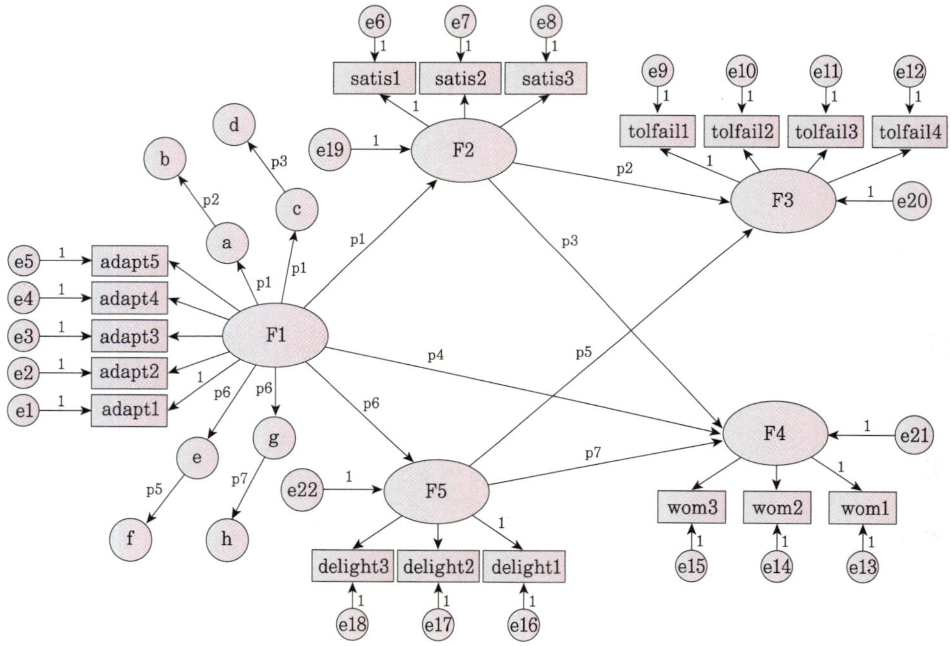

2 이를 실행하면 다음과 같은 결과를 얻는다.

Output 14-11 ••• 팬텀변수 접근법에 의한 분석 결과

Indirect Effects (Group number 1 -

	F1	F5	F2	F4	F3
F5	.000	.000	.000	.000	.000
F2	.000	.000	.000	.000	.000
g	.000	.000	.000	.000	.000
e	.000	.000	.000	.000	.000
c	.000	.000	.000	.000	.000
a	.000	.000	.000	.000	.000
F4	.394	.000	.000	.000	.000
F3	.439	.000	.000	.000	.000
h	.384	.000	.000	.000	.000
f	.348	.000	.000	.000	.000
d	.010	.000	.000	.000	.000
b	.092	.000	.000	.000	.000

앞서 분석한 사용자 정의 추정과 동일한 결과를 얻는 것을 알 수 있다.

6. 다중집단매개분석

이하에서 [그림 14-9]와 같은 모델을 통해 다중집단과 매개모델을 동시에 추정하는 것에 대해 살펴보기로 한다. 즉 이 모델에서 두 집단별로 매개효과를 검정하고, 이 매개효과가 두 집단 간에 차이가 있는가를 검정하기로 한다. 이러한 검정을 **다중집단매개분석**

그림 14-9 다중집단매개모델

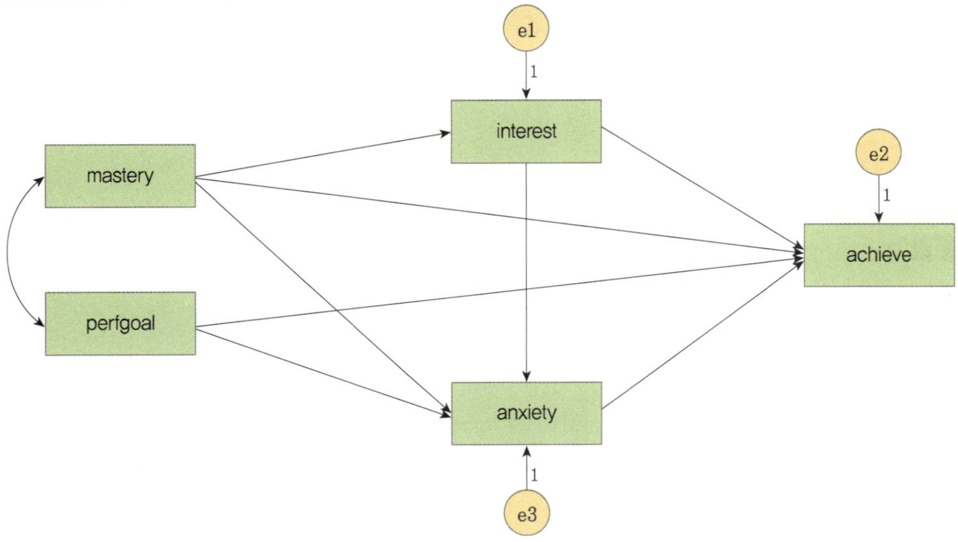

(multiple group mediation analysis)이라 한다. 다중집단매개분석은 다중집단분석과 매개효과분석이 결합된 분석이라 할 수 있다.

이 모델에서 mastery가 achieve에 주는 간접효과는 ① mastery → interest → achieve, ② mastery → interest → anxiety → achieve, ③ mastery → anxiety → achieve 등 3개로 구성되어 있다. 이 가운데 첫 번째 간접효과인 ① mastery → interest → achieve가 두 집단에 걸쳐 각각 유의적인지를 보고, 이 간접효과는 집단 간에 차이가 있는지를 검정하기로 한다. 나머지 간접효과에 대한 검정도 동일한 방식으로 하면 된다.

6.1 다중집단 만들기

1 [Group number 1]을 더블클릭한다. [New] 버튼을 클릭하고 [Close] 버튼을 클릭한다.

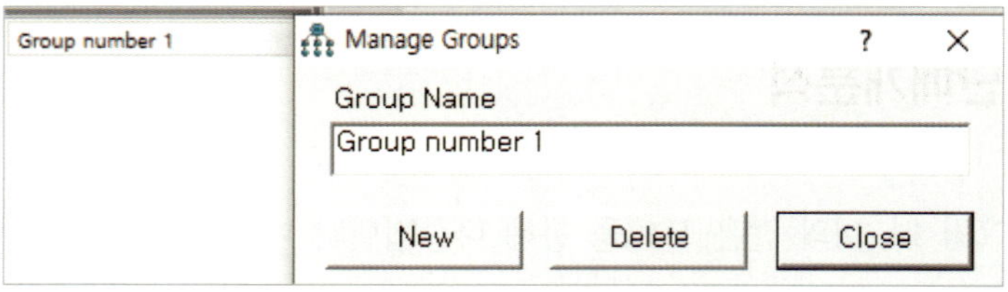

2 그러면 다음과 같이 다중집단이 생성된다.

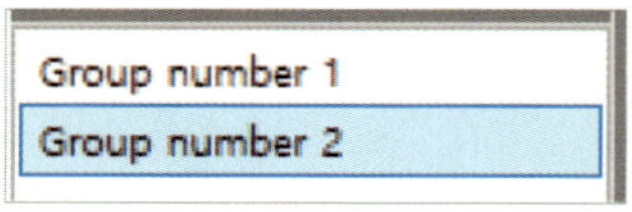

6.2 데이터 연결하기

3 [Select data file] 아이콘(▦)을 클릭하여 자료를 연결하고, [OK] 버튼을 클릭한다.

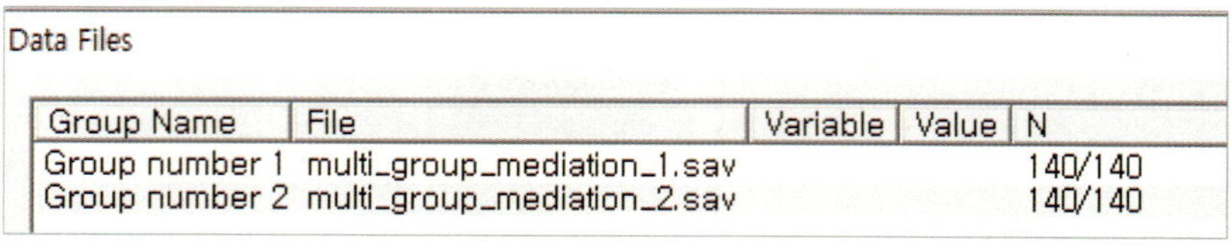

6.3 경로에 라벨 부여하기

4 경로에 라벨을 부여하기 위해 해당 경로를 마우스 오른쪽 버튼을 클릭하여 나타나는 창에서 [Object properties]의 [Parameter] 탭에 라벨을 입력한다. 이때 [All groups]의 체크를 해제하고, 각각의 집단별로 라벨을 부여한다. 그렇지 않으면 두 집단에 걸쳐 모두 동일한 명칭이 부여되기 때문이다. 각각의 집단별로 서로 다른 명칭을 부여한다. 여기서는 [a_1], [a_2]와 같이 입력하였다.

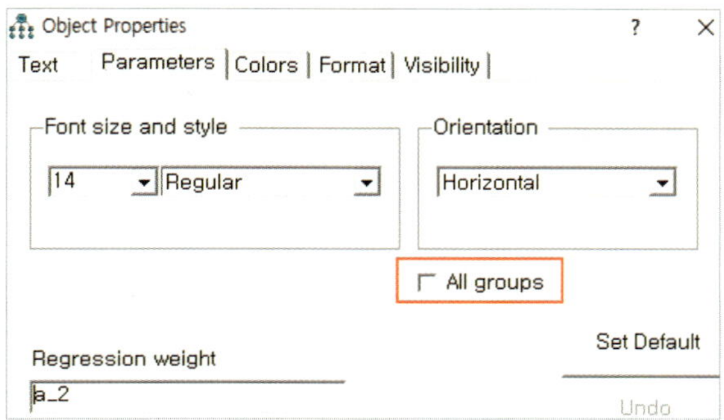

5 Amos 화면 왼쪽 아래에 있는 [Not estimating any user-defined estimand] 상태바를 클릭한다.

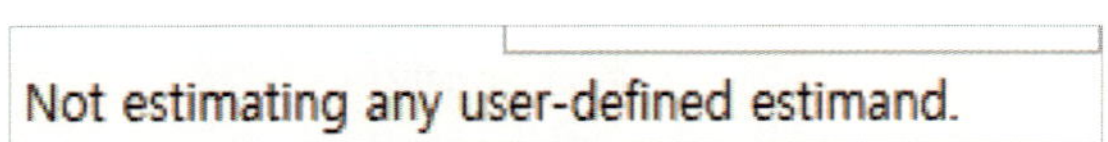

6 [Define new estimands]를 클릭한다.

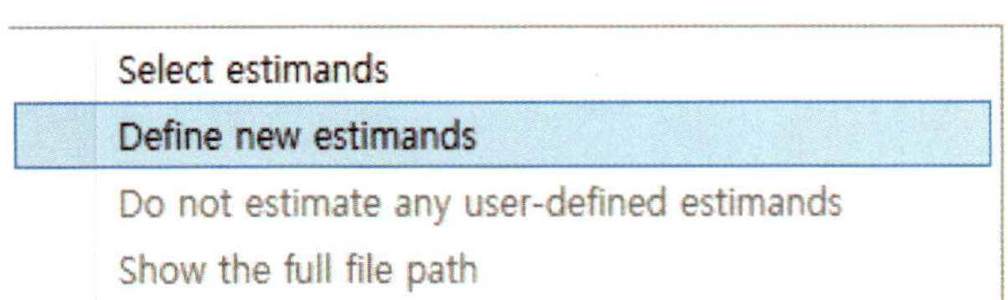

7 그러면 다음과 같은 Visual Basic(vb) 명령문 편집 창이 나타난다. 이 창에 다음과 같은 명령문을 입력한다. 이 예에서 ie1과 ie2는 두 집단의 간접효과를 구하는 명령문이고 ie3는 두 집단의 차이를 구하는 명령문이다.

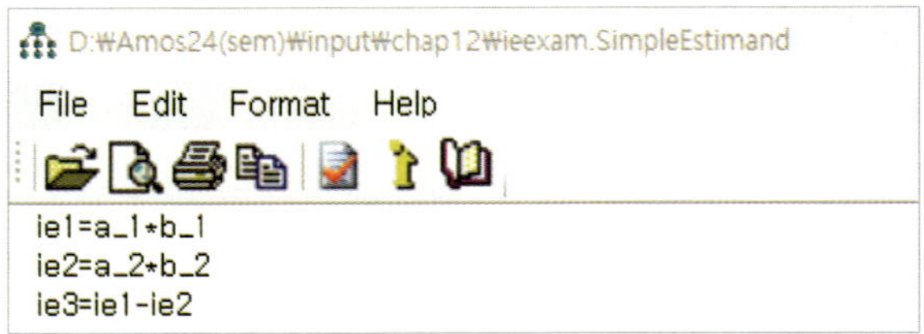

8 [File] 메뉴에서 [Check Syntax]를 클릭한다. 이상이 없으면 [OK] 싸인이 뜬다.

9 [File] 메뉴에서 [Save as]에 파일이름을 지정하고 저장한다.

Input 14-12 다중집단매개모델

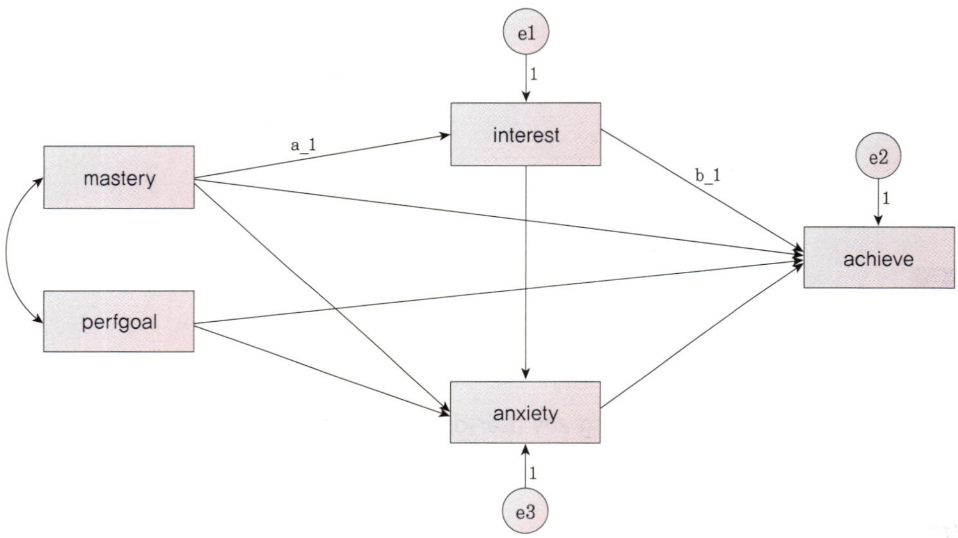

10 [Analysis Properties] 아이콘( )을 클릭하여 [Output] 탭에서 [indirect, direct & total effect]를 체크한다.

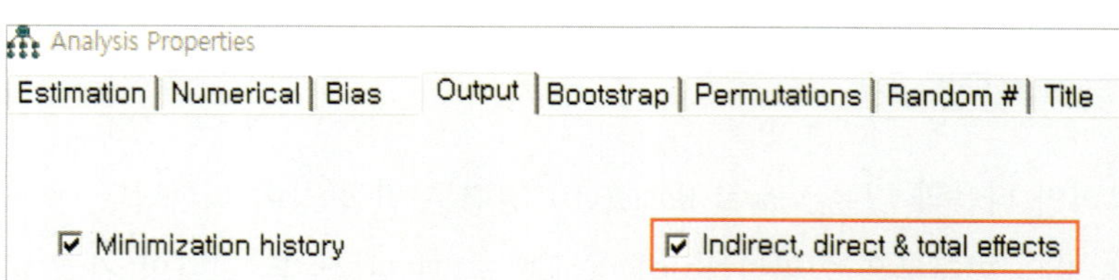

11 [Bootstrap] 탭에서 다음과 같이 [Perform bootstrap], [Bias-corrected confidence intervals]를 체크하고, 각각 [2000], [95]라고 입력한다.

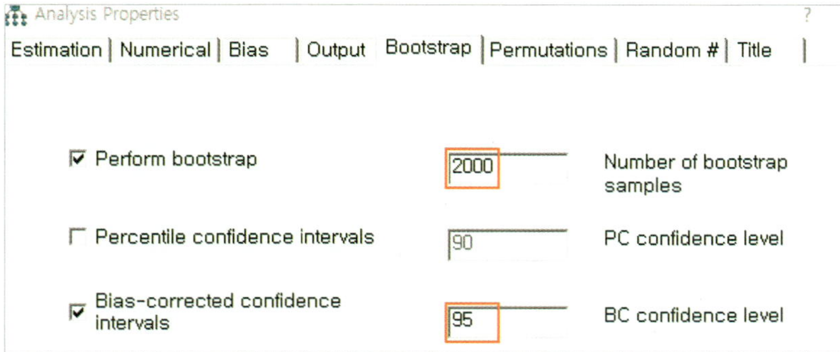

12 ∴ [Calculate estimate] 아이콘(▦)을 클릭하여 실행한다. 문제가 없이 실행이 되었는가를 확인한다. 문제가 없이 실행이 되면 모델관리 창에 [OK] 싸인이 뜬다.

13 ∴ [View text] 아이콘을 클릭한다.

14 ∴ [Estimates] → [Scalars] → [user-defined estimands]로 간다.

Output 14-12 ••• 다중집단매개효과분석 결과

Estimates
  Scalars
    Regression Weights:
    Covariances:
    Variances:
    User-defined estimands:

User-defined estimands: (Group number 1 - Default model)

User-defined estimands: (Group number 1 - Default model)

ie1	.15397
ie2	.12389
ie3	.03008

User-defined estimands: (Group number 1 - Default model)

Parameter	Estimate	Lower	Upper	P
ie1	.15397	.05215	.28144	.00541
ie2	.12389	.03104	.22707	.01014
ie3	.03008	-.12080	.18844	.64396

15 ∴ 두 집단별 간접효과는 각각 1집단에서는 .15397로 유의적이고($p < .01$), 2집단은 .12389로 유의적인 것으로 나타났다($p < .05$). 두 집단 간에 간접효과의 차이는 .03008이고 이는 비유의적인 것으로 나타났다. 나머지 변수들 간의 매개효과도 지금까지 기술한 접근법에 따라 검정하면 된다.

Amos 27 구조방정식모델링
Structural Equation Modeling
with Amos 27

CHAPTER 15

경로계수의 집단 간 비교, 경로계수의 상대적 효과분석, 통제변수의 도입

1. 경로계수의 집단 간 비교: 경로모델
2. 경로계수의 집단 간 비교: 구조모델
3. 경로계수의 상대적 효과분석
4. 통제변수의 도입

CHAPTER 15

경로계수의 집단 간 비교, 경로계수의 상대적 효과분석, 통제변수의 도입

1. 경로계수의 집단 간 비교: 경로모델

경로계수의 집단 간 비교(group comparison of path coefficient)는 구조모델에서 한 집단의 모수치가 다른 집단의 모수치와 동일한지 아니면 다른지를 검정하는 것이다. 예를 들어, 직무훈련을 받은 집단과 직무훈련을 받지 않은 집단 간에 직무만족이 직무성과에 미치는 효과가 차이가 있는지를 검정할 수 있다. 이 분석을 위해 **다중집단분석(multiple-group analysis)**을 한다.

이하에서 Lynam 등(1993)의 예를 통해 경로계수의 집단 간 비교에 대해 살펴보기로 한다. [그림 15-1]은 Lynam 등의 연구모델을 나타낸 것이다.

그림 15-1 청소년의 비행 모델

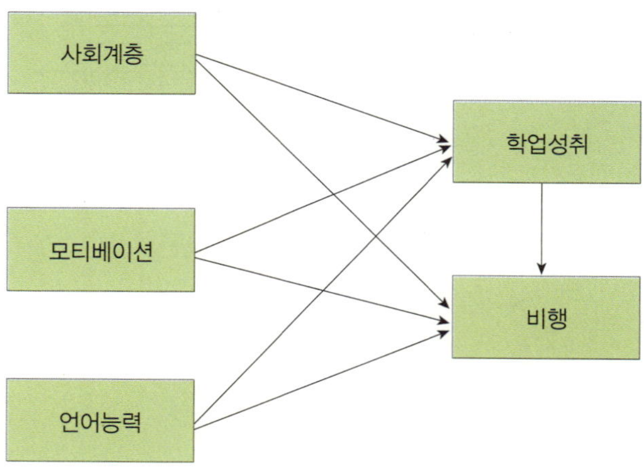

Lynam 등은 청소년의 '비행'은 '사회계층', '모티베이션', '언어능력' 및 '학업성취' 등에 의해 영향을 받는 것으로 가설화하였다. 그들은 학업성취는 사회계층, 모티베이션 및 언

어능력에 의해 영향을 받으며, 학업성취가 비행에 영향을 준다고 가정하였다. 그들은 이들 변수를 단일지표를 이용하여 측정한 다음, 흑인청소년과 백인청소년들을 대상으로 경로분석을 실시하였다. 분석을 위한 자료는 [표 15-1]과 같다.

표 15-1 청소년 비행 자료

변수	1	2	3	4	5	평균	표준편차
1. 사회계층	–	.08	.28	.05	–.11	31.96	10.58
2. 모티베이션	.25	–	.30	.21	–.17	–.01	1.35
3. 언어능력	.37	.40	–	.50	–.26	93.76	13.62
4. 학업성취	.27	.28	.61	–	–.33	2.51	.79
5. 비행	–.11	–.20	–.31	–.21	–	1.40	1.63
평균	34.64	.05	104.18	2.88	1.22		
표준편차	11.53	1.32	16.32	.96	1.45		

주: 대각선 아래(백인청소년, N=181), 대각선 위(흑인청소년, N=214)

Lynam 등은 인종(백인과 흑인)이 조절변수로 작용하는가를 분석하기 위해 다중집단분석을 실시하였다. 다중집단분석은 모델의 모수치가 집단(예: 남성 대 여성, 저소득 대 고소득 등)에 따라 다른지 파악하고자 할 때 이용된다. 다중집단분석에는 ① 경로에 명칭을 부여하는 방법, ② 다중집단분석 아이콘( )을 이용하는 방법이 있다.

1.1 경로에 명칭을 부여하는 방법(1)

1 각각의 집단에 대해 모수를 추정하는 **개별표본분석(separate sample analysis)**을 한다. **개별표본분석에서 모수치는 표준화계수가 아닌 비표준화계수에 의해 비교되어야 한다.** 비표준화계수의 비교에 의해 집단 간 특정 모수가 다른지를 개략적으로 검토할 수 있다. 개별표본분석에 이용되는 행렬요약자료는 공분산행렬이어야 하며, 상관행렬인 경우에는 표준편차가 있어야 한다. [Input 15-1]은 흑인청소년을 대상으로 한 개별표본분석의 경로도를 나타낸 것이다.

Input 15-1 개별표본분석: 흑인청소년

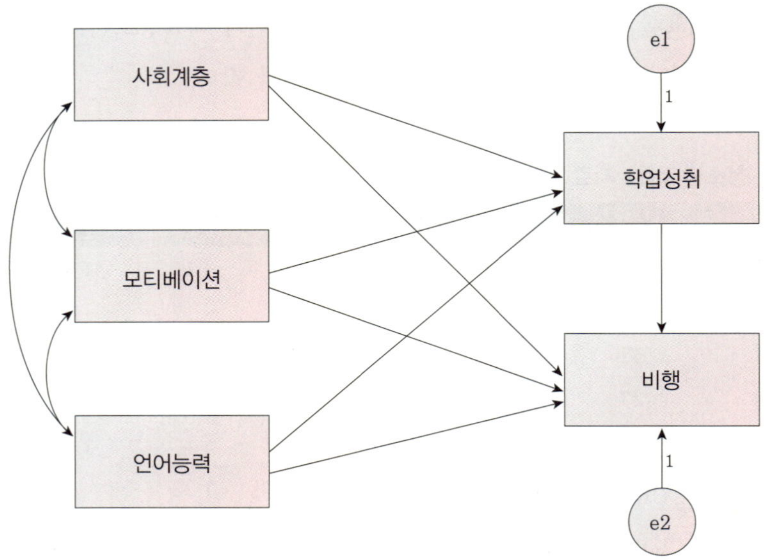

2 [Input 15-1]을 추정한 결과는 [Output 15-1]과 같다.

Output 15-1 개별표본분석 결과: 흑인청소년

Regression Weights: (Group number 1 - Default model)

			Estimate	S.E.	C.R.	P
학업성취	<---	사회계층	-.007	.005	-1.589	.112
학업성취	<---	모티베이션	.038	.036	1.062	.288
학업성취	<---	언어능력	.029	.004	7.926	***
비행	<---	사회계층	-.010	.010	-1.000	.317
비행	<---	모티베이션	-.101	.081	-1.247	.212
비행	<---	언어능력	-.010	.009	-1.039	.299
비행	<---	학업성취	-.553	.153	-3.604	***

3 흑인청소년을 대상으로 분석한 결과, 언어능력이 학업성취에 영향을 주고, 학업성취가 비행에 영향을 주는 것으로 나타났다.

4 이제 백인청소년을 대상으로 분석하기로 한다. 이에 해당하는 입력파일이 [Input 15-2]이다.

Input 15-2 개별표본분석: 백인청소년

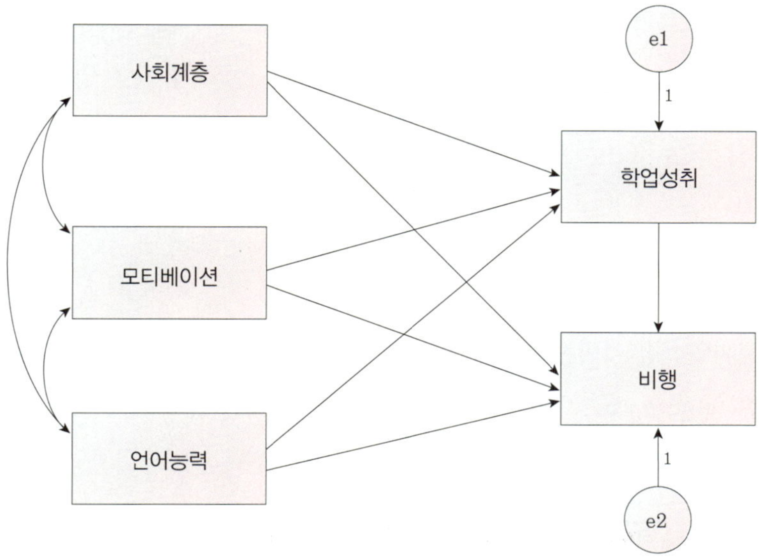

5 백인청소년을 대상으로 추정한 결과는 [Output 15-2]와 같다.

Output 15-2 개별표본분석 결과: 백인청소년

Regression Weights: (Group number 1 - Default model)

			Estimate	S.E.	C.R.	P
학업성취	<---	사회계층	.004	.005	.735	.462
학업성취	<---	모티베이션	.027	.047	.574	.566
학업성취	<---	언어능력	.034	.004	8.564	***
비행	<---	사회계층	.002	.010	.232	.817
비행	<---	모티베이션	-.100	.085	-1.177	.239
비행	<---	언어능력	-.023	.009	-2.734	.006
비행	<---	학업성취	-.044	.135	-.328	.743

6 백인청소년을 대상으로 분석한 결과, 언어능력이 학업성취 및 비행에 영향을 주는 것으로 나타났다.

7 개별표본분석은 집단 간에 모수의 차이가 있는가를 알려주지 못한다. 따라서 다음의 분석이 필요하다. 즉 **집단 간 등가제약(cross-group equality constraint)**을 하고 특정 모수에 대해 집단 간 차이가 유의적인가를 검정한다.

8 ⁝ 이를 위해 다음과 같은 절차에 따라 한다. 먼저 [그룹관리]에 있는 [Group number 1]을 더블클릭한다. [Group Name]에 '백인'으로 입력하고 [New] 버튼을 클릭한다. [Group number 2]에 '흑인'으로 입력한다. 이와 같이 다중집단을 만든다.

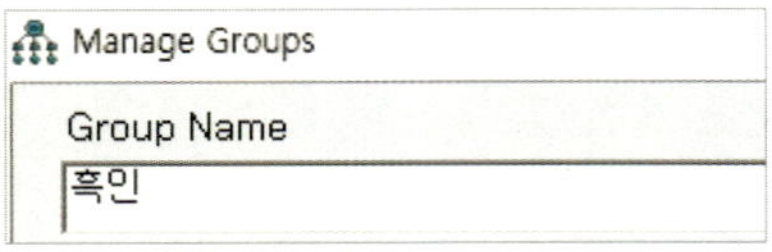

9 ⁝ 자료파일선정 아이콘(▦)을 클릭하여 자료를 연결한다. 백인은 'white.sav', 흑인은 'african.sav'로 연결하고 [OK] 버튼을 클릭한다.

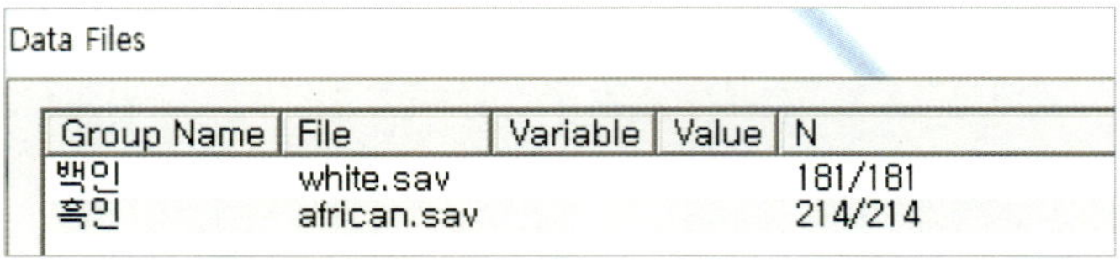

10 ⁝ [그룹관리] 창에서 [백인]이나 [흑인] 가운데 하나를 선정한다. 이 예에서는 [흑인]을 우선적으로 선정하였다. 어떤 그룹을 먼저 선정하느냐는 중요하지 않다. 그 다음, 사회계층 → 학업성취 경로를 더블클릭하면 나타나는 [Object Properties] 창의 [Regression weight]에 'a1'이라 입력하고 [All groups]가 체크되어 있는데, 이를 해제한다. 이를 해제하는 이유는 집단 간에 경로 명칭을 다르게 입력하기 위해서이다. Amos는 다중집단분석을 하게 되면 [All groups]가 디폴트로 체크되어 있다. 이런 식으로 나머지 경로도 동일한 작업을 한다.

11 ⁝ [백인] 집단에 대해서도 동일한 작업을 한다. 단, 경로 명칭을 [흑인]과 다르게 한다. 이 예에서는 사회계층 → 학업성취 경로의 명칭을 'a11'로 입력하였다. 이런 식으로 나머지 경로도 동일한 작업을 한다. 이 작업을 마친 집단별 경로도를 제시하면 [Input 15-3]과 같다.

Input 15-3 집단별 경로 명칭

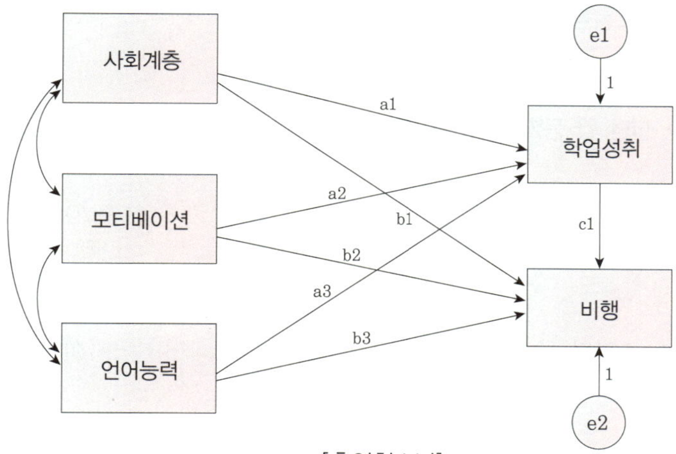

[흑인청소년]

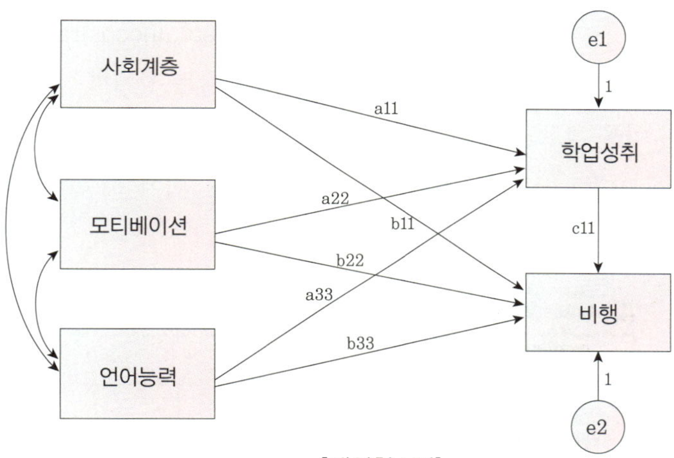

[백인청소년]

12 [모델관리] 창에서 [xx: Default model]을 더블클릭하여 나타나는 창에서 다음과 같이 입력하고 [Close] 버튼을 클릭한다. 7개의 구조계수가 두 집단에 걸쳐 동일하도록 설정되었다.

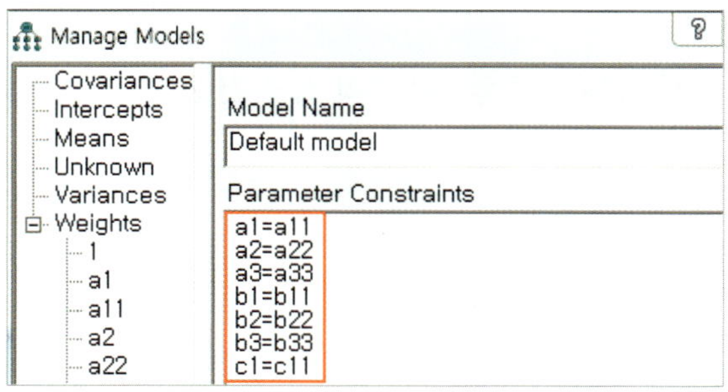

13 이 입력파일을 [Input 15-3]으로 저장하였다. [Input 15-3]을 실행하면 [Output 15-3]과 같은 적합도 통계량을 얻는다.

Output 15-3 집단 간 등가제약모델 분석 결과

CMIN

Model	NPAR	CMIN	DF	P	CMIN/DF
Structural weights	23	11.676	7	.112	1.668

14 위 적합도는 7개의 구조계수가 두 집단에 걸쳐 동일하다는 가설이 기각됨을 의미한다.

15 각각의 경로에 대해 집단 간 등가제약을 하지 않은 모델을 추정한다. 먼저, 사회계층과 학업성취 간의 관계에 대해 **등가비제약모델(equal unconstrained model)**을 추정하기 위해 [모델관리] 창을 더블클릭하면 나타나는 창에서 'a1=a11'을 제거한다. 이는 이들 경로의 모수가 두 집단 간에 다르다는 것을 의미한다. 나머지 구조계수는 그대로 두고, [Close] 버튼을 클릭한다. 이에 해당하는 입력파일을 [Input 15-4]로 저장하였다.

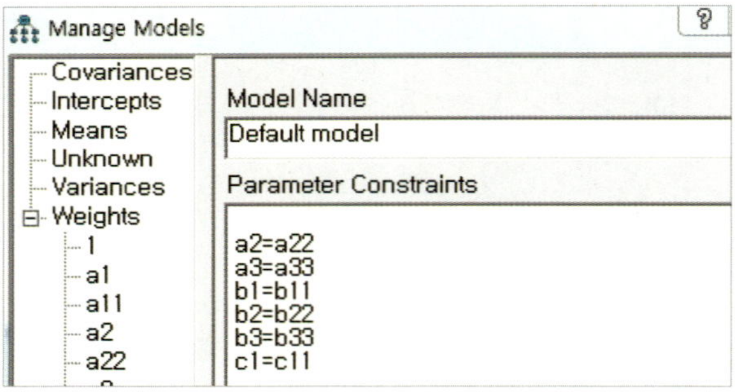

16 이를 실행하면 [Output 15-4]와 같은 적합도를 얻는다.

Output 15-4 사회계층과 학업성취 간의 집단 간 등가비제약모델 분석 결과

CMIN

Model	NPAR	CMIN	DF	P	CMIN/DF
Default model	24	7.854	6	.249	1.309

17 모티베이션 → 학업성취에 해당하는 경로의 등가비제약모델을 추정할 때 이 경로에 해당하는 경로계수(a2=a22)는 삭제하고, 앞서 삭제한 'a1=a11' 경로는 추가해야 됨에 주의한다.

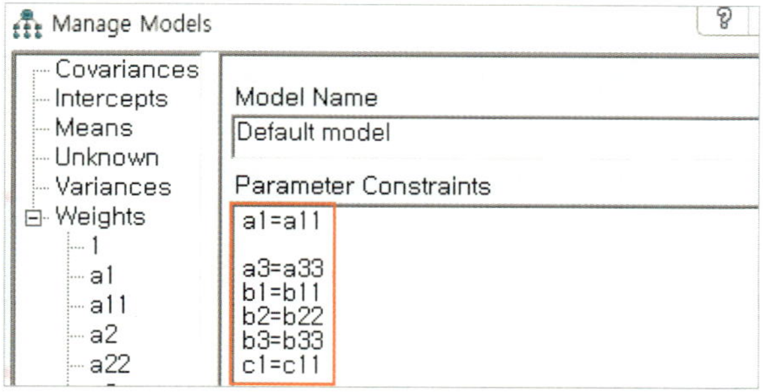

이와 같은 방식으로 각각의 경로에 대해 등가비제약모델을 추정하면 [표 15-2]의 결과를 얻는다.

표 15-2 경로계수의 집단 간 분석 결과

경로	등가비제약 모델의 χ^2	χ^2 변화	개별표본분석***		입력파일
			백인청소년	흑인청소년	
사회계층 → 학업성취	7.854	3.822	.004	−.007	[Input 15-4]
모티베이션 → 학업성취	8.810	2.866	.027	.038	[Input 15-5]
언어능력 → 학업성취	9.686	1.990	.034**	.029**	[Input 15-6]
사회계층 → 비행	10.785	.891	.002	−.010	[Input 15-7]
모티베이션 → 비행	11.532	.144	−.100	−.101	[Input 15-8]
언어능력 → 비행	11.350	.326	−.023**	−.010	[Input 15-9]
학업성취 → 비행	6.076	5.600*	−.044	−.553**	[Input 15-10]

*$p<.05$, **$p<.01$, ***비표준화추정치

18 7개 경로에 대해 집단 간 차이를 검정하기 위해 χ^2변화량을 계산한다. 이를 위해 집단 간 등가제약모델의 분석에서 얻은 χ^2값(11.676)과 각각의 경로에 대해 등가비제약모델을 추정한 χ^2값의 차이를 구한다. χ^2변화량이 통계적으로 유의적이면, 그 모수가 집단 간에 차이가 있음을 의미한다. χ^2변화량이 3.84 이상이면 $p<.05$에서 유의적이다. 학업성취 → 비행 경로에서만 유의적인 집단 간 차이가 있는 것으로 나타났다. 사회계층 → 학업성취 경로는 $p=.051$에서 유의적

인 것으로 나타났다.

19 결론적으로, 학업성취가 비행에 주는 직접효과는 백인청소년은 없고, 흑인청소년은 영향을 주는 것으로 나타났고 이들 계수는 유의적인 차이가 있다. 백인청소년이나 흑인청소년 모두 언어능력이 학업성취에 영향을 주나 집단 간에 차이는 없는 것으로 나타났다.

1.2 다중집단분석 아이콘( )을 이용하는 방법

[Input 15-3] 모델을 토대로 다음의 작업을 한다.

1 집단 간 등가제약모델을 추정하기 위해 다중집단분석 아이콘( )을 클릭하면 다음과 같은 창이 나타나는데, [확인] 버튼을 클릭한다.

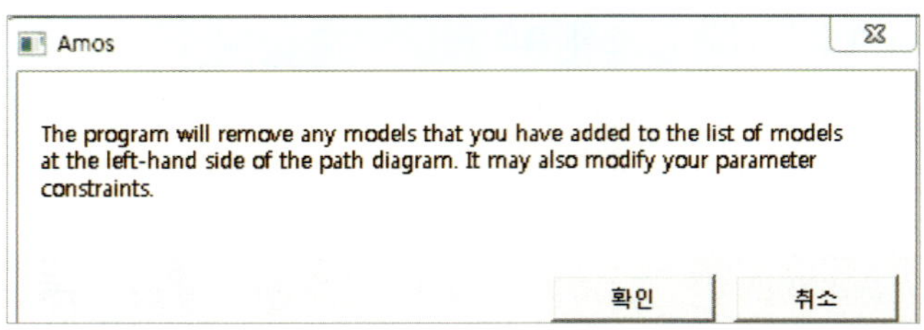

2 다음과 같은 창이 나타난다. [OK] 버튼을 클릭한다.

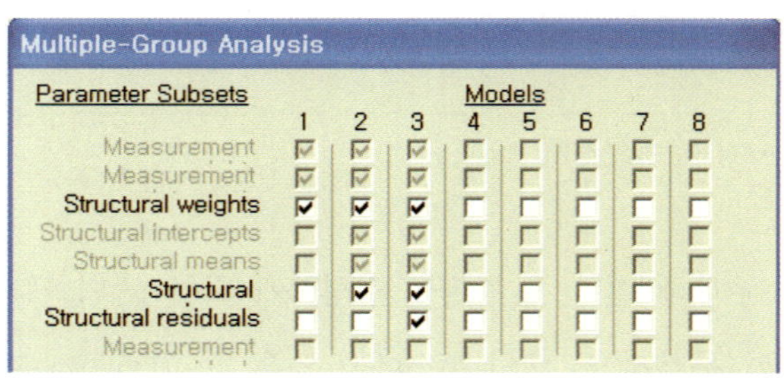

3 [모델관리] 창에서 [xx: Structural weights]를 더블클릭하면 다음과 같은 창이 나타난다. [Structural weights] 모델은 두 집단에 걸쳐 구조모수가 동일하도록 설정한 것이다. 7개의 구모모수가 두 집단에 걸쳐 동일하도록 설정되었다.

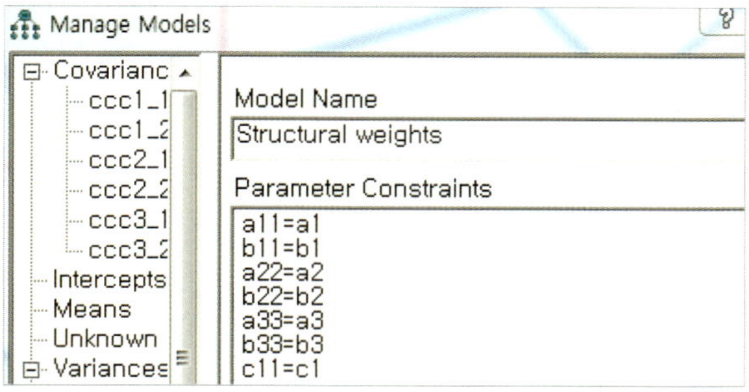

4 :: 이 입력파일을 [Input 15-3-1]로 저장하였다.

Input 15-3-1 ••• **집단 간 등가제약모델 설정**

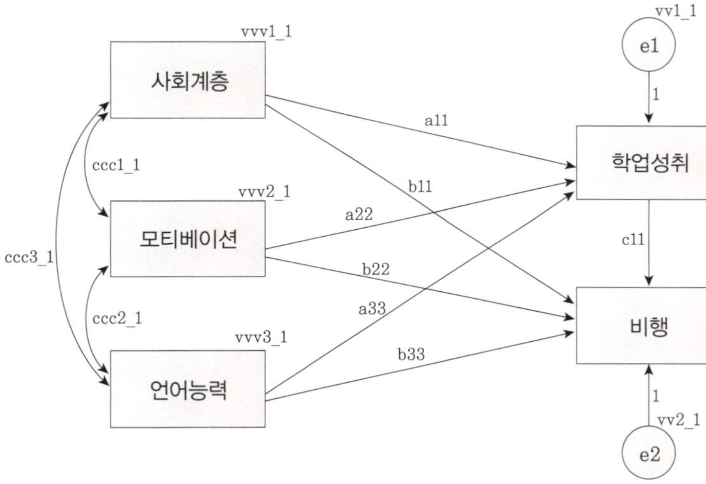

5 :: 이를 실행하면 [Output 15-3-1]과 같은 결과를 얻는다.

Output 15-3-1 ••• **집단 간 등가제약모델의 분석 결과**

CMIN

Model	NPAR	CMIN	DF	P	CMIN/DF
Unconstrained	30	.000	0		
Structural weights	23	11.676	7	.112	1.668
Structural covariances	17	21.370	13	.066	1.644
Structural residuals	15	25.845	15	.040	1.723
Saturated model	30	.000	0		
Independence model	10	297.373	20	.000	14.869

6 ∴ 각각의 경로에 대해 집단 간 등가제약을 하지 않은 모델을 추정하기로 한다. 사회계층 → 학업성취 간의 관계에 대해 등가비제약모델을 추정하기 위해 [모델관리] 창에서 [Structural weights]를 더블클릭한다. 그 창에서 [a11=a1]을 제거한다. 이는 두 집단 간에 이들 모수가 다르다는 것을 의미한다. [Close] 버튼을 클릭한다. 나머지 경로도 이런 식으로 처리한다.

7 ∴ 이를 [Input 15-3-2]로 저장하였다. 이를 실행하면 [Output 15-3-2]와 같은 결과를 얻는다. 앞서 설명한 경로에 명칭을 부여하는 방법(1)과 동일한 결과를 얻는다.

Output 15-3-2 ••• **집단 간 등가비제약모델의 추정결과**

CMIN

Model	NPAR	CMIN	DF	P	CMIN/DF
Unconstrained	30	.000	0		
Structural weights	24	7.854	6	.249	1.309
Structural covariances	17	21.370	13	.066	1.644
Structural residuals	15	25.845	15	.040	1.723
Saturated model	30	.000	0		
Independence model	10	297.373	20	.000	14.869

1.3 경로에 명칭을 부여하는 방법(2)

[Input 15-4] 모델을 토대로 다음과 같은 추가적인 작업을 한다.

1 ∴ [모델관리] 창을 더블클릭한다. [Manage Models] 창이 나타나는데 [New] 버튼을 클릭한다.

2 ∴ [Model Name]에 임의의 이름(예: p1)을 부여한다. [Parameter Constraints]에 'a1=a11'이라 입력하고 [New] 버튼을 클릭한다.

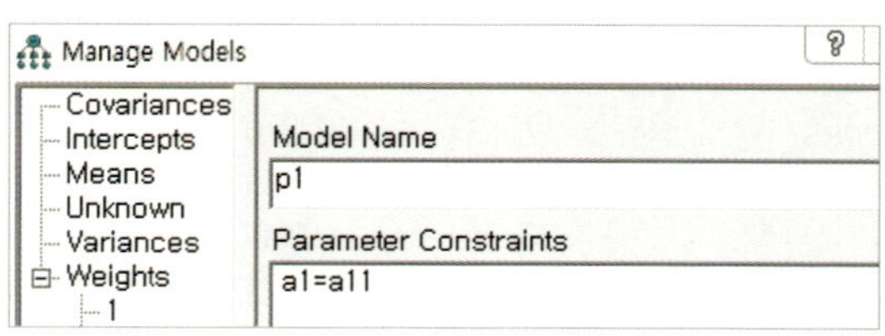

3 ∴ 이런 식으로 나머지 6개 경로도 모두 작업을 한다. 이때, 각각의 경로에 대해 [Model Name]과 [Parameter Constraints]를 다르게 해준다.

4 ∴ 마지막으로 [Model Name]에 'all constraint'라 입력하고, [Parameter Constraints]에 다음과 같이 입력한다. 이는 7개의 구조계수가 집단 간에 모두 같다는 모델이다.

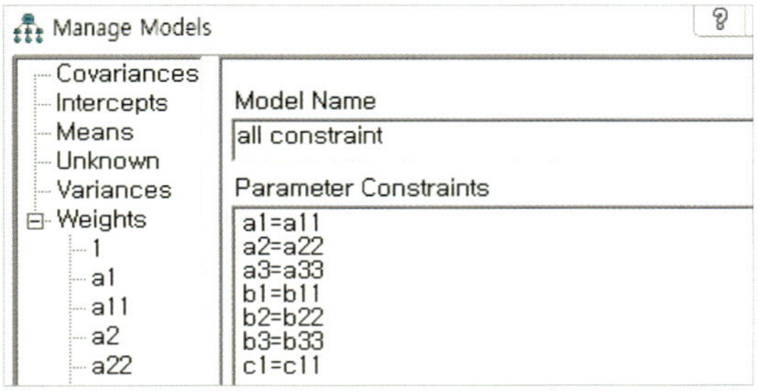

5 ∴ 지금까지 한 작업의 [모델관리] 창은 다음과 같다.

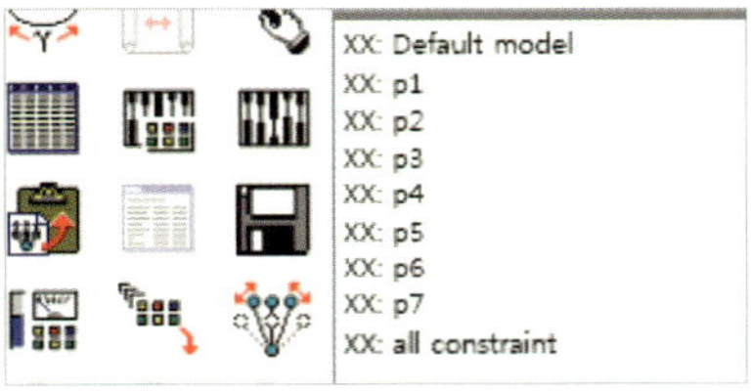

6 ∴ 이 파일을 [Input 15-3-3]으로 저장하였다. 이를 실행한다. [Output] 창에서 [Model Comparison]을 클릭하면 [Output 15-3-3]과 같은 결과를 얻는다.

Output 15-3-3 ••• **경로계수의 집단 간 비교**

Assuming model Default model to be correct:

Model	DF	CMIN	P	NFI Delta-1	IFI Delta-2	RFI rho-1	TLI rho2
p1	1	2.531	.112	.009	.009		
p2	1	.036	.849	.000	.000		
p3	1	.698	.403	.002	.002		
p4	1	.789	.374	.003	.003		
p5	1	.000	.995	.000	.000		
p6	1	1.115	.291	.004	.004		
p7	1	6.152	.013	.021	.021		
all constraint	7	11.676	.112	.039	.039		

7 p7 모델의 계수(c1=c11)만 집단 간에 유의적인 차이가 있는 것으로 나타났다. 즉, 학업성취 → 비행 경로만 흑인청소년과 백인청소년 간에 차이가 있다.

8 한편, 방법(2)에 의한 접근법과 방법(1)에 의한 접근법은 다르다. **방법(1)은 한 경로가 집단 간에 다르고 나머지 경로는 같다는 것을 검정하는 접근법이고, 방법(2)는 한 경로가 집단 간에 같고 나머지 경로는 다르다는 것을 검정하는 접근법이다.** 두 방법 간에 얻어진 χ^2값이 조금 차이가 있으나 결론(학업성취→ 비행 경로만 흑인청소년과 백인청소년 간에 차이가 있음)은 같다. **저자는 두 방법 가운데 방법(1)이 더 적합한 접근법이라고 판단하고 있다.**

1.4 경로에 명칭을 부여하는 방법(3)

1 [Input 15-3-3] 모델을 토대로 각각의 경로에 대해 다음과 같이 제약을 한 모델을 만든다. 'model1'은 'a1=a11' 제약을 하지 않은 모델이다. 이런 식으로 각각의 경로에 대해 제약을 하지 않은 모델(총 8개의 모델)을 만든 다음, 이를 [Input 15-3-4]로 저장하였다.

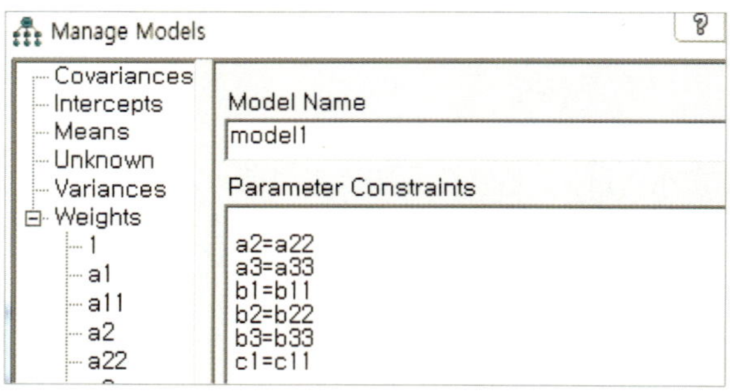

2 이를 실행하면 [Output 15-3-4]와 같은 결과를 얻는다. 이 결과를 보기 위해 [Output] 창에서 [Model Comparison]을 클릭한다.

Output 15-3-4 집단 간 등가비제약모델 분석 결과

Nested Model Comparisons
Assuming model Default model to be correct:

Model	DF	CMIN	P	NFI Delta-1	IFI Delta-2	RFI rho-1	TLI rho2
model1	6	7.854	.249	.026	.026		

model2	6	11.494	.074	.039	.039
model3	6	9.686	.139	.033	.033
model4	6	10.785	.095	.036	.036
model5	6	11.532	.073	.039	.039
model6	6	11.350	.078	.038	.038
model7	6	6.076	.415	.020	.020
all constraint	7	11.676	.112	.039	.039

Assuming model model1 to be correct:

Model	DF	CMIN	P	NFI Delta-1	IFI Delta-2	RFI rho-1	TLI rho2
all constraint	1	3.823	.051	.013	.013	.024	.026

Assuming model model2 to be correct:

Model	DF	CMIN	P	NFI Delta-1	IFI Delta-2	RFI rho-1	TLI rho2
all constraint	1	.182	.669	.001	.001	-.017	-.018

Assuming model model3 to be correct:

Model	DF	CMIN	P	NFI Delta-1	IFI Delta-2	RFI rho-1	TLI rho2
all constraint	1	1.990	.158	.007	.007	.004	.004

Assuming model model4 to be correct:

Model	DF	CMIN	P	NFI Delta-1	IFI Delta-2	RFI rho-1	TLI rho2
all constraint	1	.891	.345	.003	.003	-.009	-.009

Assuming model model5 to be correct:

Model	DF	CMIN	P	NFI Delta-1	IFI Delta-2	RFI rho-1	TLI rho2
all constraint	1	.144	.704	.000	.000	-.017	-.018

Assuming model model6 to be correct:

Model	DF	CMIN	P	NFI Delta-1	IFI Delta-2	RFI rho-1	TLI rho2
all constraint	1	.326	.568	.001	.001	-.015	-.016

Assuming model model7 to be correct:

Model	DF	CMIN	P	NFI Delta-1	IFI Delta-2	RFI rho-1	TLI rho2
all constraint	1	5.600	.018	.019	.019	.044	.047

3 ∴ 분석 결과, 'model7'만 두 집단 간에 차이가 있는 것으로 나타났다. 즉 'c1=c11' 경로만 차이가 있다. 이 접근법은 방법(1)과 동일한 결과를 얻는다. 이 접근법은 방법(1)에 비해 한 번에 할 수 있다는 장점이 있다.

2. 경로계수의 집단 간 비교: 구조모델

구조모델에서의 경로계수의 집단 간 비교는 메트릭불변성 제약과 집단 간 등가제약의 검정을 통해 이루어진다. 앞의 제1절에서 살펴본 경로모델의 경우에는 메트릭불변성 검정을 할 수 없기 때문에 집단 간 등가제약의 검정만 했다. 이하에서 합리적 행동모델을 통해 이에 대해 살펴보기로 한다. 분석에 이용된 자료는 [sample1.sav]이다.

그림 15-2 합리적 행동모델

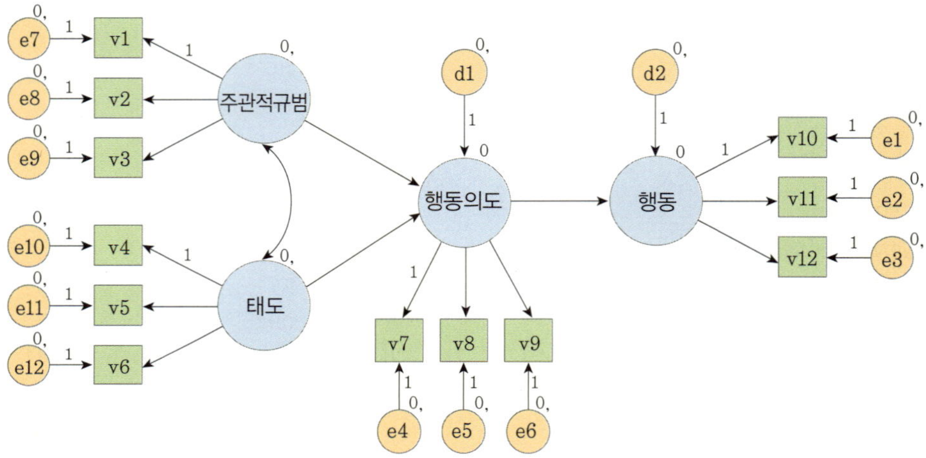

2.1 메트릭불변성 제약

메트릭불변성 제약(metric invariance constraint)은 각 집단의 요인적재량이 동일하다는 제약을 한 후 모델적합도를 평가하여 검정하는 것이다. 이를 위해 다음과 같이 한다.

1 ∴ 각각의 잠재변수에 대해 1로 설정된 준거변수를 제외한 나머지 요인적재량을 집단 간에 동일하다는 제약을 한다. 이를 위해 [그림 15-2]에서 'v2' 경로를 더블클릭하여 나타나는 [Object Properties] 창의 [Parameters] 탭의 [Regression weight]에 임의의 문자(예: a1)를 입력하고, [All groups]를 체크한다. 이런 식으로 모든 관측변수에 대해 동일성 제약을 한다.

2 ∴ 이를 [Input 15-17]로 저장하였다.

Input 15-17 ••• 메트릭불변성 제약모델

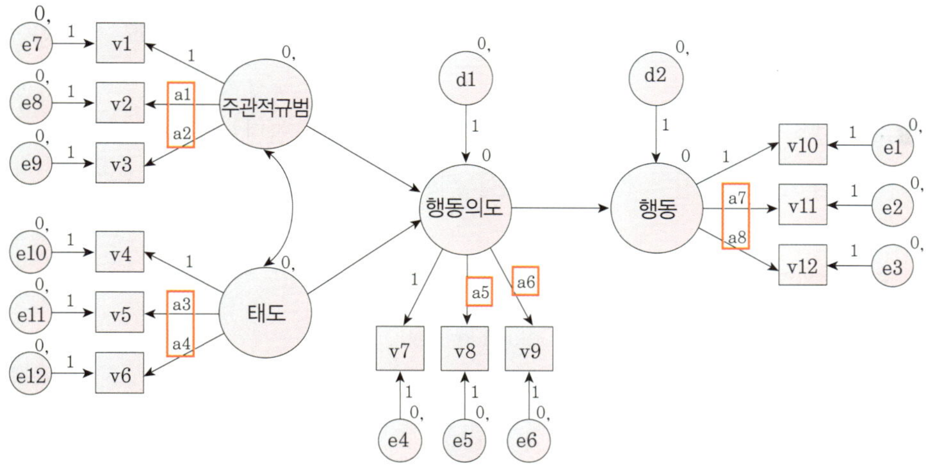

[male group]

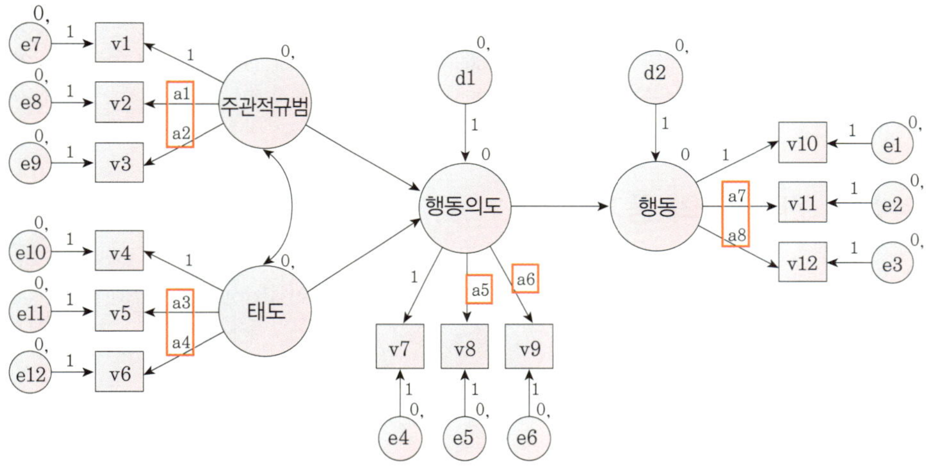

[female group]

3 ∴ 이를 실행하면 [Output 15-17]과 같은 결과를 얻는다.

Output 15-17 ••• 동일성 제약모델 분석 결과

CMIN

Model	NPAR	CMIN	DF	P	CMIN/DF
Default model	72	268.255	108	.000	2.484

Baseline Comparisons

Model	NFI Delta1	RFI rho1	IFI Delta2	TLI rho2	CFI
Default model	.944	.918	.965	.950	.965

RMSEA

Model	RMSEA	LO 90	HI 90	PCLOSE
Default model	.046	.039	.053	.795

4 모델적합도가 양호하여 메트릭동일성 제약이 성립한다. 이는 요인적재량이 두 집단 간에 큰 차이가 없다는 것을 의미한다.

Output 15-17 집단 간 비표준화계수

Regression Weights: (Male group - Default model)

			Estimate	S.E.	C.R.	P	Label
행동의도	<---	주관적규범	.310	.052	5.989	***	par_9
행동의도	<---	태도	.242	.051	4.761	***	par_10
행동	<---	행동의도	.578	.071	8.155	***	par_11

Regression Weights: (Female group - Default model)

			Estimate	S.E.	C.R.	P	Label
행동의도	<---	주관적규범	.246	.048	5.160	***	par_25
행동의도	<---	태도	.069	.049	1.393	.164	par_26
행동	<---	행동의도	.506	.075	6.761	***	par_27

2.2 집단 간 경로의 등가제약

집단 간 경로의 등가제약을 설정한다. 이를 위한 모델이 [Input 15-18]이다.

Input 15-18 등가제약모델

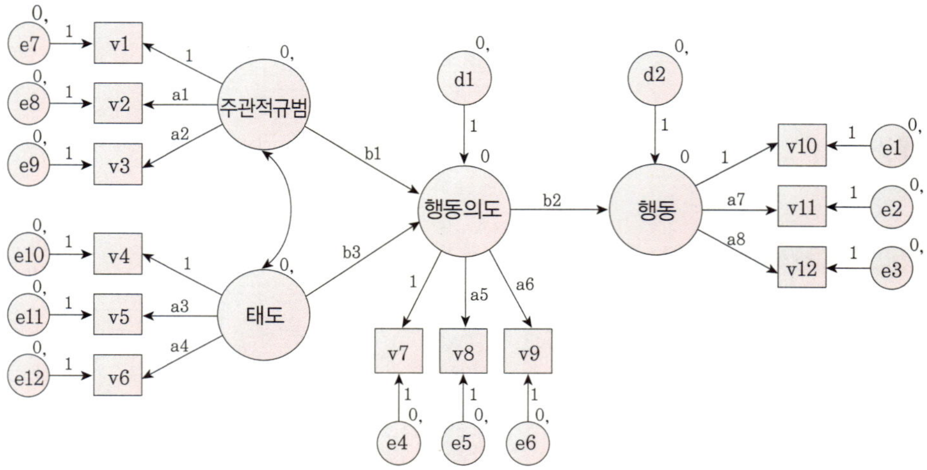

[남자집단]

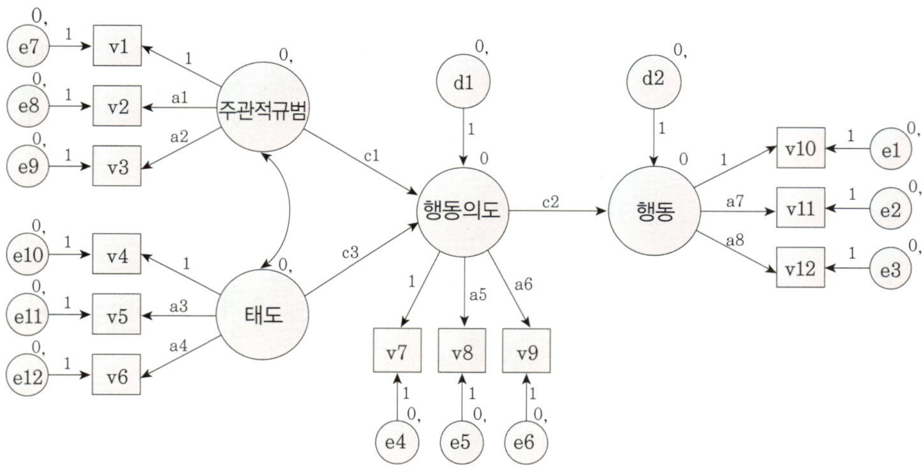

[여자집단]

1 다음은 주관적규범과 행동의도 간의 관계가 남자집단과 여자집단에서 같다는 등가제약을 보인 것이다. 이런 식으로 나머지 경로도 모두 등가제약을 한다.

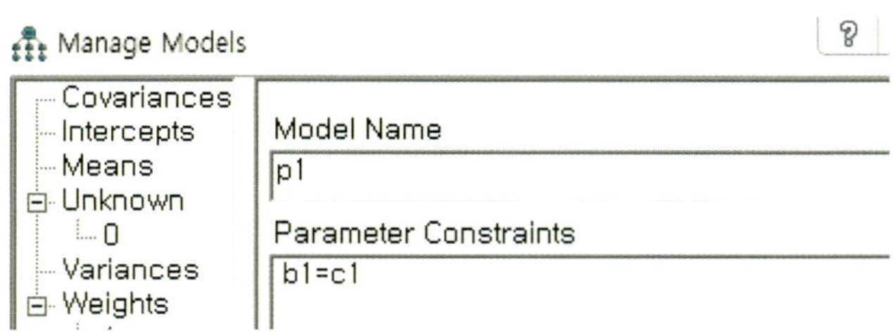

2 이 모델을 추정하면 [Output 15-18]과 같은 결과를 얻는다.

Output 15-18 등가제약모델 분석 결과

Nested Model Comparisons

Assuming model p1 to be correct:

Model	DF	CMIN	P	NFI Delta-1	IFI Delta-2	RFI rho-1	TLI rho2
all constraint	2	8.142	.017	.002	.002	.001	.001

Assuming model p2 to be correct:

Model	DF	CMIN	P	NFI Delta-1	IFI Delta-2	RFI rho-1	TLI rho2
all constraint	2	8.503	.014	.002	.002	.001	.001

Assuming model p3 to be correct:

Model	DF	CMIN	P	NFI Delta-1	IFI Delta-2	RFI rho-1	TLI rho2
all constraint	2	2.908	.234	.001	.001	-.001	-.001

Assuming model Default model to be correct:

Model	DF	CMIN	P	NFI Delta-1	IFI Delta-2	RFI rho-1	TLI rho2
p1	1	.858	.354	.000	.000	.000	-.001
p2	1	.497	.481	.000	.000	-.001	-.001
p3	1	6.091	.014	.001	.001	.001	.001
all constraint	3	9.000	.029	.002	.002	.000	.000

2 ∴ 모델 p3인 태도 → 행동의도 경로만 두 집단 간에 유의적인 차이가 있다.

3. 경로계수의 상대적 효과분석

경로계수의 상대적 효과분석(relative effect analysis of path coefficient)은 두 경로 간의 관계에서 어떤 경로가 다른 경로보다 더 많은(혹은 적은) 영향을 미친다는 가설을 검정하고자 할 때 이용된다. 예를 들어, 합리적 행동모델에서 이론에 의해 주관적규범이 태도보다 행동의도에 더 많은 영향을 미친다는 가설을 설정했을 경우, 그러한 가설을 검정하고자 할 때 이용된다.

가설: 주관적규범이 태도보다 행동의도에 더 많은 영향을 미칠 것이다.

Input 15-11 ••• **비제약모델**

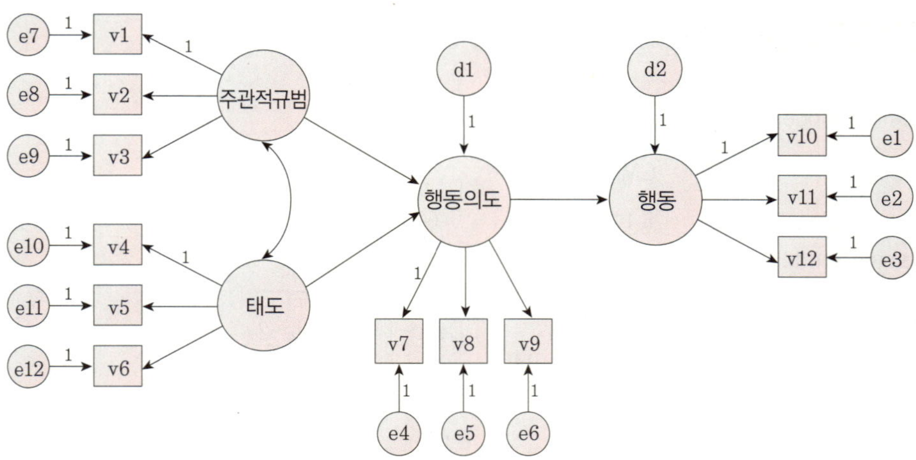

위의 가설을 검정하기 위해 다음과 같은 절차를 따른다.

1 먼저, 태도가 행동의도에 미치는 경로계수의 값이 주관적규범이 행동의도에 미치는 경로계수의 값과 같다는 **등가제약모델(equal constrained model)**을 추정한다.

2 다음, 두 계수에 대해 제약을 가하지 않은 **자유모델(free model)** 또는 **비제약모델(unconstrained model)**을 추정한다.

3 두 모델에서 얻은 χ^2값을 비교하여 그 차이가 유의적이면 가설이 채택된다. 두 모델 간의 χ^2차이는 자유도 1에서 3.84 이상이면 유의적인 차이가 있다(α=.05 수준에서).

[Input 15-11] 모델을 대상으로 경로계수의 상대적 효과분석에 대해 살펴보기로 한다. 이에는 두 가지 방법이 있다.

3.1 등가제약모델과 비제약모델의 χ^2차이검정에 의한 방법

1) 비제약모델의 추정

1 비제약모델을 추정하기 위한 모델은 [Input 15-11]이다. 자료는 [miss_C.sav]를 이용하기로 한다. 비제약모델을 추정하면 $\chi^2(50)=171.167$을 얻는다. [Input 15-11]을 추정하면 [Output 15-11]의 표준화계수를 얻는다.

Output 15-11 비제약모델의 분석 결과

CMIN

Model	NPAR	CMIN	DF	P	CMIN/DF
Default model	28	171.167	50	.000	3.423

Standardized Regression Weights: (Group number 1 - Default model)

			Estimate
행동의도	<---	주관적규범	.330
행동의도	<---	태도	.152
행동	<---	행동의도	.440

2 ∴ 위의 Output을 통해 알 수 있듯, 표준화계수가 주관적규범이 행동의도에 미치는 영향(.330)이 태도가 행동의도에 미치는 영향(.152)에 비해 큼을 알 수 있다. 이 계수만으로 더 많은 영향을 준다고 해석할 수 없고, 보다 엄격한 방법으로 검정해야 한다. 즉 두 계수 간의 차이(.178)가 통계적으로 유의적인가를 검정해야 한다.

2) 등가제약모델의 추정

등가제약모델을 추정하기 위해 다음과 같은 절차에 따라 한다.

1 ∴ 먼저, 주관적규범에서 행동의도로 가는 경로를 더블클릭하거나 또는 오른쪽 버튼을 클릭하면 나타나는 [Object Properties]의 [Parameters] 탭의 [Regression weight]에 'a'라고 입력한다. 여기에서 'a'는 모수의 이름이기 때문에 'a'가 아닌 다른 이름으로 입력해도 된다.

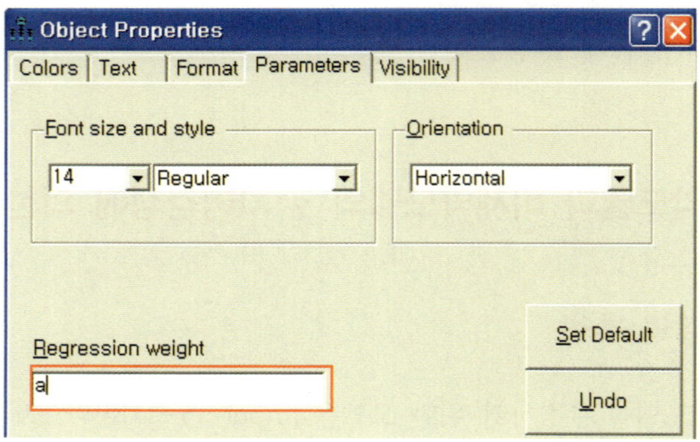

2 ∴ 태도에서 행동의도로 가는 경로도 동일한 방식으로 해준다. 이때, 그 경로에 해당하는 모수의 명칭은 다른 것을 사용해도 되고(예: b), 동일한 명칭(예: a)을 사용해도 된다.

3 ∴ 먼저, 다른 명칭을 사용한 경우부터 살펴보기로 한다. 이 예에서는 'b'라고 입력하였다. [모델관리] 창에서 [Default model]을 더블클릭한다. 그러면 다음과 같은 대화상자가 나타난다. 거기에서 [Model name]을 제약모델로 지정하고(이는 Default model 그대로 두어도 됨), [Parameter Constraints]에서 'a=b'라고 입력하고 [Close] 버튼을 클릭한다.

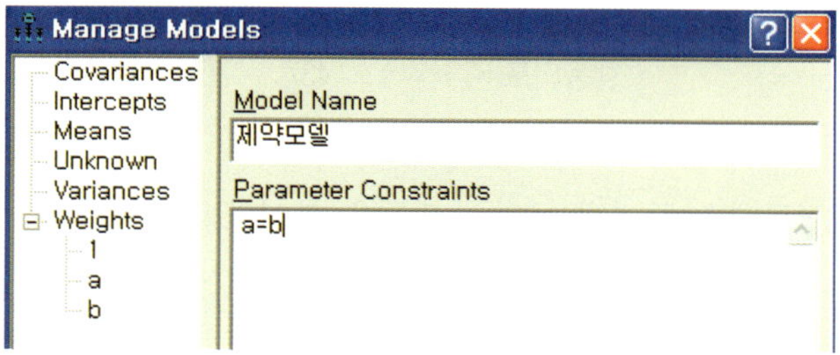

4 ∴ 지금까지 한 작업을 [Input 15-12]로 저장하였다.

Input 15-12 ••• 등가제약모델

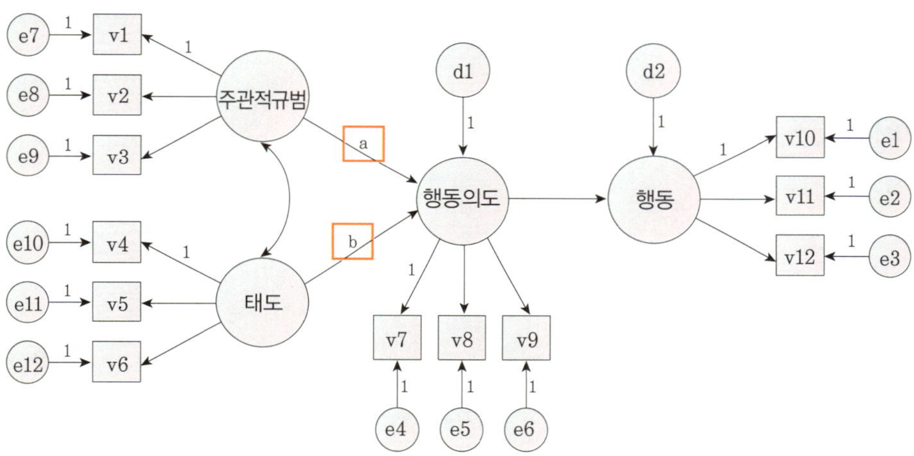

5 ∴ 이를 실행하면 [Output 15-12]의 적합도 및 모수치를 얻는다.

Output 15-12 ••• 등가제약모델의 분석 결과

CMIN

Model	NPAR	CMIN	DF	P	CMIN/DF
제약모델	27	178.361	51	.000	3.497

Regression Weights: (Group number 1 - 제약모델)

			Estimate	S.E.	C.R.	P	Label
행동의도	<---	주관적규범	.210	.024	8.884	***	a
행동의도	<---	태도	.210	.024	8.884	***	a
행동	<---	행동의도	.525	.051	10.231	***	

Standardized Regression Weights: (Group number 1 - 제약모델)

			Estimate
행동의도	<---	주관적규범	.243

행동의도	<---	태도	.239
행동	<---	행동의도	.437

6 이제 두 경로계수에 대해 동일한 명칭을 부여한 경우에 대해 살펴보기로 한다.

Input 15-13 등가제약모델

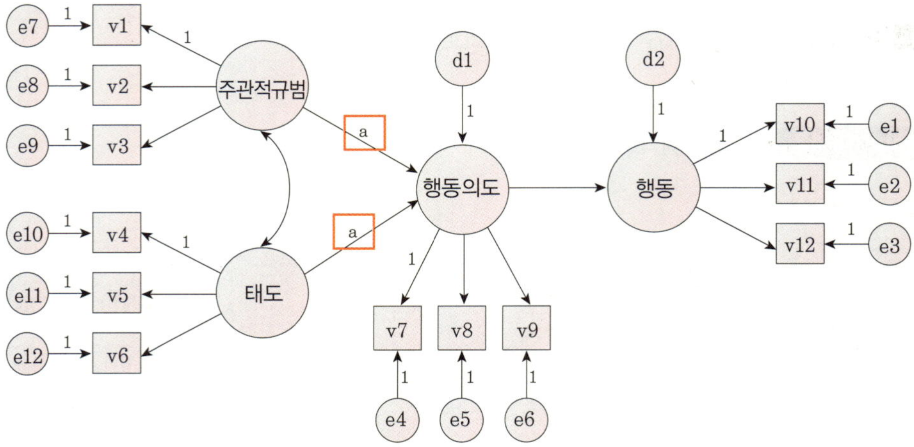

7 위와 같이 동일한 명칭을 부여하면 Amos는 두 모수의 값이 같다는 가정을 하므로 [Parameter Constraint]에서 a=b를 넣지 않아야 한다.

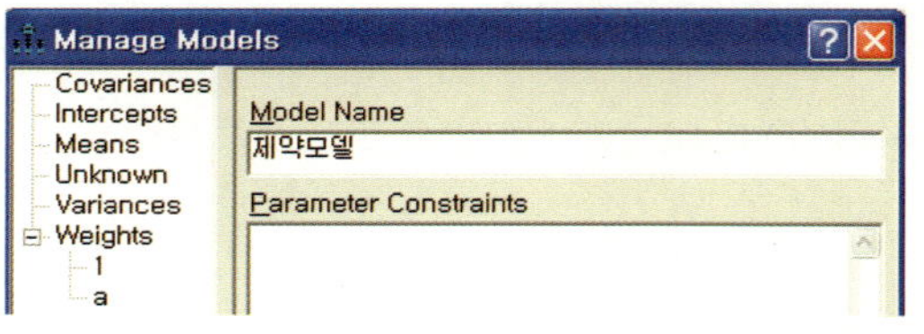

8 위와 같은 작업을 마치고 이를 [Input 15-13]으로 저장하였다. 이를 실행한 결과, [Input 15-11]과 동일한 적합도($\chi^2(51)=178.361$)를 얻는다.

Output 15-13 등가제약모델의 분석 결과

CMIN

Model	NPAR	CMIN	DF	P	CMIN/DF
제약모델	27	178.361	51	.000	3.497

Regression Weights: (Group number 1 - 제약모델)

			Estimate	S.E.	C.R.	P
행동의도	<---	주관적규범	.210	.024	8.884	***
행동의도	<---	태도	.210	.024	8.884	***
행동	<---	행동의도	.525	.051	10.231	***

Standardized Regression Weights: (Group number 1 - 제약모델)

			Estimate
행동의도	<---	주관적규범	.243
행동의도	<---	태도	.239
행동	<---	행동의도	.437

9 두 모델 간의 χ^2 차이(178.361－171.167=7.194)는 통계적으로 유의적이다($\Delta\chi^2(1)=7.194$). 비제약모델의 모수치에서 주관적규범에서 행동의도로 가는 표준화계수 .330은 태도에서 행동의도로 가는 표준화계수 .152보다 크다고 할 수 있다. 따라서 위의 가설은 채택된다. 한편 위의 Output에서 볼 수 있듯, 비표준화계수는 두 경로 간에 동일한 값을 갖지만 표준화계수는 약간 차이가 있음을 알 수 있다.

3.2 대응별 모수비교에 의한 방법

경로계수의 상대적 효과분석은 **대응별 모수비교(pairwise parameter comparison)**를 통해서도 검정할 수 있다. 이 방법은 비제약모델만 추정하면 되기 때문에 간단하다는 장점이 있다. 대응별 모수비교는 각각의 모수에 대한 차이가 유의적인가를 알려준다. 그들 값이 $\alpha=.05$ 수준에서 1.96보다 크면 유의적인 차이가 있는 것으로 해석한다.

1 이를 위해서 [Input 15-11]을 연 다음, [View] 메뉴 → [Analysis Properties]의 [Output] 탭에서 [Critical ratios for differences]를 체크한다. 이를 [Input 15-14]로 저장하였다.

Input 15-14 대응별 모수비교모델

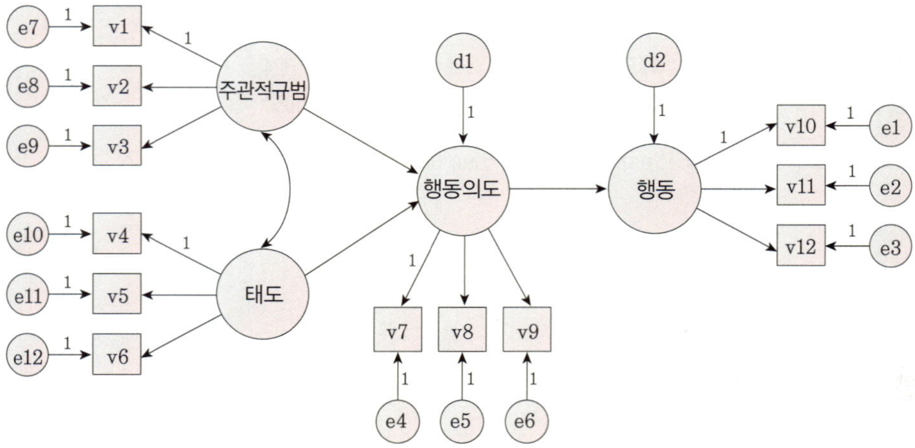

2 [Output 15-14]는 비표준화추정치 가운데 일부를 제시한 것이다. 대응별 모수비교를 보기 위해 [Output] 창에서 [Pairwise Parameter Comparison]을 클릭한다. 주관적규범 → 행동의도에 해당하는 Label은 'par_9', 태도 → 행동의도에 해당하는 Label은 'par_10'으로 표시되었다.

Output 15-14 대응별 모수비교 분석 결과

Regression Weights: (Group number 1 - Default model)

			Estimate	S.E.	C.R.	P	Label
행동의도	<---	주관적규범	.287	.038	7.589	***	par_9
행동의도	<---	태도	.133	.037	3.630	***	par_10

3 par_9와 par_10에 해당하는 값은 −2.680으로 나타나, 두 계수는 통계적으로 차이가 있다고 해석한다.

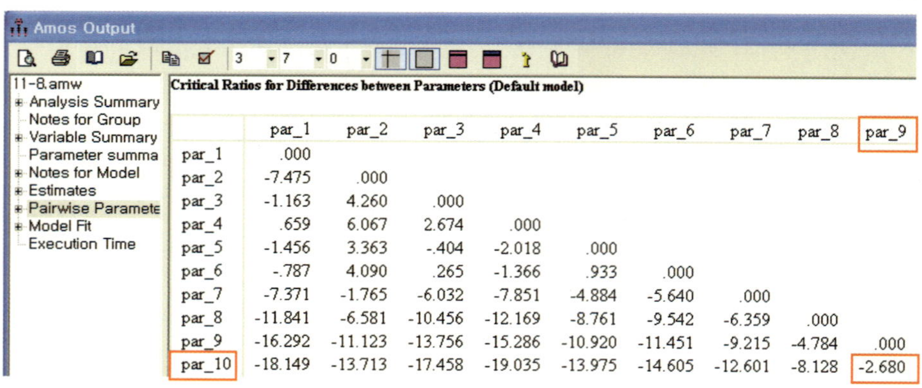

Critical Ratios for Differences between Parameters (Default model)

	par_1	par_2	par_3	par_4	par_5	par_6	par_7	par_8	par_9
par_1	.000								
par_2	-7.475	.000							
par_3	-1.163	4.260	.000						
par_4	.659	6.067	2.674	.000					
par_5	-1.456	3.363	-.404	-2.018	.000				
par_6	-.787	4.090	.265	-1.366	.933	.000			
par_7	-7.371	-1.765	-6.032	-7.851	-4.884	-5.640	.000		
par_8	-11.841	-6.581	-10.456	-12.169	-8.761	-9.542	-6.359	.000	
par_9	-16.292	-11.123	-13.756	-15.286	-10.920	-11.451	-9.215	-4.784	.000
par_10	-18.149	-13.713	-17.458	-19.035	-13.975	-14.605	-12.601	-8.128	-2.680

4. 통제변수의 도입

연구모델에 통제변수를 도입하여 변수 간의 관계를 **혼동(confounding)**시키는 것을 통제하여 보다 정확한 계수를 얻을 수 있다. **통제변수(control variable)**란 독립변수와 종속변수 간의 관계에 영향을 미칠 것으로 예상되는 다른 독립변수이다. 통제변수를 **공변량(covariate)**이라고도 한다. 통제변수의 의의에 대해 살펴보기로 한다.

연구자가 광고모델(독립변수)이 광고태도(종속변수)에 어떤 영향을 미치는가를 연구한다고 가정한다. 이때, 광고태도에 영향을 미치는 다른 변수가 개입하지 않도록 통제할 필요가 있다. 예를 들어, 동일 광고모델이라 하더라도 광고를 어디에 하느냐(즉, 광고매체)에 따라 또는 광고수용자의 성별에 따라 광고태도가 달라질 수 있다. 이때 광고매체 또는 광고수용자의 성별은 광고태도에 영향을 줄 수 있는 다른 독립변수가 된다. 이들 다른 독립변수는 연구자의 관심의 대상이 아닌 변수이다. 연구자는 광고모델만을 독립변수로 하여 광고태도에 어떤 영향을 주는가를 확인하고자 한다. 이처럼 종속변수에 영향을 미칠 것으로 예상되는 다른 변수를 통제변수라 한다.

그림 15-3 통제변수(예: 성별)의 개념적 모델

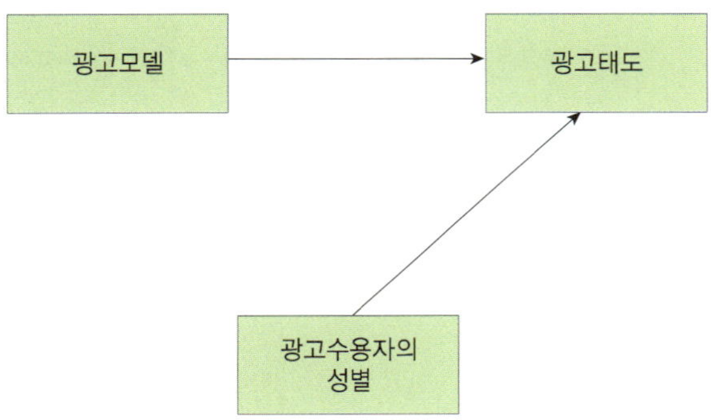

어떤 변수가 통제변수가 되는가는 개념적 틀을 어떻게 구축하느냐에 따라 달라진다. 예를 들어, 광고모델이 광고태도에 어떤 영향을 주는가를 연구한다고 할 때, 광고의 수용자가 성별에 따라 달라질 수 있다. 만약 연구자가 광고모델이 광고태도에 미치는 영향이 성별에 따라 달라질 것으로 가설화했다면 이때 성별은 조절변수가 된다.

그림 15-4 조절변수(예: 성별)의 개념적 모델

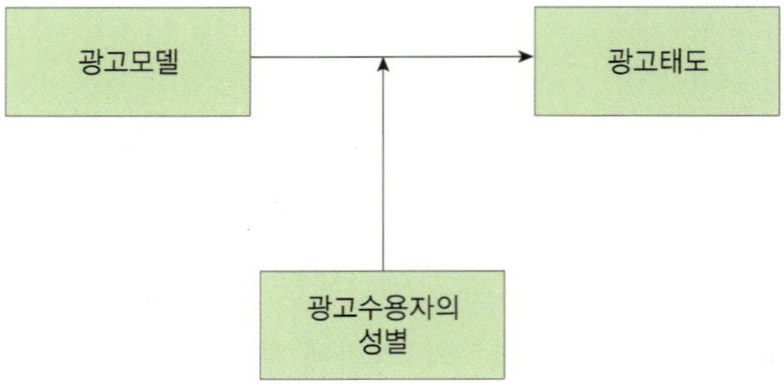

[그림 15-5]는 통제변수의 예를 제시한 것이다. 그림에서 볼 수 있듯, Fu 등(2010)은 quota, customer newness, salesperson tenure 등을 통제변수로 포함하여 연구하였다.

그림 15-5 통제변수의 예

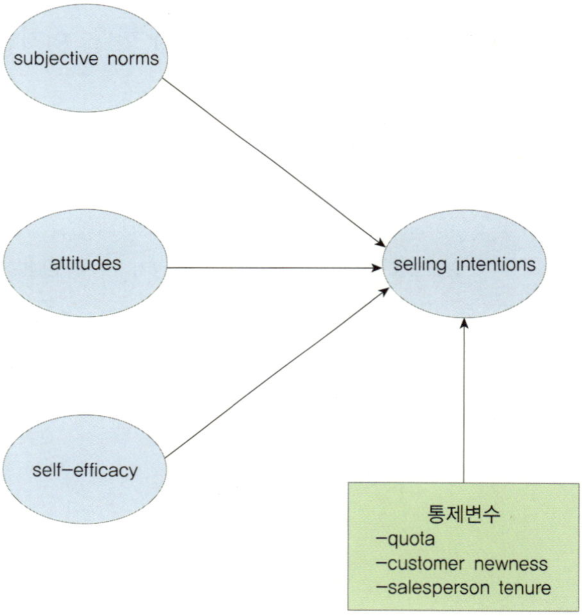

출처: Fu et al.(2010), p.62.

Amos에서 통제변수를 어떻게 분석하는가에 관해 살펴보기로 한다. 이를 위해, 합리적 행동모델에서 행동의도와 행동 간의 관계에서 성별을 통제변수로 하여 분석하기로 한다. 먼저 통제변수를 도입하지 않은 모델은 다음과 같다. 자료는 [sample1.sav]를 이용하였다.

Input 15-15 합리적 행동모델

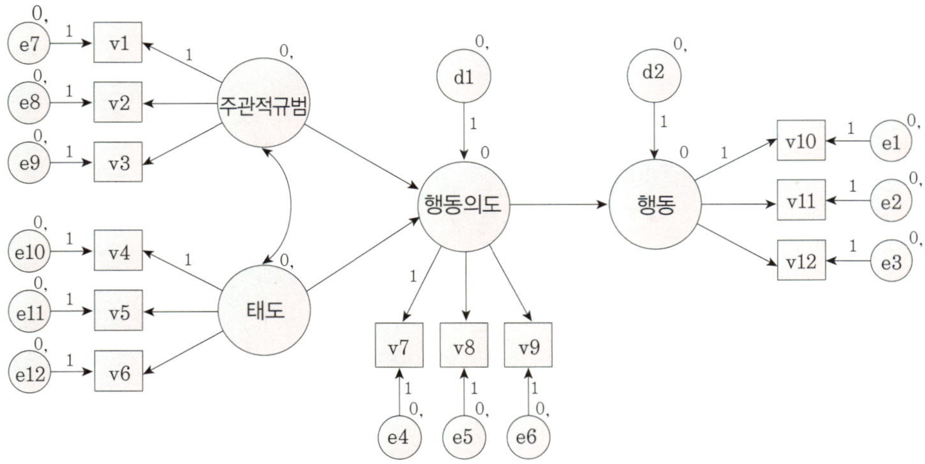

이를 추정하면 [Output 15-15]의 적합도 및 모수치를 얻는다.

Output 15-15 합리적 행동모델의 분석 결과

CMIN

Model	NPAR	CMIN	DF	P	CMIN/DF
Default model	40	170.978	50	.000	3.420

Regression Weights: (Group number 1 - Model 1)

			Estimate	S.E.	C.R.	P
행동의도	<---	주관적규범	.287	.038	7.581	***
행동의도	<---	태도	.133	.037	3.624	***
행동	<---	행동의도	.528	.051	10.285	***

3.1 통제변수의 처리: 행동의도와 행동에 미치는 효과를 통제

통제변수는 종속변수에 영향을 미칠 것으로 예상되는 다른 독립변수이다. 연구자는 통제변수가 내생변수에 영향을 미칠 것으로 예상되는 근거를 기술해야 한다. 연구자는 성별이 행동의도와 행동에 영향을 미칠 것으로 가정하였다. 그리고 통제변수와 독립변수 간에는 서로 상관되는 것으로 가정하였다. 이를 위한 입력파일이 [Input 15-16]이다.

Input 15-16 ••• 통제변수의 도입

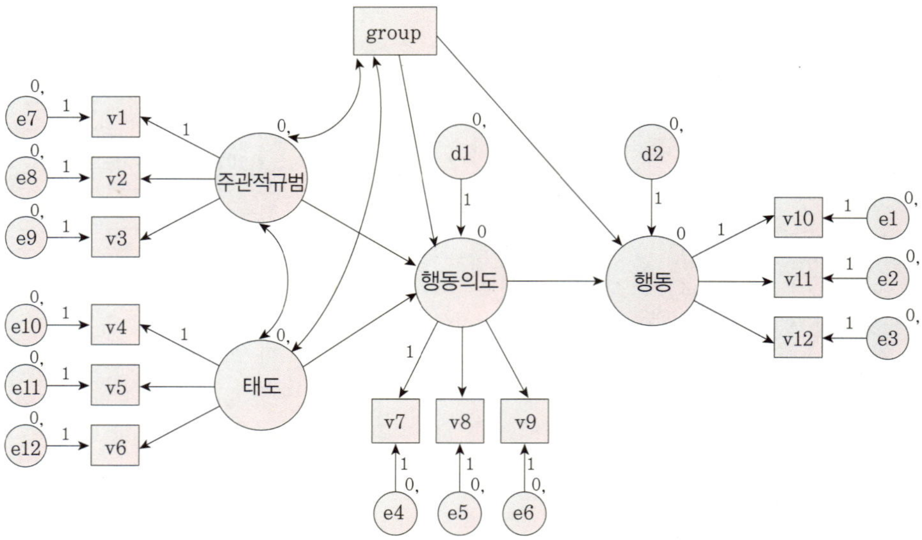

이를 추정하면 [Output 15-16]의 적합도 및 모수치를 얻는다.

Output 15-16 ••• 통제변수 도입모델의 분석 결과

CMIN

Model	NPAR	CMIN	DF	P	CMIN/DF
Default model	46	189.180	58	.000	3.262

Regression Weights: (Group number 1 - Default model)

			Estimate	S.E.	C.R.	P
행동의도	<---	주관적규범	.287	.038	7.659	***
행동의도	<---	태도	.158	.037	4.259	***
행동	<---	행동의도	.520	.051	10.146	***
행동의도	<---	group	.243	.064	3.792	***
행동	<---	group	.143	.073	1.950	.051

행동의도와 행동 간의 관계를 보면, 통제변수를 안 넣었을 때에는 .528의 계수를 얻지만 통제변수를 넣으면 .520으로 약간 줄어드는 것으로 나온다.

3.2 통제변수의 처리: 행동에 미치는 효과를 통제

이 모델에서 이론에 의해 성별이 행동에 영향을 준다는 것만 통제하는 것으로 추정할 수도 있다. 통제변수와 외생변수 간에는 공변(상관)이 허용되도록 설정할 수 있다.

Input 15-16-1 ••• 통제변수 도입

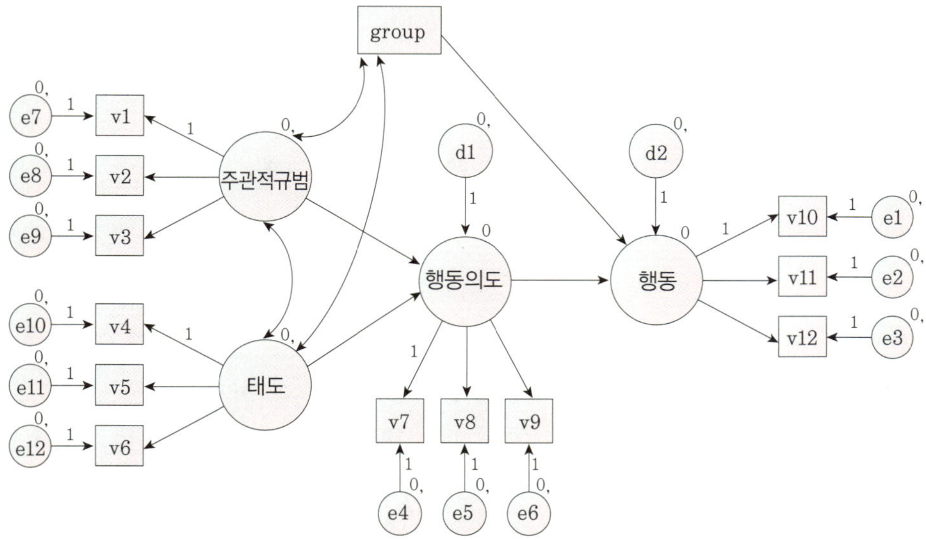

이를 추정하면 [Output 15-16-1]의 모수치를 얻는다.

Output 15-16-1 ••• 통제변수 도입모델의 분석 결과

Regression Weights: (Group number 1 - 제약모델)

			Estimate	S.E.	C.R.	P
행동의도	<---	주관적규범	.288	.038	7.598	***
행동의도	<---	태도	.131	.037	3.579	***
행동	<---	행동의도	.517	.051	10.145	***
행동	<---	group	.162	.073	2.221	.026

3.3 통제변수의 처리: 행동에 미치는 효과를 통제

이 모델에서 이론에 의해 성별이 행동에만 영향을 주는 것으로 통제할 수 있다. 통제변수와 외생변수 간에는 공변(상관)이 허용되지 않도록 설정할 수 있다.

Input 15-16-2 ••• 통제변수 도입

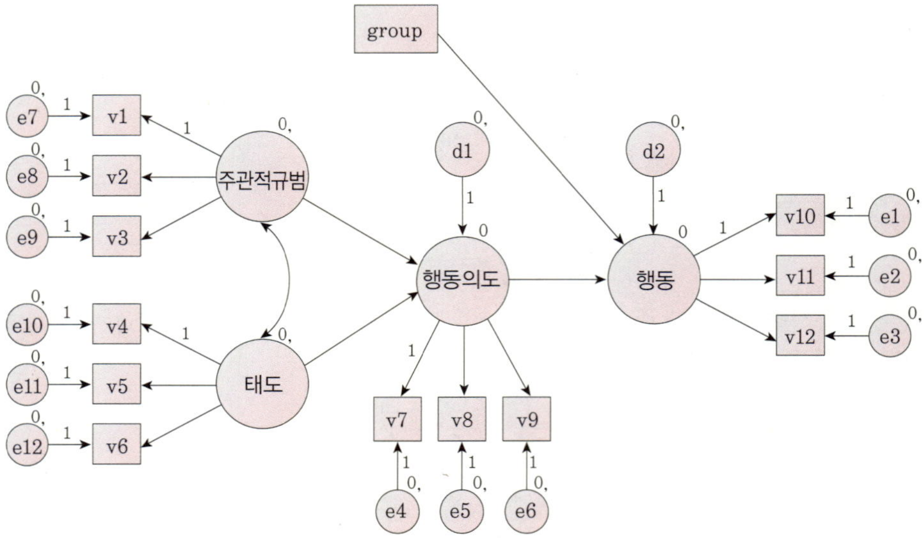

Output 15-16-2 ••• 통제변수 도입모델의 분석

Regression Weights: (Group number 1 - 제약모델)

			Estimate	S.E.	C.R.	P
행동의도	<---	주관적규범	.288	.038	7.584	***
행동의도	<---	태도	.134	.037	3.651	***
행동	<---	행동의도	.517	.051	10.156	***
행동	<---	group	.162	.073	2.220	.026

통제변수를 어떻게 연결하느냐에 따라 행동의도가 행동에 미치는 계수값이 약간의 차이가 있음을 알 수 있다.

CHAPTER 16

동치모델, 단일지표설정

1. 동치모델
2. 단일지표설정

CHAPTER

16 동치모델, 단일지표설정

1. 동치모델

1.1 동치모델의 의의

동치모델(equivalent model)은 연구모델(제안모델)과 경로는 다르지만 모델예측행렬 및 적합도가 동일한 다른 모델을 의미한다. 동치모델은 측정모델과 구조모델 각각에서 있을 수 있고, 측정모델과 구조모델이 동치모델인 경우도 있다.

1.2 측정모델의 동치모델

[Input 16-1]의 2요인모델을 대상으로 측정모델의 동치모델에 대해 살펴보기로 한다. [Input 16-2], [Input 16-3], [Input 16-4]의 모델들은 원래모델([Input 16-1])과 똑같은 모델예측행렬과 적합도 통계량을 갖는 동치모델들이다. 동치모델(a)는 원래모델의 개념들이 2차요인 'A'에 의해 설명되는 것으로 가설화되었다. 동치모델(b)는 'ksi2'의 지표들 간의 측정오차가 상관을 갖는 것으로 설정되었다. 동치모델(c)는 'ksi1'과 'ksi2' 간에 상관이 없고 일부 지표들을 다차원으로 설정하였다.

동치모델이 식별되기 위해서는 제약을 해야 한다. 동치모델(a)는 2차요인 'A'가 2개의 경로를 갖고 있어, 2차요인으로부터 1차요인으로 가는 경로에 대해 등가제약을 해야 한다. 동치모델(c)는 x5와 x6의 경로가 같도록 제약을 한다. 이들 4개의 모델들은 6개 관측변수 사이의 관측된 상관에 대해 이론적으로는 다르지만 수학적으로는 동일하게 설명한다.

표 16-1 2요인모델의 동치모델 ($N=556$)

변수	x1	x2	x3	x4	x5	x6
x1	–					
x2	.73	–				
x3	.70	.68	–			
x4	.58	.61	.57	–		
x5	.46	.43	.40	.37	–	
x6	.56	.52	.48	.41	.72	–
SD	1.00	1.00	1.00	1.00	1.00	1.00
적합도	χ^2	df	TLI	GFI	CFI	RMSEA
2요인모델과 모든 동치모델	9.256	8	.999	.994	.999	.017

Input 16-1 제안모델

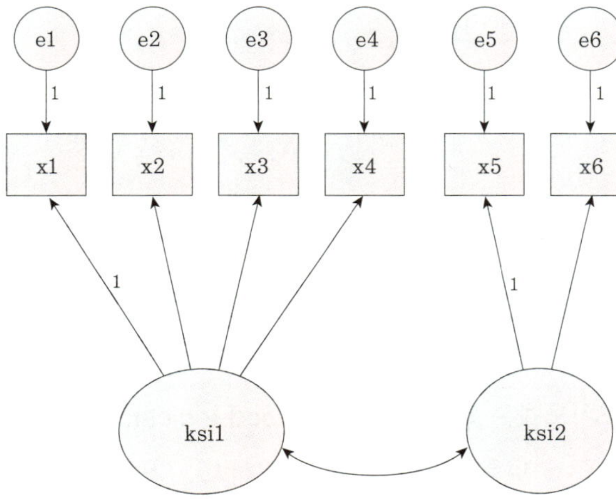

Input 16-2 동치모델(a)

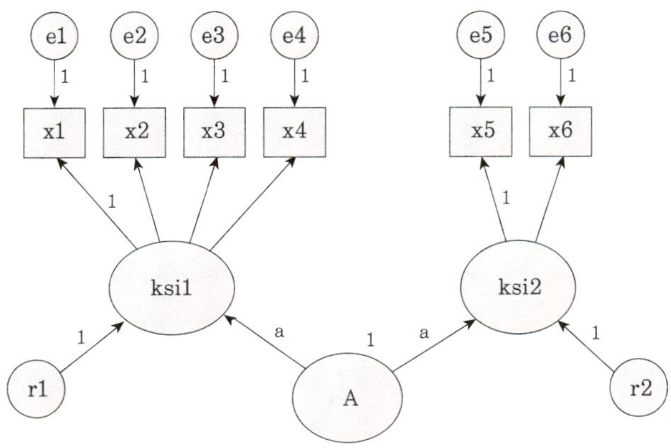

Input 16-3 동치모델(b)

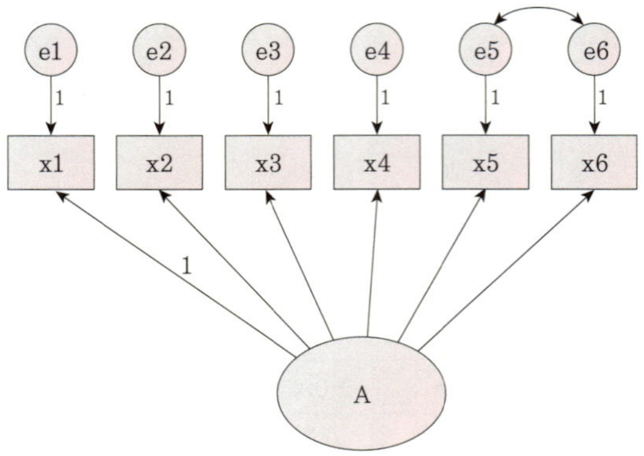

Input 16-4 동치모델(c)

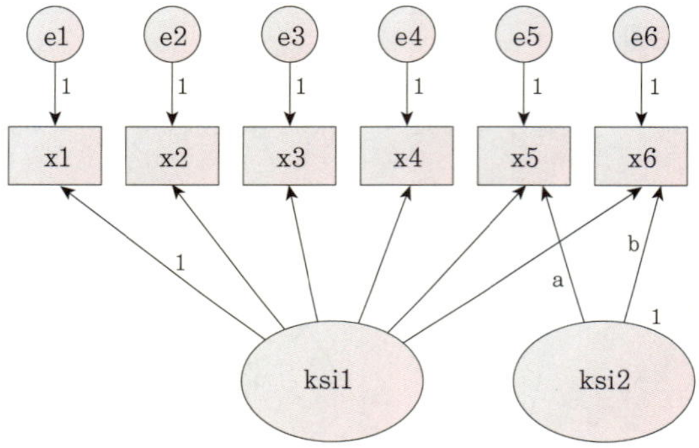

단일요인모델의 동치모델은 **역지표원칙(reversed indicator rule)**을 이용하여 만들 수 있다. 즉 관측변수 중 하나를 조형지표로 설정하고, 나머지를 반영지표로 설정한다. [Input 16-5]의 원래모델을 예로 들어 동치모델에 대해 살펴보기로 한다. x1을 조형지표로 설정한 단일요인모델의 동치모델이 [Input 16-6]이다. 이 동치모델에서 잠재변수는 더 이상 외생변수가 아니다. 왜냐하면 x1은 잠재변수에 대해 직접효과를 갖고 있기 때문이다. 이 모델에서 요인(eta1)은 내생변수이므로 교란(disturbance) 또는 잔차(residual)를 갖는다. 또한 x1 지표는 동치모델에서 외생변수이고, 원래모델처럼 내생변수가 아니다. x2, x3, x4 등도 조형지표로 설정하여 동치모델을 만들 수 있다.

표 16-2 단일요인모델과 동치모델($N=65$)

변수	x1	x2	x3	x4		
x1	–					
x2	.58	–				
x3	.44	.76	–			
x4	.31	.45	.46	–		
M	100.51	102.60	99.52	88.90		
SD	11.12	10.38	11.30	12.45		
적합도	χ^2	*df*	TLI	GFI	CFI	RMSEA
단일요인모델과 모든 동치모델	1.871	2	1.004	.986	1.000	.000

Input 16-5 단일요인모델

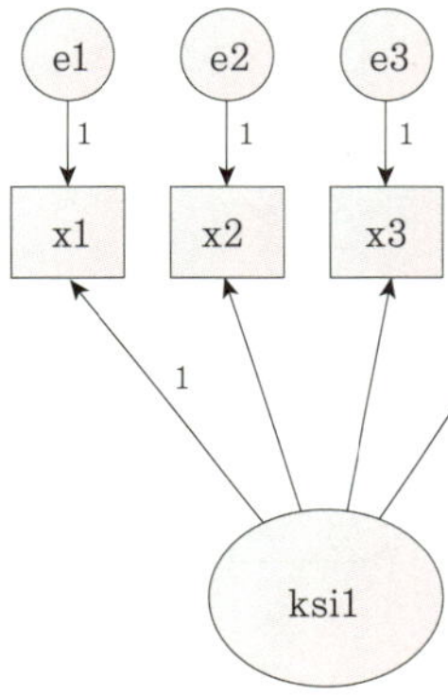

Input 16-6 조형지표를 갖는 동치모델

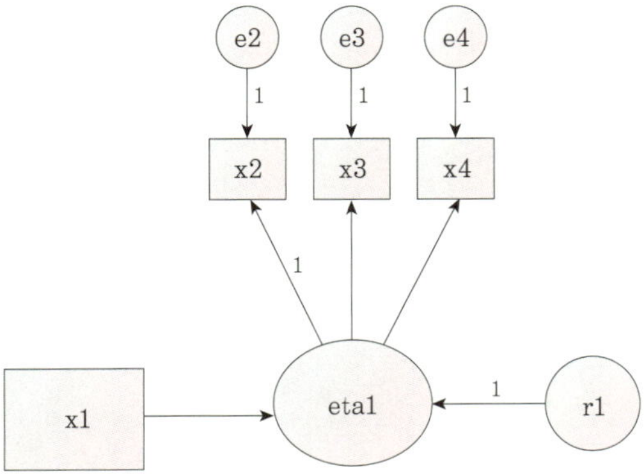

1.3 구조모델의 동치모델: 예 1

구조모델의 동치모델에 대해 살펴보기로 한다. 다음은 원래모델과 동일한 적합도를 갖는 구조모델의 동치모델들을 제시한 것이다(MacCallum et al., 1993).

그림 16-1 원래모델(제안모델)

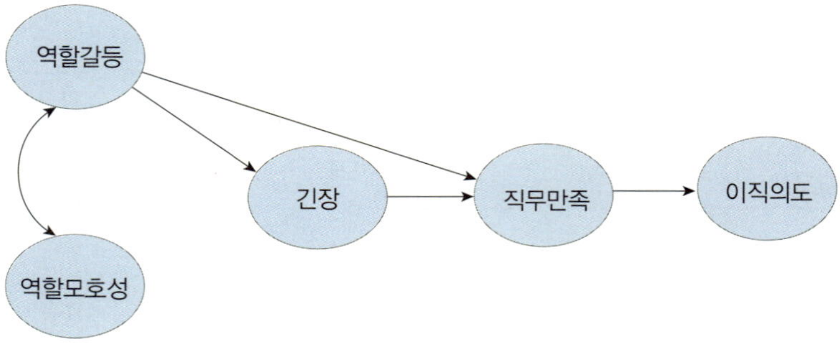

그림 16-2 동치모델(a)

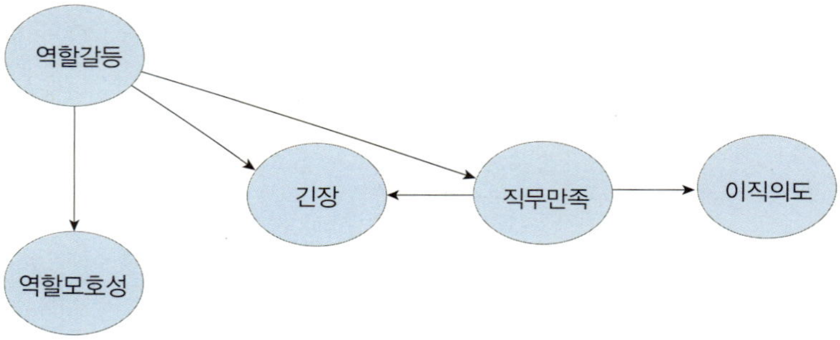

그림 16-3 동치모델(b)

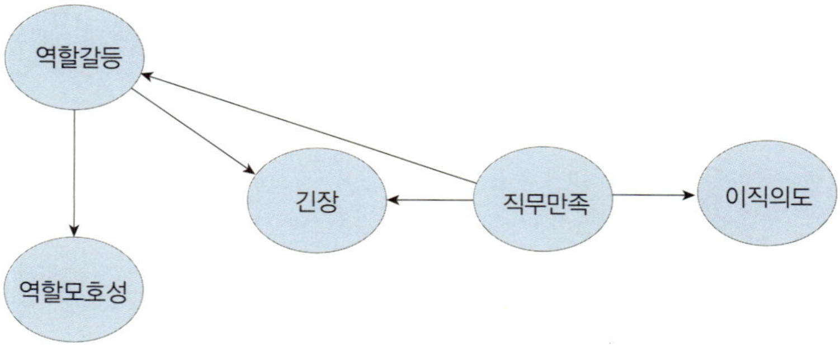

그림 16-4 동치모델(c)

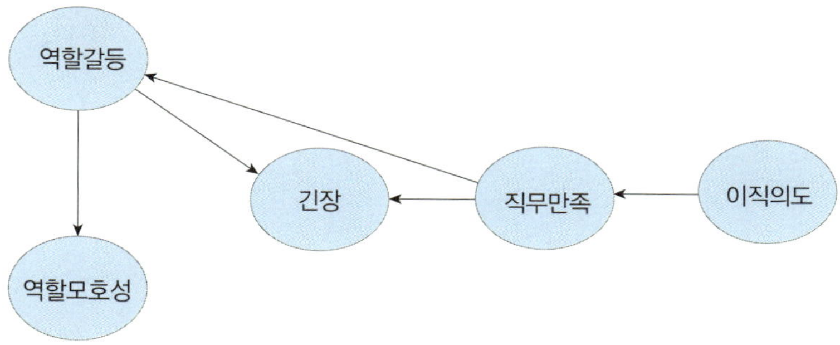

다음의 모델도 모두 동치모델들이다.

그림 16-5 제안모델

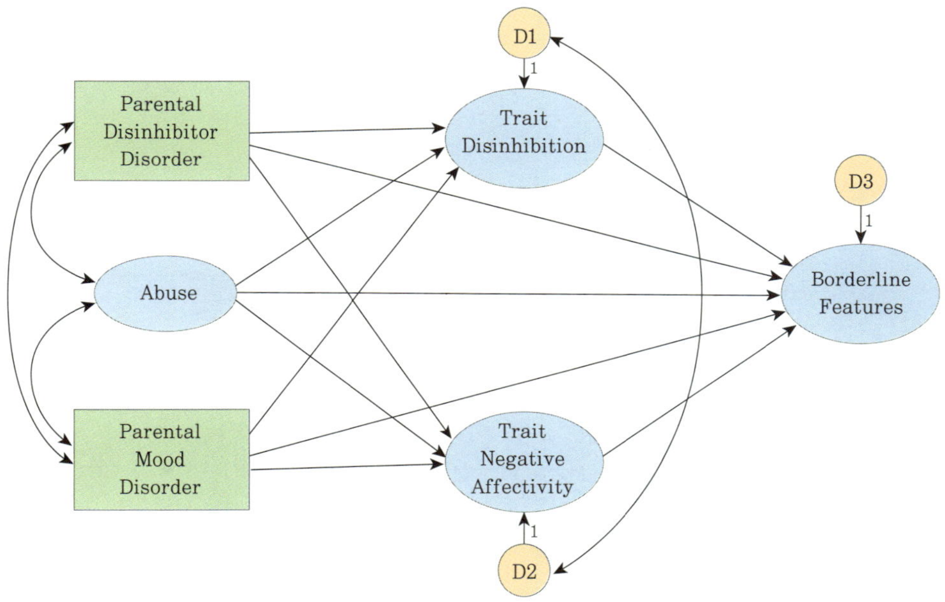

그림 16-6 동치모델(a)

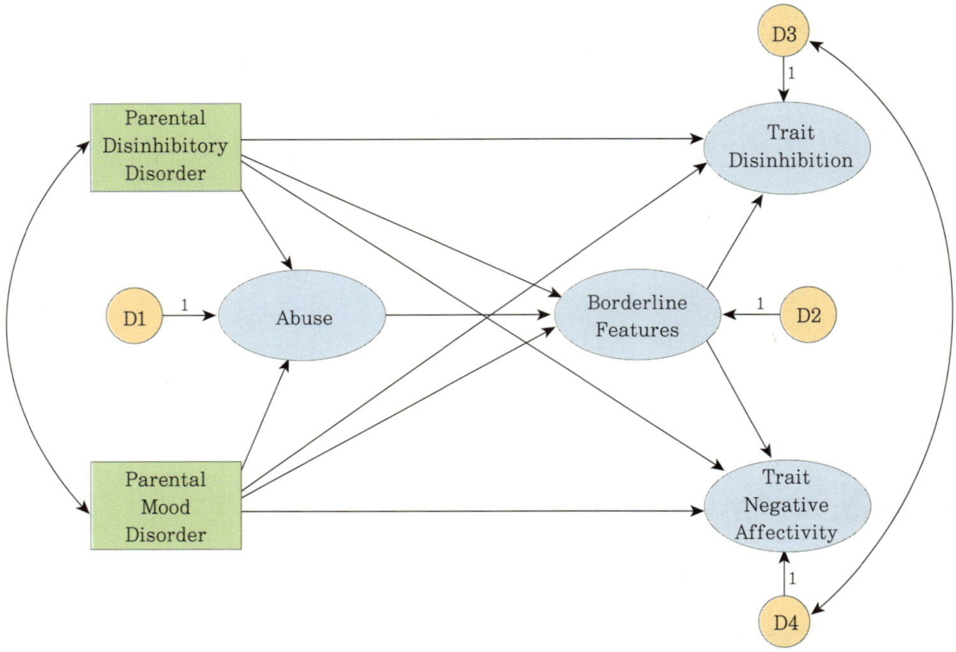

그림 16-7 동치모델(b)

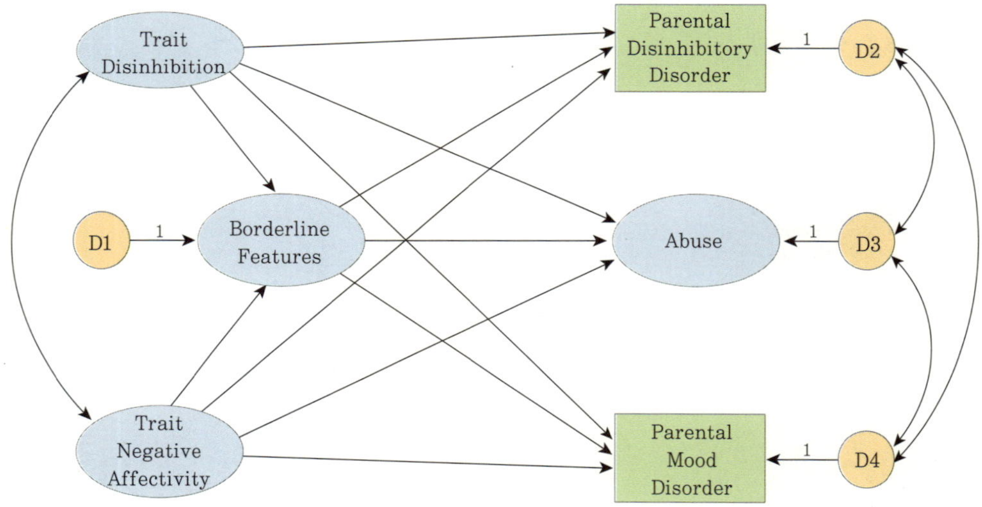

그림 16-8 동치모델(c)

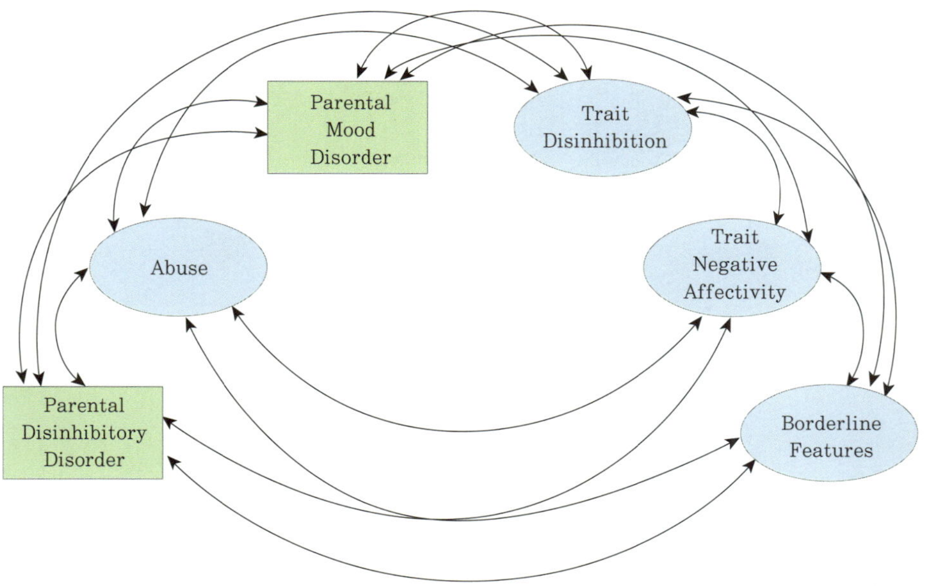

1.4 구조모델의 동치모델을 만드는 법

[그림 16-9]와 같은 구조모델이 있다고 가정한다. 이 모델의 동치모델을 만들기 위해 기본적으로 이용하는 방법은 **대체규칙(replacing rule)**이다. 즉 하나의 경로를 다른 것으로 대체하는 것이다.

그림 16-9 제안모델

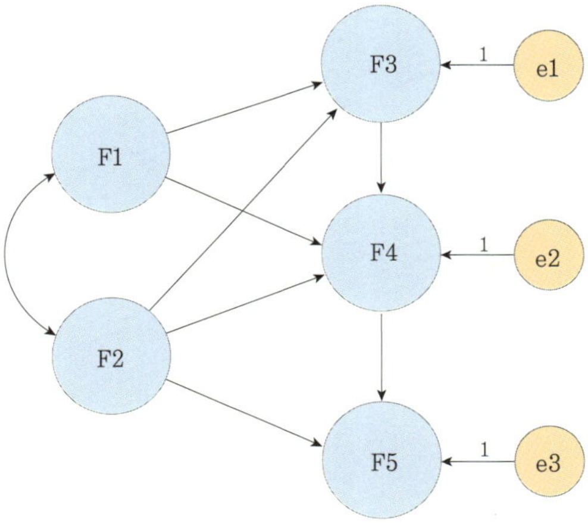

그림 16-10 동치모델(a)

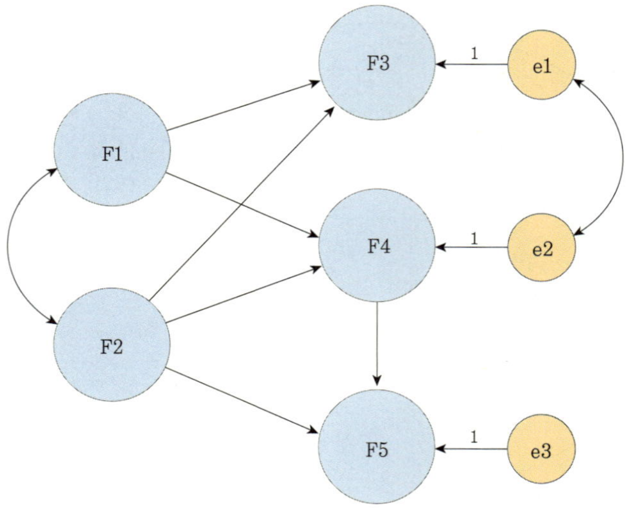

그림 16-11 동치모델(b)

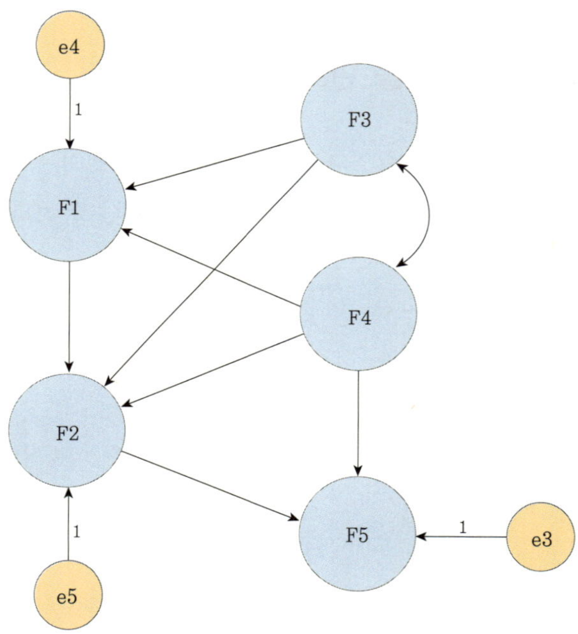

그림 16-12 동치모델(c)

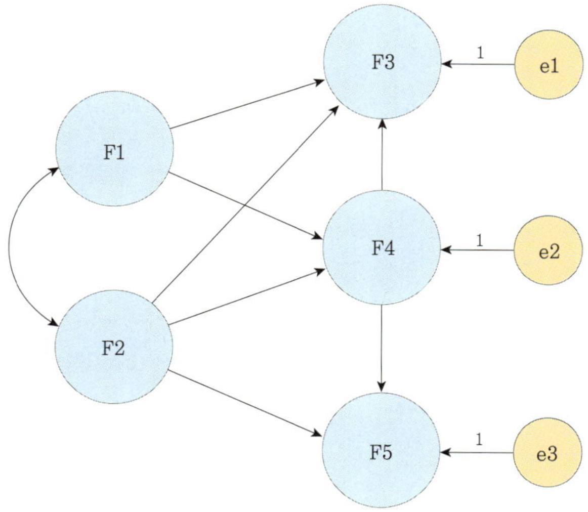

그림 16-13 동치모델(d)

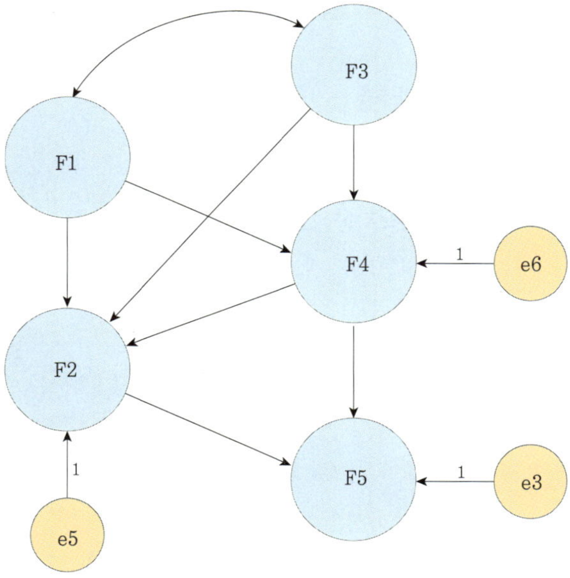

1.5 구조모델의 동치모델: 예 2

판매원의 고객지향성모델을 통해 동치모델에 대해 살펴보기로 한다. 다음은 판매원의 고객지향성모델의 동치모델들이다.

Input 16-6-1 판매원의 고객지향성모델의 동치모델(a)

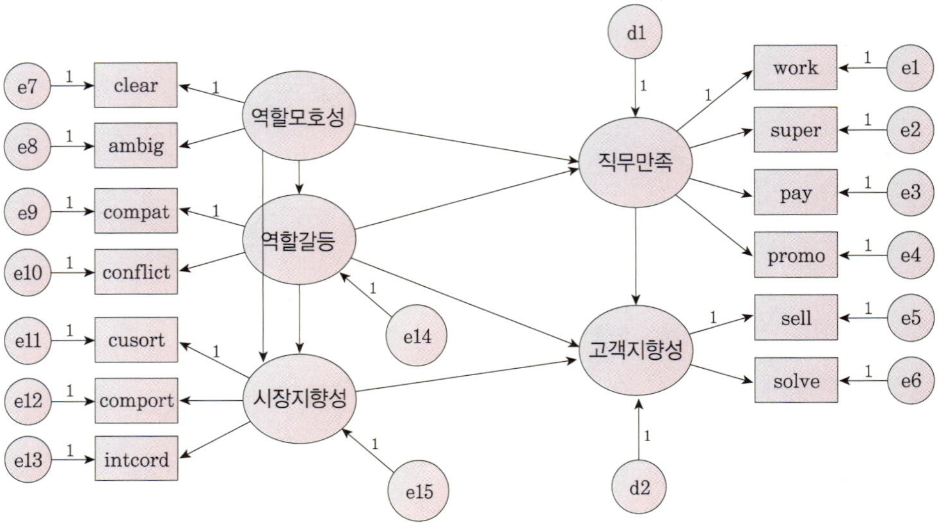

Output 16-6-1 판매원의 고객지향성모델의 동치모델(a)의 분석 결과

CMIN

Model	NPAR	CMIN	DF	P	CMIN/DF
Default model	34	165.572	57	.000	2.905

Input 16-6-2 판매원의 고객지향성모델의 동치모델(b)

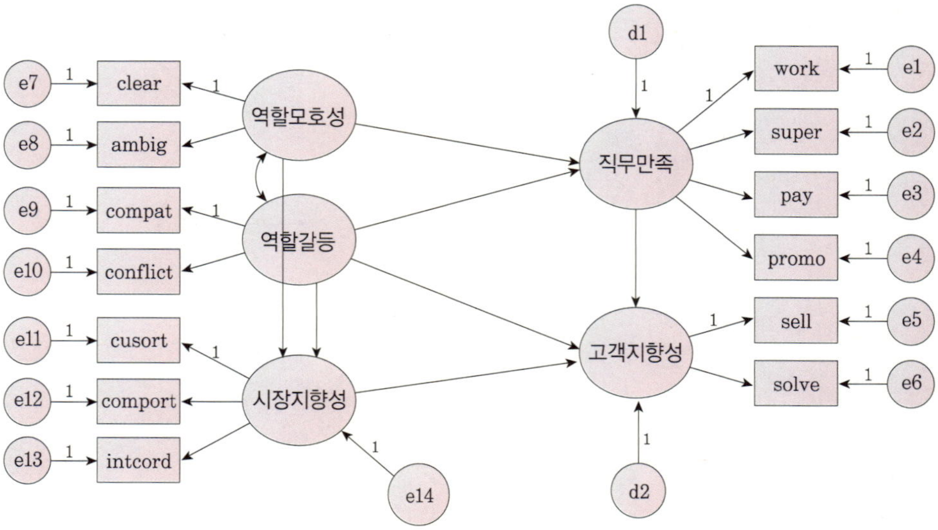

Output 16-6-2 판매원의 고객지향성모델의 동치모델(b)의 분석 결과

CMIN

Model	NPAR	CMIN	DF	P	CMIN/DF
Default model	34	165.572	57	.000	2.905

Input 16-6-3 판매원의 고객지향성모델의 동치모델(c)

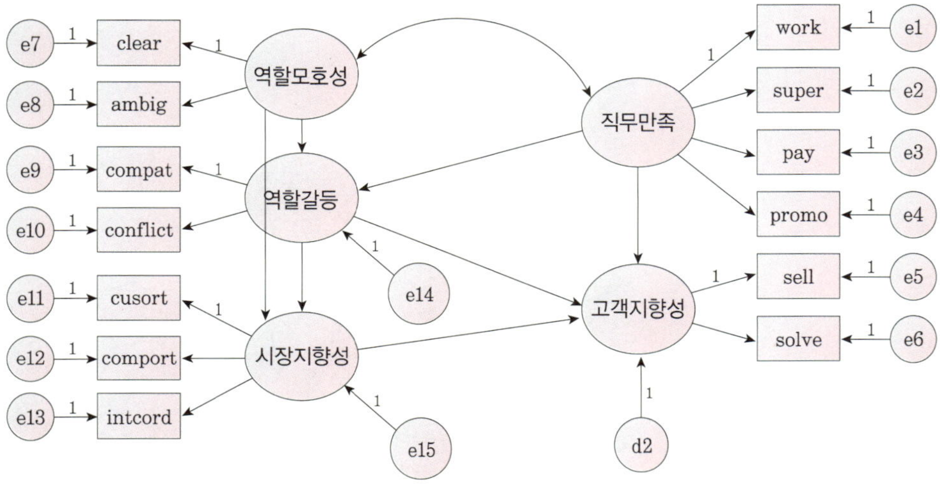

Output 16-6-3 판매원의 고객지향성모델의 동치모델(c)의 분석 결과

CMIN

Model	NPAR	CMIN	DF	P	CMIN/DF
Default model	34	165.572	57	.000	2.905

1.6 측정모델과 구조모델이 동치모델인 경우

측정모델과 구조모델이 동치모델인 경우도 있다. 다음은 측정모델과 구조모델이 동치모델인 예를 제시한 것이다.

그림 16-14 측정모델과 구조모델이 동치모델인 경우

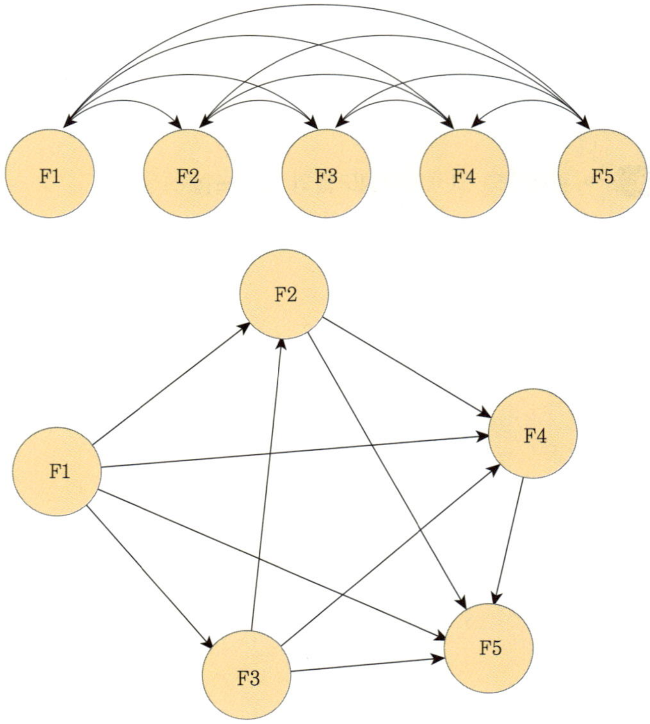

판매원의 고객지향성 모델을 대상으로 측정모델과 구조모델이 동치모델인 경우에 대해 살펴보기로 한다. [Input 16-6-4]는 측정모델을 나타낸 것이다.

Input 16-6-4 판매원의 고객지향성 모델을 대상으로 측정모델

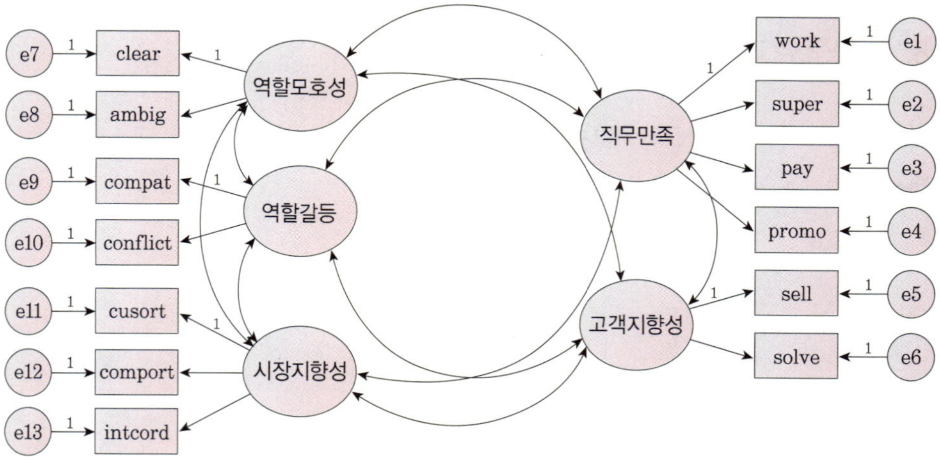

Output 16-6-4 판매원의 고객지향성 모델의 측정모델 분석 결과

CMIN

Model	NPAR	CMIN	DF	P	CMIN/DF
Default model	36	118.323	55	.000	2.151

측정모델의 동치모델을 구조모델로 제시하면 [Input 16-6-5]와 같다.

Input 16-6-5 판매원의 고객지향성 측정모델의 동치모델

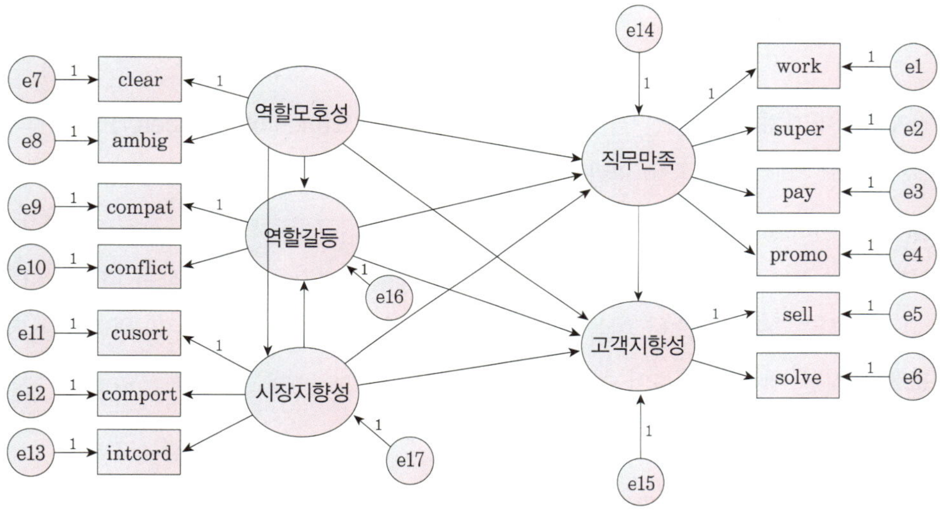

Output 16-6-5 판매원의 고객지향성 모델의 측정모델 분석 결과

CMIN

Model	NPAR	CMIN	DF	P	CMIN/DF
Default model	36	118.323	55	.000	2.151

측정모델과 구조모델이 동치모델인 경우에는 구조모델의 간명성을 고려하여 모델을 다시 설정해야 한다.

1.7 동치모델이 시사하는 점

SEM이 비판을 받는 가장 큰 이유 중의 하나는 인과관계를 검정하는 데 한계가 있다는 것이다. 위의 동치모델에서 볼 수 있듯, 원인과 결과가 모델에 따라 달라진다. 동치모델은 모델적합도 관점에서는 구분되지 않는다. 즉 이들 모델은 모델적합도가 모두 동일하다. 이

들 가운데 어떤 모델을 선택할 것인가는 개연성 있는 설명, 모수치의 해석가능성 등의 이론적 관점에서 이루어져야 한다.

결론적으로 연구자가 제안한 모델의 적합도가 좋게 나왔다고 해서 좋아할 일은 아니다. 연구자가 제안한 모델은 여러 가지 개연성 있는(plausible) 모델 가운데 하나에 불과할 뿐임을 인식해야 한다.

2. 단일지표설정

잠재변수에 대해 가능한 한 적어도 2개 이상의 **다중지표(multiple indicator)**를 이용하여 측정하는 것이 바람직하다. 이처럼 2개 이상의 다중지표를 이용하여 측정하면 모델이 **과소식별(under-identification)**되는 위험을 피할 수 있다. 그런데 때때로 잠재변수에 대해 **단일지표(single indicator)**를 이용하는 경우도 있다. 단일지표를 이용하는 경우는 ① 원래 다중지표로 측정하였으나 이들을 모두 합해 단일지표로 만든 경우, ② 원래부터 단일지표로 측정한 경우로 나누어 볼 수 있다.

2.1 다중지표를 단일지표로 변환한 경우

[그림 16-15]와 같이, 합리적 행동모델에서 행동이 원래 3개 문항으로 측정되었으나 이를 단일지표로 만들어 분석한다고 가정한다.

그림 16-15 행동의 단일지표 설정을 위한 모델

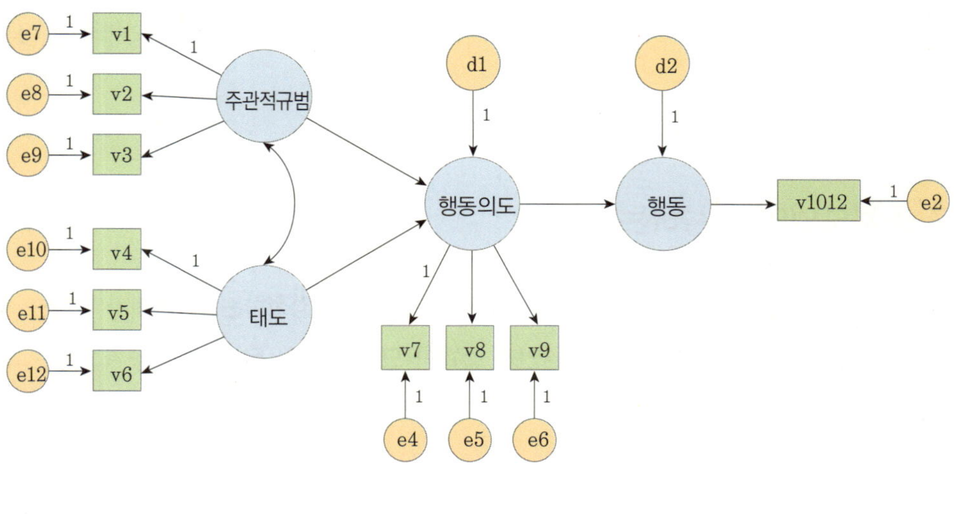

합리적 행동모델 자료 가운데 [nomiss.sav]를 SPSS에서 연 다음, [변환] → [변수계산]에서 다음과 같이 새로운 합성변수를 만든다. 이 자료를 [nomiss-2.sav]로 저장하였다.

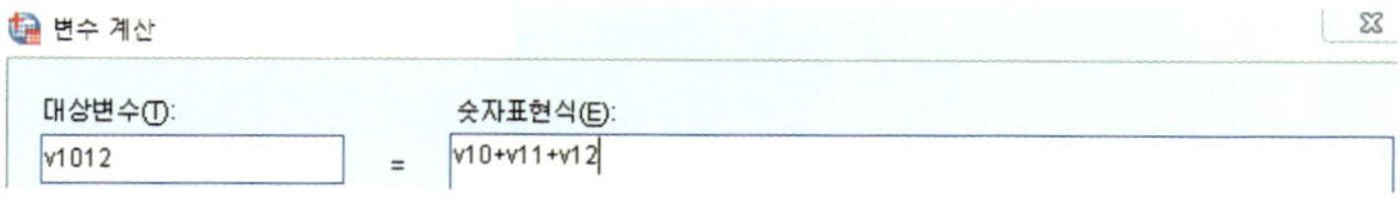

v10, v11, v12 등 3개 변수의 Cronbach's α를 구하면 .830이 나온다.

신뢰도 통계량

Cronbach의 알파	항목수
.830	3

[v1012] 변수의 표준편차와 분산을 구하면 다음과 같다.

통계량

v1012		
N	유효	691
	결측	0
표준편차		2.41009
분산		5.809

이들 정보를 토대로 단일지표 설정에 대해 살펴보기로 한다.

(1) 요인적재량(회귀계수)을 신뢰도 계수(α)와 표준편차의 곱으로 고정한다

신뢰도는 척도 내의 진점수분산(true score variance)의 비율을 추정한 것이기 때문에 이 방법은 본질적으로 관측점수 내 분산의 x%가 진점수분산임을 의미한다. 측정오차는 {$(1-\alpha)\times$관측변수의 분산}으로 고정한다.

그림 16-16 단일지표 설정: 예 1

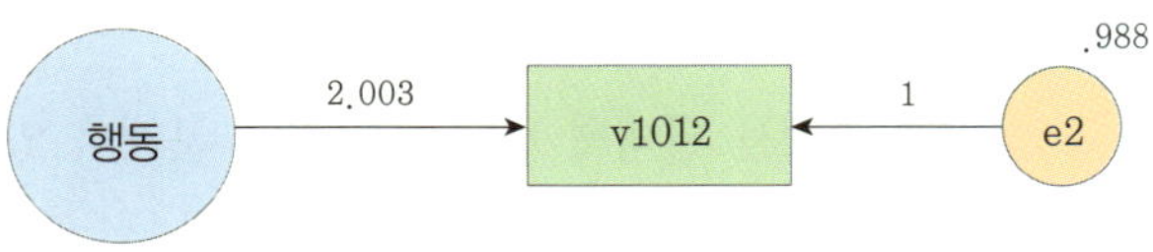

$\lambda=\alpha\times$표준편차(σ), $\theta=(1-\alpha)\times$관측변수의 분산

위에서 얻은 값을 토대로 요인적재량은 .830×2.41=2.003, 오차분산은 (1−.830)×5.81=.988을 해당 경로를 더블클릭하여 나타난 [Object Properties]의 [Parameters] 탭에서 입력한다. 이에 해당하는 입력파일이 [Input 16−7]이다.

Input 16-7 ••• **단일지표의 설정: 예 1**

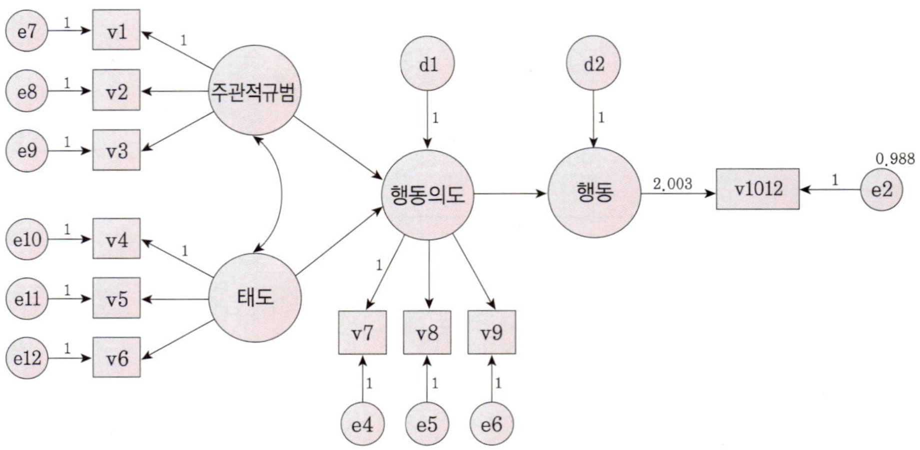

이를 실행하면 [Output 16−7]의 적합도 및 모수치를 얻는다.

Output 16-7 ••• **단일지표의 설정: 예 1의 분석 결과**

CMIN

Model	NPAR	CMIN	DF	P	CMIN/DF
Default model	23	127.038	32	.000	3.970

Regression Weights: (Group number 1 − Default model)

			Estimate	S.E.	C.R.	P
행동의도	<---	주관적규범	.289	.038	7.620	***
행동의도	<---	태도	.132	.037	3.619	***
행동	<---	행동의도	.613	.058	10.541	***

(2) 요인적재량은 1로, 측정오차는 완벽한 신뢰도를 갖는 것으로 가정하여 0으로 고정한다

이 방법은 단일지표에 의해 측정을 완벽히 한다는 가정에 문제가 있다. 이에 해당하는 입력파일이 [Input 16−8]이다.

그림 16-17 단일지표 설정: 예 2

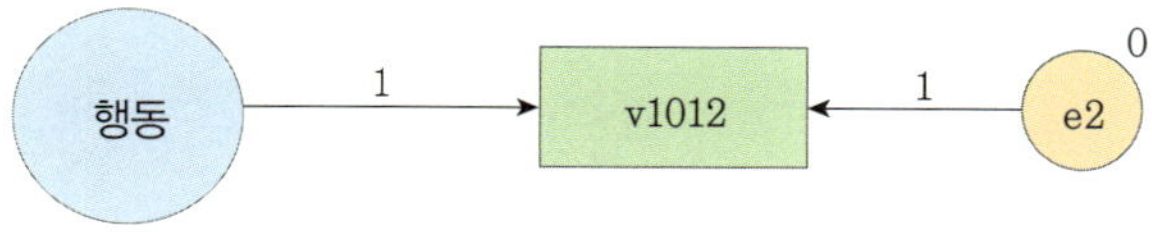

$\lambda=1,\ \theta=0$

Input 16-8 단일지표의 설정: 예 2

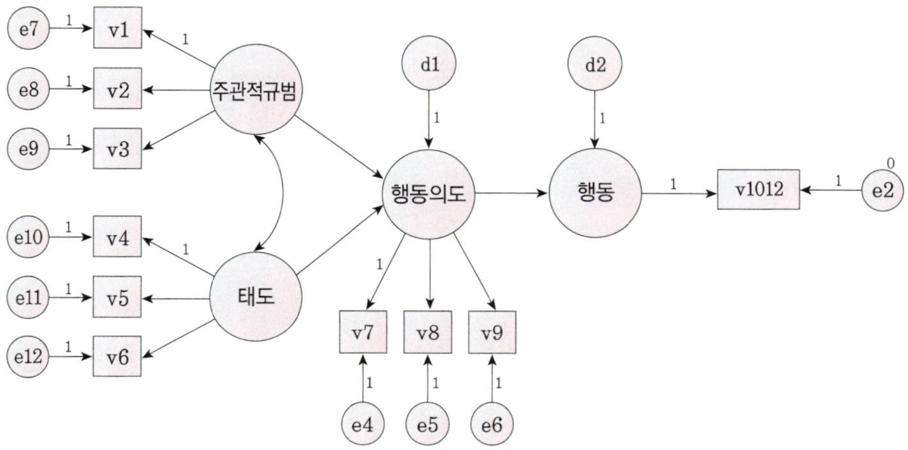

이를 실행하면 [Output 16-8]의 적합도 및 모수치를 얻는다.

Output 16-8 단일지표의 설정: 예 2의 분석 결과

CMIN

Model	NPAR	CMIN	DF	P	CMIN/DF
Default model	23	127.038	32	.000	3.970

Regression Weights: (Group number 1 - Default model)

			Estimate	S.E.	C.R.	P
행동의도	<---	주관적규범	.289	.038	7.620	***
행동의도	<---	태도	.132	.037	3.619	***
행동	<---	행동의도	1.228	.117	10.541	***

(3) 상관행렬인 경우 요인적재량은 추정된 또는 원하는 신뢰도의 제곱근($\sqrt{\alpha}$)으로, 오차항은 $(1-\alpha)$로 설정한다

공분산행렬인 경우에는 요인적재량 및 오차항에 대해 분산을 곱한다. 즉, 요인적재량은 $\sqrt{\alpha}\,\sigma^2$, 오차항은 $(1-\alpha)\sigma^2$으로 설정한다. 이에 해당하는 입력파일이 [Input 16-9]이다.

그림 16-18 단일지표 설정: 예 3

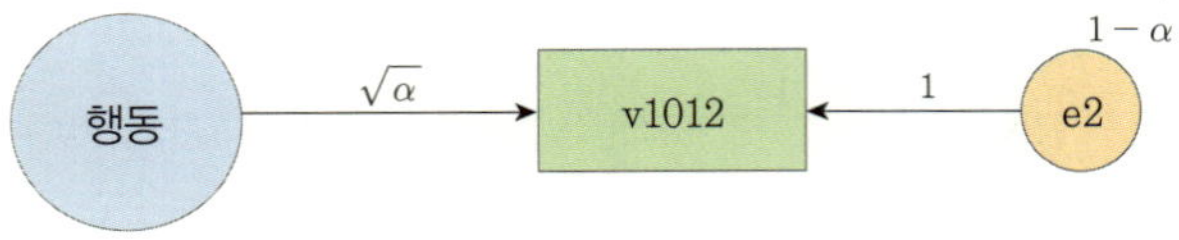

$$\lambda = \sqrt{\alpha}\,\sigma^2,\ \theta = (1-\alpha)\sigma^2$$

Input 16-9 단일지표의 설정: 예 3

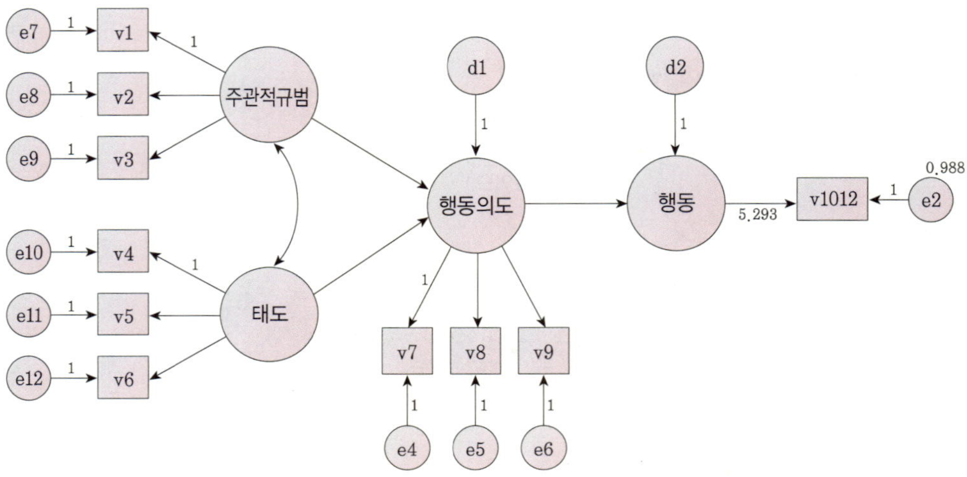

이를 실행하면 [Output 16-9]의 적합도 및 모수치를 얻는다.

Output 16-9 단일지표의 설정: 예 3의 분석 결과

CMIN

Model	NPAR	CMIN	DF	P	CMIN/DF
Default model	23	127.038	32	.000	3.970

Regression Weights: (Group number 1 - Default model)

			Estimate	S.E.	C.R.	P
행동의도	<---	주관적규범	.289	.038	7.620	***
행동의도	<---	태도	.132	.037	3.619	***
행동	<---	행동의도	.232	.022	10.541	***

(4) 단일지표 설정의 가장 일반적인 방법은 요인적재량은 1, 측정오차는 $(1-\alpha)\sigma^2$으로 고정한다

그림 16-19 단일지표 설정: 예 4

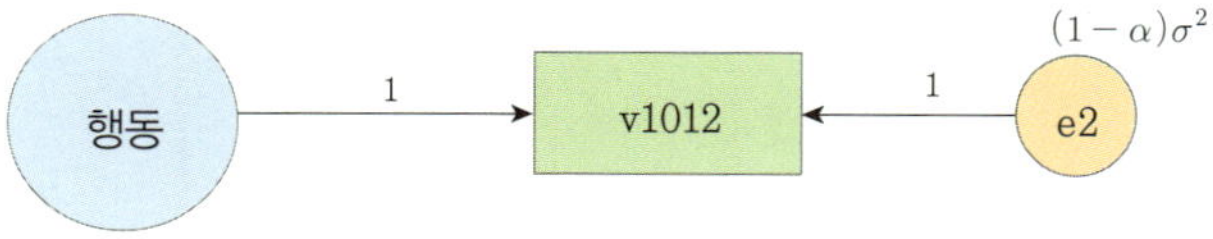

$$\lambda=1,\ \theta=(1-\alpha)\sigma^2$$

Input 16-10 단일지표의 설정: 예 4

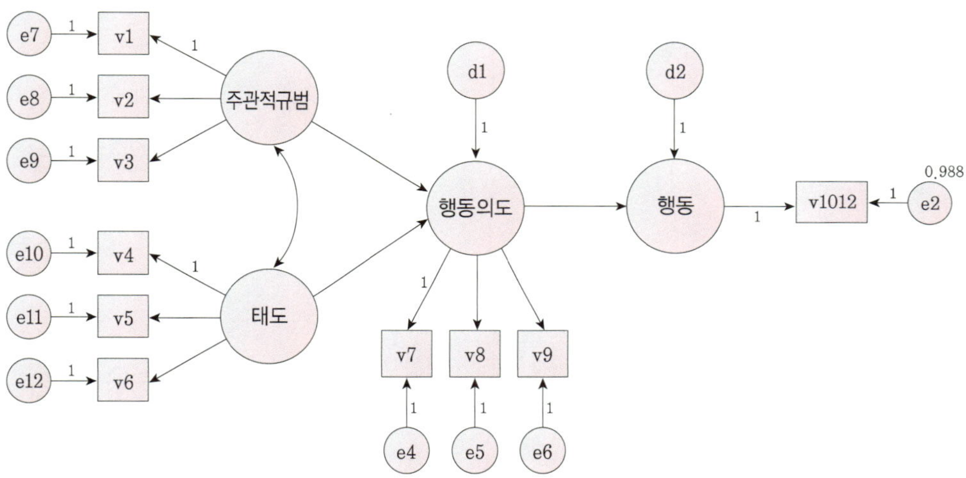

이를 실행하면 [Output 16-10]의 적합도 및 모수치를 얻는다. 이렇게 하면 불편추정치(unbiased estimates)를 얻는다.

Output 16-10 단일지표의 설정: 예 4의 분석 결과

CMIN

Model	NPAR	CMIN	DF	P	CMIN/DF
Default model	23	127.038	32	.000	3.970

Regression Weights: (Group number 1 - Default model)

			Estimate	S.E.	C.R.	P
행동의도	<---	주관적규범	.289	.038	7.620	***
행동의도	<---	태도	.132	.037	3.619	***
행동	<---	행동의도	1.228	.117	10.541	***

(5) 오차분산은 $(1-\alpha)$로, 요인적재량은 1로 설정한다

그림 16-20 단일지표 설정: 예 5

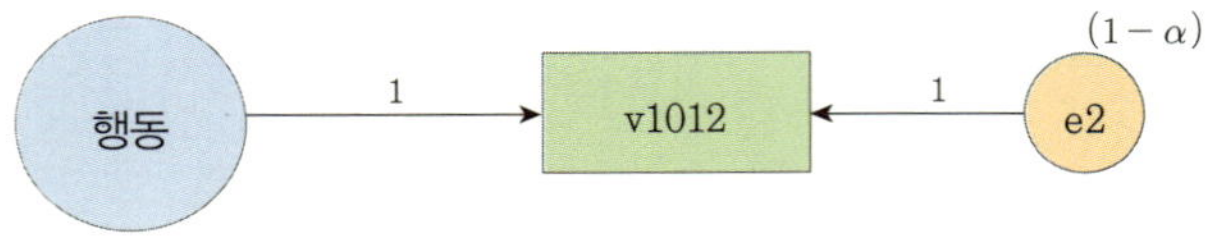

$$\lambda=1,\ \theta=1-\alpha$$

Input 16-11 단일지표의 설정: 예 5

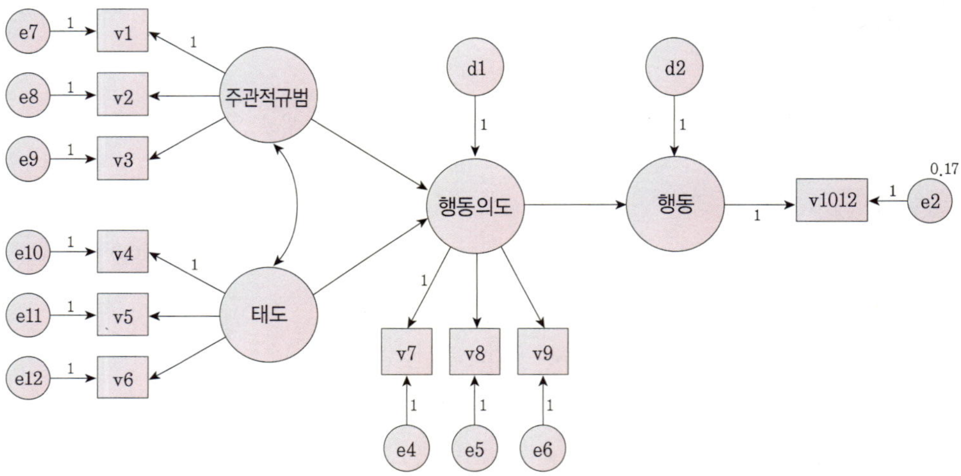

이를 실행하면 [Output 16-11]의 적합도 및 모수치를 얻는다.

Output 16-11 단일지표의 설정: 예 5의 분석 결과

CMIN

Model	NPAR	CMIN	DF	P	CMIN/DF
Default model	23	127.038	32	.000	3.970

Regression Weights: (Group number 1 - Default model)

			Estimate	S.E.	C.R.	P
행동의도	<---	주관적규범	.289	.038	7.620	***
행동의도	<---	태도	.132	.037	3.619	***
행동	<---	행동의도	1.228	.117	10.541	***

지금까지 살펴본 바와 같이, 모델을 어떻게 설정하느냐에 따라 적합도는 같지만($\chi^2=127.038$), 행동의도에서 행동으로 가는 경로계수값은 약간씩 차이가 있음을 알 수 있다. 이들 가운데 (4) 방법이 추천되고 있다.

2.2 원래 단일지표로 측정한 경우

1) 방법 1

합리적 행동모델에서 행동을 원래 v10의 단일지표로 측정했다고 가정한다. 단일지표인 경우에는 신뢰도를 추정할 수 없기 때문에 α값은 추정치를 사용할 수밖에 없다. 이 경우, 추정치는 0.7 또는 0.8을 사용하면 된다. v10의 분산 및 표준편차를 구하면 다음과 같다.

통계량

v10		
N	유효	691
	결측	0
표준편차		1.074
분산		1.153

그림 16-21 단일지표 설정: 예 6

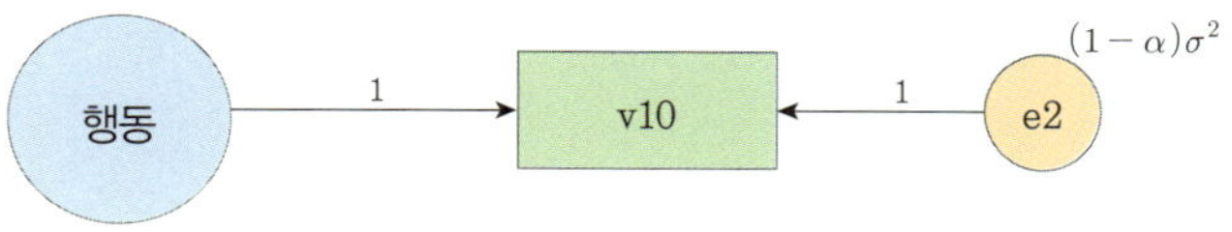

$$\lambda=1,\ \theta=(1-\alpha)\sigma^2$$

Input 16-12 단일지표의 설정: 예 6

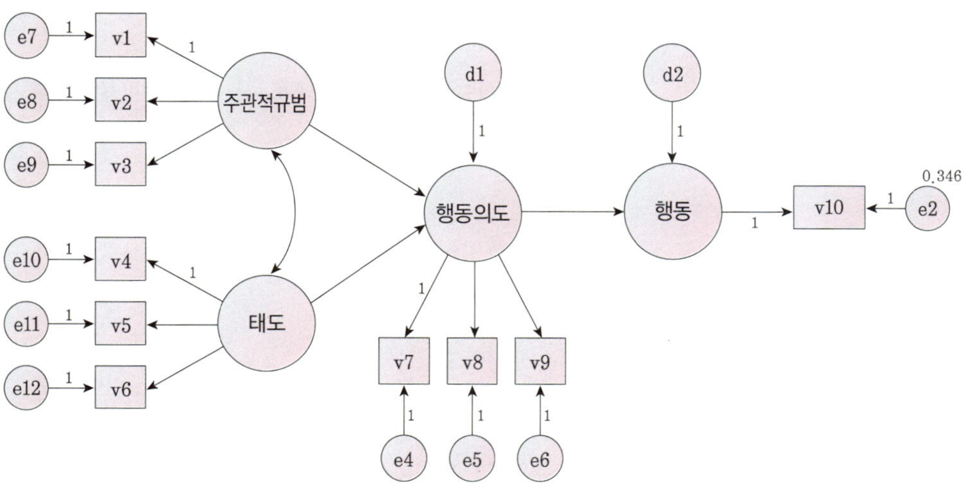

앞서 설명한 다섯 가지의 방법 가운데, 대표적인 네 번째 방법(4)을 토대로 설명하기로 한다. 신뢰도 추정치는 .7로 가정한다. 따라서 오차는 .3×1.153=.346으로 설정한다.

이를 실행하면 [Output 16-12]의 적합도 및 모수치를 얻는다.

Output 16-12 단일지표의 설정: 예 6의 분석 결과

CMIN

Model	NPAR	CMIN	DF	P	CMIN/DF
Default model	23	120.211	32	.000	3.757

Regression Weights: (Group number 1 - Default model)

			Estimate	S.E.	C.R.	P
행동의도	<---	주관적규범	.286	.038	7.536	***
행동의도	<---	태도	.133	.037	3.633	***
행동	<---	행동의도	.521	.052	9.992	***

Amos는 단일지표로 설정된 경우, 오차에 대한 설정을 하지 않으면 실행이 되지 않는다. 따라서 예 6처럼 오차분산을 계산해서 설정해 주어야 한다. [Output 16-13]은 [Input 16-13] 모델의 오차분산을 설정하지 않았을 때 나타나는 에러메시지를 보인 것이다.

Input 16-13 오차분산을 설정하지 않은 경우

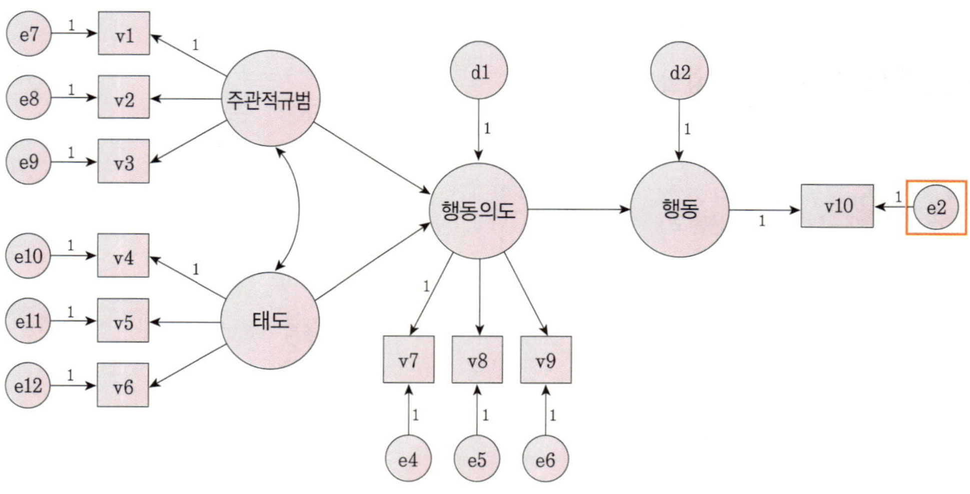

Output 16-13 ••• 오차분산을 설정하지 않은 경우의 에러메시지

- 18-13.amw
  - Analysis Summary
  - Notes for Group
  - Variable Summary
  - Parameter Summary
  - Assessment of normality
  - Observations farthest from the c
  - Notes for Model
  - Estimates
  - Model Fit
  - Execution Time

Notes for Model (Default model)

Computation of degrees of freedom (Default model)

Number of distinct sample moments:	55
Number of distinct parameters to be estimated:	24
Degrees of freedom (55 - 24):	31

Result (Default model)

The model is probably unidentified. In order to achieve identifiability, it will probably be necessary to impose 1 additional constraint.

한편, [Input 16-12]에서 행동과 관련된 관측변수의 측정오차를 0으로 고정하는 모델을 추정하기로 한다. 이를 위한 입력파일이 [Input 16-14]이다.

Input 16-14 ••• 측정오차를 0으로 고정한 모델

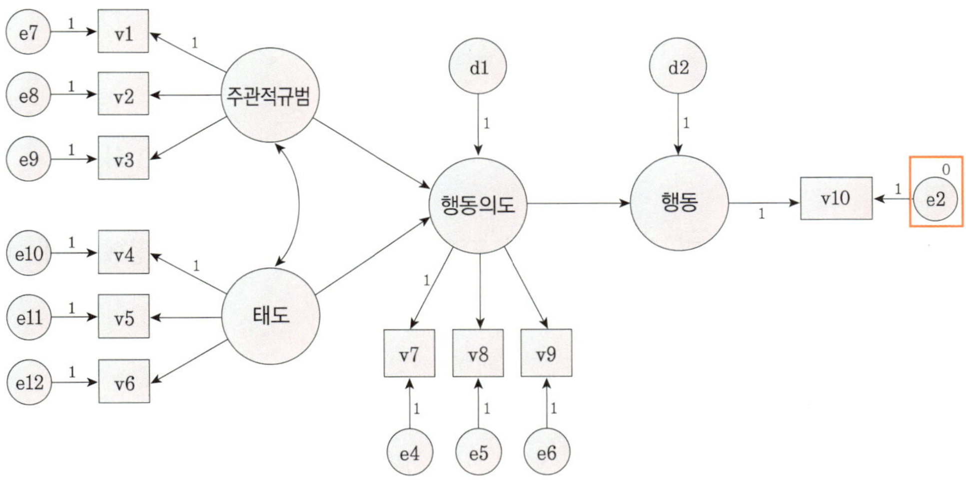

이를 추정하면 [Output 16-14]의 모델적합도 및 모수치를 얻는다.

Output 16-14 ••• 측정오차를 0으로 고정한 모델의 분석 결과

CMIN

Model	NPAR	CMIN	DF	P	CMIN/DF
Default model	23	127.038	32	.000	3.970

Regression Weights: (Group number 1 - Default model)

			Estimate	S.E.	C.R.	P	Label
행동의도	<---	주관적규범	.286	.038	7.620	***	
행동의도	<---	태도	.132	.037	3.619	***	
행동	<---	행동의도	1.228	.117	10.541	***	

[Output 16-12]와 모델적합도 및 모수치가 차이가 있음을 알 수 있다. **위의 두 가지 접근법([Input 16-12], [Input 16-14]) 가운데 [Input 16-12] 처럼 분석할 것을 권장한다. [Input 16-14]처럼 분석하는 것을 볼 수 있는데, 이는 바람직하지 않다는 점을 강조하고자 한다.**

2) 방법 2

방법 2는 단일지표의 표준편차를 알고 있다는 전제하에 회귀계수와 오차분산을 [그림 16-22]와 같이 설정한다. 즉 회귀계수는 $\lambda = .95\sigma$로 설정하고, 오차분산은 $\theta = .1\sigma^2$으로 설정한다.

그림 16-22 단일지표설정: 예 7

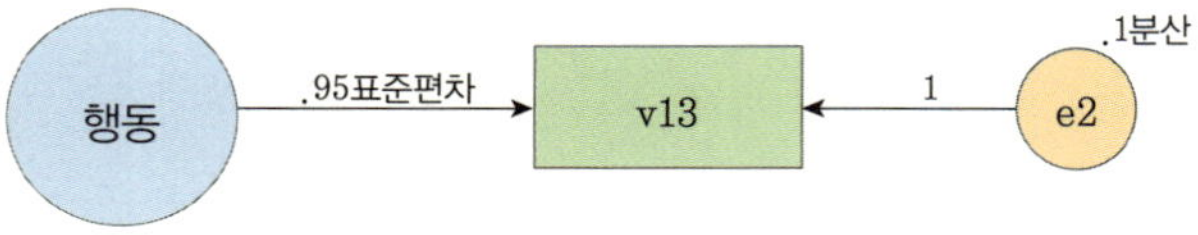

$$\lambda = .95\sigma, \quad \theta = .1\sigma^2$$

합리적 행동모델에서 행동의 단일지표의 표준편차(σ)값이 1.074라고 가정했을 때, 회귀계수는 1.020, 오차분산은 .115로 설정한다.

Input 16-15 단일지표설정: 예 7

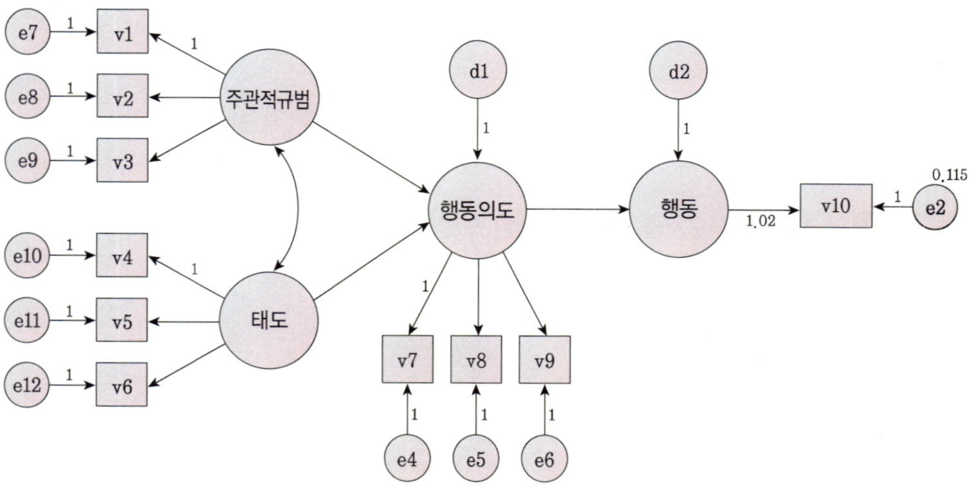

이를 추정하면 [Output 16-15]의 적합도 및 모수치를 얻는다.

Output 16-15 ••• **단일지표설정: 예 7의 분석 결과**

CMIN

Model	NPAR	CMIN	DF	P	CMIN/DF
Default model	23	127.038	32	.000	3.970

Regression Weights: (Group number 1 - Default model)

			Estimate	S.E.	C.R.	P
행동의도	<---	주관적규범	.289	.038	7.620	***
행동의도	<---	태도	.132	.037	3.619	***
행동	<---	행동의도	1.204	.114	10.541	***

[Output 16-15]는 [Output 16-14]와 모수치가 약간의 차이가 있음을 알 수 있다.

CHAPTER 17

공통방법분산

1. 공통방법분산의 의의 및 원천
2. 공통방법분산의 통제방법
3. 공통방법분산의 진단 및 편의추정

CHAPTER

17 공통방법분산

1. 공통방법분산의 의의 및 원천

1.1 공통방법분산의 의의

공통방법분산(common method variance: CMV)은 "측정하고자 하는 개념보다는 측정 방법에 기인하는 분산(variance that is attributable to the measurement method rather than to the constructs the measures represent)"을 의미한다(Podsakoff et al., 2003, p. 879). 사회과학 및 행동과학 분야의 연구에서 일반적으로 단일의 원천(single-source)을 대상으로 횡단면 설계(cross-sectional design)에 의해 자기보고방식(self-report method)으로 자료를 수집하는 방법이 많이 쓰인다. 이런 방법으로 자료를 수집하는 경우에 CMV가 발생할 수 있다.

CMV는 체계적 측정오차를 야기하고, 개념 간 진실한 관계의 추정치에 편의(bias)가 있을 수 있다. CMV가 추정치에 편의를 발생시키는 것을 **공통방법편의(common method bias: CMB)** 또는 **동일원천편의(same-source bias)**라 한다.

SEM은 측정오차를 추정한다. 측정오차는 체계적 오차와 비체계적 오차(임의오차)로 구성되어 있다. SEM을 통해 추정한 측정오차는 이 둘의 합으로 이루어져 있다고 가정한다. CMV 분석을 통해 이 둘을 분해할 수 있다.

측정변수의 분산은 속성분산(trait variance)=참분산(true variance), 방법분산(method variance)=체계적 오차(systematic error), 오차분산(error variance)=임의측정오차(random measurement error) 등의 세 가지 요소로 구성되어 있다고 가정한다. 방법분산은 체계적 오차에 해당한다. 따라서 측정변수의 분산은 다음과 같이 분해할 수 있다.

총분산=참분산+체계적 분산(공통방법분산)+비체계적 분산(임의분산)

기존 연구에서 요인분산(참분산), 방법분산 및 오차분산(임의분산)을 분해한 결과 다음과 같은 비율을 얻었다. 방법분산의 비율이 평균 25% 정도 되는 것으로 나타났다.

표 17-1 방법분산의 비율

연구자	요인분산	방법분산	오차분산
Cote & Buckley(1987)	42%	26%	32%
Williams et al.(1989)	48%	25%	21%
Buckley et al.(1990)	42%	22%	36%
Doty & Glick(1998)	46%	32%	22%
Lance et al.(2010)	40%	18%	42%

출처: Podsakoff et al.(2012), p.544.

1.2 공통방법분산의 원천

CMV의 발생원천은 ① 동일한 응답자로부터 측정함으로써 발생하는 **공통평가자효과(common rater effect)**, ② 항목의 특성으로 인해 발생하는 **항목특성효과(item characteristic effect)**, ③ 항목이 어떤 식으로 되어 있는가의 **항목맥락효과(item context effect)**, ④ 측정맥락이 어떤 상황인가의 **측정맥락효과(measurement context effect)** 등이 있다. CMV의 잠재적 원천을 구체적으로 정리하면 [표 17-2]와 같다.

표 17-2 CMV의 잠재적 원천

잠재적 원천	내용
공통평가자효과	독립변수와 종속변수가 동일한 응답자에 의해 측정됨으로써 생기는 문제
일관성 동기	질문에 대한 응답의 일관성을 유지하고자 하는 성향
내재적 이론	특정 속성, 행동, 결과 간에 공변량이 있을 것이라는 응답자의 신념
사회적 바람직성	항목에 대한 응답을 응답자들의 진실한 감정보다는 사회적으로 수용하는 방향으로 응답하려는 경향
관대화편의	다른 사람들이 싫어하기보다는 좋아하는 쪽으로 응답하려는 경향

묵인편의	항목의 내용보다는 어떤 한쪽으로 모두 동의하거나 또는 모두 동의하지 않으려는 경향(예/아니오 응답)
무드상태	자신 및 세계에 대해 긍정적 또는 부정적으로 보는 경향 '호의적 정서성'과 '부정적 정서성'
일시적 무드상태	비교적 최근의 경험으로 인해 생기는 무드(mood)가 자신 및 세계를 어떻게 보느냐의 문제
항목특성효과	**항목이 갖고 있는 속성 또는 특징 때문에 항목을 해석하는 데서 생기는 문제**
항목의 사회적 바람직성	항목이 사회적으로 바람직한 방향으로 기술되어 있어 생기는 문제
항목의 요구특성	항목이 어떤 식으로 응답을 해야 되는지 암시적 단서가 제공되어 생기는 문제
항목의 모호성	항목이 애매하게 기술되어 있어 어떻게 응답해야 되는지 잘 모르는 문제
동일척도형식	항목이 동일한 척도(예: 리커트척도, 어의차이척도)로 인해 생기는 문제
동일척도기준점	항목의 척도기준이 동일해서 생기는 문제
긍정적/부정적 항목 기술	항목을 어떤 식으로(예: 긍정적 또는 부정적) 기술하느냐에 따라 응답이 달라지느냐의 문제
항목맥락효과	**항목 간의 관계 때문에 응답자가 항목을 어떻게 해석하느냐의 문제**
항목프라이밍효과	독립변수(또는 종속변수)가 응답자에게 너무 강조되어 다른 변수의 인과관계에 영향을 줄 수 있음
항목내재성	중립적 항목이 긍정적 또는 부정적으로 기술된 항목의 평가에 영향을 받을 수 있음
맥락에 기초한 무드	처음의 몇몇 질문이 나머지 항목에 영향을 줄 수 있는 문제
척도길이	척도가 소수의 항목으로 되어 있을 경우 이전의 항목이 다른 항목의 반응에 영향을 줄 수 있음
항목 또는 개념의 그루핑(grouping)	항목이 서로 다른 개념에 묶여 있을 때 상관계수에 영향을 줄 수 있음
측정맥락효과	**측정이 이루어지는 상황(맥락)에 의해 발생하는 문제**
독립변수와 종속변수를 동일시점에서 측정	서로 다른 개념을 동일시점에 측정하여 생기는 문제
독립변수와 종속변수를 동일장소에서 측정	서로 다른 개념을 동일장소에서 측정하여 생기는 문제
독립변수와 종속변수를 동일매체에 의해 측정	서로 다른 개념을 동일매체를 이용해 측정하여 생기는 문제

출처: Podsakoff et al.(2003), p.882.

2. 공통방법분산의 통제방법

공통방법분산을 통제하는 방법은 ① 연구절차의 설계를 통해 사전(*ex-ante*)에 통제하는 방법, ② 통계적으로 사후(*ex-post*)에 통제하는 방법이 있다. 사전에 통제하는 방법은 **절차적 해결책(procedural remedy)**에 해당하고, 사후에 통제하는 방법은 **통계적 해결책(statistical remedy)**에 해당한다. 이하에서 이에 대해 구체적으로 살펴보기로 한다.

2.1 절차적 해결책

CMV의 **절차적 해결책(procedural remedy)**은 앞서 살펴본 CMV의 잠재적 원천을 연구설계 과정에서 사전에 고려하고 반영하여 통제하는 것을 의미한다.

1) 독립변수와 종속변수를 다른 원천으로부터 얻는다

공통방법분산이 생기는 이유 가운데 하나는 독립변수와 종속변수를 동일한 평가자 또는 원천으로부터 측정하기 때문이다. 공통방법분산을 통제하기 위해 독립변수와 종속변수를 각각 다른 원천으로부터 얻는다. 예를 들어, 리더의 행동이 종업원의 성과에 주는 영향에 관심이 있다고 가정한다. 이 경우, 리더의 행동에 관한 자료는 종업원으로부터 얻고, 종업원의 성과에 관한 자료는 리더로부터 얻을 수 있다. 마찬가지로, 조직문화와 조직성과 간의 관계에 관심이 있다고 가정한다. 이 경우, 조직문화는 핵심정보원(key informant)으로부터 얻고, 조직성과는 2차자료(예: 기업의 재무제표자료)를 통해 얻을 수 있다.

2) 시간적 · 심리적 · 방법론적으로 독립변수와 종속변수를 분리해서 측정한다

독립변수와 종속변수를 각기 다른 원천으로부터 얻기가 쉽지 않은 경우에는 독립변수와 종속변수를 시차를 두고 측정할 수 있다. 또는 설문지의 표지에 독립변수의 측정이 종속변수의 측정과는 관련이 없다는 것을 명확히 기술하여 독립변수와 종속변수를 분리할 수 있다. 방법론적으로는 독립변수와 종속변수를 측정하는 척도형태, 측정매체, 측정장소 등을 다르게 측정하는 것도 하나의 방법이다. 즉, 독립변수와 종속변수에 따라 척도형태를 다르게(예: 리커트척도, 어의차이척도 등), 측정매체를 다르게(예: 컴퓨터 이용,

자기보고 또는 대인인터뷰 등) 또는 측정장소를 다르게(예: 다른 방, 다른 장소 등) 측정한다.

3) 응답자의 익명성을 보장하고, 틀리고 맞는 문제가 없기 때문에 응답자의 진실한 감정을 표현하도록 요청한다

설문문항에 진솔한 자세로 응답해 줄 것을 요청한다.

4) 문항을 명확히 기술한다

응답자가 문항을 정확히 이해할 수 있도록 문항을 명확히 기술한다. 이러한 면에서 애매한 용어를 사용하지 말고, 이중질문(double-barreled question)을 하지 않는다.

5) 긍정적 문항과 부정적 문항의 균형을 맞춘다

설문문항을 만들 때 긍정적인 문항과 부정적인 문항의 수를 균형을 맞춘다.

2.2 통계적 해결책

CMV의 **통계적 해결책(statistical remedy)**에 관해서는 여러 가지 방법이 논의되고 있다. 이에 대해 다음 절에서 보다 자세히 살펴보기로 한다.

3. 공통방법분산의 진단 및 편의추정

CMV를 진단하고 편의(bias)를 추정하기 위한 여러 가지 통계적 방법들이 논의되고 있다. 이 가운데 ① 단일요인검정법, ② 마커변수기법, ③ 확인적 요인분석 마커기법, ④ 직접 측정한 잠재방법요인기법, ⑤ 측정하지 않은 잠재방법요인기법 등에 관해 살펴보기로 한다.

3.1 Harman의 단일요인검정법

Harman의 단일요인검정(single-factor test)은 연구에 포함된 모든 항목을 대상으로 첫째, 탐색적 요인분석(EFA)을 실시하여 ① 비회전 요인기법에 의해 단일요인이 추출되거나, ② 요인을 회전하여 얻은 첫 번째 요인이 상당한 분산을 설명하면 CMV가 있다고 해석한다. 둘째, 요인의 수를 하나로 해서 확인적 요인분석(CFA)을 한 결과 적합도가 좋지 않게 나오면 CMV가 없다고 해석한다.

이 방법은 쉽고 직관적이라는 장점이 있기는 하나, 적은 수준 또는 중간 수준의 CMV 효과를 탐지하지 못하는 단점이 있다. 또한 어느 정도의 분산이 CMV가 있다고 할 수 있는가에 관해 명확히 정해진 기준이 없다는 문제가 있다. 학자에 따라 최대 50%까지는 문제가 되지 않는다고 주장한다. 이 방법은 최후의 수단으로 이용하는 것이 좋다.

1) EFA에 의한 방법

[chap17]에 있는 자료[cmv-data.sav]를 통해 이에 대해 살펴보기로 한다. 연구에 9개의 항목(v1부터 v9)이 있다고 가정한다. v10에서 v12는 마커변수라 가정한다.

	V1	V2	V3	V4	V5	V6	V7	V8	V9	V10	V11	V12
1	5	6	5	6	5	1	1	1	1	5	2	1
2	6	7	6	6	6	1	1	1	1	2	2	2
3	5	5	5	5	4	2	1	1	2	3	1	1
4	5	5	5	4	4	4	4	4	4	3	3	3
5	6	6	4	6	7	4	4	5	5	5	2	5
6	4	4	5	3	5	4	4	4	4	1	2	4
7	6	6	3	3	6	5	6	6	6	1	1	6
8	6	4	3	4	6	2	2	2	2	3	2	3
9	6	5	4	4	4	5	5	5	5	4	5	5
10	1	1	3	1	1	6	7	7	7	6	2	6

EFA에 의한 CMV분석은 두 가지 방법이 있다.

(1) 비회전 주성분분석(unrotated principal components analysis)에 의한 방법

❶ 고유값 기준에 의한 방법

[요인추출]에서 방법은 [주성분], 추출은 [고유값 기준]으로 한다. [요인회전]은 [지정하지 않음]으로 설정하여 분석한다. 분석 결과, 요인이 하나로 추출되지 않고 첫 번째 요인의 분산이 50% 이하이면 CMV가 없다고 해석한다. 요인의 수가 하나로 추출되고 그 요인의 설명분산이 50% 이상이면 CMV가 있다고 해석한다. 본 예에서는 요인의 수가 두

개로 추출되었고, 첫 번째 요인의 분산이 44.48%로 50% 이하이므로 CMV가 없다고 해석한다.

| 표 17-3 | 단일요인분석

설명된 총분산

성분	초기 고유값			추출 제곱합 적재량		
	전체	% 분산	누적 %	전체	% 분산	누적 %
1	4.003	44.481	44.481	4.003	44.481	44.481
2	2.995	33.273	77.754	2.995	33.273	77.754
3	.579	6.429	84.184			
4	.382	4.240	88.424			
5	.285	3.164	91.588			
6	.268	2.974	94.562			
7	.221	2.459	97.021			
8	.149	1.651	98.672			
9	.119	1.328	100.000			

추출 방법: 주성분 분석

❷ 고정된 요인 수를 1개로 지정하는 방법

이 방법은 앞의 방법과 동일하나, 요인을 추출할 때 [고정된 요인 수]를 1개로 지정한다. 추출된 요인분산이 50% 이하이므로 CMV가 없다고 해석한다.

| 표 17-4 | 고정된 요인 수를 1로 지정한 결과

설명된 총분산

성분	초기 고유값			추출 제곱합 적재량		
	전체	% 분산	누적 %	전체	% 분산	누적 %
1	4.003	44.481	44.481	4.003	44.481	44.481
2	2.995	33.273	77.754			
3	.579	6.429	84.184			
4	.382	4.240	88.424			
5	.285	3.164	91.588			
6	.268	2.974	94.562			
7	.221	2.459	97.021			
8	.149	1.651	98.672			
9	.119	1.328	100.000			

추출 방법: 주성분 분석

(2) 베리맥스(varimax) 회전에 의한 방법

베리맥스 회전에 의한 주축요인추출(principal axis factoring with varimax rotation) 또는 베리맥스 회전에 의한 최대우도(maximum likelihood with varimax rotation)에 의해 하는 방법이 있다. 요인분석에서 [요인추출]은 [주축요인]으로 [요인회전]은 [베리맥스]로 설정하여 분석을 한다. 아래는 베리맥스 회전에 의한 주축요인추출의 결과이다. 추출 제곱합 적재량이 41.45%로 50%를 넘지 않아 CMV가 없다고 해석한다.

표 17-5 요인분석 결과

설명된 총분산

요인	초기 고유값			추출 제곱합 적재량			회전 제곱합 적재량		
	전체	% 분산	누적 %	전체	% 분산	누적 %	전체	% 분산	누적 %
1	4.003	44.481	44.481	3.731	41.454	41.454	3.455	38.385	38.385
2	2.995	33.273	77.754	2.743	30.477	71.930	3.019	33.546	71.930
3	.579	6.429	84.184						
4	.382	4.240	88.424						
5	.285	3.164	91.588						
6	.268	2.974	94.562						
7	.221	2.459	97.021						
8	.149	1.651	98.672						
9	.119	1.328	100.000						

추출 방법: 주축요인추출

2) CFA에 의한 방법

CFA에 의해 분석하는 것에 대해 살펴보기로 한다. 연구에 포함된 모든 변수를 대상으로 단일요인모델을 설정한다.

Input harman ••• Harman의 단일요인모델

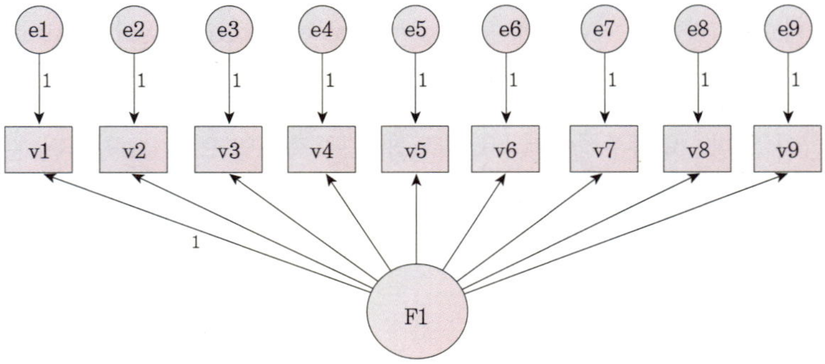

이를 분석하면 다음과 같은 결과를 얻는다.

Output harman ••• 단일요인모델 분석 결과

CMIN

Model	NPAR	CMIN	DF	P	CMIN/DF
Default model	18	686.606	27	.000	25.430

Baseline Comparisons

Model	NFI Delta1	RFI rho1	IFI Delta2	TLI rho2	CFI
Default model	.509	.346	.519	.355	.516

단일요인에 의한 분석 결과 적합도가 좋지 않아 CMV가 없다고 해석한다.

3.2 마커변수기법

마커변수기법(marker variable technique)은 Lindell & Whitney(2001)에 의해 제안되었다. **마커변수(marker variable)**란 연구에 포함된 잠재변수와 이론적으로 아무런 관련이 없는 변수를 말한다. 자료를 수집할 때 이 변수를 미리 포함하여 측정한다. 신뢰할 수 있는 CMV 추정치를 얻기 위해서는 마커변수가 자료를 수집하기 전에 신중히 고려되어야 한다. 마커변수기법에 의해 CMV를 진단하기 위해 다음과 같은 절차를 따른다.

❶ 마커변수와 연구에 포함된 변수 간에 가장 작은 값(이를 r_s라 함)을 방법분산의 추정치로 이용하거나, 두 번째로 작은 값을 방법분산의 추정치로 이용할 수 있다.

❷ 다음 공식에 의해 연구에 포함된 모든 변수에 대해 **영차상관(zero-order correlation)**을 조정한다. 이를 통해 얻어진 값은 **편상관(partial correlation)**이 된다. 이를 **1차 상관(first-order correlation)**이라고도 한다.

$$r_{Yi.M} = \frac{r_{Y.i} - r_s}{1 - r_s} \tag{1}$$

❸ 식(1)에서 얻어진 값이 통계적으로 유의적인가를 다음 공식에 의해 구한다.

$$t_{\alpha/2,\ n-3} = \frac{r_{Yi.M}}{\sqrt{(1 - r^2_{Y_i.M})/(n-3)}} \tag{2}$$

❹ 식(1)의 편상관을 계산하는 데 있어 임의측정오차가 상관계수를 축소시킬 수 있어 편상관이 측정오차에 의해 편의(bias)될 수 있다. 이를 교정하기 위해 변수의 신뢰도를 토대로 교정을 한다. 이를 위한 공식은 다음과 같다. 이 식에서 r_{ii}는 변수의 신뢰도값이다.

$$\hat{r}_{Yi.M} = \frac{(r_{Yi} - r_s)}{(r_{ii} - r_s)} \tag{3}$$

이 값이 **축소에 대한 교정(correction for attenuation)**이다. 이 값은 항상 식(1)에서 얻은 편상관보다 크다. 즉 $\hat{r}_{Yi.M} \geq r_{Yi.M}$이다.

Lindell & Whitney(2001)에 소개된 예를 통해 마커변수기법에 대해 살펴보기로 한다. 조직분위기가 멤버참여에 미치는 효과를 연구한다고 가정한다. 독립변수인 조직분위기로 리더특성(X_1), 역할특성(X_2), 팀특성(X_3), 직무특성(X_4)을 고려하였고, 멤버참여(Y)가 종속변수로 이용되었다. 마커변수로 결혼만족(X_5)이 이용되었다. 이들 변수 간의 상관계수는 [표 17-6]과 같다.

표 17-6 상관계수

Scale	X_1	X_2	X_3	X_4	X_5	Y
X_1	.93					
X_2	.22**	.89				
X_3	.28**	.12	.83			
X_4	.15*	.15*	.40**	.87		
X_5	.14	.09	.15*	.12	.84	
Y	.19**	.14	.42**	.34**	.08	.82
$r_{Yi.M}$	.12	.07	.37**	.28**	.00	
$\hat{r}_{Yi.M}$	.13	.07	.45	.33	.00	

주: 대각선에 있는 값은 척도신뢰도(scale reliability)임. $^*p<.05$, $^{**}p<.01$, $N=87$

X_1의 $r_{Yi.M}$값 .12는 다음과 같이 계산된다. 여기에서 .08은 X_5와 연구에 포함된 변수(X_1, X_2, X_3, X_4, Y)들 간의 상관계수 가운데 가장 작은 값(r_s)이다. 두 번째로 작은 값은 X_5와 X_2 간의 상관계수 .09이다.

$$\frac{(.19-.08)}{(1-.08)}=\frac{.11}{.92}=.12$$

이 값(.12)의 통계적 유의도는 $\alpha=.05$ 수준에서 다음과 같이 계산된다.

$$t_{.05/2,\,84}=\frac{.12}{\sqrt{(1-.0144)/84}}=\frac{.12}{\sqrt{.0117}}=1.11$$

이 값을 $t-$분포에서 보면 $\alpha=.025$, $df=84$의 임계치는 1.96이므로 유의적이지 않다.

X_1의 $\hat{r}_{Yi.M}$ 값 .13은 다음과 같이 계산된다. 여기에서 .93은 X_1의 척도신뢰도값이다. 나머지 값들도 이 식에 의해 구해진다. 이들 값($\hat{r}_{Yi.M}$)의 유의도는 계산할 수 없다.

$$\frac{.19-.08}{.93-.08}=\frac{.11}{.85}=.13$$

[표 17-6]을 보면 X_2 상관(.14)은 CMV 조정 전에도 유의적이지 않다. 마커변수 가운데 가장 작은 값인 .08을 이용하여 식(1)에 대입하여 구한 CMV를 통제한 상태에서 구한 X_1은 통계적으로 유이적이지 않다. 그러나 X_3과 X_4는 CMV가 통제된 상태에서도 통계적으로 유의적인 것으로 나타난다. 마지막으로, 종속변수와 관련된 모든 4개 변수의 **축소되지 않은 편상관(disattenuated partial correlation)**은 **1차편상관(first-order partial correlation)**보다 약간 큼을 알 수 있다. 결론적으로 X_3과 X_4가 CMV가 있다고 해석한다.

3.3 확인적 요인분석 마커기법

확인적 요인분석 마커기법(CFA marker technique)은 확인적 요인분석과 마커기법이 혼합된 분석법이다. 앞에서 기술했듯이, 마커변수(marker variable)란 연구에 포함된 잠재변수와 이론적으로 아무런 관련이 없는 변수를 말한다.

CFA 마커변수에 의한 분석은 Malhotra 등(2006)의 접근법과 Williams 등(2010)의 접근법이 있다.

1) Malhotra 등(2006)의 접근법

[Input Malhotra-1] 모델을 토대로 Malhotra 등(2006)의 접근법에 의해 CMV를 진단하는 것에 대해 살펴보기로 한다. 이 모델은 Malhotra 등의 접근법을 이해하기 위해 저자가 임의로 만든 자료에 의해 분석을 하는 접근법에 초점을 맞추어 기술하고자 한다. 특히 Malhotra 등(2006)의 논문 p.1869에서 p.1870에 기술된 내용에 초점을 맞추어 분석하였다. p.1870에 제시된 [Table 1]의 'A. TAM'에 제시된 것을 중심으로 살펴보기로 한다. 'B. CFIP'에 제시된 것도 동일한 방식으로 접근하면 된다.

Input Malhotra-1 ••• **연구모델**

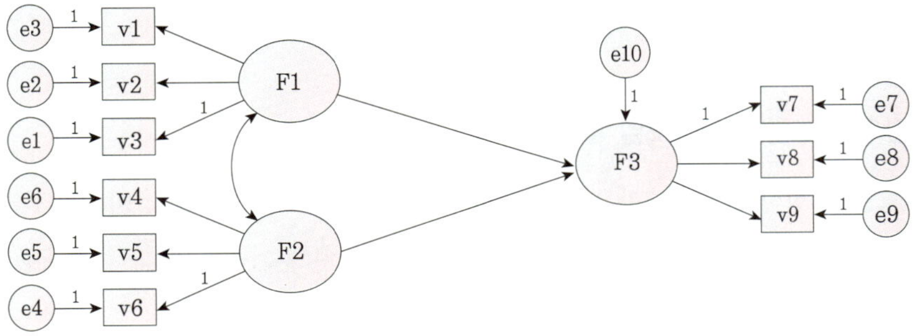

(1) 측정모델 추정

[Input Malhotra-1] 모델을 측정모델로 전환한 후 그 모델을 추정한다. 이 모델을 추정하면 자유도(df)=24를 얻는다.

Input Malhotra-2 ••• 측정모델

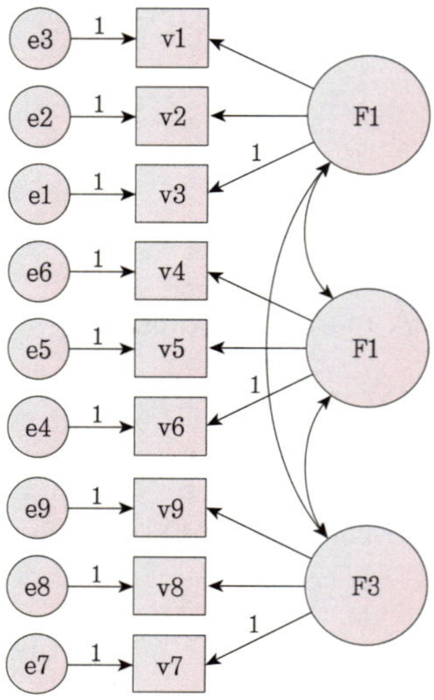

Output Malhotra-2 ••• 측정모델 분석 결과

CMIN

Model	NPAR	CMIN	DF	P	CMIN/DF
Default model	21	51.938	24	.001	2.164

Baseline Comparisons

Model	NFI Delta1	RFI rho1	IFI Delta2	TLI rho2	CFI
Default model	.938	.907	.966	.948	.965

Correlations: (Group number 1 - Default model)

			Estimate
F1	⟨--⟩	F2	.257
F1	⟨--⟩	F3	.142
F2	⟨--⟩	F3	.232

(2) 마커변수를 포함한 측정모델 추정

마커변수를 측정하기 위해 3개의 관측변수를 이용하였다고 가정하고, 마커변수를 측정모델에 포함한 모델을 추정한다. 이 모델을 추정하면 자유도(df)=48을 얻는다.

Input Malhotra-3 ••• 마커변수 포함모델

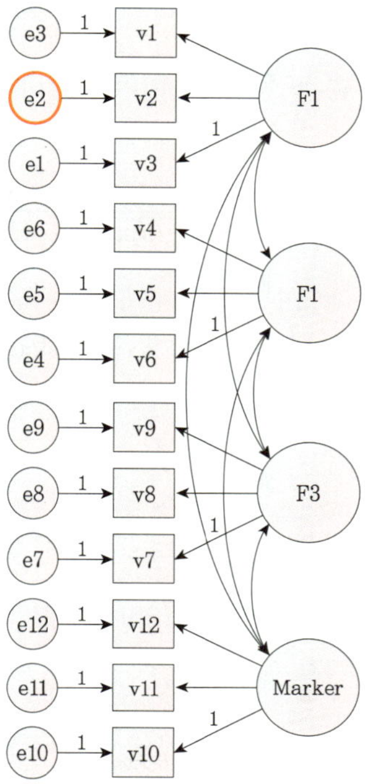

Output Malhotra-3 ••• 마커변수 포함모델 추정결과

CMIN

Model	NPAR	CMIN	DF	P	CMIN/DF
Default model	30	109.633	48	.000	2.284

Baseline Comparisons

Model	NFI Delta1	RFI rho1	IFI Delta2	TLI rho2	CFI
Default model	.901	.864	.942	.919	.941

Correlations: (Group number 1 - Default model)

			Estimate
F1	<-->	F2	.257
F1	<-->	F3	.142
F2	<-->	F3	.231
F1	<-->	Marker	.202
F2	<-->	Marker	.202
F3	<-->	Marker	.221

머커변수와 다른 잠재변수와의 상관계수의 평균을 구한다. 이를 구하면 .208이 나온다. 이 값이 r_M값이 된다. 본 예에서는 가상의 변수를 이용하여 마커변수를 측정한 것이므로 이 값이 높게 나타났다. 이 값을 이용하여 식(1)에 대입하여 r_A를 구한다. F1과 F2

간의 상관은 다음과 같이 계산된다. (.257－.208)/1－.208＝.062. 이런 식으로 나머지 상관계수도 구한다. 나머지 상관계수는 －.083, .030이다. 이 값의 통계적 유의도를 검정하기 위해 식(2)에 대입하면 t값은 다음과 같다. 이 분석에 쓰인 $n=300$이다.

$$t_{.05/2,297} = \frac{.062}{\sqrt{(1-.0038)/297}} = \frac{.062}{\sqrt{.0034}} = \frac{.062}{.0583} = 1.0635$$

이 값의 통계적 유의도를 검정하기 위해 'T Score Calculator'에 값을 입력하면 다음과 같이 비유의적인 것으로 나타난다.

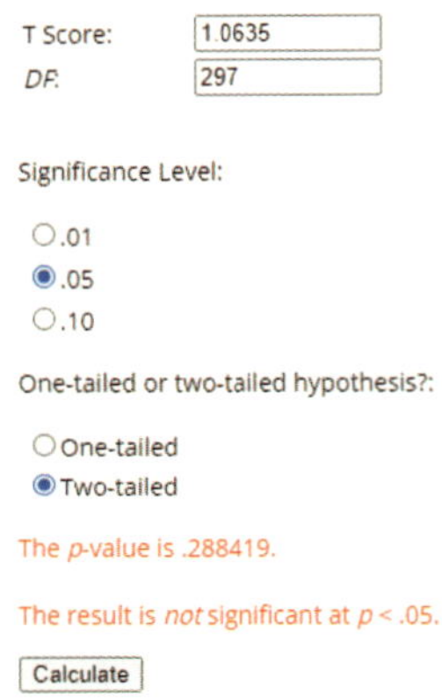

이런 식으로 나머지 상관계수도 t값의 유의도를 검정할 수 있다.

Malhotra 등(2006)의 접근법은 Lindell & Whitney(2001)의 접근법을 기초로 분석한다. Lindell & Whitney(2001)의 접근법은 마커변수와 연구에 포함된 잠재변수 간의 상관계수가 정적(+)인 것을 가정한다. 만약 연구자의 자료가 정적인 관계가 아닌 부적(－)인 관계가 있는 경우에는 이 접근법을 사용할 수 없다.

2) Williams 등(2010)의 접근법

Williams 등(2010)의 접근법에 의해 CMB를 진단하기 위해 다음과 같은 5개의 모델을 추정한다.

(1) 모델 1: CFA 모델

모델 1은 ① 연구에 포함된 실질적 잠재변수(F1, F2) 간에 상관을 허용하고, ② 마커변수에 해당하는 잠재변수와 실질적 잠재변수 간에도 상관을 허용하고, 마커변수의 잠재변수로부터 관측변수로 향하는 요인적재량과 오차분산을 추정한다. 이 모델을 추정할 때 모델설정은 준거변수 설정법이 아닌 단위분산 설정법으로 한다.

Input cfa-1 ••• **모델 1: 단위분산 설정법**

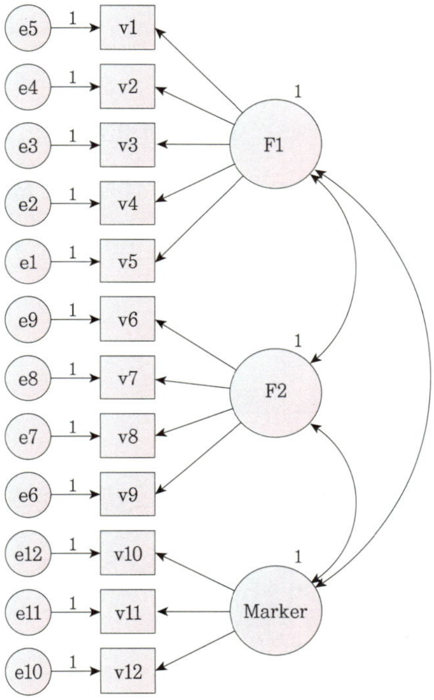

[Input cfa-1]을 추정하면 다음과 같은 적합도 및 모수치를 얻는다.

Output cfa-1 ••• **모델 1의 추정 결과**

CMIN

Model	NPAR	CMIN	DF	P	CMIN/DF
Default model	27	119.150	51	.000	2.336

Baseline Comparisons

Model	NFI Delta1	RFI rho1	IFI Delta2	TLI rho2	CFI
Default model	.919	.895	.952	.937	.951

Regression Weights: (Group number 1 - Default model)

			Estimate	S.E.	C.R.	P
V12	<---	Marker	.932	.256	3.635	***
V11	<---	Marker	.256	.092	2.771	.006
V10	<---	Marker	.782	.224	3.494	.001

Variances: (Group number 1 - Default model)

	Estimate	S.E.	C.R.	P
e10	2.097	.478	4.387	***
e11	.650	.075	8.653	***
e12	2.095	.370	5.657	***

(2) 모델 2: 기준모델(Baseline model)

모델 2는 ① 실질적 잠재변수 간에는 상관을 설정하고, ② 마커변수와 실질적 잠재변수 간에는 상관을 설정하지 않고, ③ 마커변수의 적재량과 오차분산은 모델 1에서 얻은 값으로 고정한다. 이때 요인적재량과 오차분산은 비표준화계수를 이용하여 고정한다.

Input baseline-1 ••• **기준모델 설정**

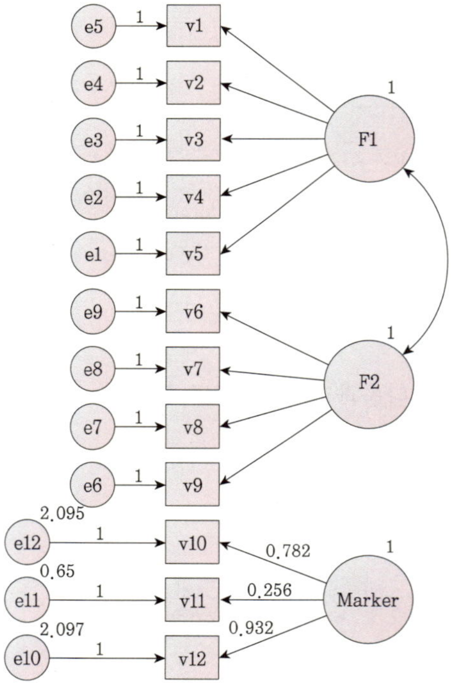

추정치계산 아이콘(▦)을 클릭하면 다음과 같은 경고메시지가 나온다.

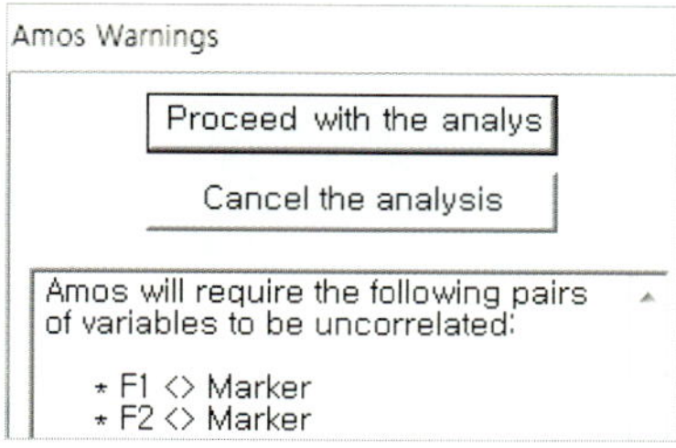

이 경고메시지가 나오면 [Proceed with the analysis] 버튼을 클릭하고 실행한다. 이하에서 모델을 추정할 때 이 경고메시지가 나오면 모두 이런 식으로 실행한다. 모델 2를 추정하면 다음과 같은 적합도 및 모수치를 얻는다.

Output baseline-1 ••• **기준모델의 추정 결과**

CMIN

Model	NPAR	CMIN	DF	P	CMIN/DF
Default model	19	122.888	59	.0000	2.083

Baseline Comparisons

Model	NFI Delta1	RFI rho1	IFI Delta2	TLI rho2	CFI
Default model	.916	.906	.955	.949	.954

Correlations: (Group number 1 - Default model)

			Estimate
F1	〈--〉	F2	.137

(3) 모델 3: 방법제약모델(Method-constrained model: Method-C)

모델 3은 모델 2와 같으나, 마커변수로부터 실질적 잠재변수에 해당하는 관측변수로 연결하고 이들을 모두 동일하게 제약을 한 모델이다. 모수의 동일제약을 위해 경로 위에 동일한 문자(예: a)를 입력한다.

Input method-c-1 ••• **방법동일제약모델**

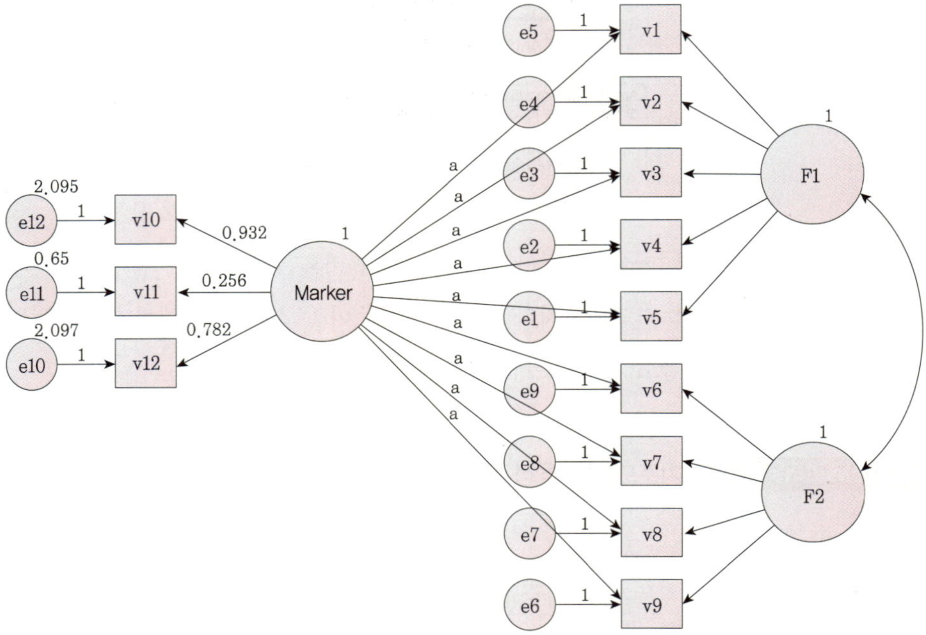

이를 추정하면 다음과 같은 결과를 얻는다.

Output method-c-1 ••• **방법동일제약모델 분석 결과**

CMIN

Model	NPAR	CMIN	DF	P	CMIN/DF
Default model	20	122.602	58	.000	2.114

Baseline Comparisons

Model	NFI Delta1	RFI rho1	IFI Delta2	TLI rho2	CFI
Default model	.917	.905	.954	.948	.954

(4) 모델 4: 방법비제약모델(Method-unconstrained model: Method-U)

모델 4는 모델 3과 동일하나 제약을 하지 않는 모델이다.

Input method-u-1 ••• 방법비제약모델

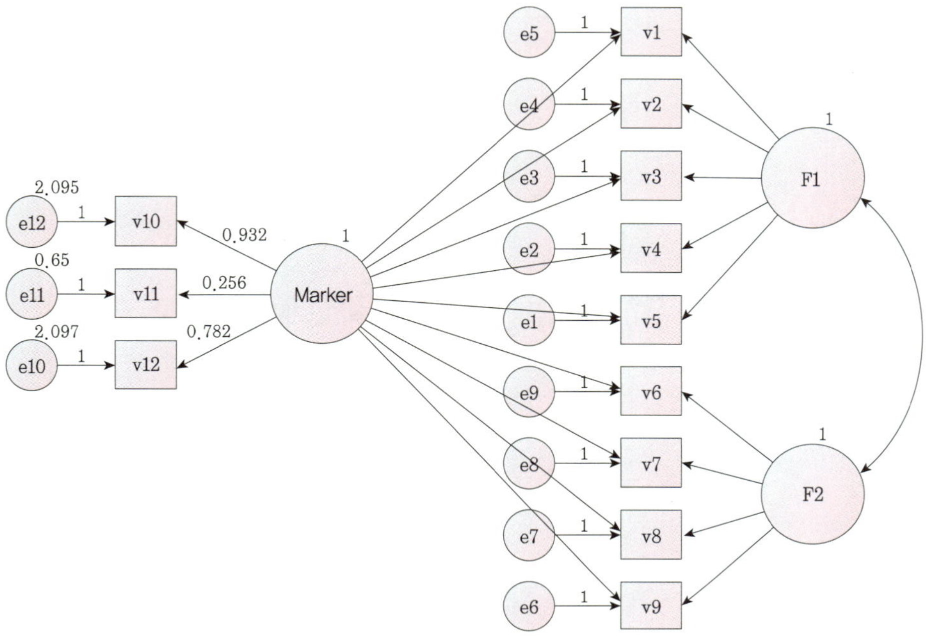

이를 추정하면 다음과 같은 결과를 얻는다.

Output method-u-1 ••• 방법비제약모델 분석 결과

CMIN

Model	NPAR	CMIN	DF	P	CMIN/DF
Default model	28	115.837	50	.000	2.317

Baseline Comparisons

Model	NFI Delta1	RFI rho1	IFI Delta2	TLI rho2	CFI
Default model	.921	.896	.954	.938	.953

(5) 모델 5: 방법제약모델(Method-restriction model: Method-R)

모델 5는 Method-C model과 Method-U model 가운데 어떤 모델이 지지되는가를 확인한 후, Baseline model에서 얻은 잠재요인 간의 상관을 고정하는 모델이다. 이 분석에서는 Method-C model이 지지되기 때문에 이 모델에 Baseline model에서 얻은 F1과 F2 간의 상관값(.137)을 고정시킨다.

Input method-r-1 방법제약모델

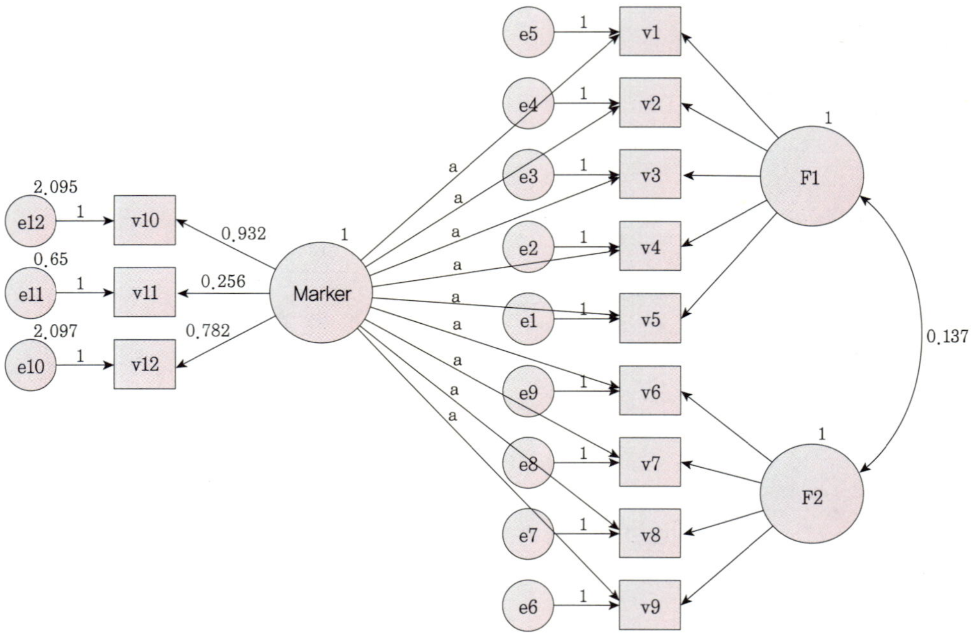

이를 추정하면 다음과 같은 결과를 얻는다.

Output method-r-1 방법제약모델 분석 결과

CMIN

Model	NPAR	CMIN	DF	P	CMIN/DF
Default model	19	122.634	59	.000	2.079

Baseline Comparisons

Model	NFI Delta1	RFI rho1	IFI Delta2	TLI rho2	CFI
Default model	.917	.907	.955	.949	.955

지금까지 분석한 결과를 토대로 모델비교를 한다. χ^2차이검정을 위해 구글에서 'chi-square difference test calculator'라고 입력하면 계산기를 얻을 수 있다.

표 17-7 CFA 마커기법에 의한 모델비교

Model	χ^2	df	CFI
1. CFA model	119.150	51	.951
2. Baseline model	122.888	59	.954
3. Method-C model	122.602	58	.954
4. Method-U model	115.837	50	.953
5. Method-R model	122.634	59	.955

chi-square model comparison test

	$\Delta\chi^2$	Δdf	χ^2임계치 ($\alpha=0.05$)	비고
1. Baseline vs. Method-C	.286	1	3.84	비유의적
2. Method-C vs. Method-U	6.765	8	15.51	비유의적
3. Method-U vs. Method-R	6.797	9	16.92	비유의적

Baseline model과 Method-C model을 비교하는 목적은 마커변수와 관련된 방법요인의 적재량이 같다는 귀무가설을 검정하기 위한 것이다. 이 비교를 통해 마커변수와 관련된 방법분산의 존재 여부를 알 수 있다. 이 비교를 통해 유의적인 차이가 있으면 CMV가 있고, 유의적이지 않으면 CMV가 없다고 해석한다. 이 분석에서는 유의적인 차이가 없어 CMV가 없다고 해석한다.

Method-C model과 Method-U model을 비교하는 목적은 방법분산효과가 동일한지 아니면 동일하지 않은지를 검정하기 위함이다. 이 분석에서는 유의적인 차이가 없어 방법분산의 효과가 동일하다는 모델이 채택된다.

Method-U model과 Method-R model을 비교하는 목적은 잠재방법 요인으로 인해 실질적인 잠재요인 간의 상관이 편의(bias)가 있는가를 검정하기 위해서다. 이는 Method-C model과 Method-U model의 비교에서 어떤 모델이 더 적합한가에 따라 비교의 대상이 결정된다. 즉 Method-C model이 더 적합하면 이 모델과 Method-R model을 비교하고, Method-U model이 더 적합하면 이 모델과 Method-R model을 비교한다. 이 분석에서는 Method-C model이 더 적합하므로 이 모델과 Method-R model을 비교한다. 비교결과 $\Delta\chi^2=6.797$, $\Delta df=9$로 유의적인 차이가 없어 잠재방법 요인이 실질적인 요인의 상관에 영향을 주지 않는다고 해석한다.

3.4 직접 측정한 잠재방법요인기법

직접 측정한 잠재방법요인기법(directly measured latent method factor technique)은 방법분산을 야기할 것으로 예상되는 변수를 미리 측정하여 연구에 포함하는 접근법이다. 즉, 사회적 바람직성(social desirability)이나 긍정적 정서성(positive affectivity) 또는 부정적 정서성(negative affectivity)과 같은 방법분산의 원천을 미리 측정하여 이를 모델에 반영한다.

이 방법은 방법요인의 측정오차를 추정할 수 있고, 개별 측정변수에 대한 방법요인의 효과가 동일하도록 제약을 하지 않는 장점이 있다. 반면에 연구자가 고려 중인 연구에서 방법편의의 원천에 대해 미리 알아야 하고, 이를 직접 측정할 수 있어야 하는 단점이 있다.

이 기법에 의해 CMV를 진단하기 위해 방법분산의 원천을 측정한 잠재변수가 연구에 포함된 모든 관측변수에 연결되도록 모델을 설정한다. 이의 모델설정을 나타내면 [그림 17-1]과 같다.

그림 17-1 직접 측정한 잠재방법요인기법 모델

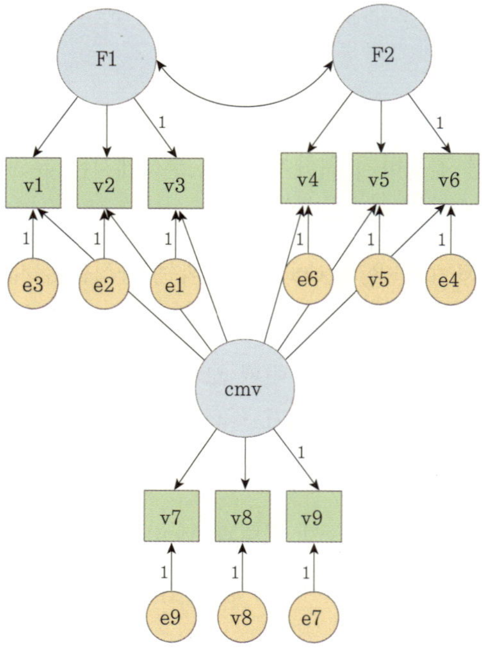

이하에서 임의의 자료를 통해 이 기법에 의해 방법분산효과를 검토하는 것에 대해 살

펴보기로 한다. 이 자료에 의해 분석하면 식별문제가 있기는 하나, 어떻게 하는지에 초점을 두고 설명함을 이해하기 바란다.

예를 들어, 연구에 F1, F2, F3 등의 잠재변수가 있다고 가정한다. '방법분산이 있는 모델'과 '방법분산이 없는 모델'의 χ^2차이검정을 한다. χ^2차이검정 결과 유의적인 차이가 있다면 CMV가 있다고 해석한다. 방법분산이 없는 모델의 설정은 다음과 같다.

Input dmlmf-1 ••• **방법분산이 없는 모델**

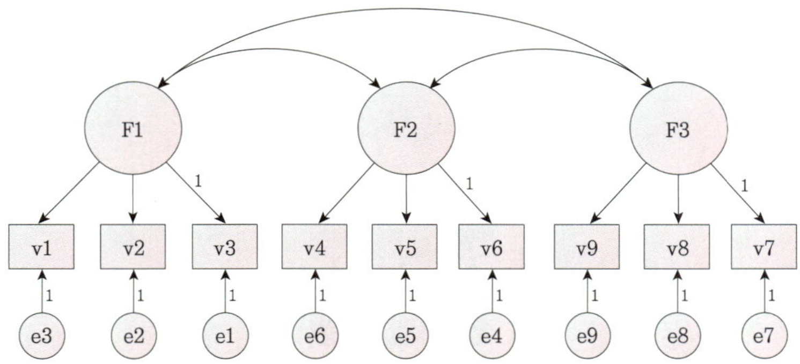

Output dmlmf-1 ••• **방법분산이 없는 모델 분석 결과**

CMIN

Model	NPAR	CMIN	DF	P	CMIN/DF
Default model	21	243.888	24	.000	10.162

방법분산이 있는 모델의 설정은 다음과 같다. 여기에서 F4는 CMV 원천을 측정하기 위해 사용된 잠재변수이다.

Input dmlmf-2 ••• 방법분산이 있는 모델

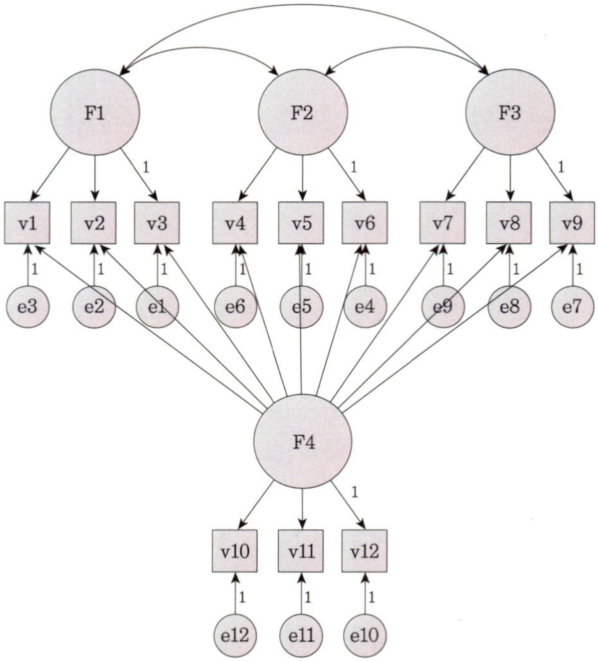

Output dmlmf-2 ••• 방법분산이 있는 모델 분석 결과

CMIN

Model	NPAR	CMIN	DF	P	CMIN/DF
Default model	36	120.522	42	.000	2.870

두 모델의 $\Delta\chi^2 = 123.366$, $\Delta df = 18$로 유의적인 차이가 있어 CMV가 있다고 해석한다.

3.5 측정하지 않은 잠재방법요인기법

측정하지 않은 잠재방법요인기법(unmeasured latent method factor technique)은 방법분산의 원천을 직접 측정하지 않고 방법분산을 하나의 잠재변수로 취급하여 분석하는 방법이다. 이 방법은 방법분산의 원천을 측정할 필요가 없다는 면에서 장점이 있지만, 종종 식별문제(identification problem)가 생긴다는 면에서 단점이 있다. 이 방법으로 CMV를 진단하기 위한 접근법에 대해서는 연구자들마다 의견이 다르다. 이하에서는 그 가운데 Richardson 등(2009)의 접근법과 Gaskin(2012)의 접근법에 대해 살펴보기로 한다.

1) Richardson 등(2009)의 접근법

이들의 접근법으로 CMV를 분석하기 위해 다음과 같은 4개의 모델을 추정한다.

(1) 모델 1: 특성요인만 포함된 모델(trait-only model)

모델 1(특성요인만 포함된 모델)은 일반적인 측정모델과 같다.

Input Richardson-1 ••• 특성요인만 포함된 모델

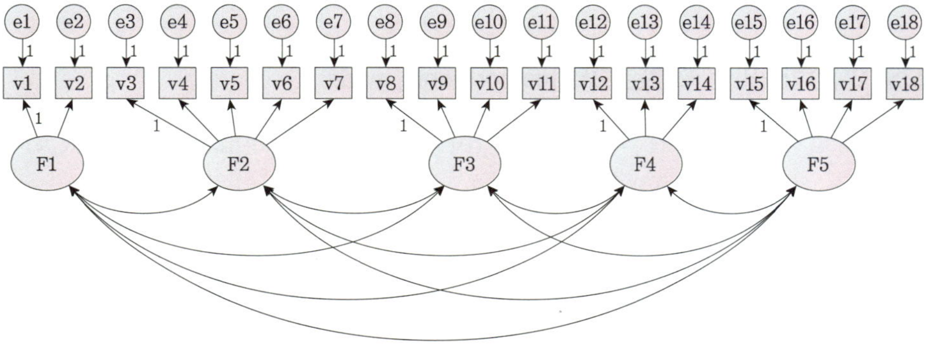

이를 추정하면 [Output Richardson-1]을 얻는다.

Output Richardson-1 ••• 특성요인만 포함된 모델분석 결과

CMIN

Model	NPAR	CMIN	DF	P	CMIN/DF
Default model	46	183.788	125	.000	1.470

Correlations: (Group number 1 - Default model)

			Estimate
F1	<-->	F2	.636
F1	<-->	F3	.367
F1	<-->	F4	.287
F1	<-->	F5	.399
F2	<-->	F3	.368
F2	<-->	F4	.573
F2	<-->	F5	.367
F3	<-->	F4	.191
F3	<-->	F5	.388
F4	<-->	F5	.282

Covariances: (Group number 1 - Default model)

			Estimate	S.E.	C.R.	P
F1	<-->	F2	.209	.031	6.802	***
F1	<-->	F3	.123	.025	4.846	***
F1	<-->	F4	.120	.030	3.983	***
F1	<-->	F5	.205	.039	5.297	***
F2	<-->	F3	.101	.020	5.111	***
F2	<-->	F4	.197	.029	6.823	***
F2	<-->	F5	.155	.030	5.220	***
F3	<-->	F4	.067	.023	2.949	.003
F3	<-->	F5	.167	.030	5.536	***
F4	<-->	F5	.152	.035	4.290	***

(2) 모델 2: 방법요인만 포함된 모델(method-only model)

모델 2(방법요인만 포함된 모델)는 관측변수가 하나의 공통방법요인(common latent factor)으로만 측정되었다고 가정한 모델이다.

Input Richardson-2 ••• 방법요인만 포함된 모델

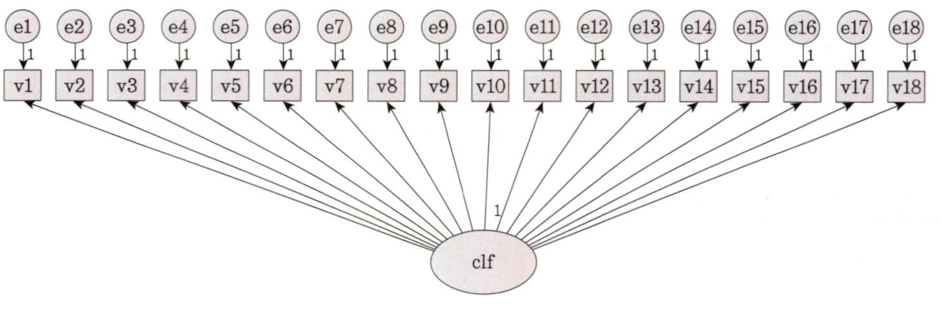

이를 추정하면 [Output Richardson-2]를 얻는다.

Output Richardson-2 ••• 방법요인만 포함된 모델 분석 결과

CMIN

Model	NPAR	CMIN	DF	P	CMIN/DF
Default model	36	1268.289	135	.000	9.395

(3) 모델 3: 특성/방법요인모델(trait/method model)

모델 3(특성/방법요인 모델)은 측정변수가 특성과 방법 모두에 의해 연결된 것으로 가정된다.

Input Richardson-3 ••• 특성/방법요인모델

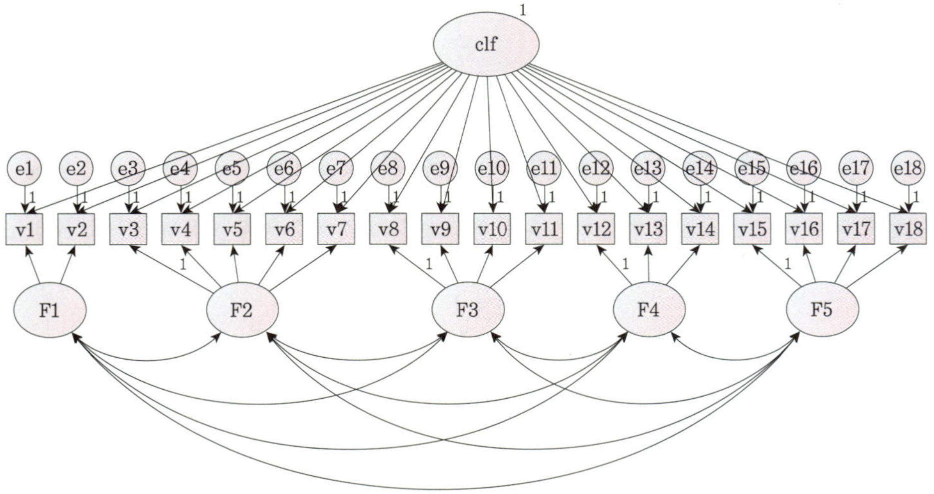

이를 추정하면 [Output Richardson-3]을 얻는다.

Output Richardson-3 ••• 특성/방법요인모델 분석 결과

CMIN

Model	NPAR	CMIN	DF	P	CMIN/DF
Default model	64	118.028	107	.219	1.103

(4) 모델 4: 특성/방법요인-상관계수모델(trait/method-R model)

모델 4는 모델 3과 동일하나, 요인 간 상관계수를 모델 1에서 추정한 값으로 고정한다. [Input Richardson-4-1]은 상관계수(correlation) 값으로 고정한 것이다. 이를 추정하면 식별문제가 생긴다. 따라서 공분산(covariance) 값으로 추정하기로 한다([Input Richardson-4-2]).

Input Richardson-4-1 ••• 상관계수값으로 고정한 모델

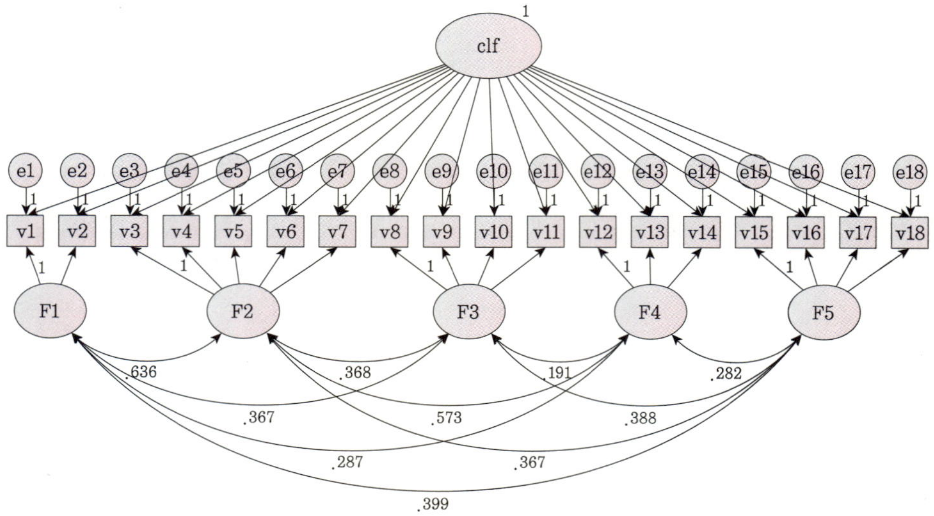

Input Richardson-4-2 ••• 공분산값으로 고정한 모델

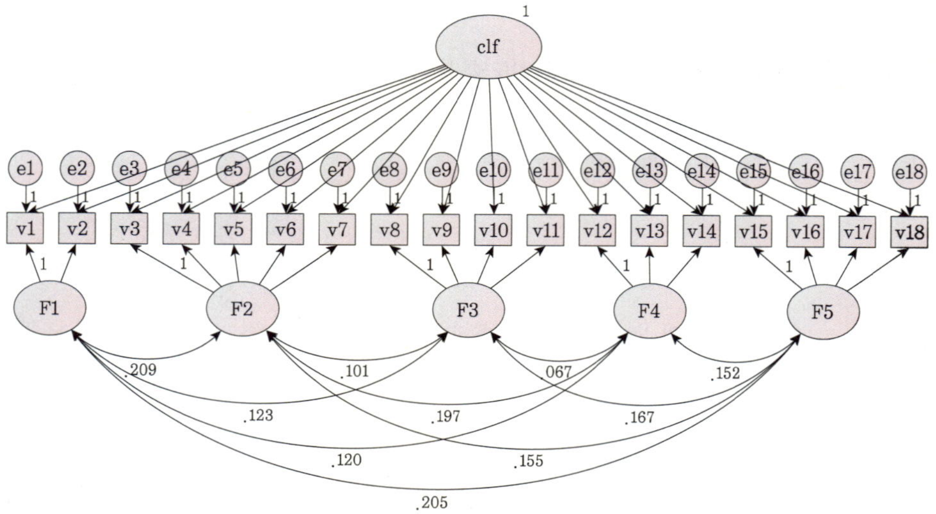

이를 추정하면 [Output Richardson-4-2]을 얻는다.

Output Richardson-4-2 ••• 공분산값으로 고정한 모델 분석 결과

CMIN

Model	NPAR	CMIN	DF	P	CMIN/DF
Default model	54	138.884	117	.082	1.187

이들 4개의 모델을 추정한 다음, 다음과 같이 모델을 비교한다. 먼저, 모델 1과 모델 2를 비교하여 모델 1의 적합도가 좋으면 관측된 분산이 방법분산으로만 구성된 것이 아니다는 의미를 갖는다. 모델 3과 모델 1을 비교하여 모델 3의 적합도가 좋으면 방법분산이 자료에 내재되어 있음을 의미한다. 모델 4와 모델 3을 비교하여 모델 4가 유의적으로 나빠지면 CMV 때문에 편의가 있음을 의미한다.

표 17-8 모델 비교: χ^2 차이검정

모델 비교	결과	결정
모델 1 대 모델 2	$\Delta\chi^2=1084.5$, $\Delta df=10$, $p<.05$	모델 1이 좋음, 분산은 요인분산과 방법분산으로 구성됨
모델 3 대 모델 1	$\Delta\chi^2=65.76$, $\Delta df=18$, $p<.05$	df가 작은 모델선정, 방법분산이 있음
모델 4 대 모델 3	$\Delta\chi^2=20.856$, $\Delta df=10$, $p<.05$	CMV로 인해 편의(bias)가 있음

2) Gaskin(2012)의 접근법

Gaskin(2012)은 유튜브 동영상(https://www.youtube.com/watch?v=Y7Le5Vb7_jg)에서 CMV를 진단하기 위해 모델 1에서 얻은 표준화요인적재량과 모델 3에서 얻은 표준화요인적재량을 비교하여 그 값의 차이가 .2보다 크면 방법분산이 있는 문항이라고 주장한다. 이 접근법은 .2의 기준이 임의적이므로 문제가 있다. 따라서 저자는 이 접근법의 사용을 추천하고 싶지 않다.

위에서 사용한 자료를 이용하여 이 방법으로 진단하기 위해 모델 1과 모델 3을 추정하면 다음과 같은 표준화회귀계수를 얻는다. 모델 1은 추정에 문제가 없으나, 모델 3은 F3에 해당하는 v8, v9, v10, v11의 표준화회귀계수를 얻지 못한다.

[Output 모델 1의 표준화회귀계수]

			Estimate
v1	<---	F1	.708
v2	<---	F1	.767
v3	<---	F2	.627
v4	<---	F2	.646
v5	<---	F2	.731
v6	<---	F2	.690
v7	<---	F2	.715
v8	<---	F3	.728
v9	<---	F3	.702
v10	<---	F3	.708
v11	<---	F3	.678
v12	<---	F4	.693
v13	<---	F4	.794
v14	<---	F4	.817
v15	<---	F5	.721
v16	<---	F5	.814
v17	<---	F5	.830
v18	<---	F5	.548

[Output 모델 3의 표준화회귀계수]

			Estimate
v1	<---	F1	.666
v2	<---	F1	.684
v3	<---	F2	.600
v4	<---	F2	.607
v5	<---	F2	.695
v6	<---	F2	.613
v7	<---	F2	.651
v12	<---	F4	.680
v13	<---	F4	.788
v14	<---	F4	.824
v15	<---	F5	.697
v16	<---	F5	.803
v17	<---	F5	.822
v18	<---	F5	.490

모델 3에서 F3과 관련된 문항들의 표준화회귀계수가 계산이 되지 않는 이유는 이들의 방법분산이 크기 때문이다. 모델 3을 추정하는 데 문제가 없는 자료라 하더라도 이 접근법의 사용은 추천하고 싶지 않다.

3) 방법 3

방법 3은 저자가 제안하는 방법으로서 간단하게 CMV를 진단할 수 있다.

(1) 모델 1

모델 1은 연구에 포함된 잠재변수들을 대상으로 측정모델을 구성한 후 실질적인 잠재변수들 간에는 상관을 허용하고, 임의의 공통잠재요인(common latent factor: CLF)과는 상관을 허용하지 않고, CLF로부터 실질적인 잠재변수들을 측정한 관측변수들로 향하는 경로를 설정한 모델이다. 이 모델은 CMV가 있다고 가정한 것이다. 이때 CLF는 단위분산 설정법으로 설정한다.

Input ulmf-1 ••• 공통잠재요인모델

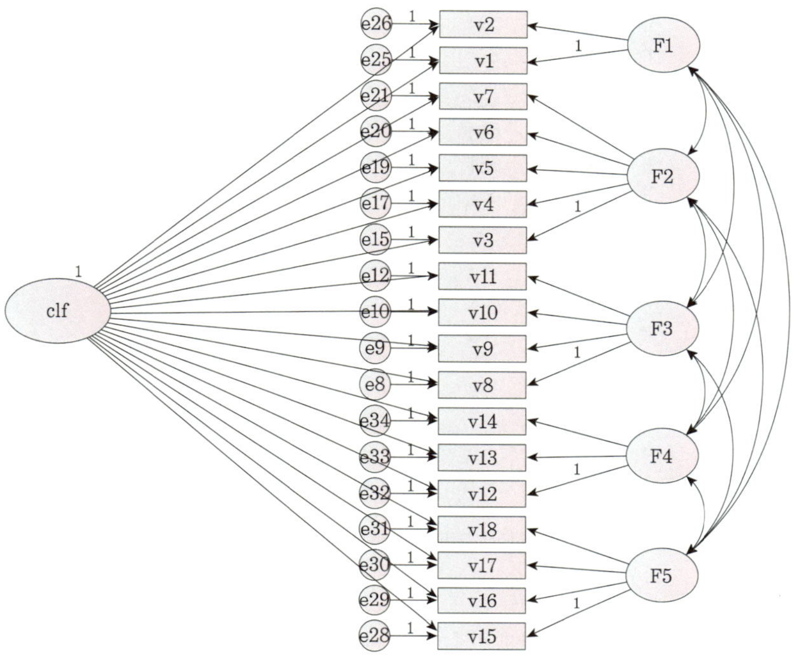

이 모델을 추정하면 다음과 같은 적합도 및 모수치를 얻는다.

Output ulmf-1 ••• 공통잠재요인모델 분석 결과

CMIN

Model	NPAR	CMIN	DF	P	CMIN/DF
Default model	64	118.028	107	.219	1.103

Standardized Regression Weights: (Group number 1 - Default model)

			Estimate
v3	<---	F2	.600
v4	<---	F2	.607
v5	<---	F2	.695
v6	<---	F2	.613
v7	<---	F2	.651
v1	<---	F1	.666
v2	<---	F1	.684
v15	<---	F5	.697
v16	<---	F5	.803
v17	<---	F5	.822
v18	<---	F5	.490
v12	<---	F4	.680
v13	<---	F4	.788
v14	<---	F4	.824
v2	<---	clf	.325
v1	<---	clf	.269

v7	<---	clf	.288
v6	<---	clf	.315
v5	<---	clf	.239
v4	<---	clf	.227
v3	<---	clf	.199
v11	<---	clf	1.030
v10	<---	clf	.885
v9	<---	clf	.664
v8	<---	clf	.887
v14	<---	clf	.041
v13	<---	clf	.071
v12	<---	clf	.112
v18	<---	clf	.276
v17	<---	clf	.149
v16	<---	clf	.149
v15	<---	clf	.179

(2) 모델 2

모델 2는 모델 1의 경로에서 CLF로부터 관측변수로 향하는 경로를 0으로 고정하는 모델이다. 즉 CMB가 없다고 가정한 모델이다. 이 모델은 Richardson의 모델 1(trait-only model)에 해당한다. 이 모델은 잠재변수인 CLF로부터 관측변수로 향하는 경로를 제거한 측정모델([Input ulmf-2-1])과 동일한 모델이다.

Input ulmf-2 ••• **공통잠재요인을 0으로 제약한 모델**

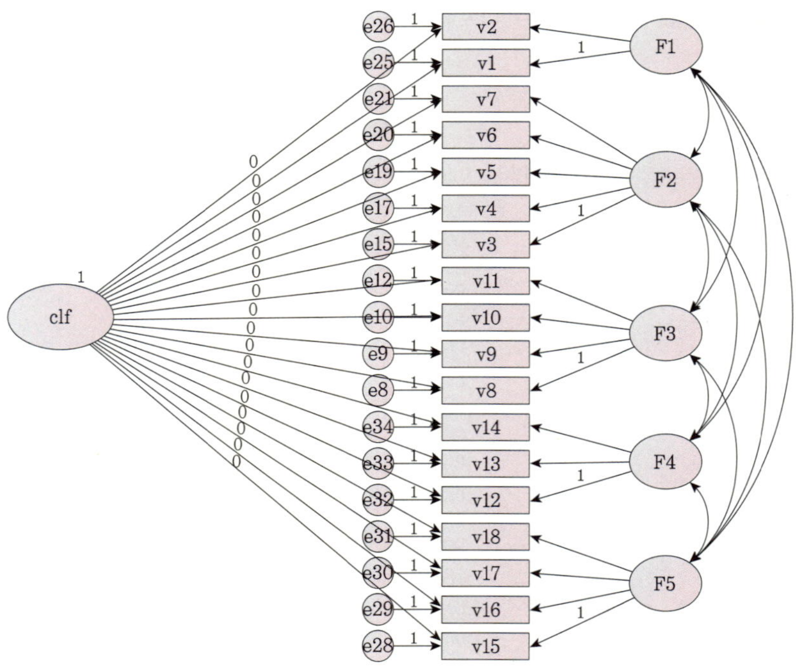

Input ulmf-2-1 ••• 공통잠재요인을 0으로 제약한 모델

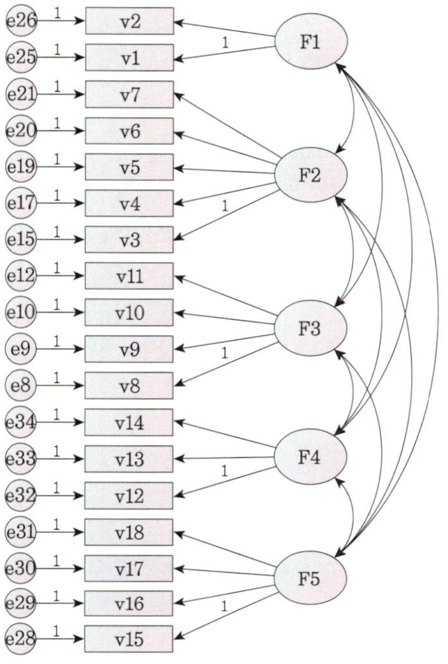

위의 두 모델을 추정하면 다음과 같은 적합도를 얻는다.

Output ulmf-2 ••• 공통잠재요인을 0으로 제약한 모델 분석 결과

CMIN

Model	NPAR	CMIN	DF	P	CMIN/DF
Default model	46	183.788	125	.000	1.470

이들 두 개의 모델을 추정한 다음, χ^2차이검정을 한다. 모델 1과 모델 2를 χ^2차이검정하여 비유의적이면 CMV가 없고, 유의적이면 CMV가 있다고 해석한다. χ^2차이검정을 위해 구글에서 'chi-square difference test calculator'라고 입력하면 계산기를 얻을 수 있다. 다음은 그 가운데 하나의 계산기를 이용하여 구한 값이다. $\alpha = 0.05$ 수준에서 유의적인 것으로 나타났다.

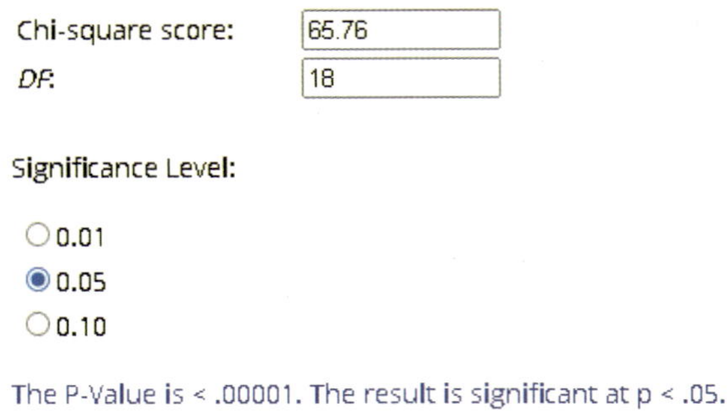

χ^2 차이가 유의적이므로 CMV가 있다고 해석한다. CMV가 있으므로 그 크기를 알기 위해 모델 1을 추정하여 얻는 방법분산과 관련된 표준화회귀계수를 제곱하여 합한 다음 평균을 구한다.

$$(.325)^2 + (.269)^2 + (.288)^2 +, \cdots, (.179)^2/18 = .208$$

방법분산이 관측분산 가운데 차지하는 비율이 약 21%라고 할 수 있다.

방법분산이 있는 것으로 나타나면 구조모델을 추정할 때 다음과 같이 모델링해서 분석한다. 결과를 제시할 때에는 방법분산이 없는 모델을 추정해서 얻는 계수와 방법분산이 있는 모델을 추정해서 얻는 계수를 함께 제시하는 것이 바람직하다.

그림 17-2 방법분산이 있는 연구모델

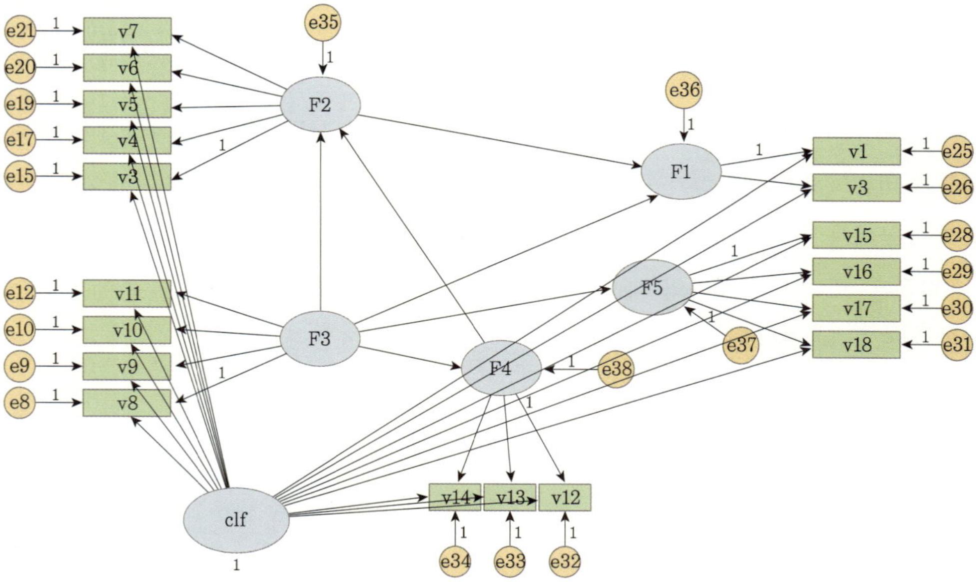

지금까지 CMV를 진단하는 여러 가지 방법에 대해 살펴보았는데, Podsakoff 등(2012)은 CFA 마커기법(CFA marker technique)과 직접 측정한 잠재방법요인기법(directly measured latent method factor technique)을 추천한다. 이들 방법으로 CMB를 진단하기 위해서는 설문지에 이와 관련된 문항을 미리 포함해서 측정해야 한다.

부록

1. 표준정규분포표

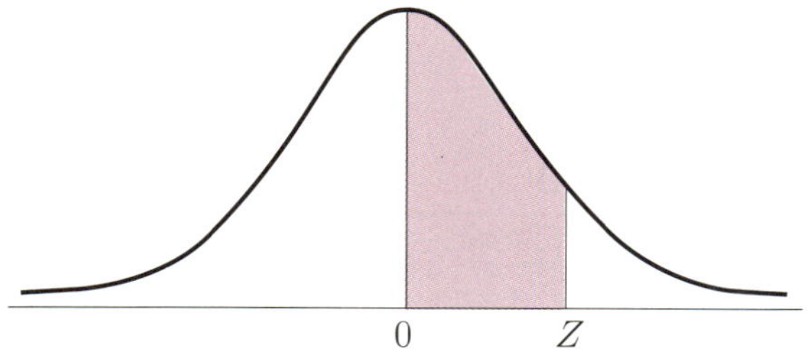

Z	.00	.01	.02	.03	.04	.05	.06	.07	08	.09
0.0	.0000	.0040	.0080	.0120	.0160	.0199	.0239	.0279	.0319	.0359
0.1	.0398	.0438	.0478	.0517	.0557	.0596	.0636	.0675	.0714	.0753
0.2	.0793	.0832	.0871	.0910	.0948	.0987	.1026	.1064	.1103	.1141
0.3	.1179	.1217	.1255	.1293	.1331	.1368	.1406	.1443	.1480	.1517
0.4	.1554	.1591	.1628	.1664	.1700	.1736	.1772	.1808	.1844	.1879
0.5	.1915	.1950	.1985	.2019	.2054	.2088	.2123	.2157	.2190	.2224
0.6	.2257	.2291	.2324	.2357	.2389	.2422	.2454	.2486	.2517	.2549
0.7	.2580	.2611	.2642	.2673	.2704	.2734	.2764	.2794	.2823	.2852
0.8	.2881	.2910	.2939	.2967	.2995	.3023	.3051	.3078	.3106	.3133
0.9	.3159	.3186	.3212	.3238	.3264	.3289	.3315	.3340	.3365	.3389
1.0	.3413	.3438	.3461	.3485	.3508	.3531	.3554	.3577	.3599	.3621
1.1	.3643	.3665	.3686	.3708	.3279	.3749	.3770	.3790	.3810	.3830
1.2	.3849	.3869	.3888	.3907	.3925	.3944	.3962	.3980	.3997	.4015
1.3	.4032	.4049	.4066	.4082	.4099	.4115	.4131	.4147	.4162	.4177
1.4	.4192	.4207	.4222	.4236	.4251	.4265	.4279	.4292	.4306	.4319
1.5	.4332	.4345	.4357	.4370	.7382	.4394	.4406	.4418	.4429	.4441
1.6	.4452	.4463	.4474	.4484	.4495	.4505	.4515	.4525	.4535	.4545
1.7	.4554	.4564	.4573	.4582	.4591	.4599	.4608	.4616	.4625	.4633
1.8	.4641	.4649	.4656	.4664	.4671	.4678	.4686	.4693	.4699	.4706
1.9	.4713	.4719	.4726	.4732	.4738	.4744	.4750	.4756	.4761	.4767
2.0	.4772	.4778	.4783	.4788	.4793	.4798	.4803	.4808	.4812	.4817
2.1	.4821	.4826	.4830	.4834	.4838	.4842	.4846	.4850	.4856	.4857
2.2	.4861	.4864	.4868	.4871	.4875	.4878	.4881	.4884	.4887	.4890
2.3	.4893	.4896	.4898	.4901	.4904	.4906	.4909	.4911	.4913	.4916
2.4	.4918	.4920	.4922	.4925	.4927	.4929	.4931	.4932	.4934	.4936
2.5	.4938	.4940	.4941	.4943	.4945	.4946	.4948	.4949	.4951	.4952
2.6	.4953	.4955	.4956	.4957	.4959	.4960	.4961	.4962	.4963	.4964
2.7	.4965	.4966	.4967	.4968	.4969	.4970	.4971	.4972	.4973	.4974
2.8	.4974	.4975	.4976	.4977	.4977	.4978	.4979	.4979	.4980	.4981
2.9	.4981	.4982	.4982	.4983	.4984	.4984	.4985	.4985	.4986	.4986
3.0	.4987	.4987	.4987	.4988	.4988	.4989	.4989	.4989	.4990	.4990
4.0	.4999									

(예: Z=1.96일 때 색칠한 부분의 확률은 0.4750임)

2. χ^2 분포표

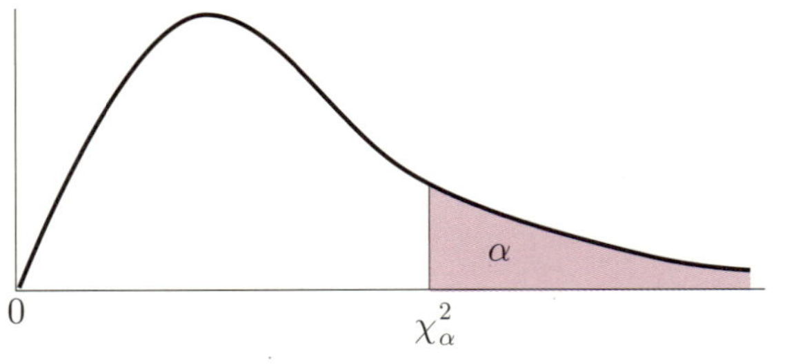

df \ α	$\chi_{0.990}$	$\chi_{0.975}$	$\chi_{0.950}$	$\chi_{0.900}$	$\chi_{0.500}$	$\chi_{0.100}$	$\chi_{0.050}$	$\chi_{0.025}$	$\chi_{0.010}$	$\chi_{0.005}$
1	0.0002	0.0001	0.004	0.15	0.45	2.71	3.84	5.02	6.63	7.88
2	0.02	0.05	0.10	0.21	1.39	4.61	5.99	7.38	9.21	10.60
3	0.11	0.22	0.35	0.58	2.37	6.25	7.81	9.35	11.34	12.84
4	0.30	0.48	0.71	1.06	3.36	7.78	9.49	11.14	13.28	14.86
5	0.55	0.83	1.15	1.61	4.35	9.24	11.07	12.83	15.09	16.75
6	0.87	1.24	1.64	2.20	5.35	10.64	12.59	14.45	16.81	18.55
7	1.24	1.69	2.17	2.83	6.35	12.02	14.07	16.01	18.48	20.28
8	1.65	2.18	2.73	3.49	7.34	13.36	15.51	17.53	20.09	21.95
9	2.09	2.70	3.33	4.17	8.34	14.68	16.92	19.02	21.67	23.59
10	2.56	3.25	3.94	4.87	9.34	15.99	18.31	20.48	23.21	25.19
11	3.05	3.82	4.57	5.58	10.34	17.28	19.68	21.92	24.72	26.76
12	3.57	4.40	5.23	6.30	11.34	18.55	21.03	23.34	26.22	28.30
13	4.11	5.01	5.89	7.04	12.34	19.81	22.36	24.74	27.69	29.82
14	4.66	5.63	6.57	7.79	13.34	21.06	23.68	26.12	29.14	31.32
15	5.23	6.26	7.26	8.55	14.34	22.31	25.00	27.49	30.58	32.80
16	5.81	6.91	7.96	9.31	15.34	23.54	26.30	28.85	32.00	34.27
17	6.41	7.56	8.67	10.09	16.34	24.77	27.59	30.19	33.41	35.72
18	7.01	8.23	9.39	10.86	17.34	25.99	28.87	31.53	34.81	37.16
19	7.63	8.91	10.12	11.65	18.34	27.20	30.14	32.85	36.19	38.58
20	8.26	9.59	10.85	12.44	19.34	28.41	31.14	34.17	37.57	40.00
21	8.90	10.28	11.59	13.24	20.34	29.62	32.67	35.48	38.93	41.40
22	9.54	10.98	12.34	14.04	21.34	30.81	33.92	36.78	40.29	42.80
23	10.20	11.69	13.09	14.85	22.34	32.01	35.17	38.08	41.64	44.18
24	10.86	12.40	13.85	15.66	23.34	33.20	36.74	39.36	42.98	45.56
25	11.52	13.12	14.61	16.47	24.34	34.38	37.92	40.65	44.31	46.93
26	12.20	13.84	15.38	17.29	25.34	35.56	38.89	41.92	45.64	48.29
27	12.83	14.57	16.15	18.11	26.34	36.74	40.11	43.19	46.96	49.64
28	13.56	15.31	16.93	18.94	27.34	37.92	41.34	44.46	48.28	50.99
29	14.26	16.05	17.71	19.77	28.34	39.09	42.56	45.72	49.59	52.34
30	14.95	16.79	18.49	20.60	29.34	40.26	43.77	46.98	50.89	53.67
40	22.16	24.43	26.51	29.05	39.34	51.81	55.76	59.34	63.69	66.77
50	29.71	32.36	34.76	37.69	49.33	63.17	67.50	71.42	76.15	79.49
60	37.48	40.48	43.19	46.46	59.33	74.40	79.08	83.30	88.38	91.95
70	45.44	48.76	51.74	55.33	69.33	85.53	90.53	95.02	100.43	104.21
80	53.54	57.15	60.39	64.28	79.33	96.58	101.88	106.63	112.33	116.32
90	61.75	65.65	69.13	73.29	89.33	107.57	113.15	118.14	124.12	128.30
100	70.06	74.22	77.93	82.36	99.33	118.50	124.34	129.56	135.81	140.17

참고문헌

| 제1장 |

Arbuckle, J. L. (2020). *IBM SPSS Amos 27 User's Guide*. IBM Corp.

Bollen, K. A. (1989). *Structural equations with latent variables*. Wiley.

Bowen, N. K., & Guo, S. (2011). *Structural equation modeling*. Oxford University Press.

Byrne, B. M. (2016). *Structural equation modeling with Amos: Basic concepts, applications and programming* (3rd ed.). Routledge.

Cliff, N. (1983). Some cautions concerning the application of causal modeling methods. *Multivariate Behavioral Research, 18*(1), 115-126.

Fornell, C. (1987). A second generation of multivariate analysis: Classification of methods and implications for marketing research. In M. J. Houston (Ed.), *Review of marketing* (pp. 407-450). American Marketing Association.

Hair, J. F. Jr., Black, W. C., Babin, B. J., & Anderson, R. E. (2019). *Multivariate data analysis* (8th ed.). Cengage.

Kline, R. B. (2011). *Principles and practice of structural equation modeling* (3rd ed.). The Guilford Press.

Kline, R. B. (2016). *Principles and practice of structural equation modeling* (4th ed.). The Guilford Press.

Schumacker, R. E., & Lomax, R. G. (2010). *A beginner's guide to structural equation modeling* (3rd ed.). Lawrence Erlbaum Associates.

Schumacker, R. E., & Lomax, R. G. (2015). *A beginner's guide to structural equation modeling* (4th ed.). Routledge.

| 제2장 |

Arbuckle, J. L. (2020). *IBM SPSS Amos 27 User's Guide*. IBM Corp.

Bowen, N. K., & Guo, S. (2011). *Structural equation modeling*. Oxford University Press.

Blunch, N. J. (2013). *Introduction to structural equation modeling using IBM SPSS statistics and Amos* (2nd ed.). Sage Publications.

Brown, T. A. (2015). *Confirmatory factor analysis for applied research* (2nd ed.). The Guilford Press.

Byrne, B. M. (2016). *Structural equation modeling with Amos: Basic concepts, applications and programming* (3rd ed.). Lawrence Erlbaum Associates.

Hair, J. F. Jr., Black, W. C., Babin, B. J., & Anderson, R. E. (2019). *Multivariate data analysis* (8th ed.). Cengage.

Kline, R. B. (2011). *Principles and practice of structural equation modeling* (3rd ed.). The Guilford Press.

Kline, R. B. (2016). *Principles and practice of structural equation modeling* (4th ed.). The Guilford Press.

Schumacker, R. E., & Lomax, R. G. (2010). *A beginner's guide to structural equation modeling* (3rd ed.). Lawrence Erlbaum Associates.

Schumacker, R. E., & Lomax, R. G. (2015). *A beginner's guide to structural equation modeling* (4th ed.). Routledge.

Wright, S. (1960). Path coefficients and path regression: Alternative or complementary concepts? *Biometrics, 16*(2), 189-202.

| 제3장 |

Bollen, K. A. (2002). Latent variables in psychology and the social sciences. *Annual Review of Psychology, 53*, 605-634.

Bollen, K. A., & Hoyle, R. H. (2012). Latent variables in structural equation modeling. In R. H. Hoyle (Ed.), *Handbook of structural equation modeling* (pp. 56-67). The Guilford Press.

Blunch, N. J. (2013). *Introduction to structural equation modeling using IBM SPSS statistics and Amos* (2nd ed.). Sage Publications.

Byrne, B. M. (2016). *Structural equation modeling with Amos: Basic concepts, applications and programming* (3rd ed.). Lawrence Erlbaum Associates.

Hair, J. F. Jr., Black, W. C., Babin, B. J., & Anderson, R. E. (2019). *Multivariate data analysis* (8th ed.). Cengage.

Kline, R. B. (2011). *Principles and practice of structural equation modeling* (3rd ed.). The Guilford Press.

Kline, R. B. (2016). *Principles and practice of structural equation modeling* (4th ed.). The Guilford Press.

Schumacker, R. E., & Lomax, R. G. (2010). *A beginner's guide to structural equation modeling* (3rd ed.). Lawrence Erlbaum Associates.

Schumacker, R. E., & Lomax, R. G. (2015). *A beginner's guide to structural equation modeling* (4th ed.). Routledge.

Wright, S. (1960). Path coefficients and path regression: Alternative or complementary concepts? *Biometrics, 16*(2), 189-202.

| 제4장 |

Baron, R. M., & Kenny, D. A. (1986). The moderator-mediator variable distinction in social psychological research: Conceptual, strategic, and statistical considerations. *Journal of Personality and Social Psychology*, *51*(6), 1173-1182.

Browne, M. W., & Mels, G. (1990). *Ramona user's guide*. Ohio State University.

Edwards, J. R. (2001). Multidimensional constructs in organizational behavior research: An integrative analytical framework. *Organizational Research Methods*, *4*(2), 144-192.

Edwards, J. R., & Bagozzi, R. P. (2000). On the nature and direction of relationships between constructs and measures. *Psychological Methods*, *5*(2), 155-174.

Jaccard, J., & Jacoby, J. (2020). Theory construction and model-building skills: A practical guide for social scientists (2nd ed.). The Guilford Press.

Jarvis, C. B., MacKenzie, S. B., & Podsakoff, P. M. (2003). A critical review of construct indicators and measurement model misspecification in marketing and consumer research. *Journal of Consumer Research*, *30*(2), 199-218.

Kline, R. B. (1998). *Principles and practice of structural equation modeling*. The Guilford Press.

Law, K. S., & Wong, C. S. (1999). Multidimensional constructs in structural equation analysis: An illustration using the job perceptions and job satisfaction constructs. *Journal of Management*, *25*(2), 143-160.

Law, K. S., Wong, C. S., & Mobley, W. H. (1998). Toward a taxonomy of multidimensional constructs. *Academy of Management Review*, *23*(4), 741-755.

Netemeyer, R. G., Boles, J. S., McKee, D. O., & McMurrian, R. (1997). An investigation into the antecedents of organizational citizenship behaviors in a personal selling context. *Journal of Marketing*, *61*(3), 85-98.

| 제5장 |

Arbuckle, J. L. (1996). Full information estimation in the presence of incomplete data. In G. A. Marcoulides & R. E. Schumacker (Eds.), *Advanced structural equation modeling: Issues and techniques* (pp. 243-278). Lawrence Erlbaum Associates.

Bearden, W. D., Sharma, S., & Teel, J. E. (1982). Sample size effects on chi-square and other statistics used in evaluating causal models. *Journal of Marketing Research*, *19*(4), 425-430.

Bollen, K. A. (1987). Outliers and improper solutions: A confirmatory factor analysis example. *Sociological Methods & Research*, *15*(4), 375-384.

Bollen, K. A. (1990). Overall fit in covariance structure models: Two types of sample size effects. *Psychological Bulletin*, *107*(2), 256-259.

Bollen, K. A., & Stine, R. A. (1993). Bootstrapping goodness-of-fit measures in structural equation models. In K. A. Bollen & J. S. Long (Eds.), *Testing structural equation models* (pp. 111-135). Sage Publications.

Byrne, B. M. (2016). *Structural equation modeling with Amos: Basic concepts, applications and programming* (3rd ed.). Lawrence Erlbaum Associates.

Curran, P. J., West, S. G., & Finch, J. F. (1996). The robustness of test statistics to nonnormality and specification error in confirmatory factor analysis. *Psychological Methods, 1*(1), 16-29.

Enders, C. K., & Bandalos, D. L. (2001). The relative performance of full information maximum likelihood estimation for missing data in structural equation models. *Structural Equation Modeling, 8*(3), 430-457.

Hoogland, J. J., & Boomsma, A. (1998). Robustness studies in covariance structure modeling: An overview and a meta-analysis. *Sociological Methods & Research, 26*(3), 329-367.

Jöreskog, K. G., & Sörbom, D. (1989). *LISREL 7: A guide to the program and applications.* SPSS Publications.

Kline, R. B. (2016). *Principles and practice of structural equation modeling* (4th ed.). The Guilford Press.

La Du, T., & Tanaka, J. S. (1989). The influence of sample size, estimation method, and model specification on goodness-of-fit assessments in structural equation models. *Journal of Applied Psychology, 74*(4), 625-636.

MacCallum, R. C., Browne, M. W., & Sugawara, H. M. (1996). Power analysis and determination of sample size for covariance structure modeling. *Psychological Methods, 1*(2), 130-149.

Mardia, K. V. (1970). Measures of multivariate skewness and kurtosis with applications. *Biometrika, 57*(3), 519-530.

Satorra, A., & Bentler, P. M. (1994). Correction to test statistics and standard errors in covariance structure analysis. In A. Von Eye & C. C. Clogg (Eds.), *Latent variable analysis: Applications for developmental research* (pp. 399-419). Sage Publications.

Tabachnick, B. G., & Fidell, L. S. (2007). *Using multivariate statistics* (5th ed.). Pearson.

Tabachnick, B. G., & Fidell, L. S. (2019). *Using multivariate statistics* (7th ed.). Pearson.

West, S. G., Finch, J. F., & Curran, P. J. (1995). Structural equation models with non-normal variables: Problems and remedies. In R. H. Hoyle (Ed.), *Structural equation modeling: Concepts, issues, and applications* (pp. 56-75). Sage Publications.

| 제6장 |

Byrne, B. M. (2016). *Structural equation modeling with Amos: Basic concepts, applications and programming* (3rd ed.). Routledge.

Hair, J. F. Jr., Black, W. C., Babin, B. J., & Anderson, R. E. (2009). *Multivariate data analysis* (7th ed.). Pearson.

Hair, J. F. Jr., Black, W. C., Babin, B. J., & Anderson, R. E. (2019). *Multivariate data analysis* (8th ed.). Cengage.

Hoyle, R. H. (1995). The structural equation modeling approach: Basic concepts and fundamental issues. In R. H. Hoyle (Ed.), *Structural equation modeling: Concepts, issues, and applications* (pp. 1-15). Sage Publications.

MacCallum, R. C. (1995). Model specification: Procedures, strategies, and related issues. In R. H. Hoyle (Ed.), *Structural equation modeling: Concepts, issues, and applications* (pp. 16-36). Sage Publications.

Wothke, W. (1993). Nonpositive definite matrices in structural modeling. In K. A. Bollen & J. S. Long (Eds.), *Testing structural equation models* (pp. 256-293). Sage Publications.

| 제7장 |

이기종 (2000). 구조방정식모형에서의 전체모형 평가: 다면적 접근의 종합적 판단. *교육평가연구, 13*(2), 169-185.

이기종 (2002). 구조방정식모형에서의 합치도는 어떻게 평가되어야 하는가?: χ^2 검증을 중심으로 한 사례교정 및 대안적 해석. *교육평가연구, 15*(2), 71-84.

이기종 (2005). *구조방정식모형: 인과성, 통계분석 및 추론.* 국민대학교 출판부.

Anderson, J. C., & Gerbing, D. W. (1988). Structural equation modeling in practice: A review and recommended two-step approach. *Psychological Bulletin, 103*(3), 411-423.

Bagozzi, R. P., & Yi, Y. (1988). On the evaluation of structural equation models. *Journal of the Academy of Marketing Science, 16*(1), 74-94.

Bentler, P. M. (1990). Comparative fit indexes in structural models. *Psychological Bulletin, 107*(2), 238-246.

Bollen, K. A. (1989a). A new incremental fit index for general structural equation models. *Sociological Methods & Research, 17*(3), 306-316.

Bollen, K. A. (1989b). *Structural equations with latent variables.* Wiley.

Bozdogan, H. (1987). Model selection and Akaike information criteria(AIC): The general theory and its analytical extensions. *Psychometrika, 52*(3), 345-370.

Browne, M. W., & Cudeck, R. (1989). Single sample cross-validation indices for covariance structures. *Multivariate Behavioral Research, 24*(4), 445-455.

Browne, M. W., & Cudeck, R. (1993). Alternative ways of assessing model fit. In K. A. Bollen & J. S. Long (Eds.). *Testing structural equation models* (pp. 136-162). Sage Publications.

Chen, F., Bollen, K. A., Paxton, P., Curran, P. J., & Kirby, J. B. (2001). Improper solutions in structural equation models. *Sociological Methods & Research, 29*(4), 468-508.

Dillon, W. R., Kumar, A., & Mulani, N. (1987). Offending estimates in covariance structure analysis: Comments on the causes and solutions to Heywood cases. *Psychological Bulletin, 101*(1), 126-135.

Ding, L., Velicer, W. F., & Harlow, L. L. (1995). Effects of estimation methods, number of indicators per factor and improper solutions on structural equation modeling fit indices. *Structural Equation Modeling, 2*(1), 119-143.

Fornell, C., & Larcker, D. F. (1981). Evaluating structural equation models with unobservable variables and measurement error. *Journal of Marketing Research, 18*(1), 39-50.

Fornell, C., & Yi, Y. (1992). Assumptions of the two-step approach to latent variable modeling. *Sociological Methods & Research, 20*(1), 291-320.

Gerbing, D. W., & Anderson, J. C. (1987). Improper solutions in the analysis of covariance structures: Their interpretability and a comparison of alternate respecifications. *Psychometrika, 52*(1), 99-111.

Hair, J. F. Jr., Black, W. C., Babin, B. J., & Anderson, R. E. (2009). *Multivariate data analysis* (7th ed.). Pearson.

Hair, J. F. Jr., Black, W. C., Babin, B. J., & Anderson, R. E. (2019). *Multivariate data analysis* (8th ed.). Cengage.

Hoelter, J. W. (1983). The analysis of covariance structures: Goodness-of-fit indices. *Sociological Methods & Research, 11*(3), 325-344.

Hoyle, R. H., & Panter, A. T. (1995). Writing about structural equation models. In R. H. Hoyle (Ed.), *Structural equation modeling: Concepts, issues, and applications* (pp. 158-176). Sage Publications.

Hu, L., & Bentler, P. M. (1999). Cutoff criteria for fit indexes in covariance structure analysis: Conventional criteria versus new alternatives. *Structural Equation Modeling, 6*(1), 1-55.

Jöreskog, K. G., & Sörbom, D. (1989). *LISREL 7: A guide to the program and applications.* SPSS Publications.

Kline, R. B. (2016). *Principles and practice of structural equation modeling* (4th ed.). The Guilford Press.

McDonald, R. P. (1989). An index of goodness-of-fit based on noncentrality. *Journal of Classification, 6*, 97-103.

Steiger, J. H. (1990). Structural model evaluation and modification: An interval estimation approach. *Multivariate Behavioral Research, 25*(2), 173-180.

Tucker, L. R., & Lewis, C. (1973). The reliability coefficient for maximum likelihood factor analysis. *Psychometrika, 38*(1), 1-10.

| 제8장 |

이순묵 (1990). *공변량구조분석.* 성원사.

Kaplan, D. (1989). Model modification in covariance structure analysis: Application of the expected parameter change statistics. *Multivariate Behavioral Research, 24*(3), 285-305.

Kaplan, D. (1990). Evaluating and modifying covariance structure models. *Multivariate Behavioral Research, 25*(1), 137-155.

Kaplan, D. (1995). Statistical power in structural equation modeling. In R. H. Hoyle (Ed.), *Structural equation modeling: Concepts, issues, and applications* (pp. 100-117). Sage Publications.

Kaplan, D. (2000). *Structural equation modeling: Foundations and extensions.* Sage Publications.

MacCallum, R. C. (1986). Specification searches in covariance structure modeling. *Psychological Bulletin, 100*(1), 107-120.

MacCallum, R. C., Roznowski, M., & Necowitz, L. B. (1992). Model modifications in covariance structure analysis: The problem of capitalization on chance. *Psychological Bulletin, 111*(3), 490-504.

MacCallum, R. C., Browne, M. W., & Sugawara, H. M. (1996). Power analysis and determination of sample size for covariance structure modeling. *Psychological Methods, 1*(2), 130-149.

McDonald, R. P., & Marsh, H. W. (1990). Choosing a multivariate model: Noncentrality and goodness of fit. *Psychological Bulletin, 107*(2), 247-255.

Schumacker, R. E. (2006). Conducting specification searches with Amos. *Structural Equation Modeling, 13*(1), 118-129.

| 제9장 |

Boomsma, A. (2000). Reporting analyses of covariance structure. *Structural Equation Modeling, 7*(3), 461-483.

Hoyle, R. H., & Panter, A. T. (1995). Writing about structural equation models. In R. H. Hoyle (Ed.), *Structural equation modeling: Concepts, issues, and applications* (pp. 158-176). Sage Publications.

Jackson, D. L., Gillaspy, J. A., & Purc-Stephenson, R. (2009). Reporting practices in confirmatory factor analysis: An overview and some recommendations. *Psychological Methods, 14*(1), 6-23.

Kline, R. B. (2016). *Principles and practice of structural equation modeling* (4th ed.). The Guilford Press.

MacCallum, R. C., Roznowski, M., & Necowitz, L. B. (1992). Model modifications in covariance structure analysis: The problem of capitalization on chance. *Psychological Bulletin, 111*(3), 490-504.

McDonald, R. P., & Ho, M. H. R. (2002). Principles and practice in reporting structural equation analyses. *Psychological Methods, 7*(1), 64-82.

Netemeyer, R. G., Boles, J. S., McKee, D. O., & McMurrian, R. (1997). An investigation into the antecedents of organizational citizenship behaviors in a personal selling context. *Journal of Marketing, 61*(3), 85-98.

Raykov, T., Tomer, A., & Nesselroade, J. R. (1991). Reporting structural equation modeling results in psychology and aging: Some proposed guidelines. *Psychology and Aging, 6*(4), 499-503.

Schreiber, J. B., Nora, A., Stage, F. K., Barlow, E. A., & King, J. (2006). Reporting structural equation modeling and confirmatory factor analysis results: A review. *Journal of Educational Research, 99*(6), 323-337.

Schumacker, R. E., & Lomax, R. G. (2010). *A beginner's guide to structural equation modeling* (3rd ed.). Lawrence Erlbaum Associates.

Schumacker, R. E., & Lomax, R. G. (2015). *A beginner's guide to structural equation modeling* (4th ed.). Routledge.

| 제10장 |

Anderson, J. C., & Gerbing, D. W. (1988). Structural equation modeling in practice: A review and recommended two-step approach. *Psychological Bulletin, 103*(3), 411-423.

Bollen, K. A., & Lennox, R. (1991). Conventional wisdom on measurement: A structural equation perspective. *Psychological Bulletin, 110*(2), 305-314.

Cohen, P., Cohen, J., Teresi, J., Marchi, M., & Velez, C. N. (1990). Problems in the measurement of latent variables in structural equations causal models. *Applied Psychological Measurement, 14*(2), 183-196.

Edwards, J. R., & Bagozzi, R. P. (2000). On the nature and direction of relationships between constructs and measures. *Psychological Methods, 5*(2), 155-174.

Fornell, C., & Larcker, D. F. (1981). Evaluating structural equation models with unobservable variables and measurement error. *Journal of Marketing Research, 18*(1), 39-50.

Hair, J. F. Jr., Black, W. C., Babin, B. J., & Anderson, R. E. (2006). *Multivariate data analysis* (6th ed.). Pearson.

Hair, J. F. Jr., Black, W. C., Babin, B. J., & Anderson, R. E. (2010). *Multivariate data analysis* (7th ed.). Pearson.

Hair, J. F. Jr., Black, W. C., Babin, B. J., & Anderson, R. E. (2019). *Multivariate data analysis* (8th ed.). Cengage.

Hall, R. J., Snell, A. F., & Foust, M. S. (1999). Item parceling strategies in SEM: Investigating the subtle effects of unmodeled secondary constructs. *Organizational Research Methods, 2*(3), 233-256.

Henseler, J., Ringle, C. M., & Sarstedt, M. (2015). A new criterion for assessing discriminant validity in variance-based structural equation modeling. *Journal of the Academy of Marketing Science, 43*(1), 115-135.

Jarvis, C. B., MacKenzie, S. B., & Podsakoff, P. M. (2003). A critical review of construct indicators and measurement model misspecification in marketing and consumer research. *Journal of Consumer Research, 30*(2), 199-218.

Kishton, J. M., & Widaman, K. F. (1994). Unidimensional versus domain representative parceling of questionnaire items: An empirical example. *Educational and Psychological Measurement, 54*(3), 757-765.

MacCallum, R. C., & Browne, M. W. (1993). The use of causal indicators in covariance structure models: Some practical issues. *Psychological Bulletin, 114*(3), 533-541.

Steenkamp, J. E. M., & van Trijp, H. C. M. (1991). The use of LISREL in validating marketing constructs. *International Journal of Research in Marketing, 8*(4), 283-299.

Voorhees, C. M., Brady, M. K., Calantone, R., & Ramirez, E. (2016). Discriminant validity testing in marketing: An analysis, causes for concern, and proposed remedies. *Journal of the Academy of Marketing Science, 44*(1), 119-134.

| 제11장 |

배병렬 (2021). SPSS/PROCESS에 의한 조절효과 및 매개효과분석. 도서출판 청람.

Arbuckle, J. L. (2020). *IBM SPSS Amos 27 User's Guide*. IBM Corp.

Blunch, N. J. (2013). *Introduction to structural equation modeling using IBM SPSS statistics and Amos* (2nd ed.). Sage Publications.

Byrne, B. M. (2016). *Structural equation modeling with Amos: Basic concepts, applications, and programming* (3rd ed.). Routledge.

Collier, J. E. (2020). *Applied structural equation modeling using Amos: Basic to advanced technique*. Routledge.

Jaccard, J., & Wan, C. K. (1996). *LISREL approaches to interaction effects in multiple regression*. Sage Publications.

| 제12장 |

溫忠麟, 劉紅云, 侯杰泰 (2012). *調節效応和中介效応分析*. 教育科學出版社.

Cortina, J. M., Chen, G., & Dunlap, W. P. (2001). Testing interaction effects in LISREL: Examination and illustration of available procedures. *Organizational Research Methods, 4*(4), 324-360.

Lin, G. C., Wen, Z., Marsh, H. W., & Lin, H. S. (2010). Structural equation models of latent interactions: Clarification of orthogonalizing and double-mean-centering strategies. *Structural Equation Modeling, 17*(3), 374-391.

Little, T. D., Bovaird, J. A., & Widaman, K. F. (2006). On the merits of orthogonalizing powered and product terms: Implications for modeling interactions among latent variables. *Structural Equation Modeling, 13*(4), 497-519.

Marsh, H. W., Wen, Z., & Hau, K. T. (2004). Structural equation models of latent interactions: Evaluation of alternative estimation strategies and indicator construction. *Psychological Methods, 9*(3), 275-300.

Marsh, H. W., Wen, Z., & Hau, K. T. (2006). Structural equation models of latent interaction and quadratic effects. In G. R. Hancock & R. O. Mueller (Eds.), *Structural equation modeling: A second course* (pp. 225-265). Information Age Publishing.

Marsh, H. W., Wen, Z., Hau, K. T., Little, T. D., Bovaird, J. A., & Widaman, K. F. (2007). Unconstrained structural equation models of latent interactions: Contrasting residual-and mean-centered approaches. *Structural Equation Modeling, 14*(4), 570-580.

Marsh, H. W., Wen, Z., Hau, K. T., & Nagengast, B. (2013). Structural equation models of latent interaction and quadratic effects. In G. R. Hancock & R. O. Mueller (Eds.), *Structural equation modeling: A second course* (2nd ed., pp. 267-308). Information Age Publishing.

Marsh, H. W., Wen, Z., Nagengast, B., & Hau, K. T. (2012). Structural equation models of latent interaction. In R. H. Hoyle (Ed.), *Handbook of structural equation modeling* (pp. 436-458). The Guilford Press.

Ping, R. A. (1995). A parsimonious estimating technique for interaction and quadratic latent variables. *Journal of Marketing Research, 42*(3), 336-347.

Ping, R. A. (1996). Latent variable interaction and quadratic effect estimation: A two-step technique using structural equation analysis. *Psychological Bulletin, 119*(1), 166-175.

Ping, R. A. (2006). Frequently asked questions(faq's) about interactions and quadratics. [on-line paper], http://www.wright.edu/~robert.ping/

Wen, Z., Marsh, H. W., & Hau, K. T. (2010). Structural equation models of latent interactions: An appropriate standardized solution and its scale-free properties. *Structural Equation Modeling, 17*(1), 1-22.

| 제13장 |

배병렬 (2021). SPSS/PROCESS에 의한 조절효과 및 매개효과분석. 도서출판 청람.

Baron, R. M., & Kenny, D. A. (1986). The moderator-mediator variable distinction in social psychological research: Conceptual, strategic, and statistical considerations. *Journal of Personality and Social Psychology, 51*(6), 1173-1182.

Holmbeck, G. N. (1997). Toward terminological, conceptual, and statistical clarity in the study of mediators and moderators: Examples from the child-clinical and pediatric psychology literatures. *Journal of Consulting and Clinical Psychology, 65*(4), 599-610.

Hoyle, R., & Smith, G. T. (1994). Formulating clinical research hypotheses as structural equation models: A conceptual overview. *Journal of Consulting and Clinical Psychology, 62*(3), 429-440.

Nevitt, J., & Hancock, G. R. (2001). Performance of bootstrapping approaches to model test statistics and parameter standard error estimation in structural equation modeling. *Structural Equation Modeling, 8*(3), 353-377.

Zhao, X., Lynch, J. G., Jr., & Chen, Q. (2010). Reconsidering Baron and Kenny: Myths and truths about mediation analysis. *Journal of Consumer Research, 37*(2), 197-206.

| 제14장 |

Cheung, G. W., & Lau, R. S. (2008). Testing mediation and suppression effects of latent variables: Bootstrapping with structural equation models. *Organizational Research Methods, 11*(2), 296-325.

Cheung, M. W. L. (2007). Comparison of approaches to constructing confidence intervals for mediating effects using structural equation models. *Structural Equation Modeling, 14*(2), 227-246.

Lau, R. S., & Cheung, G. W. (2011). Estimating and comparing specific mediation effects in complex latent variable models. *Organizational Research Methods, 14*(2), 1-14.

LeBreton, J. M., Wu, J., & Bing, M. N. (2009). The truth(s) on testing for mediation in the social and organizational sciences. In C. E. Lance & R. J. Vandenberg (Eds.), *Statistical and methodological myths and urban legends* (pp. 107-141). Taylor and Francis Group.

Macho, S., & Ledermann, T. (2011). Estimating, testing, and comparing specific effects in structural equation models: The phantom model approach. *Psychological Methods, 16*(1), 34-43.

MacKinnon, D. P. (2008). *Introduction to statistical mediation analysis.* Lawrence Erlbaum Associates.

MacKinnon, D. P., Fairchild, A. J., & Fritz, M. S. (2007). Mediation analysis. *Annual Review of Psychology, 58*, 593-614.

MacKinnon, D. P., Lockwood, C. M., Hoffman, J. M., West, S. G., & Sheets, V. (2002). A comparison of methods to test mediation and other intervening variable effects. *Psychological Methods, 7*(1), 83-104.

MacKinnon, D. P., Lockwood, C. M., & Williams, J. (2004). Confidence limits for the indirect effect: Distribution of the product and resampling methods. *Multivariate Behavioral Research, 39*(1), 99-128.

Rindskopf, D. (1984). Using phantom and imaginary latent variables to parameterize constraints in linear structural models. *Psychometrika*, *49*(1), 37-47.

| 제15장 |

김주환, 김민규, 홍세희 (2009). 구조방정식모형으로 논문 쓰기. 커뮤니케이션북스.

Atinc, G., Simmering, M. J., & Kroll, M. J. (2012). Control variable use and reporting in macro and micro management research. *Organizational Research Methods, 15*(1), 57-74.

Becker, T. E. (2005). Potential problems in the statistical control of variables in organizational research: A qualitative analysis with recommendations. *Organizational Research Methods, 8*(3), 274-289.

Carlson, K. D., & Wu, J. (2012). The illusion of statistical control: Control variable practice in management research. *Organizational Research Methods, 15*(3), 413-435.

Cheung, G. W., & Rensvold, R. B. (2002). Evaluating goodness-of-fit indexes for testing measurement invariance. *Structural Equation Modeling*, *9*(2), 233-255.

Fu, F. Q., Richards, K. A., Hughes, D. E., & Jones, E. (2010). Motivating salespeople to sell new products: The relative influence of attitudes, subjective norms, and self-efficacy. *Journal of Marketing*, *74*(6), 61-76.

Lynam, D. R., Moffitt, T., & Stouthamer-Loeber, M. (1993). Explaining the relation between IQ and delinquency: Class, race, test motivation, or self-control. *Journal of Abnormal Psychology*, *102*(2), 187-96.

Steenkamp, J. E. M., & Baumgartner, H. (1998). Assessing measurement invariance in cross-national consumer research. *Journal of Consumer Research*, *25*(1), 78-90.

Vandenberg, R. J., & Lance, C. E. (2000). A review and synthesis of the measurement invariance literature: Suggestions, practices, and recommendations for organizational research. *Organizational Research Methods*, *3*(1), 4-69.

| 제16장 |

Anderson, J. C., & Gerbing, D. W. (1988). Structural equation modeling in practice: A review and recommended two-step approach. *Psychological Bulletin, 103*(3), 411-423.

Hershberger, S. L. (1994). The specification of equivalent models before the collection of data. In A. von Eye & C. C. Clogg (Eds.), *Latent variables analysis: Applications for developmental research* (pp. 68-105). Sage Publications.

Hershberger, S. L. (2006). The problem of equivalent structural equation models. In G. R. Hancock & R. O. Mueller (Eds.), *Structural equation modeling: A second course* (pp. 13-41). Information Age Publishing.

Hershberger, S. L., & Marcoulides, G. A. (2013). The problem of equivalent structural models. In G. R. Hancock & R. O. Mueller (Eds.), *Structural equation modeling: A second course* (2nd ed., pp. 3-39). Information Age Publishing.

Lee, S., & Hershberger, S. L. (1990). A simple rule for generating equivalent models in structural equation modeling. *Multivariate Behavioral Research, 25*(3), 313-334.

MacCallum, R. C., Wegener, D. T., Uchino, B. N., & Fabrigar, L. R. (1993). The problem of equivalent models in applications of covariance structure analysis. *Psychological Bulletin, 114*(1), 185-199.

Raykov, T., & Marcoulides, G. A. (2001). Can there be infinitely many models equivalent to a given covariance structure model? *Structural Equation Modeling, 8*(1), 142–149.

Raykov, T., & Marcoulides, G. A. (2007). Equivalent structural equation models: A challenge and responsibility. *Structural Equation Modeling, 14*(4), 695–700.

Stelzl, I. (1986). Changing the causal hypothesis without changing the fit: Some rules for generating equivalent path models. *Multivariate Behavioral Research, 21*(3), 309-331.

| 제17장 |

Chang, S. J., van Witteloostuijin, A., & Eden, L. (2010). From the editors: Common method variance in international business research. *Journal of International Business Studies, 41*(1), 178-184.

Fuller, C. M., Simmering, M. J., Atinc, G., Atinc, Y., & Babin, B. J. (2016). Common methods variance detection in business research. *Journal of Business Research, 69*(8), 3192-3198.

Gaskin, J. (2012). *Common method bias using common latent factor* [Video]. YouTube. https://www.youtube.com/watch?v=Y7Le5Vb7_jg

Lindell, M. K., & Whitney, D. J. (2001). Accounting for common method variance in cross-sectional research designs. *Journal of Applied Psychology, 86*(1), 114-121.

Malhotra, N. K., Kim, S. S., & Patil, A. (2006). Common method variance in IS research: A comparison of alternative approaches and a reanalysis of past research. *Management Science, 52*(12), 1865-1883.

Podsakoff, P. M., MacKenzie, S. B., Lee, J. Y., & Podsakoff, N. P. (2003). Common method biases in behavioral research: A critical review of the literature and recommended remedies. *Journal of Applied Psychology, 88*(5), 879-903.

Podsakoff, P. M., MacKenzie, S. B., & Podsakoff, N. P. (2012). Sources of method bias in social science research and recommendations on how to control it. *Annual Review of Psychology, 63*, 539-569.

Richardson, H. A., Simmering, M. J., & Sturman, M. C. (2009). A tale of three perspectives: Examining post hoc statistical techniques for detection and correction of common method variance. *Organizational Research Methods, 12*(4), 762-800.

Rodríguez-Ardura, I., & Meseguer-Artola, A. (2020). How to prevent, detect and control common method variance in electronic commerce research. *Journal of Theoretical and Applied Electronic Commerce Research, 15*(2), 1-5.

Schaller, T. K., Patil, A., & Malhotra, N. K. (2015). Alternative techniques for assessing common method variance: An analysis of the theory of planned behavior research. *Organizational Research Methods, 18*(2), 177-206.

Simmering, M. J., Fuller, C. M., Richardson, H. A., Ocal, Y., & Atinc, G. M. (2015). Marker variable choice, reporting, and interpretation in the detection of common method variance: A review and demonstration. *Organizational Research Methods, 18*(3), 473-511.

Williams, L. J., Edwards, J. R., & Vandenberg, R. J. (2003). Recent advances in causal modeling methods for organizational and management research. *Journal of Management, 29*(6), 903-936.

Williams, L. J., Hartman, N., & Cavazotte, F. (2010). Method variance and marker variables: A review and comprehensive CFA marker technique. *Organizational Research Methods, 13*(3), 477-514.

Williams, L. J., & McGonagle, A. K. (2016). Four research designs and a comprehensive analysis strategy for investigating common method variance with self-report measures using latent variables. *Journal of Business and Psychology, 31*(3), 339-359.

찾아보기

| 국문 |

| 영문 |

| 저자소개 |

배병렬

전북대학교 상과대학 경영학과 교수

Amos 27 구조방정식모델링

2021년 10월 23일 1판 1쇄 인쇄
2021년 10월 28일 1판 1쇄 발행

저　자 | 배병렬
발행인 | 이수영
발행처 | 도서출판 청람
서울시 마포구 독막로 288(대흥동, 세양상가 109호)
전　화 | 02)3272-2601~2
팩　스 | 02)3272-2603
이메일 | crbooks@daum.net
홈페이지 | http://www.crbooks.co.kr
등　록 | 2000.8.26 제6-0509호

ISBN 978-89-5972-824-4 93320　　[정가 37,000원]